Warum dieses Buch wichtig ist

Es gibt im Leben oft Gedanken, Gefühle und Entscheidungen, die anderen Unrecht tun, seien es Menschen oder Maschinen. So war es auch bei einem Großteil der Motorrad-Journalisten, die im Spätjahr 1980 von BMW zur Präsentation der neuen R 80 G/S ins südfranzösische Avignon eingeladen waren, um die neue Enduro Probe zu fahren. Die kernigste Beurteilung lieferte unser (heute noch sehr geschätzter) Kollege Hans-J. Schneider mit »...ein Motorrad für reiche Apotheker!«, was damit zu tun hatte, dass zu dieser Zeit viele Apotheker ein möglichst auffälliges Motorrad brauchten, um sich damit in ihrer Freizeit vor der Eisdiele am Dorfbrunnen gockelhaft darzustellen (später erst kamen die – heute noch aktiven! – Harley-verliebten Anwälte, Zahnärzte und Schönheitschirurgen).

Weltrekordmann Ernst Henne* auf BMW R 80 G/S, dem ersten Zweiventil-Boxermodell mit Einarm-Schwinge

1980 waren Enduros, mit denen man Gelände fahren konnte (und dafür stand ja das »G« wie »Gelände« im »G/S« der R 80), einzylindrig mit maximal 500 ccm Hubraum; sie waren nicht unbedingt sehr leicht, aber man sah ihnen an, dass man mit ihnen Abenteuer erleben konnte abseits befestigter Straßen. Und das sah man der BMW R 80 G/S nicht sofort an, denn sie hatte gut 50 kg mehr als »normale« Enduros.

Doch wider aller journalistischer Fachmeinungen markierte die R 80 G/S eine ganz neue Klasse von Motorrädern, vor allem für zweirädrige Kenner und Könner. Aus dem scheinbar antiquierten Zweiventil-Boxer entstand eine breite Palette von Motorrädern mit und ohne Stollenreifen, mit und ohne Verkleidung, insgesamt 24 zum Teil grundverschiedene Modelle – und alle sind hier in diesem Buch vertreten. Und ganz wichtig: Dem Wunsch vieler Nutzer unserer »Motorrad-Reparaturanleitungen« folgend haben wir dieses Buch nur so technisch tiefgründig wie nötig gemacht – weil ein durch altes Benzin verstopfter Vergaser eben öfter vorkommt als eine gebrochene Kurbelwelle, widmen wir den Dingen, die zum Betrieb eines »schon etwas älteren« Motorrads wichtig sind, mehr Aufmerksamkeit als Problemen, die wirklich sehr selten sind.

»Tradition ist nicht das Bewahren der Asche, sondern das Erhalten der Flamme« – in diesem Sinne widmen wir uns in diesem Buch den 24 verschiedenen Zweiventil-Boxern mit Einarmschwinge und hoffen, dass Sie, lieber Leser, möglichst viel Nutzen ziehen können aus den mehr als 200 Seiten. Denn bei aller Qualität, die BMW schon damals wichtig war, gibt es über die Jahrzehnte halt doch so einige Probleme, die einem die »Freude am Fahren« nachhaltig verhageln können und die man nur mit einiger Sachkenntnis und passendem Werkzeug beheben kann.

Hier noch einige Grundsätze zu diesem Buch:

- Die Lektüre dieses Buches kann weder eine Lehre zum Motorradmechaniker noch mehrjährige Praxis im Kraftfahrzeughandwerk ersetzen.
- Die Anwendung der im Buch gezeigten Arbeitsschritte setzt einen gewissen Grundstock an Werkzeug voraus. Auf zusätzlich benötigte Spezialwerkzeuge gehen wir in den entsprechenden Kapiteln ein.
- Inhalte wie beispielsweise Ventile einstellen, Bremsklötze wechseln oder Radlager erneuern erfordern eine gesunde Portion Fachwissen und Sorgfalt. Wenn Sie sich nicht trauen, solche Arbeiten durchzuführen, obwohl Sie im Text gelesen haben wie es geht und auch die Fotos verstanden haben, dann geben Sie Ihr Motorrad in eine Werkstatt.

In diesem Sinne wünsche ich Ihnen viel Spaß mit Ihrem Einarmschwingen-Zweiventiler, allzeit erlebnisreiche und pannenfreie Fahrten und, wenn nötig, effizienten Schrauben!

Herzlichst, Ihr
F. J. Schermer
(Redaktionsleiter)

**= Ernst Wilhelm Henne (1904 bis 2005) war Geländefahrer, Straßenrennfahrer auf zwei und vier Rädern und auch Weltrekordmann: Von 1929 bis 1937 stellte er 76 Geschwindigkeits-Weltrekorde auf, den letzten am 28. November 1937, wo er auf der Autobahn Frankfurt-Darmstadt mit einer vollverkleideten 500er-Kompressor-BMW 279,503 km/h erreichte. Dieser Rekord wurde erst 14 Jahre später, im April 1951, von Wilhelm Herz überboten.*

Wenn in diesem Buch von »Fahrern« die Rede ist, meinen wir natürlich auch die weiblichen Leser. Der leichteren Lesbarkeit halber beschränken wir uns jedoch auf die allgemeine (männliche) Form.

Inhalt

Folgende Symbole verdienen während der Arbeiten besondere Beachtung:

Sichtprüfung: *Teil genau ansehen, besonders beachten*

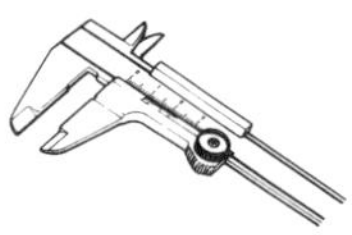

Messen: *Messschieber oder anderes Messwerkzeug nötig*

Achtung: *Besondere Vorsicht geboten, Sicherheitshinweise beachten*

Tipp: *Wertvoller Hinweis für einfacheres Schrauben*

Hörprüfung: *Bei Prüfung genau hinhören*

R 65 1986 bis 1993

R 65 RT 1986 bis 1988
Behördenmodell

R 65 GS 1988 bis 1990

R 80 G/S 1980 bis 1987

R 80 ST 1982 bis 1984

R 80 G/S Paris-Dakar
1984 bis 1987

R 80 1985 bis 1992

R 80 RT 1985 bis 1994

R 80 GS 1988 bis 1990
mit kleiner Verkleidung

R 80 GS 1990 bis 1994
mit großer Verkleidung

R 80 GS P-D
1991 bis 1994
Schweizer Modell

R 80 R 1993, 1994

R 80 R Mystic 1994, 1995
Schweizer Modell

R 80 GS Basic 1996

R 100 RS 1987 bis 1992

R 100 GS 1988 bis 1990
mit kleiner Verkleidung

R 100 GS 1990 bis 1994
mit großer Verkleidung

R 100 RT 1988 bis 1994

R 100 RT Classic 1995, 1996

R 100 GS Paris-Dakar
1989, 1990

R 100 GS P-D
1991 bis 1994

R100 GS P-D Classic
1995, 1996

R 100 R 1991 bis 1996

R 100 R Mystic
1994 bis 1996

BMW-BOXER

Zweiventiler mit Einarmschwinge von 1980 bis 1996

In diesem Buch werden folgende Modelle behandelt, die in Deutschland, Österreich und der Schweiz verkauft wurden:*

- **R 65** 1986 bis 1993
- **R 65 RT** 1986 bis 1988 Behördenmodell, nicht im Serienprogramm
- **R 65 GS** 1988 bis 1990
- **R 80 G/S** 1980 bis 1987
- **R 80 ST** 1982 bis 1984
- **R 80 G/S Paris-Dakar** 1984 bis 1987
- **R 80** 1985 bis 1992
- **R 80 RT** 1985 bis 1994
- **R 80 GS** 1988 bis 1990 mit kleiner Verkleidung
- **R 80 GS** 1990 bis 1994 mit großer Verkleidung
- **R 80 GS P-D** 1991 bis 1994, Schweizer Modell
- **R 80 R** 1993 und 1994
- **R 80 R Mystic** 1994 und 1995, Schweizer Modell
- **R 80 GS Basic** 1996
- **R 100 RS** 1987 bis 1992
- **R 100 RT** 1988 bis 1994
- **R 100 RT Classic** 1995 und 1996
- **R 100 GS** 1988 bis 1990 mit kleiner Verkleidung
- **R 100 GS** 1990 bis 1994 mit großer Verkleidung
- **R 100 GS Paris-Dakar** 1989 und 1990
- **R 100 GS P-D** 1991 bis 1994
- **R 100 GS P-D Classic** 1995 und 1996
- **R 100 R** 1991 bis 1996
- **R 100 R Mystic** 1994 bis 1996

* = Stand der Recherche zum Redaktionsschluss dieses Buchs im Januar 2017

Impressum

Impressum

ISBN 978-3-7168-2219-7

Reparaturanleitung
Technik-Sonderband 6015

Redaktion und Gestaltung:
Schermer Verlag GmbH,
D-70563 Stuttgart

Mitarbeiter dieser Ausgabe:
Bernd Burbulla (Daten- und Technikrecherche), Dieter Hambrecht (Fotos und Texte), Horst Liebermann (Technik), Helmut Mader (technische Beratung), Axel Schermer, Franz Josef Schermer (Fotos und Texte), Dipl. Ing. (FH) Helmut Städele (Elektrik, Elektronik)

Zeichnungen: Daniel Horvat, Stefanie Schenk, Wolf Kurz, Tomoko Wakayama

Für diese Motorrad-Reparaturanleitung wurden unter anderem Bilder, Texte und Daten aus den Archiven der Bucheli Verlags AG (Schweiz), dem Motorbuch Verlag, dem Schermer Verlag und des BMW-Pressearchivs verwendet.

Ein ganz spezieller Dank geht an Helmut Mader, Andy Schwietzer, Helmut Häussler und Jürgen Fleige (Motorrad-Service-Meister bei der BMW-Niederlassung Stuttgart) – sie haben uns ganz viele Tipps zu Wartung, Pflege und Reparatur der klassischen BMW-Modelle mit Einarmschwinge gegeben, damit wir sie an die Leser dieses Buchs weitergeben können.

Satz und Layout: Stefanie Schenk
Lektorat: Myrta Baumberger
Druck: Druck- und Medienzentrum Gerlingen GmbH
D-70839 Gerlingen
Bindung: K. Dieringer
D-70839 Gerlingen

Sie finden uns im Internet unter
www.motorbuch.de und
www.bucheli-verlag.de

1. Auflage 2017

Wichtige Informationen zum Kauf von Ersatzteilen und Werkzeug

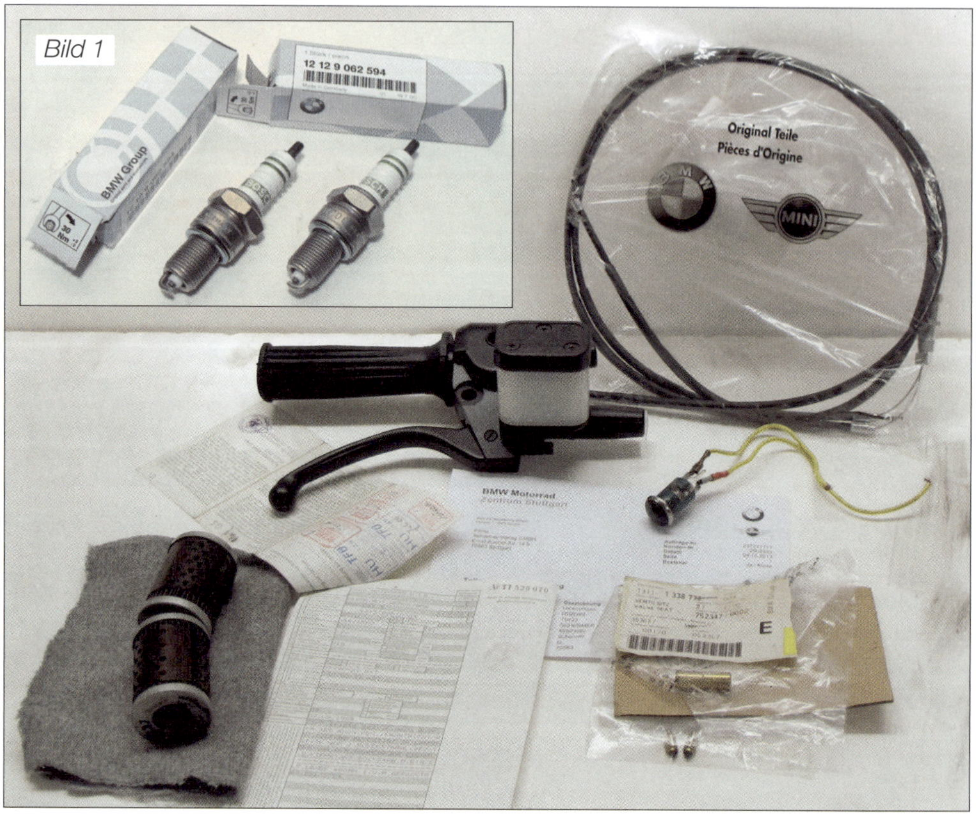

Bild 1

Die Informationen in diesem Buch zu Werkzeugen, Maßen und Fahrzeugteilen, wie z. B. Reifen, Bremsklötze, Zündkerzen, Öl, Ölfilter, etc. entsprechen dem Stand der Technik zum Redaktionsschluss dieses Buchs im Januar 2017. Wenn Sie für Ihre Maschine Ersatzteile (Bild 1) oder Werkzeugteile kaufen, beachten Sie bitte Folgendes:

■ Legen Sie dem Ersatzteilverkäufer beim BMW- oder Zubehörhändler den Kfz-Schein, -Brief oder die »Zulassungsbescheinigung« Teil I oder Teil II mit der Fahrgestellnummer Ihrer Maschine vor.

■ Die **Fahrgestellnummer** der Maschine ist auf dem rechten Rahmenunterzug eingeschlagen und ein zweites Mal im **Typenschild** (Bild 2) zu finden, das auf dem Knotenblech am Lenkkopf aufgenietet ist. Beide Nummern müssen gleich sein und mit denen in der Zulassungsbescheinigung Teil I (früher Fahrzeugschein) und in der Zulassungsbescheinigung Teil II (früher Fahrzeugbrief) übereinstimmen.

■ Bevor Sie Werkzeugteile kaufen, vermessen Sie die Köpfe der Schrauben und Muttern, welche bearbeitet werden sollen.

■ Bitte beachten Sie dazu besonders das Kapitel 4 »Werkzeug · Hilfmittel«.

Bild 2

Folgende Symbole verdeutlichen den Schwierigkeitsgrad der Arbeiten:

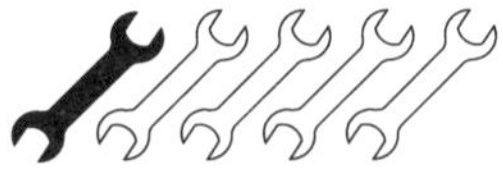

Ein Schlüssel:
Einfache Arbeit, erweitertes Bordwerkzeug reicht aus

Zwei Schlüssel:
Anspruchsvolle Arbeit, extra Werkzeug notwendig

Drei Schlüssel:
Gutes Werkzeug und Spezialkenntnisse erforderlich

Vier Schlüssel:
Spezialwerkzeug und sehr gute handwerkliche Fertigkeit gefragt

Fünf Schlüssel:
Spezialwerkzeug und meisterliche Fertigkeiten notwendig: Fachwerkstatt!

Modelle · Daten · Preise

Korrespondenzkapitel:
■ 22 »Technische Daten«

Hier auf dieser Seite in den Bildern 1 und 2 sehen Sie die erste BMW R 80 G/S, wie sie im September 1980 im südfranzösischen Avignon der Weltöffentlichkeit präsentiert wurde. Die Motorradabteilung des Autoherstellers BMW war damals finanziell sehr angeschlagen, weil die vier japanischen Mitbewerber Honda, Kawasaki, Suzuki und Yamaha in kurzen Abständen immer neue Maschinen und Antriebskonzepte mit stärkeren Motoren auf den Markt brachten und selbst vor dem Kardanantrieb, der bis in die 1970er-Jahre hinein als BMW-Domäne betrachtet wurde, nicht Halt machten: Honda CX 500 (»Güllepumpe«), 650 und Gold Wing, Kawasaki

Bild 1

Bild 2

Bilder 1 und 2: Die R 80 G/S wurde 1980 präsentiert und war bis 1987 im Programm.

Bild 3

Dieser Prototyp wurde »Rote Sau« genannt. Viele Teile wie Telegabel, Schwenksattel-Scheibenbremse und Zweiarm-Schwinge sind von den Straßen-Boxern der /6- und /7-Serie.

Zu den Bildern 4 und 5: *Alle BMW Boxer-Motorräder haben einen luftgekühlten Zweizylinder-Viertaktmotor in »Boxer«-Bauweise. Dabei stehen sich die beiden Zylinder, entsprechend der Kurbelwellenkröpfung (bzw. Breite der Pleuelfüße) leicht versetzt, im Winkel von 180 Grad gegenüber. Beim Boxermotor sind Massenkräfte erster und zweiter Ordnung vollständig ausgeglichen. Die längs eingebaute* ***Kurbelwelle*** *(**1**) ist aus chromlegiertem Vergütungsstahl im Gesenk geschmiedet und läuft in einem einteiligen* ***Leichtmetall-Tunnelgehäuse*** *(**2**) aus Kokillendruckguss im Uhrzeigersinn. Auch die* ***Pleuel*** *(**3**) sind aus Vergütungsstahl geschmiedet. Die bei der Verbrennung auf den gegossenen* ***Leichtmetallkolben*** *(**4**) einwirkende Kraft wird über einen schwimmend gelagerten und desaxierten Kolbenbolzen auf den Pleuel übertragen. In den* ***Kurbelwellen-Lagerflansch*** *(**5**) mit der vorderen Hauptlager-Buchse ist ein hydraulisch unterstützter Kettenspanner eingebaut, der zum geräusch- und verschleißarmen Lauf der Steuerkette beiträgt. Zur Erleichterung der Montage hat die Rollenkette ein Kettenschloss. Sie treibt die unterhalb der Kurbelwelle angeordnete Nockenwelle an.*

Bild 4

Jeder der zweifach nadelgelagerten ***Kipphebel*** *(**6**) betätigt ein Ventil; sie werden von gleitgelagerten* ***Hartgussstößeln*** *(**7**) über Leichtmetall-Stoßstangen mit eingeschrumpften Kugelendköpfen aus Stahl bewegt. Das Axialspiel zwischen den Kipphebeln und den oberen Kipphebel-Lagerböcken wird über Kunststoff-Bundbuchsen und Distanzscheiben ausgeglichen, was für eine Geräuschreduzierung des Ventiltriebs sorgt. Die Ventile bestehen aus vergütetem Stahl (Auslassventil: Resistel) und haben verchromte Schäfte.*

Ventilführungen, Ventilsitze und Zylinderköpfe sind konstruktiv für den Betrieb mit bleifreiem Kraftstoff ausgelegt.

Ölkreislauf

1 *Kurbelwelle*
2 *Leichtmetall-Tunnelgehäuse*
3 *Pleuel*
4 *Leichtmetallkolben*
5 *Kurbelwellen-Lagerflansch*
6 *Kipphebel*
7 *Hartgussstößel*

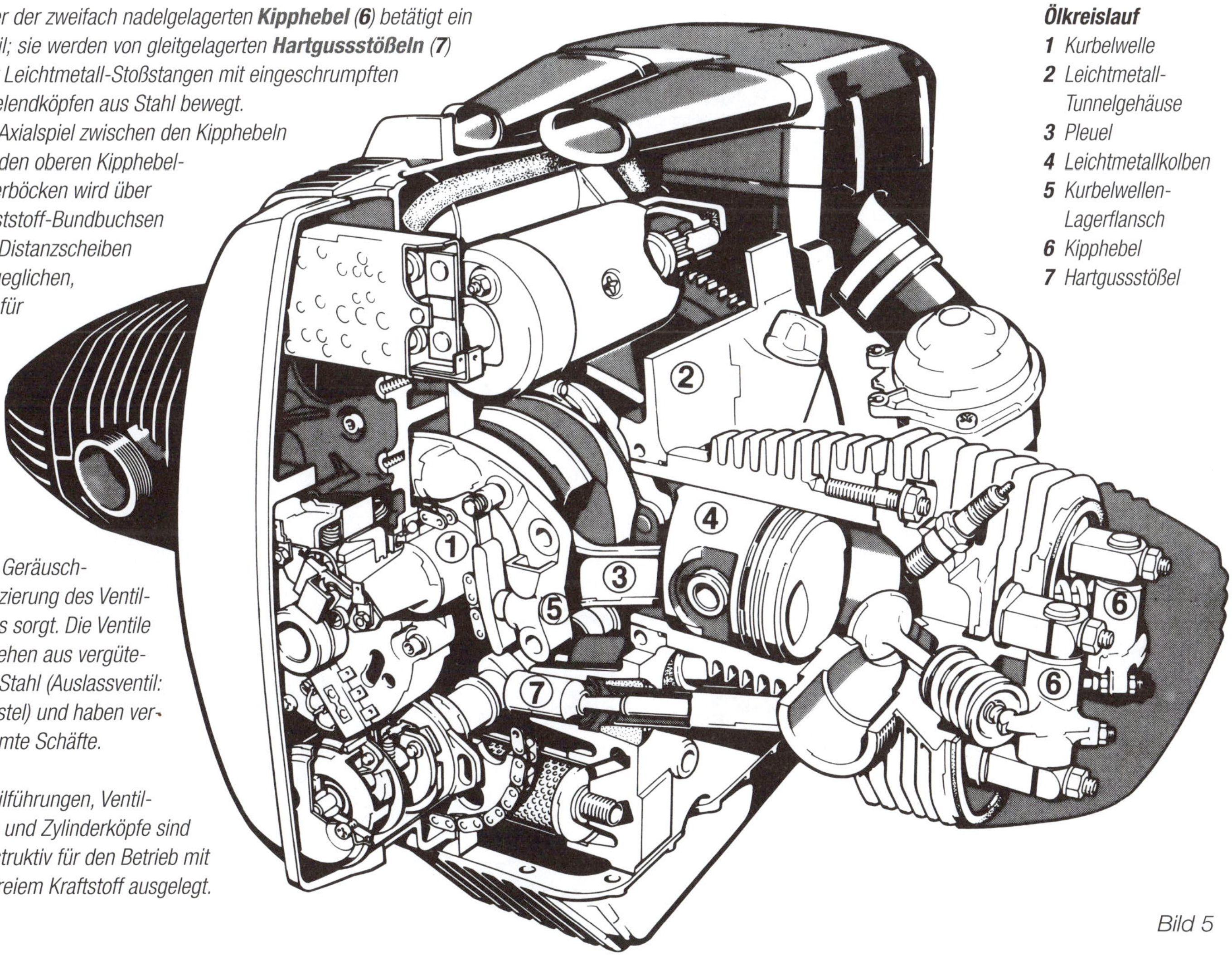

Bild 5

Zu Bild 6, Monolever: *Die **Kardanwelle** (**1**) mit integriertem Torsionsdämpfer läuft in Öl und ist auf der Getriebeabtriebswelle mit einen Konusflansch befestigt. Das **Kegelrad** (**2**) mit Bogenverzahnung ist mit der Kardanwelle in Eingriff. Es läuft in einem doppelten Rillenlager und einem Führungs-Nadellager. Das Hinterachs-Getriebe besitzt ein **Gehäuse** (**3**) aus Leichtmetall-Kokillenguss. Aus Gewichtsgründen und zur Kompensation wärmebedingter Gehäuseausdehnungen ist dem **Tellerrad** (**4**) eine fließgepresste **Aluminiumwelle** (**5**) eingeschrumpft. Die sorgfältig eingestellte Vorspannung für das Kegelrollenlager bleibt somit von Temperaturschwankungen unbeeinflusst. Radseitig ist das Tellerrad in einem Rillenlager gelagert. Der **Bremsschlüssel** (**6**) zur Übertragung der Bremskraft vom Bremshebel auf die Bremsbacken ist in einem eingepressten Rohr durch das Hinterachsgehäuse geführt und beidseitig mit O-Ringen abgedichtet. Die verwindungssteife **Einarmschwinge** (**7**) aus Stahlrohr wird über Kegelrollenlager im Rahmen geführt. Spurversatz und Vorspannung für die Kegelrollenlager sind an den beiden Stahl-Lagerbolzen einstellbar. Das Federbein des »BMW Monolever« ist mit einem Gasdruckdämpfer ausgerüstet, der eine progressive Federkennung aufweist; zur Führung der Feder ist eine Teflon-Manschette eingebaut.*

Bild 6: Die Stahlrohr-Einarmschwinge »Monolever« im Schnitt.

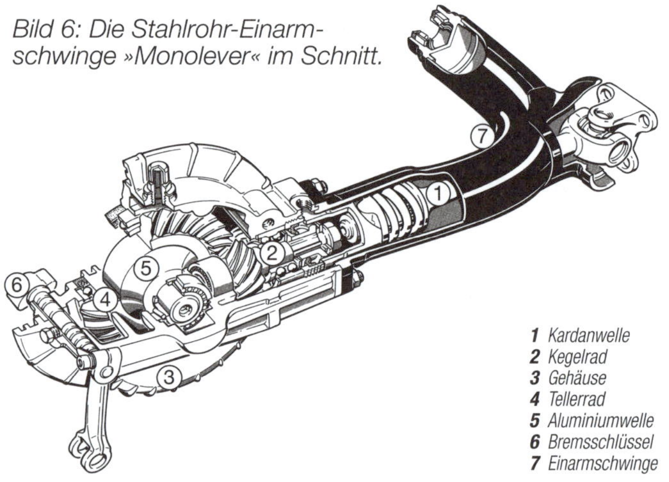

Zu Bild 7, Paralever: *Der Wunsch nach bester Geländetauglichkeit und hohem Fahrkomfort ohne Lastwechselreaktionen kann z. B. durch eine erheblich verlängerte Hinterradschwinge erfüllt werden. Der gleiche Effekt wird auf kleinem Raum mit der »Paralever« genannten »**Doppelgelenkschwinge**« (**2**) erreicht, der in seiner Wirkung einer Schwingenlänge von 1,4 Metern gleichkommt. Diese Schwinge wurde ab Mj. 1988 eingebaut. Sie ist aus Leichtmetall-Guss gefertigt, vorne in den bewährten Kegelrollenlagern geführt; im hinteren Schwingengelenk sind Kegelnadellager eingebaut. Dieses Schwingengelenk hat links einen Festlagerbolzen als axiale*

Bild 7

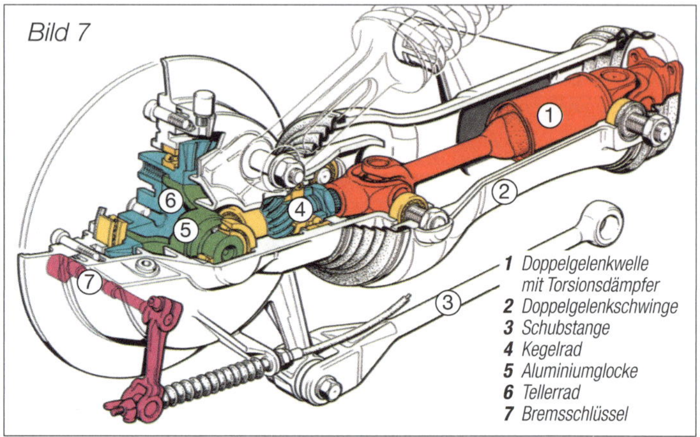

Bild 8

Bilder 7 und 8: Die Doppelgelenkschwinge aus Aluguss wird Paralever genannt.

Bild 9

Die R 80 G/S von 1980 (links) wirkt zierlich im Vergleich zur R 100 GS von 1990 mit Paralever-Schwinge und großer Verkleidung.

*Gelenkjustierung. Die **Kardanwelle** mit dem **integrierten Torsionsdämpfer** (gekapselte Gummielemente, **1**) und zwei Kreuzgelenken überträgt die Antriebskraft über eine Keilnutverzahnung auf das **Kegelrad** (**4**) des Hinterradantriebes. Die **Schubstange** (**3**) wird rahmenseitig von einem Spezialbolzen aufgenommen, der auch dem Betätigungshebel für die Trommelbremse als Lager dient. Das Federbein mit Gasdruckdämpfer ermöglicht einen Radfederweg von bis zu 180 mm. Federvorspannung und Zugstufendämpfung sind, je nach Modell, mehrfach einstellbar. Das Federbein ist oben am Heckrahmen verschraubt und stützt sich unten am Hinterachsgehäuse auf einem hochfesten Spezialbolzen ab.*

Z 1000 und 1100 ST, Suzuki GS 850 und 1100 und Yamaha XS 750, 850 und 1100 seien hier stellvertretend genannt für japanische Kardanmaschinen, die BMW das Wasser abzugraben drohten. Auch hatten die Japaner modernere Motoren mit mehr Leistung, bessere Fahrleistungen und niedrigere Preise – alles Gründe, die gegen den Kauf einer neuen BMW sprachen und die Firma deswegen an den Rand zur Pleite manövrierte. Und wer partout einen europäischen Kardantourer wollte, der konnte bei Moto Guzzi die 850/1000/1100er mit V2-Motor kaufen; sie

Bilder 10 und 11: In den Cockpits von R 80 RT und R 100 RS sind Tacho und Drehzahlmesser an der Gabel angebracht und Zusatzinstrumente in der Verkleidung.

Bild 12: Die RT gab es mit 800 und 980 cm³; RS nur mit 980 cm³.

Bild 10

Bild 11

Bild 12

hatten stabilere Fahrwerke und bessere Getriebe, die sich ohne das von BMW gewohnte »Klonk« schalten ließen.

Aber nicht nur in Europa litt BMW unter starkem Absatzrückgang, vor allem die amerikanischen Motorradfahrer kauften keine BMWs mehr, weil die Japaner neue Modelle Schlag auf Schlag präsentierten – und wer nimmt nicht gerne mehr Leistung, mehr Zylinder und aufregende Optik für weniger Geld, wenn er damit sogar noch ein Bekenntnis für die Zukunft abgibt? Der Boxer war am Ende – auch deswegen, weil BMW viel zu lange daran festgehalten hatte und neue Konzepte wie die K-Modelle* noch nicht fertig gedacht, geschweige denn serienreif waren.

Nun denn, manchmal ist Ungehorsam und Anarchie ein guter Antrieb in die Zukunft und so kam es, dass in den 1970er-Jahren bei BMW im Versuch einige Motorräder gebaut wurden, die so gar nichts mit den schläfrigen Basismaschinen dieser Zeit zu tun hatten. Helmut Dähnes Straßen-Rennboxer entstand da ebenso (»immer erst nach Feierabend, Franz, nach Feierabend!« – so Helmut Dähne heute in der Erinnerung an die Schraubernächte von damals) wie auch einige Geländemaschinen, mit denen BMW in nationalen und internationalen Geländesportwettbewerben in der Klasse »Viertakter über 500 ccm« ganz vorne dabei war und viele nationalen und internationalen Meistertitel abräumte; Spitzenfahrer war Sebastian Nachtmann.

Bild 13: Der großen R 80 RT sieht man ihre Reise- und Tourentauglichkeit an, die schlanke R 80 ST dagegen war nicht Fisch oder Fleisch und wurde kein großer Erfolg. Heute würde man sie als »klassisches Naked Bike« bezeichnen.

Bild 14: Noch einmal die R 80 ST hier im Vergleich zur behäbig wirkenden R 80.

* = mit »K-Modelle« sind die K 100-Reihenvierzylinder gemeint, welche 1983 präsentiert wurden.

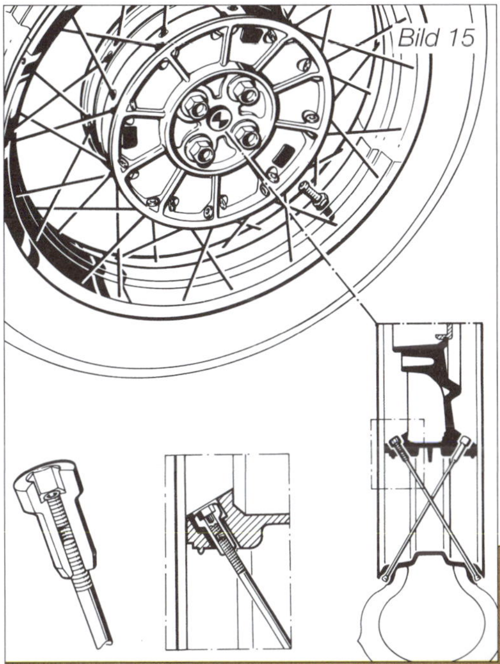

Bild 15

Bild 16

Bild 17

Bilder 15, 16 und 17: Die Modelle unseres Buchs haben entweder klassische Speichenräder (Bild 16), Kreuzspeichenräder (Bild 15) oder Gussräder (Bild 17).

Bild 18

Bild 18: Die zerlegte R 80 schaut gar nicht so wild aus, mit etwas Basiswissen und Nachdenken kann man daraus wieder ein Motorrad machen.

Zur Wertung »Image« in der Modellauflistung der folgenden Seiten
★☆☆☆☆ = Schlechtes Image, Modell interessiert kaum jemanden.
★★☆☆☆ = Image nicht besonders gut. Sichtbare Mängel, Pflegenotstand
★★★☆☆ = Durchschnittliches Image, Laufleistung hoch, wenig Mängel
★★★★☆ = Gutes Image, Besitzer-, Reparatur- und Inspektions-Historie
★★★★★ = Hervorragendes Image. Gepflegte Originalmaschinen mit lückenloser Inspektions-Historie erzielen irre Gebrauchtpreise

Im Bild 3 ist eine Versuchsmaschine zu sehen, die von BMW offiziell als »Prototyp der R 80 G/S« bezeichnet wird. Während die BMW-Geländesportler vorne eine Trommelbremse hatten, hat der Prototyp schon eine Scheibenbremse und zwar mit Schwenksattel, wie er in die /6- und /7-Modelle dieser Jahre eingebaut wurde. Die

R 65 GS Mj. 1988 bis 1990

Stückzahl 1727. Leistung 27 PS bei 6200/min. Monolever, Speichenräder, Scheibenbremse vorne Ø 260 mm, Tank 19,5 Liter, Vergaser Ø 26 mm. Gewicht 194 kg. Spitze 146 km/h.
Listenpreise:
Mj. 1988 = 9.450 DM
Mj. 1989 = 9.540 DM
Mj. 1990 = 9.850 DM
Preise jeweils zzgl. Frachtkosten 459 DM
Image: ★☆☆☆☆
Gebrauchtpreise*: 1.850 bis 3.400 Euro

R 80 G/S Mj. 1980 bis 1987

Stückzahl 21 334. Leistung 50 PS bei 6500/min. Monolever, Speichenräder, Scheibenbremse vorne Ø 260 mm, Tank 19,5 Liter, Vergaser Ø 32 mm. Gewicht 191 kg (mit E-Starter 196 kg). Spitze 168 km/h.
Listenpreise:
Mj. 1980 = 8.290 DM Mj. 1981 = 8.350 DM
Mj. 1982 = 8.990 DM Mj. 1983 = 9.390 DM
Mj. 1984 = 9.890 DM Mj. 1985 = 9.490 DM
Mj. 1986 = 9.920 DM Mj. 1987 = 10.250 DM
Preise jeweils zzgl. Frachtkosten 459 DM
Image: ★★★★★
Gebrauchtpreise: 4.500 bis 9.500 Euro

R 80 G/S Paris-Dakar
Mj. 1984 bis 1987

Stückzahl 2975. Leistung 50 PS bei 6500/min. Monolever, Speichenräder, Scheibenbremse vorne Ø 260 mm, Tank 32 Liter, Vergaser Ø 32 mm. Gewicht 205 kg. Spitze 168 km/h.
Listenpreise:
Mj. 1984 = 10.120 DM
Mj. 1985 = 10.120 DM
Mj. 1986 = 10.620 DM
Mj. 1987 = 10.950 DM
Preise jeweils zzgl. Frachtkosten 459 DM
Image: ★★★★★
Gebrauchtpreise: 5.000 bis 8.500 Euro

* = Stand der Recherche zum Redaktionsschluss dieses Buches im Januar 2017

Unterschiede des Prototyps in Bild 3 zur ersten Serien-R 80 G/S sind beim Vergleichen der beiden Zeichnungsbilder 1 und 2 ganz deutlich auszumachen – die R 80 G/S war quasi ein neues Motorrad und so wurde sie auch bei der Präsentation in Avignon in Spätjahr 1980 von BMW als »hubraumgrößte Serien-Enduro« vorgestellt »mit

Neupreise damals im Verhältnis zu heute
Mit den Modelljahren, in denen die BMW's unseres Buchs angeboten wurden, nennen wir die damaligen Listenpreise in DM. Wenn Sie umrechnen möchten: 1 Euro entspricht 1,95583 DM. Beispiel: 1980 kostete die R 80 G/S 8.290 DM zzgl. 459 für Fracht = 8.749 DM : 1,95583 = 4.473,29 Euro. Unter Berücksichtigung der Inflation müssen Sie einen Währungsrechner bemühen (Internet), der berechnet: 10.037,52 Euro wäre der heutige Preis.

R 80 GS Mj. 1988 bis 1990
mit kleiner Verkleidung

Stückzahl 1488. Leistung 50 PS bei 6500/min. Paralever, Kreuzspeichenräder, Scheibenbremse vorne Ø 285 mm, Tank 26 Liter, Vergaser Ø 32 mm. Gewicht 210 kg. Spitze 168 km/h.
Listenpreise:
Mj. 1988 = 10.950 DM
Mj. 1989 = 11.450 DM
Mj. 1990 = 11.810 DM
Preise jeweils zzgl. Frachtkosten 459 DM
Image: ★★★☆☆
Gebrauchtpreise: 3.900 bis 8.400 Euro

R 80 GS Mj. 1990 bis 1994
mit großer Verkleidung

Stückzahl 6481. Leistung 50 PS bei 6500/min oder 27 PS bei 5500/min (Mj. 1992 und 1993) oder 34 PS bei 6000/min (Mj. 1994). Paralever, Kreuzspeichenräder, Scheibenbremse vorne Ø 285 mm, Tank 24 Liter, Vergaser Ø 32 mm. Gewicht 215 kg. Spitze 168 km/h.
Listenpreise: Mj. 1990 = 11.810 DM
Mj. 1991 = 12.800 DM Mj. 1992 = 13.750 DM
Mj. 1993 = 13.950 DM Mj. 1994 = 14.500 DM
Preise jeweils zzgl. Frachtkosten 459 DM
Image: ★★★☆☆
Gebrauchtpreise: 3.650 bis 7.200 Euro

R 80 GS P-D Mj. 1991 bis 1994
wurde nur in der Schweiz angeboten

Stückzahl 395. Leistung 45 PS bei 6100/min. Paralever, Kreuzspeichenräder, Scheibenbremse vorne Ø 285 mm, Tank 38 Liter, Vergaser Ø 32 mm. Gewicht 231 kg. Spitze 145 km/h.
Listenpreise:
Mj. 1991 = 14.950 sFr
Mj. 1992 = 14.950 sFr
Mj. 1993 = 14.950 sFr
Preise jeweils zzgl. Frachtkosten
Image: ★★★☆☆
Gebrauchtpreise: 4.800 bis 7.800 CHF / Euro

Das Hin und Her mit den Gebrauchtpreisen
Zur aktiven Bauzeit der BMW's unseres Buchs waren die Preise für Maschinen, die gebraucht an Mann/Frau gebracht werden sollten oder beim Kauf einer Neumaschine beim Händler in Zahlung gegebenen wurden, ganz normal – sie gingen nach unten, je älter die Maschinen wurde; ein 10 Jahre alter Boxer brachte maximal 20 Prozent seines damaligen Neupreises. Heute* scheint es umgekehrt und ein Ende der Preisspirale ist nicht abzusehen.

zwei Zylindern« (die japanischen Enduros hatten alle nur einen Zylinder). Aber dass sie schon kurz nach ihrer Vorstellung in ausführlichen Tests in Motorrad-Fachzeitschriften als »beste Straßenmaschine, die BMW je gebaut hat« bezeichnet wurde, hatte BMW so nicht auf dem Plan: Dank ihrer Hochbeinigkeit hatte ihr Fahrer viel mehr

R 80 GS Basic Mj. 1996

Stückzahl 3003. Leistung 50 PS bei 6500/min. Paralever, Kreuzspeichenräder, Scheibenbremse vorne Ø 285 mm, Tank 19 Liter, Vergaser Ø 32 mm. Gewicht 215 kg. Spitze 171 km/h.
Listenpreise:
Mj. 1996 = 15.500 DM
Preis zzgl. Frachtkosten 459 DM
Image: ★★★★★
Gebrauchtpreise: 8.300 bis 16.500 Euro

R 100 GS Mj. 1988 bis 1990

mit kleiner Verkleidung

Stückzahl 13 363. Leistung 60 PS bei 6500/min. Paralever, Kreuzspeichenräder, Scheibenbremse vorne Ø 285 mm, Tank 26 Liter, Vergaser Ø 40 mm. Gewicht 215 kg. Spitze 181 km/h.
Listenpreise:
Mj. 1988 = 12.990 DM
Mj. 1989 = 13.540 DM
Mj. 1990 = 13.950 DM
Preise jeweils zzgl. Frachtkosten 459 DM
Image: ★★★★★
Gebrauchtpreise: 4.100 bis 9.400 Euro

R 100 GS Paris-Dakar Mj. 1989, 1990

Stückzahl 3546. Leistung 60 PS bei 6500/min. Paralever, Kreuzspeichenräder, Scheibenbremse vorne Ø 285 mm, Tank 38 Liter, Vergaser Ø 40 mm. Gewicht 236 kg. Spitze 180 km/h.
Listenpreise:
Mj. 1989 = 15.190 DM
Mj. 1990 = 15.650 DM
Preise jeweils zzgl. Frachtkosten 459 DM
Image: ★★★★★
Gebrauchtpreise: 4.200 bis 5.700 Euro

* = Stand der Recherche zum Redaktionsschluss dieses Buchs im Januar 2017

Überblick über Verkehr und Streckenführung, so dass ein einigermaßen geübter Fahrer auf einer R 80 G/S mit ihren »nur« 50 PS den meisten Japanern mit doppelter Leistung davonfuhr und mit einem Lächeln im Gesicht die Leichtigkeit des Boxerfahrens zur Schau trug, wenn er am vereinbarten Pausenziel seine Zigarette schon geraucht

Facts und Anhaltspunkte für Gebrauchtpreise
Beim Studium der Texte zu den Maschinen werden Sie feststellen, dass die Sternchenbewertung beim Begriff »Image« oft nicht mit den Gebrauchtpreisangaben korrespondiert. Das hat seine Gründe: Viele heutige Boxer-Käufer haben einfach nur keine Ahnung, auf welches Fahrgefühl sie sich einlassen, sie wollen einen Boxer haben und denken, dass die bullige Erscheinung einer R 65 GS auch »Saft und Kraft« bedeutet.

R 100 GS Mj. 1990 bis 1994
mit großer Verkleidung

Stückzahl 8730. Leistung 60 PS bei 6500/min. Paralever, Kreuzspeichenräder, Scheibenbremse vorne Ø 285 mm, Tank 24 Liter, Vergaser Ø 40 mm. Gewicht 220 kg. Spitze 181 km/h.
Listenpreise:
Mj. 1990 = 14.800 DM Mj. 1991 = 14.950 DM
Mj. 1992 = 15.650 DM Mj. 1993 = 15.500 DM
Mj. 1994 = 15.500 DM
Preise jeweils zzgl. Frachtkosten 459 DM
Image: ★★★☆☆
Gebrauchtpreise: 4.100 bis 7.500 Euro

R 100 GS P-D Mj. 1991 bis 1994

Stückzahl 3722. Leistung 60 PS bei 6500/min. Paralever, Kreuzspeichenräder, Scheibenbremse vorne Ø 285 mm, Tank 38 Liter, Vergaser Ø 40 mm. Gewicht 236 kg. Spitze 180 km/h.
Listenpreise:
Mj. 1991 = 15.950 DM
Mj. 1992 = 16.700 DM
Mj. 1993 = 16.950 DM
Mj. 1992 = 16.950 DM
Preise jeweils zzgl. Frachtkosten 459 DM
Image: ★★★★☆
Gebrauchtpreise: 5.800 bis 8.250 Euro

R 100 GS P-D Classic Mj. 1995, 1996

Stückzahl 1739. Leistung 60 PS bei 6500/min. Paralever, Kreuzspeichenräder, Scheibenbremse vorne Ø 285 mm, Tank 38 Liter, Vergaser Ø 40 mm. Gewicht 236 kg. Spitze 180 km/h.
Listenpreise:
Mj. 1995 = 17.500 DM
Mj. 1996 = 17.500 DM
Preise jeweils zzgl. Frachtkosten 459 DM
Image: ★★★☆☆
Gebrauchtpreise: 6.200 bis 7.800 Euro

hatte (dass er sie vor dem Anzünden zur Hälfte abgebrochen hat ist wirklich kein böses Gerücht ebenso wie das, dass in vollgepackten Tankrucksäcken der BMW-Fahrer nur Heu drin war…).

Und dann geschah etwas, das so auch nicht auf dem BMW-Marketingplan stand: Kaum war die R 80 G/S auf dem Markt, wurde sie auch schon für Fern- und Abenteuerreisen hergenommen, trug ihre Reiter über klebrige afrikanische »Teer«-straßen ebenso wie durch heiße Wüstengebiete überall auf der Welt – und brachte sie auch wieder sicher nach Hause. Die relativ einfache Mechanik des Motors machte ihn reparabel auf

R 80 ST Mj. 1982 bis 1984

Stückzahl 5963. Leistung 50 PS bei 6500/min. Monolever, Speichenräder, Scheibenbremse vorne Ø 260 mm, Tank 19,5 Liter, Vergaser Ø 32 mm. Gewicht 198 kg. Spitze 175 km/h.
Listenpreise:
Mj. 1982 = 9.490 DM
Mj. 1983 = 9.860 DM
Mj. 1984 = 9.990 DM
Preise jeweils zzgl. Frachtkosten 459 DM
Image: ★★☆☆☆
Gebrauchtpreise: 2.600 bis 3.800 Euro

R 65 Mj. 1986 bis 1993

Stückzahl 8260. Leistung 27 PS bei 5500/min (1986 bis 1993) oder 48 PS bei 7250/min (1986 bis 1988). Monolever, Gussräder, Scheibenbremse vorne Ø 285 mm, Tank 22 Liter, Vergaser Ø 26 mm bei 27 PS, Ø 32 mm bei 48 PS. Gewicht 205 kg. Spitze 155 km/h mit 27 PS, 173 km/h mit 48 PS.
Listenpreise:
Mj. 1986 = 8.980 DM; mit 48 PS = 9.290 DM
Mj. 1987 = 9.200 DM; mit 48 PS = 9.530 DM
Mj. 1988 = 9.450 DM; mit 48 PS = 9.850 DM
Mj. 1989 = 9.540 DM Mj. 1990 = 9.850 DM
Mj. 1991 = 10.200 DM Mj. 1992 = 11.350 DM
Mj. 1993 = 11.500 DM je zzgl. Fracht 459 DM
Image: ★☆☆☆☆
Gebrauchtpreise: 1.200 bis 3.500 Euro

R 80 Mj. 1985 bis 1992

Stückzahl 13815. Leistung 50 PS bei 6500/min oder 27 PS bei 5000/min (Mj. 1991 und 1992). Monolever, Gussräder, Scheibenbremse vorne Ø 285 mm, Tank 22 Liter, Vergaser Ø 32 mm. Gewicht 210 kg. Spitze 178 km/h.
Listenpreise:
Mj. 1985 = 9.990 DM Mj. 1986 = 10.440 DM
Mj. 1987 = 10.800 DM Mj. 1988 = 11.150 DM
Mj. 1989 = 11.500 DM Mj. 1990 = 11.850 DM
Mj. 1991 = 12.500 DM Mj. 1992 = 13.350 DM
Preise jeweils zzgl. Frachtkosten 459 DM
Image: ★★☆☆☆
Gebrauchtpreise: 3.200 bis 4.500 Euro

allen Werkbänken dieser Welt und auch Kardan und Einarmschwinge hielten mehr aus als vermutet. Kein Wunder, dass die R 80 G/S binnen kürzester Zeit einen für BMW neuen Unzerstörbarkeitsnimbus bekam und überall auf der Welt anzutreffen war: Am Wochenende auf dem nächtlichen Boulevard als fahrbarer Untersatz zum Kneipenhopping ebenso wie mit vollbepackten Aluminium-Riesenpacktaschen und Reservereifen obendrauf in Schwarzafrika; kein Weg war ihr zu staubig, kein Schlagloch zu tief. BMW erschrak ein weiteres Mal: »Huch, die Fahrer unserer G/S waren ja Schmutzfinken, hatten schmutzige Gesichter, rochen nach Schweiß

R 80 R Mj. 1993, 1994

Stückzahl 3503. Leistung 50 PS bei 6500/min oder 27 PS bei 5500/min (Mj. 1993) oder 34 PS bei 6000/min (Mj. 1994). Paralever, Kreuzspeichenräder, Scheibenbremse vorne Ø 285 mm, Tank 24 Liter, Vergaser Ø 32 mm. Gewicht 220 kg. Spitze 168 km/h.
Listenpreise:
Mj. 1993 = 13.950 DM
Mj. 1994 = 13.950 DM
Preise jeweils zzgl. Frachtkosten 459 DM
Image: ★★☆☆☆
Gebrauchtpreise: 3.500 bis 5.500 Euro

R 80 R Mystic Mj. 1994, 1995

wurde nur in der Schweiz angeboten

Stückzahl 90. Leistung 48 PS bei 6500/min. Paralever, Kreuzspeichenräder, Scheibenbremse vorne Ø 285 mm, Tank 24 Liter, Vergaser Ø 32 mm. Gewicht 220 kg. Spitze 167 km/h.
Listenpreise:
Mj. 1994 = 14.250 sFr
Mj. 1995 = 14.250 sFr
Preise jeweils zzgl. Frachtkosten
Image: ★★☆☆☆
Gebrauchtpreise: 3.850 bis 6.500 CHF / Euro

R 100 R Mj. 1991 bis 1996

Stückzahl 16 939. Leistung 60 PS bei 6500/min. Paralever, Kreuzspeichenräder, Scheibenbremse vorne Ø 285 mm (ab Mj. 1994 Doppelscheibe), Tank 24 Liter, Vergaser Ø 40 mm. Gewicht 225 kg. Spitze 180 km/h.
Listenpreise:
Mj. 1991 = 13.850 DM Mj. 1992 = 13.850 DM
Mj. 1993 = 14.450 DM Mj. 1994 = 14.950 DM
Mj. 1995 = 15.700 DM Mj. 1996 = 15.700 DM
Preise jeweils zzgl. Frachtkosten 459 DM
Image: ★★★☆☆
Gebrauchtpreise: 4.200 bis 8.900 Euro

und Abenteuer und hatten Schwielen an den Händen vom Zupacken abseits der Straße«. Irgendwie waren die sich fein fühlenden Herren in der BMW-Geschäftsleitung sehr irritiert.

Heute lässt sich mit Fug und Recht behaupten, dass die R 80 G/S zum Rettungsanker wurde für BMW, was Image und finanziellen Erfolg betrifft: Schmutz und Schweiß hieß Abenteuer und je mehr davon bekannt wurde, desto größer wurde die Lust anderer Leute darauf – auch solcher, die von (übermotorisierten) Japanern kamen und neue Herausforderungen suchten, weit abseits von kreischenden Vierzylindern mit offenen

R 100 R Mystic Mj. 1994 bis 1996

Stückzahl 3650. Leistung 60 PS bei 6500/min. Paralever, Kreuzspeichenräder, Doppelscheibenbremse vorne Ø 285 mm), Tank 24 Liter, Vergaser Ø 40 mm. Gewicht 225 kg. Spitze 180 km/h.
Listenpreise:
Mj. 1994 = 14.950 DM
Mj. 1995 = 15.700 DM
Mj. 1996 = 15.700 DM
Preise jeweils zzgl. Frachtkosten 459 DM
Image: ★★☆☆☆
Gebrauchtpreise: 4.650 bis 9.200 Euro

R 65 RT Mj. 1986 bis 1988

Behördenmodell, nicht im Serienprogramm

Stückzahl 1092. Leistung 48 PS bei 7250/min. Monolever, Gussräder, Scheibenbremse vorne Ø 285 mm, Tank 22 Liter, Vergaser Ø 32 mm. Gewicht 222 kg. Spitze 165 km/h
Listenpreise:
Für dieses Modell gibt es keine Neu-Verkaufspreise, weil es nur an Behörden verkauft wurde.
Image: ★★☆☆☆
Gebrauchtpreise: 1.200 bis 2.400 Euro

R 80 RT Mj. 1985 bis 1994

Stückzahl 22 069. Leistung 50 PS bei 6500/min. Auch mit 27 PS bei 5000/min (Mj. 1991 bis 1993) oder 34 PS bei 6000/min (Mj. 1994). Monolever, Gussräder, Scheibenbremse vorne Ø 285 mm; ab Mj. 1988 Doppelscheibe, Tank 22 Liter, Vergaser Ø 32 mm. Gewicht 227 kg. Spitze 170 km/h. Listenpreise:

Mj. 1985 = 12.110 DM   Mj. 1986 = 12.690 DM
Mj. 1987 = 13.150 DM   Mj. 1988 = 13.750 DM
Mj. 1989 = 14.200 DM   Mj. 1990 = 14.650 DM
Mj. 1991 = 14.950 DM   Mj. 1992 = 15.850 DM
Mj. 1993 = 15.950 DM   Mj. 1994 = 16.500 DM

Preise jeweils zzgl. Frachtkosten 459 DM
Image: ★★☆☆☆   Gebr.: 2.800 bis 4.200 Euro

4-in-1-Auspuffanlagen und Kettenschmiere an der Maschine und auf dem Rücken der Sozia.

Auf diesen Seiten haben wir alle Modelle dieses Buchs aufbereitet und zwar zuerst die G/S- und GS-Modelle nach Hubraum aufsteigend, dann die reinen Straßenmaschinen (heute würde man »Naked Bike« dazu sagen) und im dritten Teil kommen die verkleideten Reisemaschinen mit dem Kürzel RT, was so viel heißt wie »Road Tour« ins Bild. Dazu gibt es die wichtigsten technischen Daten, die damaligen Neupreise in DM, eine Imagebewertung sowie eine »halbamtliche« Ansage von marktüblichen Gebrauchtpreisen.

R 100 RS Mj. 1987 bis 1992

Stückzahl 6081. Leistung 60 PS bei 6500/min. Monolever, Gussräder, Doppelscheibenbremse vorne Ø 285 mm, Tank 22 Liter, Vergaser Ø 32 mm. Gewicht 229 kg. Spitze 185 km/h.
Listenpreise:
Mj. 1987 = 15.700 DM Mj. 1988 = 16.150 DM
Mj. 1989 = 16.710 DM Mj. 1990 = 17.200 DM
Mj. 1991 = 17.850 DM Mj. 1992 = 18.600 DM
Preise jeweils zzgl. Frachtkosten 459 DM
Image: ★★★★☆
Gebrauchtpreise: 4.800 bis 9.200 Euro

R 100 RT Mj. 1988 bis 1994

Stückzahl 8995. Leistung 60 PS bei 6500/min. Monolever, Gussräder, Doppelscheibenbremse vorne Ø 285 mm, Tank 22 Liter, Vergaser Ø 32 mm. Gewicht 229 kg. Spitze 182 km/h.
Listenpreise:
Mj. 1988 = 16.150 DM Mj. 1989 = 16.710 DM
Mj. 1990 = 17.200 DM Mj. 1991 = 17.850 DM
Mj. 1992 = 18.600 DM Mj. 1993 = 18.500 DM
Mj. 1994 = 18.500 DM
Preise jeweils zzgl. Frachtkosten 459 DM
Image: ★★★★☆
Gebrauchtpreise: 4.100 bis 5.600 Euro

R 100 RT Classic Mj. 1995, 1996

Stückzahl 383. Leistung 60 PS bei 6500/min. Monolever, Gussräder, Doppelscheibenbremse vorne Ø 285 mm, Tank 22 Liter, Vergaser Ø 32 mm. Gewicht 234 kg. Spitze 168 km/h.
Listenpreise:
Mj. 1995 = 19.400 DM
Mj. 1996 = 19.400 DM
Preise jeweils zzgl. Frachtkosten 459 DM
Image: ★★★★★
Gebrauchtpreise: 5.600 bis 8.500 Euro

Kaufberatung

In diesem Kapitel: Zweiventil-Boxer mit Wertzuwachs · Gebrauchtkauf richtig gemacht: Punkte, die man ansehen muss · Probefahrt, Kaufvertrag, Bezahlung · Keine Angst vor dem TÜV · Das Vollgutachten · Tipps ums Thema Zulassung.

Zweiventil-Boxer mit Wertzuwachs

Die klassischen BMW-Boxer mit Zweiventil-Motoren, Vergaser und Einarmschwinge, die in diesem Buch behandelt werden, sind recht häufig zu finden – und zwar zugelassen auf der Straße, nicht im Schuppen verstaubt unter einer

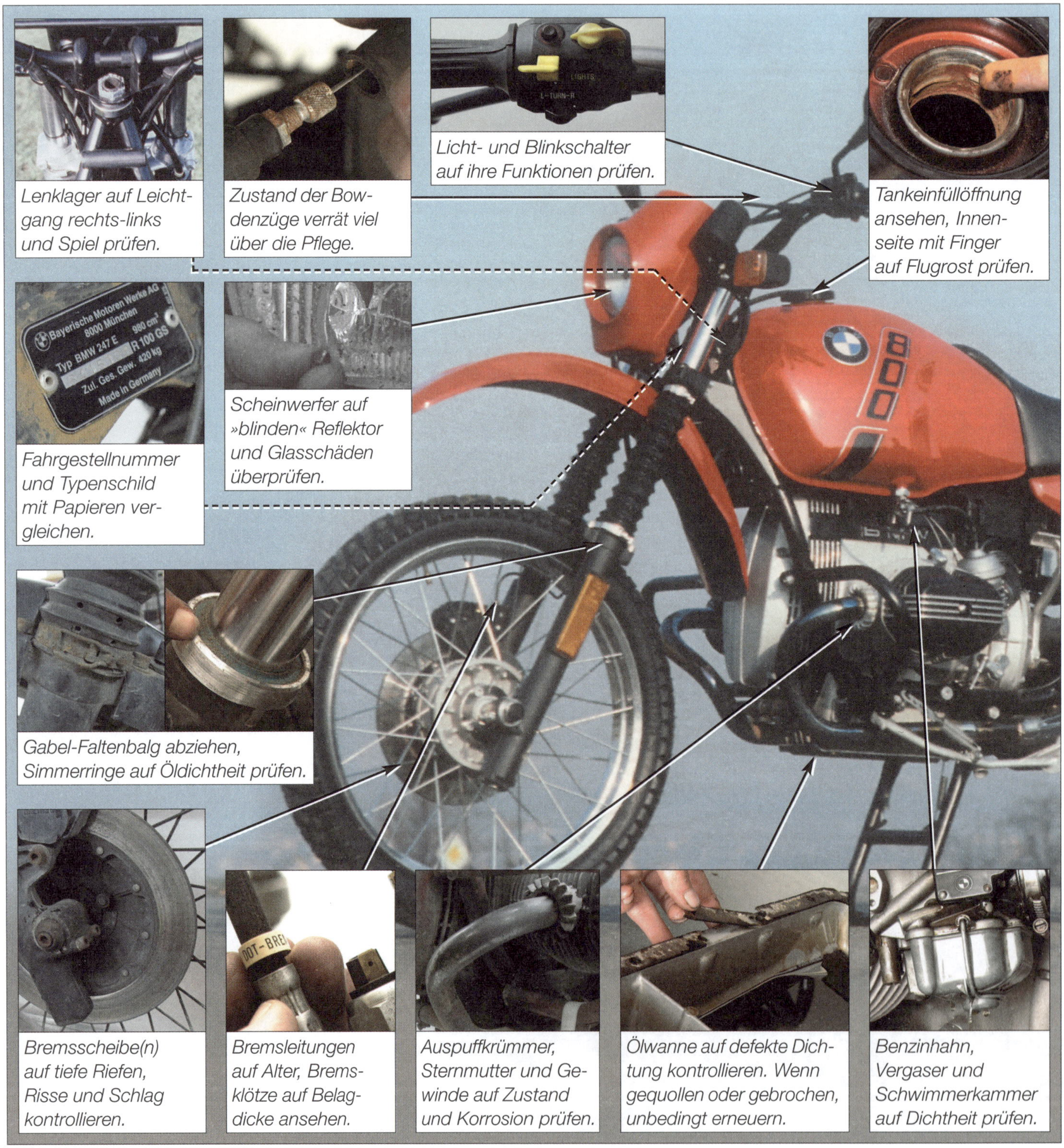

Plane. Wer ein solches Motorrad sich zulegen möchte, muss mit hohen Preisen rechnen. Gründe dafür: Erstens ist es die Ursprünglichkeit der Maschinen, vor allem der GS-Modelle, sie gelten als unverwüstlich, sind Abenteuerbikes pur. Zweitens ist die für damalige Verhältnisse sehr hohe Fertigungs- und Materialqualität wesentlich verantwortlich dafür, dass alte BMWs laufen und laufen und laufen... Und die allseits bekannten Probleme wie lautes Ventilklappern oder krachende Geräusche beim Schalten sind im Laufe der Jahre in Eigenarbeit beseitigt worden – oder man hat sich daran gewöhnt, findet es heute sogar charmant. Und wenn ein Besitzer seine Maschine gut gepflegt hat, spielt auch das eine wichtige Rolle

Zustand von Verkabelung und der elektrischen Bauteile unterm Tank prüfen.

Batterie darf nicht zu alt sein, Kabelanschlüsse dürfen nicht »blühen«.

Rahmenrohre und Verschraubungen auf Korrosion und Festsitz ansehen.

Federung und Dämpfung durch Niederdrücken des Hecks prüfen.

Papiere müssen vorhanden, alle Umbauten eingetragen sein.

Die »TÜV-Plakette« gibt Hinweis auf die nächste Hauptuntersuchung.

Getriebe und Motor auf Laufgeräusche, Ölnebel an Dichtflächen und Zustand der Kühlrippen prüfen.

Haupt- und Seitenständer auf Form, Lagerung, Standsicherheit und Federn prüfen.

Hinterachsgehäuse auf Ölnebel, Kardangelenk auf Geräusche und Bremse auf Wirkung kontrollieren.

Zustand der Reifen? Profil noch mehr als 2,5 mm?

beim Gebrauchtangebot – wenn sich heute ein gut situierter Mittfünfziger seinen Jugendtraum erfüllen möchte in Form einer rustikalen BMW, dann ist der geforderte Preis zweitranging, es zählt zuerst die Verfügbarkeit des Traummaschinen-Modells: Nackt, mit oder ohne Verkleidung?

Bild 1

Bild 1: Motorrad aufbocken, mit Abstand umkreisen, genau ansehen und sich von nichts »blenden« lassen!

Bild 2

Bild 3

Bild 4

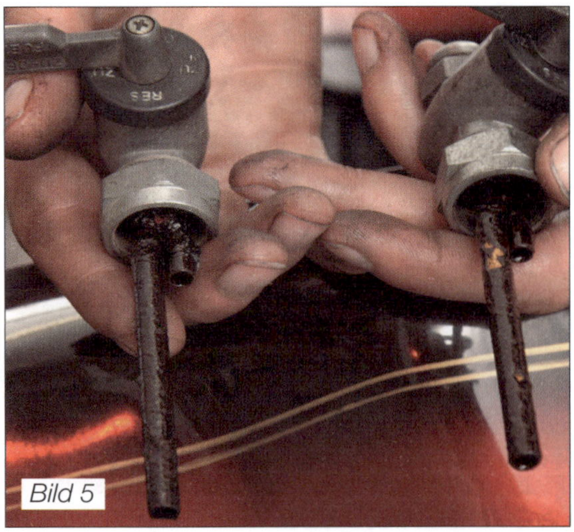

Bild 5

Bilder 2 bis 5: Besonders zu beachtende Problemzonen. ■ Bild 2: Leichter Ölnebel am Zylinderfuß ist unkritisch. ■ Bild 3: Die Gummis der Stoßstangen-Tüllrohre verhärten nach einigen Jahren. ■ Bild 4: Stößelstangen können ein Klappergrund sein. ■ Bild 5: Verschmutzte Benzinhähne kann man reparieren.

Bei den Einarmschwingen-Modellen muss man beachten, dass es verschiedene gibt, die für unterschiedliche Nutzer interessant sind. Die GS-Modelle gibt es mit 650 und 800 ccm mit starrer Hinterradschwinge (»Monolever«) oder mit 800 und 1000 ccm mit Doppelgelenkschwinge (»Paralever«), vier verschieden großen Tanks, mit lenkerfester »kleiner« oder mit rahmenfester »großer« Verkleidung. Abgesehen von der temperamentlosen R 65 ist jede der anderen zehn (!) Modelle eine Legende für sich; alle GS-Modelle sind echte Erlebnismotorräder, die nicht nur einen sanften Knuff vertragen, sondern mit denen man auch (ungewollte!) Überschläge beim Überfahren von Dünen in der Sahara produzieren kann.

Und genau deswegen wird es heute keine »wie neu!«-GS mehr geben, sie sind zum größten Teil mehr oder weniger verbraucht. Natürlich bestätigen Ausnahmen die Regel, denn viele GS wurden gekauft, um mit ihnen auf befestigten Straßen zu fahren und die kein Gelände gesehen haben. Speziell die ersten Modelle mit 800 und 1000 ccm Hubraum sind sehr gesucht; gerne auch mit den großen Tanks und Packzubehör. Solche werden in wirklich gutem Zustand zu Preisen von 4000 bis 8500 Euro gehandelt. Die Preise steigen zwar langsam, aber stetig, sodass ein Wertzuwachs zu erwarten ist.

Mit diesem Kapitel möchten wir möglichen Käufern und auch Verkäufern Tipps geben zum richtigen Kaufen und Verkaufen. Weil die Fragen und Punkte, um die es bei der Bewertung einer Maschine geht, einander sehr ähnlich sind: »Auf was muss ich beim Kauf einer gebrauchten Maschine besonders achten?« lässt sich für den

Verkäufer gleichsetzen mit: »Auf welche Punkte muss ich bei Pflege und Wartung meines Motorrades besonders achten, damit ich es irgendwann zu einem fairen Preis und mit gutem Gewissen verkaufen kann?«.

Mit dieser Überlegung ist neben der Wartung und Pflege wie z. B. sorgfältiges Waschen des Motorrades oder auch Ölwechsel, was jeder einigermaßen begabte BMW-Fahrer selbst machen kann, auch die regelmäßige Kontrolle wichtiger Teile angesprochen, wie z. B. der Bremsen, Fahrwerkslager und Reifen. Deren Zustand liefert die erste Grundlage für die alle zwei Jahre fällige Untersuchung nach §29 bei TÜV, DEKRA oder anderen Prüforganisationen.

Wenn wichtige Teile und Baugruppen einer Maschine regelmäßig kontrolliert und in Ordnung gehalten werden, macht sich diese Mühe spätestens dann bezahlt, wenn es um die nächste Wochenendtour oder gar längere Urlaubsfahrten geht. Denn wer sich regelmäßig um sein Motorrad kümmert, der hat auch bei längeren Fahrten selten Probleme.

So greift das eine in das andere über – und damit ist dieses Kapitel nicht nur für den Käufer einer Gebrauchtmaschine gedacht, sondern wendet sich an alle, die ihr Motorrad schätzen und deswegen pflegen. Mehr zu den allgemein und speziell gehaltenen Themen wie »Pflege«, »Wartung« und »Inspektionen« finden Sie in weiteren Kapiteln in diesem Buch ebenso wie Anleitungen in Bild und Schrift zu allgemeinen und speziellen Wartungs- und Reparaturthemen.

Gebrauchtkauf richtig gemacht

Wer sich zum Kauf einer gebrauchten BMW entscheidet, hat dafür handfeste Gründe: Meistens gibt sich nun endlich die Möglichkeit, das Modell zu besitzen, das man sich früher, als es noch »neu« war, entweder nicht leisten konnte oder man noch keinen Führerschein hatte, weil man zu jung war. Emotionale Gründe, reifliche Überlegung und gründliche Vorbereitung für Suche und Kauf der Traummaschine gehören zusammen.

Grundlegende Informationen zu der ins Auge gefassten BMW erhält man in den Motorradzeitschriften der Jahre, in denen die Maschine im Angebot war. Auf der Suche nach den alten Tests ist das Internet hilfreich (*www.ebay.de*), denn alte Hefte sind bei den herausgebenden Verlagen meist vergriffen. Es kommt also für den Käufer darauf an, rechtzeitig vor dem Kauf gut zu recherchieren. Hier in unserem Buch gibt es jede Menge Tipps und Kniffe, mit denen man sich entsprechend vorbereiten kann. Hilfreich sind in diesem Falle auch Freunde, die bereits das gleiche oder ein ähnliches Modell besitzen (oder besaßen) und damit »typische« Schwächen kennen, auf die es zu achten gilt. Zum Termin beim Verkäufer sollte ein solcher Freund als kundiger Helfer mitkommen.

Papierkram zuerst

Ist das gesuchte Schätzchen gefunden und der Termin beim Fahrzeugverkäufer Wirklichkeit, lassen Sie sich bitte nicht allzusehr blenden von Ihrem Traum, denn als Erstes muss Bürokratie erledigt werden.

- Alle Fahrzeugpapiere müssen vollständig und vorhanden sein: Fahrzeugschein und Fahrzeugbrief, eventuell auch Abmeldebescheinigung.
- Ist der Verkäufer auch Eigentümer und der wievielte? Wichtig: Wenn er alle Kraftfahrzeugpapiere vorweisen kann, ist er auch der Eigentümer des Fahrzeugs – selbst wenn die Haltereintragung(en) in den Papieren nicht mit seinem Namen übereinstimmen!
- Wann war die letzte Hauptuntersuchung nach §29 (»TÜV-Termin«), wann steht die nächste an?
- Stimmt die Fahrgestellnummer?
- Sind Zubehör, Umbauten und eventuell andere

Bild 6: Ein verölter Luftfilter weist auf Betrieb mit zu viel Motoröl hin und ist auch ein Hinweis auf verschlissene Kolben- und Ölabstreifringe.

Bild 7: Benzinfilter auf Schmutz und Verstopfung kontrollieren.

Bilder 8 und 9: Ein poröser Vergaser-Gummistutzen muss ebenso ersetzt werden wie eine alte Vergasermembran. Diese muss zur Kontrolle allerdings ausgebaut werden

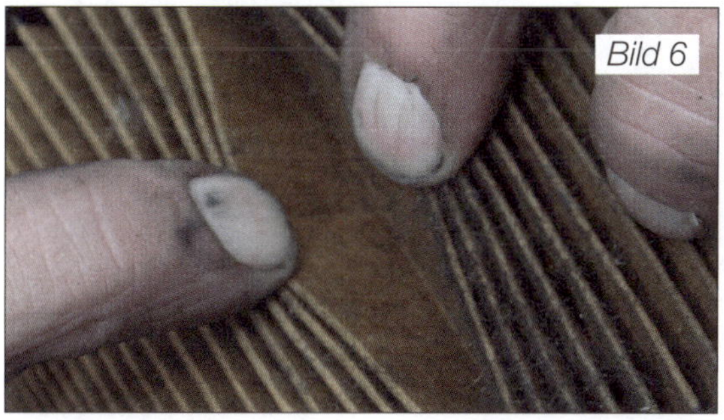

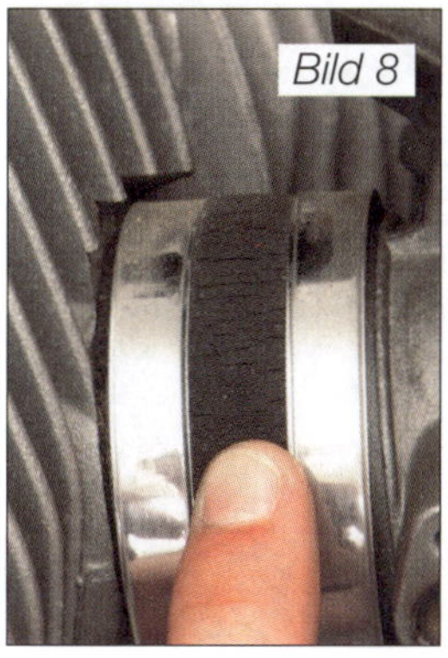

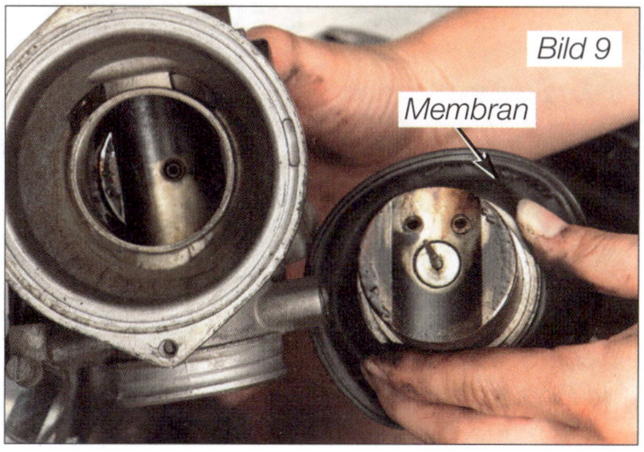

als die serienmäßigen Reifengrößen in den Fahrzeugpapieren eingetragen?

■ Sind alle Schlüssel für Lenk-, Zünd-, Tank- und Sitzbankschloss in doppelter Ausfertigung vorhanden? Wichtig: Alle Schlüssel ausprobieren – sie müssen passen ohne zu hakeln!

■ Sind Betriebsanleitung und Kundendienstheft

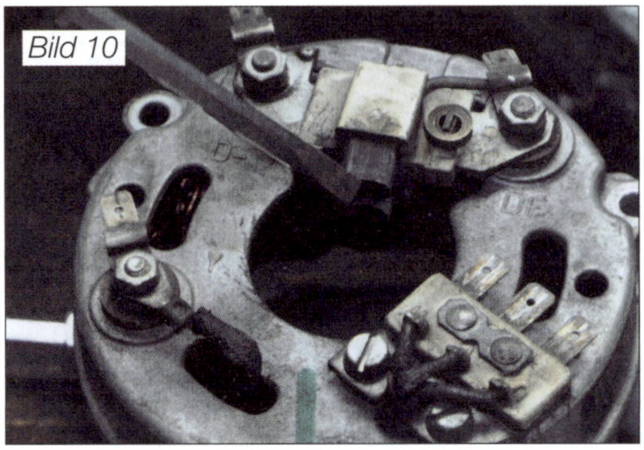

Bild 10

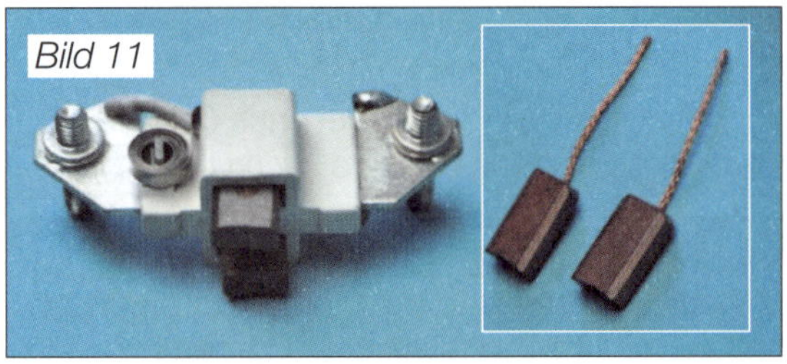

Bild 11

Bilder 10 und 11: Zur Kontrolle, ob die Kohlen der Lichtmaschine noch lang genug sind, muss man den vorderen Motordeckel abschrauben, es sind zwei M6-Inbusschrauben.

Bild 12a

Bild 12b

Bilder 12a und 12b: Den Zustand der Batterie und ihre Umgebung genau prüfen, weil auslaufende Säure auch nach längerer Zeit noch größere Schäden verursachen kann, wie im Bild 12a deutlich zu sehen ist: es zeigt Rost am Batteriekasten und am darunter verlaufende Rahmenrohr.

Bild 13

Bild 13: Um die Motor-Entlüftungsschläuche zu kontrollieren, muss man den Luftfilter herausnehmen und die Abdeckung über dem Anlasser abschrauben. Schläuche müsssen flexibel, also nicht gerissen, porös oder gebrochen sein.

mit Nachweisen der durchgeführten Inspektionstermine vorhanden? Hat der Besitzer vielleicht sogar noch die Rechnungen über die von einer BMW-Fachwerkstatt durchgeführten Arbeiten?

Das Schätzchen genau ansehen

Wenn diese Formalitäten zur Zufriedenheit erledigt sind, geht es an die Besichtigung. Der erste Eindruck ist, wie so oft, der entscheidende. Die Optik verrät sehr viel über Pflege und Umgang des Besitzers mit seinem Bike. Auf den zweiten Blick in versteckte Ecken können mögliche Stürze identifiziert werden. Nach und nach sollen betrachtet werden:

■ Lack: Wie ist der allgemeinen Pflegezustand, gibt es Kratzer, sind die überlackiert?

■ Tank: Hat er Dellen, Kratzer, Roststellen außen und innen? Siehe dazu auch Bild 17 sowie das Kapitel 11 »Benzinhahn · Tank« und dort speziell den Bild- und Textabsatz »Tank entrosten«.

■ Auspuffanlage: Hat sie Flecken, Rost, Schrammen? Ist es der originale Auspuff? Merke: Jeder Nachrüst- oder Tuningauspuff kann Probleme bringen bei einer Polizeikontrolle oder beim TÜV! Die Sternmuttern, mit denen die Auspuffkrümmer gegen den Zylinderkopf verschraubt sind, müssen fest sein, es darf beim Motorlauf kein Abgas entweichen.

■ Motorblock: Sind Kühlrippen an- oder abgebrochen? Wie ist der sonstige optische Zustand?

■ Bowdenzüge: Lassen sich Gasgriff, Kupplung und Choke leicht und ohne zu haken bewegen? Sind die Züge über die ganze Länge ohne Knick verlegt? Oder haben sie angebrochene oder angescheuerte Stellen?

■ Hand- und Fußhebel: Abgebrochene, krumme oder sonstwie beschädigte Hebel sind sichere Hinweise auf Sturz oder Umfaller.

■ Sitzbank: Risse im Bezug, Nähte in Ordnung?

■ Schlösser: Leichtgängig, passen die Schlüssel?

Als Nächstes den Motor ins Visier nehmen. Hier ist etwas Technikverstand nötig und detaillierte Spurensuche angesagt.

■ Dichtungen: Ist der Motor dicht oder sind irgendwo Ölnebel zu entdecken?

■ Motorenentlüftung, Bild 13: Sind die Motor-Entlüftungsschläuche noch flexibel, also nicht gerissen, porös oder gebrochen? Um dies zu kontrollieren, muss man den Luftfilter herausnehmen und die Abdeckung über dem Anlasser abschrauben.

Zur Begutachtung der Motorgeräusche muss der Motor natürlich laufen: Diese können sehr unterschiedlich sein, aber sie müssen gleichmäßig sein. Ein BMW Boxer kann in kaltem Zustand sehr laut sein, aber nach 20 km Fahrstrecke sollten die »sehr lauten« Motorgeräusche verschwunden sein. Erfahrungen der Freunde berücksichtigen!

■ Anspringen: Beim ersten oder zweiten Versuch muss der Motor anspringen. Wenn der Motor schlecht anspringt, ist dies ein deutlicher Hinweis auf einen Defekt in Zündanlage (Zündkerzen, Stecker, Verkabelung) und/oder den Vergasern, wozu auch die Benzinhähne gehören. Siehe dazu Kapitel 16 »Zündkerzen«, Kapitel 17 »Zündanlage« und Kapitel 13 »Vergaser«.

■ Abgase: Sie sollen kaum sichtbar sein. Wenn sie schwarz sind, läuft der Motor zu fett; dann ist meistens der Luftfilter verstopft und/oder verölt. Blauer Qualm beim Gaswegnehmen aus dem Auspuff kann bedeuten, dass die Zylinderköpfe überholt werden müssen, weil die Ventilführungen ausgeschlagen und die Ventilschaftabdichtungen kaputt sind.

Fahrwerk, Bremsen, Räder und Reifen müssen ebenfalls eingehend betrachtet werden. Im Vordergrund stehen:

■ Rahmen: Risse, Verformungen, Schweißstellen genau ansehen. Wenn der Rahmen neu lackiert ist, kann dies ein Hinweis sein auf einen Sturz.

■ Lenklager (Bild 14) und Telegabel: Motorrad aufbocken, Voderrad frei – lässt sich die Lenkung gleichmäßig und ohne Hakeln von Anschlag zu Anschlag bewegen, sind die Lager hörbar in Ordnung?

■ Ist der Lenkanschlag unbeschädigt? Wenn nicht, ist das ein sicheres Zeichen für einen heftigen Sturz oder gar Unfall.

■ Motorrad abbocken: Federt die Gabel leicht ein und saugend wieder aus, sind Ölspuren zu entdecken wegen Verschleiß der Gabelsimmerringe? Sind die Standrohre krumm wegen eines Sturzschadens?

■ Schwinge und Federbein: Hat die Schwinge kein seitliches Spiel; ist das Federbein dicht, ist die Feder nicht verrostet?

■ Bremsen und Bremsscheiben: Tiefe Riefen oder gar Seitenschlag der Bremsscheiben darf nicht sein, siehe Kapitel 9 »Scheibenbremsen«.

■ Bremsbeläge: Belagstärke kontrollieren siehe Kapitel 9 »Scheibenbremsen« und Kapitel 10 »Trommelbremse«.

■ Bremsschläuche: Keine Risse, Knicke oder Ähnliches, Anschlüsse dicht? Wie alt sind die Bremsschläuche? Wenn sie älter sind als fünf bis sechs Jahre, sollten sie gewechselt werden, weil sie porös sein können. Wenn Stahlflexschläuche montiert sind, gehört ein Mustergutachten (»Teilegutachten«) dazu.

■ Räder: Laufen die Räder rund, sind alle Speichen vorhanden? Sind Beschädigungen an den Felgen zu entdecken? Spuren am Felgenhorn von der Reifenmontage sind an Speichenfelgen weniger kritisch als an Gussrädern!

■ Reifen: Wie ist die Profiltiefe der Reifen, sind sie beschädigt, stimmt die Reifengröße? Vergleichen Sie diese mit dem Eintrag in den Fahrzeugpapieren!

■ Kardan: Motorrad auf Mittelständer aufbocken, Hinterrad muss frei sein. Bei ausgeschaltetem Motor und eingelegtem Gang das Hinterrad hin und her bewegen, schafft ein Gefühl für den

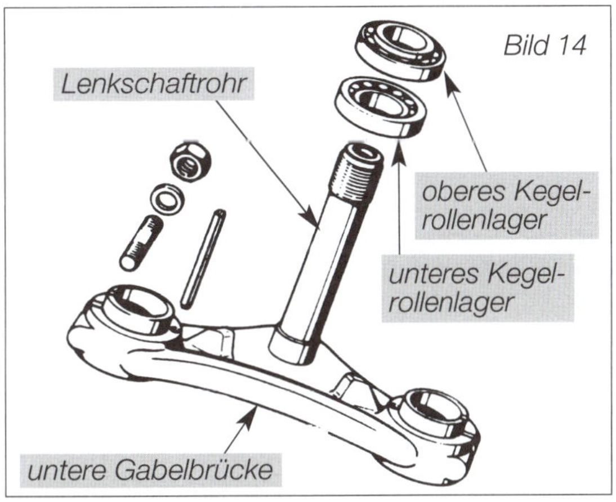

Bild 14: Im Lenkkopf sind verschleißfeste Kegelrollenlager eingebaut.

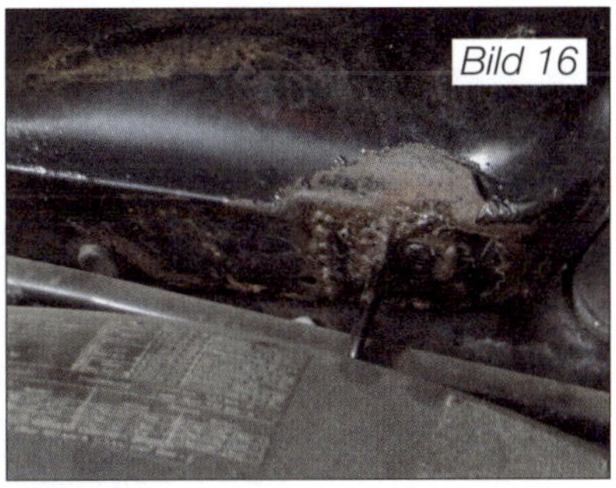

Bilder 15 und 16: Beispiele für Korrosion an Bauteilen wie Klemmschelle am Faltenbalg der Telegabel (Bild 15) und am hinteren Rahmenrohr (Bild 16). Um das zu entdecken, muss man die Sitzbank aufklappen.

Bild 17: Scheuerstellen im Lack wie hier am Ende des Tanks einer R 100 GS stammen von der Sitzbank und müssen gesehen werden.

»Leerweg« des Hinterrads und damit für den Zustand des Kreuzgelenks und der Verzahnung im Kardanantrieb.

Auch der Kupplungszug gehört dazu, hier sind das Spiel im Zug und etwaige Beschädigungen zu betrachten. Bei der Elektrik muss neben dem Zustand von Scheinwerfer und Blinkern (Reflektor, Gläser), der Funktionsfähigkeit der Hupe auch die Batterie geprüft werden, wobei der Säurestand der Batterie und das Fett auf den Polanschlüssen einen guten Rückschluss auf die Pflegeintensität des Besitzers zulassen (siehe Kapitel 18 »Batterie«).

Probefahrt muss sein

Auch wenn es manchem Verkäufer nicht gefällt: Eine ausgiebige Probefahrt gehört zu einer seriösen Verkaufsverhandlung unbedingt dazu! Als Grundsatz muss allerdings gelten: Keine Probefahrt mit einer nicht zugelassenen und damit nicht versicherten BMW und keine Probefahrt ohne entsprechende Schutzbekleidung.

Der Verkäufer kann sich zur Sicherheit den Personalausweis des Kaufinteressenten geben lassen und, falls möglich, die Probefahrt begleiten. Bei der Probefahrt kommt es im Wesentlichen darauf an, das Verhalten der Maschine zu studieren, beim Anspringen ebenso wie beim Fahren. Hier lässt sich dann schon ziemlich gut feststellen, wie Kupplung und Bremsen funktionieren und wie das Fahrverhalten in schnell und langsam gefahrenen Kurven ist, was einen Hinweis bringt auf Federung, Reifen (Luftdruck wirklich in Ordnung?), Spur, etc., und wie sich Motor und Getriebe im Fahrbetrieb benehmen hinsichtlich Geräuschen, Vibrationen, Leistungsabgabe, Schaltbarkeit und Lastwechselspiel. Sehr wichtig sind auch die Beobachtungen nach der Probefahrt: Hört sich die Maschine jetzt besser an als in kaltem Zustand, sind die Bremsscheiben übermäßig heiß? Also auch nach der Probefahrt ist Spurensuche angesagt, um letztendlich zu einer Entscheidung zu gelangen, ob das Motorrad in Frage kommt oder nicht.

Zweifel? Besteht nur der leiseste Zweifel am technischen o.k. der Maschine, sollte man sich sofort verabschieden und sich auf keine weiteren Gespräche einlassen. Wenn man allerdings der Meinung ist, »das genau ist sie«, dann muss eigentlich nur noch über den Verkaufspreis verhandelt werden. Verhandlungsspielraum ist hier immer gegeben, sodass sich schon noch das eine oder andere heraushandeln lässt. Und das Argument, da kämen noch weitere Interessenten, kann man leicht entkräften: Jetzt wird das Geschäft gemacht, oder gar nicht!

Kaufvertrag

Zu einem ordentlichen Geschäft gehört auch ein ordentlicher Kaufvertrag. Einen Mustervertrag gibt es zum Beispiel beim örtlichen ADAC-Büro; man kann einen solchen auch aus dem Internet herunterladen. Im Kaufvertrag ist auch der Passus »Zahlungsvereinbarung« festgehalten. **Wichtig:** Anzahlungen unbedingt mit Adresse, Summe und Datum quittieren lassen!

Noch ein Hinweis in eigener Sache: Wer unseren Checktext aufmerksam gelesen hat, der hat bemerkt, dass genau die Punkte zu beachten sind, die eine gute Wartung und Pflege ausmachen – alle Aspekte werden im Detail hier in diesem Buch abgearbeitet!

Keine Angst vor dem TÜV

Mit den Tipps für den Gebrauchtkauf haben wir schon die wichtigsten Punkte aufgelistet, die bei der alle zwei Jahre notwendigen TÜV-Untersuchung zum Tragen kommen. Der Begriff »TÜV-Untersuchung« ist zwar gängig, aber nicht ganz richtig, denn neben den beiden bekanntesten Prüforganisationen TÜV und DEKRA gibt es auch noch andere, oft regional agierende Einrichtungen, die diese Untersuchungen nach § 29 vornehmen. Vielfach kommen die Prüfer auch zu den Kunden; es gibt bei vielen Motorradhändlern und Werkstätten regelmäßige § 29-Untersuchungstermine.

Weil eine der klassischen Maschinen unseres Buchs heute* als »deutscher Youngtimer mit teilweise hoher Kilometerleistung« angesehen wird, sollte man für eine § 29-Prüfung gewappnet sein. Falls der Prüfer für dieses und jenes Teil, das er nicht kennt, Argumente zur damaligen »Serienmäßigkeit« braucht, sollte man ihm diese bieten und zwar in Form zeitgenössischer Fotos und Texte, wie sie in den vorhin schon angesprochenen Tests vorhanden waren.

Grundsätzliche Voraussetzung für eine möglichst erfolgreiche § 29-Prüfung ist ein sauberes Motorrad! Eine Ölsardine kann durchfallen, weil sie heute eher als »Umweltverschmutzer« eingestuft wird als damals, wo eine Ölfahne aus dem Au-

* = Stand der Recherche zum Redaktionsschluss dieses Buches im Januar 2017

pufftopf als »normal« angesehen wurde. Wenn die Bremsen in Ordnung sind und die Reifen, wenn die Auspuffe nicht durchgerostet sind und das Licht brennt, wird kein TÜV- oder DEKRA-Prüfer die Schikaniermiene aufsetzen.

Das Vollgutachten

Wenn Sie eine BMW kaufen, für die es keine Papiere gibt, also weder Kfz-Schein noch -Brief, und Sie wollen die Maschine ordentlich zulassen, brauchen Sie ein Vollgutachten. Nach diesem wird dann von der Zulassungsstelle ein Kfz-Brief ausgeschrieben.

Ein Vollgutachten kann vom TÜV oder der DEKRA erstellt werden. Je ausgefallener die Maschine ist (z. B. eine alte Polizei-BMW), desto geringer ist die Chance, dass es bei den Prüfstellen entsprechende Unterlagen gibt (bzw. in deren Computersystem Unterlagen gespeichert sind).

Dann empfehlen wir Folgendes: Organisieren Sie sich möglichst viele Unterlagen aus der Zeit, aus der das Motorrad stammt. Also möglichst originalgetreue Handbücher und Tests aus Zeitschriften und Katalogen; Kopien sind auch ok. Und der Abnahmemensch wird dankbar sein, wenn er daraus Hubraum, Motorleistung bei Drehzahl, Reifengrößen und Höchstgeschwindigkeit abschreiben kann (siehe auch Kapitel 22 »Technische Daten«).

Wenn Sie mit diesen Daten einen Kfz-Brief ausstellen lassen wollen, brauchen Sie noch eine Bestätigung vom Kraftfahrtbundesamt (KBA), dass das Fahrzeug mit dieser Fahrgestellnummer nicht als gestohlen gemeldet ist. Den entsprechenden Vordruck hat jede Zulassungsstelle. Bei einem positiven Bescheid des KBA steht einer Zulassung nichts mehr im Wege.

Tipps ums Thema Zulassung

- Wenn eine andere Person als Sie selbst zur Kfz-Zulassungsstelle geht, stellen Sie eine Vollmacht aus und geben Sie Ihren Personalausweis oder Reisepass mit.
- Prüfen Sie genau, ob die Nummer des Versicherungsscheines oder der Versicherungsbestätigung eingetragen ist. Unvollständig ausgefüllte Versicherungsbestätigungen oder solche aus dem Internet werden von der Kfz-Zulassungsstelle nicht anerkannt.
- Wenn Sie Ihr Motorrad verkaufen, teilen Sie Name und Anschrift des Erwerbers umgehend der Zulassungsstelle mit. Hierzu kann man den bei der Kfz-Zulassungsstelle erhältlichen Vordruck »Veräußerungsmitteilung« verwenden.
- Lassen Sie Ihre Fahrzeugpapiere nach einem Umzug oder einer Namensänderung (z. B. bei Heirat) unverzüglich ändern. Dies kann bei der Kfz-Zulassungsstelle oder in einem Bürgerbüro erledigt werden.
- Technische Änderungen am Motorrad, z. B. Einbau einer anderen Bremse, müssen der Zulassungsstelle zur Eintragung in die Fahrzeugpapiere unverzüglich mitgeteilt werden.
- Mängel, die bei der Hauptuntersuchung am Motorrad festgestellt wurden, muss man umgehend beheben und die Mängelbeseitigung der Zulassungsstelle nachweisen.
- Die im Fahrzeugschein enthaltenen Hinweise beachten!
- Motorrad muss immer und jederzeit versichert, versteuert und das Kennzeichen mit einer gültigen HU-Plakette (»TÜV-Plakette«) versehen sein.
- Befestigen Sie das Nummernschild mit vibrationshemmenden Silentblöcken, damit es keine Risse bekommt oder gar verloren geht.

Bild 18: Der Hauptständer kann mit den Jahren krumm geworden sein und auch seine Anschläge können nachgeben, sodass die Maschine ziemlich wackelt, wenn sie aufgebockt ist.

Bild 19: Seitenständer in Form, Federn, Lagerung und Standsicherheit prüfen.

Hier nennen wir wichtige Adressen* für Zweiventiler BMW-Boxer. Die genannten Adressen sind eine begrenzte Auswahl – ohne Wertung.

■ Wenn Sie spezielles Zubehör, Ersatzteile oder ein anderes Produkt suchen, lesen Sie sich in Motorrad-Fachzeitschriften und -Kataloge ein und beachten deren Anzeigenteile.

■ Auf Telefon- und Faxnummern haben wir verzichtet, weil sich diese im Laufe der Zeit häufig ändern. Die Nummern finden Sie entweder im Telefonbuch oder Sie rufen die entsprechenden Internetseiten auf.

■ Im Internet finden Sie alle BMW-Händler: Auf www.BMW.de den Button »Händler« anklicken und Sie erhalten Adressen, Telefonnummern, Internet-Adressen.

Wichtige Adressen

DEUTSCHLAND

Bayer Motorradhandel
Gebrauchtteile, Ersatzteile, Zubehör
Kirchstraße 13, D-72534 Hayingen
www.bmwbayer.de

HBS Heinz Bals
Freie BMW-Werkstatt, Gespanne
Unter den Eichen 28a
D-32423 Minden-Päpinghausen
www.hbs-bmw.de

E. Breindl-Grope
Freie BMW-Werkstatt,
Ersatzteile, Zubehör
Querumer Straße 26a
D-38104 Braunschweig
www.omega-oldtimer.de

Hans Breuer Service
Freie BMW-Werkstatt, Restauration
Auweg 4, D-95502 Lanzendorf
www.motorrad-breuer.de

Boxerschmiede GmbH
Gebrauchtteile, Ersatzteile,
Zubehör, Motorräder
Waldstraße 11a, D-13403 Berlin
www.boxerschmiede.de

Boxertechnik Berlin GmbH
Freie BMW-Werkstatt, Gespanne,
Umbauten, Ersatzteile, Zubehör
Codlitzstraße 28, Gebäude 7, Tor 1
D-12099 Berlin
www.boxertechnikberlin.de

Boxup by Reiner Winter
Ersatzteile, Zubehör
Obergasse 54, D-55437 Appenheim
www.boxup.de

Himmelheber & Fruhner GbR
Freie BMW-Werkstatt
Gebrauchtteile, Ersatzteile, Zubehör
Mühlstr. 4, D-64823 Groß-Umstadt
www.himmelheber-fruhner.de

HPN-Motorradtechnik GmbH
Umbauten, Gelände-
und Rennmotorräder
Hofmarkstr. 1, D-84375 Seibersdorf
www.hpn.de

Motoren-Israel GmbH
Freie BMW-Werkstatt,
Ersatzteile, Zubehör
Hauptstraße 54
D-56335 Neuhäusel
www.motoren-israel.com

Kempmann Krafträder
Freie BMW-Werkstatt, Gebrauchtteile, Ersatzteile, Zubehör
Hindenburgdamm 114
D-12203 Berlin-Steglitz
www.kempmann.com

Gregor Kraus
Umbauten, Restauration
Kapellenstraße 16
D-82008 Unterhaching
www.motorrad-kraus.de

Andreas Mattern
Fernreisespezialteile
Welschhof, D-76872 Freckenfeld
www.fernreiseteile.de

Mertinke GbR
Freie BMW-Werkstatt,
Ersatzteile, Zubehör
Mark-Aurel-Str. 7, D-60439 Frankfurt
www.mertinke.com

S. Meyer GmbH
Ersatzteile, Zubehör
Bahnhofstr. 22, D-67586 Hillesheim
www.meyer-bikes.de

MTS Motorrad Technik Südpfalz OHG
Freie BMW-Werkstatt,
Ersatzteile, Zubehör
Im Grein 1c, D-76829 Landau
www.mts-motorradtechnik.de

Ekrem Pala
Lackieren, Handlinieren
Hauptstraße 20, D-67307 Göllheim
www.handlinieren.de

Nikolas Parcharidis
Ersatzteile, Zubehör, Restauration
Geltinger Straße 7c
D-85570 Markt Schwaben
www.boxerclassics.de

Parts for Bikes UG
Ersatzteile, Zubehör,
Vergaserinstandsetzung
Heegweg 1, D-35305 Grünberg
www.parts-for-bikes.de

Petzoldt's OHG
Fahrzeugpflege
Lütkenheider Str. 10, D-58099 Hagen
www.petzoldts.de

Poohl Power Konrad Steudter
Federbeine, Koni-Service
Kirchstraße 9, D-56424 Ebernhahn
www.poohlpower.de

Q-Tech
Zubehör
Falscheider Str. 9, D-32584 Löhne
www.q-tech.de

Rabenbauer GmbH
Gebrauchtteile, Ersatzteile,
Zubehör, Motorräder
Wotzmannsreut 5
D-94065 Waldkirchen
www.rabenbauer.com

Motorrad Senger OHG
BMW-Werkstatt
Eisenstraße 26
D-65428 Rüsselsheim
www.motorrad-senger.de

Motorradteile Stark
Gebrauchtteile, Ersatzteile, Zubehör
Auf den Pohläckern 5
D-31275 Lehrte
www.motorrad-stark.de

Motorrad Stemler GmbH
Ersatzteile, Zubehör
Garschager Heide 29
D-42899 Remscheid
www.motorrad-stemler.de

Siebenrock GmbH
Ersatzteile, Zubehör, Umbauten
Wertstraße 34
D-73240 Wendlingen
www.siebenrock.com

Strauß & Gerken
Freie BMW-Werkstatt,
Ersatzteile, Zubehör
Am Sportplatz 2, D-23847 Rethwisch
www.strauss-gerken.de

SWT SPORTS Manuel Schad
Ersatzteile, Zubehör
Marienstraße 1
D-97532 Üchtelhausen
www.swt-sports.de

Touratech AG
Technik- und Ferreise-Zubehör
Auf dem Zimmermann 7–9
D-78078 Niedereschach
www.touratech.de

Urban Motor GmbH
Umbauten, Teile, Zubehör
Köpenicker Chaussee 2–4
D-10317 Berlin
www.urban-motor.de

Ulis Motorradladen GmbH
Ersatzteile, Zubehör
Gutleutstraße 144
D-60327 Frankfurt am Main
www.ulismotorradladen.de

Vorholt-Klein GbR
Gebrauchtteile, Ersatzteile, Zubehör
Bettinger Straße 21
D-66839 Schmelz – Hüttersdor
www.vorholt-klein-bmw.de

Motorrad Welling
Freie BMW-Werkstatt, Tuning
Gewerbering 9
D-90574 Roßtal
www.motorrad-welling.de

Wunderlich GmbH
Ersatzteil und Zubehör, Umbauten
Kranzweiherweg 12
D-53489 Sinzig
www.wunderlich.de

Wüdo Motorrad
Freie BMW-Werkstatt,
Ersatzteile, Zubehör
Nikolaus-Groß-Straße 28
D-44329 Dortmund-Derne
www.wuedo.de

ÖSTERREICH

AFB – Ing. Herbert Sonnleitner
Auberg 313
A-2084 Weitersfeld
www.afb-sonnleitner.at

Euro Motors Graz Motorradhandels GmbH
Harter Straße 70
A-8053 Graz
www.euromotors.cc

Höglinger Denzel GmbH
Estermannstraße 2–4
A-4017 Linz
www.bmw-hoeglinger.at

Motorrad Center Mähr
Egelseestraße 48
A-6800 Feldkirch
www.motorrad-maehr.at

Mega Bike
Maria-Gailer-Straße 38a
A-9500 Villach
www.megabike.at

BMW-Wien GmbH
Heiligenstädter Lände 27
A-1190 Wien
www.bmw-wien.at

BMW Zitta GmbH & Co KG
Prof.-Dr. Stephan-Koren-Straße 12
A-2700 Wiener Neustadt
www.zitta.at

SCHWEIZ

Arrigoni Sport GmbH
Moosstrasse 45–49
CH-8134 Adliswil
www.arrigoni.ch

Moto Graubünden
Untere Industrie 8
CH-7304 Maienfeld
www.moto-gr.ch

Motos Knüsel
Ebnet 30
CH-6163 Ebnet
www.motos-knuesel.ch

Moto-Mader AG
Ausserfeldstrasse 20
CH-5036 Oberentfelden
www.moto-mader.ch

Meister Engineering
150A Route D'Hermance
CH-1245 Collonge-Bellerive
www.meister-engineering.com

Motocenter Seetal AG
Hochdorfstrasse 9
CH-6275 Ballwil
www.motocenter-seetal.ch

Motos Vionnet SA
Route Principale 144
CH-1628 Vuadens
www.motosvionnet.ch

NIEDERLANDE

De Hobbyist B.V.
Gebrauchtteile
Kraakstraat 5
NL-6013 RR Hunsel
www.hobbyist.nl

Motorspuiterij Theo Terwel
Lackiererei
Industrieweg 19
NL-7251 JT Vorden
www.theoterwel.nl

* = Stand der Recherche zum Redaktionsschluss dieses Buches im Januar 2017

Pflege

In diesem Kapitel: Waschen · Text-Tabelle mit Bildern von empfohlenen Reinigungs- und Pflegemitteln · Überwintern · Lackpflege und Politur · Öl- und Graphitspray · Schmierstellen.

Waschen

Ein Motorrad muss sauber sein, eine alte BMW sowieso. »Besser als neu« sollte eine in die Jahre gekommene BMW nicht aussehen, denn ein Motorrad, bei dem zu viele Teile nachträglich poliert oder sogar verchromt sind, rückt die Maschine nahe an den Begriff »kitschig«. Aber wenn wir sagen, dass ein ordentliches Motorrad auch »ordentlich geputzt« sein soll, dann finden wir damit eine gute Übereinstimmung. Unbestreitbar richtig ist, dass man sein Motorrad zumindest dann waschen sollte, wenn man vorhat, daran zu arbeiten; und wenn es nur der Aus- und Einbau der Räder ist zum Aufziehen neuer Reifen.

Ein Waschgang mit etwas Polieren von Lack und Chrom sowie ein bisschen Öl und Fett an diese und jene Stelle dient vor allem dazu, das Motorrad intensiv anzusehen und vorhandene oder im Auftreten befindliche Mängel zu entdecken.

Wichtig: Motorrad in kaltem Zustand an einem schattigen Platz waschen. Bei warmem Motor oder in direkter Sonneneinstrahlung verdunstet das Waschwasser schnell, und die Rückstände der Waschmittelzusätze brennen sich in die heißen Oberflächen von Motor, Auspuffkrümmer und Auspufftopf regelrecht ein.

Bild 1: Maschine soll man nur mit milden Waschmitteln, weichen Schwämmen und flauschigen Lappen waschen. Wenn aggressive Reinigungsmittel und harte Bürsten verwendet werden, zerkratzen Lack-, Alu- und Kunststoffteile, sie werden dann matt und damit hässlich.

Bild 1: Wassereimer, Schwämme, Rundbürsten, Lappen und ein Marken-Motorradreiniger sind die Grundausstattung fürs Waschen der Maschine.

Sicherheitshinweise Achtung und Tipps für dieses Kapitel

⚠ Das Waschen von Kraftfahrzeugen im »öffentlichen Verkehrsraum« (Straßen, Wege, Plätze) ist grundsätzlich dann nicht erlaubt, wenn zusätzliche Waschmittel benutzt werden – nur mit klarem Wasser darf gewaschen werden. Waschen mit Mitteln ist nur auf speziellen Waschplätzen erlaubt.

⚠ Motorrad nur bei extremer Verschmutzung mit einem Dampfstrahler reinigen! Dabei unbedingt auf Folgendes achten: Das unter Druck stehende heiße Waschwasser kommt als Wasserdampf aus der Düse und enthält aggressive Reinigungsmittel, dieses darf weder an die Dichtungen in der Bremsanlage kommen noch an Hebelgelenke, Gaszüge, Steckkontakte und Schalter der Elektrik, in Radlager, Telegabel und Federbeine.

☞ Motorrad immer von oben nach unten waschen, die weniger verschmutzten Teile zuerst. Waschwasser fern halten von elektrischen Anschlüssen, Schaltern, Steckern, Gaszügen sowie von Vergaser und Drosselklappen.

⚠ Nach dem Waschen besonders Reifen und Bremsscheiben mit reichlich klarem Wasser abspülen, damit alle glitschigen Rückstände abgespült werden – denn rutschige Reifen können in der ersten Kurve für Überraschungen sorgen und die Bremsen können mit einem Schmierfilm überzogen sein, was der Bremsleistung nicht förderlich ist.

⚠ Schmieren Sie niemals die Bowdenzüge mit Motoröl oder gar Kettenspray. Ein mit ungeeignetem Öl geschmierter Zug ist nicht mehr leichtgängig, was bis zum völligen Festsitz des Zugs führen kann! Wenn ein Schmieren eines Zuges nötig sein sollte, verwenden Sie entweder dünnflüssiges Nähmaschinenöl oder Ölspray WD-40.

⚠ Schmieren Sie keinesfalls die Gelenkstellen der Drosselklappen der Gleichdruckvergaser mit Fett, Öl oder Kettenspray, denn das Schmiermittel kann durch die Hitze festbacken und die Beweglichkeit der Drosselklappen beeinträchtigen, was bis zum Festgehen führt!

☞ Wenn Sie eine Abdeckhaube kaufen, um die Maschine darunter überwintern zu lassen, dann nehmen Sie eine, die unten Ösen hat, in welche die Haken von Gepäckgummis eingehängt werden können, damit die Plane gesichert ist und nicht beim ersten Windstoß abhebt.

☞ »Richtig überwintern« heißt vor allem, dass die Maschine über die Wintermonate so abgestellt werden soll, dass beide Räder frei in der Luft sind, also keinen Bodenkontakt haben. Denn wenn eine Maschine monatelang so abgestellt ist, dass das Vorderrad Bodenkontakt hat, bekommt der Reifen einen »Standplatten«, also eine abgeflachte Stelle.

Tabelle mit zugehörigen Bildern A bis G: Reinigungs- und Pflegemittel vom BMW-Partner Castrol.

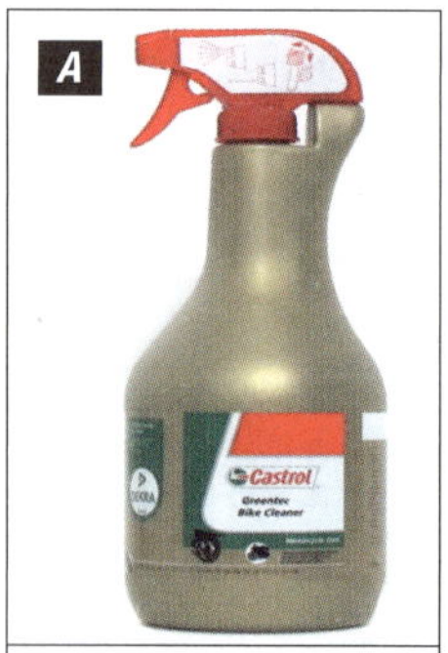

Castrol Greentec Bike Cleaner Motorradreiniger

Zwei große Eimer lauwarmes Wasser, Reinigungsmittel und ein großer, weicher Schwamm genügen für die Wäsche. Die in Motorrad- und Zubehör-Fachgeschäften angebotenen speziellen Motorradreiniger sind sehr zu empfehlen, sie lösen Dreck und Fettrückstände gut ab. **Nicht zu viel Reiniger verwenden und diesen nicht antrocknen lassen,** sonst besteht die Gefahr, dass der Lack angegriffen wird.

Wichtig: Den schmutzigen Waschschwamm immer nur im zweiten Wassereimer ausdrücken! Alle Dreckpartikel müssen zuverlässig aus dem Schwamm rausgedrückt werden, sonst geraten sie ins warme Waschwasser, werden dort vom Waschschwamm wieder aufgenommen und produzieren Kratzer auf dem Lack! Nach der warmen Wäsche mit reichlich klarem, kaltem Wasser nachspülen. Nach der Klarwasser-Nachwäsche sofort alle Lack- und Verkleidungsteile mit Waschleder oder weichem Tuch sorgfältig abtrocknen.

■ Angetrocknete Insektenreste auf Verkleidung, Lampen- und Blinkergläser, Rückspiegel, Gabelbeinen sowie vorderem Schutzblech mit reichlich Wasser einweichen (z. B. nasses Tuch auflegen) und abwaschen. Nicht mit harten Gegenständen versuchen, den Schmodder abzukratzen!

■ Wenn mit heißem Wasser, Reiniger und Putzlappen nichts mehr geht, hilft nur noch Insektenentferner aus dem Fachhandel. Milder Glasreiniger ist die preisgünstigere Lösung! Betroffene Stellen triefend nass einsprühen und mit einem Massagewaschlappen (Handschuh mit unterschiedlich rauen Seiten, zu finden in gut sortierten Drogerien) feste rubbeln, so wird auch die hartnäckigste Fliegenleiche im Nu verschwinden.

Unten stehende Tabelle: Darin sind empfohlene Reinigungs- und Pflegemittel aufgelistet. Unter »Eigenschaften« steht stichwortartig, was sie können. Diese Produkte sind erhältlich beim BMW-Händler und in Motorradzubehörläden.

Castrol Bike Polish für leichte Verschmutzungen

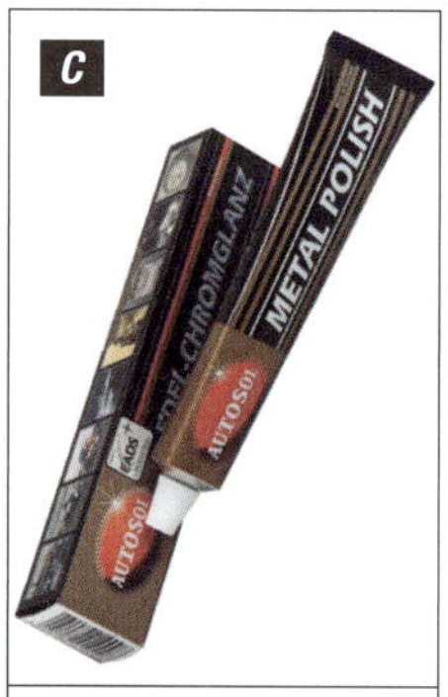

BMW Metal Polish vom Hersteller Autosol

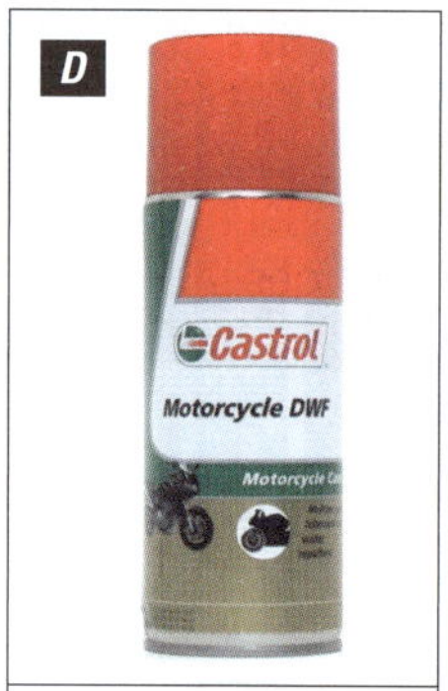

Castrol Motorcycle DWF oder BMW Kontaktspray

Castrol Silikonspray Gummi-/Kunststoffpflege

Castrol Fuel Protect Benzinzusatz

Metall-/Bremsenreiniger von Castrol oder BMW

Reinigungs- und Pflegemittel für die BMW-Modelle unseres Buchs*

Produktname	Bild	BMW-Bestell-Nr.	Kurzbeschreibung	Eigenschaften
Castrol Greentec Bike Cleaner	A		Motorradreiniger, wird vor der Nassreinigung aufgesprüht	Schnelle und effektive Reinigung auch von besonders hartnäckigen Verschmutzungen. Kompatibilität mit über 30 Materialien geprüft (Metalle, Legierungen, Kunststoff, Gummi und Lack), biologisch abbaubar.
Castrol Bike Polish	B		Reinigungs- und Polierspray	Zum Reinigen ohne Wasser von leichten Verschmutzungen auf Lackoberflächen, Chrom, Kunststoff und Windschild und Entfernen von Insekten, Aufbereiten, Konservieren und Polieren von Oberflächen.
BMW Metal Polish	C	82 14 9 400 890	Politurmittel für Chromteile	Verleiht Chromteilen brillanten Hochglanz. Schutz vor Korrosion. Verschmutzungen und Rost lassen sich in einem Arbeitsgang beseitigen.
Castrol Motorcycle DWF oder BMW Kontaktspray	D	81 22 9 400 208	Wasserverdrängendes Spray für elektrische Kontakte	Verdrängt Feuchtigkeit aus Motor, Zündsystem und aus elektrischen Kontakten und Steckern, schützt vor Korrosion, wasserabweisende Eigenschaften.
Castrol Silicon Spray oder BMW Silikonspray	E	83 12 9 407 847	Silikonspray, auch zur Anti-Statik-Lackbehandlung	Frischt Gummi und Kunststoffe auf. Erleichtert Reinigung bei starker Verschmutzung bei vorheriger Anwendung und konserviert sie. Bietet UV-Schutz gegen Ausbleichen.
Castrol Fuel Protect	F		Kraftstoffzusatz	Verhindert Ablagerungen im Tank und in den Vergasern. Verhindert, dass bei längerer Standzeit Wasser aus der Umgebungsluft aufgenommen wird, sich dann wieder trennt und sich absetzt. **Tipp:** Vor dem »Überwintern« der letzten Tankfüllung zugeben.
Castrol Metal Parts Cleaner oder BMW-Bremsenreiniger	G	83 19 2 154 708	Reinigungsmittel, für Dichtflächen sehr zu empfehlen	Entfernt Öl und Fett. Zum Reinigen von Motorteilen, Bremsscheiben, elektrischen Schaltern und metallischen Oberflächen. Nicht korrosiv, greift Gummi und Kunststoffteile nicht an, verflüchtigt sich schnell und rückstandslos.

* = Stand der Recherche zum Redaktionsschluss dieses Buchs im Januar 2017

Eingebrannte Flecken im Auspuff

Wenn sich z. B. ein Stück Schuhsohle in den Auspuff eingebrannt hat oder die Krümmer durch Straßenschmutz fleckig geworden sind, kann man ihre Oberflächen mit WD-40 und der rauen Seite eines Haushaltsschwammes oder einem extrem feinen Schleifkissen bearbeiten (Bilder 3 und 4). Selbst hartnäckige Teerflecken lassen sich damit entfernen, die Oberflächen der Auspuffkrümmer und des Auspufftopfs werden wieder metallisch rein und glänzen wieder. Die Blauverfärbung der Auspuffkrümmer, typisch für die BMWs unseres Buchs, lässt sich damit allerdings nicht entfernen.

Waschen im Winter

Seit es Saisonkennzeichen gibt, sind viele Maschinen, die echtes Hobby sind – darunter fallen alle BMWs unseres Buchs – nur über die Sommermonate zugelassen. Aber durch die Wetterverschiebungen gibt es auch im Winter viele schöne und sonnige Tage. Motorradfahren nach dem Motto »es gibt kein schlechtes Wetter, sondern nur schlechte Kleidung« ist bei BMW-Windgesichtern durchaus üblich. Für solche Leute sollen die nachstehenden Tipps gelten (wenn Sie diese nicht eh schon kennen…).

Nach jeder Winterfahrt das Motorrad mit kaltem Wasser abspülen und mit weichem Lappen trocknen. Kein heißes Wasser verwenden, denn dieses verstärkt die korrodierende Wirkung des Streusalzes. Lauwarm darf das Waschwasser im Winter sein, aber es sollte nicht mehr als 25 bis 28 °C haben. In Bild 2 ist ein korrodierter Schraubenkopf einer Maschine zu sehen, die nach einer langen Winterfahrt auf trockenen (!) Straßen nicht gewaschen, sondern für einige Tage abgestellt wurde.

Praxis-Putztipp: Oberflächenkorrosion dieser Art lässt sich mit Topfreiniger (»Akopads«) wieder einigermaßen entfernen. Dazu kann man Ölspray zu Hilfe nehmen oder auch frisches Motoröl.

»Einmotten« über Winter

Mit einem Saisonkennzeichen braucht man die Maschine über Winter nicht abzumelden, darf aber in bestimmten Monaten nicht am öffentlichen Straßenverkehr teilnehmen.

Wichtig: Eine Maschine mit Saisonkennzeichen darf ebenso wenig wie ein abgemeldetes Motorrad während der Stilllegemonate auf der Straße im öffentlichen Verkehrsraum abgestellt werden.

Deswegen: Ab mit der Maschine in eine gut gelüftete Garage oder in einen trockenen Hofraum, wo sie abgedeckt überwintern kann.

Youngtimer wie die BMWs unseres Buchs werden aber auch im Sommer oft für längere Zeit beiseite gestellt. Ein Großteil der nachstehenden Überwinterungstipps gilt auch für den Sommer.

Zum Einmotten folgende Vorbereitungen treffen:
1. Maschine ordentlich heiß fahren.
2. Tank randvoll machen, einen Schuss Castrol »Fuel Protect« (Bilder F und 5) dazugeben.
3. An der Tankstelle gleich die Reifen auf vorne 3 bar und hinten 3,5 bar aufpumpen.
4. Zügig zum Winterabstellplatz fahren.
5. Den Motor nicht sofort abstellen, sondern die Benzinhähne schließen und den Motor so lange laufen lassen, bis er von alleine ausgeht.
■ Damit wird sichergestellt, dass sich das restliche Benzin in der Schwimmerkammer nicht eindickt (Bild 6), weil sich die leicht flüchtigen Bestandteile verdünnisieren. Bei einer Ruhepause von mehr als sechs Wochen wird durch einen leeren Vergaser ebenfalls verhindert, dass sich die Düsen zusetzen (»verharzen«).
Wichtig 1: Benzinhähne müssen ZU sein. Wenn Sie dies vergessen haben und der Motor schon ausgeschaltet und abgekühlt ist: Von beiden Vergasern die Schwimmerkammer abbauen (Bilder 7 und 8) und den darin befindlichen Sprit ablassen. **Wichtig 2:** Ein geeignetes Gefäß unterstellen und den abgelassenen Sprit umweltgerecht entsorgen (am besten gleich wieder oben in den Tank einfüllen).
5.1. Schwimmerkammer wieder anbauen.
6. Batterie ausbauen (Kapitel 18 »Batterie«).
■ Dies ist nur notwendig bei einer echten Überwinterung bzw. einem Stillstand von mehr als sechs bis acht Wochen.
7. Notwendig bei einer monatelangen Überwinterung: Blanke und verchromte Teile mit säurefreiem Fett, wie z. B. Vaseline, dünn einreiben. **Wichtig:** Auspuff vorher kalt werden lassen.

Fit in die neue Saison

Nicht nur die im Frühjahr aus der Winterpause entmottete Maschine, sondern auch der Fahrer müssen sich wieder langsam an das Motorradfahren mit all seinen Eigenheiten gewöhnen. Üben Sie vor allem das Bremsen, am besten auf einem großen, leeren Parkplatz (sonntags beim Supermarkt). Besser noch: Nehmen Sie an einem Frühjahrs-Sicherheitstraining teil.

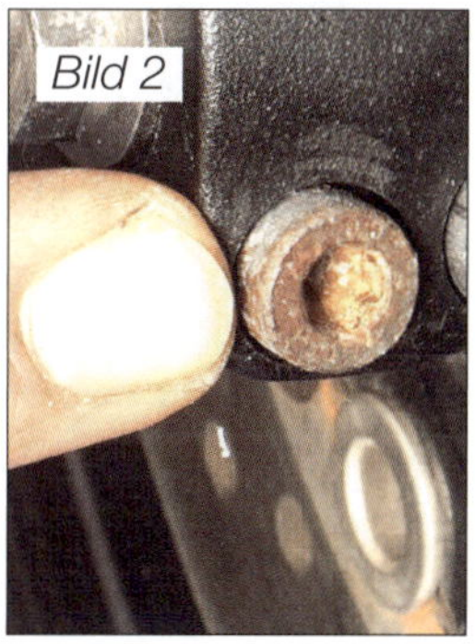

Bild 2: Wegen schlechter Pflege korrodierter Schraubenkopf.

Bilder 3 und 4: Fleckige Auspuffrohre mit rauem Schwamm vorsichtig putzen.

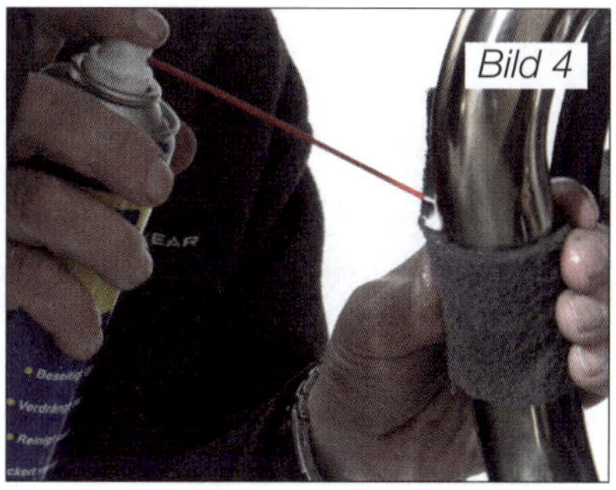

Bild 5

Bild 5: Mittel wie »Fuel Protect« verhindern Ablagerungen in Tank und Vergaser, wie sie in Bild 6 zu sehen sind.

Bilder 6, 7 und 8: Es wird empfohlen, vor der Winterpause die Schwimmerkammer beider Vergaser leer zu machen.

8. Maschine auf Mittelständer abstellen (siehe dazu Kapitelanfang »Achtung und Tipps«).
9. Lenkschloss sperren. Maschine abdecken.

Ganz penible Menschen wechseln vor der Überwinterung das Motoröl. Wenn der Ölwechsel vor der Überwinterung länger als drei Monate oder mehr als 3000 km zurückliegt, machen Sie einen Öl- samt Filterwechsel. Wer eine Hobby-Werkstatt hat mit einer Hebebühne, der wird sein BMW-Schätzchen sowieso darauf abstellen und die Wintermonate dazu nutzen, eine komplette Inspektion zu machen.

Man kann alle paar Tage die Räder einige Male durchdrehen und in eine andere Ruheposition bringen. Das verhindert das Festkleben der Bremsbeläge an den Bremsscheiben und somit hässliche Flecken an der Bremsscheibe.

Inbetriebnahme nach der Winterpause
1. Motorrad abdecken, Fettschicht von den blanken und verchromten Teilen mit weichem Lappen abwischen, kein Benzin oder ähnliche Lösungsmittel verwenden!
2. Betriebsbereite, gut geladene Batterie einbauen, Polanschlüsse mit säurefreiem Fett (»Polfett«) dick einschmieren (Kapitel 18 »Batterie«).
3. Reifenluftdruck prüfen und ggf. korrigieren
■ Luftdrücke siehe in Kapitel 5 »Inspektionen« sowie in Kapitel 7 »Reifen«.
4. Sicherheitskontrollen: Fern-Abblendlicht, Rücklicht, Bremslicht, Blinker, Hupe und (falls vorhanden) Warnblinker prüfen.
4.1. Wenn eine elektrische Uhr vorhanden ist, diese auf die aktuelle Zeit einstellen.
5. Motor starten: Benzinhähne AUF, einige Sekunden warten, bis der Sprit in beide Schwimmerkammern gelaufen ist, erst dann den Choke betätigen und die Zündung EINschalten.
6. Startversuch unternehmen: Wenn der Motor nicht auf Anhieb anspringt, den Elektrostarter bitte nicht länger als 10 Sekunden am Stück betätigen, sonst läuft er heiß.
6.1. Vor dem zweiten Startversuch den Elektrostarter mindestens eine Minute ruhen lassen, damit er abkühlen kann.
7. Wenn der Motor anspringt, ihn die ersten paar Sekunden mit rhythmischen Gasstößen am Leben halten, dann umgehend losfahren.
8. Motor sanft warm fahren. Darauf achten, dass alle Funktionen in Ordnung sind: Öldruck, Bremsleistung, Federung und Dämpfung.
■ Gute Fahrt in die neue Saison!

Bild 6

Lackpflege und Politur

Lackteile, die 35 oder schon mehr Jahre auf dem Buckel haben, sind meistens matt, stumpf, brüchig oder sonstwie »alt«. Bevor Sie sich überlegen, die Maschine zu zerlegen, um sie neu zu lackieren, fragen Sie erst mal beim BMW-Händler nach, ob er Politurmittel im Angebot hat, welche auf die Farben der Maschine sowie auf die damals verwendeten Lacke abgestimmt sind. Mit diesen sind Sie auf der sicheren Seite.
■ Wenn Sie sich bei einem Lackpflegemittel nicht sicher sind, ob es geeignet ist, prüfen Sie es erst an einer wenig sichtbaren Stelle auf Tauglichkeit!
■ Lack- und Kunststoffteile sowie Metalloberflächen nicht mit Benzin oder anderen Lösungsmitteln bearbeiten: Erstens ist das Zeug giftig und zweitens brennen sich solche Mittel in die Oberflächen ein und hinterlassen dort Flecken, die nicht mehr entfernt werden können.
■ Silikonspray und andere silikonhaltige Pflegemittel immer fein dosiert verwenden, also nie zu viel auftragen (!), sonst können der Lack und die Oberflächen von Kunststoffteilen (Verkleidungsoberflächen bei den RS- und RT-Modellen) »blind« und damit hässlich werden!

Bild 7

Bild 8

Öl- und Graphitspray

Nach dem Waschen an Gelenkstellen von Fußrasten, Bremshebel, Bremsgestänge, Mittel- und Seitenständer einen guten Schuss Allzweck-Ölspray geben. Vor allem, wenn das Motorrad durch Regen gefahren wird, schützt das Öl vor Nässe, die in jede Ritze kriecht.

Verwenden Sie bei der regelmäßigen Pflege ein gutes Allzweck-Ölspray. Wenn man einer Schmierstelle gleich nach einer Regenfahrt zu Hause einen Schuss Öl spendiert, sieht man deutlich, wie das Wasser vom aufgesprühten Öl verdrängt wird. Leichter Lauf und Gelenkstellen ohne Korrosion werden es Ihnen danken. **Wichtig 1:** Zünd- und Lenkschloss, Schloss im Tankdeckel und Sitzbankschloss NICHT mit Ölspray oder gar Kettenspray schmieren. Zum Schmieren der Schlösser nur BMW-Schließzylinderfett oder ein anderes spezielles Schlossspray auf Graphitbasis verwenden. So etwas gibt es beim Schlüsseldienst im Einkaufszentrum. **Wichtig 2:** Halten Sie jede Art von Schmiermittel fern von elektrischen Steckern.

Schmierstellen

Abschmieren beweglicher Teile dient in erster Linie dazu, Schmutz und Wasser von ihren Gelenkstellen fern zu halten und Rost vorzubeugen, damit Leichtgängigkeit und lange Lebensdauer gewährleistet werden. Auch zueinander bewegliche Aluminiumteile korrodieren, wie z. B. die Gelenke von Kupplungs- und Bremshebel. Wenn diese Gelenk- und Kontaktstellen nicht regelmäßig gepflegt werden, gibt es im Laufe der Zeit Schwergängigkeit. Wenn das Motorrad überwiegend im Freien abgestellt ist, lagert sich Umgebungsdreck aus der Luft darauf ab und kriecht in die Gelenkstellen hinein.

Geschmiert werden müssen regelmäßig: Die Gelenkstellen von Kupplungs- und Handbremshebel, die Kupplungszug-Nippelaufnahmen im Handhebel und unten am kurzen Hebel hinten am Getriebegehäuse, der hintere Nippel am kleinen Bremshebel außen am Hinterachsgehäuse, Lagerstellen von Fußbrems- und Schalthebel:
1. Einen guten Schuss feines Kriechöl aus der Spraydose in die Gelenkstelle einsprühen.
2. Schmutz auslaufen lassen, trocken putzen.
3. Einen gezielten Schuss Fettspray in die Schmierstellen geben, Hebel dabei einige Male hin und her bewegen.
4. Überschüssiges Fett abputzen.

Gasdrehgriff: Wenn er »knochig« und schwer geht, muss er mit leichtem Molybdänfett geschmiert und dazu geöffnet werden.

Bild 9: Für jede zu polierende Oberfläche gibt es das richtige Mittel, wozu auch der richtige Lappen, Schwamm oder Polierfaden gehören.

Bild 9a: Zum Putzen der Speichen eignen sich alte Schuhbändel sehr gut.

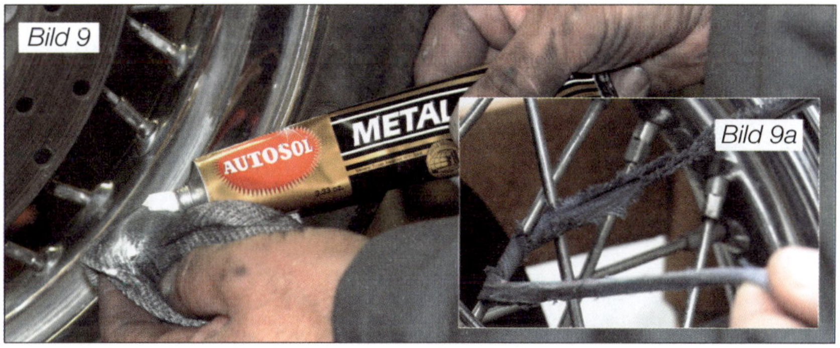

Bild 10: Verschiedene Pflege- und Poliermittel.

Bilder 11 und 12: Kupplungszug-Schmierstellen am Handhebel und am unteren Kupplungshebel.

Werkzeug · Hilfsmittel

In diesem Kapitel: Werkzeug · Bordwerkzeug · Werkzeug für die Hobbywerkstatt · Werkzeugwagen, Hebebühne · Aufbockhilfen · Öl, Fett · Werkstatthilfsmittel · Spezialwerkzeug · Richtig schrauben · Schrauben, Scheiben, Muttern · Fetten, Ölen, Kleben · Seegerringe · Simmerringe · Dichtmittel · Dichtungen · Gewindereparatur mit HeliCoil · Defekte Schraube ausbohren.

Bilder 1a und 1b: Typisch für schlechtes Werkzeug aus dem Baumarkt sind die geplatzte Nuss und die ausgefranste Bürste.

Bild 1a

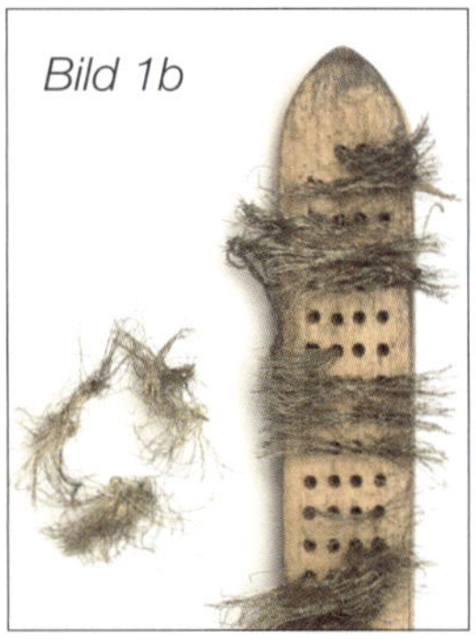

Bild 1b

Werkzeug

Gute Arbeit kann man nur mit gutem Werkzeug machen. Anders ausgedrückt: **Mit schlechtem Werkzeug kann man keine gute Arbeit machen!** Dies gilt für das Bordwerkzeug in der Maschine und den fülligen Werkzeugkasten zu Hause wie auch für eine große Werkzeugwand in der Hobbywerkstatt. Gutes Kraftfahrzeug-Werkzeug gibt es im Werkzeughandel (Beispiel *www.hazet.de*). Kaufen Sie nichts im Baumarkt an der Ecke, auch wenn dessen Sonderangebot noch so verlockend ist! Das in den meisten Baumärkten angebotene Werkzeug ist eher schlecht als recht und auch gefährlich, weil es aus minderwertigem Material besteht und bruchgefährdet ist (Bilder 1a und 1b).

Um Schrauben sicher öffnen und festziehen zu können, braucht man Präzisions-Sechskantnüsse, die möglichst dicht an allen sechs Kanten des Schraubenkopfes anliegen (Bild 4). Vermurkste Schrauben und Muttern oder gar hässliche Kratzer im Umfeld von Schraubverbindungen, die von abgerutschten, weil nicht passenden Schlüsseln herrühren, sind schlimm anzusehen. Ganz zu schweigen von den Verletzungen, die sich ein Mechaniker zuziehen kann, wenn er mit schlechtem Werkzeug arbeitet.

Der Begriff SW ist die Abkürzung für »Schlüsselweite«. SW 12 bedeutet also, dass dieser Schlüs-

Bild 2: Digitaler Messschieber (A), Mikrometer oder Bügelmessschraube (B), Fühlerlehren (C).

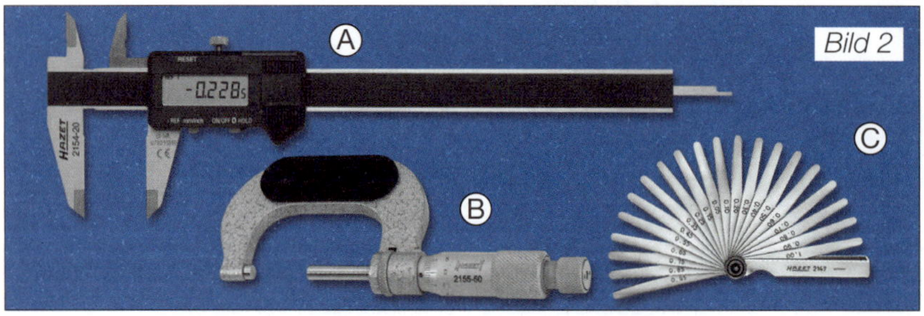

Bild 2

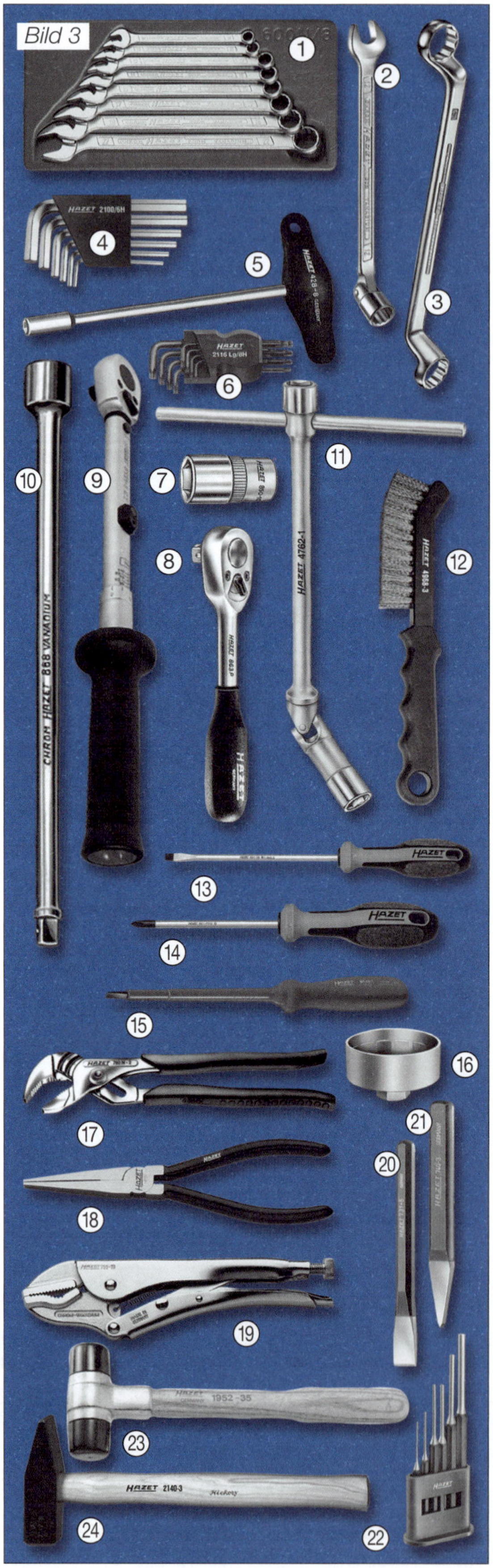

Bild 3

sel für einen Schraubenkopf oder eine Mutter mit 12 mm bestimmt ist, gemessen über die Mitte an zwei zueinander parallelen Flächen. M8-Schrauben oder Muttern brauchen einen 13er- oder 14er-Schlüssel; M6 einen 10er-Schlüssel.

Zu dem normgerecht als »Schraubendreher« bezeichneten Werkzeug sagen wir hier in dieser Reparaturanleitung »Schraubenzieher«. Das ist nach DIN- oder ISO-Norm fachlich nicht korrekt, aber unter Motorradfahrern üblich.

Bordwerkzeug

Bilder 6, 7 und 8: Die BMW-Modelle unseres Buchs hatten serienmäßig einen umfangreichen Bordwerkzeugsatz und zwar in einer Rolltasche unter der Sitzbank. Gegen ca. 150 DM Aufpreis gab es einen »Bordwerkzeug-Ergänzungssatz« (Bild 8). Wenn Sie sich so etwas zusammenstellen möchten, in den Bildtexten zu den Bildern 7 und 8 sind die Schlüsselgrößen bezeichnet; es gibt sogar die Originalschlüssel heute noch bei verschiedenen BMW-Spezialisten und BMW -Werkstätten (z. B. Siebenrock, Wunderlich siehe Adressen in Kapitel 2 »Kaufberatung«).

Wenn Sie keine originalen BMW-Schlüssel haben möchten, listen wir im nachfolgenden Text Werkzeuge auf, die unserer Meinung nach nötig sind.

Doch zuvor zwei Dinge, die mitzuführen sehr wichtig sind:

■ **Reifendruckprüfer:** Verwenden Sie KEIN Plastikteil aus dem Baumarkt, sondern ein Präzisionsmessgerät. Das beste Druckmessgerät, das wir kennen und in unserer Werkstatt täglich verwenden, stammt vom deutschen Hersteller Flaig und hat ein stabiles Alu-Gehäuse (Bild 5). Erhältlich ist es bei gut sortierten Motorradhändlern und in Motorradzubehörläden.

■ **Flickzeug:** Zum Bordwerkzeug (Bild 6) gehört unbedingt ein Reifen-Flickzeug, es gibt solches für Reifen mit und ohne Schlauch (Bilder 9a und 9b). Damit kann man ein Loch im Schlauch oder sogar im schlauchlosen Reifen unterwegs reparieren.

Wenn Sie Schlauchreifen auf Ihrer Maschine haben, sollten Sie natürlich auch Reifenmontierhebel und eine stabile Luftpumpe dabei haben. Eine Hand-Luftpumpe gehörte übrigens früher zum Bordwerkzeug, sie war in das obere Rahmenrohr eingesteckt.

Wenn schlauchlose Reifen auf der Maschine montiert sind, kann man mit dem Schlauchlos-Flickzeug (Bild 9b) ein Loch im Reifen bis ca. 4 mm reparieren: Bei montiertem Reifen wird

Bild 3 links: Bezeichnungen der Werkzeugteile. Satz Ring-Maulschlüssel (1), Maul-Steckschlüssel (2), Doppelringschlüssel (3), Satz Inbusschlüssel (4), Sechskant-Steckschlüssel mit Querknauf (5), Satz Torx-Schlüssel (6), Steckschlüsselnuss mit Innensechskant (7), Umschaltknarre (8), Drehmomentschlüssel (9), Verlängerung (10), Zündkerzenschlüssel (11), Bremssattelbürste mit Messingborsten (12), Schlitz-Schraubenzieher (13), Kreuzschlitz-Schraubenzieher (14), Elektriker-Schraubenzieher (15), Ölfilterschlüssel (16) für außenliegende Ölfilter, Universalzange (17), Flachzange (18), Gripzange (19), Flachmeißel (20), Kreuzmeißel (21), Satz Splinttreiber (22), Kunststoffhammer (23), Schlosserhammer (24).

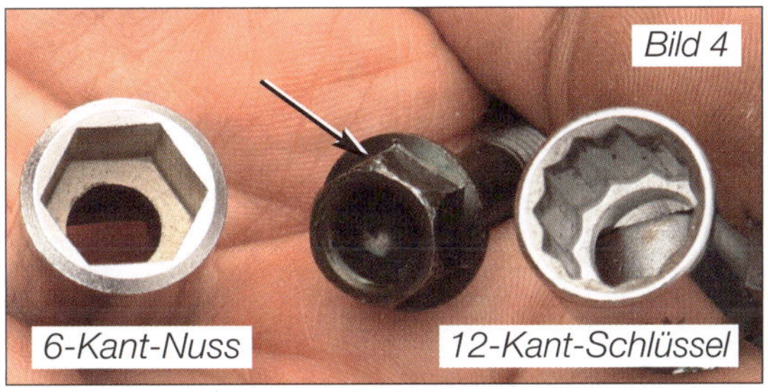

Bild 4: Welche Nuss nehmen? Wenn die Schraube/Mutter abgerundete Ecken (Pfeil) hat, sollte man eine Sechskant-Nuss benutzen.

Bild 5: Flaig-Reifendruckprüfer mit stabilem Alugehäuse.

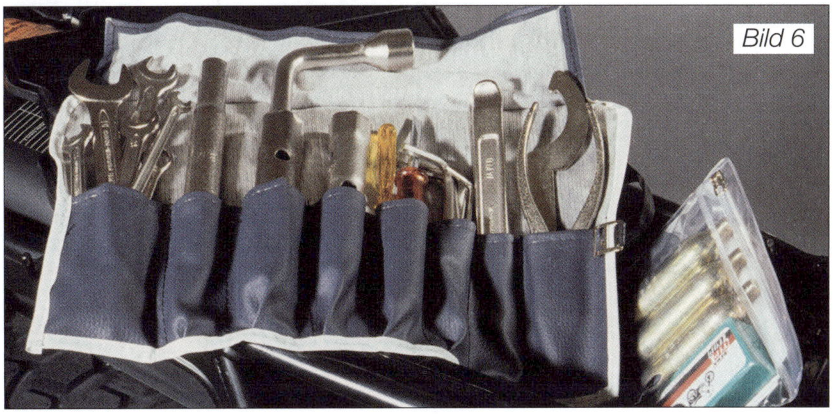

Bild 6: Das Bordwerkzeug der alten BMWs ist sehr umfangreich und qualitativ gut; siehe dazu auch Bilder 7 und 8 auf der nächsten Seite.

Teile des Bordwerkzeug Ergänzungssatzes Bild 8

1 Bordwerkzeug-Ergänzungssatz
2 Doppelgabelschlüssel 7 x 8
3 Doppelgabelschlüssel 10 x 11
4 Doppelgabelschlüssel 12 x 13
5 Doppelgabelschlüssel 15 x 17
6 Doppelgabelschlüssel 17 x 19
7 Gabelschlüssel SW24
8 Doppelringschlüssel 10 x 12
9 Doppelringschlüssel 19 x 22
10 Innensechskantschlüssel SW3
11 Innensechskantschlüssel SW4
12 Innensechskantschlüssel SW5
13 Innensechskantschlüssel SW6
14 Innensechskantschlüssel SW8
15 Schraubenzieher
16 Stift
17 Montagehebel
18 19er-Steckschlüssel
19 Doppelringschlüssel 27 x 36 oder 27 x 41
20 Hakenschlüssel
21 Fühlerlehre
22 Kontaktfeile
23 Reifendruckprüfer
24 Seitenschneider
25 Wasserpumpenzange
26 Prüflampe
27 Umschaltknarre
28 Verlängerung
29 13er-Steckschlüssel
30 12er-Steckschlüssel
31 10er-Steckschlüssel
32 6er-Steckschlüssel
33 Werkzeugtasche
34 Kombizange

Bild 7

Teile des Bordwerkzeugs

1 Werkzeugsatz
2 Werkzeugtasche
3 Innensechskantschlüssel SW3
4 Innensechskantschlüssel SW4
5 Innensechskantschlüssel SW5
6 Innensechskantschlüssel SW6
7 Innensechskantschlüssel SW8
8 Doppelgabelschlüssel 7 x 8
9 Doppelgabelschlüssel 10 x 11
10 Doppelgabelschlüssel 12 x 14
11 Doppelgabelschlüssel 13 x 17
12 Doppelgabelschlüssel 16 x 18
13 Doppelringschlüssel 10 x 12 oder 19 x 22
14 Hakenschlüssel
15 Steckschlüssel
16 Steckschlüssel 13 x 19
17 17er-Steckschlüssel für Radmuttern und Radschrauben
18 Stift
19 Montagehebel
20 Kombizange
21 Verlängerung
22 Schraubenzieher
23 Schraubenzieher
24 Steckschlüssel

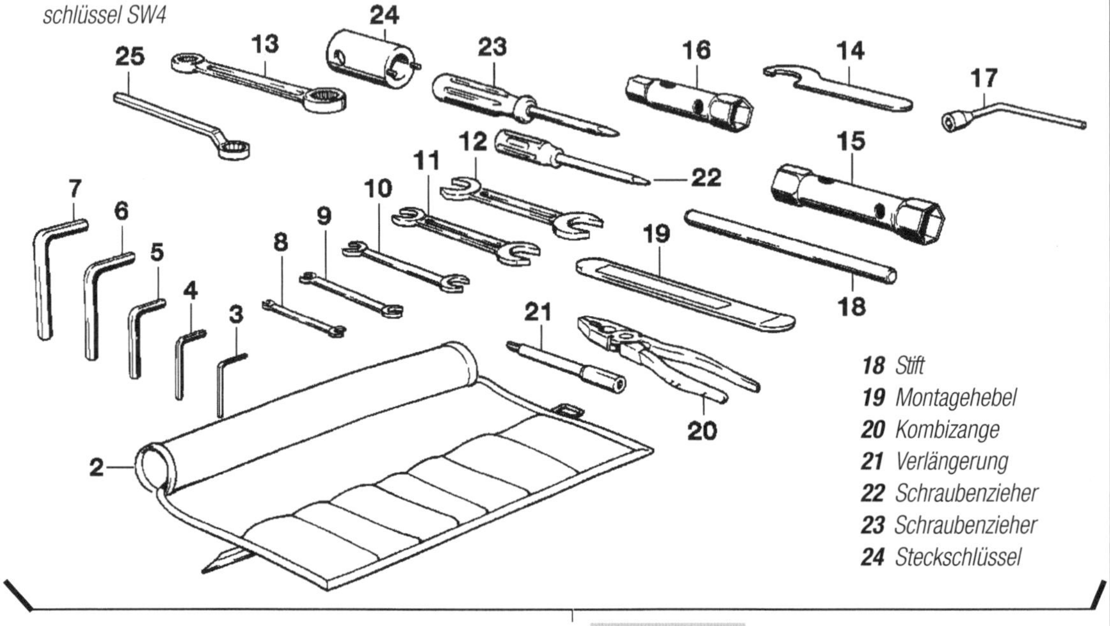

1 **Bordwerkzeug**

Bild 8

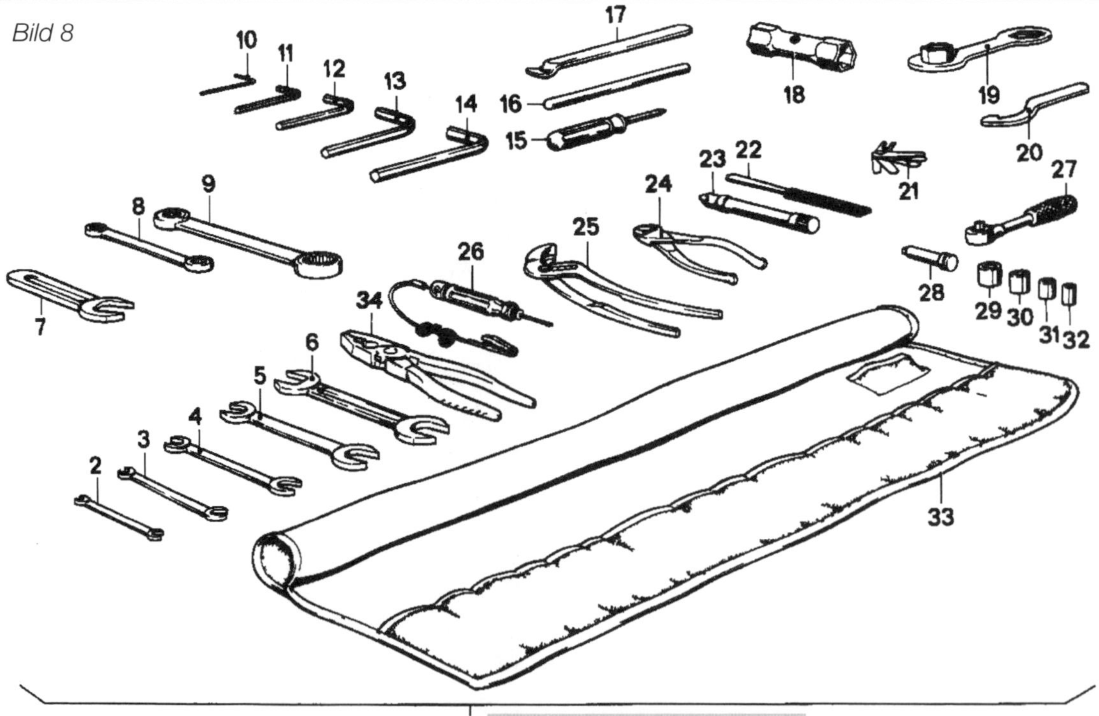

1 **Bordwerkzeug-Ergänzungssatz**

ein Gummistopfen eingeklebt, neue Luft kommt in den Reifen durch die mitgelieferten Hochdruck-Patronen, welche auf das Ventil aufgeschraubt werden.

Und nun einige Werkzeug-Vorschläge für das Bordwerkzeug.

- **Sechskantnüsse und Bits** mit den Schlüsselweiten der Achsschraube, der Achsklemmschrauben und der Schrauben der Bremssättel vorne; der hinteren Radmuttern oder Radbefestigungsschrauben sowie ein Knebel (Querknauf), damit bei einem Plattfuß unterwegs die Räder fachgerecht aus- und eingebaut werden können.
- **Maul-Steckschlüssel** mit 8 mm, 10 mm, 12 mm, 13 mm, 14 mm, 17 mm.
- **Inbusschlüssel** 4 mm, 5 mm, 6 mm, 8 mm mit Kugelsechskant auf der langen Seite.
- **Schraubenzieher** mit Flachklinge 5 mm und Kreuzschlitzklinge sowie ein kleiner Elektriker-Schraubenzieher.
- **Kombizange**
- **Rolle Klebeband**. Nehmen Sie unbedingt Qualitäts-Gewebeband (z. B. von Tesa), KEINEN durchsichtigen Büro-Tesafilm oder das braune Karton-Packband!

Bordwerkzeug für die lange Reise

Je nach Zustand der BMW muss für eine lange Reise das »bessere Bordwerkzeug« um nachfolgende Teile erweitert werden, damit eine Panne selbst in einem dünn besiedelten Gebiet ordentlich beschraubt werden kann:

- **Prüflampe** oder kleines Multimeter
- kleiner **Schlosserhammer** (100 Gramm)
- **Wasserpumpenzange**
- **Rätschenkasten** mit 1/4-Zoll-Antrieb: Darin sind so viele Bits und Nüsse enthalten, dass man alle Schraubverbindungen bearbeiten kann.
- **Silikon-Dichtungsmittel** in der Tube, benzin- und ölfest
- **Universalspray** wie z. B. eine Dose WD-40
- kleine **Drahtbürste**
- einige mitteldicke **Kabelbinder** und eine Rolle **Klebeband**, damit lassen sich z. B. zerstürzte Verkleidungsteile prima zusammenhalten.
- **Schmutzlappen**, eventuell noch ein paar Arbeitshandschuhe

Werkzeug für die Hobby-Werkstatt

Für Arbeiten und Wartungen, die über die Behebung einer Panne auf der Straße hinausgehen, muss ein ordentlicher Werkzeugbestand vorhanden sein. Für eine Heim-Bastlerwerkstatt empfehlen wir folgende Teile:

- **Nusskasten** von SW 8 bis SW 27 mit 1/2-Zoll-Antrieb und Adaptern
- **Inbusnüsse** von SW 4 bis SW 10
- **Flachspitzzange** klein und **Seitenschneider**
- **Messing-** und **Stahldrahtbürste**
- **Ölauffangwanne** mit Öltank für Ölwechsel
- **Fächer-Fühlerlehre** von 0,05 bis 1,0 mm
- **Schlosserhammer** mit 250 Gramm
- **Kunststoffhammer** rückschlagfrei
- **Satz Durchschläge**, auch »Splint-Austreiber« genannt
- **Messschieber** mit Messbereich von 0 bis 250 oder 0 bis 300 mm
- Zwei **Drehmomentschlüssel** sind dringend zu empfehlen: einer mit dem Einstellbereich 5 bis 40 Nm und ein zweiter mit 40 bis 200 Nm. Diese werden zum Beispiel beim Aus- und Einbau der Räder benötigt, denn Achsschrauben und -muttern oder auch die Bremssattel-Befestigungsschrauben verlangen nach exaktem Anziehdrehmoment. Nötig ist ein passender Drehmomentschlüssel auch z. B. bei Arbeiten an Zylinder und -kopf, Kupplung, Kardan und Lichtmaschinenrotor.

Bilder 9a und 9b: Zum Bordwerkzeug gehört unbedingt ein Flickzeug; es gibt solche für Schlauchreifen (Bild 9a) und Schlauchlosreifen (Bild 9b). Damit kann man einen »Plattfuß« unterwegs reparieren. Ein Schlauchreifen muss allerdings abmontiert werden, damit man an den Schlauch kommt; ein Schlauchlosreifen bleibt aufgezogen.

Bild 9a

Flicken für Schläuche

Bild 9b

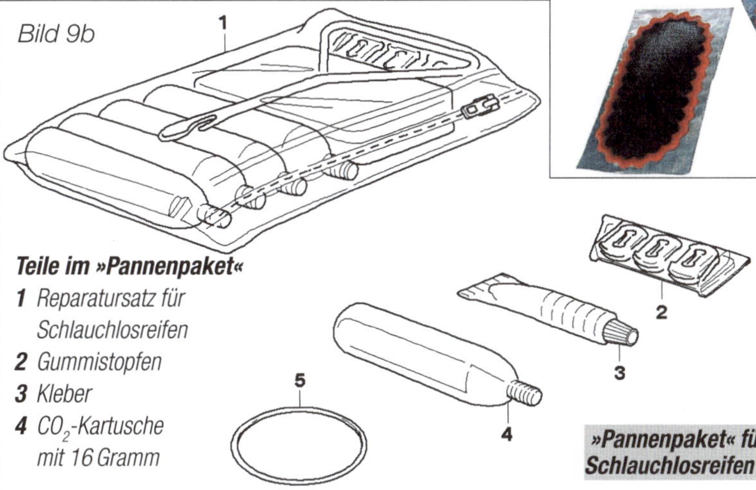

Teile im »Pannenpaket«

1 Reparatursatz für Schlauchlosreifen
2 Gummistopfen
3 Kleber
4 CO_2-Kartusche mit 16 Gramm

»Pannenpaket« für Schlauchlosreifen

Bild 10: Druckluft-Kompressor mit Luftpistole, Reifenfüller und Schlauch.

Bild 11: Mit einem Ultraschallgerät kann man stark verschmutzte Teile, wie z. B. Vergaser, sehr gut reinigen. Zur Teilereinigung im Ultraschallgerät wird spezielle Reinigungsflüssigkeit benötigt.

Bild 12: Besteckkasten sorgt für Ordnung beim Schrauben an der Maschine.

Bild 10

Bild 11

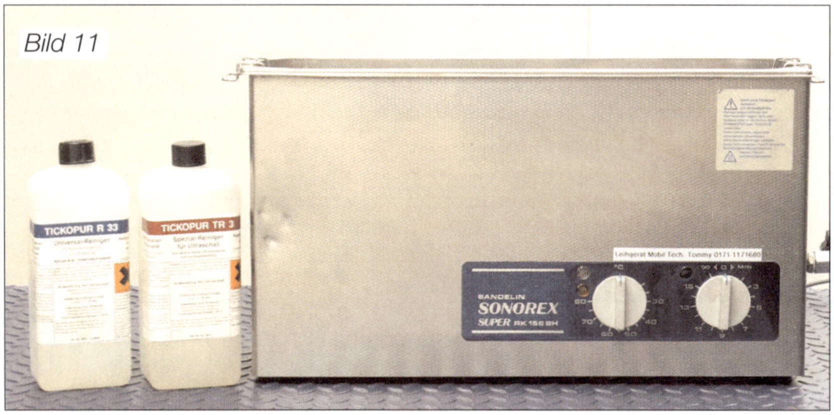

Bild 12

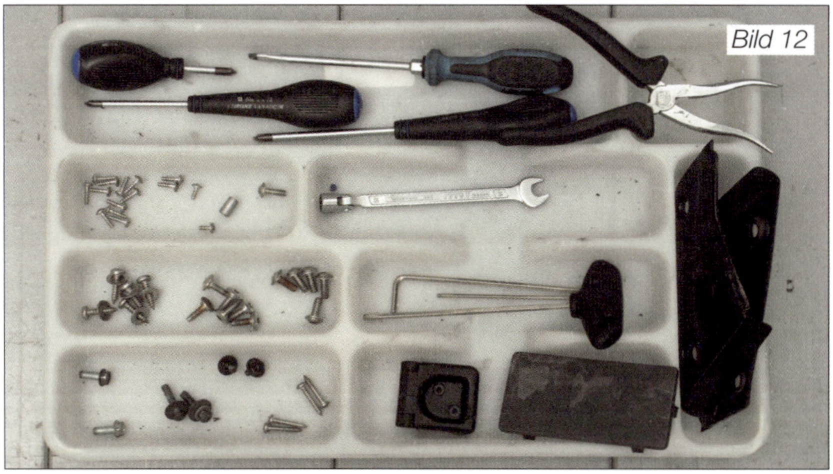

- **Voltmeter** (Multimeter) für die Batterie
- **Batterieladegerät** für Motorradbatterien
- **Isolierter Seitenschneider** (»Elektro-Knipser«)
- Digitales **Multimeter** und eine **Prüflampe**
- **Kupferpaste** für Auspuffverbindungen
- **Silikondichtpaste** für Gehäusedichtflächen

Und wenn Sie jetzt Geld übrig haben, kaufen Sie sich noch Folgendes:

- **Druckluft-Kompressor**, Druckleistung bis 8 bar, mit Schlauch und Druckluftpistole sowie einem Reifenfüllmanometer (Bild 10)
- **HeliCoil**-Gewindereparaturkits M5, M6, M8 und M10 sowie für das Gewinde der Zündkerzen und der Ölablassschrauben in Motor, Getriebe und Hinterachsantrieb. Am Ende dieses Kapitels zeigen wir den fachgerechten Umgang mit HeliCoil.
- Elektrische **Heizplatte**, 25 cm Durchmesser
- **Lötkolben** mit 150 Watt Leistung
- **Schleifbock:** Er ist in jedem Falle nützlich, und wenn man daran nur ab und zu seine Bohrer schleift und sich am Funkenflug freut.

Werkzeugwagen, Hebebühne

Besteckkästen

Als Ablage beim Schrauben direkt am Motorrad benutzen wir Besteckkästen (Bild 12). Darin lassen sich abgebaute Kleinteile und Werkzeuge wunderbar ablegen. Besteckkästen in unterschiedlichen Größen und Einteilungen gibt es für kleines Geld in jedem Haushaltswarenladen (z. B. bei Ikea, dort sind sie besonders billig!).

Werkzeugwagen

Werkzeug muss nicht nur vorhanden, sondern auch auffindbar sein. Weil es mit der Ordnung immer so eine Sache ist, empfehlen wir, das am meisten benötigte Werkzeug in einem falt- und fahrbaren Werkzeugwagen wie dem »Hazet-Assistent« aufzubewahren. Dieser ist innen größer, als er von außen aussieht. Das Grundmaß des »Assistent« beträgt 725 mm x 398 mm, aufgezogen ist er etwas mehr als einen Meter hoch, zusammengeschoben knapp die Hälfte (Bild 13).

Hebebühne

Perfekt ist eine Hebebühne. Sie erleichtert alle Arten von Schraubarbeiten an der BMW enorm, weil man die Maschine in die gewünschte Arbeitshöhe bringen kann und sich nicht bücken muss. Preiswerte Hebebühnen gibt es in den Shops der Motorrad-Zubehörketten sowie als »Mitnahmeware« bei Veteranenmärkten.

Aufbockhilfen

Schnellständer, Werkstattkran
Die BMWs in unserem Buch haben einen stabilen Mittelständer. Zum Aus- und Einbau der Räder muss man den Mittelständer mit einem Holzbrett unterbauen und Motor oder Getriebe auch noch mit einem kleinen hydraulischen Wagenheber (Bild 14), damit die Maschine auch auf dem Ständer stehen bleibt, wenn die Räder ausgebaut werden sollen.

Einen fahrbaren Werkstattkran, an dem man die Maschine über Riemen, die um den Rahmen geschlungen sind, aufhängen kann, gibt es schon für ca. 300 Euro im Zubehörhandel zu kaufen. So etwas braucht man zum Ausbau der Gabelbeine oder der Lenkung zwecks Schmieren oder Erneuern der Lenkkopflager.

In Bild 14 zeigen wir eine korrekt aufgebockte BMW zum Ausbau des Hinterrads. Bitte beachten Sie den Spanngurt vom Mittelständer zum Vorderrad, damit gesichert kann die Maschine nicht nach vorne wegkippen, wenn sie hinten etwas zu hart angestoßen wird.

Öl und Fett

Öl: Öl ist das wichtigste Werkstatthilfsmittel. Ein stilvolles Ölkännchen (Bild 15) gehört auf jede Werkbank, weil ein Tropfen Öl vor der Montage an Schrauben und Muttern einfach sein muss.

Natürlich kann man auch Öl-Allzweckspray oder WD-40 verwenden, aber die Benutzung von Spray wird mit der Zeit richtig teuer.

In das Ölkännchen gehört gutes Qualitätsöl. Also eine weitere Warnung vor dem Baumarkt: Dort kein »prima Ölkännchen mit 150 ml Allzwecköl für nur 1,95 Euro« kaufen, das ist nicht nur zu teuer, sondern auch billigster Schmierfusel. Besser ist es z. B., die letzten Reste aus Motoröldosen oder -flaschen zu sammeln, indem man die Ölflasche zum Austropfen kopfüber in einen Becher stellt und so »Tropföl« sammelt. Das ist nun beileibe

Bild 13: Der fahr- und faltbare Werkstattwagen »Assistent« ist seit vielen Jahren ein Klassiker in den Werkstätten von Hobby- und Profischraubern.

Bild 14: Holzbrettchen unterlegen beim Aufbocken mit einem Wagenheber. Sichern des Hauptständers mit einem Spanngurt über das Vorderrad.

Bild 16: Schweres und leichtes Fett sind für das richtige Schmieren der entsprechenden Bauteile wichtig.

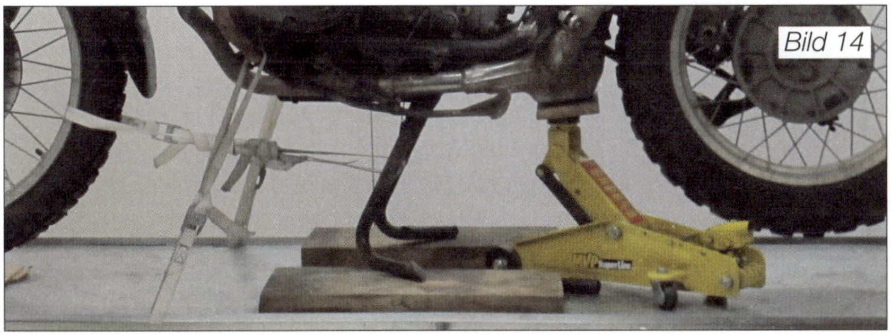

Bild 14

Bild 15: Aus scheinbar leeren Öldosen kommt immer noch so viel Öl heraus, dass es als Tropföl im stilvollen Ölkännchen zum täglichen Hilfsmittel wird.

Schweres Fett ist für langsam drehende Lager und Bauteile, wie z. B. Lenkkopf- und Schwingenlager.

Bild 16

Leichtes Fett ist für schnell drehende Lager, z. B. Radlager, und zum Schmieren von Simmerringen.

Sichtprüfung Messen

kein Beweis für übertriebenen Geiz, aber warum die scheinbar leere Öldose wegwerfen, wenn sich noch ein letzter Rest gutes (und teueres!) Motoröl darin befindet?

Fett: Schmierfett ist neben Öl ein weiteres wichtiges Grundhilfsmittel in der Motorradwerkstatt. Motorrad-Schmierfett sollte möglichst (Salz-)wasserresistent sein. Wir brauchen fürs Motorrad zwei Fettarten (Bild 16):

- »Schweres Wälzlagerfett« für langsam drehende Bauteile. Man spürt beim Reiben zwischen den Fingern, dass das schwere Fett steifer ist als leichtes Wälzlagerfett. Deswegen ist es nicht für Schnelldrehbauteile wie Radlager geeignet, hält aber viel höhere Drücke aus. »Schweres Wälzlagerfett« nimmt man zum Schmieren von Lenkkopf- und Schwingenlagern, der Gelenkbolzen von Fußrasten, Schalt- und Bremshebel.
- »Leichtes Wälzlagerfett« ist für schnell drehende Bauteile wie die Radlager. Wie die Bezeichnung »leicht« schon sagt, ist das Fett »leicht« und damit besonders geschmeidig. Wenn man es zwischen den Fingern verreibt, wird es extrem glitschig. Man spürt während des Reibens quasi den Schmierfilm, und danach lässt sich das Fett kaum von der Haut abwaschen.

Werkstatthilfsmittel

Viele Werkstatthilfsmittel werden vom Chemiegiganten Henkel hergestellt, wie z. B. flüssige Schraubensicherungen (»Loctite«). Im Internet unter *www.loctite.de* findet man Loctite-Produktbeschreibungen und kann sich über deren Anwendung informieren.

Bild 17: Beim BMW-Motorradhändler kann man alle Werkstatthilfsmittel, die von BMW für die Maschinen unseres Buchs vorgeschrieben sind, als »BMW-Originalersatzteile« kaufen.

Spezialwerkzeug

Bild 18: Sehr wichtig ist ein Satz Gewindeschneider. Damit lassen sich Außen- wie Innengewinde anfertigen und auch Schrauben und Muttern nachschneiden, wenn ihre Gewinde verschmutzt oder leicht beschädigt sind.

Bild 19: Ein **Sternmutterschlüssel** für die Auspuff-Sternmuttern ist Pflicht, denn diese Muttern können mit keinem anderen Werkzeug geöffnet oder festgezogen werden. Und wenn man es doch probiert, brechen die Flügel der Sternmutter ab – das ist ärgerlich und wird teuer.

Für verschiedene Arbeiten an Motor und Fahrwerk werden BMW-Spezialwerkzeuge benötigt.

Bild 17

Bild 17: Bremsenreiniger (1), Kältespray zum Einbau von Lagern (2), Kontaktspray (3), Fett für Lager und Simmerringe (4), Loctite-Schraubensicherung (5) und (6), Chrompolitur (7), Dichtmasse für Gehäusedeckel (8), Molykotefett (9).

Bild 18: Kompletter Satz Gewinde-Schneid- und -Bohrwerkzeuge.

Bild 19

Diese kauft man sich am besten erst dann, wenn eine entsprechende Arbeit nötig wird. Wir gehen in den Kapiteln dieses Buchs auf die jeweils benötigten Spezialwerkzeuge ein.

Richtig schrauben

Mit gutem Werkzeug muss man auch richtig umgehen. Die Bilder 20, 21 und 22 verdeutlichen, was wir meinen: Wenn ein Schraubenkopf oder eine Mutter einen 13er-Schlüssel braucht (Bild 20), dann ist der 14er (Bild 21) das falsche Werkzeug. Früher bekam der Lehrling, der eine Schraube mit einem zu großen Schlüssel bearbeiten wollte, vom Meister eine Ohrfeige – die vergaß er nicht und machte fortan alles richtig (versuchte er zumindest). Heute dagegen behauptet manch falsch schraubender Auszubildender dreist, dass jeder Mensch ja mal Fehler machen könne und wehe, der Meister kommt ihm wegen dem Murks zu nahe, dann kann er von den Eltern wegen »Grausamkeit an Abhängigen« (!) vor den Kadi gezerrt werden.

Sei es, wie es ist: Man muss es nicht nur sehen, sondern einfach im Gefühl haben, dass der 14er-Schlüssel zu groß ist für den 13er-Schraubenkopf. Das gilt auch für den richtigen Schraubenzieher mit der passenden Klingenbreite bei den Schlitzschrauben (Bild 22).

Schrauben, Scheiben, Muttern

Richtige Schraubenlänge

Stahlschrauben in Aluminium, die z. B. in Motor-Gehäuse gedreht werden, müssen mindestens mit der Länge des 1,5-fachen Schraubendurchmessers in das Innengewinde eingeschraubt werden (M6 also 9 mm). Noch besser ist der doppelte Durchmesser (bei M6 also 12 mm). In Bild 23 sieht man eine zu kurze Schraube, in Bild 24 eine in der richtigen Länge und zwei zu kurze. Wenn man keine Schraube in der passenden Länge bekommt, sondern nur solche, die 5 mm zu kurz oder 20 mm zu lang sind, dann lieber die zu lange kaufen und auf passende Länge zurechtsägen. Lohn der (Säge-)Arbeit ist ein nicht ausreißendes Gewinde!

Gewinde in Ordnung?

Bei jeder Schraube, die wieder montiert werden soll, ist es gute Mechanikerpflicht, dass ihr Gewinde begutachtet wird: Die in Bild 25 sind defekt (»überdreht«), also reif für die Mülltonne. Solchermaßen defekte Gewinde kann man auch nicht mehr nachschneiden.

Scheiben und Muttern

In Bild 27 sind verschiedene Scheiben und Muttern dargestellt: ■ Unterleg- oder Wellenscheiben soll man zwischen Stahlmuttern und Aluminium einlegen, das verbessert die Flächenpressung und schont das Alu.

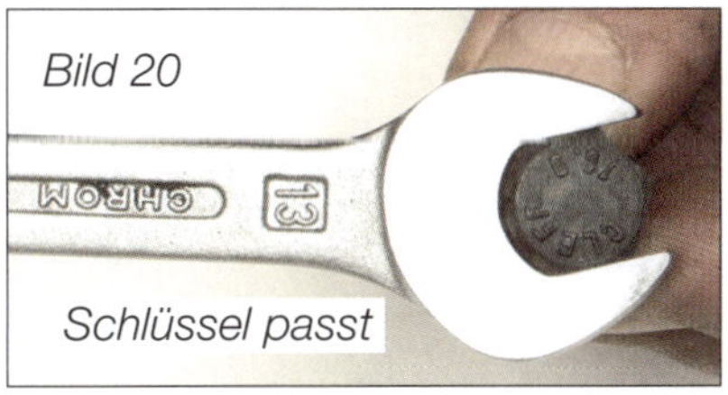

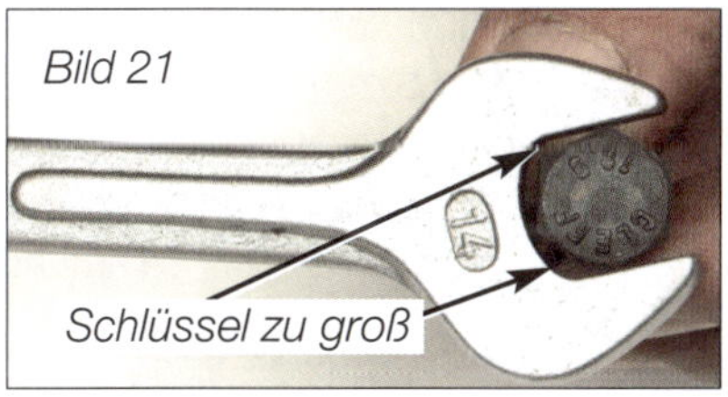

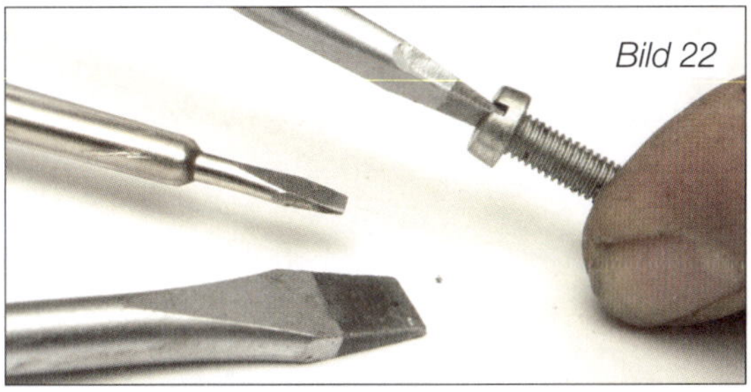

Bilder 20 bis 22: Passendes Werkzeug verwenden. Ein zu großer Schlüssel vermurkst beim ersten Ansatz den Schraubenkopf, ein zu kleiner Schraubenzieher rutscht durch, ein zu großer versaut den Schlitz im Schraubenkopf.

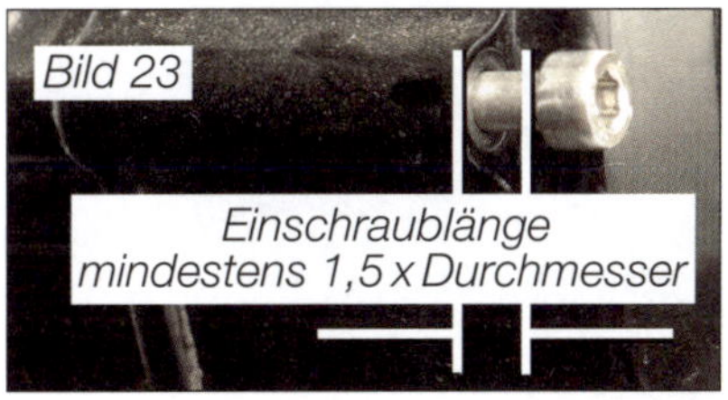

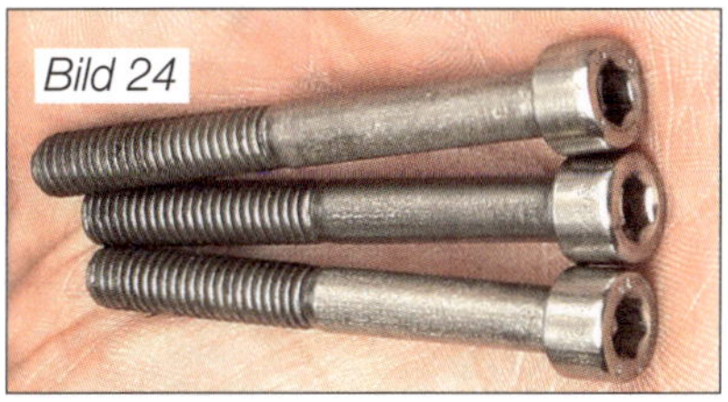

Bilder 23 bis 25: Bei Stahlschrauben in Alu auf Einschraublänge achten. Gewinde nur mit Messingbürste reinigen. Defekte Schraubgewinde.

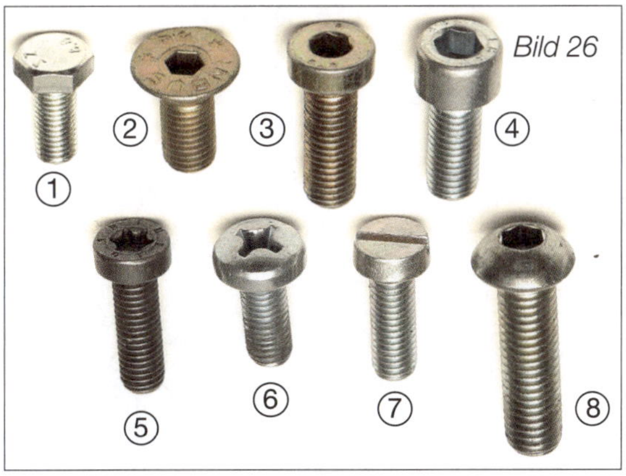

Bild 26: Verschiedene Schrauben mit unterschiedlichen Köpfen.
1 Sechskantschraube
2 Senkkopfschraube mit Innensechskant
3 Zylinderschraube mit schmalem Kopf, Innensechskant
4 Zylinderschraube mit breitem Kopf, Innensechskant
5 Zylinderschraube mit Innentorx
6 Zylinderschraube mit Kreuzschlitz
7 Zylinderschraube mit Schlitz
8 Linsenkopfschraube mit Innensechskant

Bild 27: Eine kleine Auswahl spezieller Scheiben und Muttern.

■ Eine Federscheibe, auch »Sprengring« genannt, verhindert durch ihre beiden Zacken bis zu einem gewissen Maße das Lösen der Schraube/Mutter. Nur bei Stahl auf Stahl verbauen!

■ In die Stoppmutter ist ein Kunststoff-Sicherungsring eingesetzt, der die Mutter auf dem Schraubgewinde »verklemmt« und damit sichert. Stoppmuttern soll man nur einmal, höchstens zweimal verwenden.

■ Stahlmuttern mit fest angefügter Feinzahnscheibe werden ohne zusätzliche Unterlegscheibe auf Alu oder Stahl verschraubt. Nach mehrmaliger Verwendung ist die Verzahnung »flach«, sichert also nicht mehr richtig. Für die Befestigung eines Nummernschilds ist eine solche Mutter aber immer noch gut genug!

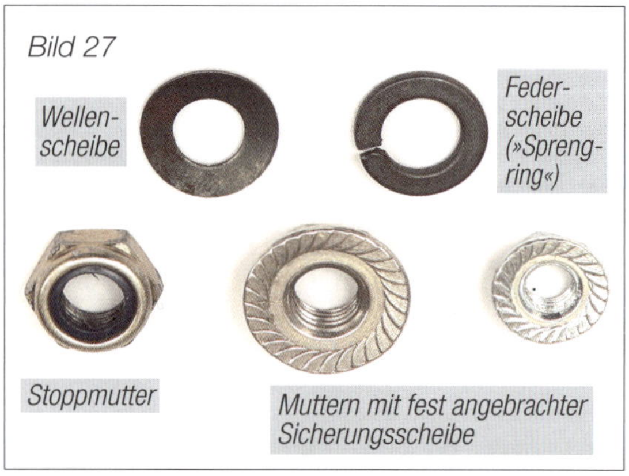

Bilder 28 und 29: Zur Gewindesicherung einen Tropfen Loctite auf das Gewinde der Schraube bzw. in die Mutter geben.

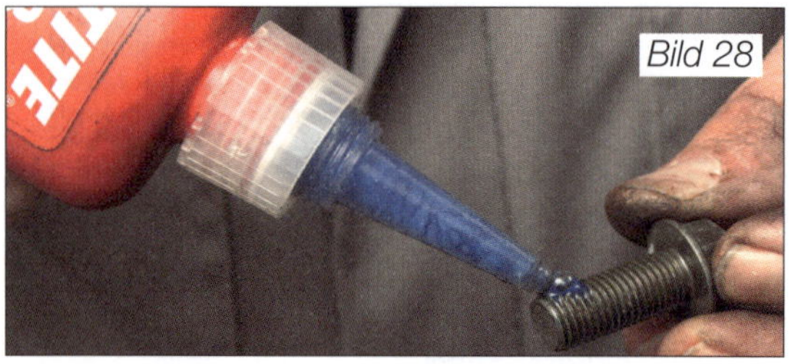

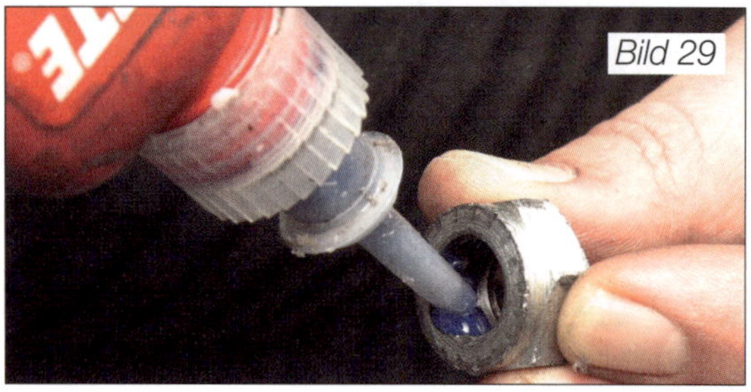

Bild 30: Farbmarkierung an einer mit korrektem Drehmoment festgezogenen Schraube.

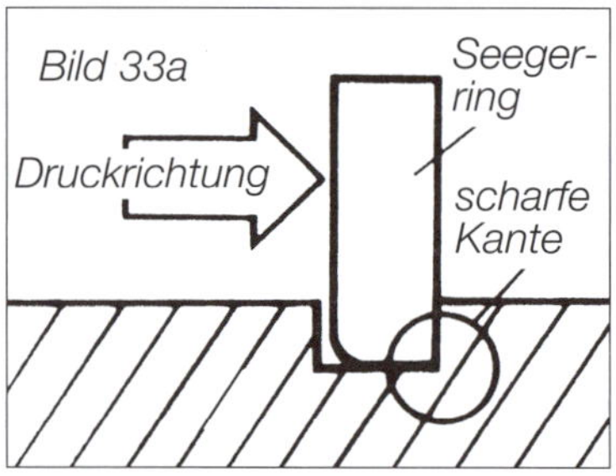

Fetten, Ölen, Gewinde kleben

Fetten: Wenn blanke Bauteile miteinander verschraubt werden, vorher die Kontaktflächen und die Schraubenbohrungen beider Teile mit etwas schwerem Fett einschmieren, weil Fett zwischen den Passflächen und in der Schraubenbohrung das Eindringen von Feuchtigkeit verhindert und so kann sich kein Rost bilden.

Ölen: Wem die Sache mit dem Fett zu ekelig ist, der sollte zumindest einen großen Tropfen Öl auf und in die Gewinde und auf die Anlageflächen von Schrauben und Muttern geben.

Flüssige Schraubensicherung: Loctite »mittelfest« hält jede Schraubverbindung zuverlässig zusammen. Für extrem belastete Schraubverbindungen nimmt man Loctite »hochfest«. Wo überall Loctite vorgeschrieben ist, steht im Kapitel 23 »Anziehdrehmomente«.

■ Bei Schrauben einen Tropfen Loctite auf das Gewinde geben (Bild 28).

■ Bei Muttern einen Tropfen Loctite in das Gewinde geben (Bild 29).

Farbige Kontrollmarkierung

Schrauberprofis zeichnen jede Schraube/Mutter, die sie mit dem vorgeschriebenen Drehmoment angezogen haben, mit einer Farbmarkierung (Bild 30). Eine solche Farbmarkierung ist auch eine Art »letzter Kontrollblick«, wenn man sich sicher ist, dass diese Schraube festgezogen ist. Sollte sich eine so gezeichnete Schraubverbindung wider Erwarten öffnen, sieht man das an den zueinander verdrehten Farbstrichen.

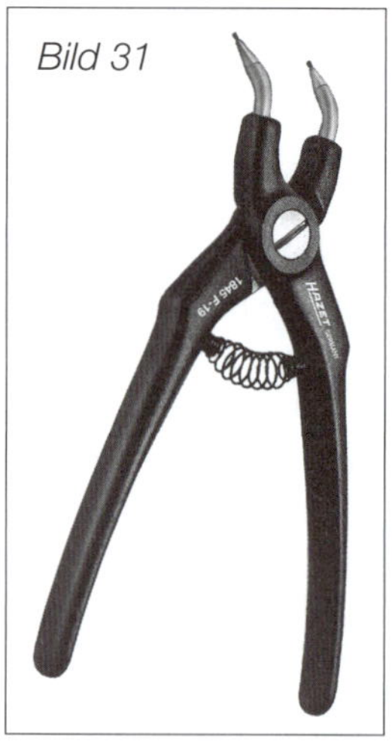

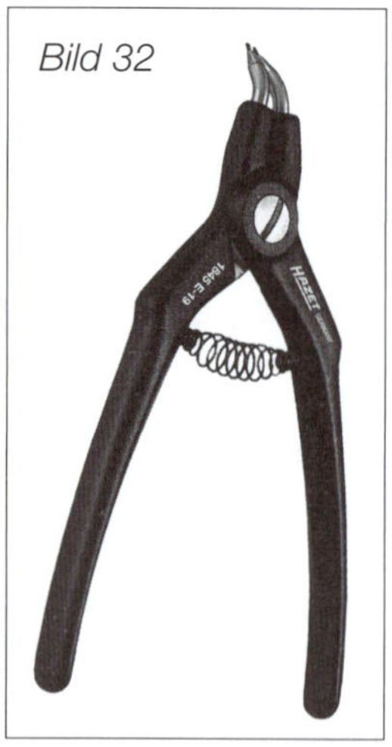

Bilder 31 und 32: Seegerringzangen für Innen- und Außen-Seegerringe. Bilder 33a und 33b: Seegerringe richtig herum einbauen.

Seegerringe

Zum Aus- und Einbau von Seegerringen werden spezielle Zangen benötigt: Innenseegerringe werden zusammengedrückt (Bild 31), Außenseegerringe auseinandergezogen (Zange in Bild 32). Einmal ausgebaute Seegerringe sollen durch Neuteile ersetzt werden. Ausnahme: Wenn man sie vorsichtig und ohne bleibende Verformung ausbaut, kann man sie noch einmal verwenden. Bilder 33a und 33b: Beim **Einbau** muss die scharfe Kante des Seegerrings in Druckrichtung, also quasi »nach außen« eingebaut werden. Lieber zwei- als einmal nachsehen, ob der eingebaute Seegerring auch wirklich richtig satt in seiner Nut sitzt!

Simmerringe

Simmerringe, auch »Wellendichtring« genannt, dichten drehende (Radlager) oder zueinander gleitende Bauteile (Gabelbeine) zu den stehenden Teilen nach außen und/oder innen ab.

Wichtig beim Einbau (Bild 34)

- Ein Simmerring wird mit der Aufschrift nach außen eingebaut, egal wie er geformt ist!
- Einmal ausgebaute Simmerringe nicht mehr einbauen, also immer Neuteile verwenden.
- Simmerring mit leichtem Wälzlagerfett einfetten (Bilder 34a und 34c), niemals »trocken« über die Welle schieben oder in seinen Sitz einpressen!
- Die dünne Spannfeder (Bild 34b) im Simmerring muss vorhanden sein – sie keinesfalls entfernen in dem Glauben, dass dann die Welle (oder das Rad) leichter läuft!

Dichtmittel und Dichtungen

Dichtmittel: Öl- und fettverträgliches Silikondichtmittel mit einer Temperaturbeständigkeit von –40 °C bis 250 °C wird benötigt, um Teil auf Teil ohne zwischengelegte Papierdichtung zu verbauen wird. Bei Silikondichtmittel lassen sich die Bauteile auch nach vielen Jahren leicht wieder trennen.

Papierdichtungen: Wenn zwischen zwei Bauteilen serienmäßig eine Dichtung vorgesehen ist, sollte man wieder eine einbauen; möglichst eine neue! Diese wird »trocken« verbaut, also bei einer neuen Papierdichtung kein zusätzliches Dichtmittel verwenden. Papierdichtungen kann man leicht selbst machen. Dichtungspapier und Locheisen gibt es preiswert im Motorradzubehörhandel.

Ausnahmen bestätigen die Regel: Wenn eine gebrauchte, ausgehärtete Papierdichtung, die nicht eingerissen ist, verwendet werden muss: Dann beide Seiten dieser Dichtung leicht und gleichmäßig mit Silikondichtmittel einschmieren (Bild 35), 10 Minuten ablüften lassen.

Gewindereparatur mit HeliCoil

Wie es zu beschädigten Gewinden kommt:
Grund 1: Häufiges Lösen und Anziehen führt zum Verschleiß im Gewinde. Je nach Häufigkeit der Benutzung führt dies bis zur Zerstörung.
Grund 2: Besonders problematisch sind weiche Aluminiumguss-Legierungen.
Grund 3: Schrauben oder Muttern werden mit zu großen Anziehdrehmomenten angezogen, das Gewinde »reißt aus«.
Grund 4: Durch Korrosion (»Rost«) zwischen Schraube und Bauteilwerkstoff kommt es zum

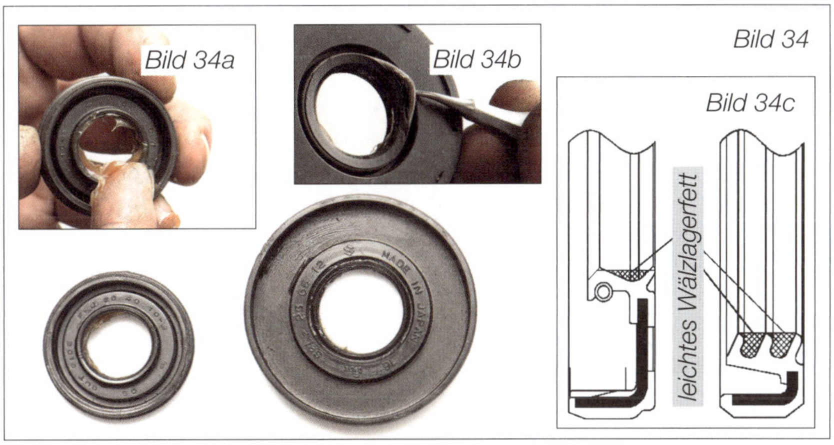

Bild 34: Simmerringe mit der Aufschrift nach außen einbauen.

Vor Zusammenbau mit leichtem Wälzlagerfett einschmieren (Bilder 34a und 34c).

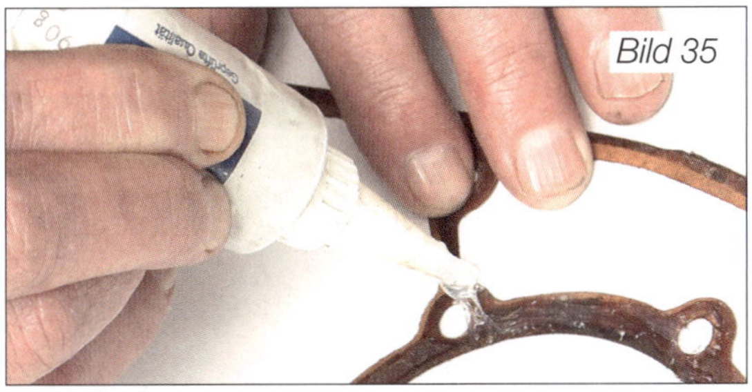

Bild 35: Dichtmasse 10 Minuten ablüften lassen.

Bild 36: Wenn das Gewinde des Ventildeckel-Stehbolzens (im Oval) ausgerissen ist, kann man es mit HeliCoil reparieren. Wie das geht? Bitte umblättern…

»Festbacken der Schraube«. Beim Versuch, die Schraube zu lösen, wird das Mutterngewinde zerstört. Dies kann auch dann der Fall sein, wenn eine falsche flüssige Schraubensicherung verwendet wurde; z. B. Loctite »hochfest« an einer Stelle, wo nur »mittelfest« vorgeschrieben ist.

Was HeliCoil ist

Zerstörte Gewinde können mit geringem Aufwand und Kosten repariert werden, indem das defekte Innengewinde ausgebohrt und ein aus gewickeltem Draht bestehender Gewindeeinsatz eingedreht wird (*www.helicoil.de*). HeliCoil bietet so genannte »Repairkits« an; diese sind erhältlich im Motorrad-Zubehörhandel oder bei sehr gut sortierten Motorradhändlern.
Es gibt sie in den Abmessungen von M2 bis M36 und auch in den Sondermaßen M7 und M9. Ein HeliCoil-Repairkit (Bild A) enthält:

- Kernlochbohrer mit dem Kernloch-Gewindedurchmesser für das neue Gewinde.
- HeliCoil-Gewindebohrer.
- HeliCoil-Einbauwerkzeug, das ist eine Einbau-Gewindespindel mit einem kleinen Ansatz vorne.
- 20 HeliCoil-Gewindeeinsätze aus hoch korrosionsbeständigem Stahl der Legierung 1.4301 (hat eine Festigkeit von mehr als 1.400 N/mm²).

Gewinde mit HeliCoil reparieren

Am Beispiel eines ausgerissenen M6-Gewindes (Bilder B bis I) erklären wir eine Gewindereparatur mit einem HeliCoil-Drahtgewindeeinsatz:

1. Schritt: Wenn der Rest einer abgebrochenen Schraube (Bild B) im alten Gewinde steckt: Sichtbaren Schraubenrest ankörnen, mit einem scharf geschliffenen Bohrer, der 0,5 mm kleiner ist als der alte Gewinde-Nenndurchmesser (Beispiel M6: Bohrer 5,5 mm), das abgebrochene Gewindestück vorsichtig ausbohren.

2. Schritt: Mit dem im HeliCoil-Repairkit befindlichen Bohrer das beschädigte Gewinde komplett ausbohren (Bild C). Der Durchmesser des Bohrers entspricht dem Kerndurchmesser des neuen Aufnahmegewindes für den HeliCoil plus-Drahtgewindeeinsatz.

3. Schritt: Aufnahmegewinde für den HeliCoil-Drahtgewindeeinsatz mit dem beiliegenden Gewindebohrer schneiden (Bild D).

Wichtig: Damit keine Späne in Gewindebohrungen hineinfallen, den Gewindebohrer vor dem Gewindeschneiden in Fett eintauchen, dann bleiben die Späne am Gewindebohrer haften.

4. Schritt: Gewinde reinigen, z. B. mit Druckluft ausblasen. ALLE Späne entfernen!

5. Schritt: HeliCoil-Drahtgewindeeinsatz mit der Einbauspindel montieren. Dieses ist wirklich sehr einfach: Der Drahtgewindeeinsatz wird auf die Spindel gedreht und dann wie eine Schraube in das vorbereitete Aufnahmegewinde eingedreht (Bilder E und F).

6. Schritt: Nach der Montage des Drahtgewindeeinsatzes wird sein Mitnehmerzapfen abgebrochen (Bild G):

- Zapfenwerkzeug zuvor in etwas Fett tauchen, ganz in den Drahtgewindeeinsatz einführen, mit einem kleinen Hammer einen leichten Schlag auf das Zapfenwerkzeug geben – der abgebrochene Zapfen bleibt am Fett des Zapfenwerkzeugs kleben, und man kann ihn aus dem Drahtgewindeeinsatz herausziehen.

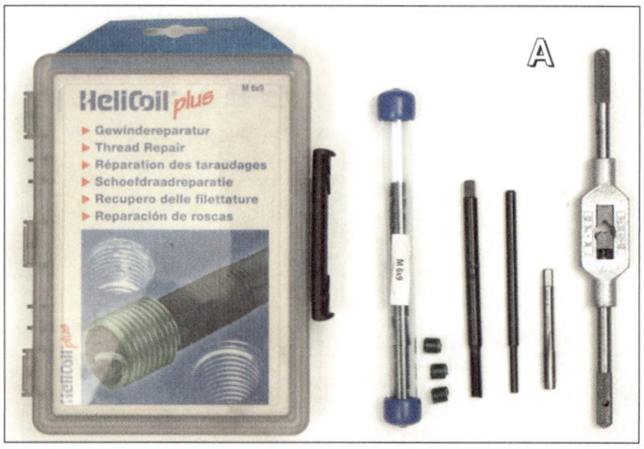

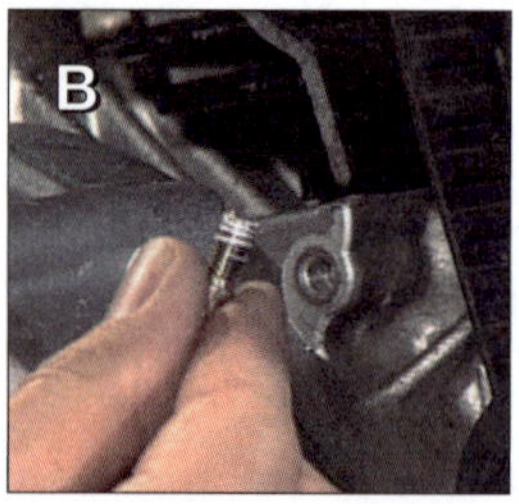

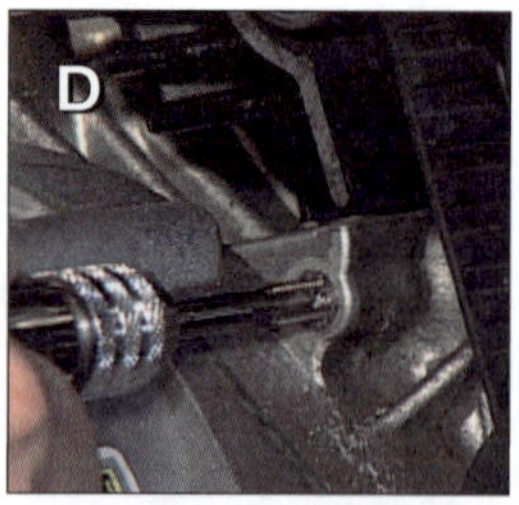

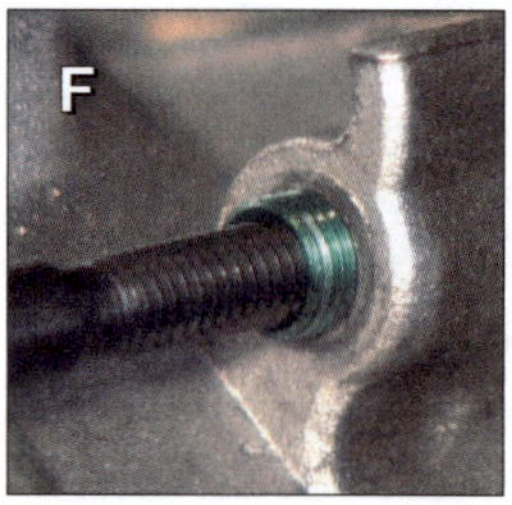

Bilder A bis I:
- *A: Kompletter HeliCoil-Reparaturkit.*
- *B: Defektes Gewinde, überdrehte Schraube.*
- *C: Schraubenreste ausbohren, sauberes Kernloch erzeugen.*
- *D: Neues Aufnahmegewinde für den HeliCoil-Gewindeeinsatz schneiden.*
- *E und F: HeliCoil-Gewindeeinsatz mit der Einbauspindel montieren.*
- *G: Zapfen brechen und entfernen.*
- *H: Perfekt ist das neue Gewinde mit HeliCoil-Gewindeeinsatz.*
- *I: Schraube eindrehen und anziehen, fertig!*

Wichtig: Bei der Reparatur von Durchgangsbohrungen muss Obacht gegeben werden, wo der abgebrochene Mitnehmerzapfen hinfällt, damit er z. B. nicht in den Motor zwischen empfindliche Motorenmechaniken gerät!

Eine solche Gewindereparatur ist innerhalb von zehn Minuten ohne Schweißaufwand erledigt. Nach der Reparatur mit HeliCoil ist das Gewinde um ein Vielfaches belastbarer als das Originalgewinde. Das Gewinde wurde nicht etwa »geflickt«, sondern seine Qualität wurde deutlich verbessert: Der HeliCoil-Drahtgewindeeinsatz aus Edelstahl macht das Gewinde verschleißfester und korrosionsbeständiger. Zukünftige Wartungsarbeiten können diesem Gewinde nichts mehr anhaben.

Ölablassgewinde mit HeliCoil reparieren

Die Bilder J bis Q zeigen eine harte Variante der Gewindereparatur in zusammengebautem Zustand (Gewinde der Ölablassschraube in der Ölwanne, im Getriebe oder Hinterachsantrieb).

1. Wir suchen in der Schraubenkiste eine der Ölablassschraube ähnliche Schraube (Bild K). Mit Schieblehre und Gewindelehre ihren Durchmesser und Gewindesteigung (Bild L) feststellen; hier ist es M14 x 1,25.
2. HeliColil-Gewindebohrer für M14 x 1,25 satt in Fett eintauchen (Bild M).
3. Gewindeloch anschneiden. Nach zwei Schneidumdrehungen den Gewindebohrer wieder ausdrehen (Bild N), um die Späne zu entfernen.
3.1. Gewindebohrer in Fett eintauchen, zwei weitere Gänge schneiden.
4. HeliCoil-Gewindewendel auf Eindrehwerkzeug aufdrehen (Bild O), vorsichtig eindrehen.
5. Letzter Check: Gewindewendel ist ca. 1/2 der Gewindesteigung bis unter die Dichtfläche eingedreht, sitzt sauber (Bild P).
6. Mit einer Spitzzange den Mitnehmerzapfen abbrechen und herausziehen (Bild Q). Neue Ölablassschraube probehalber eindrehen – passt!

Defekte Schraube ausbohren

Nun zeigen wir noch das Ausbohren einer kaputten Schraube im Detail am Beispiel einer M5-Schraube, wie sie zum Befestigen des Deckels des Hauptbremszylinders verwendet wird.

1. Bilder 37 und 38: Defekten Schraubenkopf mit einem 5er-Bohrer abbohren.
2. Deckel abnehmen, Bremsflüssigkeit aussaugen. Bild 39: Offenen Behälter abkleben.
3. Bild 39: Mit einem 3er-Bohrer den Gewinderest zentrisch anbohren.
4. Bilder 40 und 41: Einen scharfen Dreikantschaber in das Loch reinklöpfeln und den Gewinderest ausdrehen.

Tipp: Wenn man das Metall um den festsitzenden Schraubenrest herum mit einem Werkstattföhn anwärmt, löst sich der Gewinderest meist sehr schnell und kann mit einem Ruck leicht ausgedreht werden.

5. Bild 42: Gewinde mit Gewindebohrer nachschneiden. Alle Späne entfernen!

Bild 37

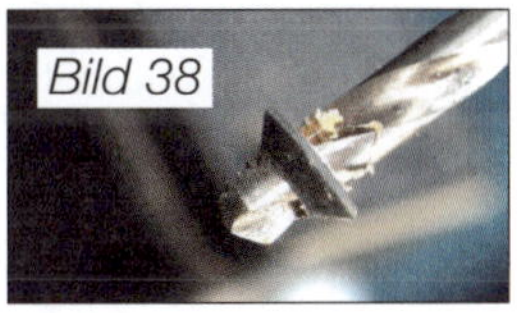
Bild 38

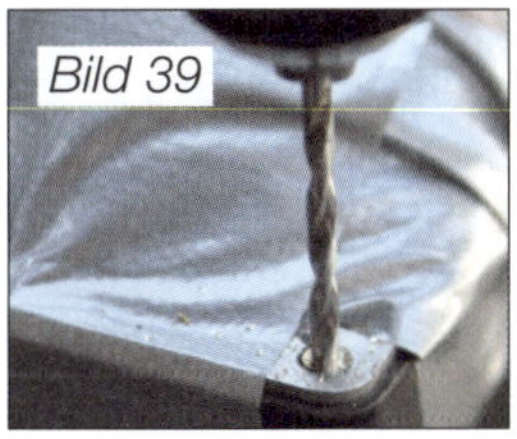
Bild 39

Bilder 37 bis 42: Ausbohren einer defekten Schraube, Innengewinde bleibt erhalten.

Bilder J bis Q siehe Lauftext.

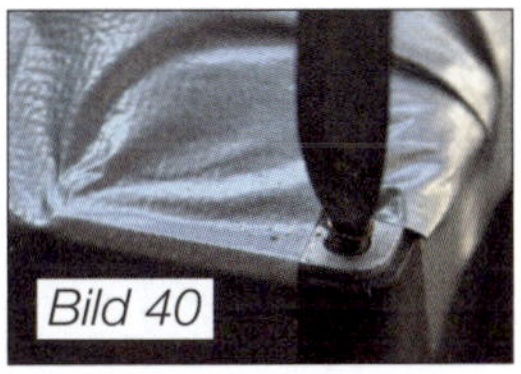
Bild 40

Bild 41

Bild 42

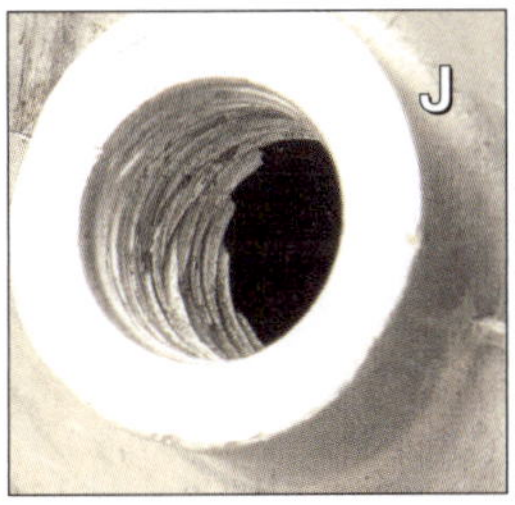
J

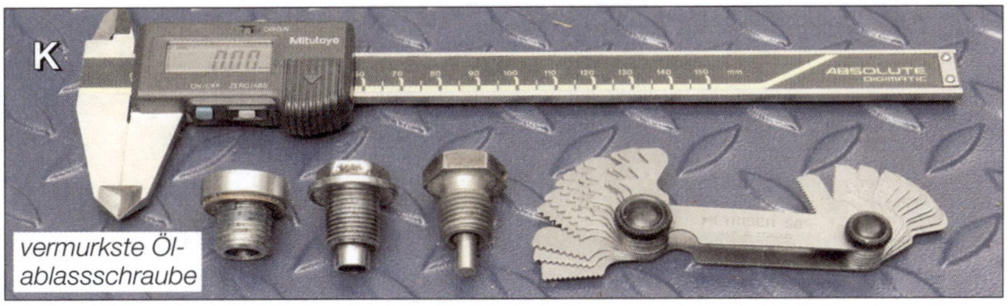

K

L

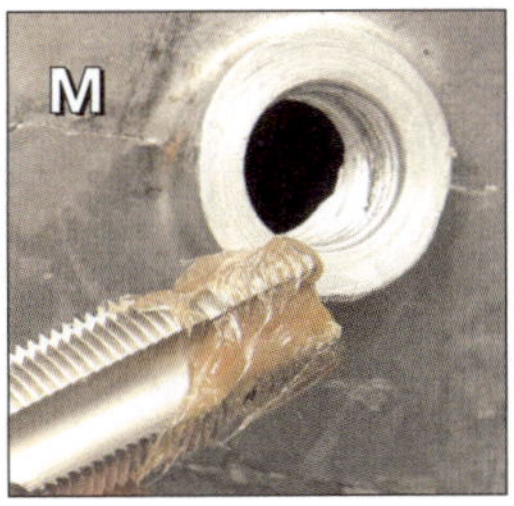
M

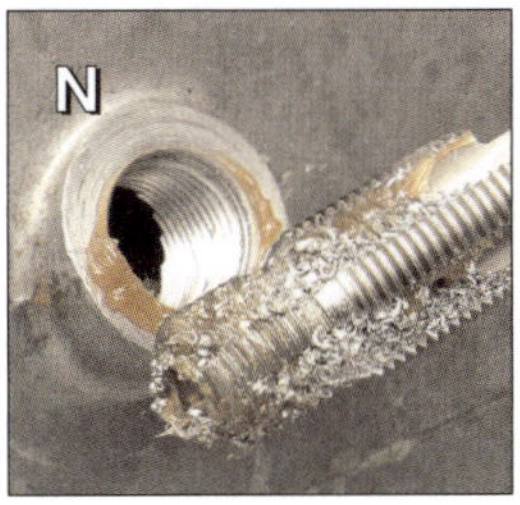
N

O

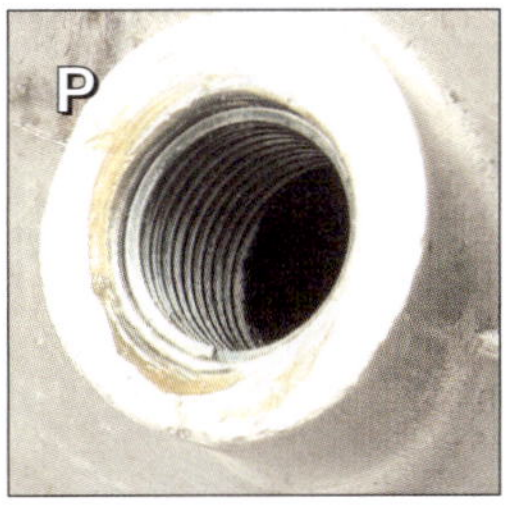
P

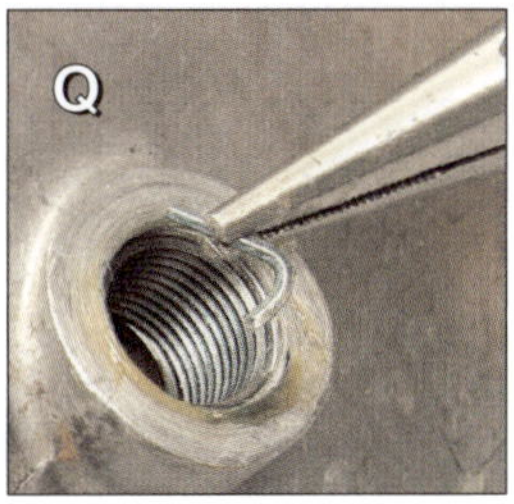
Q

Inspektionen

In diesem Kapitel: Inspektionen und Wartungsintervalle nach Kilometern · Inspektionen abhängig vom Fahrertyp · Wichtige regelmäßige Kontrollen · Ölstand im Motor, Öl auffüllen · Reparaturauftrag geben · Seiten- und Hauptständer, Federn kontrollieren, schmieren.

Modelle von 1980 bis 1992: R 65 GS, R 80 G/S, R 80 ST, R 80 G/S Paris-Dakar

Baugruppe / Wartungsintervall [1]	bei 1000 km	bei 7500 km	bei 15 000 km	bei 22 500 km	bei 30 000 km	siehe Kapitel
Motor						
Hohlraum zwischen Ölwanne, Ölwannenschutz [2] und Kühlrippen	–	Prüfen/Reinigen	Prüfen/Reinigen	Prüfen/Reinigen	Prüfen/Reinigen	14
Motoröl, Ölfilter [3]	Erneuern	Erneuern	Erneuern	Erneuern	Erneuern	14
Luftfilter [1]	–	Reinigen [1.1]	Erneuern	Reinigen [1.1]	Erneuern	12
Benzinhähne	–	–	Reinigen	–	Reinigen	11
Vergaser	Reinigen	Reinigen	Reinigen	Reinigen	Reinigen	13
Vergaser, Gaszugspiel [4]	Prüfen/Einstellen	Prüfen/Einstellen	Prüfen/Einstellen	Prüfen/Einstellen	Prüfen/Einstellen	13
Zündkerzen	–	Prüfen/Reinigen	Erneuern	Prüfen/Reinigen	Erneuern	16
Zündzeitpunkt	Prüfen/Einstellen	–	Prüfen/Einstellen	–	Prüfen/Einstellen	17
Zylinderkopfmuttern [5]	Prüfen/Anziehen	Prüfen/Anziehen	Prüfen/Anziehen	Prüfen/Anziehen	Prüfen/Anziehen	23
Kipphebel-Axialspiel (ab Januar 1985)	–	–	Prüfen/Einstellen	–	Prüfen/Einstellen	15
Ventilspiel	Prüfen/Einstellen	Prüfen/Einstellen	Prüfen/Einstellen	Prüfen/Einstellen	Prüfen/Einstellen	15
Säurestand Batterie [6]	–	–	Prüfen	–	Prüfen	18
Batteriepole	–	–	Reinigen/Schmieren	–	Reinigen/Schmieren	18
Antrieb						
Kupplungszugnippel oben und unten	–	Schmieren	Schmieren	Schmieren	Schmieren	3
Kupplungsspiel	Prüfen/Einstellen	–	Prüfen/Einstellen	–	Prüfen/Einstellen	–
Öl im Getriebe [7]	Erneuern	–	Erneuern	–	Erneuern	14
Öl in der Schwinge [7]	Erneuern	–	Erneuern	–	Erneuern	14
Öl im Hinterradantrieb [7]	Erneuern	–	Erneuern	–	Erneuern	14
Bremsen						
Hebelweg Fußbremse	Prüfen/Einstellen	–	Prüfen/Einstellen	–	Prüfen/Einstellen	–
Scheibenbremsanlage	Prüfen/Entlüften	–	Prüfen	–	Prüfen	9
Bremsflüssigkeit [7]	Stand prüfen	–	Stand prüfen	–	Stand prüfen	9
Bremsbeläge	–	–	Prüfen	–	Prüfen	9
Trommelbremse, Betätigungsteile	–	–	Prüfen	–	Prüfen	10
Fahrwerk						
Schwingenlager	–	Schmieren	Einstellen	Schmieren	Einstellen	–
Gabelöl [7]	Erneuern	–	Erneuern	–	Erneuern	–
Lenkung, Lenkkopflager	Prüfen/Einstellen	–	Prüfen/Einstellen	–	Prüfen/Einstellen	–
Radlager im Vorderrad	–	–	Prüfen/Einstellen	–	Einstellen/Schmieren	8
Kippspiel des Hinterrads	–	–	Prüfen	–	Prüfen	8
Sicherheitsrelevante Schrauben	Prüfen	–	Prüfen	–	Prüfen	23
Endkontrolle, Probefahrt						
Motorrad aufgebockt, Motor aus	Prüfen: Reifen ok? Luftdruck vorne/hinten prüfen ggf. korrigieren, Speichen kontrollieren, abklopfen, Räder auf Rundlauf prüfen					7, 8
Elektrische Anlage	Licht einschalten: Standlicht, Fern- und Abblendlicht, Rück- und Bremslicht, Kennzeichenleuchte, Blinker rechts/links, vorne und hinten, Kontrollleuchten für Fernlicht, Ladestrom, Leerlauf, Öldruck, Blinker, Hupe kontrollieren					–
Motorrad aufgebockt, Motor starten	Prüfen: Leichtgängigkeit von Chokehebel und Gasgriff; Motor starten, Startverhalten ok? Lenkung rechts/links freigängig?					–
Motorrad abbocken, Probefahrt	Prüfen: Kupplungsfunktion ok? Schaltung leichtgängig? Rasten die Gänge sauber ein? Hand- und Fußbremse ok? Instrumente zeigen an? Kontrollleuchten für Ladestrom, Leerlauf, Öldruck gehen aus?					–
Nach Probefahrt, Motorrad aufgebockt	Ölstand kontrollieren, Motor, Getriebe, Kardan, Hinterradantrieb auf Dichtheit und Räder auf Leichtlauf prüfen					–

1) Bei häufigen Fahrten unter Extrembedingungen wie Staub, Schmutz, viel Kurzstrecke, Wintereinsatz etc. ist eine häufigere Wartung ratsam.
1.1) Reinigen des Luftfilters bei den 7500 km-Inspektionen ist keine BMW-Vorschrift, sondern eine redaktionelle Empfehlung.
2) Nicht bei R 80 ST
3) Ölwechsel mindestens alle 6 Monate, im Winter bei überwiegenden Außentemperaturen unter 0 °C alle alle 3000 km oder alle 3 Monate. Empfehlung: Diese Intervalle auch bei ausschließlichem Kurzstreckenbetrieb einhalten.
4) Gasseilzüge auf Leichtgängigkeit, Scheuer- und Knickstellen prüfen. Gasseilzugspiele prüfen, ggf. einstellen in Verbindung mit »Gleichlauf der Vergaser prüfen und einstellen«.
5) Anziehreihenfolge siehe Kapitel 23.
6) Den Säurestand mindestens alle drei Monate prüfen. Ladezustand/Spannung der Batterie prüfen. Wenn sie geladen werden muss, Batterie dazu aus Maschine ausbauen.
7) Mindestens einmal im Jahr erneuern.

Inspektionsintervalle nach Kilometern

In den Tabellen auf diesen beiden Seiten sind die von BMW vorgeschriebenen Inspektionsintervalle nach Kilometerständen aufgelistet. Bitte beachten Sie auch die Fußnoten, die wichtigsten sind die »1)« bei »Intervall«, die »3)«

Kurz und knapp: In diesem Kapitel sind die von BMW vorgeschriebenen Prüfpunkte bezüglich Wartung, Inspektionen, Fahrsicherheit und Maschinentechnik. Im Laufe der weiteren Kapiteln dieses Buchs gehen wir detailliert und sehr ausführlich auf die einzelnen Punkte ein.

Modelle von 1984 bis 1995: R 65, R 65 RT, R 80, R 80 RT, R 100 RS, R 100 RT. Mj. 1987 bis 1996: R 80 GS, R 80 R, R 80 R Mystic, R 80 GS Basic, R 100 GS, R 100 GS Paris-Dakar, R 100 GS P-D, R 100 R, R 100 R Mystic

Wartungsintervall [1] / Baugruppe	bei 1000 km	bei 7500 km	bei 15 000 km	bei 22 500 km	bei 30 000 km	siehe Kapitel
Motor						
Motoröl, Ölfilter [2]	Erneuern	Erneuern	Erneuern	Erneuern	Erneuern	14
Luftfilter [1]	–	Reinigen [1.1]	Erneuern	Reinigen [1.1]	Erneuern	12
Benzinhähne [3]	–	–	–	–	Reinigen	11
Vergaser	–	Reinigen	Reinigen	Reinigen	Reinigen	13
Vergaser, Gaszugspiel [4]	Prüfen/Einstellen	Prüfen/Einstellen	Prüfen/Einstellen	Prüfen/Einstellen	Prüfen/Einstellen	13
Zündkerzen	–	Prüfen/Reinigen	Erneuern	Prüfen/Reinigen	Erneuern	16
Zündzeitpunkt	Prüfen/Einstellen	–	Prüfen/Einstellen	–	Prüfen/Einstellen	17
Zylinderkopfmuttern [5]	Prüfen/Anziehen	–	–	–	–	23
Kipphebel-Axialspiel	–	–	Prüfen/Einstellen	–	Prüfen/Einstellen	15
Ventilspiel	Prüfen/Einstellen	Prüfen/Einstellen	Prüfen/Einstellen	Prüfen/Einstellen	Prüfen/Einstellen	15
Säurestand Batterie [6]	–	–	Prüfen	–	Prüfen	18
Batteriepole	–	–	Reinigen/Schmieren	–	Reinigen/Schmieren	18
Antrieb						
Kupplungszugnippel oben und unten	–	Schmieren	Schmieren	Schmieren	Schmieren	3
Kupplungsspiel	Prüfen/Einstellen	–	Prüfen/Einstellen	–	Prüfen/Einstellen	–
Öl im Getriebe [7]	Erneuern	–	Erneuern	–	Erneuern	14
Öl in der Schwinge [7][8]	Erneuern	–	Erneuern	–	Erneuern	14
Öl im Hinterradantrieb [7]	Erneuern	–	Erneuern	–	Erneuern	14
Bremsen						
Hebelweg Fußbremse	–	–	Prüfen/Einstellen	–	Prüfen/Einstellen	9
Scheibenbremsanlage	Prüfen	–	Prüfen	–	Prüfen	9
Bremsflüssigkeit [7]	–	–	Stand prüfen	–	Stand prüfen	9
Bremsbeläge	–	–	Prüfen	–	Prüfen	9
Fahrwerk						
Schwingenlager	–	–	Einstellen	–	Einstellen	–
Gabelöl [7]	Erneuern	–	Erneuern	–	Erneuern	–
Lenkung, Lenkkopflager	–	–	Prüfen/Einstellen	–	Prüfen/Einstellen	–
Radlager im Vorderrad	–	–	Prüfen	–	Prüfen	8
Kippspiel des Hinterrads	–	–	Prüfen	–	Prüfen	8
Sicherheitsrelevante Schrauben	Prüfen	Prüfen	Prüfen	Prüfen	Prüfen	23
Endkontrolle, Probefahrt						
Motorrad aufgebockt, Motor aus	Prüfen: Reifen ok? Luftdruck vorne/hinten prüfen ggf. korrigieren, Speichen kontrollieren, abklopfen, Räder auf Rundlauf prüfen					7, 8
Elektrische Anlage	Licht einschalten: Standlicht, Fern- und Abblendlicht, Rück- und Bremslicht, Kennzeichenleuchte, Blinker rechts/links, vorne und hinten, Kontrollleuchten für Fernlicht, Ladestrom, Leerlauf, Öldruck, Blinker, Hupe kontrollieren					–
Motorrad aufgebockt, Motor starten	Prüfen: Leichtgängigkeit von Chokehebel und Gasgriff; Motor starten, Startverhalten ok? Lenkung rechts/links freigängig?					–
Motorrad abbocken, Probefahrt	Prüfen: Kupplungsfunktion ok? Schaltung leichtgängig? Rasten die Gänge sauber ein? Hand- und Fußbremse ok? Instrumente zeigen an?, Kontrollleuchten für Ladestrom, Leerlauf, Öldruck gehen aus?					–
Nach Probefahrt, Motorrad aufgebockt	Ölstand kontrollieren, Motor, Getriebe, Kardan, Hinterradantrieb auf Dichtheit und Räder auf Leichtlauf prüfen					–

1) Bei häufigen Fahrten unter Extrembedingungen wie Staub, Schmutz, viel Kurzstrecke, Wintereinsatz etc. ist eine häufigere Wartung ratsam.
1.1) Reinigen des Luftfilters bei den 7500 km-Inspektionen ist keine BMW-Vorschrift, sondern eine redaktionelle Empfehlung.
2) Ölwechsel mindestens alle 6 Monate, im Winter bei überwiegenden Außentemperaturen unter 0 °C alle 3000 km oder alle 3 Monate. Empfehlung: Diese Intervalle auch bei ausschließlichem Kurzstreckenbetrieb einhalten.
3) Bei schlechter Benzinqualität alle 15 000 km oder öfter.
4) Gasseilzüge auf Leichtgängigkeit, Scheuer- und Knickstellen prüfen. Gasseilzugspiele prüfen, ggf. einstellen in Verbindung mit »Gleichlauf der Vergaser prüfen, einstellen«.
5) Anziehreihenfolge siehe Kapitel 23.
6) Den Säurestand mindestens alle drei Monate prüfen. Ladezustand/Spannung der Batterie prüfen. Wenn sie geladen werden muss, Batterie dazu aus Maschine ausbauen.
7) Mindestens einmal im Jahr erneuern.
8) Inspektionspunkt Öl in der Schwinge bei den Modellen R 65, R 65 RT, R 80, R 80 RT, R 100 RS und R 100 RT von 1984 bis 1995.

bzw. »2)« bei »Motoröl, Ölfilter«, die »6)« bei »Batterie« und auch die Luftdruckkontrolle der Reifen, welche von BMW damals in den Inspektionstabellen nicht extra aufgeführt wurde, gehört zu den »sehr wichtigen Punkten« bei der Pflege der Maschine.

Die Fragen, ob man sich heute noch streng an diese Werksanweisungen zu halten hat, wird selbst von ausgewiesenen BMW-Zweiventil-Spezialisten unterschiedlich beantwortet:

- **Antwort 1** ist, dass die heutigen Schmiermittel viel besser sind als die damaligen, weswegen man die Ölwechsel zwar nach den km-Ständen (alle 7500 km) einhalten sollte; wer aber im Jahr keine 7500 km schafft, der kann den Ölwechsel noch ein Jahr schieben.
- **Antwort 2** sagt, dass sich die Art, mit einer Zweiventiler-BMW zu fahren, geändert hat, denn heute fährt man einen BMW-Oldie eher genügsam und stressfrei, während man damals die Maschine bei Wind und Wetter täglich benutzte und am Wochenende bei der gemeinsamen Ausfahrt der Motorradclique immer versuchte, schneller zu sein als die Kumpels auf Honda, Kawasaki, Suzuki und Yamaha – nicht zu vergessen Ducati und Moto Guzzi und einige der übrig gebliebenen Engländer (»All swimming in oil«) gehörten auch noch zur Clique.
- **Antwort 3** sagt »Bitte beachten Sie auch den Textkasten links auf dieser Seite zu den Fahrertypen«.

Inspektionen abhängig vom Fahrertyp

Fahrertyp 1: Der Vielfahrer
Nehmen wir mal an, Sie haben als einziges Motorrad einen BMW-Zweiventiler unseres Buchs und fahren damit 20 000 km oder sogar noch mehr (!) im Jahr. Ja, das soll es auch heute noch geben. Dann sind Sie ein Profi und kennen Ihre Maschine in- und auswendig. Sie wissen genau, wann Ihre Maschine einen Ölwechsel braucht, wann Ventileinstellen nötig wird und neue Reifen sowieso. Wir zucken verlegen mit den Schultern und hoffen, dass Sie aus diesem Buch die eine oder andere »neue Wahrheit« herauslesen und an Ihrer Maschine anwenden können.

Wenn Sie also 20 000 km fahren, halten Sie die von BMW vorgeschriebenen Inspektionsintervalle sowieso ein. Sie werden auch wissen, ob Ihr Motorrad schon bei 5000 km eine Ventilspielkontrolle braucht.

Fahrertyp 2: Der Hobbyfahrer
Nehmen wir dagegen an, Sie haben zum Spaß einen BMW-Zweiventiler, mit dem Sie ab und zu und bei schönem Wetter ein paar genussvolle Kilometer fahren. Vielleicht fahren Sie sogar in den Jahresurlaub mit Ihrer Maschine. Mit Krauser-Packtaschen? Mit Sozius? Sie kommen also auf 3000 bis 5000 km im Jahr und sollten einmal im Jahr eine »große Inspektion« machen, also Ölwechsel in Motor, Getriebe, Kardan und Hinterradantrieb.

Fahrertyp 3: Der Wenigfahrer
Wenn Sie nur aus purer »Boxerlust« einen alten Boxer haben und wenige Fahrkilometer im Jahr zusammenbekommen, dann raten wir Ihnen zwar generell zu einer ausführlichen Jahresinpektion, aber wenn Sie keine Zeit haben und die Maschine immer in einer gut gelüfteten Garage steht, dann reicht eine »große Inspektion« auch alle zwei Jahre.

Wartungsintervalle

In den Tabellen auf den beiden Seiten zuvor haben wir die von BMW vorgeschriebenen Wartungs- und Inspektionsintervalle in Abhängigkeit der zurückgelegten Kilometer aufgelistet. In der letzen Spalte stehen die zugehörigen Kapitel dieses Buchs.

Nicht vergessen werden darf: Ein Hinterradreifen hatte damals eine Lebensdauer von 3500 bis höchstens 5000 km; also musste man das Motorrad zwischen den von BMW vorgeschriebenen Inspektionsintervallen sehr intensiv anfassen zum Aus- und Einbau der Räder zwecks neuer Reifen – und machte dann eben einige andere Arbeiten, die eigentlich alle 7500 km nur nötig sein sollten, gleich mit. Aber auch das ist Geschichte, denn die heutigen Reifen für Youngtimer halten mehr als doppelt so lange wie damals – was aber nicht heißen darf, dass man mit alten (mehr als 7 Jahre alten) Reifen bedenkenlos fahren kann, bis ihr Profil nach vielleicht 15 bis 20 Jahren abgefahren ist. Mehr dazu steht im Kapitel 7 »Reifen«.

Wichtige regelmäßige Kontrollen

Unter Berücksichtigung der Tatsache, dass ein BMW-Oldie heute nicht täglich gefahren wird, sondern nur bei schönem Wetter und/oder vielleicht alle drei bis vier Wochen, sollte es im eigenen Interesse des Fahrers liegen, dass er vor jeder Fahrt einen kurzen Check macht, ob alles soweit in Ordnung ist, dass man die Fahrt mit gutem Gefühl antreten kann. Ohne dass Sie jetzt denken, dass wir warnend den Zeigefinger heben, haben wir auf der nächsten Seite unten eine kleine Tabelle abgedruckt, die aufzeigt, was geprüft werden sollte, damit die Maschine fit ist in Sachen Fahrsicherheit und Maschinentechnik:

- Bevor man losfährt,
- während der Fahrt,
- beim Tanken
- und mindestens einmal die Woche.

Beleuchtung: Werfen Sie vor jeder Fahrt einen Blick auf die Beleuchtung und betätigen Sie dabei auch beide Bremsen: Leuchtet das Bremslicht auf, brennen alle Kontrolllampen, hupt die Hupe (»Signalhorn«)?

Reifen: Einmal die Woche, mindestens aber alle 500 Kilometer einen Blick auf die Reifen werfen: Profil ok? Klemmt ein Stein im Profil? Ventilkappe vorhanden, sitzt sie fest?

Reifenluftdruck: Nur bei kalten Reifen prüfen! Die Pneus dürfen von der Kurzstreckenfahrt zur Tankstelle »handwarm« (max. 30 °C) sein.

Luftdruckangaben damals: Bitte beachten Sie, dass damals für Solo- und Soziusbetrieb verschiedene Luftdrücke vorgeschrieben wurden, was natürlich auch so in der damals zugehörigen »Betriebsanleitung« geschrieben steht.

Beispiel die 650/800er GS-Modelle in der ersten Inspektionstabelle, für die ist vorgeschrieben:
- **Reifenluftdruck vorne:** Solo 1,9 bar, mit Sozius und/oder Beladung 2,1 bar
- **Reifenluftdruck hinten:** Solo 1,8 bar, mit Sozius und/oder Beladung 2,2 bar

Luftdruckangaben heute: Für die heutigen Reifen gibt es nur noch eine Luftdruck-Grundangabe, die für alle Beladungszustände gilt. Heutige Reifen werden mit höheren Luftdrücken gefahren, weil ihre Karkassen aus anderem Material gebaut und deswegen weicher sind (»geschmeidiger«). Die Luftdruckangaben für aktuelle Reifen sind im Kapitel 7 »Reifen« und Kapitel 22 »Technische Daten« aufgeführt. Mit den hier angeführten ca.-Angaben sind Sie im Rahmen der Luftdruck-Prüftoleranz auf der sicheren Seite:
- **Reifenluftdruck vorne:** 2,3 bar
- **Reifenluftdruck hinten:** 2,5 bar

Beachten Sie grundsätzlich die vom Reifenhersteller vorgeschriebenen Luftdrücke für die bei Ihrer Maschine aufgezogenen Reifen und füllen diese auch in die Reifen ein.

Scheiben- und Trommelbremsen: Die BMWs unseres Buchs sind mit einer oder zwei Scheibenbremsen vorne und Trommelbremse hinten bestückt. Die Scheibenbremse wird hydraulisch betätigt und die Trommelbremse entweder über einen Seilzug oder ein Gestänge.

Bremsflüssigkeit: Der Stand der Bremsflüssigkeit kann durch die transparenten Wände des Vorratsbehälters, der rechts am Lenker (Bild 4) angebaut ist, leicht kontrolliert werden. Er soll immer zwischen »MIN« und »MAX« stehen, auf keinen Fall aber über »MAX«.

Wichtig 1: Wenn der Pegelstand im Behälter bis zur unteren Markierung MIN absinkt, ist dies ein Zeichen für fortschreitenden Verschleiß der Bremsbeläge (Bilder 5 bis 8).

Wichtig 2: Weiterhin muss man die Farbe der Bremsflüssigkeit im Behälter beachten, denn sie wird mit zunehmendem Alter immer dunkler. Bremsflüssigkeit sollte alle zwei Jahre erneuert werden. BMW schreibt zwar »jedes Jahr« vor, aber das ist bei der heutigen Qualität der Bremsflüssigkeiten nicht mehr nötig.

Scheibenbremsbeläge: Ein neuer Bremsbelag ist ca. 7 mm dick, das Verschleißmaß liegt bei 1,5 mm. Zur überschlägigen Kontrolle der Belagdicke an der Bremsscheibe entlang in den Bremssattel reinschauen (Bild 8), man sieht den Bremsbelag und kann seine Dicke schätzen. Taschenlampe zu Hilfe nehmen!

Dabei schauen Sie bitte auch die Bremsscheibe ganz genau an:

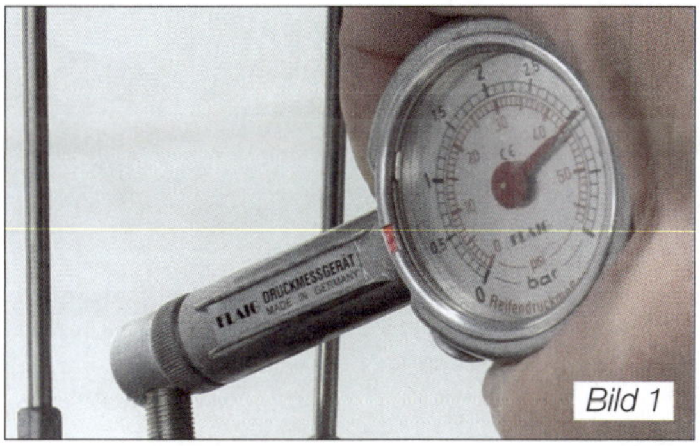
Bild 1

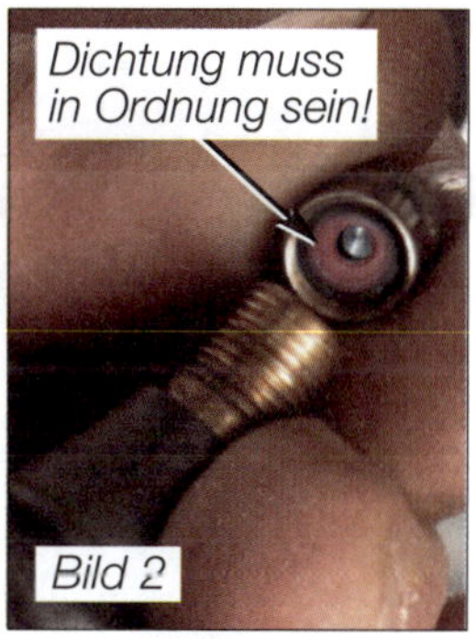

Bild 2

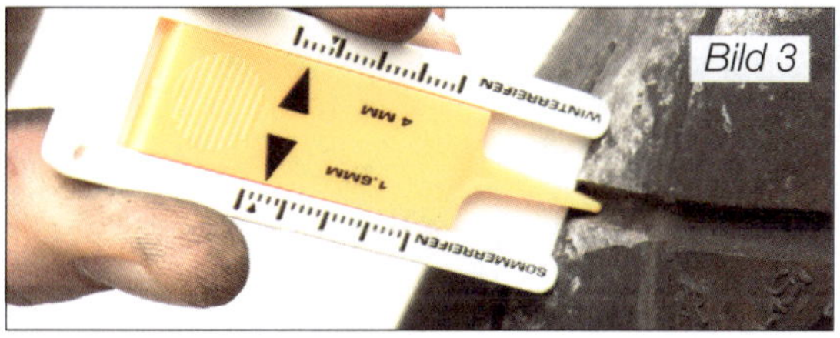
Bild 3

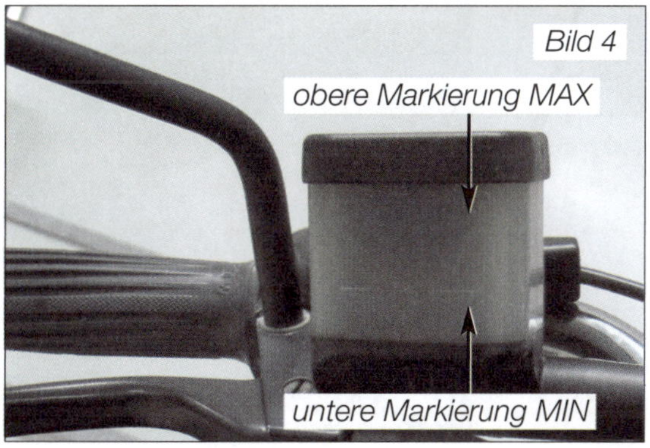

Bild 4

Bild 1: Luftdruck bei kaltem Reifen prüfen. Bei allen Angaben sollte man sich auf die des Reifenherstellers verlassen, denn diese sind heute anders als die damaligen von BMW.

Bild 2: Auf das Reifenventil gehört eine Schraubkappe mit einwandfreier Dichtung.

Bild 3: Zwar kein Präzisionsmessgerät, aber besser als zu schätzen. Dieser Reifen hat noch 2 mm Profiltiefe und sollte bald erneuert werden.

Bild 4: Stand der Bremsflüssigkeit.

Regelmäßige Prüfpunkte der Fahrsicherheit und Maschinentechnik		
Beleuchtungs- und Signalanlage	Prüfung vor jeder Fahrt	
Reifenprofil, Luftdruck	vor jeder Fahrt, bei jedem Tanken	siehe Kapitel 7
Hand- und Fußbremse	vor jeder Fahrt und während der Fahrt	siehe Kapitel 9, 10
Warn-/Kontrollleuchten, Instrumente	Prüfung vor und während der Fahrt	
Lenkung, Federung und Dämpfung	mindestens einmal wöchentlich und nach Gefühl beim Fahren	
Bremsflüssigkeit	vor jeder Fahrt und während der Fahrt	siehe Kapitel 9
Kupplungsspiel, Schaltung	Prüfung vor jeder Fahrt und während der Fahrt	
Motoröl	Ölstand prüfen beim Tanken	siehe Kapitel 14
Batterie	Wartung/Laden wichtig nach Winterpause	siehe Kapitel 18
Ständerfedern, Einklappfunktion	bei jedem Abbocken	siehe Kapitel 5

Bilder 5 und 6: Die Dicke der Bremsbeläge kann man von außen kontrollieren, indem man die Kappe abzieht und in den Bremssattel schaut.

- Ist sie riefig?
- Ist sie stark abgenutzt?
- Hat sie nach außen zum größten Durchmesser hin und auch nach innen hin eine tiefe Kante?
- Wenn die Bremsscheibe gelocht ist: Sind die Stege zwischen den Bohrungen oder Langlöchern vorhanden und nicht eingerissen?

Rostige Bremsklötze sollten umgehend erneuert werden.

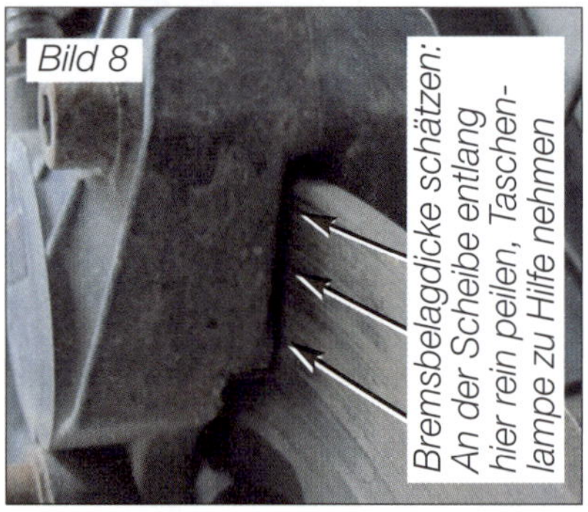

Wenn auch nur einer dieser Mängelpunkte zutrifft: Bremsscheibe nachschleifen lassen oder (besser ist das!) erneuern; der »alte, grauhaarige« BMW-Meister in der BMW-Werkstatt weiß ganz genau, welcher Spezialbetrieb die Bremsscheibe nachschleifen kann, sofern diese noch ausreichend dick ist.

Und der Meister weiß auch ganz sicher, welche Nachrüst-Bremsscheibe von welchem Hersteller man neu kaufen kann zu einem »vernünftigen« Preis, denn die originalen, neuen BMW-Bremsscheiben kosten heute zwischen 300 und 400 Euro das Stück!

Kontrolle der Trommelbremse beim Speichenrad: Die Trommelbremse im Speichenrad hat auf der linken Seite drei durch Gummistopfen verschlossene Sichtöffnungen. Wenn man die Gummistopfen rauszieht und eine Taschenlampe zu Hilfe nimmt, kann man direkt auf die Bremsbeläge schauen und ihre Dicke abschätzen.

Weiterhin ist an der Klemmstelle des Radbremshebels ein kleiner Pfeil aus Blech angebaut und hinten am Hinterachsgehäuse sind zwei kleine Strichmarkierungen: Bei nicht betätigtem Fußbremshebel muss der Pfeil bei der oberen Mar-

Dicke des Bremsbelags beträgt noch ca. 2,5 mm

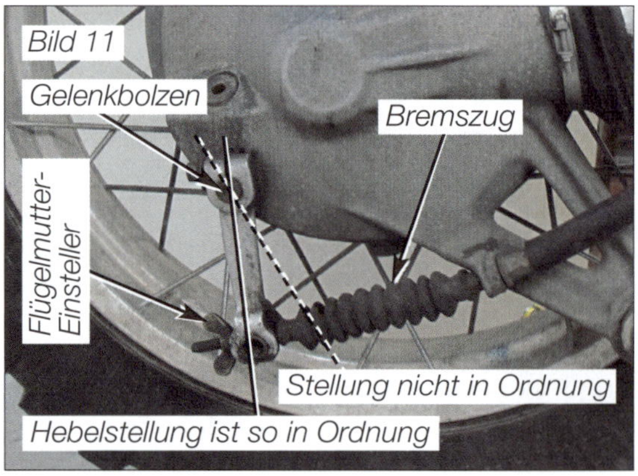

Bilder 12a, 12b und 12c: Wenn man die Gummipfropfen links in der Hinterradnabe ausbaut, hat man Sicht auf die Bremsbeläge und kann ihre Dicke abschätzen.

Bilder 7 und 8: Sichtkontrolle der Bremsbeläge vorne.

Bilder 9 und 10: Die Dicke der Trommelbremsbeläge kann man nur richtig kontrollieren, wenn das Rad ausgebaut ist.

Bild 11: Die Stellung des Bremshebels an der Trommelbremse soll nach unten zeigen.

kierung stehen und wenn man den Fußbremshebel betätigt, wandert der Pfeil zur unteren Strichmarkierung, darf sich aber nicht mit dieser decken oder sie gar überlaufen.

Kontrolle der Trommelbremse beim Gussrad: Auch beim Gussrad sind ein kleiner Pfeil und die beiden Markierungen angebracht.

Aber sowohl beim Speichen- als auch beim Gussrad kann man die wirkliche Dicke der Trommelbremsbeläge nur kontrollieren, wenn das Rad ausgebaut ist (Bild 9), wie etwa zum Reifenwechsel.

Tipp: Ein grober Verschleißindikator ist auch der Stand des hinteren Bremshebels, der auf der Bremsnockenwelle montiert ist: Wenn dieser bei nicht betätigtem Fußbremshebel in einem Winkel von weniger als 90 Grad zum Bremszug oder Bremsgestänge steht und auch dann, wenn der Fußbremshebel betätigt wird, ist genug Belag auf den Bremsbacken (siehe dazu Bild 11).

Grundsätzlich kann man davon ausgehen, dass die Trommelbremsbeläge keinen sehr starken Verschleiß haben und damit eine Lebensdauer von mehreren 10 000 Kilometern.

Ein heikles Thema: Ölstand

Keine Frage, die Boxer-Motoren unseres Buchs brauchen Öl. Das »Wieviel« hängt stark vom Verschleißzustand des Motors ab, also vom Ist-Zustand der Zylinderbohrungen, Kolben, Kolben- und Ölabstreifringe, Ventilführungen und Ventilschaftabdichtungen. Er hängt aber auch davon ab, wieviel Öl überhaupt eingefüllt ist und ob das »Messen und Prüfen des aktuellen Motorölstands« richtig gemacht wird.

Merke: Zu viel Öl ist genauso schlecht wie zu wenig!
■ Wenn zu viel Öl in den Motor eingefüllt ist, wird es über die Entlüftung hinausgeblasen in den Luftfilter und verölt diesen bzw. wird wieder angesaugt und verbrannt, der Motor raucht dann blau aus dem Auspuff.
■ Zu wenig Öl bringt die Gefahr, dass der Motor zu heiß wird und/oder ein Kolben- oder Lagerschaden an der Kurbelwelle entsteht.

Motorölstand: Ölstand nicht vor dem Start des Motors bei kaltem Motor kontrollieren, sondern erst dann, wenn der Motor mindestens 10 Minuten gelaufen und warm ist. Zum korrekten Prüfen des Ölstands den Motor abschalten und das Motorrad auf den Mittelständer aufbocken. Es muss dabei senkrecht und waagerecht stehen. Ungefähr zwei Minuten warten, bis das Öl von oben im Motor nach unten in die Ölwanne abgelaufen ist.

Motorölstand kontrollieren
1. Ölmessstab lösen, ausschrauben, ausziehen.
■ Gaszüge dabei nicht verbiegen!
2. Ölmessstab mit einem fusselfreien Lappen sauber abputzen.
3. Ölmessstab zentrisch durch die Gewindebohrung so tief in den Motor einführen, bis sein Gewindebund am Innengewinde am Motorgehäuse aufsitzt.
■ Gewinde NICHT eindrehen.
4. Bild 13a: Ölmessstab ausziehen, ansehen und den Ölstand begutachten: Dieser sollte sich nahe der oberen Linie auf dem Ölmessstab befinden.

Wichtig: Die Differenzmenge von der oberen »MAX«- zu der unteren »MIN«-Markierungslinie beträgt 0,85 Liter. Wenn sich der Ölstand in der Mitte der beiden Markierungen befindet oder darunter, sind nur noch 1,40 bis 1,65 Liter Öl im Motor, das ist zu wenig. Man sollte also etwas Öl auffüllen.

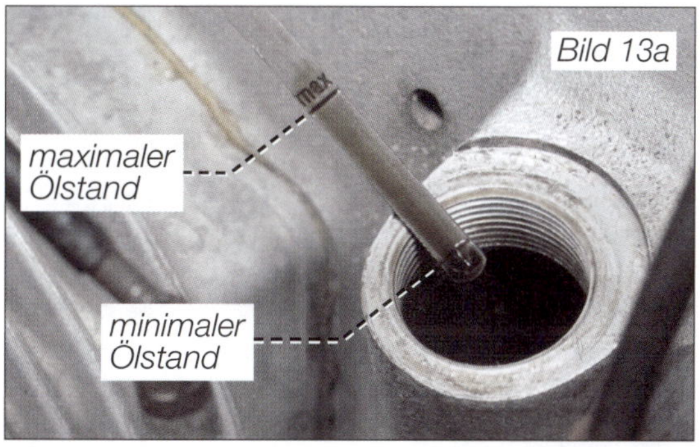

Reparaturauftrag geben

Wenn Ihre Maschine eine Störung hat und Sie zum Auffinden und Beheben des Fehlers weder technische Fertigkeiten noch Messgeräte haben, dann ist es zu empfehlen, die Fehlersuche und Behebung beim BMW-Händler gezielt in Auftrag zu geben.

Ein »gezielter Auftrag« beim Händler sollte schriftlich erfolgen, das Problem sollte möglichst klar geschildert und eine finanzielle Obergrenze genannt werden.

Beispiel: »Motor stottert beim Beschleunigen und geht bei Kolonnenfahrt öfter aus. Wenn die Reparatur 150 Euro übersteigen sollte, rufen Sie mich bitte an«.

Bilder 13a bis 14: Ölmessstab zur Ölstandkontrolle in Öleinfüllöffnung NICHT eindrehen, sondern nur am Gewindebund aufsetzen. O-Ring am Gewindeende muss in Ordnung sein. Beim Motoröl einfüllen einen Trichter benutzen.

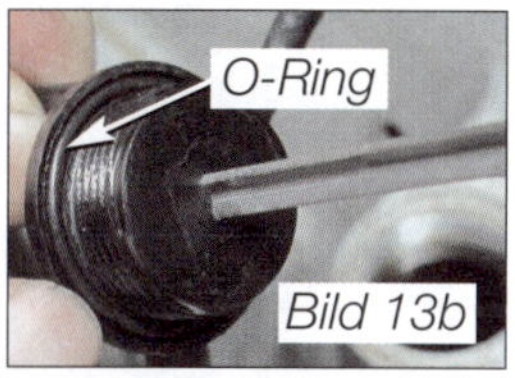

Motoröl auffüllen

Öl wird aufgefüllt über die Gewindebohrung des Ölmessstabs im Motorgehäuse. Bitte nehmen Sie einen mittelgroßen Trichter (Bild 14) mit einem aufgedrückten Verlängerungsschlauch (+150 mm) zu Hilfe, damit das Öl auch sicher durch die Bohrung in den Motor gelangt, kein Öl daneben geleert wird und dann auf den Hinterradreifen gelangen kann!

Seiten- und Hauptständer

Die Kontrolle von Seiten- und Hauptständer ist zwar nicht im Wartungsplan aufgeführt, aber dennoch extrem wichtig, weil Seiten- und Hauptständer bei jedem Abstellen der Maschine benutzt werden, beim Fahren sicher oben in eingeklappter Position bleiben müssen und die Punkte »Seiten- und Mittelständer« bei der alle zwei Jahre vorgeschriebenen Hauptuntersuchung nach §29 (TÜV, Dekra, etc.) ein wichtiger Prüfpunkt sind.

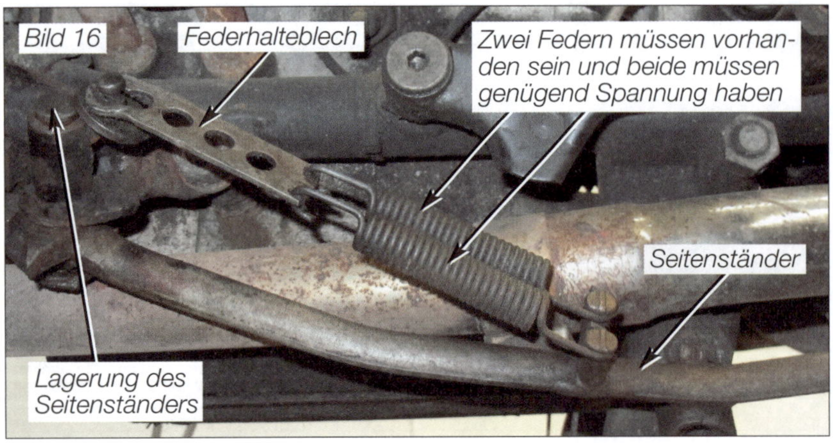

Bilder 15 und 16: Die Lagerungen von Seiten- und Mittelständer müssen leichtgängig und die jeweils zwei Federn pro Ständer vorhanden und sicher eingehängt sein.

Seitenständer-Feder und Halteblech

Der Seitenständer ist mit zwei Federn bestückt, welche ihn automatisch bis knapp in die Waagerechte hochzieht, wenn die Maschine von der leicht schräg nach links geneigten Ständer-Abstellposition in die Senkrechte gebracht wird und somit der Seitenständer unbelastet ist.

Die beiden Seitenständerfedern müssen genug Spannung haben, damit sie den Seitenständer nach oben ziehen können und auch oben halten. Bei einer §29-Abnahme (Dekra, TÜV) müssen zwei Federn zwingend vorhanden sein und auch genügend Spannung haben, sonst gibt es keine Plakette.

⚠ **Achtung:** Ein nicht korrekt funktionierender, nicht sicher in der Waagerechten gehaltener Seitenständer ist hochgradig gefährlich!

Mittelständer

Die Lagerung des Mittelständers, auch »Hauptständer« genannt, soll ab und zu geschmiert werden, wozu sich Fettspray bestens eignet. Zu einem solchen Schmiervorgang die Maschine auf dem Seitenständer möglichst schräg abstellen, damit der Mittelständer hochgeklappt sein kann und man guten Zugang zu seinen Lagerschrauben hat.

Lagerung des Mittelständers schmieren

1. Maschine steht schräg auf Seitenständer.
2. Mittelständer halb herunterklappen, halten.
3. Beide Gelenkstellen mit einigen gezielten »Sprühschüssen« aus einer Dose Bremsenreiniger reinigen, Ständer hin und her bewegen.
4. Den Dreck lange genug auslaufen und die Reinigungsstelle gut austrocknen lassen, denn sonst zersetzen die Reste des Bremsenreinigers das (nachher) frisch aufgesprühte Schmierspray. Überschüssigen Bremsenreiniger gut abputzen.
5. Einige gezielte »Sprühschüsse« aus einer Dose Sprühfett auf die Gelenkstellen geben. Dabei den Ständer etwas hin und her bewegen, damit das Fett in die Lagerstellen kriechen kann.
6. Überschüssiges Fett gut abwischen.
7. An die Gelenkstellen der beiden Hauptständerfedern ebenfalls etwas Fett geben und dabei die Federn kontrollieren: Wenn sie »lasch« sind oder verbogen, unbedingt erneuern.

Verkleidungsteile

In diesem Kapitel: Verkleidungsteile · Bei Arbeiten an der Verkleidung zu beachtende Punkte.

Verkleidungsteile

In diesem Kapitel zeigen wir überwiegend Explosionszeichnungen von Verkleidungsteilen, ihren Halterungen und den Befestigungselementen. Einige bunte Bilder ergänzen die Illustration. In den Zeichnungen finden sich an fast allen Befestigungsstellen unterschiedlich große Scheiben und Gummibuchsen. Diese müssen zwingend vorhanden sein, denn sie schaffen nicht nur

Bild 1a

R 100 GS

Lacke, Farben: Neue Verkleidungsteile gibt es kaum mehr in den Originalfarben, sondern nur grundiert. Lackieren Sie nicht mit der Sprühdose, das geht fast immer schief. Suchen Sie einen Lackierer, der Restaurations-Lackierungen machen kann (grauhaarige Meister in der BMW-Werkstatt wissen einen...)

Kleine Verkleidung R 80 GS bis Mj. 1990, R 100 GS bis Mj. 1990 Bild 1

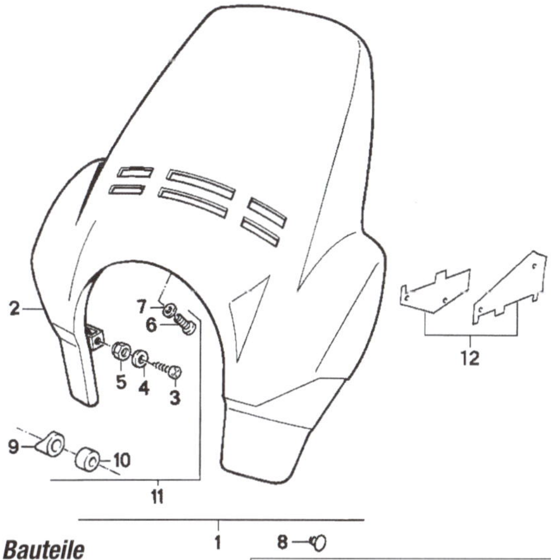

Bauteile
- *1 …*
- ***2** Windabweiser grundiert*
- ***3** Zylinderschraube M5 x 20-8.8 ZNS*
- ***4** Unterlegscheibe A5,3-140 HV-ZNS oder 10 x 5,3 x 1-200 HV oder 5,3-140 HV-ZNS*
- ***6** Zylinderschraube M6 x 16*
- ***7** Unterlegscheibe 6,4 oder A6,4-ZNS oder A6,4-ZNNIV SI*
- ***8** Abdeckkappe schwarz oder weiß*
- ***9** Auflage*
- ***10** Buchse*
- ***11** Satz Befestigungsteile*
- ***12** Bohrschablonen*

Bild 2 **Kotflügel, Seitendeckel R 80 GS, R 80 GS P-D, R 100 GS, R 100 GS Paris-Dakar, R 100 GS P-D**

Bauteile
- ***1** Sechskantschraube M5 x 12-8.8 ZN*
- ***2** Unterlegscheibe 5,3 oder 5,3-140 HV-ZNS*
- ***3** Folie*
- ***4** Batterieabdeckung grundiert links*
- ***5** Batterieabdeckung grundiert rechts*
- ***6** Tülle* ***7** Puffer*
- ***8** Folie* ***9** Blechmutter M5*
- ***10** Gummitülle 12 x 2 mm*
- ***11** Buchse*
- ***12** Unterlegscheibe 5,3 oder 5,3-140 HV-ZNS*
- ***13** Linsenschraube M5 x 16*
- ***14** Emblem*
- ***15** vorderer Kotflügel grundiert*

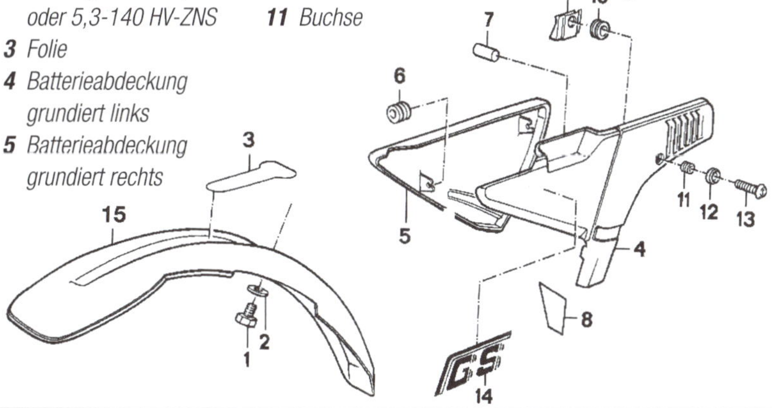

Bild 3 **Motorverkleidung R 80 GS, R 80 GS P-D, R 100 GS, R 100 GS Paris-Dakar, R 100 GS P-D**

Bauteile
- ***1** Nachrüstsatz Motorverkleidung alpinweiß oder grundiert*
- ***2** Motorverkleidung grundiert*
- ***3** Schelle*
- ***4** Sechskantmutter M8-ZNS oder M8-8-ZNS3 oder M8-8-ZNNIV SI*
- ***5** Unterlegscheibe 8,4*
- ***6** Kappe M8*
- ***7** Winkel,* ***8** Halter*
- ***9** Halter,* ***10** Unterlage*
- ***11** Zylinderschraube M8 x 16-ZNS oder M8 x 16-8.8-ZNS3*
- ***12** Federscheibe*
- ***13** Unterlegscheibe A5,3-140 HV-ZNS*
- ***13** Unterlegscheibe 0 x 5,3 x 1-200 HV oder 5,3-140 HV-ZNS*
- ***14** Schraube*
- ***15** Abdeckkappe weiß*

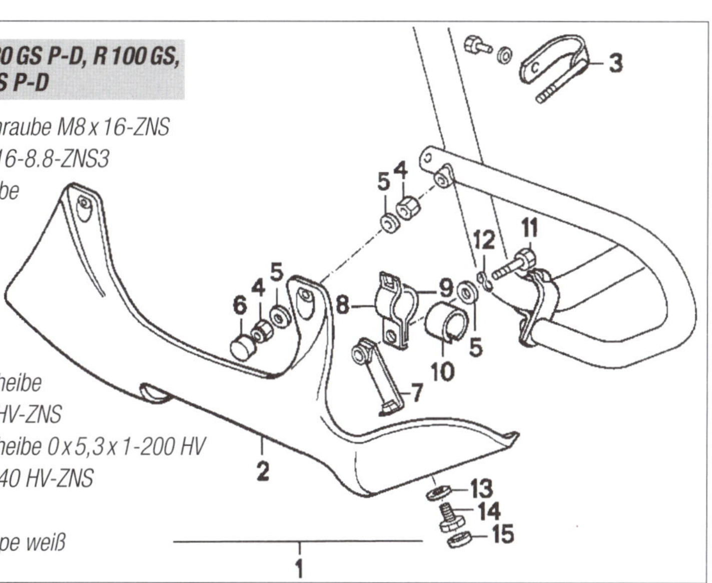

Sichtprüfung   Messen

Bild 4a

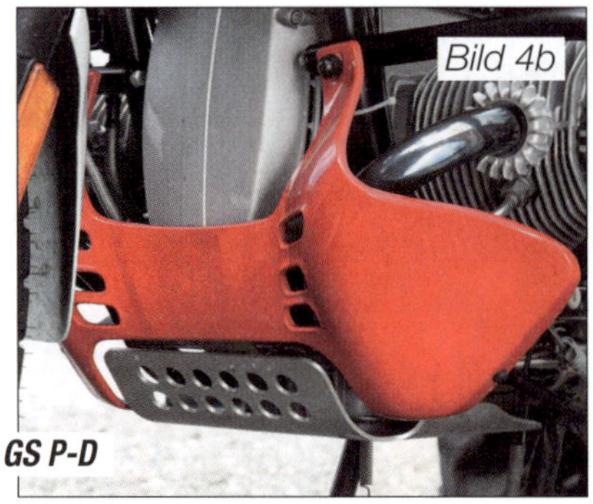
Bild 4b
R 100 GS P-D

Passgenauigkeit in der Verschraubung, sondern sorgen auch dafür, dass Motor- und Fahrtvibrationen nicht bis zum Verkleidungsteil durchkommen und es nicht reißt bzw. der Lack an der Oberfläche spinnenetzartig einreißt.

Arbeiten an der Verkleidung

Beim Ab- und Anbau aller Verkleidungsteile sowie des vorderen und hinteren Kotflügels beachten:

- Kein Verkleidungsteil mit Gewalt abziehen oder

Bild 5

Große Verkleidung R 80 GS ab Mj. 1990, R 80 GS P-D, R 100 GS ab Mj. 1990, R 100 GS Paris-Dakar, R 100 GS P-D

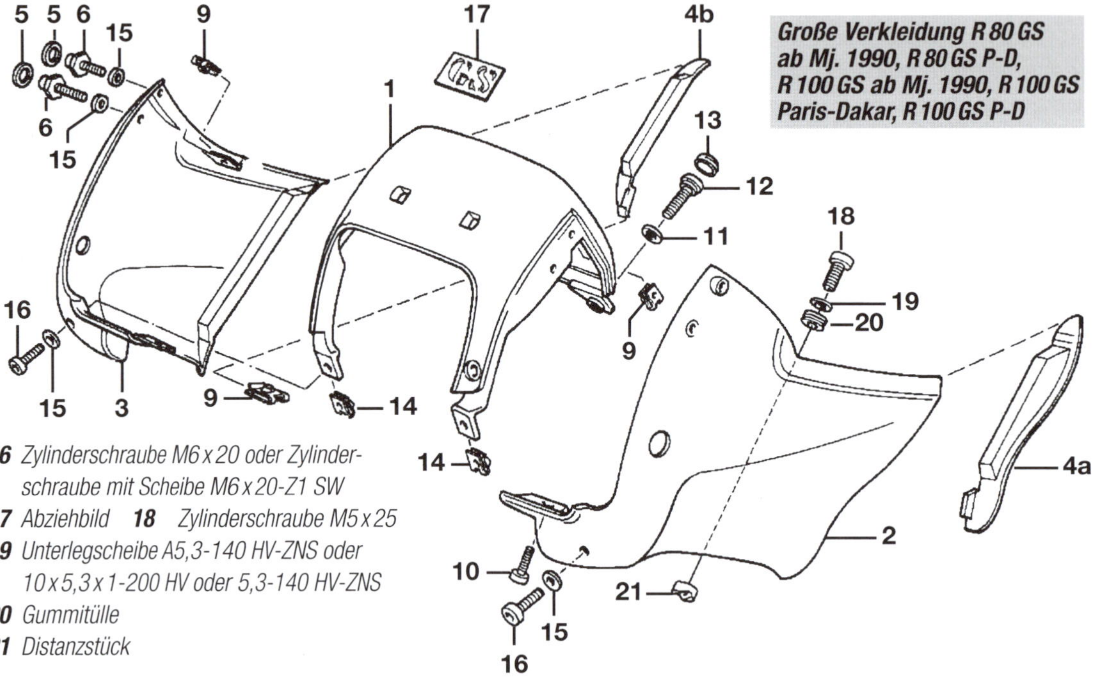

Bauteile

1 *Instrumententräger*
2 *linkes Seitenteil*
3 *rechtes Seitenteil*
4a, 4b *Abschluss*
5 *Scheibe 6,4*
6 *Schraube M6 x 20*
9 *Blechmutter M5*
10 *Zylinderschraube M5 x 16-8.8-ZNS*
11 *Unterlegscheibe A5,3-140 HV-ZNS oder 10 x 5,3 x 1-200 HV oder 5,3-140 HV-ZNS*
12 *Schraube M5 x 20*
13 *Abdeckkappe*
14 *Blechmutter M5*
15 *Unterlegscheibe 6,4 oder 6-200 HV-ZNS3*
16 *Zylinderschraube M6 x 20 oder Zylinderschraube mit Scheibe M6 x 20-Z1 SW*
17 *Abziehbild*
18 *Zylinderschraube M5 x 25*
19 *Unterlegscheibe A5,3-140 HV-ZNS oder 10 x 5,3 x 1-200 HV oder 5,3-140 HV-ZNS*
20 *Gummitülle*
21 *Distanzstück*

Verkleidungshalter R 80 GS ab Mj. 1990, R 80 GS P-D, R 100 GS ab Mj. 1990, R 100 GS Paris-Dakar, R 100 GS P-D

Bild 6

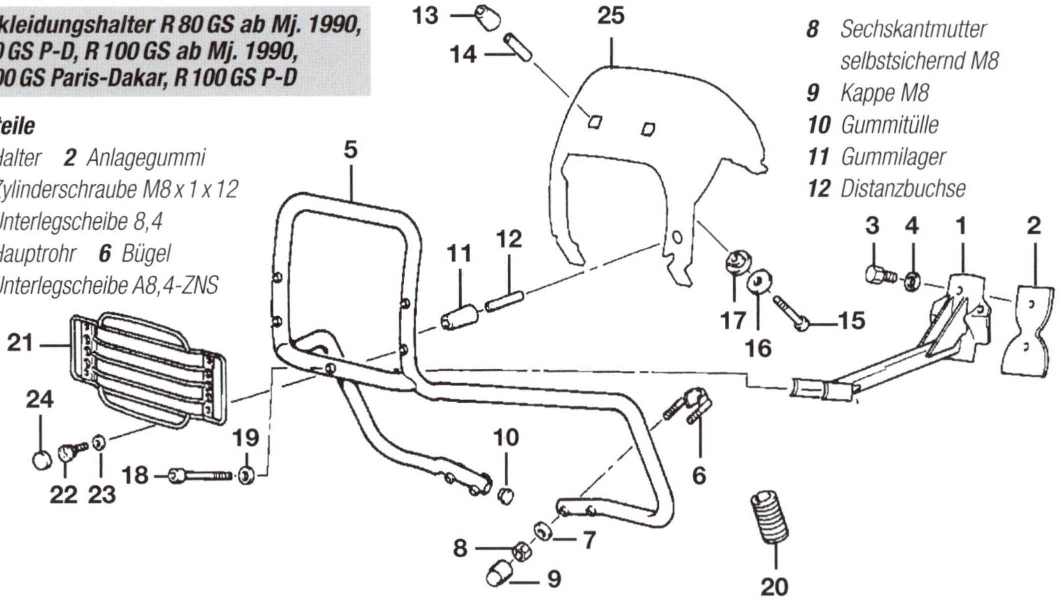

Bauteile

1 *Halter* *2* *Anlagegummi*
3 *Zylinderschraube M8 x 1 x 12*
4 *Unterlegscheibe 8,4*
5 *Hauptrohr* *6* *Bügel*
7 *Unterlegscheibe A8,4-ZNS*
8 *Sechskantmutter selbstsichernd M8*
9 *Kappe M8*
10 *Gummitülle*
11 *Gummilager*
12 *Distanzbuchse*
13 *Gummilager*
14 *Distanzbuchse*
15 *Zylinderschraube M6 x 60 oder M6 x 60-8.8-ZNS3 oder ISA-Schraube M6 x 50-8.8-ZNNIV*
16 *Distanzscheibe*
17 *Gummilager*
18 *Zylinderschraube M10 x 70 mit Abdeckkappe montieren*
19 *Unterlegscheibe 10,5*
20 *Gummilager*
21 *Gitter*
22 *Schraube*
23 *Unterlegscheibe 5,3*
24 *Abdeckkappe*
25 *Instrumententräger*

R 100 RS
Bild 7

beren Lappen ab (altes Bettzeug) oder hängen Sie sie mit S-Haken an die Wand.

■ Platzieren Sie abgeschraubte Verkleidungsteile einstecken, denn vor allem mit fortschreitendem Alter spröde gewordener Kunststoff kann leicht brechen!

■ Merken Sie sich gut, wie Sie die Verkleidungsteile abgebaut haben. Sie werden in umgekehrter Reihenfolge wieder angebaut.

■ Legen Sie die abgebauten Verkleidungsteile auf sau-

Oberteilverkleidung R 100 RS

Bild 8

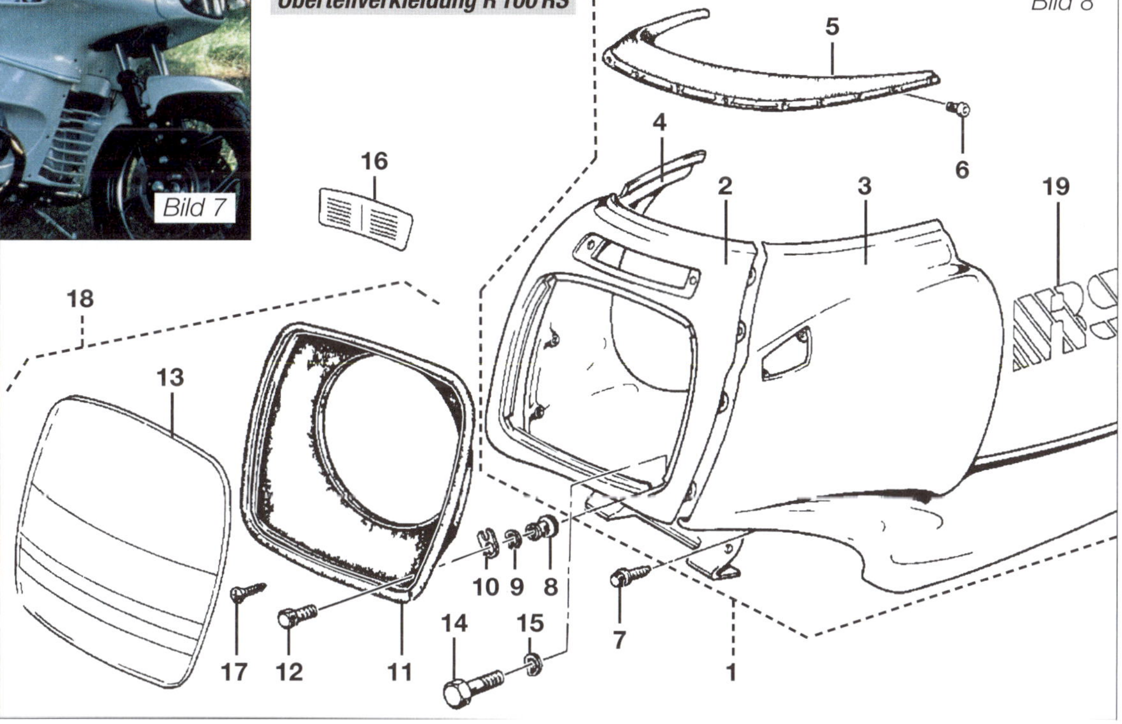

Bauteile in Bild 8

- *1* *Oberteilverkleidung RS*
- *2* *Mittelteil*
- *3, 4* *linkes/rechtes Seitenteil*
- *5* *Instrumententräger*
- *6* *Rohrniet A6 x 0,4 x 8*
- *7* *Schraube* *8* *Buchse*
- *9* *Federscheibe B5*
- *10* *Halterung*
- *11* *Lichtschacht*
- *12* *Sechskantschraube M5 x 8*
- *13* *Formglas*
- *14* *Sechskantschraube M6 x 14-ZNS oder M6 x 14-8.8-ZNS3 oder M6 x 14-ZNNIV SI*
- *15* *Federscheibe B6 oder B6-ZNS3*
- *16* *linkes/rechtes Hinweisschild*
- *17* *Linsensenkblechschraube ST3,5 x 19*
- *18* *Satz Lichtschacht*
- *19* *linkes/rechtes Abziehbild »RS«*

Verkleidungshalter R 100 RS

Bild 9

Bauteile

- *1* *Verkleidungshalter*
- *2* *Sechskantschraube M8 x 1 x 12*
- *3* *Federscheibe*
- *4* *Unterlegscheibe 8,4*
- *5* *Unterlegscheibe 6,4 oder A6,4-ZNS oder A6,4-ZNNIV SI*
- *6* *Federscheibe B6 oder B6-ZNS3*
- *7* *Sechskantschraube M6 x 30-8.8-ZNS oder M6 x 30-8.8-ZNS3*
- *8* *Stopfen*
- *9* *Zylinderschraube M8 x 20-8.8-ZNS3*
- *10, 11* *Halter*
- *12* *Sechskantmutter M8-ZNS oder M8-8-ZNS3 oder M8-8-ZNNIV SI*
- *13* *Strebe*
- *14* *linker/rechter Halter*
- *15* *Sechskantschraube M6 x 10-8.8 ZNS oder M6 x 10-8.8-ZNS3*
- *16* *Sechskantschraube M6 x 22 oder M6 x 22-8.8-ZNS3 oder M6 x 28-ZNS*
- *17* *Sechskantmutter selbstsichernd M6*

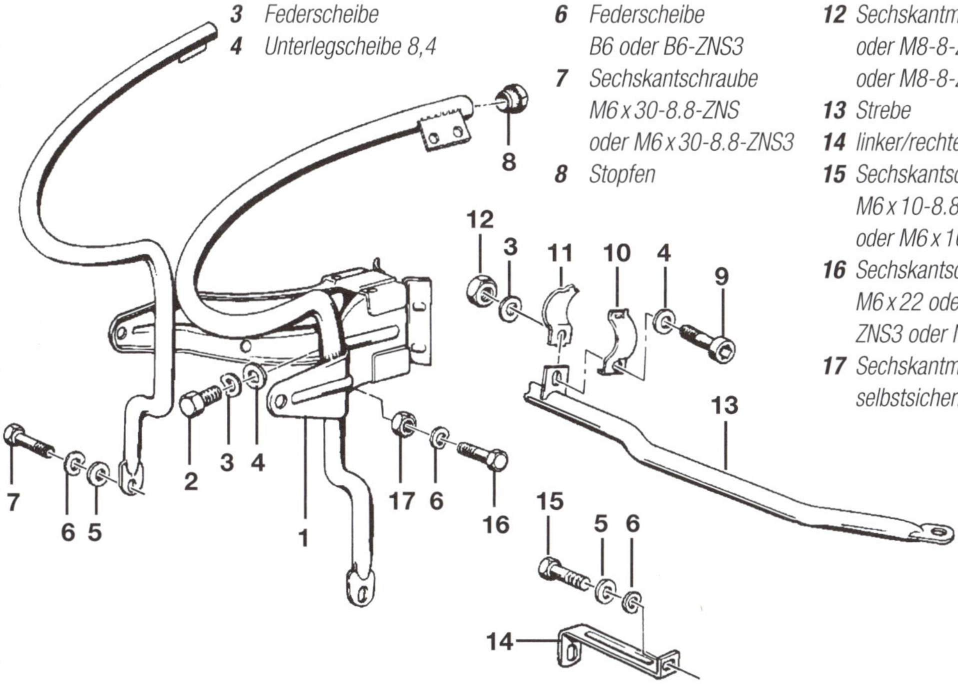

teile außerhalb jeglicher Fußreichweite, denn man tritt während des Schraubens an der Maschine rasch auf ein am Boden liegendes Teil. Im Extremfall bricht es, garantiert zerkratzt es.

■ Schrauben Sie immer mit exakt passenden Werkzeugen – wenn Sie Billigwerkzeug nehmen, werden die Schraubenköpfe beschädigt und sehen dann vermurkst und damit hässlich aus.

■ Bei der Montage im BMW-Werk wurden die Verkleidungsschrauben »trocken« eingeschraubt, also ohne Öl. Wenn die Maschine einige Zeit auf dem Buckel hat, sind die Schrauben korrodiert. Gönnen Sie den Verkleidungsschrauben beim Wiedereinschrauben etwas Öl oder Silikonpaste.

■ Die meisten Befestigungsschrauben sind unterschiedlich lang. Wir empfehlen, beim Abbau der Teile eine kleine Skizze zu machen, welche Schraube wo hin gehört (oder die Zeichnungen in diesem Kapitel ganz genau angucken...)

■ Viele der Verkleidungsteile haben an einigen Stellen fest angebrachte Zapfen, die in Gummibuchsen eingesteckt werden. Oder es sind offene Ringösen angebracht, die auf Halter geschoben werden, welche mit Gummis überzogen sind. Beachten Sie beim An- und Abbau von

Bild 10 **Motorverkleidung, Windschutzscheibe R 100 RS**

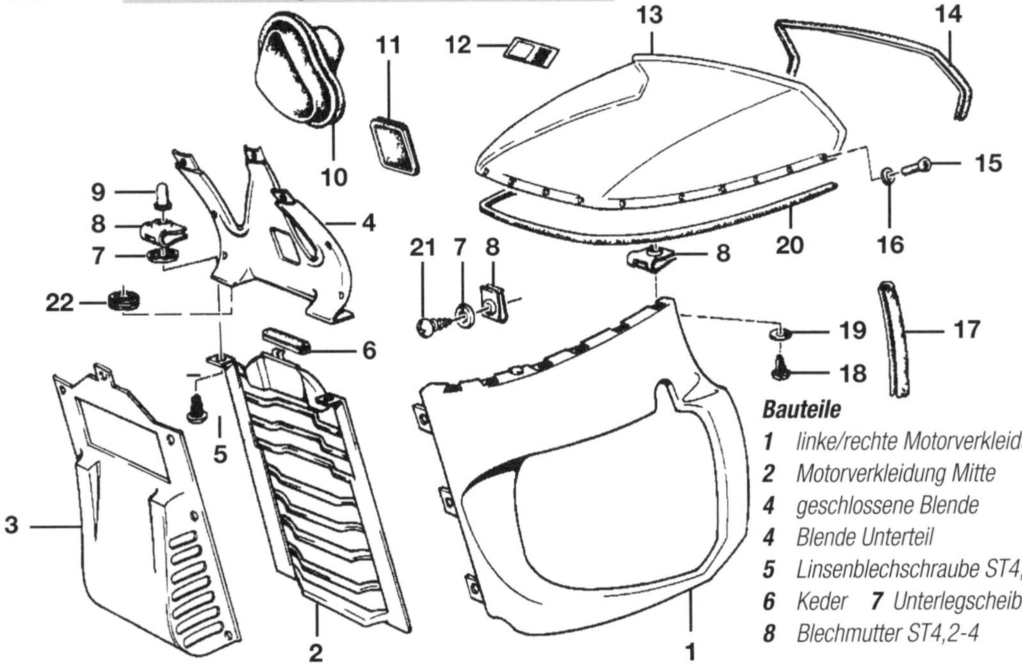

Bauteile
1 *linke/rechte Motorverkleidung*
2 *Motorverkleidung Mitte*
4 *geschlossene Blende*
4 *Blende Unterteil*
5 *Linsenblechschraube ST4,2 x 16*
6 *Keder* *7* *Unterlegscheibe*
8 *Blechmutter ST4,2-4*
9 *Tülle*
10 *linke/rechte Manschette*
11 *Dichtung*
12 *Hinweisschild rechts*
13 *Windschutzscheibe*
14 *Kantenschutz Länge 800 mm*
15 *Spreizniet*
16 *Unterlegscheibe oder Scheibe 5-PA 6 SW*
17 *Dichtstreifen*
18 *Linsenblechschraube ST4,2 x 13*
19 *Unterlegscheibe A4,3 oder Scheibe 9 x 4,3 x 0,8-200HV*
20 *Dichtung*
21 *Linsensenkblechschraube ST4,2 x 16*
22 *Tülle*

Bild 11 **Lufteinlass R 65 RT, R 80 RT und R 100 RT**

Bauteile
1 *linker/rechter Deckel*
2 *Scharnier*
3 *Senkschraube M4 x 16*
4 *Gummischeibe*
5 *Unterlegscheibe A4,3 oder 9 x 4,3 x 0,8-200HV*
6 *Sechskantmutter selbstsichernd M4 oder M4-A2-70*
7 *linkes/rechtes Gitter*
8 *Federscheibe A3*
9 *Blechschraube 3 x 15*

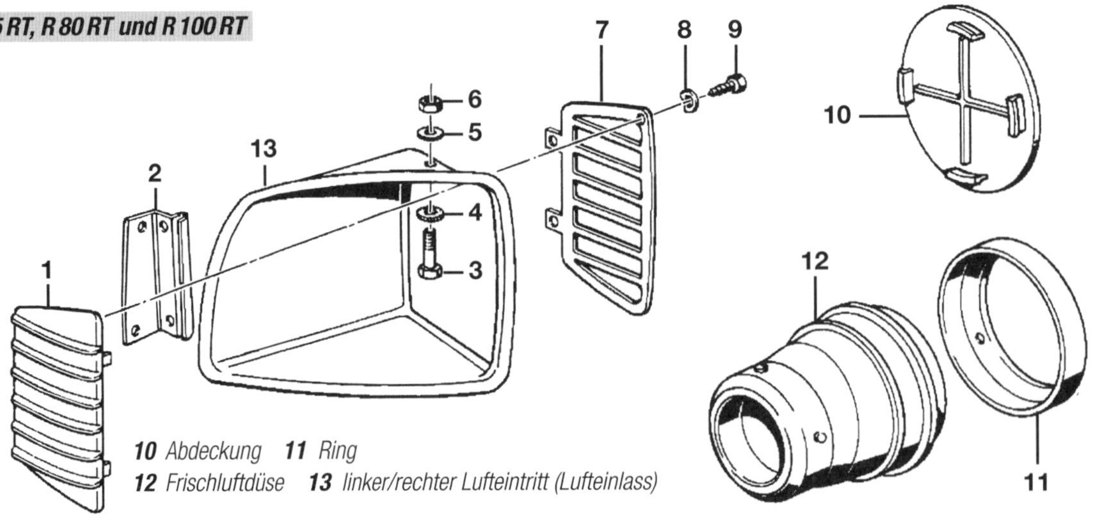

10 *Abdeckung* *11* *Ring*
12 *Frischluftdüse* *13* *linker/rechter Lufteintritt (Lufteinlass)*

Verkleidungsteilen, die solche Befestigungsstellen haben, dass diese sanft abgezogen werden und beim Anbau richtig sitzen.

■ Achten Sie beim An- und Zusammenbau von Verkleidungsteilen unbedingt darauf, dass keine Kabel, Stecker oder Bowdenzüge eingeklemmt oder falsch verlegt werden; dies gilt besonders für die vorderen Verkleidungsteile der großen RT-Modelle. Wenn es doch passiert, nehmen Sie das Verkleidungsteil wieder ab und verlegen Kabel, Stecker oder Bowdenzüge sauber und klemmfrei.

■ Wenn eine Verkleidung abgebaut war und wieder angebaut ist, prüfen Sie ganz genau, ob sich der Lenker nach rechts und links frei einschlagen lässt und zwar bis zu den Lenkanschlägen und ohne dass ein Bowdenzug oder ein Kabel an einem Bauteil spannt.

Windschutzscheibe R 65 RT, R 80 RT und R 100 RT

Bauteile

1 *Windschutzscheibe 485 mm oder 520 mm*
2 *Dichtung*
3 *Sechskantmutter M5 ZNS3 oder M5*
4 *Unterlegscheibe A5,3-140 HV-ZNS oder 10 x 5,3 x 1-200 HV oder 5,3-140 HV-ZNS*
5 *Dichtring 6,3 x 2*
6 *Klemmblech*
7 *linkes/rechtes Klemmblech*
8 *linker/rechter Halter*
9 *Sechskantschraube M6 x 10-8.8 ZNS oder M6 x 10-8.8-ZNS3*
10 *Unterlegscheibe 6,4 oder A6,4-ZNS oder A6,4-ZNNIV SI*
11 *Linsensenkschraube M5 x 10*
12 *linke/rechte Grundplatte*
13 *Griff*
14 *Unterlegscheibe*
15 *Kantenschutz 1330 mm*

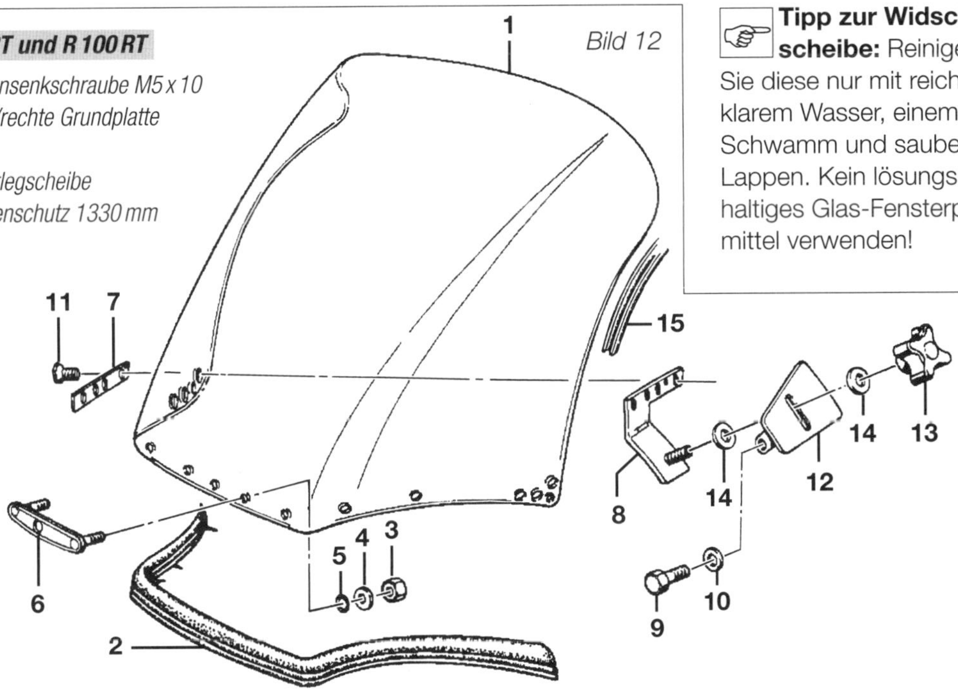

Bild 12

Tipp zur Widschutzscheibe: Reinigen Sie diese nur mit reichlich klarem Wasser, einem feinen Schwamm und sauberen Lappen. Kein lösungsmittelhaltiges Glas-Fensterputzmittel verwenden!

Oberteilverkleidung R 65 RT, R 80 RT und R 100 RT

Bauteile

1 *Oberteilverkleidung*
2 *linkes/rechtes Seitenteil*
3 *Keder* **4** *Mittelteil*
5 *Dichtrahmen*
6 *Schraube,* **7** *Lichtschacht*
8 *Formglas*
9 *Linsensenkblechschraube ST3,5 x 16 oder ST3,5 x 19*
10 *Halterung*
11 *Federscheibe B5*
12 *Sechskantschraube M5 x 8*
13 *Sechskantschraube M6 x 14-ZNS oder M6 x 14-8.8-ZNS3 oder M6 x 14-ZNNIV SI*
14 *Federscheibe B6 oder B6-ZNS3*
15 *Instrumententräger*
16 *Rohrniet A6 x 0,4 x 10*
17 *Abdeckkappe*
18 *Verschlussstopfen Ø 21 mm oder Abdeckung*
19 *Abziehbild*
21 *Hinweisschild »Reifenluftdruck«*
22 *Hinweisschild »Motoröl«*
23 *rechtes Hinweisschild*
24 *Dichtung*
25 *linke/rechte Manschette*

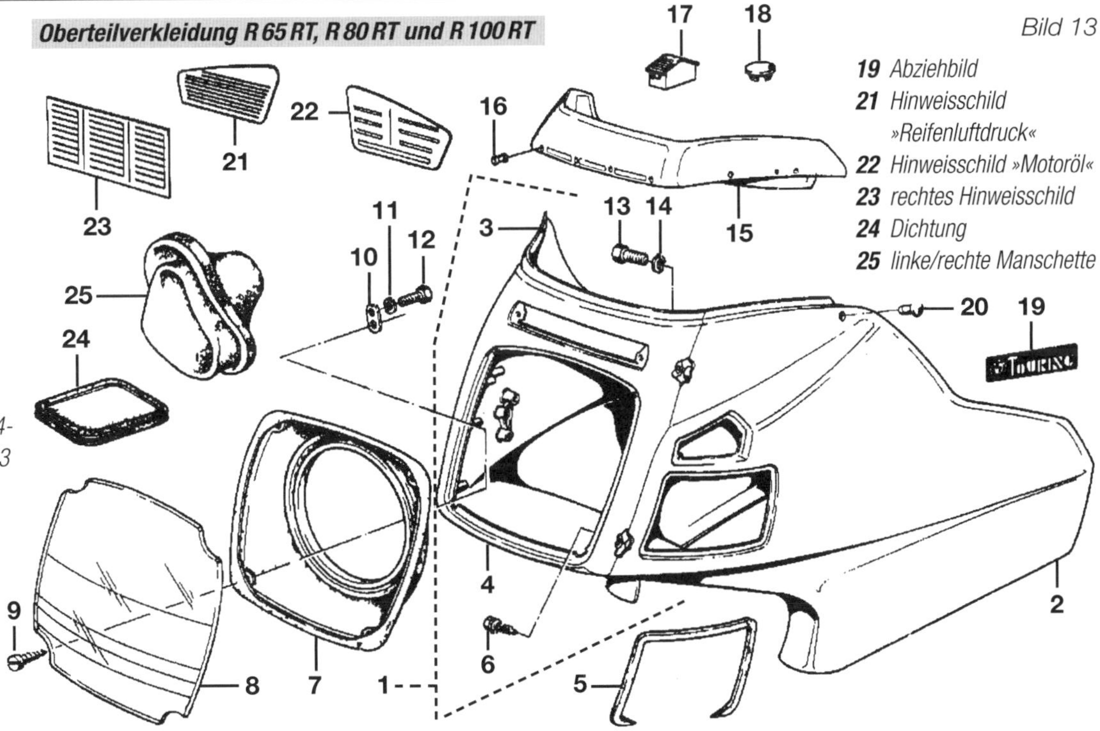

Bild 13

Sichtprüfung Messen

Bild 14a

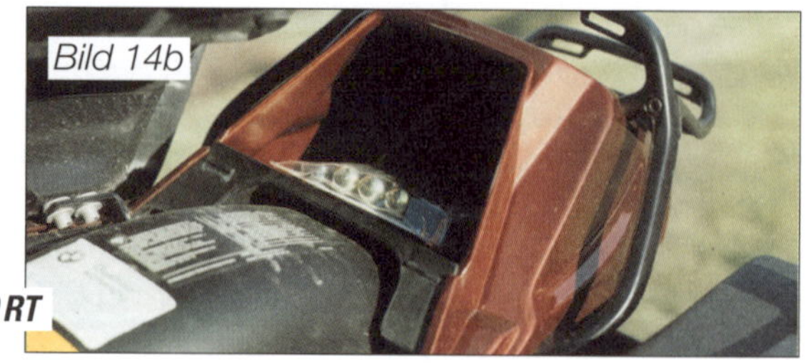
Bild 14b

Bild 15

Bild 16

Baugruppe Verkleidungshalter R 65 RT, R 80 RT und R 100 RT

Bild 17

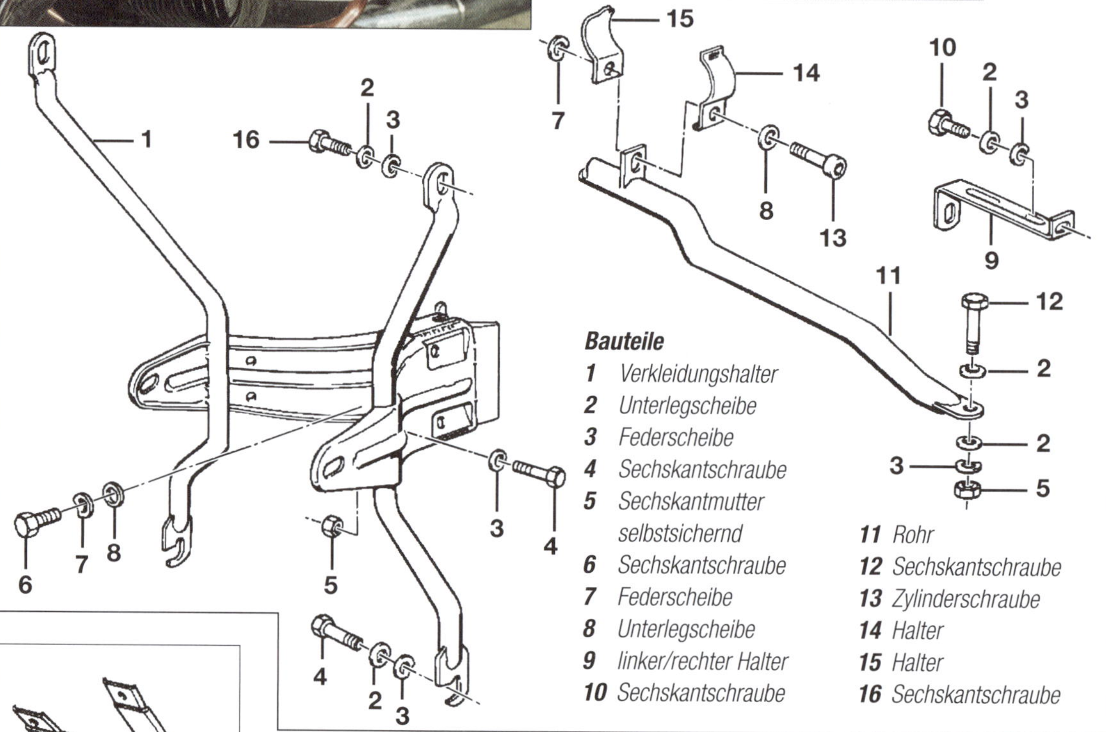

Bauteile

- **1** Verkleidungshalter
- **2** Unterlegscheibe
- **3** Federscheibe
- **4** Sechskantschraube
- **5** Sechskantmutter selbstsichernd
- **6** Sechskantschraube
- **7** Federscheibe
- **8** Unterlegscheibe
- **9** linker/rechter Halter
- **10** Sechskantschraube
- **11** Rohr
- **12** Sechskantschraube
- **13** Zylinderschraube
- **14** Halter
- **15** Halter
- **16** Sechskantschraube

Motorverkleidung R 65 RT, R 80 RT und R 100 RT

Bild 18

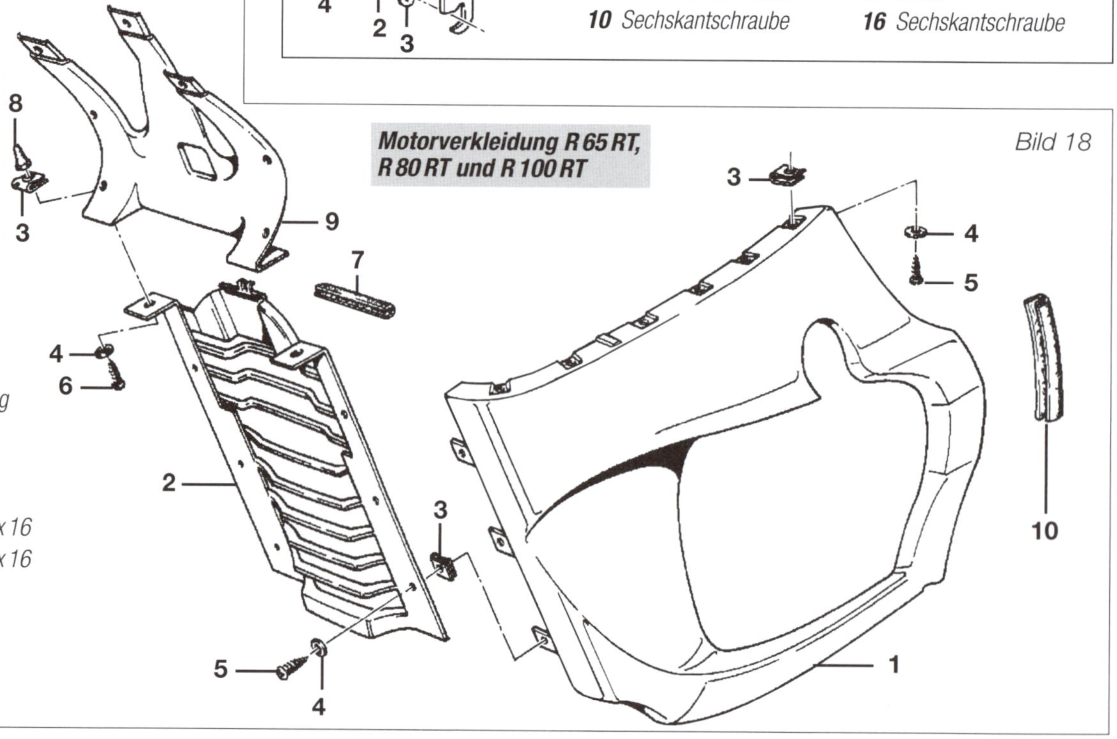

Bauteile

- **1** linke/rechte Motorverkleidung
- **2** Motorverkleidung Mitte
- **3** Blechmutter ST4,2-4
- **4** Unterlegscheibe
- **5** Linsenblechschraube ST4,2 x 16
- **6** Linsenblechschraube ST4,2 x 16
- **7** Keder
- **8** Tülle
- **9** Blende Unterteil
- **10** Dichtstreifen

Zusatzscheinwerfer Klappe R 65 RT, R 80 RT und R 100 RT

Bild 19

Bauteile

- **1** linkes/rechtes Scharnier
- **2** linke/rechte Klappe
- **3** Schraube
- **4** Sicherungsring Ø 5,0 oder Ø 6,0
- **5** Unterlegscheibe 6,4 oder A6,4-ZNS oder A6,4-ZNNIV SI
- **6** Gasdruckfeder
- **7** Bolzen
- **8** Endschalter
- **9** Federscheibe B3
- **10** Linsenschraube M3 x 16
- **11** Sechskantschraube M6 x 10 oder M6 x 10-8.8-ZNS3
- **12** Federring B6
- **13** Gelenk
- **14** Gelenkstange
- **15** Gelenk
- **16** linke/rechte Kulisse komplett
- **17** linke/rechte Kulisse
- **18** Abdeckung
- **19** Griff
- **20** Senkschraube M4 x 8
- **21** Senkschraube M5 x 10
- **22** Schlauch 1000 mm

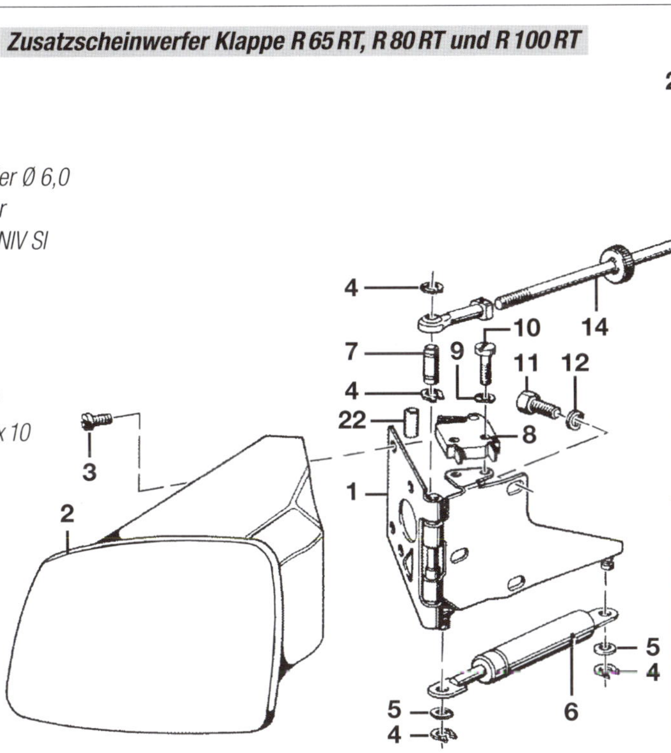

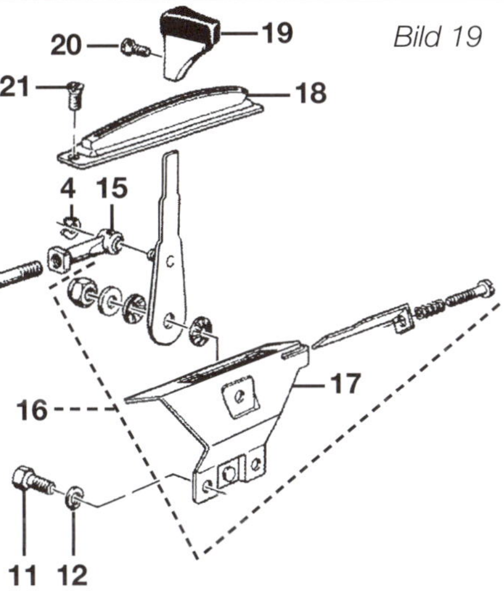

Bild 20

Zusatzscheinwerfer R 65 RT, R 80 RT, R 100 RS, R 100 RT

Bild 21

Bauteile

- **1** Scheinwerfereinsatz Nebel oder Zusatz
- **2** Scheinwerfereinsatz Zusatz oder Nebel
- **3** Glühlampe 12V 55W H3 oder 12V 55W H3
- **4** Gummischeibe
- **5** Zahnscheibe A6,4
- **6** Sechskantmutter selbstsichernd M6 oder M6-8-ZNS3 oder M6-8-ZNNIV SI
- **7** Kabelbaum Teilstück Mitte, Kabelsatz Nebelscheinwerfer, Kabelsatz Zusatzscheinwerfer, Kabelsatz Kennleuchte. Für RT-Modelle: Kabelsatz Zusatzscheinwerfer
- **8** Kabelbinder Länge 200 mm, Breite 3,6 mm oder Länge 292 mm Breite 4,8 mm

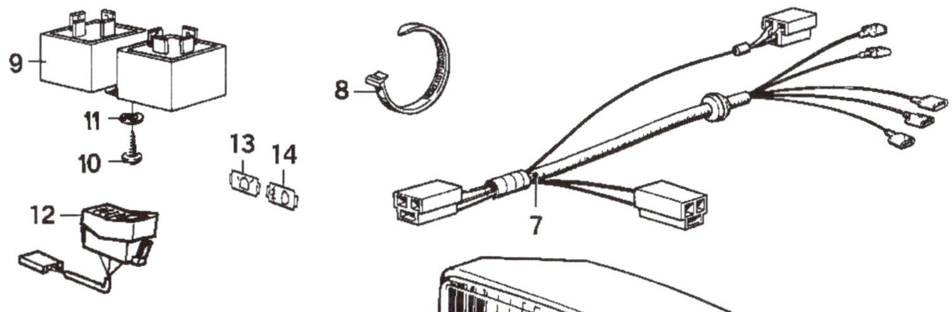

- **9** Relais gelb oder Kleinrelais
- **10** Linsenblechschraube ST4,8 x 13
- **11** Unterlegscheibe A5,3-140 HV-ZNS oder 10 x 5,3 x 1-200 HV oder 5,3-140 HV-ZNS
- **12** Zusatzschalter
- **13** Symbol Nebelschlussleuchte
- **14** Symbol Kennleuchte
- **15** Nachrüstsatz Zusatzscheinwerfer für RT-Modelle

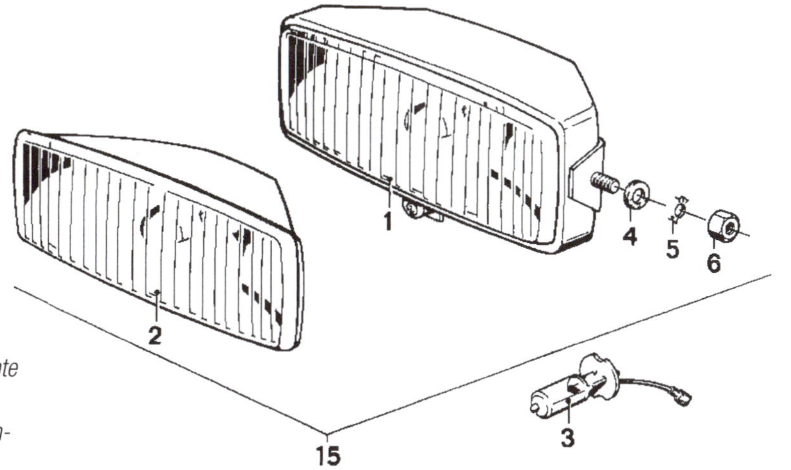

Sichtprüfung Messen

Reifen

In diesem Kapitel: Gute Reifen sind wichtig · Luftdruck, Reifenventile · Reifenverschleiß · Schlauch · Was auf dem Reifen steht · Reifen für BMW-Youngtimer · Adressen Reifen-Hersteller und Importeure · Produktionsdatum, Garantie · Reifenschäden · Reifenmontage, Auswuchten.

Gute Reifen sind wichtig

Die Anforderungen an Motorradreifen sind vielfältig: Sie sollen unauffällig ihren Dienst verrichten, bei unterschiedlichen Wetterbedingungen und Beschaffenheiten der Straßenoberfläche auch in Schräglage gut haften, das Fahrzeug unabhängig vom Beladungszustand sicher führen und eine möglichst lange Lebensdauer haben. Das alles unter einen Hut (bzw. in einen Reifen) zu bekommen war bis in die 1990er-Jahre hinein sehr schwierig, wird aber von heutigen modernen Reifen mit Bravour erledigt.

Reifen müssen enorme Kräfte übertragen:
- Der Hinterradreifen muss Antriebs- und Bremskräfte übertragen.
- Der Vorderradreifen muss Brems- und Lenkkräfte übertragen.
- Hinter- und Vorderradreifen müssen zusätzlich noch Seitenkräfte übertragen, wie sie bei Kurvenfahrten auftreten.

Reifen schaffen die Verbindung des Fahrzeugs zur Straßenoberfläche. Doch leider wird diese Tatsache von Youngtimer-Fahrern nicht ernst genug genommen, denn viele BMWs der Youngtimer-Generation, die das Jahr über nur selten bewegt werden, und auch solche, die aufwändig restauriert wurden, rollen oft auf alten Reifen! Wir haben schon BMWs auf der Straße fahren gesehen mit den Reifen der damaligen Erstausrüstung – das kürzlich wiederentdeckte »Lieblingsmotorrad«, das Jahrzehnte lang im Schuppen stand.

Achtung: Sorry, wenn wir den Zeigefinger heben, aber das ist genau die falsche Art zu sparen! Reifen haben eine Lebensdauer von maximal sieben Jahren, danach verlieren sie an Haftung, ihre Oberfläche wird rissig, die Schläuche halten die Luft nicht mehr und ein alter Reifen kann bei starker Belastung sogar platzen.

Deswegen achten Sie bei Ihrem BMW-Schätzchen sehr genau auf die Reifen, gönnen Sie ihnen Beachtung in Sachen Luftdruck und Verschleiß und spendieren Sie Ihrer Maschine (und damit sich selbst!) rechtzeitig neue Reifen.

Luftdruck, Reifenventile

In Kapitel 5 »Inspektionen« haben wir uns im Zusammenhang mit den regelmäßigen Prüfpunkten schon sehr intensiv mit dem Reifenluftdruck und dessen Kontrolle beschäftigt. Hier in diesem Kapitel ergänzen wir diese Thematik.

Achten Sie immer auf korrekten Luftdruck, der bei kaltem Reifen gemessen werden soll, denn die Luft in den Reifen »trägt« die Last, die sich

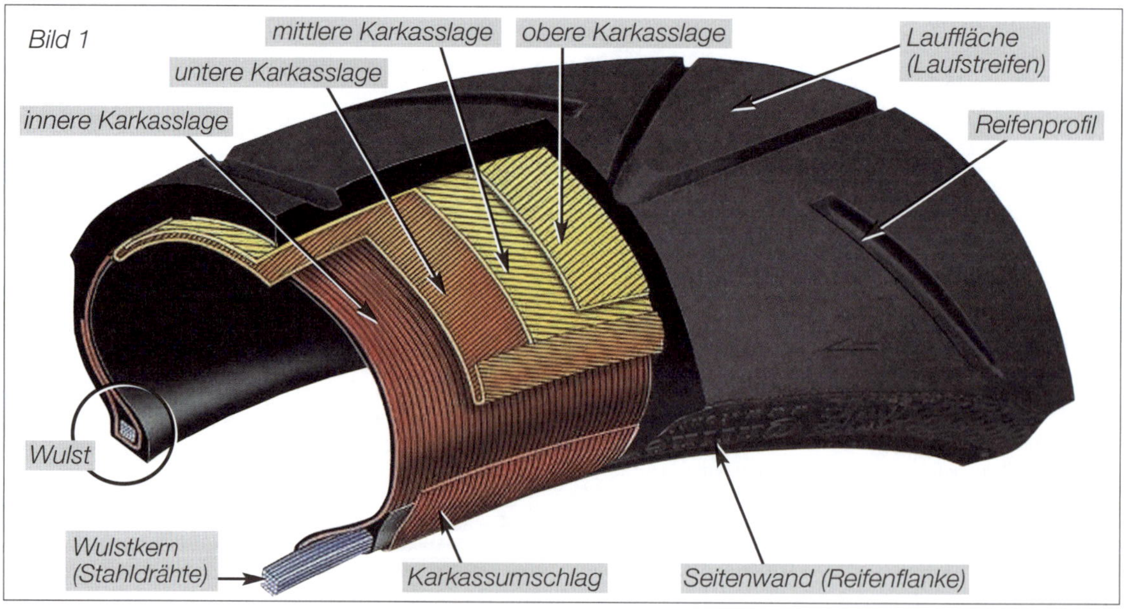

Bild 1: Schnittbild durch einen Diagonalreifen.

- *Die Karkasslagen sind meist aus Rayon- oder Nylongewebe gefertigt, was den Reifen »geschmeidig« macht.*
- *Die Profiltiefe beträgt ca. 5 mm am Vorder- und ca. 8 mm am Hinterradreifen.*
- *Hauptverantwortlich für Haftung auf trockener und nasser Straße sind Gummimischung und Qualität der Lauffläche sowie Breite und Höhe der Profilrillen.*

aus dem Gewicht des Fahrzeugs plus dem der Besatzung und des Gepäcks zusammensetzt.

Bei den BMWs unseres Buchs wurden in den Fahrzeug-Betriebsanleitungen Luftdrücke von 1,9 bis 2,1 bar für vorne und 2,1 bis 2,3 bar für hinten angegeben (siehe dazu auch Kapitel 22 »Technische Daten«). Heute liegen die von den Reifenherstellern vorgeschriebenen Luftdrücke bei 2,3 bis 2,5 bar vorne und 2,5 bis 2,9 bar hinten, weil die heutigen, modernen Reifen aus anderen Materialien aufgebaut sind als früher: Damals wurden die Karkassen möglichst steif ausgelegt, während sie heute dank moderner Grundmaterialien und weicheren Gummimischungen elastischer und gleichzeitig formstabiler sind als damals.

Reifendruckprüfer
Damit Sie sich bei der Kontrolle des Reifendrucks nicht auf das Gerät an der Tankstelle verlassen müssen, führen Sie einen Luftdruckprüfer im Bordwerkzeug mit. Kaufen Sie sich aber bitte KEIN Plastikteil aus dem Baumarkt, sondern ein Präzisionsmessgerät. Bild 3: Das unserer Meinung nach beste Druckmessgerät stammt vom deutschen Hersteller Flaig, hat ein stabiles Alugehäuse und kostet um die 30 Euro. Erhältlich ist es bei gut sortierten Motorradhändlern.

Bitte beachten Bild 2: Luftdruck mindestens alle zwei Wochen überprüfen. Er darf weder zu hoch noch zu niedrig sein.
■ Zu hoher Luftdruck verschlechtert den Fahrkomfort und verringert die Haftung.
■ Zu niedriger Luftdruck sorgt für schlechte Straßenlage und ist vor allem bei Sozius- und Gepäckbetrieb sehr bedenklich, weil ein Reifen mit zu niedrigem Luftdruck unter großer Last rasch überhitzen kann, was bis zur Abschälung des Reifenpofils führen kann!
■ Beim Abnehmen des Füllschlauch-Ventils vom Reifenventil darf nicht zu viel Luft entweichen. Wenn das Ventil des Füllschlauchs zögerlich vom Radventil abgepopelt wird und dabei Druckluft entweicht, sind ganz schnell 0,3 bis 0,5 bar wieder draußen!

Wichtig 1, Bild 6: Auf das Ventil gehört eine gut schließende Ventilkappe mit einwandfreier Gummidichtung! Wenn keine Kappe aufgeschraubt ist, kann Schmutz ins Ventil gelangen. Aufgrund der bei hohen Geschwindigkeiten auftretenden starken Fliehkräfte kann sich sogar der Ventileinsatz öffnen und Luft entweichen.

Wichtig 2, Bild 7: Plastikkappen verlangen eine gefühlvolle Schrauberhand, sonst reißen sie ein. Man sollte sie deswegen eigentlich überhaupt nicht verwenden, sondern nur solche aus Metall.

Bei Luftverlust eine »Spuckprüfung« machen
Wenn ein Reifen andauernd Luft verliert und man nicht weiß, aus welcher Stelle die Luft entweicht, zuerst das Ventil prüfen: Ventilkappe abschrauben, eine Fingerspitze Speichel auf die Ventilöffnung geben und ein paar Sekunden lang beobachten: Wenn sich die Spucke blasenförmig nach oben wölbt, ist das Ventil undicht und muss umgehend erneuert werden.

Bild 4: Hier sind undichte Ventile mit Sitzdichtungen aus Kork und Gummi zu sehen. Solche Ventile nicht einbauen, sondern erneuern!

Wichtig, Bild 5: Aus- und eingeschraubt wird der Ventileinsatz mit einem speziellen Steck-

Bild 2: Wie sich verschiedene Luftdrücke auf den Reifenquerschnitt auswirken, zeigen die Zeichnungen.

Bild 3: Flaig-Gerät, es braucht keine Batterie wie ein digitales Messgerät. Drei Anschlussköpfe gehören dazu: Der mit 90 Grad ist montiert, plus je ein gerader und mit 135 Grad.

Bilder 4 bis 7: Im Lauftext sind die zu den Bildern gehörenden Arbeitsschritte nummeriert beschrieben.

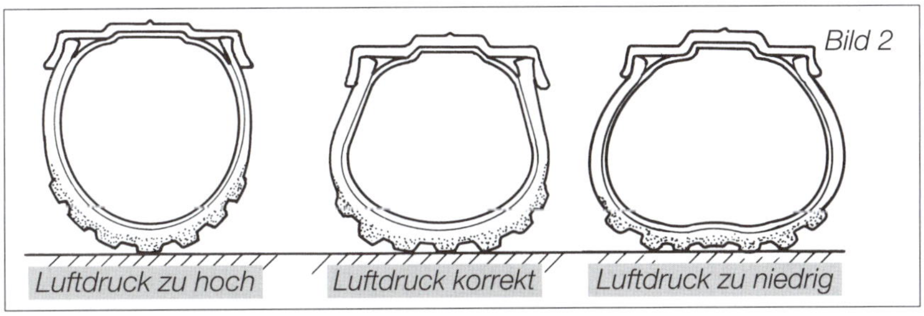

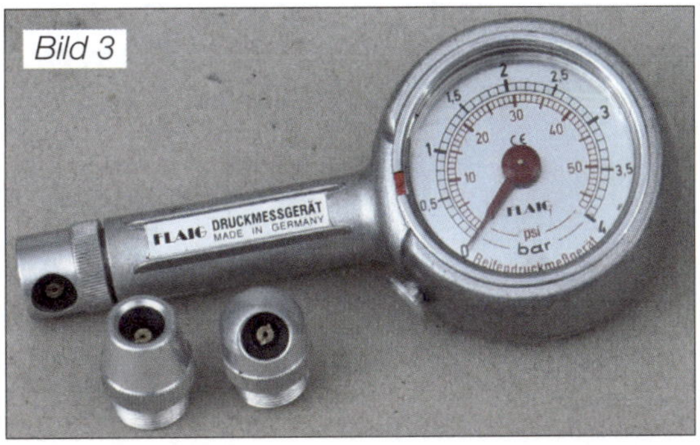

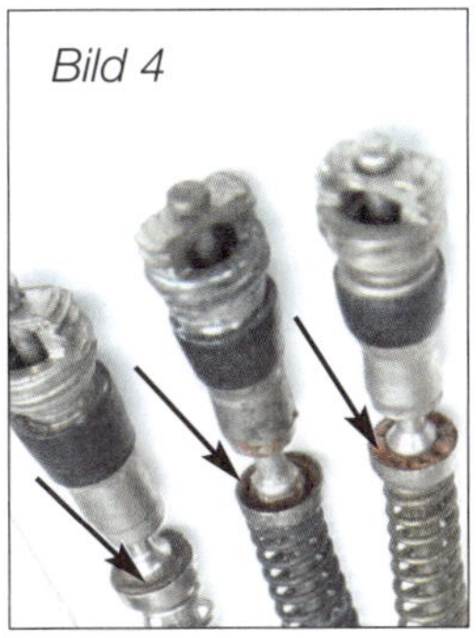

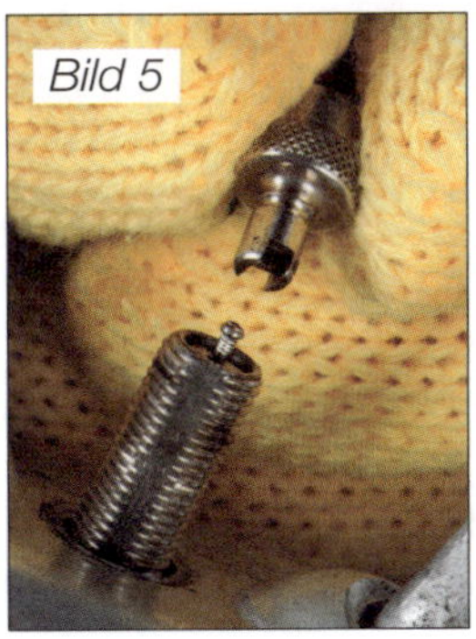

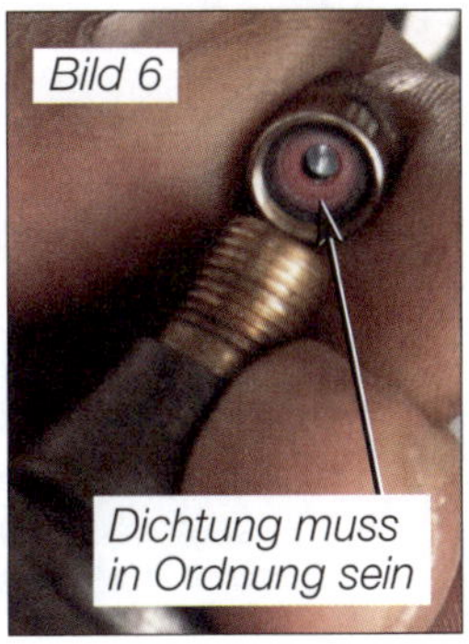

Sichtprüfung Messen

schlüssel. Ein solches Werkzeug bildet oft die Rückseite einer Metallventilkappe. Den Ventileinsatz unbedingt mit Gefühl »fest« anziehen!

Reifenverschleiß

Reifen sind Verschleißteile: Die Oberfläche (»Lauffläche«) des Reifens wird mit fortschreitender km-Leistung immer dünner, die Rillen (»Profilrillen«) immer niedriger. Der Gesetzgeber schreibt vorne und hinten eine Mindestprofiltiefe von 1,6 mm vor. Wir empfehlen für Vorder- und Hinterreifen eine Mindestprofiltiefe von 2 mm.

Profiltiefe: In die Profilrillen sind Verschleißanzeiger eingearbeitet; ihre Lage ist außen am Profilrand mit TWI bezeichnet. Bild 8: »**TWI**« ist die Abkürzung von »**Tread Wear Indicator**«.

Ein TWI markiert an der Seitenwand eine Hauptprofilrille, in der diese Erhebungen eingearbeitet sind. Manche Hersteller haben auch nur ein kleines Dreieck angebracht; bei Metzeler ist es ein Elefant (er ist das Metzeler-Markenzeichen). **Wichtig:** Die TWI-Erhebungen sind entweder 0,8 mm oder 1,6 mm hoch:

- 0,8 mm entspricht der in Amerika vorgeschriebenen Mindestprofiltiefe.
- 1,6 mm ist die europaweit gesetzlich vorgeschriebene Mindestprofiltiefe.

Bild 8

Bild 8: Verschleißanzeiger in der Profilrille, TWI-Kennzeichnung am Rand des Profils.

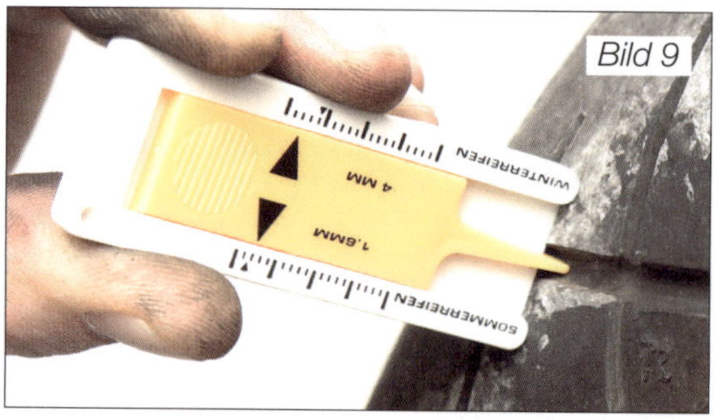

Bild 9

Bild 9: Dieser Reifen hat noch 2 mm Profiltiefe und sollte bald erneuert werden.

***Generell gilt:** Wenn ein neuer Reifen aufgezogen wird, auch einen neuen Schlauch montieren!*

Bild 10

Bild 10: Dieser Schlauch ist kaputt, obwohl er neu ist. Er war jahrelang ohne Luft gefaltet im Originalkarton aufbewahrt und ist an den Knickstellen gebrochen.

- *Deswegen bitte beachten: Wenn ein neuer Schlauch montiert wird, muss man diesen vor der Montage genau ansehen, weil man poröse Stellen nur bei ganz genauem Hinsehen entdeckt. Dazu den luftleeren Schlauch Stück für Stück leicht auseinanderziehen.*

Gemessen wird die tatsächliche Profiltiefe <u>neben</u> einer TWI-Erhebung. Noch einmal: Europaweit gesetzlich vorgeschrieben ist eine Mindestprofiltiefe von 1,6 mm.

Achtung: Wenn die Profiltiefe bei einer Polizeikontrolle weniger als 1,6 mm an einer Stelle des Reifens beträgt (die anderen Messstellen können durchaus noch mehr Profiltiefe haben!), wird es ungemütlich, denn neben 60 Euro Bußgeld gibt es auch einen Punkt in Flensburg auf's Konto. In Zweifelsfällen kann das Motorrad sogar am Ort der Kontrolle stillgelegt werden! Weiterhin informiert die Polizei das zuständige Landratsamt und dieses verlangt eine Beseitigung der Mängel innerhalb von zwei Wochen. Wird der Nachweis der »Mängelbeseitigung« nicht erbracht, legt die Behörde das Motorrad zwangsweise still.

Schlauch

Wenn ein neuer Reifen nötig wird, muss man zum neuen Reifen auch einen neuen Schlauch kaufen. Denn der alte Schlauch taugt nix mehr, selbst wenn er noch zuverlässig die Luft gehalten hat: Ein lange in Betrieb gewesener Schlauch hat sich ausgedehnt, bei einer erneuten Montage besteht die große Gefahr, dass der alte Schlauch im neuen Reifen Falten wirft.

Ein lange Zeit montierter Schlauch verklebt oft auf der Felge oder dem Felgenband. Bei der Demontage des Reifens muss die Klebestelle gewaltsam getrennt werden, wodurch die Oberfläche des Schlauchs beschädigt wird, was man auf den ersten Blick oft gar nicht so deutlich sieht (siehe dazu auch Bild 10). Bei einer erneuten Montage verliert der Schlauch an diesen Stellen Luft – und zwar »schleichend«, das ist das Hauptproblem.

Die BMWs unseres Buchs haben serienmäßig Speichenräder, Gussräder oder Kreuzspeichenräder. Die Modelle mit den zugehörigen Reifen und mit oder ohne Schlauch stehen im grauen Textkasten auf der nächsten Seite.

Schlauchreifen, schlauchlose Reifen
Bei den Reifengrößen steht entweder dabei »TT« oder »TL«:

- **TT** = »**Tube type**« = Reifen mit Schlauch
- **TL** = »**Tube less**« = schlauchloser Reifen

Wichtig 1: Ein TT-Reifen muss auf einem Speichenrad mit Schlauchfelge mit einem Schlauch montiert werden.
Wichtig 2: Ein TL-Reifen muss auf einer Schlauchlosfelge, also einem Guß- oder Kreuzspeichenrad, ohne Schlauch montiert werden.
Wichtig 3: Wenn aber ein TL-Reifen auf einem Speichenrad mit Schlauchfelge montiert wird, muss ein Schlauch eingebaut werden (siehe im grauen Textkasten ganz rechts »Ausnahme«).

Was auf dem Reifen steht

Beispiel 1: Für eine R 80 G/S werden neue Enduroreifen gesucht. Serienmäßig waren Reifen in folgenden Größen montiert:

- Vorderrad 3.00-21 51S TT
- Hinterrad 4.00-18 63S TT

Diese Reifen haben die alten Zoll-Bezeichnungen 3.00-21 und 4.00-18. Das Maß »1 Zoll« entspricht 25,4 mm. Der Vorderradreifen ist somit 76,20 mm breit und hoch und der Hinterradreifen 101,6 mm. Neue Reifen in dieser Größe mit Enduro-Profil sind heute noch lieferbar.

Beispiel 2: Für eine R 100 R werden neue Straßenreifen gesucht. Schon im Präsentationsjahr 1991 gab es die R 100 R mit Reifen in Millimeter-Bezeichnung, wie sie auch heute noch gültig ist.

- Vorderradreifen 110/80-18 58V TL
- Hinterradreifen 140/80-17 69V TL

Reifen in dieser Größe gibt es heute von nahezu allen bekannten Motorrad-Reifenmarken (Kontaktadressen siehe nächste Seite).

Heutige Bezeichnungen sind:

- Vorderradreifen 110/80 V 18 M/C (58V) TL
- Hinterradreifen 140/80 B 17 M/C 69V TL

Die Zahlen bedeuten:

- **110** bzw. **140** = Reifenbreite in mm
- **/80** = Querschnittsverhältnis Höhe zu Breite = 80% von 110 mm = 88 mm beim Vorderrad und 80% von 140 = 112 mm beim Hinterrad
- **-** = es handelt sich um einen Diagonalreifen (siehe Schnittbild in Bild 1).
- **R** = Wenn ein R anstelle des Strichs (-) steht, ist das ein Reifen in Radialbauweise (auch »Gürtelreifen« genannt. Ein R-Reifen ist der »ContiClassicAttack«.
- **21, 18** bzw. **17** = Felgendurchmesser in Zoll (1 Zoll = 25,4 mm)
- **M/C** = steht für »Motorcycle Tire«, das ist die internationale englische Übersetzung für »Motorradreifen«
- **58/63, 58/69** = Tragfähigkeitsindex: der 58er-Vorderradreifen darf maximal mit 236 kg belastet werden, der 63er-Hinterradreifen mit 272 kg und der 69er mit 325 kg
- **V** = Symbol für die zugelassene Höchstgeschwindigkeit: V = maximal 240 km/h
- **B** = das B im 140/80 B 17 steht für eine »Gürtellage außen um die Radialkarkasse«

Geschwindigkeits-Kennbuchstaben
Die zulässigen Höchstgeschwindigkeiten für Reifen sind mit einem bestimmten Buchstaben gekennzeichnet, er nennt sich »Speed Index« (SI). Die gängigsten für Youngtimer-Reifen:

- Speed Index **R** = maximal zulässig **170 km/h**
- Speed Index **S** = maximal zulässig **180 km/h**
- Speed Index **H** = maximal zulässig **210 km/h**
- Speed Index **V** = maximal zulässig **240 km/h**

Der Speed Index muss in jedem Fall höher sein als das Motorrad schnell ist (damit ist gemeint: »Was an Höchstgeschwindigkeit im Kraftfahrzeugbrief eingetragen ist«).

Reifen für BMW-Youngtimer

Die Maschinen unseres Buchs haben keine Markenbindung, wichtig sind nur Größe und Tragfähigkeit. Allerdings wurden die meisten Maschinen mit Metzeler-Bereifung ausgeliefert, weswegen »original« erhaltene oder penibel restaurierte Maschinen sehr gerne mit Metzeler bestückt werden. Natürlich gibt es auch genügend spezielle Youngtimer-Reifen von anderen Herstellern, siehe dazu Bildunterschrift zu 11 sowie den Textkasten »Adressen…« auf der nächsten Seite.

Achtung: Wenn Reifen in anderen Dimensionen als die serienmäßigen oder die, welche in die Fahrzeugpapiere eingetragen sind, montiert werden sollen, _klären Sie vor Kauf und Montage der Reifen_ unbedingt, ob diese

Räder und Reifen
Gussräder mit schlauchlosen Reifen haben R 65, R 65 RT, R 80, R 80 RT, R 100 RS und R 100 RT.
Speichenräder mit Schlauchreifen haben R 65 GS, R 80 G/S und R 80 G/S Paris-Dakar
Ausnahme: Speichenräder mit Schlauchlosreifen und Schlauch hat die R 80 ST
Kreuzspeichenräder mit schlauchlosen Reifen haben R 80 GS, R 80 GS P-D, R 80 R, R 80 R Mystic, R 80 GS Basic, R 100 GS, R 100 GS Paris-Dakar und P-D, R 100 R sowie R 100 R Mystic

Bild 11: Die Metzeler-Lasertec sind altbekannte und bewährte Reifen für BMW-Youngtimer. Weiterhin sind folgende Youngtimer-Reifen zu empfehlen:*

- *Bridgestone BT45*
- *ContiClassicAttack*
- *Conti TKC70 M+S für GS-Modelle*
- *Dunlop StreetSmart*
- *Heidenau für GS- und Straßenboxer*

Bild 11

* = Stand der Recherche zum Redaktionsschluss dieses Buches im Januar 2017

Reifen auch wirklich montiert und gefahren werden dürfen. Bei Montage von anderen Dimensionen als den Serienreifen muss auch ein Sicherheitsabstand zum Schwingenrohr von mindestens fünf Millimeter beachtet werden.

Bescheinigung besorgen, mitführen
So genannte »Unbedenklichkeitsbescheinigungen« bekommen Sie zum Beispiel beim Motorrad- oder Reifenhändler, bei dem Sie die neuen Reifen gekauft und auch montieren lassen.

■ Unbedenklichkeitsbescheinigungen gibt es auch als PDF im Internetauftritt der meisten Reifenhersteller oder -Importeure; man kann sie aufrufen und ausdrucken.

■ Unbedenklichkeitsbescheinigungen kann man auch beim Reifenhersteller oder -Importeur bei dessen »Abteilung technischer Kundendienst« schriftlich (!) bestellen. Kontaktpersonen, Postanschriften, weitere Kontaktdetails und Kontaktformulare findet man auf den Homepages der Reifenmarken.

Bild 12: Die vier Ziffern nach der DOT-Bezeichnung nennen das Produktionsdatum. Dieser Reifen wurde in der 8. Kalenderwoche 2015 gefertigt.

Wenn Reifen montiert werden sollen, für die es vom Reifenhersteller keine »Unbedenklichkeitsbescheinigungen« gibt, muss man die Maschine bei einer Prüfstelle (Dekra, TÜV) zur Begutachtung vorfahren, wo sie begutachtet wird. Sofern »alles in Ordung« befunden wird, stellt der Prüftechniker eine Unbedenklichkeitsbescheinigung aus. Diese muss man zusammen mit den Fahrzeugpapieren bei der örtlichen Zulassungsstelle vorlegen und bekommt dann die neuen Reifengrößen in die Papiere eingetragen.

Reifenhersteller und Reifenimporteure in D, A, CH*

Avon

■ **Robert Rost Cooper Tire & Rubber Company Deutschland GmbH**
Otto-Hahn-Straße 46, D-63303 Dreieich
www.avonreifen.com

■ **Cooper Tire & Rubber Company Suisse SA**
Wehntalerstrasse 6, CH-8154 Oberglatt
www.avonreifen.com
www.coopertires.ch

Bridgestone

■ **Bridgestone Deutschland GmbH**
Justus-von-Liebig-Straße 1
D-61352 Bad Homburg v.d.H.
www.bridgestone-mc.de

■ **Bridgestone Austria GmbH**
Maria-Jakobi-Gasse 1, A-1030 Wien
www.bridgestone.at

■ **Bridgestone Schweiz AG**
Bodenäckerstrasse 1
CH-8957 Spreitenbach
www.bridgestone.ch

Continental

■ **D und A: Continental Reifen Deutschland GmbH**
Business Unit Motorcycle Tyres
Continentalstraße 3 – 5
D-34497 Korbach
www.conti-moto.de

■ **Continental Reifen GmbH**
Triester Straße 14
A-2351 Wiener Neudorf
www.continental.at

■ **Continental Suisse SA**
Lerzenstrasse 19, CH-8953 Dietikon
www.continental-reifen.ch

Dunlop

■ **Goodyear Dunlop Tires Germany GmbH**
Dunlopstraße 2, D-63450 Hanau
www.dunlop.eu

■ **Goodyear Dunlop Tires Austria GmbH**
Lehrbachgasse 13, A-1120 Wien
www.dunlop.eu

■ **Goodyear Dunlop Tires Suisse SA**
Industriestrasse 28, CH-8604 Hegnau
www.dunlop.eu

Heidenau

■ **Reifenwerk Heidenau GmbH & Co. KG**
Hauptstraße 44, D-01809 Heidenau
www.reifenwerk-heidenau.de

■ **RBT Reifen und Kfz GmbH**
Goethegasse 61, A-2340 Mödling
www.rbt-reifen.at

■ **RH Reifen Service AG**
Amriswilerstrasse 41
CH-8589 Sitterdorf
www.rh-reifen.ch

IRC und Vee Rubber

■ **MC Reifenservice Alfred Schenk**
Hegholz 23, D-97453 Schonungen
www.irc-reifen.de
www.veerubber.de

■ **Pneu-Service Hostettler AG**
Haldenmattstrasse 3
CH-6210 Sursee
www.pneu-service.ch

Maxxis

■ **D und A: Maxxis International GmbH**
Kaddenbusch 31
D-25578 Dägeling
www.maxxis.de

■ **Profi Pneu AG**
Gewerbestrasse 6
CH-4553 Subingen
www.profipneu.ch

Metzeler

■ **Pirelli Deutschland AG Metzeler Motorradreifen**
Brabanter Straße 4
D-80805 München
www.metzeler.de

■ **Metzeler Motorradreifen**
Salzburger Straße 196
A-4600 Wels
www.metzelermoto.at

■ **Hostettler AG Pneuservice**
Haldenmattstrasse 3
CH-6210 Sursee
www.pneu-service.ch

Michelin

■ **Michelin Reifenwerke AG & Co. KGaA**
Michelinstraße 4
D-76185 Karlsruhe
www.motorrad.michelin.de

■ **Michelin Verkaufsgesellschaft**
Römerweg 8
A-4844 Regan
www.michelin.at

■ **Michelin Suisse S.A.**
Route de Jo Siffert 36
CH-1762 Givisiez
www.michelin.ch

Pirelli

■ **Pirelli Deutschland AG Pirelli Motorradreifen**
Brabanter Straße 4
D-80805 München
www.pirellimoto.de

■ **Pirelli GmbH**
Lemböckgasse 47a
A-1230 Wien
www.pirelli.at

■ **Pirelli Tyre (Suisse) SA**
St. Jakobs-Strasse 54
CH-4052 Basel
www.pirelli.ch

Reifenfreigaben

■ **Alpha Technik GmbH & Co. KG**
Reifenfreigaben, TÜV-Gutachten
Äußere Salzburger Str. 201
D-83071 Stephanskirchen
www.alphatechnik.de

■ **D. Theobald M & A Reifenhandel**
Reifen-Großhändler
Lindenstraße 4
D-97892 Kreuzwertheim
www.dtheobald.de

* = Stand der Recherche zum Redaktionsschluss dieses Buches im Januar 2017

Produktionsdatum, Garantie

Produktionsdatum: An einer Stelle auf der Seitenwand ist die DOT-Buchstabenkombination einvulkanisiert, danach eine Zahl ohne Punkt und Komma (Oval in Bild 12), diese steht für die Produktionswoche und das Produktionsjahr.

Herstellergarantie: Für neue Reifen garantiert jeder Reifenhersteller die von ihm zugesagten Qualitätseigenschaften für den Zeitraum von mindestens fünf Jahren. Ein neuer Reifen, der laut Produktionscode vor drei Jahren produziert wurde, gilt als »frisch«. Dazu gibt es folgende offizielle Erklärung aller namhaften Hersteller von Motorradreifen: *»Ein bis zu maximal 5 Jahren sachgemäß gelagerter Reifen entspricht der Spezifikation eines Neureifens und ist in seiner Verwendungstauglichkeit und Qualität nicht beeinträchtigt und damit neuwertig. Daraus ergibt sich jedoch nicht zwangsläufig, dass Reifen, welche älter als 5 Jahre sind und immer sachgemäß gelagert wurden, nicht mehr verkehrssicher sind oder irgendwelchen qualitativen Einschränkungen unterliegen«.*

Reifen länger als fünf Jahre fahren?

Wenn ein neuer Reifen montiert wird, der vor vier Jahren und elf Monaten produziert wurde, ist er in einem Monat fünf Jahre alt (logisch!). Wird dieser Reifen regelmäßig gefahren, bleibt er »frisch«, denn durch die Walkarbeit des Reifens während des Fahrens laufen in seinem Inneren chemische Prozesse ab, die dem Reifen seine Eigenschaften erhalten. Die Grenze der Nutzungsdauer eines Reifens auf einem Youngtimer, der regelmäßig gefahren wird, liegt bei maximal zehn Jahren.

Achtung: Reifen dürfen keine »Standplatten« haben, keine Risse in den Seitenwänden und auch sonst keine Beschädigungen. Beachten Sie weiterhin, dass Reifen von Motorrädern, die im Freien abgestellt und damit UV-Strahlen ausgesetzt sind, viel schneller Risse bekommen und auch an Haftfähigkeit verlieren als Reifen von Maschinen, die in dunklen und trockenen Garagen untergebracht sind.

Gebrauchte Reifen: Wenn Reifen auf einer Maschine, die regelmäßig gefahren wird, zwar noch genügend Profil haben, aber langsam »blank« werden und älter als fünf Jahre sind, sollten sie bei nächster Gelegenheit erneuert werden. Dies ist besonders wichtig beim Kauf einer gebrauchten Maschine (und sollte bei der Kaufpreisfindung berücksichtigt werden!).

Reifenschäden

Selbst auf gut ausgebauten und gepflegten Straßen kann es zu Reifenschäden (»Plattfuß«) kommen. Deswegen sollte man ein »Flickzeug« immer dabei haben, das gibt es für Schlauchreifen und für Schlauchlose. Beides ist klein und passt in das Bordwerkzeugfach. Bitte beachten Sie, dass ein »geflickter« Schlauch oder Reifen nur ein Notbehelf ist und umgehend erneuert werden muss.

Sehr wichtig: Fahren Sie damit äußerst sorgsam, niemals mit Vollgas und auch nicht mit maximaler Zuladung.

Reifenmontage, Auswuchten

Auf den nächsten Seiten zeigen wir eine Reifenmontage in Bild und Text. Weil wir der Meinung sind, dass eine Reifenmontage auf einer professionellen Reifenmontagemaschine bei einem BMW- oder Reifenhändler gemacht werden sollte, gilt unsere Montageanleitung für Notfälle; denn es kann ja durchaus sein, dass man unterwegs in einem dünn besiedelten Gebiet einen Reifenschaden hat, sprich »Plattfuß«.

Unwucht, Auswuchtgewichte

Ein neu montierter Reifen muss ausgewuchtet werden, damit das Rad auch wirklich rund läuft. Wenn das Rad nicht (oder nicht gut) ausgewuchtet ist, beginnt es ab 60 bis 80 km/h zu »hüpfen«. Ein unwuchtiges Rad stört das Fahrverhalten, Telegabel und Stoßdämpfer verschleißen rasch. Schlechte Wuchtung kann sogar dazu führen, dass das Rad während der Fahrt den Bodenkontakt verliert!

Bild 14: Die leichteste Stelle des Reifens wurde im Werk mit einem Farbpunkt markiert. Der Reifen muss so montiert werden, dass der Punkt nahe beim Ventil steht. Beim Auswuchten werden gegenüber der schwersten Stelle des Reifens entsprechende Gewichte auf der Felge aufgeklebt (Bild 16). Bei Speichenrädern werden die Gewichte auf die Speiche aufgeschoben und am Nippel fixiert. Pro Rad sind maximal 60 Gramm an Wuchtgewichten zulässig.

Reifen mit Montierhebel montieren

Wie das geht zeigen wir auf den nächsten Seiten. Sie brauchen dazu zwei Reifenmontierhebel, etwas Spülmittel oder viel Spucke – aber Reifenmontagepaste (siehe Bild M9) ist die beste Wahl.

Bild 13: Reifen mit Laufrichtungspfeil müssen in der auf den Reifen angegebenen Drehrichtung montiert werden, sonst verschlechtern sich Fahr- und Abriebverhalten. Ein falsch montierter Reifen kann unter extremen Einsatzbedingungen beschädigt werden.

Bild 14: Die leichteste Stelle des Reifens wurde im Werk mit einem Farbpunkt markiert. Bei der Reifenmontage darauf achten, dass dieser in der Nähe des Ventils steht.

Sichtprüfung Messen

Bilder M1 bis M13 auf der nächsten Seite: Im Lauftext sind die zu den Bildern gehörenden Arbeitsschritte nummeriert beschrieben.

Bild 15: Rad auf einem manuellen Auswuchtbock. Auf dem linken Teil der Achse sind für das Foto eine Reihe Klebegewichte angeordnet.

Bild 16: 10 Gramm schweres Klebegewicht.

Bild M1

Bild M2

Bild M3

Bild M1: Zur Schonung der Alu-Felgenhörner durch die Stahl-Montierhebel einen Felgenschutz aus vorgeformtem Kunststoff verwenden.
■ Felgenschützer und stabile Montierhebel gibt's für kleines Geld beim Motorradhändler oder im Zubehör-Shop.
Wichtig: Bei der Reifenmontage nur echte Montierhebel verwenden, keine Schraubenzieher, Gabelschlüssel oder Flacheisen!
Bild M2: Vor der Reifendemontage die Luft ablassen, nach der Reifenmontage die Felgenmutter nicht gegen die Felge, sondern gegen die Ventilkappe kontern.
Bild M3: Anstatt eines Felgenbandes, das bei der Reifenmontage immer gerne verrutscht, kann man auch eine Lage Gewebeklebeband ins Felgenbett einkleben.
■ Unbedingt Gewebeklebeband verwenden, kein klares Büro-Klebeband (Tesafilm). Gewebeklebeband gibt es z. B. beim guten Fahrradfachhändler, weil damit üblicherweise die tiefen Lenker von Rennrädern umklebt werden.

Infos und Tipps zum Auswuchten

Ein neu montierter Reifen muss ausgewuchtet werden, damit das Rad auch wirklich »rund« läuft. Ist es nicht (oder nicht gut) ausgewuchtet, beginnt es ab 60 bis 80 km/h zu »hüpfen«. Ein unwuchtiges Rad stört das Fahrwerk, verschleißt Federung und Stoßdämpfer sehr schnell und ist überdies einer guten Straßenlage und damit der Fahrsicherheit abträglich. Schlechte Wuchtung führt im Extremfall dazu, dass das Rad während der Fahrt den Bodenkontakt verliert!

Bild 15

Beim Auswuchten werden gegenüber der schwersten Stelle des Reifens entsprechende Gewichte angebracht, entweder über die Speichennippel gestülpt oder auf der Felge aufgeklebt (Bild 16). Pro Rad sind maximal 60 Gramm an Wuchtgewichten zulässig. Man kann ein Rad statisch auswuchten, indem man das Rad in leichte Drehung bringt und es auspendeln lässt – die schwerste Stelle bleibt unten stehen. An der gegenüberliegenden Stelle werden auf der Felge entsprechende Auswuchtgewichte aufgeklebt oder an der Speiche angebracht. Diese Auswuchtgewichte kann man beim Motorrad- oder Reifenhändler kaufen.

Statisch oder dynamisch wuchten?
Bevor Sie sich mit einer statischen Auswuchtung abmühen: Wir empfehlen, das Rad dynamisch auf einer Auswuchtmaschine wuchten zu lassen. Sowohl Reifenmontage als auch Auswuchtung machen Motorrad- oder Reifenfachhändler zu moderaten Preisen.

Tipp: Wenn Sie einen neuen Reifen selbst montieren, dann schon während der Montage des neuen Reifens die (nach der Montage durchzuführende) Wuchtung berücksichtigen: Die leichteste Stelle des Reifens ist auf der Seitenwand mit einem Farbpunkt markiert (Bild 14), der beim Ventil montiert werden muss.
■ Wenn die nötigen Wuchtgewichte trotzdem 60 Gramm überschreiten, kann der Farbpunkt im Reifenwerk an der falschen Stelle aufgebracht worden sein: Reifen um 180 Grad verdrehen, Unwucht erneut messen.
■ Wenn ein ausgebautes Rad mit einem gebrauchten Reifen auf dem Wuchtbock ausgependelt wird (Bild 15) und sich zeigt, dass die Wuchtung nicht mehr stimmt: Durch Verschleiß können sich die Wuchtverhältnisse geändert haben.
■ Wenn dann beim Nachwuchten mehr als 60 Gramm Auswuchtgewichte aufgebracht werden müssen, folgendermaßen vorgehen: Luft ablassen, Reifen ins Tiefbett drücken, auf der Felge um 180 Grad drehen, aufpumpen, Unwucht erneut messen und korrigieren.

Bild 16

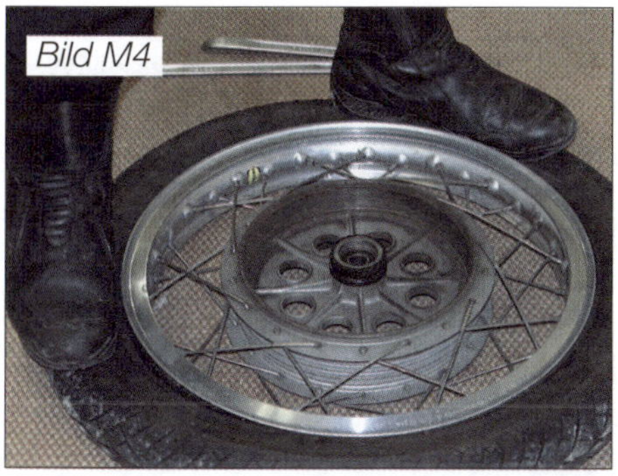

Bild M4

Bild M4: Luft ist abgelassen, Rad platt auf dem Boden, Lappen unter der Radnabe (oder das Rad liegt auf einem sauberen Teppich). NICHT auf der Bremsscheibe ablegen! Reifen mit dem Fuß ringsum ins Felgenbett drücken.

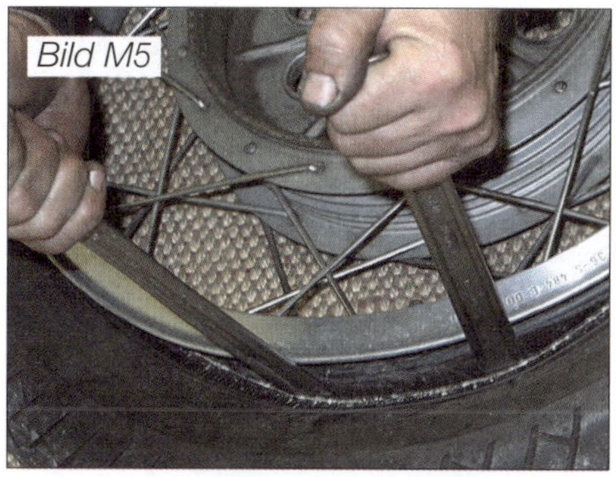

Bild M5

Bild M5: Montierhebel rechts und links kurz neben dem Ventil ansetzen und beginnen, den Reifenwulst vorsichtig über das Felgenhorn zu hebeln.

Bild M6

Bild M6: Reifenwulst Stück für Stück abwälzen. Darauf achten, dass der Wulst gegenüber der Arbeitsstelle sicher im Tiefbett sitzt (mit dem Stiefel nachtreten). Wenn der Reifenwulst ganz abgewälzt ist, Schlauch herausziehen.

Bild M7

Bild M7: Anderen Reifenwulst über das Felgenhorn drücken und heben. Reifen von der Felge trennen.

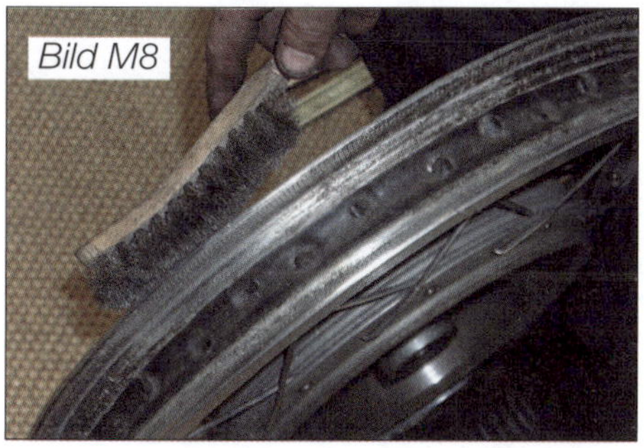

Bild M8

Bild M8: Felgenbett putzen. Dazu eine nicht zu harte Stahlbürste nehmen. Felgenband erneuern (Notfall: Auf unbeschädigten Zustand und genügend Spannung kontrollieren!) oder durch Klebeband ersetzen (siehe Bild M3).

Bild M9

Bild M9: Wulst des neuen Reifens mit Montagepaste einschmieren. Zur Not Seifenlauge nehmen oder viel Spucke.

Bild M10

Bild M10: Reifen mit einer Seite über das Felgenhorn heben und ringsum ins Tiefbett eindrücken. VOR DER MONTAGE die Drehrichtung beachten!

Bild M11

Bild M11: Rad umdrehen. Schlauch leicht aufpumpen, in Reifen einlegen. Streng darauf achten, dass er weder Falten bekommt noch verdreht wird. Ventil ins Ventilloch der Felge einführen.

Bild M12

Bild M12: Montierhebel gegenüber vom Ventil ansetzen, Reifenwulst Stück für Stück über Felgenhorn heben.

Bild M13

Bild M13: Der Bereich am Ventil kommt erst zum Schluss! Wenn der Reifenwulst auf der Felge sitzt: Reifen aufpumpen mit 3,5 bis 4 bar maximal (!), damit er ringsum sauber kommt. Reifen auf Rundlauf prüfen, ggf. korrigieren.

Räder

In diesem Kapitel: Aufbocken, Werkzeuge, Teile · Anziehdrehmomente · Räder aus- und einbauen · Felgen reinigen · Speichen prüfen und spannen · Speichenrad zentrieren · Gerissene Speiche? · Einstellung der Kegelrollenlager · Radlager prüfen · Radlager erneuern.

Aufbocken, Werkzeuge, Teile

Aufbocken: Zum Aus- und Einbau von Vorder- und Hinterrad muss das Motorrad auf dem Mittelständer aufgebockt werden. Man sollte ein zwei Finger dickes Holzbrett unter den Mittelständer legen, damit die ganze Maschine höher kommt, weil dann das Vorderrad einfacher unter dem Schutzblech aus der Telegabel zu ziehen ist; auch das Hinterrad ist dann einfacher vom Hinterachsantrieb abzuziehen und seitlich herauszuziehen. Legen Sie unter das Rad, das nicht beschraubt wird, ein ebenso dickes Brett wie unter den Ständer oder unterbauen Sie den Motor, das Getriebe oder den Auspuffsammler mit einem Wagenheber. Wichtig ist das Sichern des Mittelständers zum Vorderrad hin mit einem Riemen (Bild 1).

Bilder 1 und 2: Im Lauftext sind die zu den Bildern gehörenden Arbeitsschritte nummeriert beschrieben.

Werkzeuge: Es werden Werkzeugteile gebraucht wie Drehmomentschlüssel, Nuss mit Verlängerung und Rätsche, Schraubenzieher und Kunststoffhammer. Arbeiten Sie nur mit Werkzeugen, die exakt auf Schrauben und Muttern Ihrer Maschine passen. Das Bordwerkzeug ist dazu nur bedingt geeignet.

Teile: Bitte verwenden Sie an allen Schraubstellen der Räder und Bremsen nur originale BMW-Teile. Wenn Scheiben untergelegt sind (Bilder 3a und 3b) müssen diese auch vorhanden sein. Bauteile schon vor dem Ausbau grob reinigen, in ausgebautem Zustand sauber putzen und vor dem Wiedereinbau leicht einölen.

Wichtig: Nicht einölen soll man die Muttern und Schrauben sowie die Konusringe, mit denen das Hinterrad befestigt ist – diese werden »trocken« eingebaut. Wenn sie leicht korrodiert sind, kann man diese mit einer Messingbürste abbürsten; wenn die Korrosion allerdings fortgeschritten ist, Neuteile einbauen!

Der Trick mit dem Holzklotz: Wenn Sie ein Stück Holz »saugend« unter das Rad legen, das Sie aus- und einbauen wollen, arbeitet es sich leichter. Man kann natürlich auch mehrere Brettchen unter das Rad schichten wie in den Bildern 1 und 2.

Einbaurichtungen der Achsen, Anziehdrehmomente

Vorderrad

Bei R 65 GS, R 80 G/S, R 80 G/S Paris-Dakar:

- Achse ist von links eingebaut
- Rechts Mutter mit Scheibe auf Achse .... 44 bis 47 Nm

Bei R 80 ST:

- Achse ist von rechts eingebaut
- Links Mutter mit Scheibe auf Achse .... 44 bis 47 Nm

Bei R 65, R 65 RT, R 80, R 80 RT, R 80 GS, R 80 GS P-D, R 100 RS, R 100 RT, R 100 GS, R 100 GS Paris-Dakar, R 100 GS P-D:

- Achse ist von links eingebaut
- Rechts Schraube mit Scheibe .... 33 Nm

Bei R 80 R, R 80 R Mystic, R 100 R, R 100 R Mystic:

- Achse ist von rechts eingebaut
- Links Schraube mit Scheibe .... 33 Nm

Bei allen Modellen:

- Achsklemmschrauben unten in den Achsfäusten der Gabeltauchrohre....... 14 bis 16 Nm

Hinterrad

Bei R 65 GS, R 80 G/S, R 80 ST, R 80 G/S Paris-Dakar:

- Drei Radmuttern auf Stehbolzen............ 85 Nm

Bei R 65, R 65 RT, R 80, R 80 RT, R 100 RS, R 100 RT:

- Vier Radschrauben .... 98 bis 112 Nm

Bei allen Paralever-Modellen:

- Vier Radschrauben.............................. 105 Nm

Länge der Radschrauben (»Längenkennzahl«):

- Beim Speichenrad .... 60 mm
- Beim Gußrad .... 50 mm

Vorderrad aus- und einbauen

Vorderrad ausbauen (am Beispiel R 100 GS)

1. Bild 1: Motorrad auf Mittelständer aufbocken. Motor vorne unter der Ölwanne mit einem Wagenheber unterbauen, damit das Vorderrad vom Boden frei kommt.

2. Bremsen: Bei den Einzelscheiben kann der Bremssattel montiert bleiben, bei den Doppelscheiben sollten beide Bremssättel abgeschraubt werden.

2.1. Bremssattel von der Bremsscheibe abziehen und mit Gepäckgummis außerhalb des Rades weghängen. Bremsschläuche dabei nur so wenig wie möglich verdrehen und nicht knicken!

- Bild 7: Beim Doppelscheibenrad mit einem Filzstift einen Laufrichtungspfeil auf einer der Bremsscheiben aufzeichnen.

Tipp: Wenn man es nicht sehr eilig hat, sollte man auch bei der Einzelscheibe den Bremssattel abschrauben, man kann ihn abgebaut besser durchputzen. Weiterhin ist dann keine Gefahr, dass man bei der Radmontage mit dem Rad am Bremssattel hängen bleibt und Farbe abplatzt.

Bilder 3a und 3b: Eine Vorderachse mit Achsschraube, die andere mit Achsmutter. Im Lauftext sind die zu den Bildern gehörenden Arbeitsschritte nummeriert beschrieben.

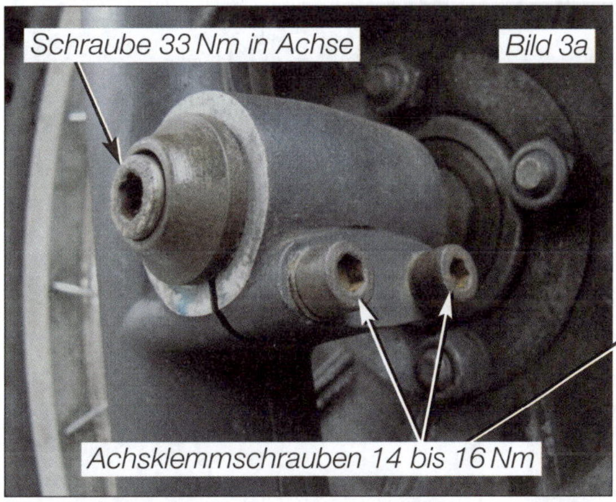

Sicherheitshinweise Achtung und Tipps für dieses Kapitel

Handbremshebel nicht betätigen, wenn die Bremssättel abgebaut sind! Sonst rutschen die Bremsklötze weit in den Sattel und man kann ihn nicht mehr montieren.

Lappen so dick um den Gasgriff wickeln, dass er den Handbremshebel blockiert.

Wenn die Vorderradachse wegen Korrosion festsitzen sollte, NICHT mit einem Eisenhammer oder einem Rohrstück auf das Ende der Achse bzw. auf deren Gewinde klopfen, um die Achse auszutreiben! Falls die Achse festsitzen sollte, was bei einem älteren Motorrad schon mal vorkommen kann, Kriechöl (»Rostlöser«) satt auf die Stellen sprühen, wo die Achse durch die Aufnahmen der Gabel (Achsfäuste), Distanzbuchsen und Radlager führt. Einige Minuten einwirken lassen und erneut versuchen. Gummi- oder Kunststoffhammer zu Hilfe nehmen.

Nach jeder Radmontage alle Schrauben und Muttern nochmals auf Festsitz kontrollieren! Ganz penible Menschen machen sich Farbmarkierungen an die Schraubenköpfe und Muttern (Bild 4), die mit dem richtigen Drehmomentwert angezogen sind.

Beim Zusammenbau nur originale Schrauben und Muttern verwenden – nie Schrauben/Muttern undefinierbarer Herkunft aus einer typischen Schraubenkiste benutzen!

Niemals versuchen, krumme Räder oder krumme Achsen geradezurichten, sondern Neuteile verwenden.

Nach der Radmontage alles überschüssige Fett von den Radlager-Simmerringen sauber abwischen, damit es nicht auf die Bremsscheiben gelangt!

Vor der ersten Fahrt die Bremsklötze durch Pumpen am Bremshebel in Position bringen.

Bilder 5a und 5b zeigen lange und kurze Buchse am Vorderrad der R100 GS. Für die anderen Modelle verweisen wir auf die Bilder 29, 30 und 33.

3. Bild 3a: Die in die Achse eingeschraubte Schraube lösen, ausdrehen und mit Scheibe abnehmen.
3.1. Bild 3b: Wenn auf die Achse eine Mutter aufgeschraubt ist: Diese lösen, abschrauben und mit Scheibe abnehmen.
4. Bild 3a: Achsklemmschrauben in beiden Gabelfäusten lösen und mindestens drei Umdrehungen aufdrehen.
5. Einen langen Schraubenzieher in die Querbohrung am Achskopf einstecken und die Achse unter gleichzeitigem Drehen ausziehen.
■ Rad dabei mit einer Hand hochhalten und gleichzeitig leicht daran wackeln.
5.1. Rad ablassen, nach vorne rollen.
5.2. Bilder 5a und 5b: Distanzbuchsen rechts und links herausnehmen.
6. Rad nach vorne herausnehmen.

Bilder 5a bis 9b: Vorderrad aus- und einbauen. Im Lauftext sind die zu den Bildern gehörenden Arbeitsschritte nummeriert beschrieben.

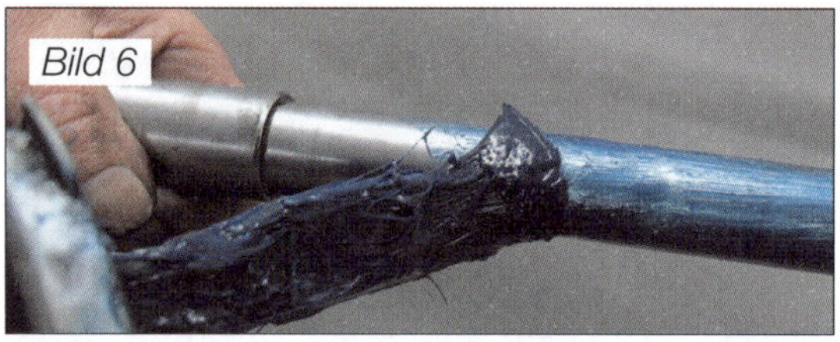

Bauteile reinigen, prüfen

1. Mit Ölspray und Lappen reinigen: Achse, Scheibe, Achsmutter, Achsschraube, Buchsen, Radlager-Simmerringe, Achsbohrungen in den Gabelfäusten, Befestigungsstellen der Bremssättel.
1.1. Bremssattel mit Bremsenreiniger außen und innen reinigen, mit Lappen trocken putzen.
Dicke der Bremsbeläge kontrollieren (siehe dazu auch Kapitel 9 »Scheibenbremsen«).
2. Befestigungsschrauben der Bremssättel mit Messingbürste reinigen. Kontrollieren Sie jetzt bitte noch einmal die Gewinde der Schrauben und die zugehörigen Innengewinde im Bremssattel, sie müssen technisch in Ordnung sein.
■ Auch für die Schraubenköpfe gibt es keine Kompromisse: Wenn defekt, Neuteile einbauen!
3. Radlager prüfen: Zeigefinger in den Innenring des Lagers stecken und drehen. Man spürt mit dieser »Fingerprobe« wie das Lager läuft.
■ Wenn die Lager spielfrei sind, ohne Knacken und Rubbeln laufen, sind sie in Ordnung.
■ Wenn die Lager beschädigt sind, also Luft haben oder laut, knackend oder schwer laufen, müssen sie ersetzt werden. Wie das geht, steht weiter hinten in diesem Kapitel.
4. Bild 6: Achse und Distanzbuchsen dünn mit Fett einschmieren. Etwas Fett auch in die Simmerringe schmieren.

Vorderrad einbauen

1. Bild 2: Rad von vorne in die Gabel einführen.
■ Bild 7: Beim Doppelscheibenrad die Drehrichtung des Rads beachten, der auf der Bremsscheibe vorhin aufgemalte Pfeil (und auch der Drehrichtungspfeil auf dem Reifen!) muss in Drehrichtung zeigen.
2. Bilder 5a und 5b: Distanzbuchsen rechts und links einsetzen: Kurze Distanzhülse links, lange Distanzhülse rechts mit Fett »einkleben«.
3. Rad anheben. Wenn der Bremssattel nicht abgebaut war, Bremsscheibe zwischen die Bremsbeläge einführen. Distanzbuchsen, Radlager-Innenringe und Bohrungen in den Gabelfäusten in Flucht zueinander bringen.
3.1. Bild 8: Achse einführen und ganz durchschieben.

■ Einbaurichtung der Achse modellbezogen siehe Anfang des Kapitels.
4. Achsschraube mit Scheibe einbauen.
4.1. Oder Scheibe auf Achsgewinde aufsetzen, Achsmutter aufdrehen.
5. Festziehen:
5.1. Bild 9a: Entweder Achsschraube mit 33 Nm.
5.2. Bild 3b: Oder Achsmutter mit 46 Nm.
■ Wenn sich die Achse mitdreht, mit einem Schraubenzieher in der Bohrung am Achskopf gegenhalten.
6. Wenn der Bremssattel abgebaut war, ihn auf die Bremsscheibe schieben.
6.1. Bremssattelschrauben leicht einölen, eindrehen und mit 30 bis 34 Nm festziehen.
7. Motorrad abbocken, senkrecht auf die Räder stellen und mit nicht betätigter Vorderradbremse einige Male ein- und ausfedern.
■ Dadurch »setzt« sich die Achse in den Bohrungen der Gabelfäuste, eventuelle Verspannungen werden ausgeglichen.
7.1. Motorrad wieder »normal« auf den Mittelständer aufbocken.
8. Bild 9b: Achsklemmschrauben festziehen mit 15 Nm.
9. Bremsscheibe mit Bremsenreiniger und Lappen sorgfältig putzen.
9.1. Bremse einige Male betätigen, ganz lösen, Rad durchdrehen und prüfen, ob es leicht und frei läuft.

Wichtig: Überschüssiges Fett von Simmerringen, Achse und den anderen Schraubstellen gut abwischen.

Hinterrad aus- und einbauen

Achtung: Zum Lösen und Festziehen der Hinterradmuttern oder Hinterradschrauben wird eine Sechskantnuss SW17 benötigt!

Hinterrad ausbauen

1. Bild 10a: Einstellmutter auf dem Bremsgestänge bzw. dem Bremszug einige Umdrehungen lösen, dabei den Bremshebel mit der anderen Hand nach vorne drücken, dann lässt sich die Einstellmutter leichter drehen.
2. Bild 10b: Ersten Gang einlegen, Hinterradbremse betätigen, Radmuttern/Radschrauben lösen.
■ Zur Verlängerung des Knebels ein Rohrstück wie in Bild 10b gezeigt verwenden.
3. Radmuttern ganz abschrauben, Radschrauben ganz ausschrauben und mit Konusringen abnehmen.
4. Bild 11: Rad etwas nach links ziehen und abnehmen.

Bauteile reinigen und prüfen

1. Bild 12: Anlageflächen am Hinterachsantrieb und innen in der Radnabe säubern, sie müssen vollkommen frei sein von Schmutz und Fett.
2. Bild 13: Gewinde auf den Stehbolzen bzw. Radschrauben und auch die Konusringe mit einer Messingbürste säubern – KEINE Stahlbürste verwenden!
3. Bild 12: Den Bremsenstaub mit einem weichen Pinsel abpinseln; man kann etwas Bremsenreiniger dazu verwenden, aber nicht zu viel, sonst bildet sich eine fette Pampe.

Achtung: Alte Bremsbeläge enthalten oft Asbest, deswegen den Bremsenstaub NICHT mit Druckluft abblasen. Auch beim Abpinseln des alten Bremsenstaubs sollte man eine Atemmaske tragen!

4. Dicke der Bremsbeläge auf den Bremsbacken kontrollieren, siehe dazu auch Kapitel 10 »Trommelbremse«.

Bilder 10a bis 13: Hinterrad aus- und einbauen. Im Lauftext sind die zu den Bildern gehörenden Arbeitsschritte nummeriert beschrieben.

Bild 10a

Bild 10b

Bild 11

Bild 12

Bild 13

Sichtprüfung Messen

Bild 14: Intensive Felgenreinigung mit feiner Stahlwolle und Spezialreiniger.

Bilder 15a und 15b: Durch den Gebrauch von Montierhebeln entstandene Dellen und Grate im Felgenhorn kann man vorsichtig abfeilen.

Bild 16: Speiche abklingeln.

Bilder 17 und 18: Nippelschlüssel. Den Speichennippel vorsichtig nachziehen.

Hinterrad einbauen

1. Rad von schräg hinten-unten einfädeln und in ungefähre Einbauposition bringen, halten.
2. Entweder: Rad auf Stehbolzen und den Bund des Radträgers aufsetzen. Konusringe auf Stehbolzen schieben, Radmuttern von Hand aufschrauben.
2.1. Oder: Rad auf den Bund des Radträgers aufsetzen, Bohrungen in der Radnabe zu den Gewindelöchern im Radträger zur Deckung bringen, Konusringe auf Radschrauben schieben und Radschrauben von Hand einschrauben.
3. Zum Festziehen der Radmuttern oder Radschrauben den 1. Gang einlegen und die Bremse betätigen:

- Radmuttern über Kreuz bis auf 85 Nm festziehen.
- Radschrauben über Kreuz mit 105 Nm festziehen.

4. Bild 10a: Bremse einstellen.

Bild 14

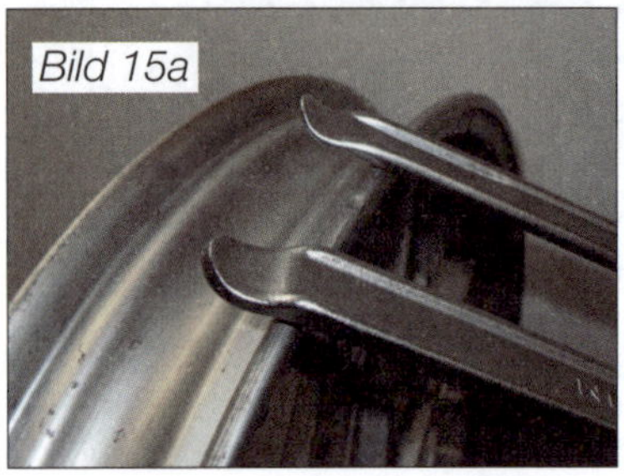
Bild 15a

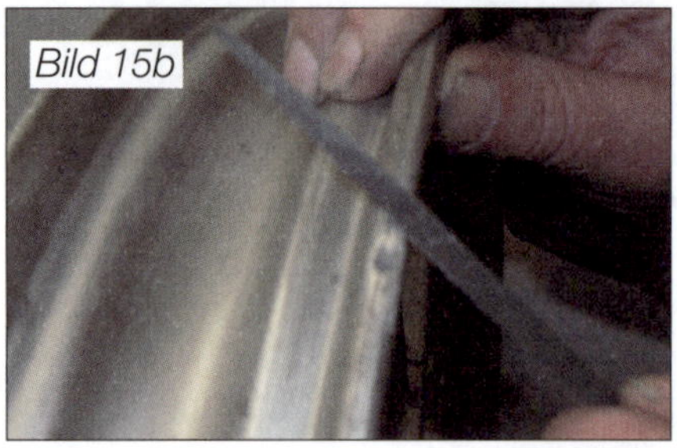
Bild 15b

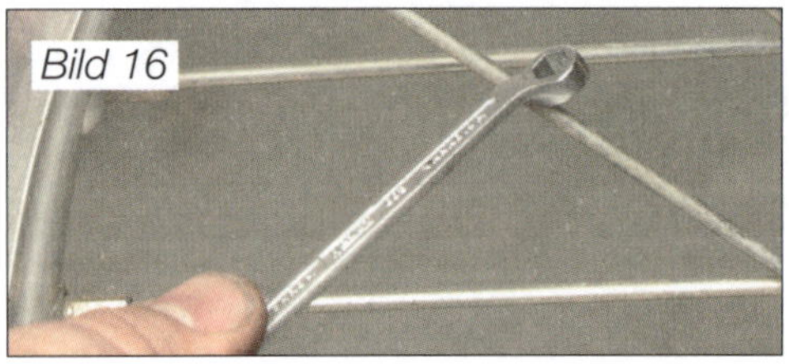
Bild 16

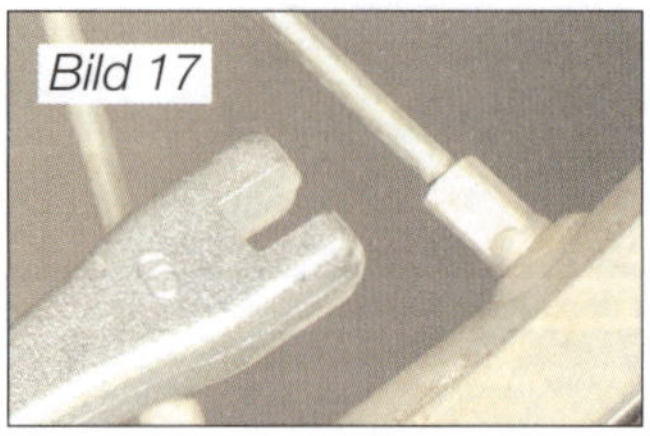
Bild 17

Felgen reinigen

Wenn die Räder zum Reifenwechsel ausgebaut sind, kann man sie intensiv reinigen (Bild 14). Dazu sollten die Reifen abmontiert sein, weil man dann auch das Felgenbett und die Felgenhörner reinigen kann (Bilder 15a und 15b). Das ist besonders wichtig bei einem Motorrad, das lange gestanden hat.

Dreck in einem Felgenbett sitzt immer sehr fest, er besteht aus Gummiabrieb vom Reifen und Schlauch. Hinzu kommt Straßenschmutz, der im Laufe der Zeit zwischen Reifenwulst und Felgenhorn nach innen gekrochen ist. Deswegen muss vor dem Aufziehen eines neuen Reifens, ob mit oder ohne Schlauch, der alte Dreck komplett abgewaschen und abgerubbelt werden. Nehmen Sie dazu feine Stahlwolle und einen guten Reiniger (Bild 14).

Die Felgenhörner sind bei älteren Motorrädern generell »vermackt«, weil bei der Reifenmontage die Reifenmontiereisen tiefe Spuren hinterlassen haben (Bild 15a). Zum Abfeilen der Kanten und Glätten der Oberflächen Schlichtfeile (Bild 15b) und Polierleinen nehmen.

Speichen prüfen, spannen

Speichen »abklingeln«

Durch Anschlagen der Speiche kann man hören, ob diese richtig gespannt oder zu lose ist: Dazu die Speiche ungefähr in der Mitte mit einem Schlüssel leicht anschlagen (Bild 16).

- Eine richtig gespannte Speiche klingt hell.
- Eine zu lasch gespannte, »lose« Speiche klingt dumpf, matt und träge.
- Zu lose gespannte Speichen müssen nachgespannt werden.

Sehr wichtig: Zum Speichenspannen wird ein spezieller Nippelschlüssel (Bild 17) benötigt: das ist quasi ein extrabreiter Gabelschlüssel (kann man beim BMW-Motorradhändler kaufen).

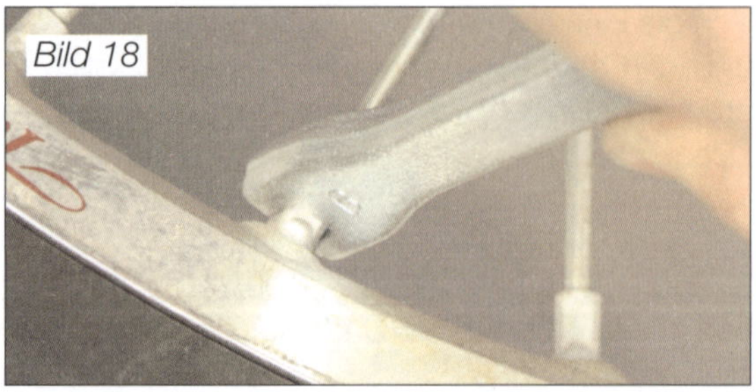
Bild 18

Speichen nachspannen

1. Obwohl man noch nicht weiß, welche Speichen gespannt werden müssen, in alle Speichennippel einen Tropfen Öl geben (Bild 20) und ein paar Minuten lang einwirken lassen.

2. Dann den Speichennippel vorsichtig nachziehen (Bild 18): Meist genügt eine halbe bis eine Umdrehung, um die Speiche straff zu spannen.

Wichtig: Nach jedem Spann-Arbeitsgang den Rundlauf des Rads sorgfältig prüfen!

Rad auf Rundlauf prüfen

Zur Aufnahme des Hinterrads auf einem Wuchtbock oder Zentrierständer werden Aufnahmeadapter benötigt; siehe Bild 21. Diese kann man beim BMW-Händler kaufen oder im guten Zubehörhandel.

1. Das ausgebaute Rad in einen Zentrierständer einhängen.

2. Wenn keiner zur Verfügung steht:

■ Radachse in einen Schraubstock spannen und Messuhrhalter auf der Werkbank befestigen.

■ Oder eingebaut prüfen, indem die Messuhr an einem der Gabelholme (Vorderrad) oder der Hinterradschwinge befestigt wird.

3. Felgenrand putzen, mit Allzweckspray einsprühen, Messspitze der Messuhr anführen:

■ Zum Messen des Höhenschlags innen am Felgenhorn auf der bearbeiteten Fläche (Bild 22).

■ Zum Messen des Seitenschlags außen am Felgenhorn (muss unbeschädigt sein, Bild 22).

4. Verschleißgrenzen: Axialschlag 0,5 mm, Radialschlag 1,0 mm.

Anmerkung: Die von BMW vorgeschriebenen Grenzwerte für Axial- und Radialschlag sind kaum einzuhalten. Praxiswerte von 1,5 bis 2,0 mm für Axial- und Radialschlag bewegen sich in einem größeren Meßbereich.

Speichenrad zentrieren

Bilder 19 und 27: Mit »Speichenrad« meinen wir die Räder mit Speichen, die von der Nabe aus zur Felgenmitte führen und deren Nippel im Tiefbett der Felge sitzen. Wenn ein solches Speichenrad nicht mehr exakt rund läuft und einen »Schlag« hat, kann man es zentrieren. Der Reifen sollte dazu abgezogen sein, damit die Felge und die Köpfe der Speichennippel

Adressen Kreuzspeichenräder zentrieren

Radspannerei Köhler
Insel Oberau
D-56133 Fachbach/Lahn
www.kreuzspeichenrad.de

Himmelheber & Fuhrner
Mühlstraße 4
D-64823 Groß-Umstadt
www.himmelheber-fuhrner.de

Friedrich Menze Fahrzeugteile
Konrad-Adenauer-Ring 38
D-58135 Hagen
www.menze-fahrzeugteile.de

Kempmann Krafträder
Hindenburgdamm 114
D-12203 Berlin-Steglitz
www.kempmann.com

Bild 19: Wenn ein Speichenrad einen Höhen- oder Seitenschlag hat, kann man es zentrieren.

Bild 20: Bevor man den Nippelschlüssel ansetzt, um Speichen zu spannen oder zu entspannen, einen Tropfen Öl in die Nippel geben und einziehen lassen.

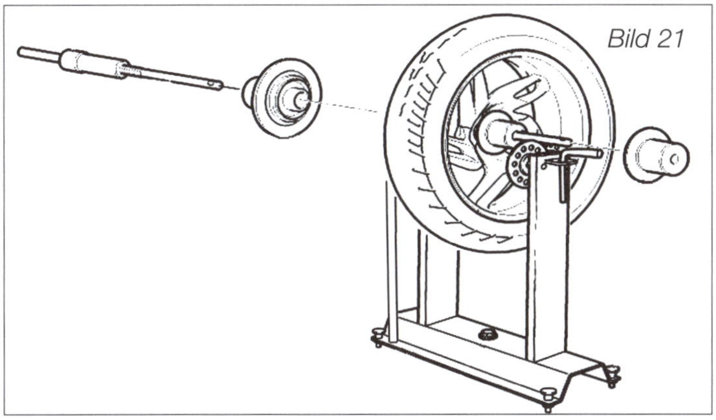

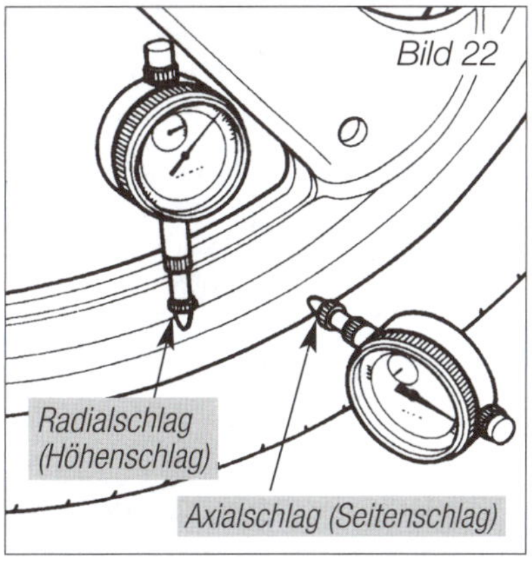

Bild 21: Zur Prüfung des Hinterrads werden Zentrierbock und spezielle Aufnahmen benötigt.

Bild 22: Vermessen des Rads auf Seiten- und Höhenschlag.

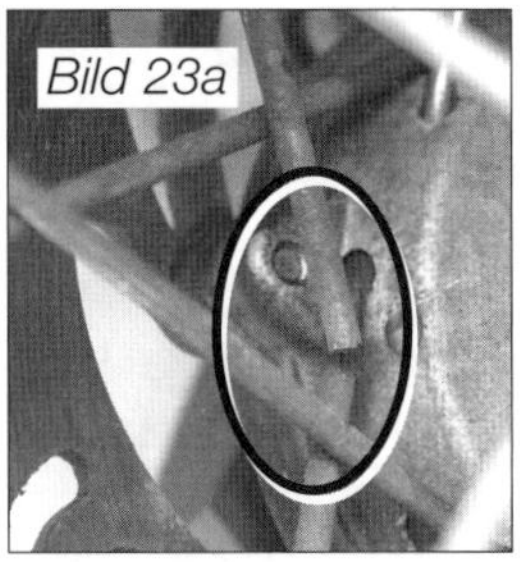

Bild 23a

Bild 23b

entlastet sind. Zur Not kann man auch nur die Luft aus dem Schlauch ablassen und den Reifen ins Felgentiefbett drücken.

1. Alle Speichennippel putzen. Bilder 20 und 24: Einen Tropfen Öl in die Gewinde und die Sitze der Nippel in der Felge geben. Einige Minuten warten, bis das Öl eingezogen ist.

2. Bild 21: Rad langsam drehen und Seiten- und Höhenschlag feststellen.

2.1. Ausschlagstelle(n) mit Buntkreide markieren.

3. Bild 25: Seitenschlag zentrieren:

3.1. Auf der Seite des Seitenausschlags zwei bis drei Speichennippel etwas lösen.

3.2. Auf der Seite gegenüber zwei bis drei Speichennippel um den Lösebetrag fester ziehen.

4. Bild 26: Höhenschlag zentrieren:

4.1. Drei bis vier Speichen im Bereich des Höhenschlags etwas fester ziehen.

■ Eventuell Speichen auf der gegenüberliegenden Radseite lösen.

5. Nach jeder bearbeiteten Seite den Rundlauf und Felgenschlag erneut messen.

Kreuzspeichenrad (Bild 28): Kreuzspeichenräder, wie sie vorne und hinten in alle Maschinen mit Doppelgelenkschwinge eingebaut sind, können nicht so einfach zentriert werden. Und wenn dazu die Felge noch krumm ist (»einen Schlag hat«), geht eigentlich gar nichts mehr. Wenden Sie sich in einem solchen Fall an einen Spezialisten (siehe grauer Kasten auf Seite 73) oder an eine BMW-Motorradwerkstatt.

Speiche gerissen?

Achtung: Wenn eine Speiche abreißt (Bild 23a), muss sie umgehend erneuert werden, sonst reißen weitere Speichen, das Rad wird mit der Zeit weich und bricht zusammen. Dies gilt ganz besonders für ein Kreuzspeichenrad, denn

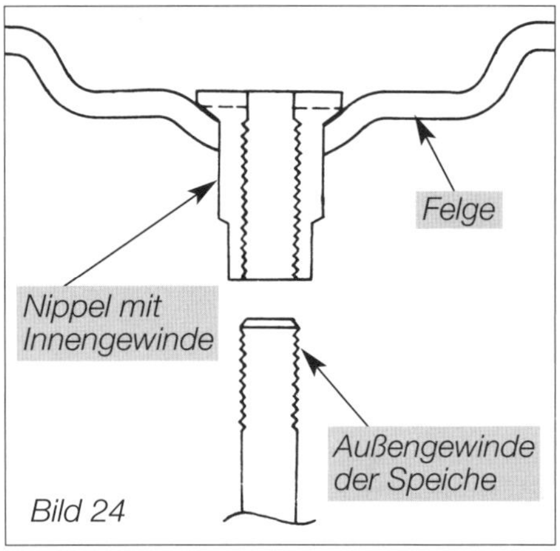

Bild 24

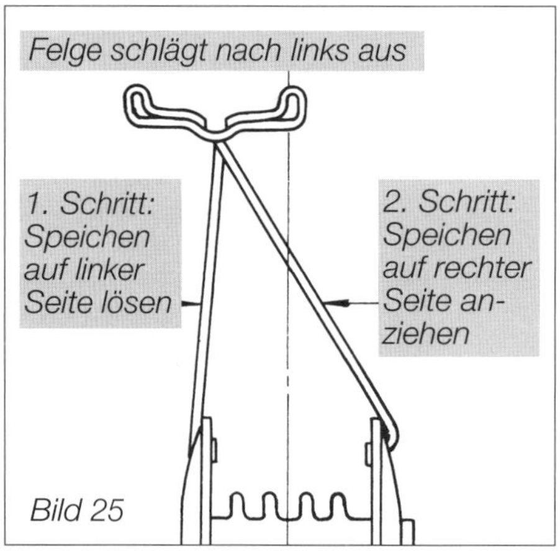

Bild 25

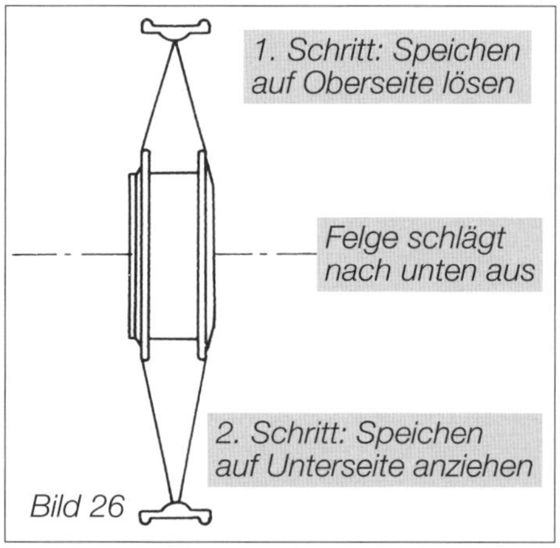

Bild 26

Bauteile

1. *Felge vorne 1,85 x 21 bei R 65 GS, R 80 G/S, R 80 G/S Paris-Dakar oder 1,85 x 19 bei R 80 ST. Felge hinten 2,15 x 18 bei R 80 G/S bis Mj. 1981 oder 2,5 x 18 bei R 65 GS, R 80 G/S ab Mj. 1982, R 80 G/S Paris-Dakar, R 80 ST*
2. *Felgenband bis 12/1992, ab 01/1993 Gewebeband Länge 50 m, Breite 30 mm*
3. *Speiche für 18"-Rad mit Länge 140 mm; für 19"-Rad mit Länge 176 mm; für 21"-Rad mit Länge 200 mm*
4. *Auswuchtgewicht*
5. *Nippel M4*

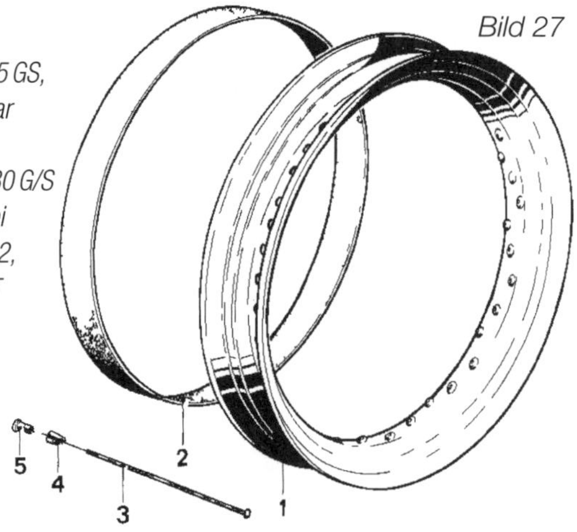

Bild 27

Speichenrad-Felge R 65 GS, R 80 G/S, R 80 ST, R 80 G/S Paris-Dakar

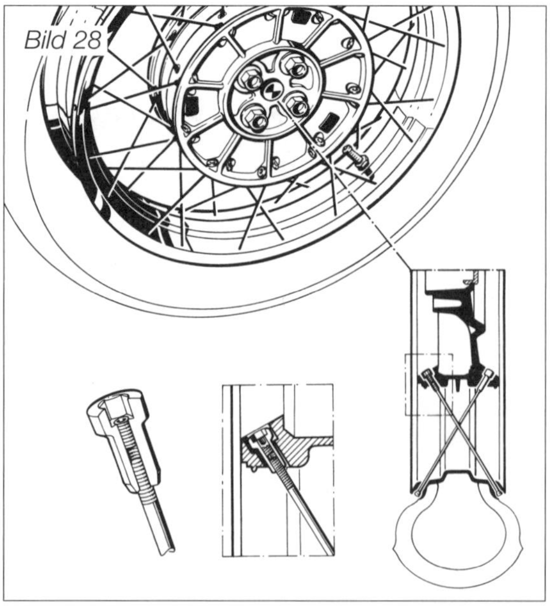

Bild 28

wenn darin eine Speiche abreißt, folgt umgehend die nächste. In Bild 23b ist ein solches Rad einer R 100 GS zu sehen, der Fahrer traf in Afrika ein irre großes Schlagloch. Weil er keine Speiche dabei hatte, unterfütterte er mit Scheiben die daneben angeordneten Nippel – ein echtes Provisorium, er kam damit sogar nach Hause.

Einstellung Kegelrollen-Radlager

Bild 29: Die Einstellung der Kegelrollen-Radlager geschieht durch die formschlüssige Zusammensetzung der Bauteile Distanzbuchse (2), Kegelrollenlager (3), Druckring (4), Distanzscheiben (10). Diese Distanzscheiben gibt es von 6,30 bis 7,70 mm Dicke in Abständen zu je 0,05 mm (5/100) mm. Zur Laufspiel-Kontrolle wird das Rad eingebaut und die Achsmutter mit 44 bis 47 Nm festgezogen.

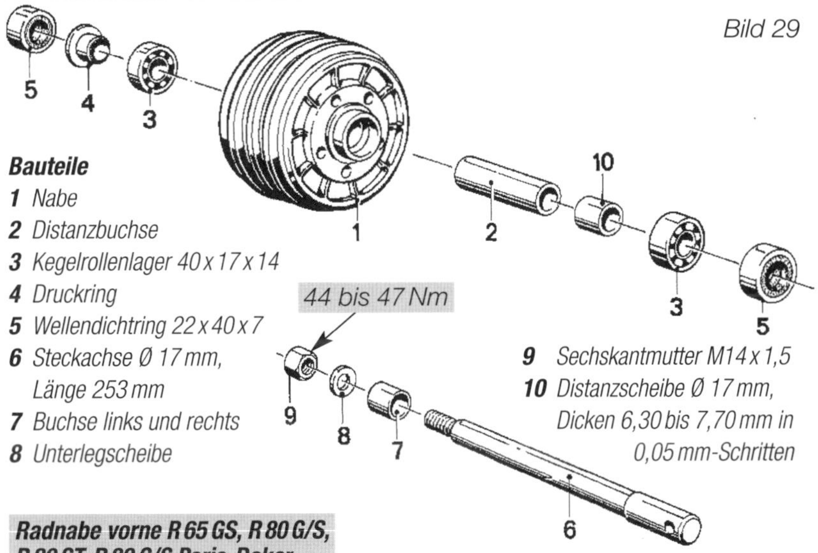

Bild 29

Bauteile
1 Nabe
2 Distanzbuchse
3 Kegelrollenlager 40 x 17 x 14
4 Druckring
5 Wellendichtring 22 x 40 x 7
6 Steckachse Ø 17 mm, Länge 253 mm
7 Buchse links und rechts
8 Unterlegscheibe
9 Sechskantmutter M14 x 1,5
10 Distanzscheibe Ø 17 mm, Dicken 6,30 bis 7,70 mm in 0,05 mm-Schritten

Radnabe vorne R 65 GS, R 80 G/S, R 80 ST, R 80 G/S Paris-Dakar

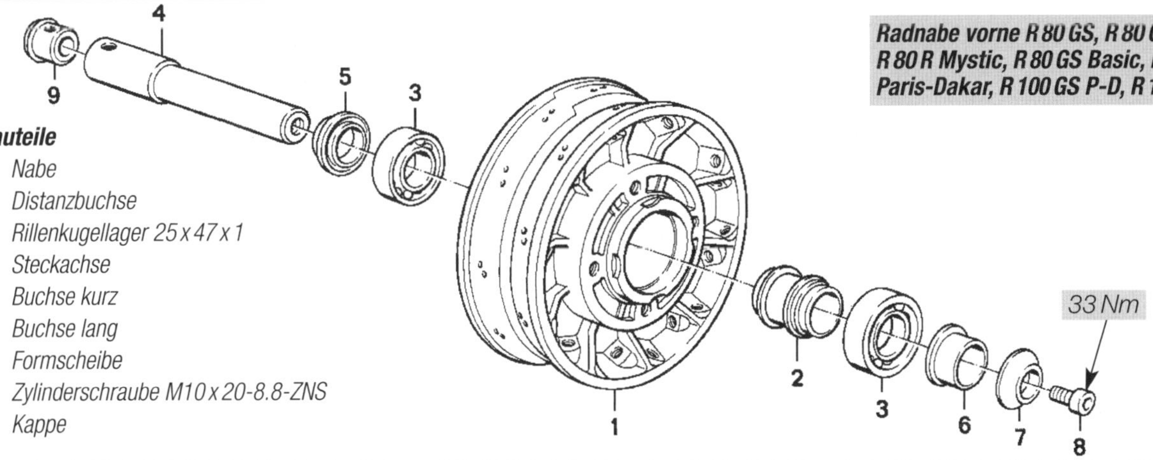

Radnabe vorne R 80 GS, R 80 GS P-D, R 80 R, R 80 R Mystic, R 80 GS Basic, R 100 GS, R 100 GS Paris-Dakar, R 100 GS P-D, R 100 R, R 100 R Mystic

Bauteile
1 Nabe
2 Distanzbuchse
3 Rillenkugellager 25 x 47 x 1
4 Steckachse
5 Buchse kurz
6 Buchse lang
7 Formscheibe
8 Zylinderschraube M10 x 20-8.8-ZNS
9 Kappe

Bild 30

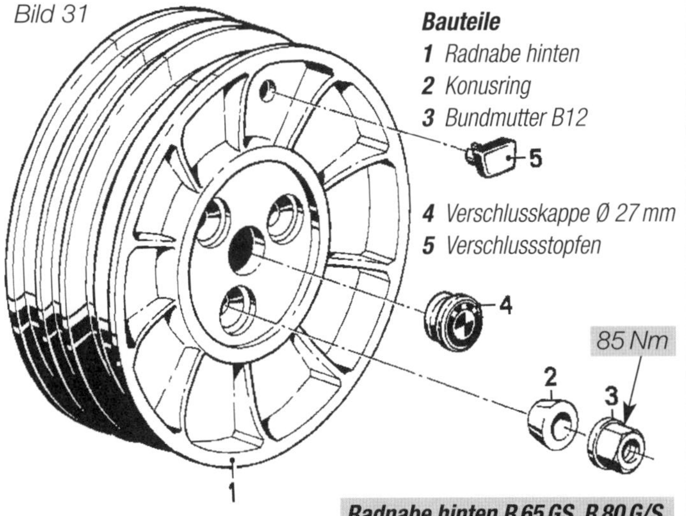

Bild 31

Bauteile
1 Radnabe hinten
2 Konusring
3 Bundmutter B12
4 Verschlusskappe Ø 27 mm
5 Verschlussstopfen

Radnabe hinten R 65 GS, R 80 G/S, R 80 ST, R 80 G/S Paris-Dakar

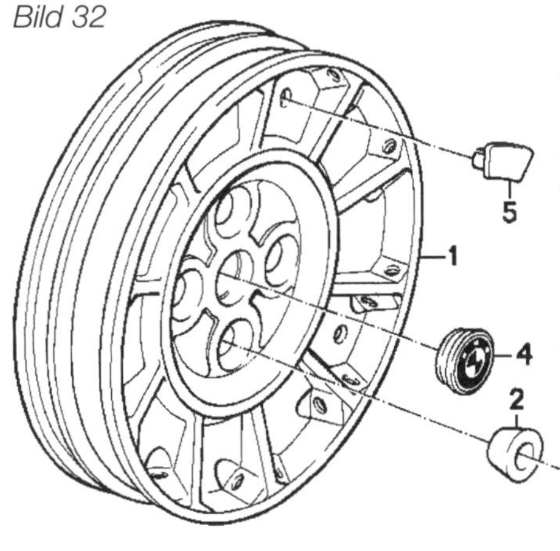

Bild 32

Bauteile
1 Radnabe hinten
2 Konusring
3 Radschraube M12 x 1,5 x 60
4 Verschlusskappe Ø 27 mm
5 Verschlussstopfen

Radnabe hinten R 80 GS, R 80 GS P-D, R 80 R, R 80 R Mystic, R 80 GS Basic, R 100 GS, R 100 GS Paris-Dakar, R 100 GS P-D, R 100 R, R 100 R Mystic

Sichtprüfung Messen

Bilder 33 und 34: Explosionszeichnungen Gussräder vorne und hinten.

Dann das Rad oben und unten mit den Händen anpacken und daran wackeln: Entsprechend der spürbaren »Luft« wird eine kürzere Hülse eingesetzt, bis das Lager keine Luft mehr hat, aber trotzdem leicht läuft. Wenn das Rad spürbar zu schwer läuft, muss eine längere Distanzscheibe eingesetzt werden.

Vorderradlager prüfen

Zur Prüfung der Lager den Zeigefinger in den Innenring des Lagers stecken und den Innenring drehen. Man spürt im Finger, wie das Lager läuft. »Fingerprobe« nennt man dies. Wenn die Lager spielfrei sind und ohne fühlbares Knacken und Rubbeln laufen, sind sie in Ordnung. Wenn die Lager beschädigt sind, also Luft haben oder deutlich knackend laufen, müssen sie ausgebaut und durch Neuteile ersetzt werden.

Hinweise zu neuen Radlagern
Verwenden Sie am besten originale BMW-Radlager, diese haben Abdeckscheiben auf beiden Seiten. Sie werden mit der Bezeichnung nach außen eingebaut.

Falls andere Lager eingebaut werden, achten Sie beim Kauf darauf, dass diese beidseitig abgedeckt sind. KEINE beidseitig offenen Lager verwenden!

Im Notfall kann man auch einseitig abgedeckte Lager verwenden; die offene Lagerseite gut mit speziellem Radlagerfett füllen. Einseitig abgedeckte Lager mit der Abdeckscheibe nach außen einbauen.

Radlager erneuern

Wir beschreiben nachstehend einen Wechsel der Rillenkugellager-Radlager nach der üblichen Handwerkermethode mit Heizgerät, Dorn, Hammer und Kühlschrank. Besser ist es natürlich allemal,

Gussrad vorne R 65, R 65 RT, R 80, R 80 RT, R 100 RS, R 100 RT

Bild 33

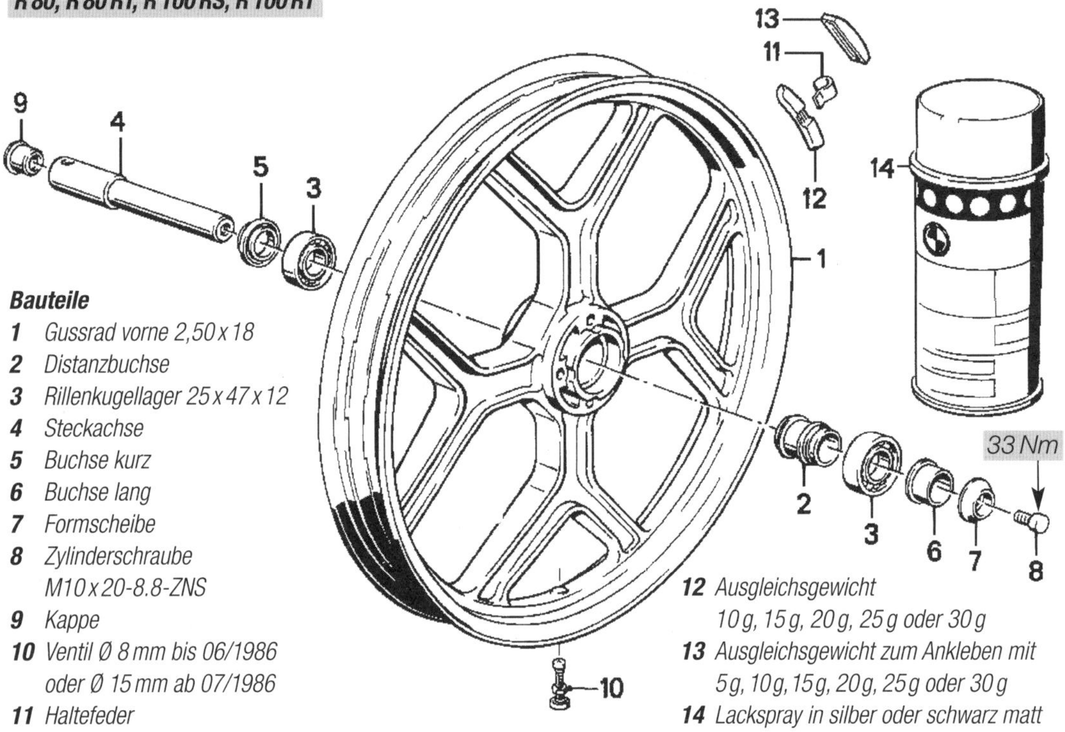

Bauteile
- ***1*** *Gussrad vorne 2,50 x 18*
- ***2*** *Distanzbuchse*
- ***3*** *Rillenkugellager 25 x 47 x 12*
- ***4*** *Steckachse*
- ***5*** *Buchse kurz*
- ***6*** *Buchse lang*
- ***7*** *Formscheibe*
- ***8*** *Zylinderschraube M10 x 20-8.8-ZNS*
- ***9*** *Kappe*
- ***10*** *Ventil Ø 8 mm bis 06/1986 oder Ø 15 mm ab 07/1986*
- ***11*** *Haltefeder*
- ***12*** *Ausgleichsgewicht 10 g, 15 g, 20 g, 25 g oder 30 g*
- ***13*** *Ausgleichsgewicht zum Ankleben mit 5 g, 10 g, 15 g, 20 g, 25 g oder 30 g*
- ***14*** *Lackspray in silber oder schwarz matt*

Gussrad hinten R 65, R 65 RT, R 80, R 80 RT, R 100 RS, R 100 RT

Bild 34

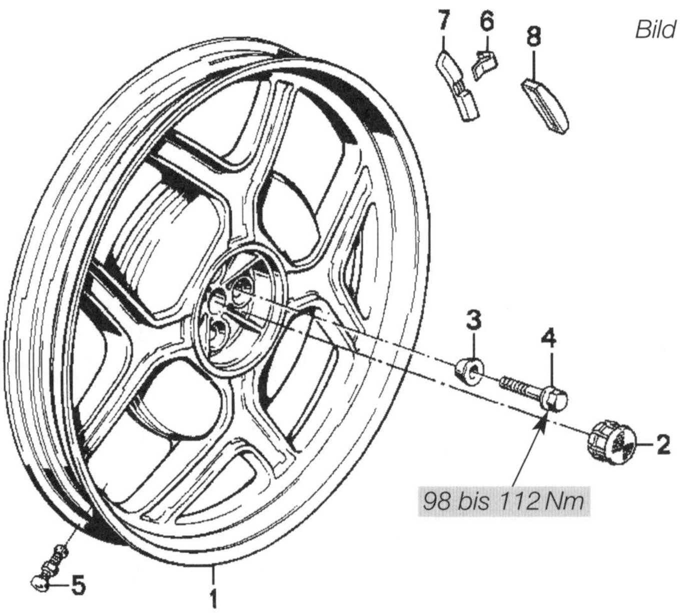

Bauteile
- ***1*** *Gussrad hinten 2,50 x 18*
- ***2*** *Verschlusskappe Ø 27 mm*
- ***3*** *Konusring*
- ***4*** *Radschraube M12 x 1,5*
- ***5*** *Ventil Ø 8 mm bis 06/1986 oder Ø 15 mm ab 07/1986*
- ***6*** *Haltefeder*
- ***7*** *Ausgleichsgewicht 10 g, 15 g, 20 g, 25 g oder 30 g*
- ***8*** *Ausgleichsgewicht zum Ankleben mit 5 g, 10 g, 15 g, 20 g, 25 g oder 30 g*

die Radlager mit BMW-Spezialwerkzeugen aus- und einzubauen, was bei den Kegelrollenlager zu empfehlen ist bei den Modellen R 65 GS, R 80 G/S, R 80 ST, R 80 G/S Paris-Dakar; siehe Bild 29.

Sehr wichtig ist, dass die Bremsscheiben abgebaut sind und das Rad auf Hartholzunterlagen so abgelegt wird, dass Radnabe und Felge nicht beschädigt werden können.

Im späteren Textabschnitt »Radlager einbauen« empfehlen wir, neue Lager vor dem Einbau einige Zeit in einen Kühlschrank zu legen, weil sie sich durch die Kälte zusammenziehen und deswegen leichter eingebaut werden können.

Wem die zwei Stunden Kühlschrankzeit zu lang dauern, der kann auch das von BMW angebotene Kältespray nehmen: Damit werden Lageraußenringe kurz eingesprüht (zwei bis drei Sekunden), sie ziehen sich durch den Kälteschock zusammen. Das eingesprühte kalte Lager darf nicht gedreht werden!

Radlager ausbauen

1. Bremsscheiben abschrauben: Exakt passende Inbusschlüssel und Nüsse verwenden!
2. Drehrichtung der Bremsscheiben mit Pfeil (Filzstift) aufzeichnen, dann erst abmontieren.
3. Bild 37: Simmerring mit Schraubenzieher oder Reifenmontiereisen vorsichtig aushebeln.
4. Bilder 35 und 36: Rad zentral mit der Radnabe platt auf eine Heizplatte legen, dann diese von »kalt« bis auf »Stufe II« langsam (!) aufheizen auf maximal 100 °C. Man kann auch die Radnabe im Bereich der Lagersitze mit einem Heißluftföhn erwärmen.
5. Bilder 38 und 39a: Zuerst das eine Radlager mit einem langen Dorn schrittweise über Kreuz austreiben, dann das Rad umdrehen und das andere Lager (Bild 39b) austreiben.
■ Schrittweise deswegen, weil dadurch das Lager immer ein kleines Stück ausgetrieben und ein Aufweiten des Lagersitzes vermieden wird.
6. Distanzbuchse und Lagersitze gut reinigen. Eventuelle Grate in den Lagersitzen, die beim Ausschlagen der alten Lager entstanden sind, punktgenau mit einem kleinen Dreikantschaber und feinem Schmirgel entfernen.

Radlager einbauen

1. Lagersitz des Rades auf der Heizplatte oder mit Werkstattföhn auf maximal 100 °C erwärmen.
2. Lager in seinen Lagersitz einschieben. Wenn

Bild 35

Bilder 35 und 36: Zum warmen Wechsel der Radlager benötigte Werkzeuge und Hilfsmittel. Radnabe auf 80 °C bis 100 °C erwärmen.

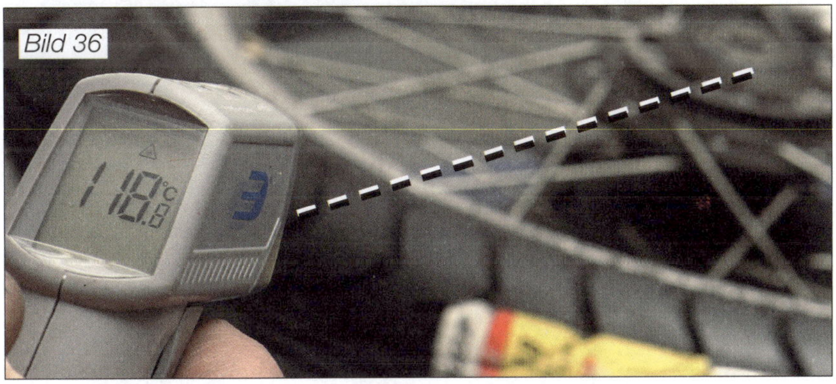
Bild 36

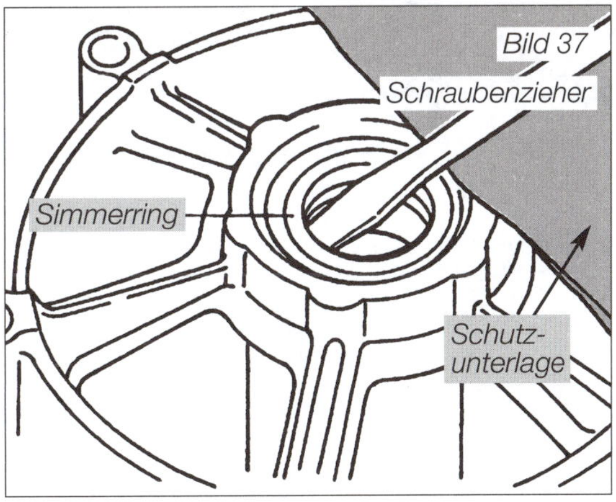

Bild 37

Bild 37: Aushebeln des Simmerrings mit einem breiten Schraubenzieher.

■ Radlager-Simmerringe sind bei den Kegelrollenlagern eingebaut; siehe dazu Bild 29.

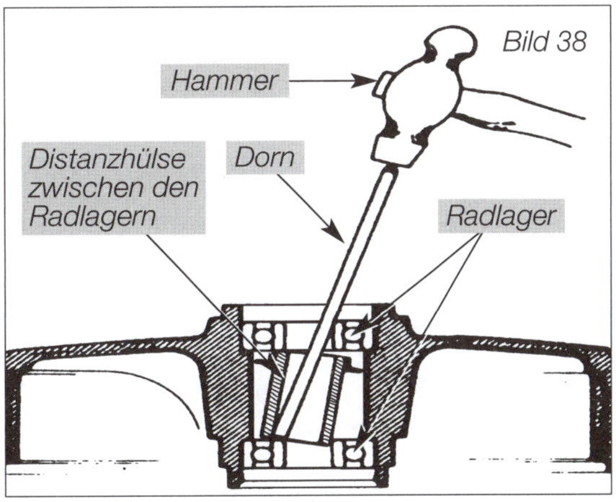

Bild 38

Bild 38: Austreiben der Radlager über Kreuz mit Hammer und langem Dorn.

es nicht von selbst bis nach ganz unten in der Lagersitzbohrung rutscht, mit einer auf den LagerAUSSENring passenden Nuss (Bild 41) und kurzen Hammerschlägen ein wenig nachhelfen.
■ Wenn ein Dorn verwendet wird: Diesen nur

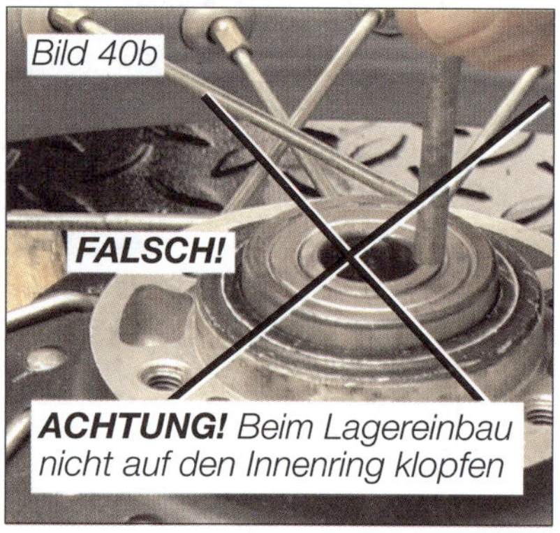

Bilder 39a und 39b: Austreiben der Radlager über Kreuz mit Hammer und einem langen Dorn.

Bilder 40a und 40b: Eintreiben des neuen Lagers mit einem Dorn, der auf dem Lageraußenring angesetzt wird.

Bilder 41 und 42: Eintreiben von Lager und Simmerring mit einer Nuss oder speziellen Hülse.

Bild 43: Kippspiel des Hinterrads prüfen.

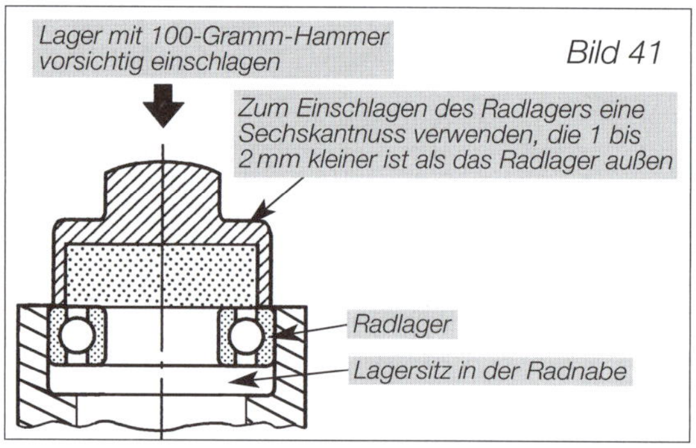

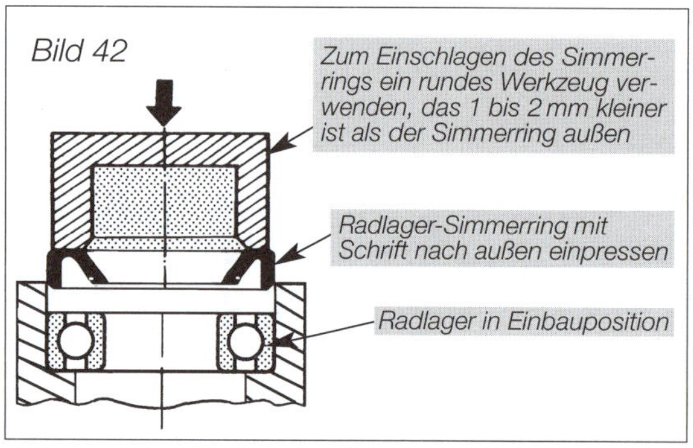

auf den Lageraußenring ansetzen (Bild 40a).
2.1. Einige Minuten warten, bis das erste Lager und der Lagersitz in der Radnabe die gleiche Temperatur haben und das Lager fest sitzt.
3. Rad umdrehen. Distanzhülse einsetzen. Lagersitz der Radnabe etwas erwärmen. Lager in seinen Lagersitz einschieben, nach unten in den Lagersitz drücken bzw. einschlagen.
4. Bild 42: Simmerringe mit passender Nuss eindrücken. Oberfläche muss rundum bündig sein mit der Außenseite des Lagersitzes.
5. Bremsscheiben montieren (Detailinformationen dazu auch in Kapitel 9 »Scheibenbremsen«)
■ Drehrichtung der Bremsscheiben beachten.
■ Befestigungsschrauben reinigen, ihr Gewinde leicht mit Loctite »mittelfest« bestreichen, durch Bremsscheibe und Nabe durchstecken, Muttern aufdrehen, über Kreuz festziehen: Drehmomente in Kapitel 9 »Scheibenbremsen«.
6. Bremsscheiben nach Radeinbau und vor Anbau der Sättel mit Bremsenreiniger reinigen.

Hinterradlager Kippspiel prüfen

Bild 43: Die hinteren Radlager sind Bestandteil der Hinterachse. Zu ihrer Prüfung nennt BMW den Begriff »Kippspiel prüfen«. Dazu das Motorrad auf den Mittelständer aufbocken, neben das Hinterrad knien, eine Hand oben am Reifen und die andere Hand unten, dann über das Zentrum der Nabe am Hinterrad wackeln: Es darf kein Spiel fühlbar sein. Wenn mit einer an der Felge angelegten Messuhr geprüft wird, darf das Spiel maximal 0,5 mm betragen.

Sollte das Spiel mehr als 0,5 mm betragen, muss man einen BMW-Motorradhändler aufsuchen, weil die Lager in der Hinterachse nicht mit normalen Werkzeugen gewechselt werden können.

Scheibenbremsen

In diesem Kapitel: Funktion · Kontrolle · Bremsflüssigkeit · Bremsflüssigkeit wechseln, Bremse entlüften · Bremsklötze wechseln · Bremsscheiben kontrollieren, ab- und anbauen · Bremssattel überholen · Bremspumpe überholen.

Funktion

Funktion der Scheibenbremse (Bild 1): Beim Betätigen des Bremshebels wird vom Kolben im Hauptbremszylinder ein Druck auf die Bremsflüssigkeit aufgebaut, der sich auf die Kolben im Bremssattel überträgt. Dadurch werden die Bremskolben bewegt, sie pressen die Bremsbeläge gegen die sich drehende Bremsscheibe und eine Reibkraft wird aufgebaut, die das Rad abbremst. Um den Betrag, den die Bremsbeläge verschleißen, wandern die Kolben immer weiter aus ihren Bohrungen hinaus. Dementsprechend läuft Bremsflüssigkeit nach, wodurch der Pegelstand im Vorratsbehälter absinkt. Deswegen muss der Stand der Bremsflüssigkeit regelmäßig überprüft und ggf. ergänzt werden.

Kontrolle

Die Bremsen müssen mindestens einmal im Jahr intensiv überprüft werden. Größere Belastungen, wie z. B. Einsatz der Maschine auf schnellen Strecken oder häufige Gebirgstouren mit langen Passabfahrten, erfordern eine intensivere Kontrolle der Bremsen. Dabei muss auch der Zustand der Bremsscheiben auf Verfärbung durch große Hitzebelastung einbezogen werden.

1. Bremsbeläge (Bild 2): Der Bremsbelag ist auf eine stählerne Trägerplatte aufgeklebt, zusammen bilden sie den »Bremsklotz«. Ein neuer

Bild 1: Funktion einer Scheibenbremse in schematischer Darstellung.

Bild 1

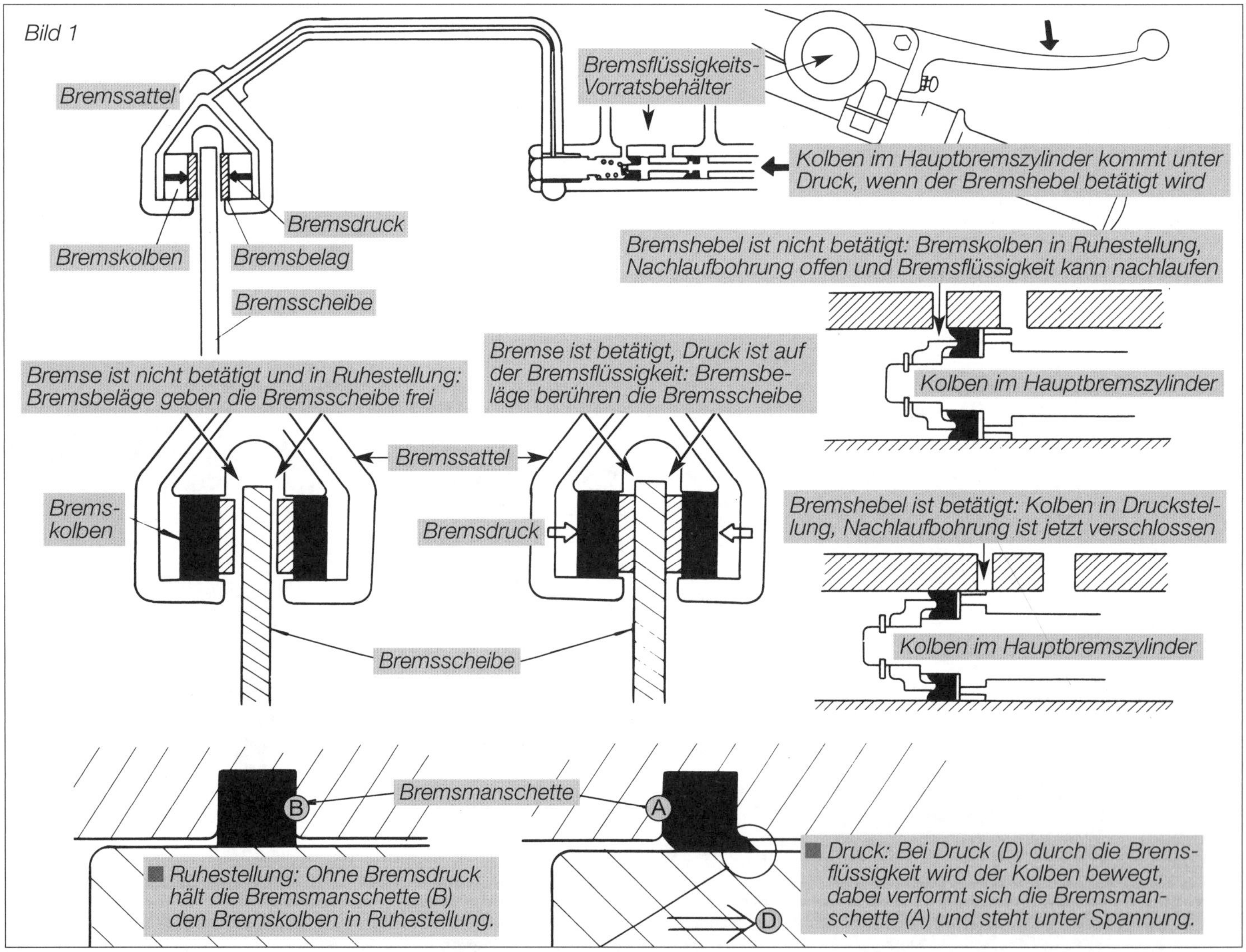

Bremsbelag ist 5 bis 7 mm dick; ein gebrauchter muss mindestens 1,5 mm dick sein.

1.1. Bild 2: Um sehen zu können, ob der Bremsbelag noch genügend dick ist, beim Zweikolben-Bremssattel die Abdeckkappe abhebeln (Bild 3) und in den Bremssattel schauen (Bild 4).

■ Bei den Vierkolben-Bremssätteln von R 80 R, R 80 R Mystic, R 100 R und R 100 R Mystic schaut man an der Bremsscheibe entlang auf den Bremsbelag; eine Taschenlampe zu Hilfe nehmen.

1.2. Verglaste, riefige, abgenutzte, alte oder verschmutzte Bremsbeläge reduzieren die Bremswirkung. Bis zu einer gewissen Verschmutzung kann man sie mit einer Stahlbürste reinigen.

■ In jedem Fall ist es besser, einen Satz Bremsklötze, die man aufgrund ihrer Abnutzung und dem Allgemeinzustand als »schlecht« einstuft, durch Neuteile zu ersetzen. Bremsklötze immer nur satzweise wechseln. Ein Satz Bremsklötze sind zwei Stück pro Scheibe.

2. Bremsscheiben (Bild 5): Dicke mit Schieblehre oder Mikrometerschraube messen. Das Verschleißmaß beträgt:

- ■ 4,4 mm bei R 65, R 65 RT, R 80, R 80 RT, R 100 RS, R 100 RT und R 100 RT Classic
- ■ 4,5 mm bei R 80 GS ab Mj. 1991, R 80 GS P-D, R 80 R, R 80 R Mystic, R 80 GS Basic, R 100 GS ab Mj. 1991 und R 100 GS P-D, R 100 GS P-D Classic, R 100 R, R 100 R Mystic
- ■ 4,6 mm bei R 65 GS, R 80 G/S, R 80 ST, R 80 G/S Paris-Dakar, R 80 GS und R 100 GS bis Mj. 1990
- ■ 5,4 mm bei R 100 GS Paris-Dakar

3. Bild 5a: Aber nicht nur die tatsächliche Dicke ist entscheidend, ob die Bremsscheibe verschlissen ist und ersetzt werden muss, sondern auch ihr Zustand betreffs Oberfläche, Riefen, Rost.

4. Bild 6: Verzug (»maximaler Seitenschlag«) der Bremsscheibe mit Messuhr ermitteln. Die Verschleißgrenze beträgt:

- ■ 0,1 mm Verzug bei R 65 GS, R 80 G/S, R 80 ST und R 80 G/S Paris-Dakar
- ■ 0,3 mm Verzug bei allen anderen Modellen.

5. Bremsflüssigkeitsstand (Bild 8): Es genügt ein Blick auf den transparenten Bremsflüssigkeits-Vorratsbehälter, um den Stand der Bremsflüssigkeit zu erkennen.

6. Bremsflüssigkeit alt? Unabhängig von der Fahrleistung schreibt BMW vor, dass die Bremsflüssigkeit einmal im Jahr gewechselt wird, denn sie verhält sich hygroskopisch, zieht im Laufe der Zeit Feuchtigkeit aus der Luft und wird deswegen weniger hitzeresistent: Neue Bremsflüssigkeit hat einen Siedepunkt von ca. 250 °C, nach 1 Jahr ist dieser auf rund 150 °C gesunken. Drei Jahre alte Bremsflüssigkeit liegt bei weniger als 100 °C!

7. Bremsschläuche aus Gummi sollten spätestens nach vier Jahren erneuert werden, Stahlflexleitungen brauchen nicht ge-

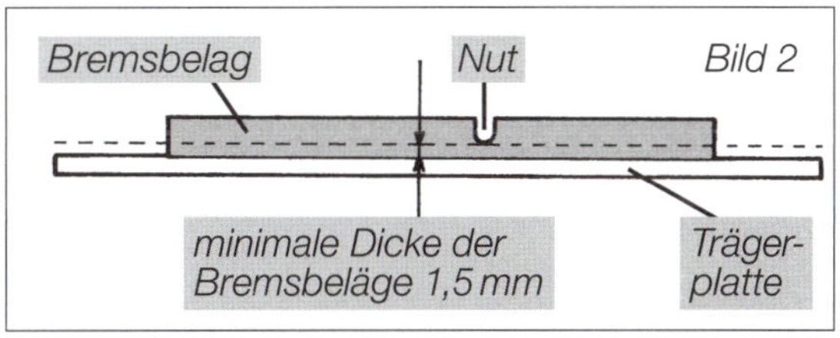

Bild 2

Bild 3

Bild 4

Bild 5
Dicke der Bremsscheibe mit einem Mikrometer an mehreren Stellen messen.

Bild 7
Herstellungs-Monat und -Jahr

Bilder 2, 3 und 4: Nut im Bremsbelag zur optischen Verschleißanzeige. Zur Kontrolle Kappe abnehmen und in den Bremssattel schauen.

Bilder 5, 5a und 6: Bremsscheiben auf Dicke, Zustand der Oberflächen und Schlag kontrollieren.

Bild 7: Herstellungs-Monat und -Jahr des Bremsschlauchs.

Bild 5a

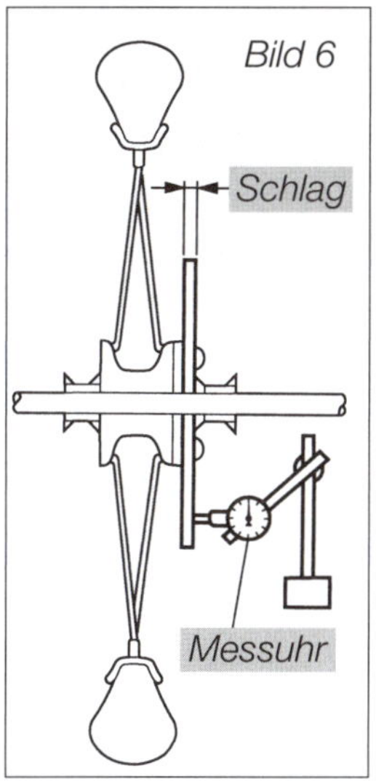

Bild 6

wechselt zu werden. Bild 7: Es sind kleine Ringe auf die Bremsschläuche aufgeschoben, darauf sind Monat und Jahr der Herstellung vermerkt. **Wichtig:** Kontrollieren Sie die Bremsschläuche sorgfältig auf Risse, Knicke und Scheuerstellen, alle Anschlüsse müssen staubtrocken sein.

Bremsflüssigkeit

Von BMW ist vorgeschrieben Bremsflüssigkeit »DOT 4, z. B. ATE SL«. Bild 10: Man kann eine andere Markenbremsflüssigkeit in DOT 4 verwenden.

Für moderne Bremsflüssigkeiten gilt ein Wechselintervall von zwei Jahren; die einjährige Wechselvorschrift von BMW ist also verdoppelt.

Unbedingt beachten!
1. Keine Flüssigkeiten anderer Art in das Bremssystem einfüllen oder dazumischen und nie ältere Bremsflüssigkeitsreste einfüllen.
2. Im Zweifelsfalle immer neue Bremsflüssigkeit aus einer neuen, ungeöffneten Dose benutzen. Keinesfalls dürfen Verunreinigungen, Schmutz oder Wasser in den Behälter gelangen. Bremsflüssigkeit gibt es in kleinen, preiswerten Gebinden. Zu einem Wechsel der Bremsflüssigkeit braucht man mindestens 0,5 Liter.
3. Sehr wichtig: Nicht verwendet werden darf Silikonbremsflüssigkeit der Qualität DOT 5.0; sie wird manchmal auch nur als »DOT 5« bezeichnet, weil Manschetten und Bremsschläuche unserer BMWs darauf nicht ausgelegt sind, sie können quellen oder sich sogar auflösen, was zum Festsitzen der Bremskolben (und damit zum Blockieren der Bremse und des Vorderrads!) führt.

Bilder 8 und 9: Bremsflüssigkeits-Vorratsbehälter mit transparenter Wand und verschraubtem Deckel mit Membran und Stützscheibe.

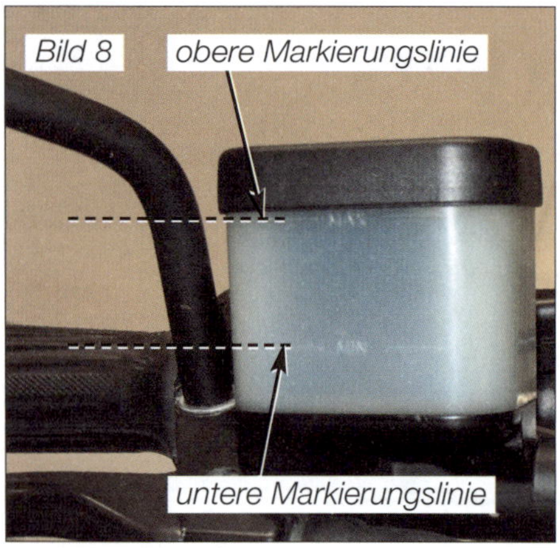

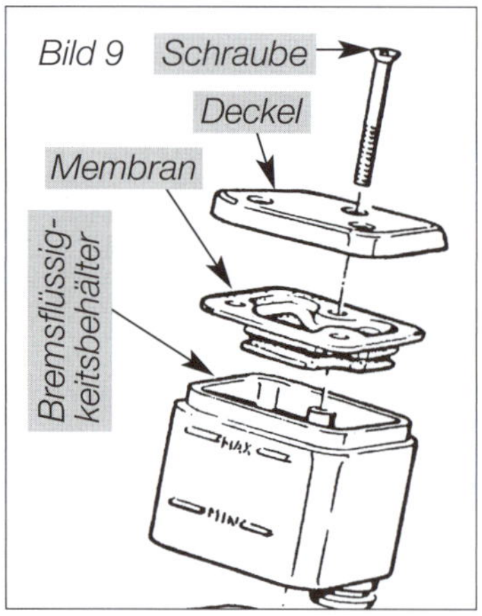

Bild 10: Vorgeschrieben ist Marken-Bremsflüssigkeit in der Qualität DOT 4.

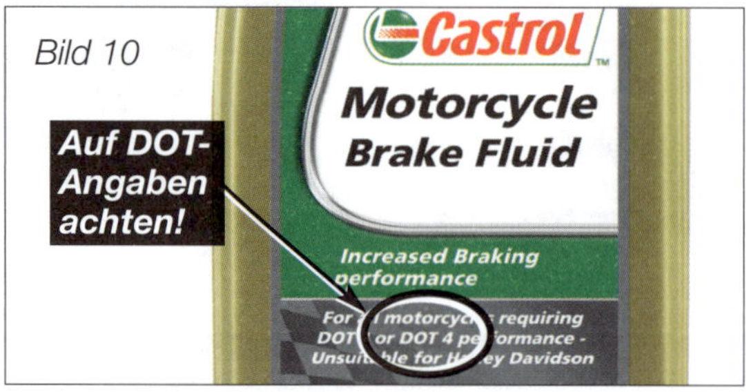

Bremsflüssigkeit nachfüllen
1. Motorrad senk- und waagerecht auf dem Hauptständer abstellen.
2. Bild 8: Lenker so drehen, dass der Bremsflüssigkeits-Vorratsbehälter waagerecht steht.
3. Bild 9: Schrauben im Deckel des Bremsflüssigkeits-Vorratsbehälters in mehreren Schritten rechts-links-rechts-links lösen, ausschrauben.
4. Bild 9: Deckel abnehmen und Membran langsam herausnehmen.

Bremsflüssigkeit auffüllen:
1. Bremsflüssigkeit bis zur oberen Markierung auffüllen.
2. Deckel, Behälterrand und Membran mit einem sauberen, nicht fusselnden Lappen reinigen.
3. Bild 9: Membran langsam einsetzen.
4. Deckel aufsetzen, Schrauben eindrehen und abwechselnd in drei Schritten bis auf »leicht handfest« anziehen.

Bremsflüssigkeit wechseln, Bremse entlüften

Bild 12: Ein automatisches Bremsentlüftungs-Gerät, mit dem man ohne Kontakt zur Bremsflüssigkeit und ohne Gefahr des Verschüttens die Bremsflüssigkeit wechseln und Bremsen entlüften kann, ist auch für Hobbymechaniker zu empfehlen. Dazu braucht man allerdings einen Druckluftanschluss bzw. einen Kompressor.

Bild 13: Man kann die Bremse auch mit einfachen Werkzeugen und Hilfsmitteln befüllen und entlüften; dies beschreiben wir nachstehend.

Neue Bremsflüssigkeit, Bremse entlüften
1. Deckel vom Bremsflüssigkeits-Vorratsbehälter abschrauben, Membran langsam herausnehmen.
2. Alte Bremsflüssigkeit aus dem Behälter absaugen, z. B. mit einer Einwegspritze.
2.1. Behälter mit sauberem Lappen gut reinigen.
3. Frische Bremsflüssigkeit einfüllen.
4. Bild 11: Gummikappe am Entlüfternippel des Bremssattels abziehen.
4.1. Bild 12a: Exakt (!) passenden Sechskant-

Ringschlüssel auf Entlüfternippel aufstecken.
4.2. Bild 13: Einen passenden durchsichtigen Schlauch über den Entlüfternippel stülpen.
5. Bild 13: Etwas Bremsflüssigkeit in das Auffanggefäß geben. Das Schlauchende eintauchen.
5.1. Bild 13: Behälter etwas höher aufhängen als der Entlüfternippel.
6. Bremshebel ein paar Mal anziehen, bis Widerstand spürbar ist: Hebel gezogen lassen, Entlüfternippel öffnen: Bremshebel langsam ganz durchziehen und den Entlüfternippel schließen.
7. Bremshebel langsam loslassen. Zwei Sekunden Pause machen. Dann wieder einige Male pumpen, Bremshebel in Druckposition halten, Entlüfternippel aufdrehen, Bremshebel ganz durchdrücken, gedrückt halten und den Entlüfternippel wieder schließen.
■ Diese Vorgänge so lange wiederholen, bis aus dem Schlauch nur noch saubere Bremsflüssigkeit kommt.
7.1. Dazwischen immer wieder nachsehen, ob der Vorratsbehälter noch genügend Bremsflüssigkeit enthält: Der Pegelstand darf nicht unter die Minimum-Marke fallen. Rechtzeitig nachfüllen, damit keine Luft ins System gelangt.
8. Wenn am Entlüftungsschlauch nur noch frische Bremsflüssigkeit ohne Luftbläschen austritt, Bremshebel nochmals durchziehen und gleichzeitig den Entlüfternippel festziehen.
9. Bremsflüssigkeitsstand prüfen, ggf. auffüllen.

Bremsklötze wechseln

Neue Bremsklötze kaufen

Wenn am Vorderrad zwei Bremsscheiben montiert sind, braucht man für eine Neubestückung der Vorderradbremse zwei Sätze Bremsklötze. »Ein Satz Bremsklötze« enthält zwei Stück pro Bremssattel, für eine Doppelscheiben-Bremsanlage braucht man also zwei Sätze.

Wichtig: Neue Bremsbeläge müssen eingefahren werden. Deswegen die neuen Bremsbeläge auf den ersten 100 bis 150 Kilometern sanft einfahren und der Bremse nicht die maximale Leistung abfordern.

Achtung: Bremsbelagschacht im Bremssattel nur mit Bremsenreiniger reinigen, keinesfalls mit Ölspray. Siehe dazu auch Tipps und Warnhinweise am Anfang dieses Kapitels.

Achtung: Beim Wechsel der Bremsklötze gilt: Wenn die Bremskolben zurückgedrückt werden, um Platz für die neuen (und deswegen dickeren) Bremsklötze zu schaffen, steigt der Flüssigkeitsstand im Bremsflüssigkeits-Vorratsbehälter. Man muss also den Stand im Behälter im Auge behalten. Steigt dieser bis zur Oberkante, mit einer kleinen Spritze etwas Bremsflüssigkeit absaugen.

Zweikolbenbremse
Bremsklötze ausbauen

1. Abdeckkappe mit Schraubenzieher abhebeln.
2. Bild 15: Feder am Bremsklotzhaltestift niederdrücken und gleichzeitig den Bremsklotzhaltestift mit einem Durchschlag von innen nach außen

Bild 11

Bild 12
Bild 12a

Bild 11: Gummikappe mit etwas Silikon aufsetzen.

Bild 12: Mit Druckluft betriebenes Bremsentlüftungs-Gerät.

Bild 12a: Unbedingt Sechskant-Schlüssel verwenden!

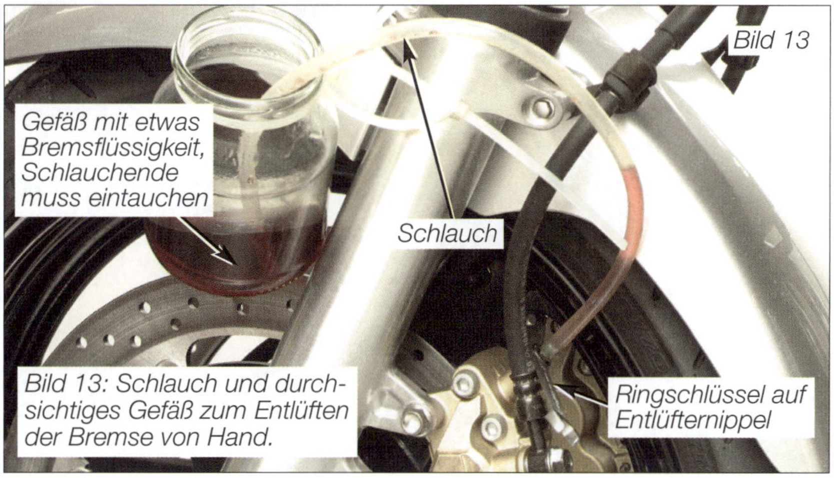

Bild 13: Schlauch und durchsichtiges Gefäß zum Entlüften der Bremse von Hand.

Bilder 14 bis 17: Bremsklötze wechseln. Im Lauftext sind die zu den Bildern gehörenden Arbeitsschritte nummeriert beschrieben.

austreiben (oder mit einer Zange ausziehen):
■ Durchschlag auf die Mitte des Haltestifts ansetzen und mit einem 250-Gramm-Hammer kurze und leichte Schläge darauf geben, der Stift rutscht heraus.
3. Bremsklotz-Spannfeder anheben und den Spannstift herausnehmen.
4. Bild 16: Den anderen Bremsklotz-Haltestift ebenso austreiben, dabei die Bremsklotzspannfeder mit einer Spitzzange festhalten und herausnehmen.
5. Bild 17: Bremsklötze herausziehen. Bremssattel und ausgebaute Teile gründlich reinigen.

Bremsklötze einbauen
1. Nun müssen wir Platz schaffen für die neuen (dicken) Bremsklötze: Die alten in den Schacht einschieben, mit Handkraft gegen die Bremskolben drücken und diese ganz zurückschieben.
■ Die Bremskolben lassen sich zwar nicht »sehr leicht« zurückschieben, aber sie dürfen sich nicht sehr schwer bewegen. Wenn übermäßig viel Kraft aufgewendet werden muss, um sie zurückzudrücken, oder wenn es gar nicht geht, sind wahrscheinlich die Kolbenmanschetten gequollen und deswegen die Bremskolben festgängig. Dann müssen die Bremssättel zerlegt, gereinigt und neue Manschetten eingebaut werden (Meisterarbeit!).
2. Auf Rückseite und Kanten der Trägerplatte der neuen Bremsklötze ganz dünn (!) etwas Kupferpaste geben.
■ NICHTS auf den Bremsbelag schmieren!
2.1. Bremsklötze mit ihren Belägen zur Scheibe hinweisend (!) in den Bremssattel einschieben.
3. Bild 16: Feder so ansetzen, dass ihre Schlaufe an der unteren Bohrung sitzt.
4. Unteren Bremsklotz-Haltestift durch Bohrungen in Bremssattel, Bremsklötzen und Schlaufe der Feder durchschieben und so weit eintreiben, bis die Schlaufe in der Eindrehung und die Feder mittig im Bremssattel sitzen.
5. Spannstift in die Ausschnitte auf den Oberkanten der Bremsklötze einsetzen, Feder nach unten klappen.
6. Bild 15: Oberen Bremsklotz-Haltestift einschieben, Feder mit einem mittelgroßen Schraubenzieher nach unten drücken.
6.1. Bild 14: Bremsklotz-Haltestift weiter einschieben und so weit eintreiben, bis das gebogene Federende in der Eindrehung und die Feder mittig im Bremssattel sitzen.
7. Rad ist eingebaut: Durch Pumpen am Bremshebel Druck im System aufbauen, bis die neuen Bremsbeläge an der Scheibe anliegen. Bremsflüssigkeitsstand kontrollieren, ggf. nachfüllen!
Wichtig: Erst bei deutlich fühlbarem Druckpunkt ist die Bremse betriebsbereit!

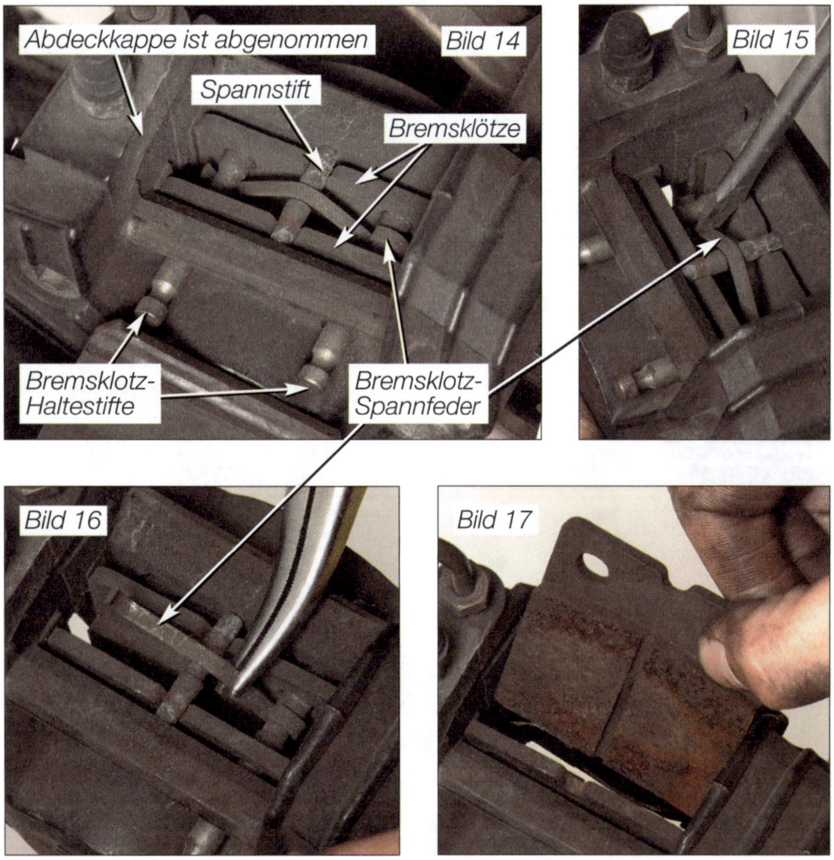

Vierkolbenbremse: Bremsklötze ausbauen
1. Bremssattel vom Gabeltauchrohr abschrauben.
2. Bild 23: Bremsklotzhaltestift mit Durchschlag und Hammer von innen nach außen austreiben.
3. Bremsklötze nach unten herausnehmen.
4. Bremssattel und ausgebaute Teile gründlich reinigen.

Vierkolbenbremse: Bremsklötze einbauen
1. Platz schaffen für die neuen Bremsklötze wie weiter vorne bei der Zweikolbenbremse beschrieben.
2. Auf Rückseite und Kanten der Trägerplatte der neuen Bremsklötze ganz dünn (!) etwas Kupferpaste geben.
■ NICHTS auf den Bremsbelag schmieren!
2.1. Bremsklötze mit den Belägen zur Scheibe hin (!) in den Bremssattel einschieben.
3. Bremsklotz-Haltestift von außen durch die Bohrungen im Bremssattel und den Bremsklötzen einschieben, dann mit leichten Hammerschlägen so weit eintreiben, bis er bündig mit dem Bremssattel abschließt.

4. Bremssattel auf Bremsscheibe schieben, gereinigte Befestigungsschrauben eindrehen und mit 32 Nm festziehen.
5. Bremsbeläge durch mehrmaliges Pumpen am Handbremshebel an die Bremsscheibe anlegen.
6. Stand der Bremsflüssigkeit im Vorratsbehälter kontrollieren und ggf. bis auf MAX auffüllen.
7. Rad von Hand durchdrehen und prüfen, ob es frei läuft oder etwas schleift. Handbremshebel zwei-, dreimal betätigen, loslassen und Rad drehen: Alles in Ordnung?

Bremsscheiben

Bremsscheiben kontrollieren

1. Bild 6: Der maximale Schlag der Bremsscheibe darf 0,1 mm betragen bei R 65 GS, R 80 G/S, R 80 ST, R 80 G/S Paris-Dakar und 0,3 mm bei den anderen Modellen.
1.1. Den Verzug (Schlag) der Bremsscheibe sollte man mit einer Messuhr ermitteln.
2. Bild 5: Dicke der Bremsscheibe mit Präzisionsschieber oder Mikrometer an mehreren Punkten messen, die Verschleißgrenzen:

- 4,4 mm bei R 65, R 65 RT, R 80, R 80 RT, R 100 RS, R 100 RT, R 100 RT Classic
- 4,6 mm bei R 65 GS, R 80 G/S, R 80 ST, R 80 G/S Paris-Dakar, R 80 GS bis Mj. 1990, R 100 GS bis Mj. 1990
- 5,4 mm bei R 100 GS Paris-Dakar
- 4,5 mm bei R 80 GS ab Mj. 1991, R 80 GS P-D, R 80 R, R 80 R Mystic, R 80 GS Basic, R 100 GS ab Mj. 1991, R 100 GS P-D, R 100 GS P-D Classic, R 100 R, R 100 R Mystic

Wichtig: Die gemessenen Werte sollen ringsum maximal 0,05 mm abweichen.
3. Sollte die Bremsscheibe »eiern«, was sich beim Bremsen am Handbremshebel durch Pumpen bemerkbar macht, nicht nur die Bremsscheibe prüfen, sondern auch die Radlager. Möglicherweise liegt auch hier ein Defekt vor.
4. Ältere Bremsscheiben haben Riefen, die man beim Drüberfahren mit dem Fingernagel spürt. Die Beurteilung, wann eine riefige Bremsscheibe ausgetauscht werden muss, erfordert Erfahrung: Auf den Rat des BMW-Meisters in der Werkstatt verlassen!

Bremsscheiben ab- und anbauen

Hinweis: Im Kapitel 8 »Räder« ist der Ab- und Anbau der Bremsscheiben ganz kurz beschrieben im Rahmen des Lagerwechsels, aber hier in diesem Kapitel »Scheibenbremsen« finden Sie weitere Informationen zu Demontage und Montage der Bremsscheiben.

Die Bremsscheibe(n) sind mit 5 Inbus- oder Sechskantschrauben und selbstsichernden Muttern an der Radnabe verschraubt. Unter Schrauben und Muttern sind Unterlegscheiben. Bei manchen Modellen findet sich noch ein Unterlegring. Bitte beachten Sie die Bilder 19 bis 23 und bauen die Bremsscheiben so an.

Bremsscheibe(n) abbauen

1. Bild 18a: Bei Doppelscheibenbremse die Drehrichtung der Bremsscheibe mit Pfeil sowie »R« (für rechts) oder »L« (für links) mit einem dunklen Filzstift markieren.
2. Muttern lösen und abschrauben, mit (Unterlegring und) Unterlegscheiben abnehmen.
Wichtig: Muttern über Kreuz Schritt für Schritt öffnen, damit sich der Anlagering der Bremsscheibe nicht verzieht.
3. Schrauben mit (Unterlegring und) Scheiben ausziehen.
4. Bremsscheibe vom Rad abnehmen. Anlageflächen der Bremsscheiben und Schraubgewinde säubern.

Bremsscheibe(n) anbauen

1. Bremsscheibe auf Bund der Radnabe setzen, etwas hin und her drehen.
2. Schrauben mit (Unterlegring und) Unterlegscheiben einschieben.
3. Auf der gegenüberliegenden Radseite die Unterlegscheiben oder Unterlegring und Unterlegscheiben aufschieben, neue selbstsichernde Muttern aufdrehen, kreuzweise in mindestens fünf Schritten auf folgende Werte anziehen:

- 27 bis 31 Nm bei allen Monolever-Modellen und R 80 GS, R 100 GS, R 100 GS Paris-Dakar bis Mj. 1990
- 42 Nm bei R 80 GS, R 80 GS P-D, R 80 R, R 80 R Mystic, R 100 GS, R 100 GS P-D, R 100 GS P-D Classic, R 100 R, R 100 R Mystic ab Mj. 1991

4. Bremsscheibe vor dem Radeinbau mit Bremsenreiniger säubern.

Bild 18a: Bei Doppelscheibenbremse die Drehrichtung des Rads auf der Bremsscheibe mit Filzstift-Pfeilen kennzeichnen.

Bild 18b: Muttern der Bremsscheibenschrauben kreuzweise in mindestens fünf Schritten auf die vorgeschriebenen Werte anziehen.

■ Drehmomentangaben siehe Bilder 19 bis 23 und im Text »Bremsscheiben anbauen«.

Sichtprüfung Messen

Bilder 19 und 20 auf dieser, Bilder 21 und 22 auf der rechten und Bild 23 auf der folgenden Seite zeigen Bremsscheiben und Explosionszeichnungen von Bremssätteln.

Scheibenbremse R 65, R 65 RT, R 80, R 80 RT Bild 19

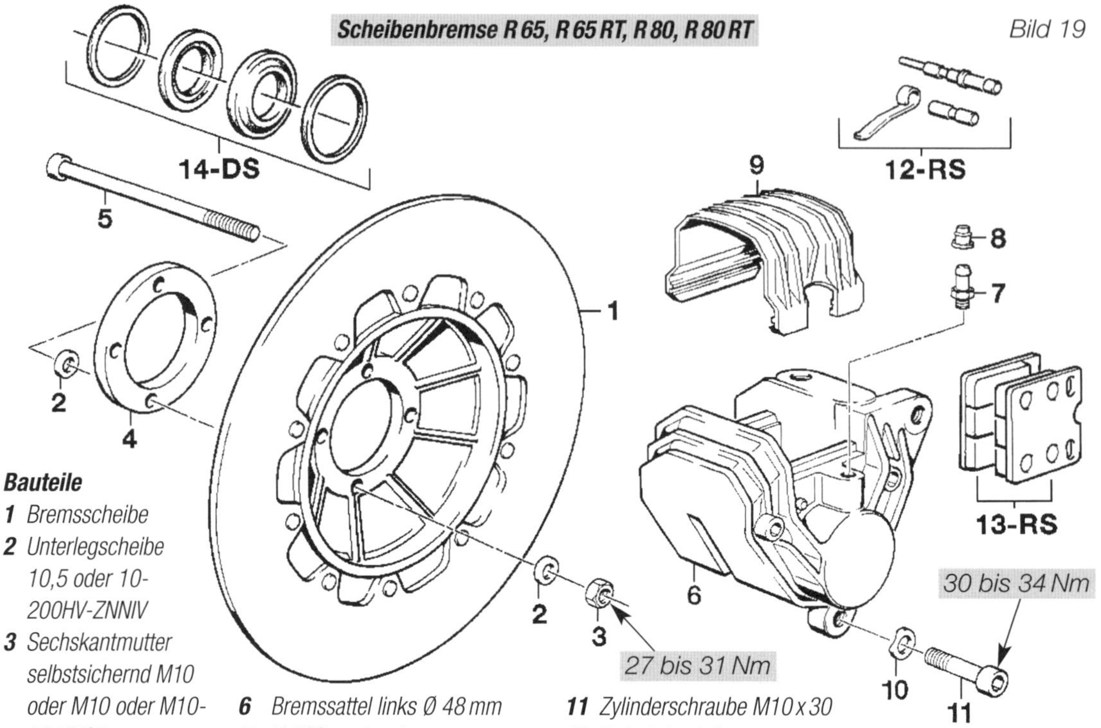

Bauteile
__1__ Bremsscheibe
__2__ Unterlegscheibe 10,5 oder 10-200HV-ZNNIV
__3__ Sechskantmutter selbstsichernd M10 oder M10 oder M10-10-ZNS3
__4__ Ring silber
__5__ Zylinderschraube M10 x 100
__6__ Bremssattel links Ø 48 mm
__7__ Entlüfterschraube
__8__ Staubkappe
__9__ Abdeckkappe 20 2257.10
__10__ Federscheibe B10-ZNS
__11__ Zylinderschraube M10 x 30
__12__ Satz Anbauteile
__13__ Reparatursatz Bremsbeläge
__14__ Dichtungssatz Bremssattel Ø 48 mm. Teile gibt es bei BMW nur für eine Reparatur in einer Fachwerkstatt

Bild 20 **Scheibenbremse R 65 GS, R 80 G/S, R 80 ST, R 80 G/S Paris-Dakar**

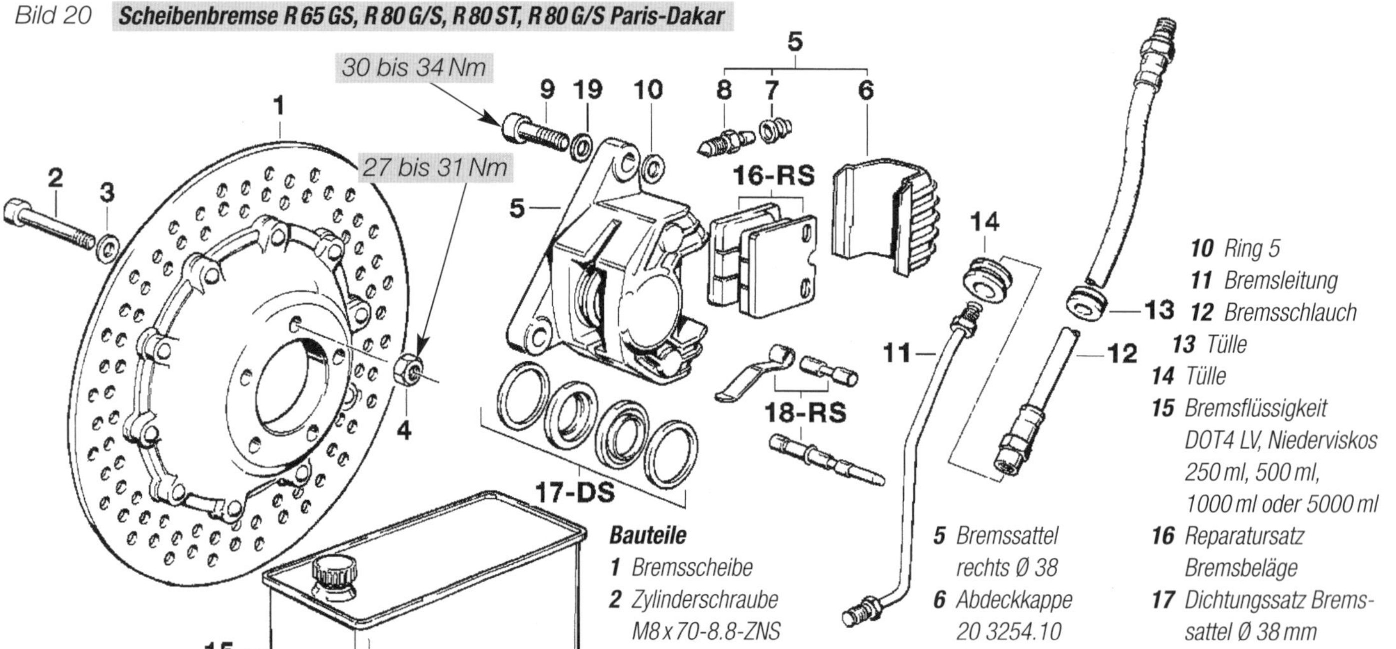

Bauteile
__1__ Bremsscheibe
__2__ Zylinderschraube M8 x 70-8.8-ZNS
__3__ Unterlegscheibe
__4__ Sechskantmutter selbstsichernd M8-8-ZNS oder M8-8-ZNS3
__5__ Bremssattel rechts Ø 38
__6__ Abdeckkappe 20 3254.10
__7__ Staubkappe
__8__ Entlüfterschraube
__9__ Zylinderschraube M10 x 30
__10__ Ring 5
__11__ Bremsleitung
__12__ Bremsschlauch
__13__ Tülle
__14__ Tülle
__15__ Bremsflüssigkeit DOT4 LV, Niederviskos 250 ml, 500 ml, 1000 ml oder 5000 ml
__16__ Reparatursatz Bremsbeläge
__17__ Dichtungssatz Bremssattel Ø 38 mm
__18__ Satz Anbauteile BREMBO
__19__ Unterlegscheibe 3,5 ZNS

Scheibenbremse R 80 GS, R 80 GS P-D, R 80 GS Basic, R 100 GS, R 100 GS Paris-Dakar, R 100 GS P-D Bild 21

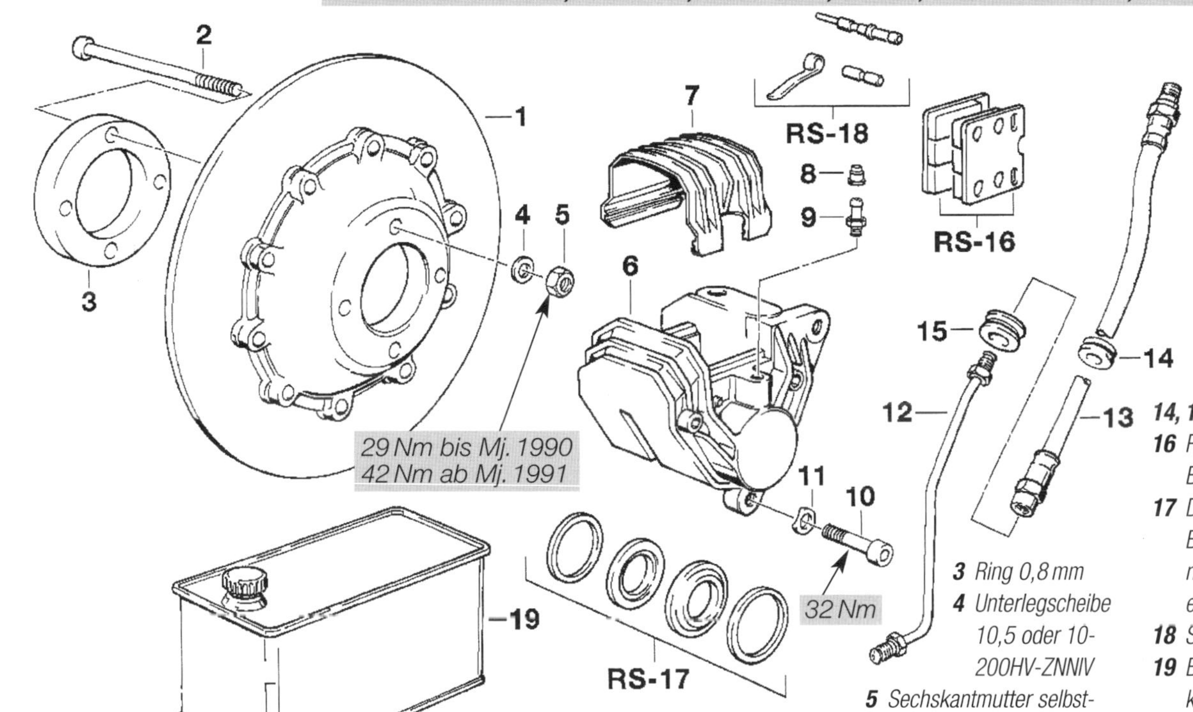

Bauteile
1 Bremsscheibe
2 Zylinderschraube M10 x 100
3 Ring 0,8 mm
4 Unterlegscheibe 10,5 oder 10-200HV-ZNNIV
5 Sechskantmutter selbstsichernd M10 oder M10 oder M10-10-ZNS3
6 Bremssattel rechts Ø 48 mm
7 Abdeckkappe 20 2257.10
8 Staubkappe
9 Entlüfterschraube
10 Zylinderschraube M10 x 30
11 Federscheibe B10-ZNS
12 Bremsleitung
13 Bremsschlauch Länge 655 mm
14, 15 Tülle
16 Reparatursatz Bremsbeläge
17 Dichtungssatz Bremssattel Ø 48 mm nur für Reparatur in einer Fachwerkstatt
18 Satz Anbauteile
19 Bremsflüssigkeit DOT4 LV, Niederviskos 250 ml, 500 ml, 1000 ml oder 5000 ml

Scheibenbremse100 RS, R 100 RT Bild 22

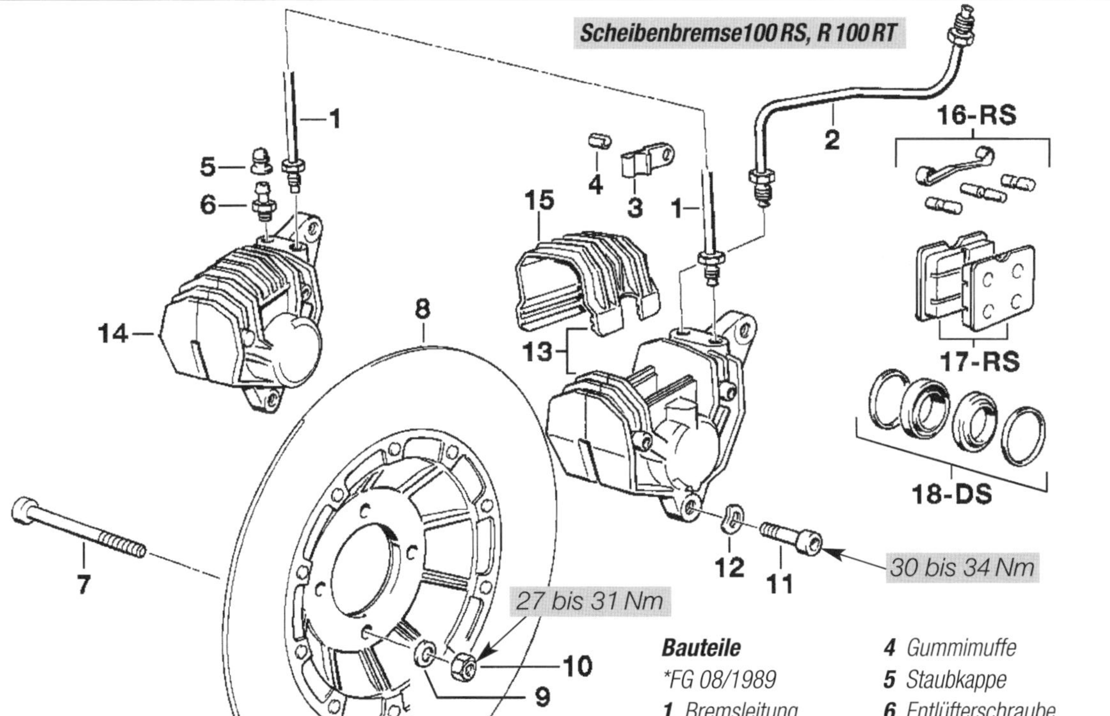

Bauteile
**FG 08/1989*
1 Bremsleitung
2 Bremsleitung links
3 Klammer
4 Gummimuffe
5 Staubkappe
6 Entlüfterschraube
7 Zylinderschraube M10 x 95 ZNS3
8 Bremsscheibe schwimmend links/rechts: nur paarweise austauschbar
9 Unterlegscheibe 10,5 oder 10-200HV-ZNNIV
10 Sechskantmutter selbstsichernd M10 oder M10 oder M10-10-ZNS3
11 Zylinderschraube M10 x 30
12 Federscheibe B10-ZNS
13 Bremssattel links Ø 38 mm
14 Bremssattel rechts Ø 38 mm
15 Abdeckkappe BREMBO oder Abdeckkappe 20 3254.32
16 Satz Anbauteile
17 Satz Bremsbeläge
18 Dichtungssatz Bremssattel

Bauteile in Bild 23

1 Bremsscheibe links/rechts
2 Ring (0,8 mm) nur passend zu Vorderradbremse 1 Scheibe
3 Zylinderschraube M10 x 90 bis 01/1996 oder M10 x 90-ZNS3 oder M10 x 95 ZNS3
4 Unterlegscheibe 10,5 oder 10-200HV-ZNNIV
5 Sechskantmutter selbstsichernd M10 oder M10 oder M10-10-ZNS3
6 Bremssattel links/ rechts Ø 32/34 mm
7 Unterlegscheibe A10,5 oder ZNS3
8 Zylinderschraube M10 x 30
9 Entlüfterschraube
10 Staubkappe
11 Satz Bremsbeläge
12 Bremsklotz-Haltestift

Bremssattel überholen

Bei einem alten oder schlecht gewarteten Motorrad kann es vorkommen, dass durch langes Stillstehen der Maschine die Kolben in der Handbremspumpe und den Bremssätteln festsitzen, die Kolbendichtungen kaputt sind oder Schmutz in der Bremsleitung steckt und dadurch die Bremse nicht mehr einwandfrei funktioniert.

Arbeiten an Bremssätteln und Bremspumpen setzen meisterliche Fähigkeiten und reichlich Motorraderfahrung voraus. Wenn Sie Probleme mit der Bremsanlage haben, gehen Sie als Erstes zum BMW-Motorradhändler und fragen Sie diesen um Rat.

Es gibt spezielle Bremsenfachbetriebe, bei denen man Bremspumpen und Bremssättel überholen lassen kann. Zur fachgerechten Überholung von BMW-Bremspumpen und -Bremssätteln gibt es Dichtungskits als Originalersatzteil bei BMW-Händlern. Wenn aber die alten Bremsenteile so kaputt sind, dass sie nicht mehr überholt werden können, sind Neuteile die bessere Empfehlung – sie sind zwar teuer, aber bei Sicherheitsbauteilen, wie Bremsen ja unzweifelhaft sind, ist Sparen um des Sparens willen die falscheste aller Entscheidungen. Sorry, wenn wir eben den Zeigefinger erzieherisch gehoben haben, aber manchmal sieht man Sachen, die einfach nicht ok sind.

Bild 23

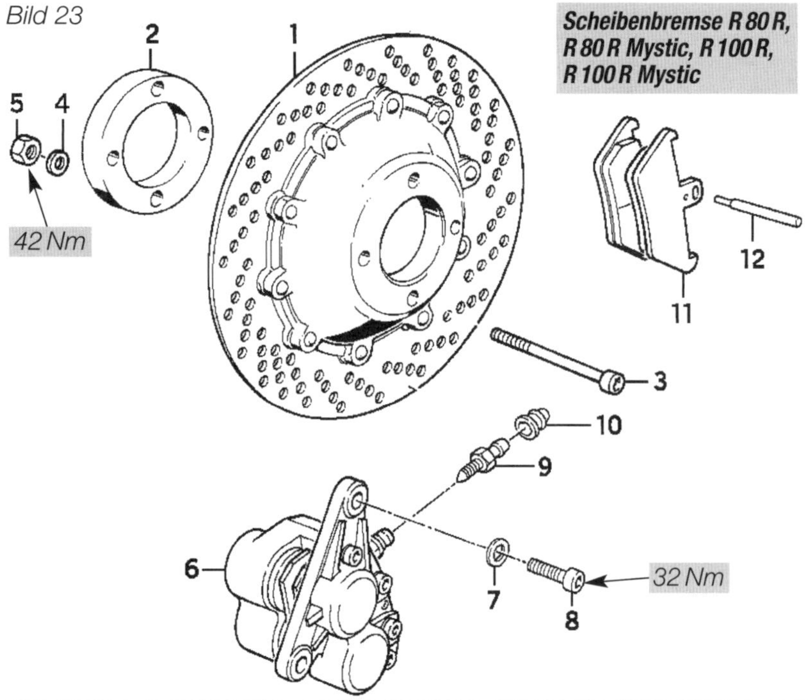

Spezielle Tipps

1. Wenn ein Bremssattel überholt werden muss, rechtzeitig vorher die benötigten Neuteile wie Staubdichtringe, Kolbenmanschetten und O-Ringe besorgen! Bild 24: Ein »Repairkit« für einen Brembo-Bremssattel, den wir jetzt musterhaft bearbeiten, umfasst folgende Teile:

- 2 Stück Kolbenmanschetten
- 2 Stück Staubdichtungen
- 2 Stück Bremssattel-Verbindungsschrauben
- O-Ring für die Bremsflüssigkeits-Verbindungsbohrung zwischen den Bremssattelhälften.

2. Beim Lösen der Bremsschlauchanschlüsse und Zerlegen der Bremssättel und Bremspumpen reichlich frische Lappen bereithalten und unterlegen.

3. Folgende Schrauben öffnen, wenn der Bremssattel noch am Gabeltauchrohr festgeschraubt ist:

3.1. Hohlschraube, mit der der Bremsschlauch am Bremssattel befestigt ist.

3.2. Verbindungsschrauben der Bremssattelhälften.

4. Wenn die Verbindungsschrauben gefressen haben und sich nicht lösen lassen: Gewindebohrungen mit Kriechöl (WD-40) einsprühen, einige Minuten einziehen lassen und den Bremssattel im Bereich der Gewinde mit einem Werkstattföhn anwärmen.

4.1. Bild 24: Wenn eine Schraube beim Öffnen abreißt, den Gewinderest ausbohren und das Gewinde in der Bremssattelhälfte mit Heli-Coil bestücken (Kapitel 4 »Werkzeug · Hilfsmittel«).

5. Später beim Zusammenbau und beim Anbringen der Bremsschläuche neue Dichtringe verwenden, diese also rechtzeitig vorher kaufen.

Bremssattel zerlegen

1. Vorbereitende Arbeiten: Bremsklötze ausbauen, Anschlüsse der Bremsschläuche lösen und abnehmen, Halteschrauben der Bremssattelhälften lösen, Bremssattel abbauen.

2. Bremssattel zerlegen: Verbindungsschrauben ausdrehen und die beiden Hälften voneinander trennen. Wenn sie verklebt sind, helfen leichte (leichte!) Schläge mit einem Plastikhammer auf die Gehäusehälften.

3. Bremskolben herausdrücken: Staubdichtringe abziehen, Lappen über Bremskolben legen, Bremssattelhälfte umdrehen, auf eine feste Holzunterlage legen.

4. Druckluft durch die Bremsflüssigkeits-Zulaufbohrung in den Bremssattel blasen (Bild 25), der Bremskolben wird dadurch herausgestoßen. **Wichtig:** Vorsicht beim Umgang mit Druckluft!

Luftdruck vorsichtig dosieren, damit die Bremskolben nicht herausschießen! Keine Finger im Bremssattel!

5. Bremsmanschetten mit einem Zahnarzthaken (Bild 26) oder kleinem, stumpfen Schraubenzieher herausziehen.

■ Ausgebaute Kolben, Bremskolben-Bohrungen und Dichtringnuten nicht beschädigen.

Bauteile des Bremssattels prüfen, vermessen

1. Bremskolben (Bild 27) und ihre zugehörigen Bohrungen in den Bremssattelhälften (Bild 28) dürfen keine Riefen, Kratzer, Rostnarben oder sonstige Beschädigungen aufweisen. Wenn doch, müssen sie erneuert werden.

2. Festsitzenden Dreck mit reichlich Bremsenreiniger und rauem Lappen abrubbeln.

2.1. Weder Bremskolben noch Kolbenbohrungen mit grobem Schmirgelpapier bearbeiten!

3. Wenn Präzisionsmessgeräte zur Verfügung stehen, kann man das Spiel zwischen Bremskolben (Außendurchmesser) und Gehäusebohrung (Innendurchmesser) messen: Es darf ca. 0,1 mm betragen!

4. Staubdichtringe und Kolbenmanschetten sollten immer erneuert werden.

Extra Schraubertipps:

Falls Sie sich an einem unwirtlichen Ort dieser Welt aufhalten und dort Bremspumpe oder Bremssattel zerlegen müssen, weil die Bremskolben nicht mehr gängig sind (oder es überhaupt keine Ersatzteile mehr gibt für die alten Dinger!), weil die Bremskolben und/oder die Bohrungen riefig sind, Sie aber keine Chance haben, an Neuteile zu kommen:

1. Beschädigte Kolbenoberfläche: Mit feinstem Läppleinen (Körnung mehr als 400) unter Zugabe von reichlich Schleiföl (dünnes Motoröl geht auch) sorgfältig abziehen.

2. Riefige Bohrungen: In ein Stück 5er-Rundeisen einen Schlitz einsägen (Bild 29), in Handbohrmaschine spannen, Läppleinen um Rundeisen wickeln, in die Bohrung einfahren und mit niedriger Drehzahl und geringstem Druck die Bohrung mit viel Gefühl »ausläppen«.

3. Prüfen: Bearbeitete und gereinigte Kolben in die bearbeiteten und gereinigten Bohrungen einschieben, hin und her bewegen: Es muss

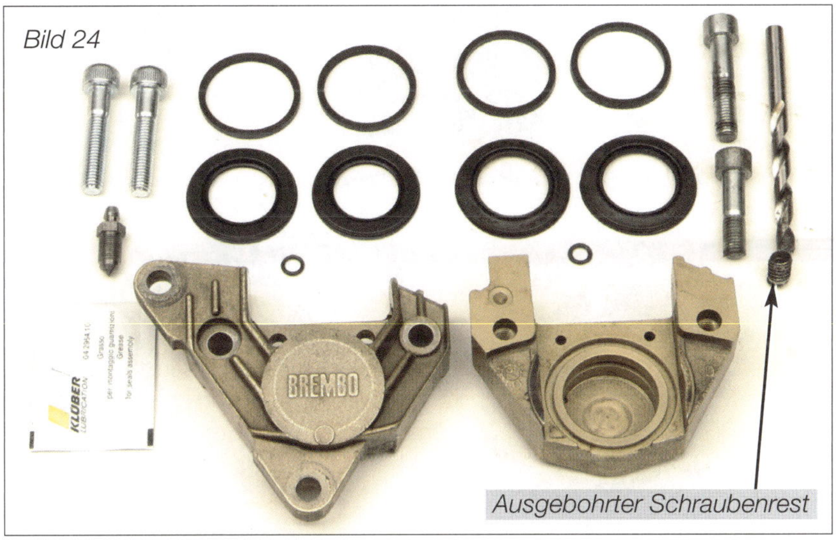

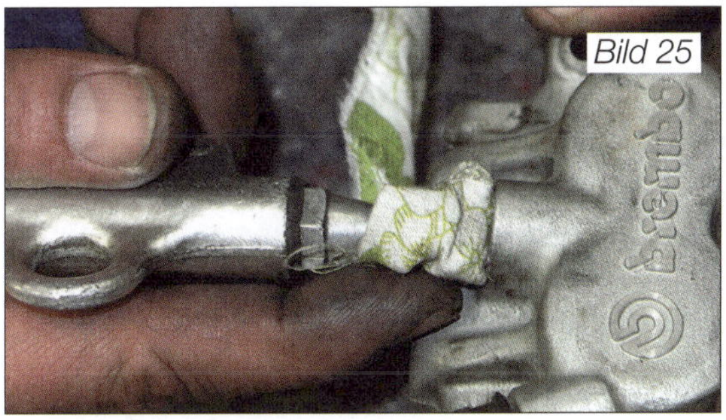

Bild 24: Zur Überholung zerlegter Bremssattel. Man beachte die abgerissene Verbindungsschraube und den ausgebohrten Schraubenrest.

Bild 25: Bremskolben mit Druckluft ausstoßen.

Bild 26: Ausbau der Kolbenmanschette.

Bild 27: Bremskolben in verschiedenen Verschleißstadien, die drei linken sind ziemlich fertig.

Bild 28: Riefige Kolbenbohrung mit korrodierter Nut. Nur Spezialisten können diesen Bremssattel noch retten.

Sichtprüfung | Messen

leicht und »saugend« gehen, nichts darf haken.

4. Wenn Sie partout keine Ersatzteile haben und deswegen die Kolbenmanschetten und Staubdichtungen wieder verbauen müssen, gehen Sie beim Zerlegen sehr sorgsam damit um.

4.1. Ausnahmen:

■ Wenn Manschetten und Dichtringe rissig und die Kolbenoberflächen so stark riefig sind wie bei den drei linken Kolben in Bild 27 und die Kolbenbohrungen so kaputt sind wie in Bild 28, geht nichts mehr: Neuteile!

■ Bild 30: Staubmanschette nach dem Reinigen vorsichtig ziehen: Dabei wird auch das kleinste Loch sichtbar (Bild 31). Neuteil!

Bilder 29 bis 33: Im Lauftext sind die zu den Bildern gehörenden Arbeitsschritte nummeriert beschrieben.

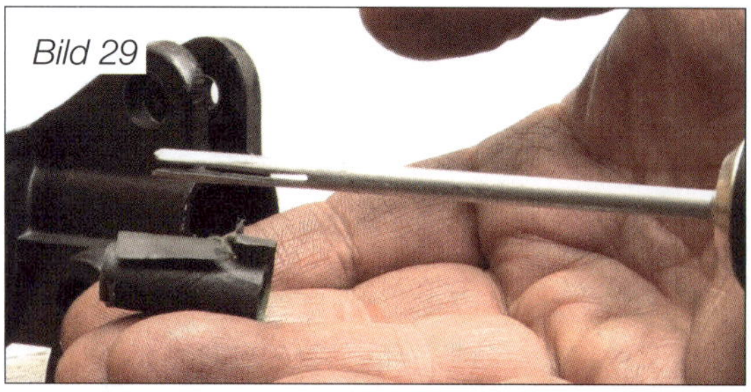
Bild 29

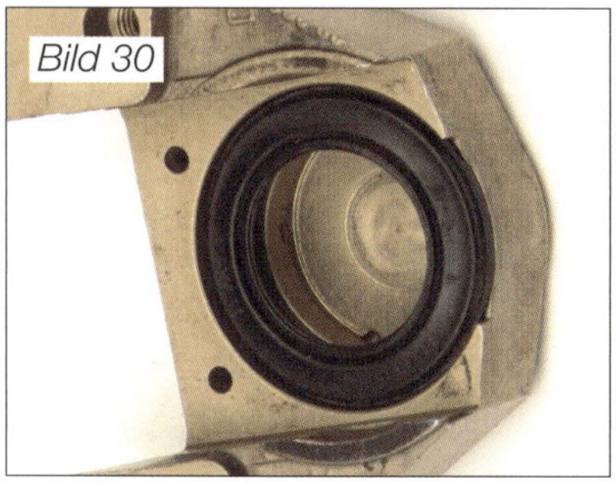
Bild 30

Bild 31

Bild 32

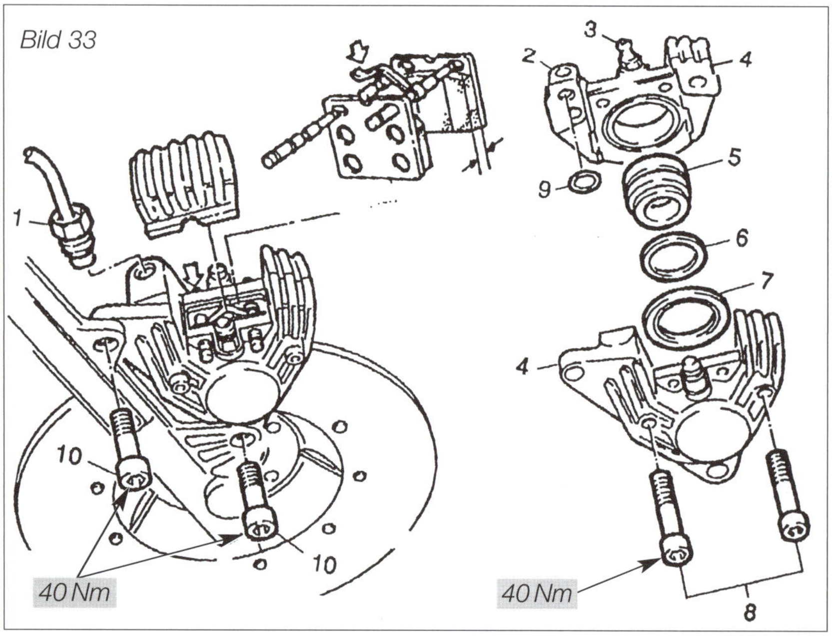

Bild 33

Bremssattel zusammenbauen

1. Sauberkeit der Nuten kontrollieren, bevor die neuen Kolbenmanschetten eingesetzt werden.

2. Kolbenmanschetten mit reinem Silikonfett oder speziellem Bremsenfett einschmieren.

3. Gefettete Kolbenmanschetten sorgfältig in ihre Nuten einsetzen.

4. Bremskolben einbauen: Exakt ansetzen und nicht verkanten. Ganz tief in ihre Sackbohrungen eindrücken.

■ Die offene Seite der Bremskolben muss nach außen zu den Bremsbelägen gerichtet sein.

■ Dichtlippen der Kolbenmanschetten dürfen sich beim Einführen der Kolben nicht umwenden.

5. Andere Bremssattelhälfte ebenso zusammenbauen.

6. Den kleinen O-Ring mit Silikonfett einfetten und in die Einsenkung der Bremsflüssigkeits-Verbindungsbohrung in einer Bremssattelhälfte einsetzen.

7. Bremssattelhälften passgenau zusammensetzen. In die Schraubenbohrungen etwas schweres Fett geben. Schrauben eindrehen und handfest anziehen.

8. Bild 32: Bremssattel an den Befestigungsaugen in einen Schraubstock spannen und die Schrauben mit einem Drehmomentschlüssel in mehreren Schritten bis auf 40 Nm festziehen.

■ Bremssattel ist anbaufertig.

Bremspumpe überholen

Wenn ein Bremssattel überholt werden muss, weil Schmutz in die Bremsanlage gelangt ist oder

Bauteile

1 Überwurfmutter
2 Anschluss- und Verbindungsbohrung
3 Entlüfternippel
4 Bremssattelhälften
5 Bremskolben
6 Kolbenmanschette/Dichtring
7 Staubmanschette
8 Verbindungsschrauben
9 O-Ring
10 Befestigungsschrauben am Gabeltauchrohr

sich über einige Jahre der Stilllegung gebildet hat, dann müssen auch die Bremspumpe zerlegt und die Bremsschläuche gereinigt werden. Bei dieser Gelegenheit sollte man gleich neue Bremsleitungen anbauen; es bieten sich Stahlflexleitungen an anstatt der Gummischläuche.

Bremspumpe zerlegen

1. Bremsflüssigkeit absaugen, Hohlschraube am Bremsleitung ausschrauben. Bild 37: Bremspumpe von Lenkerarmatur abschrauben.
2. Bremspumpe an ihren Befestigungspunkten in einen Schraubstock spannen.
3. Bremsflüssigkeitsbehälter abschrauben.
4. Bilder 37 und 39: Seegerring mit Innenseegerringzange ausbauen: Mit Daumen den Kolben gegen die Feder eindrücken, damit Seegerring entlastet ist. Kolbensatz mit Feder entnehmen.

Bremspumpe kontrollieren

1. Bremspumpe mit Bremsenreiniger und Druckluft reinigen. Dreck mit WD-40 einsprühen, einziehen lassen, mit rauem Lappen abrubbeln.
2. Mit einer Lupe unter gutem Licht die Kolbenbohrung untersuchen:
■ Wenn Sie nur leicht narbig ist, kann man sie ausläppen.
■ Wenn die Narben tief sind, wie in Bild 34, ist das Teil Schrott.
3. Bild 35: Diese Bremskolben aus alten Bremspumpen dürfen keinesfalls wieder eingebaut werden, denn sebst wenn sich der Dreck abputzen lässt, sind die Manschetten garantiert porös!

Bremspumpe aufrichten

1. Bild 29: Schlitz in 5er-Rundeisen einsägen, in Handbohrmaschine einspannen.
1.1. Bild 36: Läppleinen um das Rundeisen wickeln, in die Bohrung einfahren und mit niedriger Drehzahl und geringstem Druck die Bohrung mit Gefühl »ausläppen«.
2. In kurzen Abständen aufhören zu läppen, Bremspumpe reinigen und wieder mit der Lupe kontrollieren: Werden die Macken kleiner oder sind sie schon ganz verschwunden?
3. Nach Abschluss des Läppens die Bremspumpe penibelst reinigen!

Bremspumpe zusammenbauen

Bilder 37, 38 und 39: Kolbensatz mit Feder in Bremspumpe eindrücken, Seegerring einbauen und darauf achten, dass die scharfe Kante nach außen zeigt. Bremsflüssigkeitsbehälter mit neuem O-Ring anschrauben.

Bremspumpe anbauen

1. Bild 37: Bremspumpe an Lenkerarmatur anschrauben.
2. Bremsschlauch mit neuen Dichtringen (!) anbauen, Hohlschrauben mit viel Gefühl bis auf das vorgeschriebene Anziehdrehmoment festziehen:
■ 8 bis 10 Nm bei R 65 GS, R 80 G/S, R 80 ST, R 80 G/S Paris-Dakar
■ 6,3 bis 8,3 Nm bei R 65, R 80, R 80 RT, R 100 RS, R 100 RT
■ 7,3 Nm bei allen Paralever-Modellen
3. Befüllen des Hydrauliksystems und Bremse entlüften siehe weiter vorne in diesem Kapitel.

Bilder 34, 35 und 36: Im Lauftext sind die Bildtexte nummeriert beschrieben.

Bilder 37, 38 und 39: Bremskolben mit Feder einbauen, er wird mit einem Seegerring gesichert.

Bild 34

Bild 35

Bild 36

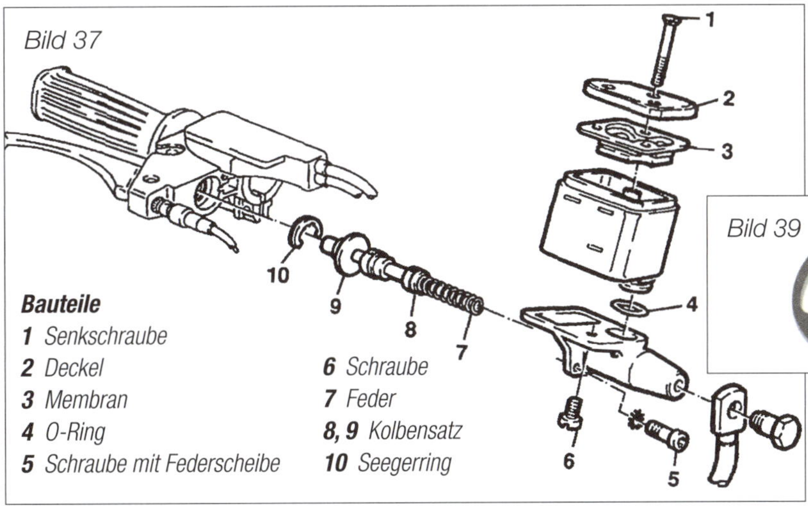

Bild 37

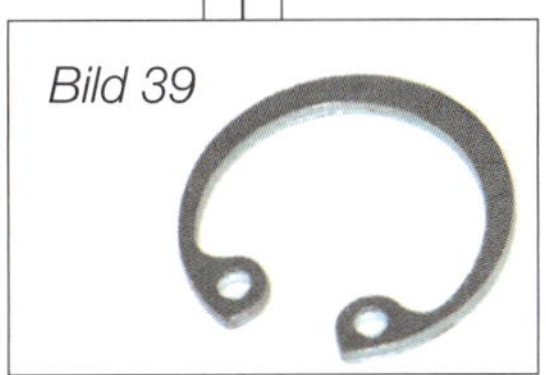
Bild 39

Bild 38

Sichtprüfung Messen

Trommelbremse

In diesem Kapitel: Funktion der Trommelbremse · Regelmäßige Kontrollen · Trommelbremse einstellen · Bremsprobleme · Trommelbremse warten · Neue Bremsbacken einbauen.

Funktion der Trommelbremse

Bilder 1 bis 3: Durch Betätigen des Fußbremshebels wird entweder das Bremsgestänge (Bild 1) gezogen oder der Bremszug (Bild 3) gespannt, wodurch der Radbremshebel um einen geringen Betrag gedreht wird. Dieser ist auf der Bremswelle (Bilder 2a und 2b) befestigt, welche in der Bremsankerplatte gelagert ist. Bilder 2a und 2b: Der innere Teil der Bremswelle ist beidseitig abgeflacht und bildet so den Bremsnocken. Wird die Bremswelle etwas gedreht, spreizt der Bremsnocken die Bremsbacken (Bild 2b), die Bremsbeläge legen sich am Bremsring an und das Rad wird abgebremst.

Bild 1: Die Hinterradbremse der Monolever-Modelle wird über ein Gestänge (»Bremsgestänge«) betätigt.

Bilder 2a und 2b: Funktionsskizzen einer Trommelbremse.

Bild 3: Die Hinterradbremse der Paralever-Modelle wird über einen Bowdenzug (»Bremszug«) betätigt.

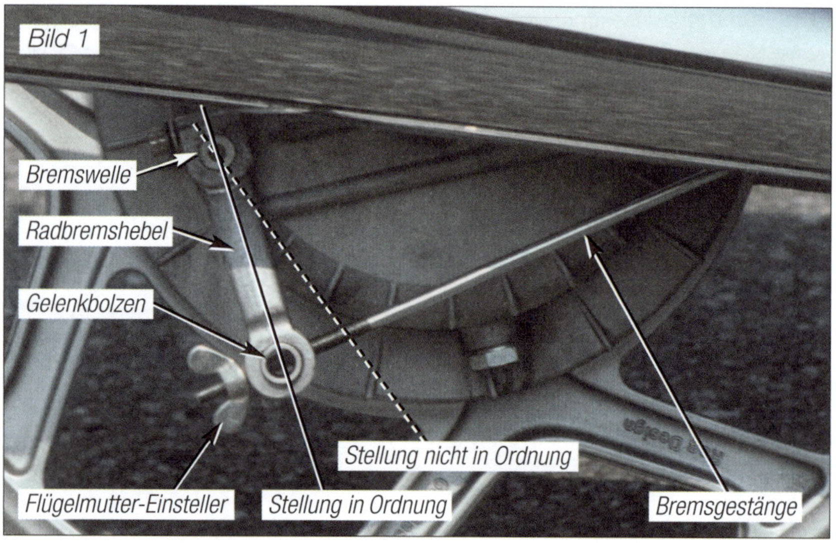

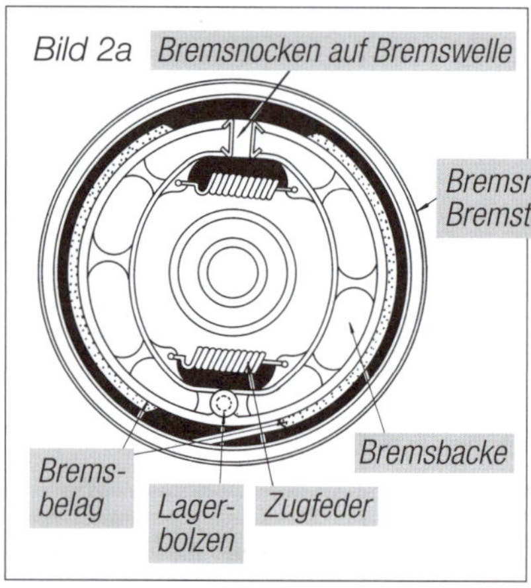

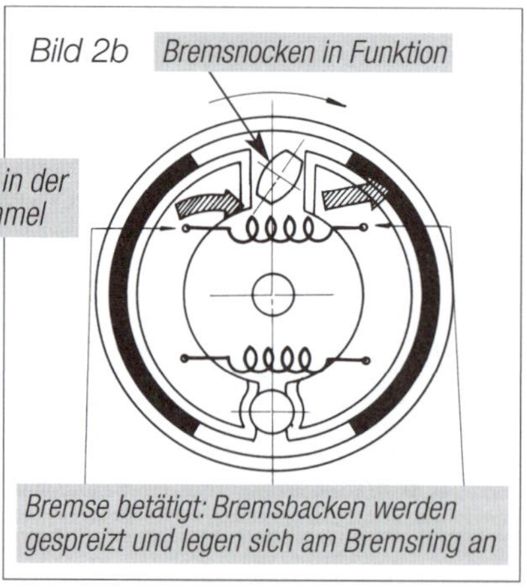

Regelmäßige Kontrollen

■ Der Fußbremshebel muss sich leicht und ohne zu haken bewegen lassen und sicher in seine Ausgangslage zurückgehen. Wenn er schwer geht, liegt es entweder an Schmutz oder Korossion in der Lagerstelle des Fußbremshebels, des Radbremshebels, des Gelenkbolzens oder der Bremszug ist schwergängig.
■ Das »Fußbremshebelspiel« zwischen unbetätigter Nulllage des Fußbremshebels und dem Moment, wenn die Bremsbacken beginnen leicht an der Bremstrommel anzuliegen, muss 25 mm betragen; siehe rechte Seite »Einstellen des Fußbremshebelspiels«.
■ Der Fußbremshebel darf beim Niedertreten kein Teil des Fahrzeugs berühren, wie z. B. Fußrasten, Ständer, Auspuff. Dies kann nach einem Sturz der Fall sein, wodurch der Bremshebel verbogen wurde; er muss dann gerichtet – oder, besser noch, erneuert werden.
■ Bei jedem Radausbau zum Reifenwechsel müssen die Bremsbeläge auf ausreichende Dicke sowie unbeschädigte Oberfläche überprüft werden. Dabei muss man auch den Zustand der Bremstrommel innen (»Bremsring«) ansehen, sie muss auf der ganzen Flächen blank sein und darf weder tiefe Riefen haben noch Rost.

Gelenkbolzen schmieren

Der Gelenkbolzen (Bilder 1 und 3) im hinteren Radbremshebel braucht einen regelmäßigen Service. Vorher den Reifen mit einem großen Stück Pappe abdecken, damit keine Reinigungs- oder Schmiermittel auf den Reifen kommen!

1. Gelenk mit Bremsenreiniger einsprühen und damit den Schmutz ausspülen.
2. Gelenk einige Zeit trocknen lassen oder mit weicher Druckluft sorgsam ausblasen.
3. Etwas Öl oder Sprühfett in das Gelenk geben.

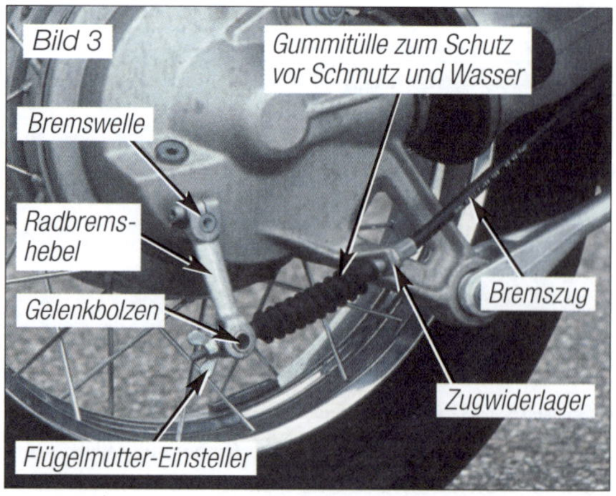

■ Während des Ölens den Bremshebel bewegen, damit das Schmiermittel einkriechen kann.
4. Überschüssiges Schmiermittel gut abwischen.

Trommelbremse einstellen

Stellung des Radbremshebels
1. Bild 1, durchgezogene Linie und *»Stellung in Ordnung«*: Der Winkel zwischen Radbremshebel und Gestänge oder Bremszug soll 86 Grad betragen – und damit also kleiner sein als 90 Grad.
2. Bild 1, gestrichelte Linie und *»Stellung nicht in Ordnung«*: Wenn der Winkel zwischen Radbremshebel und Gestänge oder Bremszug rechtwinklig wird oder gar schon größer ist als 90 Grad, sind die Bremsbeläge so weit abgenutzt, dass sie erneuert werden müssen.
■ Erneuern der Bremsbacken finden Sie weiter hinten in Kapitel unter »Neue Bremsbacken«.

Einstellen des Fußbremshebelspiels
1. Maschine steht auf dem Mittelständer, Hinterrad hat keinen Bodenkontakt, Leerlauf ist eingelegt, Zündung ist AUSgeschaltet, Fußbremshebel ist unbelastet in Ruhestellung.
2. Flügelmutter am hinteren Ende des Bremsgestänges (Bild 1) oder des Bremszugs (Bild 3) rechts herum so weit auf dem Gewinde drehen, dass das Rad gerade zu bremsen beginnt.
3. Dann die Flügelmutter wieder 3 bis 4 Umdrehungen zurückdrehen. Jetzt müsste der Fußbremshebel an der Trittplatte einen Leerweg (»Fußbremshebelspiel«) haben von 25 mm.
■ Beim Drehen der Flügelmutter etwas Druck auf den Radbremshebel geben, dann lässt sich die Flügelmutter leicht auf dem Gewinde drehen.

Bremsprobleme?

Bremsprobleme kündigen sich beim Betätigen der Bremse durch Quietschen und ungleichmäßige Raddrehung (»Ruckeln«) an. Oder der Fußbremshebel lässt sich nur schwer betätigen und beim Lösen geht der Radbremshebel nicht von alleine in seine Ausgangslage zurück und gibt die Bremsbacken nicht frei. Gründe dafür:
■ Bremswelle in ihrer Lagerung in der Bremsankerplatte schwergängig wegen Korrosion.
■ Bremszug schwergängig, geknickt oder innen aufgespleißt und reibt an der Züginnenhülle.
■ Lager des Bremshebels schwergängig.

Fehler beheben: Wenn die Bremse sich nur schwer betätigen lässt und auch nicht mehr frei wird: Bremse zerlegen, reinigen, Lagerstellen schmieren und wieder korrekt zusammenbauen. Bitte nehmen Sie sich dazu die Explosionszeichnungen in diesem Kapitel sowie die Kapitelabsätze »Trommelbremse warten« und »Neue Bremsbacken« zu Hilfe.

Trommelbremse warten

Beim Ausbau der Räder zum Reifenwechsel sollten die Bremse gereinigt sowie die Drehstellen von Bremswelle und Bremsbacken auf guten Sitz und freie Bewegung überprüft werden. Nach der Reinigung die Dreh- und Kontaktstellen mit etwas Kupferpaste einschmieren.

Achtung: Kein normales Maschinenfett oder Öl zum Schmieren der Bremsbacken-Drehpunkte verwenden, sondern nur Kupferpaste (Bild 4) oder weiße Keramikpaste.

Achtung: Wenn Sie die offenen Bremsen mit Druckluft reinigen: **Bremsenstaub ist giftig**! Im Freien arbeiten! Bremsenstaub nur »vom Körper weg« mit Druckluft abblasen!

Achtung: Zum Reinigen der Bremsbeläge diese nicht mit Bremsenreiniger »tränken«, sonst besteht die Gefahr, dass sich die Verklebung der Bremsbeläge auf den Backen auflöst! Man kann auch die Bremsbeläge mit einer weichen Stahlbürste »abziehen«, dabei aber kein Material abtragen, sondern die Oberflächen nur aufrauen.

Bremstrommel kontrollieren
1. Die maximal zulässige Unrundheit der Bremstrommel liegt bei 0,1 mm. Wenn die Bremstrommel unrund verzogen ist, spürt man das am Fußbremshebel durch rhythmisches Flattern.
2. Bremsringe in älteren Maschinen mit reichlich km-Leistung haben Riefen, die man beim Drüberfahren mit dem Fingernagel spürt. Bis zu einer gewissen Tiefe ist das ganz normal. Wenn der Nagel von Riefe zu Riefe deutlich stolpert, ist der Bremsring verschlissen.
3. Weist der Bremsring im Übergang zur Fläche, die nicht mit dem Bremsbelag in Kontakt kommt, also am äußeren und inneren Rand, tiefe Absätze auf, ist die Bremstrommel verschlissen und muss erneuert werden.
Für 1. bis 3. gilt: Gut ausgerüstete Bremsenfachbetriebe können die Trommelbremse ausdrehen und nachschleifen. Der maximale Durchmesser (Verschleißgrenze) beträgt 201,2 mm

Bild 4: Zum Schmieren von Lagerstellen in der Bremse nur Kupferpaste oder weiße Keramikpaste (»Bremsenpaste«) verwenden.

■ *Paste immer nur dünn auftragen.*

Bild 5: Reinigen des Bremsrings mit Schmirgelleinen.

Bild 6: Explosionszeichnung der Trommelbremse mit Gestänge.

4. Bild 5: Flugrost im Bremsring mit Schmirgelleinen entfernen. Danach noch einmal den Bremsring sorgfältig auf Riefen und Allgemeinzustand kontrollieren.

Neue Bremsbacken

Wenn die Bremsbeläge abgenutzt sind, werden die kompletten Bremsbacken erneuert, weil die Beläge auf die Bremsbacken aufgeklebt sind.

Hinweis 1: Wenn im nachfolgenden Text von »Bremsenfett« die Rede ist, meinen wir Kupferpaste (Bild 4) oder weiße Keramikpaste.

Hinweis 2: Weil die Zugfedern zwischen den Bremsbacken mit zunehmendem Alter in ihrer Federkraft nachlassen und ihr Material »mürbe« wird, weswegen sie brechen können, ist es ratsam, beim Einbau neuer Bremsbacken auch neue Federn einzubauen; diese sind übrigens beim originalen BMW-Bremsensatz dabei.

Hinweis 3: Zum Aus- und Einbau aller Bremsenbauteile nehmen Sie bitte auch die Explosionszeichnungen in den Bildern 6 und 10 zu Hilfe.

Bremsbacken aus- und einbauen

1. Flügelmutter am Radbremshebel lösen und abschrauben. Rad ausbauen.
2. Sicherungsscheibe auf dem Lagerbolzen (Bild 2a) mit kleinem Schraubenzieher abschieben.
3. Bild 8: Die obere Bremsbacke von der Ankerplatte wegklappen: Mit einem Schraubenzieher zwischen Bremsankerplatte und Bremsbacke einfahren und sanften (!) Druck ausüben.
4. Untere Bremsbacke abbauen.
5. Bremsfedern aushängen.
6. Ankerplatte, Federn und Bremsnocken gut reinigen. **Vorsicht, Bremsenstaub ist giftig!**
7. Radbremshebel abbauen, Bremswelle ausziehen, O-Ring, Scheibe, Dichtring abnehmen (siehe Explosionszeichnungen Bilder 6 und 10).
8. Bauteile und Lagerstellen gut reinigen.
9. Wenn sie nicht verschlissen sind: Lagerstellen der Bremsnocken, Bremsbacken und ihre Anlageflächen (Bild 7) mit feinem Schmirgelleinen bearbeiten, bis sie metallisch blank sind.
10. Lagerstelle der Bremswelle in der Bremsankerplatte hauchdünn mit Bremsenfett einschmieren, Bremswelle einschieben.
■ Positionierung von O-Ring, Scheibe und Dichtring siehe Bilder 6 und 10.

Bild 6

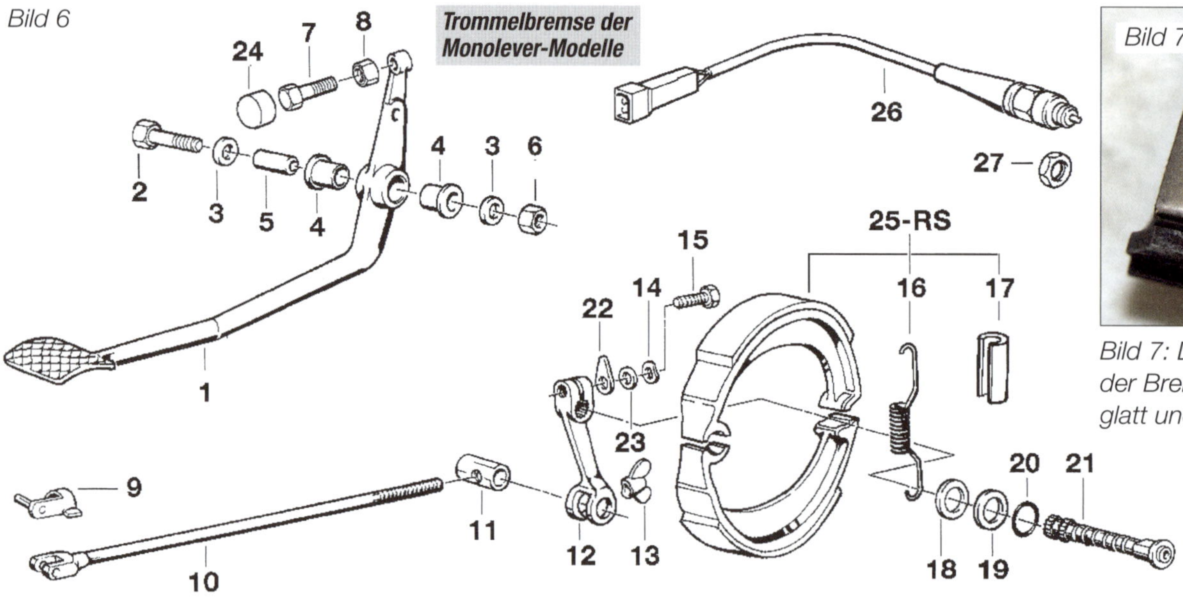

Bauteile
1 Fußbremshebel
2 Sechskantschraube M8 x 50
3 Unterlegscheibe A8,4-ZNS
4 Bundbuchse 5 Lagerbuchse
6 Sechskantmutter selbstsichernd M8-8-ZNS oder M8-8-ZNS3
7 Sechskantschraube M6 x 20-8.8ZNS3
8 Sechskantmutter M6-8-ZNNIV SI
9 Bolzen 6 x 12
10 Bremsgestänge 11 Gelenkbolzen
12 Radbremshebel 13 Flügelmutter
14 Federscheibe B6 oder B6-ZNS3
15 Zylinderschraube M6 x 25-8.8-ZNS
16 Zugfeder 17 Dämpfer
18 Dichtring
19 Unterlegscheibe
20 O-Ring 10 x 2 oder Dichtring 12 x 1
21 Bremswelle
22 »Pfeil« Verschleißanzeige
23 Unterlegscheibe 6,4 bis 05/1990 A6,4-ZNS bis 2/1995 A6,4-ZNNIV SI ab 01/1996
24 Kappe
25 Reparatursatz Bremsbacken asbestfrei 25 mm bis 08/1989 27 mm ab 08/1989
26 Bremslichtschalter
27 Sechskantmutter M8 x 1

Bild 7: Die Anlagefläche der Bremsbacke muss glatt und eben sein.

10.1. Radbremshebel auf Verzahnung stecken, Klemmschraube provisorisch festziehen.
11. Bild 4: Lagerbolzen und Bremsnocken an den Anlageflächen der Bremsbacken dünn mit Bremsenfett einschmieren.
12. Dämpfungsgummi auf hinterer Bremsfeder prüfen, wenn notwendig erneuern.
13. Bremsfedern einhängen, Bremsbacken an Lagerbolzen und Bremsnocken anlegen und mit einem kräftigen Ruck nach hinten klappen. Sicherungsscheibe auf Lagerbolzen aufschieben.
14. Radbremshebel wieder abschrauben und so auf die Vielverzahnung der Bremswelle aufbauen, wie in Bildern 1 und 3 gezeigt. Klemmschraube mit Verschleißpfeil eindrehen, mit 12 Nm festziehen.
Hinweis: Vor dem Aufschieben des Radbremshebels den Gelenkbolzen mit dem Bremsgestänge zusammenbauen und dann erst den Radbremshebel auf den Vielzahn der Bremswelle aufschieben.
15. Bild 11: Mit einem Plastikhammer im Bereich der Langerstellen leicht auf die Bremsbacken klopfen, damit diese sich »setzen«.
16. Nun den Fußbremshebel einige Male betätigen und prüfen, ob sich die Bremsbacken spreizen und auch wieder in ihre Ausgangslage zurückgehen, wenn der Fußbremshebel losgelassen wird.
17. Rad einbauen. Fußbremshebelspiel einstellen siehe weiter vorne in diesem Kapitel.
17.1. Rad durchdrehen, Bremse betätigen und wieder lösen – ist alles OK?

Bilder 8 und 9: Montage der Bremsbacken.

Bild 10: Explosionszeichnung der Bremse mit Bremszug.

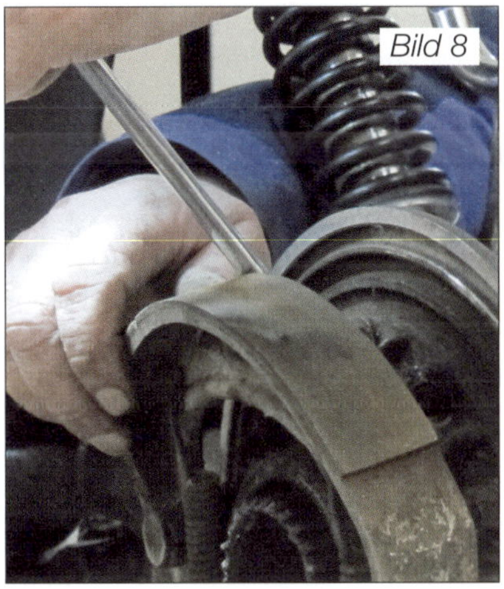

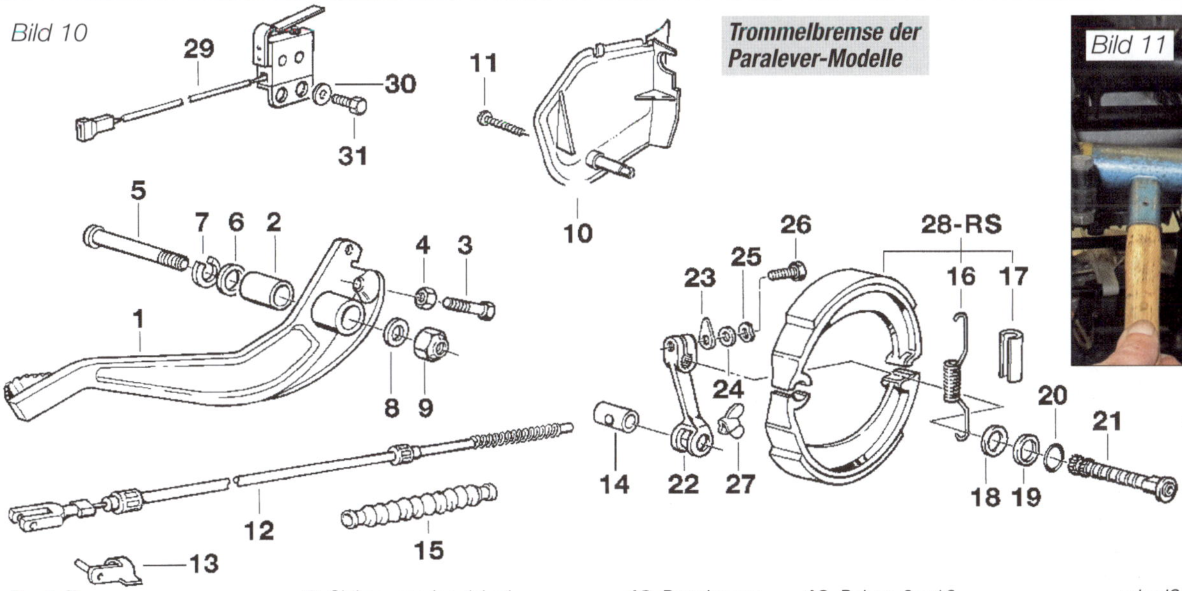

Bild 11: »Setzen« der Bremsbacken mit einem Plastikhammer.

Bauteile
1 *Fußbemshebel*
2 *Lagerbuchse*
3 *Sechskantschraube M6 x 16-8.8 ZN oder M6 x 16-8.8-ZNS3*
4 *Sechskantmutter M6-04-2-ZN*
5 *Lagerbolzen*
6 *Distanzscheibe 15 x 21 x 2*
7 *Sicherungsring 14 x 1*
8 *Unterlegscheibe 3,5 ZNS*
9 *Sechskantmutter selbstsichernd M10 x 1,25 oder M10 x 1,25-ZNS3 oder M10 x 1.25-ZNNIV*
10 *Spritzschutz*
11 *Linsenblechschraube ST4,8 x 32 oder Blechschraube ST4,8 x 38-R-ZNFE*
12 *Bowdenzug*
13 *Bolzen 6 x 12*
14 *Gelenkbolzen*
15 *Manschette*
16 *Zugfeder*
17 *Dämpfer*
18 *O-Ring*
19 *Unterlegscheibe*
20 *Dichtring 12 x 1*
21 *Bremswelle*
22 *Bremshebel*
23 *»Pfeil« Verschleißanzeige*
24 *Unterlegscheibe 6,4 (nicht bei allen Modellen)*
25 *Federscheibe (nicht bei allen Modellen)*
26 *Zylinderschraube M6 x 25-8.8-ZNS bis 01/1996 oder ISA-Schraube M6 x 25-8.8-ZNS3*
27 *Flügelmutter*
28 *Reparatursatz Bremsbacken*
29 *Bremslichtschalter*
30 *Unterlegscheibe A5,3-140 HV-ZNS oder 10 x 5,3 x 1-200 HV oder 5,3-140 HV-ZNS*
31 *Linsenschraube M5 x 12-ZN*

Benzinhahn · Tank

In diesem Kapitel: Benzinhahn · Siebe im Benzinhahn · Benzinhahn aus-/einbauen · Zusatz-Benzinfilter, Schläuche · Tank verrostet? · Tankrevision selbst machen? · Tank innen versiegeln.

Benzinhahn

Die Kraftstoffzufuhr zu den Vergasern funktioniert durch Ablaufen des Benzins durch die Benzinhähne, genannt »Fallbenzin«, weil der Tank höher montiert ist als die Vergaser. Die meisten Modelle unseres Buchs haben zwei Benzinhähne, außer R 65 GS, R 80 G/S, R 80 ST und R 80 GS Basic. Die Benzinhähne werden manuell bedient, der Schwenkhebel hat folgende Positionen:

- »ON AUF«: Hebel steht nach unten,
- »ZU OFF«: Hebel steht quer,
- »RES« (Reserve): Hebel steht nach oben.

Im Benzinhahn ist ein röhrenförmiges Sieb eingebaut, das als Grobfilter wirkt und verhindern soll, dass Verunreinigungen aus dem Tank in die Vergaser gelangen und
dort die Düsen verstopfen:

- Die Benzinhähne in den Bildern »Benzinhahn 1« und »Benzinhahn 2« haben ein kleines nach außen und ein langes Sieb nach innen; dieses ist in »Benzinhahn 2« nicht eingezeichnet; in »Benzinhahn 3« aber schon.

Sieb im Benzinhahn reinigen

Die Siebe in den Benzinhähnen sollten bei jeder Inspektion gereinigt werden.

1. Benzin aus Tank komplett ablassen, dazu den Benzinschlauch vom Stutzen abbauen: Ziehen Sie aber bitte nicht am Schlauch, sondern hebeln Sie den Schlauch mit einem breiten Schraubenzieher vom Benzinhahn ab (Bild 6).
- Wenn eine Schelle am Schlauch (Bild 5) angebracht ist, diese vorher abbauen.

1.1. Einen anderen Benzinschlauch aufschieben, der so lang ist, dass er sicher bis in den neben dem Motorrad aufgestellten Benzinkanister hineinreicht.
2. Benzinhähne auf RES stellen und alles Benzin in den Benzinkanister ablaufen lassen.
3. Bild 1: Untere Mutter am Benzinhahn abschrauben.
3.1. Bild 2: Filter aus dem Stutzen ziehen.
4. Filter vorsichtig reinigen, denn es ist ein feines Nylon- oder Metall-Rohrsieb. Es darf weder hart angepackt noch mit harter Druckluft ausgeblasen werden.
5. Einbau: Filter einschieben, auf unbeschädigte Dichtscheibe achten, Überwurfmutter aufdrehen, Benzinhahn mit der Hand festhalten und Überwurfmutter mit Gefühl »gut handfest« anziehen.

Benzinhahn aus- und einbauen

Damit man an das lange Sieb kommt, muss man den Benzinhahn ausbauen.
1. Mit einem 24er-Gabelschlüssel die Verschraubung »Überwurfmutter« lösen.
- Benzinhahn mit der anderen Hand festhalten.

2. Überwurfmutter ganz abdrehen.
3. Benzinhahn ausziehen, auf Dichtring achten.

Bilder 1 und 2: In die Benzinhähne sind Siebe eingebaut, die regelmäßig gereinigt werden sollen. Hier wird das untere Sieb ausgebaut, es ist Teil 4 in »Benzinhahn 1 und 2«. Zur Reinigung des langen Siebs (Teil 4 in »Benzinhahn 3«) muss man den Benzinhahn ausbauen, siehe dazu Bild 11.

Bild 1

Bild 2

Hinweis zu »Benzinhahn 1«: Dieser Benzinhahn ist nicht mehr als komplettes Bauteil lieferbar. Die Einzelteile 2 bis 10 gibt es noch. Wenn aber das Gehäuse des Benzinhahns defekt ist, muss man auf »Benzinhahn 3« umrüsten.

Benzinhahn 1

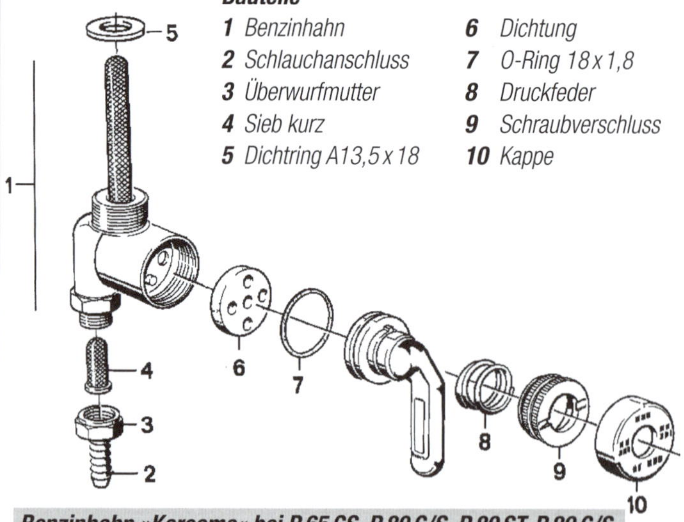

Benzinhahn »Karcoma« bei R 65 GS, R 80 G/S, R 80 ST, R 80 G/S Paris-Dakar. Es kann aber auch »Benzinhahn 2« montiert sein.

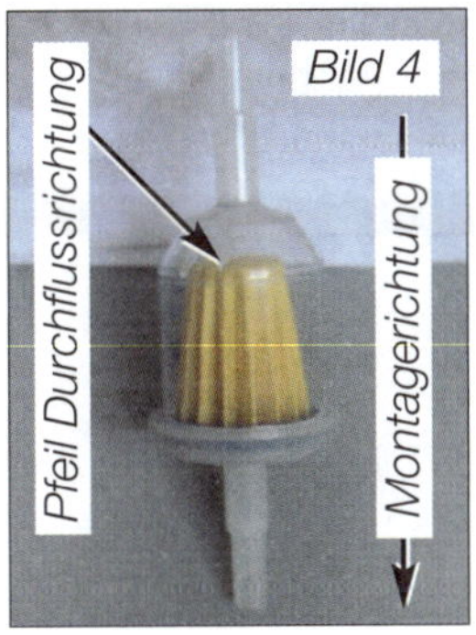

Bilder 3 und 4: Zubehör-Benzinfilter. Beim Einbau auf Durchflussrichtung achten, diese ist durch einen Pfeil auf dem Filtergehäuse gekennzeichnet.

Hinweis zu »Benzinhahn 2«: Dieser Benzinhahn ist nicht mehr als kompletter Satz lieferbar. Die Einzelteile 5, 9 bis 15 gibt es nicht mehr. Wenn eines dieser Teile oder das Gehäuse des Benzinhahns defekt ist, muss man auf »Benzinhahn 3« umrüsten.

4. Das lange Sieb vorsichtig abziehen, reinigen und wieder aufstecken.

■ Vor dem Aufstecken den Benzinhahn in den Stellungen »AUF« und »RES« kräftig durchblasen.

5. Benzinhahn einbauen:

■ Die Dichtscheibe kann wieder verwendet werden, wenn sie in Ordnung ist.

5.1. Überwurfmutter einen Gewindegang auf den Benzinhahn schrauben – LINKSgewinde!

5.2. Dichtscheibe auffädeln, Benzinhahn an Tank ansetzen, mit einer Hand festhalten, Überwurfmutter gleichzeitig auf das RECHTSgewinde am Tank und das LINKSgewinde auf dem Benzinhahn aufdrehen.

5.3. Benzinhahn mit einer Hand in richtiger Einbaulage festhalten (die waagerechten Stutzen müssen nach hinten zeigen), mit einem 24er-Gabelschlüssel in der anderen Hand die Überwurfmutter »gefühlvoll festziehen«.

6. Benzinschlauch aufschieben, Schelle (Bild 5) anbringen.

Bilder 5 und 6: Zum Abbau des Benzinschlauchs Klemme von Klemmstelle abschieben, Schlauch mit Schraubenzieher vom Stutzen abschieben.

Benzinhahn 2

Bauteile

1 *Benzinhahn*
2 *Überwurfmutter*
3 *Dichtring A13,5 x 18*
4 *Sieb kurz*
5 *Nippel*
6 *Überwurfmutter*
7 *Dichtung*
8 *O-Ring 16 x 2 mm*
9 *Druckfeder*
10 *Schraubverschluss*
11 *Kappe*
12 *Hebelwelle*
13 *Schraube*
14 *Zahnscheibe V3,2*
15 *Hebel*

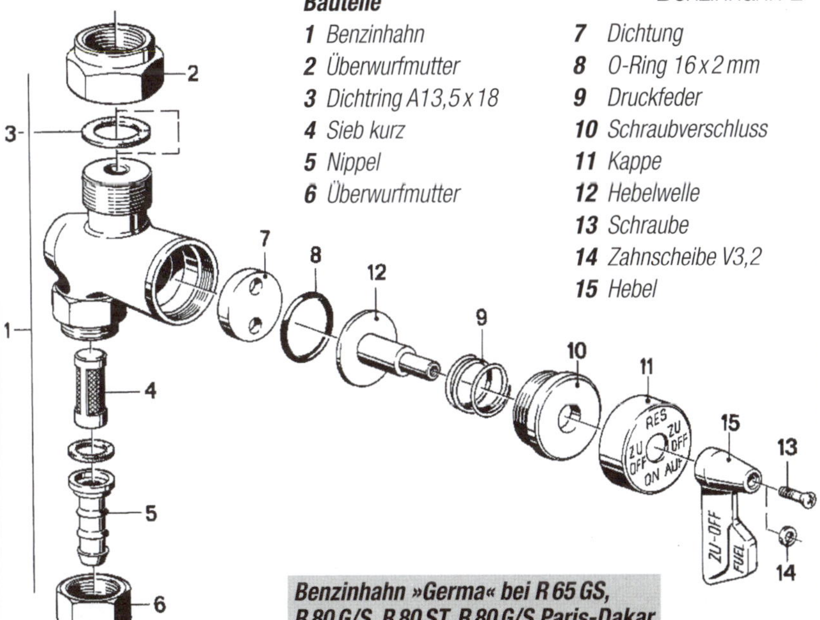

Benzinhahn »Germa« bei R 65 GS, R 80 G/S, R 80 ST, R 80 G/S Paris-Dakar

Benzinhahn 3

Bauteile

1 *Kraftstoffhahn links/rechts*
2 *Dichtring A13,5 x 18*
3 *Überwurfmutter*
4 *Sieb lang*
5 *Dichtung*
6 *O-Ring 18 x 1,8*
7 *Druckfeder*
8 *Schraubverschluss*
9 *Kappe*

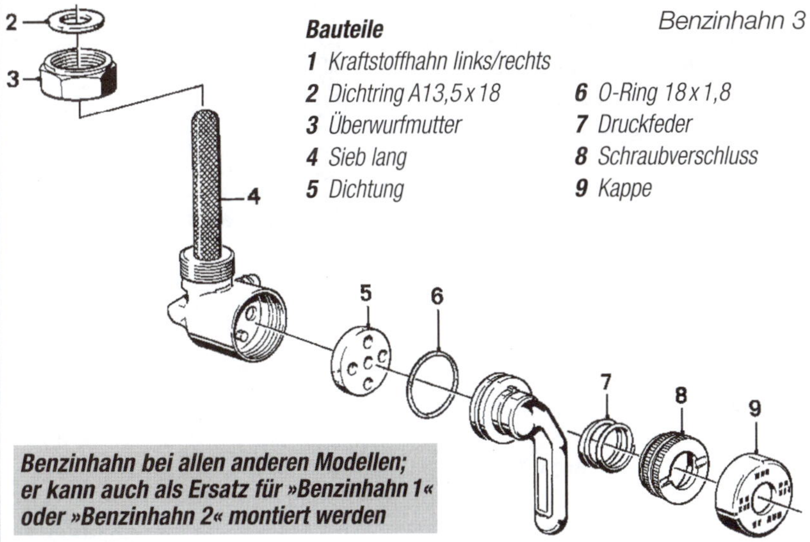

Benzinhahn bei allen anderen Modellen; er kann auch als Ersatz für »Benzinhahn 1« oder »Benzinhahn 2« montiert werden

Zusatz-Benzinfilter, Schläuche

In afrikanischen Ländern ist es leider üblich, dass im Benzin kleinste Verunreinigungen sind, durch die Maschen der Bezinhahnsiebe schlüpfen und die Vergaserdüsen verstopfen. Um dies zu vermeiden, kann man Zubehör-Benzinfilter im Benzinschlauch montieren.

Zwar ist bei einem älteren Motorrad jedwede Form von Filterung des zulaufenden Benzins grundsätzlich zu begrüßen, aber wenn man sich nur auf europäischen Böden bewegt, wo der Sprit sauber ist und die Siebe in den Benzinhähnen regelmäßig gereinigt werden, Tank und Tankverschluss rostfrei sind und die Maschine immer so abgestellt wird, dass sich kein Kondenswasser im Tank bildet, braucht man keine zusätzlichen Filter einzubauen.

Wenn Sie aber doch einen solchen Benzinfilter montieren möchten: Achten Sie darauf, dass der Filter möglichst senkrecht montiert wird. Außen auf dem Filtergehäuse ist ein Pfeil aufgebracht, der die Durchflussrichtung anzeigt (Bild 4).

Benzinschläuche
Es sind Schläuche montiert »6 x 11 mm«:
- Innendurchmesser 6 mm
- Außendurchmesser 11 mm

Wenn neue Benzinschläuche benötigt werden, beachten Sie bitte Folgendes:

- Nur »echte« Benzinschläuche verwenden, keine anderen Schläuche, wie sie z. B. für Wasser oder Druckluft verwendet werden.
- Beachten Sie den Innendurchmesser von 6 mm. Nur damit sitzt der Benzinschlauch mit einer Spannung von ca. 1 mm auf den Stutzen von Benzinhahn, Vergaser und dem T-förmigen Verteilerstück.
- Wenn Sie transparente Benzinschläuche montieren wollen: Solche Schläuche gibt es in Abstufungen von 0,5 mm und verschiedenen Farben. Der gegen das »Superbenzin E10« resistente Benzinschlauch ist übrigens rosarot.
- Bauen Sie Benzinschlauch-Schellen aus gebogenem Draht (Bild 5) oder Blechstreifen an, damit ist der Benzinschlauch gegen Abrutschen vom Stutzen gesichert.

Tank verrostet?

Rost im Tank ist bei jedem alten Motorrad ein großes Thema. Man kann das Motorrad hegen und pflegen wie man will, es über Winter mit randvollem Tank in einer trockenen Garage abstellen – irgendwann bildet sich innen rostiger Gilb, der trotz feinster Siebe krümelig-heimtückisch durchkommt und die Düsen verstopft. Rost ist garantiert im Tank einer BMW, die 25 Jahre lang vergessen in einem Schuppen stand.

Schon beim Öffnen des Tankverschlusses kann man ahnen (Bild 7), wie es um das Innere des Tanks bestellt ist: Wenn am

Bilder 7, 8 und 11: Durch Trichter mit Sieb abgelassenes Benzin, Fingerprobe in der... ...Tanköffnung und Schlunz an den ausgebauten Benzinhähnen zeigt, dass der Tank innen verdreckt ist.

Bilder 9 und 10: Verschließen von Bohrungen zur Reinigung und Entrostung.

Bild 7

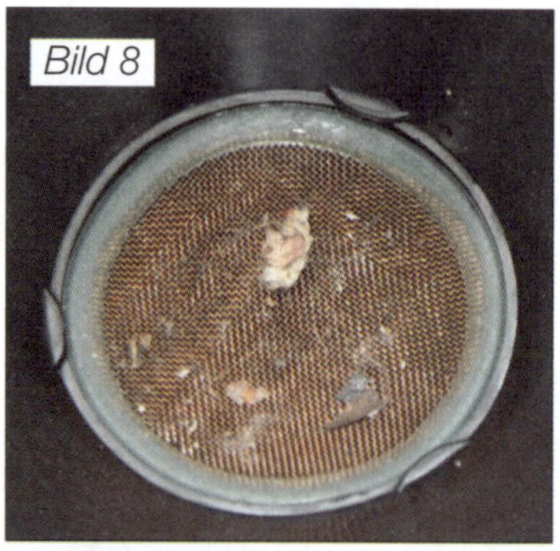
Bild 8

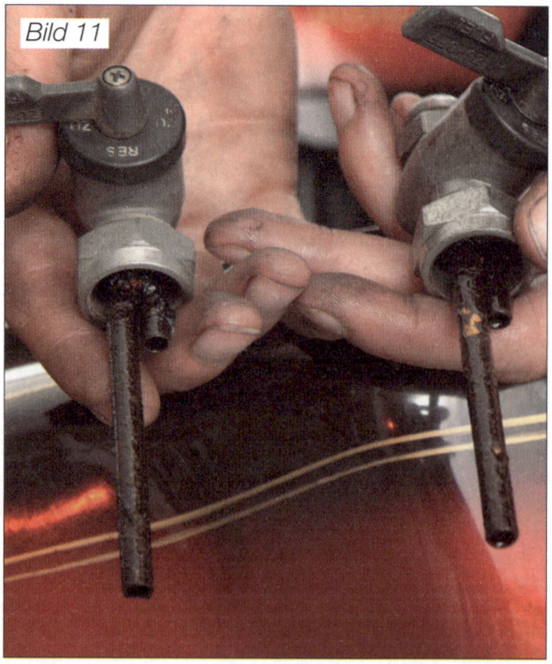
Bild 11

Bild 9

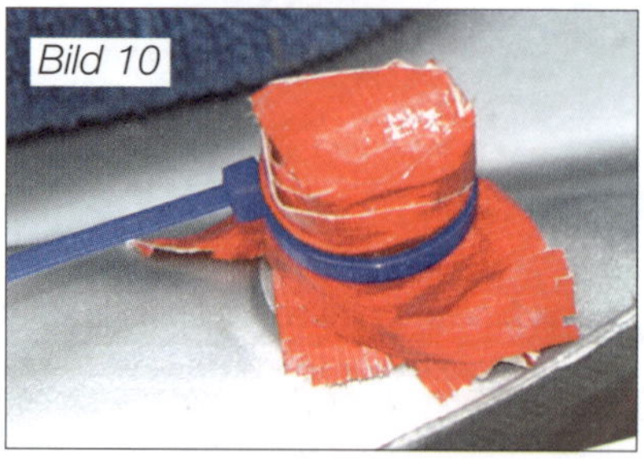
Bild 10

Tankverschluss und am Dichtbund Korrosion zu sehen ist, ist anzunehmen, dass auch der Tank innen korrodiert ist.

Als Erstes sollte man den Tank reinigen: Alten Sprit ablassen, Tank mit Nitroverdünnung (gibt's im Farben-Fachhandel) mehrmals ausspülen, mit weicher Druckluft ausblasen und neu mit Sprit füllen. Wenn der Motor mit dem neuen Sprit störungsfrei läuft und somit feststeht, dass in den Vergasern keine Verstopfung herrscht, nach einigen Tagen etwas Benzin durch ein Sieb ablassen: Wenn das Benzin sauber ist und keine festen Brösel aus dem Tank kommen (Bild 8), hat man Glück gehabt. Wenn nicht, muss man den Tank revidieren.

Tankrevision selbst machen?
Die meisten BMW-Tanks sind innen mit einer Beschichtung versehen; es ist eine Art »Rostschutz-Farbe«, welche dem damals üblichen, teilweise noch verbleiten (!) Benzin standhielt. Wenn diese an irgendeiner Stelle aufgeplatzt ist, und sei diese noch so klein, setzt sich hier Rost an. Von diesem »Rostherd« breitet sich der Rost nach und nach weiter aus, die Beschichtung wird unterwandert und mit der Zeit abgelöst.

Eine self-made-Tankrevision kann man nur dann machen, wenn der Tank entweder innen nicht lackiert ist oder die Beschichtung komplett ab ist: Tank zu einem Sandstrahler geben. Oder gleich den defekten, weil innen rostigen Tank, in Spezialbetrieb geben zur fachgerechten Aufarbeitung; einige Fach-Adressen siehe am Schluss dieses Kapitels.

Tankrevision selbst machen
Kaufen: 1 Liter Nitroverdünnung, 2 Liter 30-prozentige Salzsäure und 1 Liter 20-prozentige Phosphorsäure.
■ Nitroverdünnung gibt's im Lackhandel, Salz- und Phosphorsäure im Säurehandel oder in Apotheken.
■ **UNBEDINGT** die zugehörigen Warnblätter aushändigen lassen, durchlesen und beachten!

■ **Wichtig:** Nach der Aktion weder die Nitroverdünnung noch die Säuren einfach wegkippen, sondern auffangen und bei der örtlichen Entsorgungsstelle abgeben!

Tank vorbereiten
1. Tankdeckel abmontieren.
2. Einen säurefesten Gummi- oder Plastikkegel vorbereiten, mit dem man später die Einfüllöffnung des Tanks zuverlässig dicht verschließen kann, damit später beim Befüllen des Tanks und Drehen nichts ausläuft!
3. Benzinhähne auf ZU stellen.
4. In Bild 12 ist unsere »Tank-Dreh-Vorrichtung« zu sehen: Tanktunnel mit Lappen ausstopfen, Tank auf dicker Metall- oder Holzstange befestigen, auf zwei V-Böcke stellen, damit man den Tank, wenn Säure drin ist, drehen und wenden kann.

Tankrevision durchführen
1. Nitroverdünnung in Tank einfüllen, Einfüllstutzen mit Gummi- oder Plastikkegel verschließen, mit Klebeband kreuzweise auf der Tankoberseite sicher verkleben.
2. Tank langsam, bedächtig und gleichmäßig drehen und drehen und drehen.
3. Aufhören zu drehen. Tank waagerecht abstellen, einige Minuten ruhen lassen. Tankverschluss ausbauen, Nitroverdünnung über die Benzinhähne ablassen, austropfen lassen.
4. Benzinhähne ausschrauben. Tank eine lange Zeit austrocknen lassen. **SCHUTZ-**

Bild 12: Eine handgemachte Drehmaschine plus der benötigten Chemie, welche in den Tank eingefüllt wird. Zur Reinigung und dauerhaften Entrostung dreht und dreht und dreht und dreht man den Tank langsam und bedächtig, bis er innen sauber ist bzw. sich die Chemie an den Innenwänden des Tanks so ab- und festgesetzt hat, dass dieser entrostet und dauerhaft geschützt ist.

Bild 12

Sichtprüfung Messen

BRILLE TRAGEN: Mit weicher Druckluft den Tank ausblasen und allen Dreck ausblasen.
5. Öffnungen der Benzinhähne verstopfen:

Wir haben Gummi-Abdeckkappen der Bremsentlüftungsnippel (Bild 9) eingedrückt und mit Klebestreifen und Schlauchbinder gesichert (Bild 10).
6. SCHUTZBRILLE TRAGEN: Die 30-prozentige Salzsäure langsam in den Tank einfüllen, Tankeinfüllöffnung wieder abstopfen.
6.1. Tank langsam, bedächtig und gleichmäßig drehen und drehen, einige Minuten in Ruhe lassen, dann wieder drehen und drehen.
■ Die Salzsäure verwandelt den Rost zu Eisen-

Tank 1

Tank bei R 65, R 65 RT, R 80, R 80 RT, R 100 RS, R 100 RT

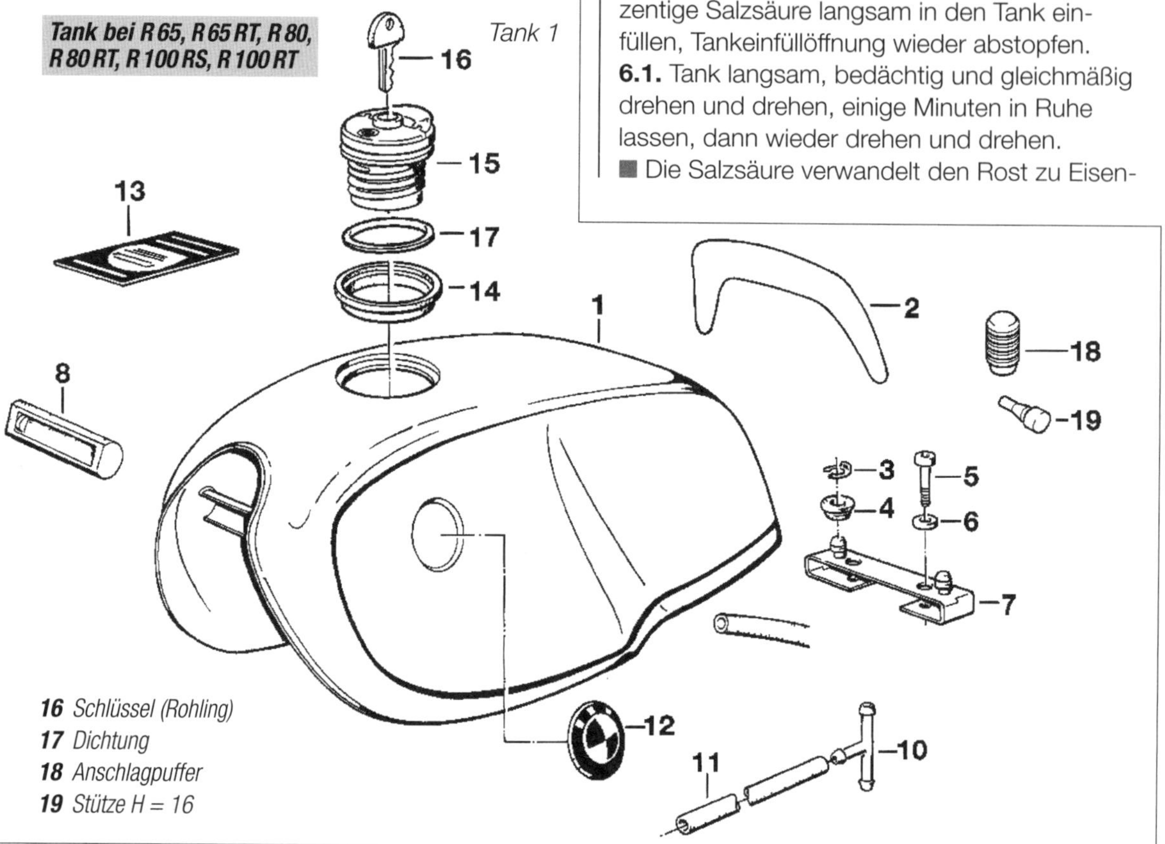

Bauteile
1 Kraftstofftank
2 Folie
3 Sicherungsscheibe KL 12 bis 12/1995 oder 12-ZNS3
4 Gummitülle
5 Zylinderschraube M6 x 40 bis 12/1995, ab 01/1996 ISA-Schraube M6 x 40
6 Federscheibe B6 oder B6-ZNS3
7 Halter
8 Gummilager
9 Schlauch 750 mm oder 1330 mm lang
10 Verteilerstück
11 Meterware Kraftstoffschlauch 6 x 11
12 Plakette Ø 70 mm
13 Hinweisschild »Helm«
14 Ring
15 Tankverschluss mit Schließzylinder
16 Schlüssel (Rohling)
17 Dichtung
18 Anschlagpuffer
19 Stütze H = 16

Tank 2

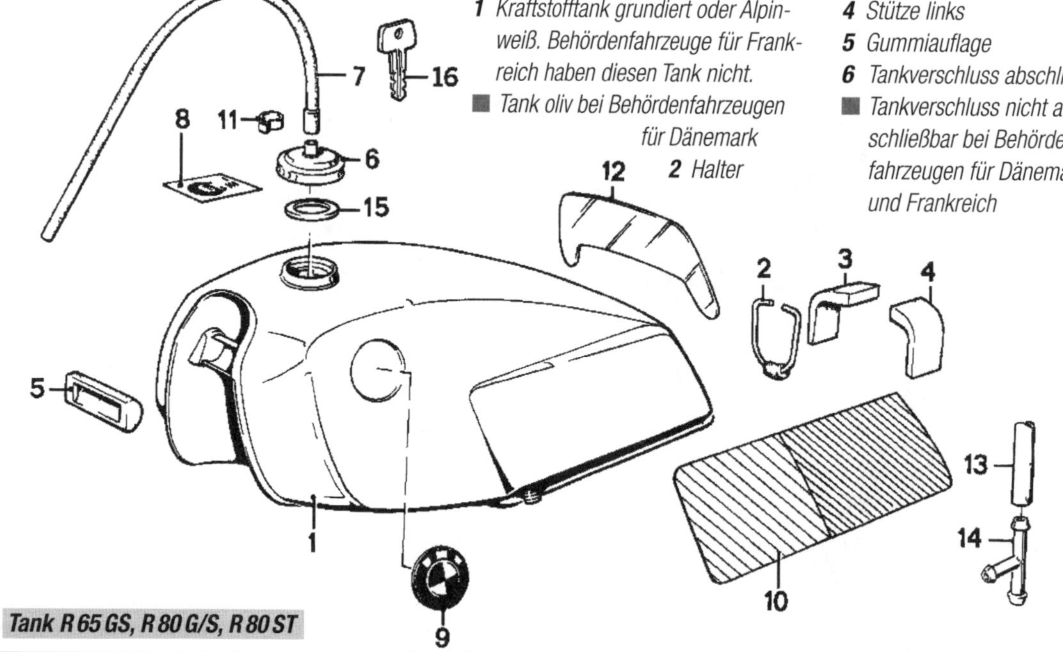

Tank R 65 GS, R 80 G/S, R 80 ST

Bauteile
1 Kraftstofftank grundiert oder Alpinweiß. Behördenfahrzeuge für Frankreich haben diesen Tank nicht.
■ Tank oliv bei Behördenfahrzeugen für Dänemark
2 Halter
3 Stütze rechts
4 Stütze links
5 Gummiauflage
6 Tankverschluss abschließbar
■ Tankverschluss nicht abschließbar bei Behördenfahrzeugen für Dänemark und Frankreich
7 Schlauch 1330 mm lang für Fahrzeuge Behörde Frankreich R 65 GS auf Länge 450 mm anpassen
8 Hinweisschild »Helm« nicht bei Behördenfahrzeugen für Frankreich
9 Plakette Ø 70 mm
10 Zierstreifen vorne links/rechts, nicht bei Behördenfahrzeugen für Dänemark und Frankreich
11 Schlauchklemme
12 Folie
13 Meterware Kraftstoffschlauch 6 x 11
14 Verteilerstück
15 Dichtung
16 Schlüssel

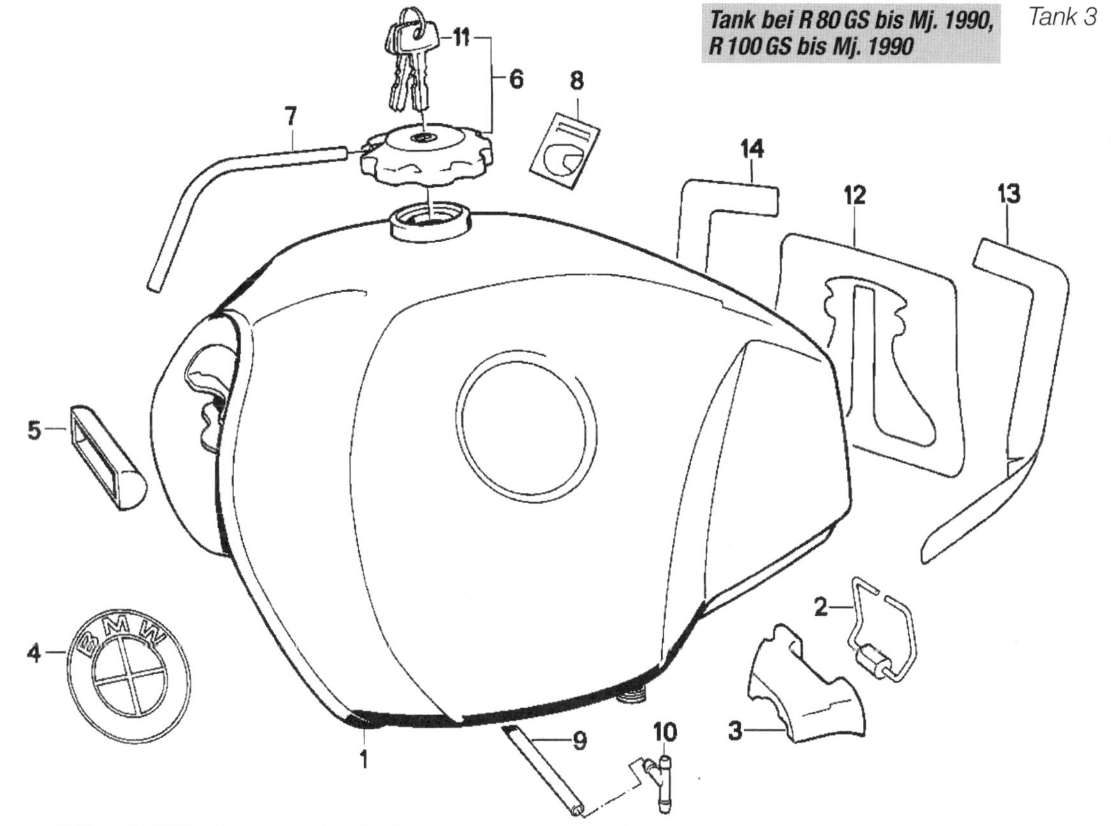

Tank bei R 80 GS bis Mj. 1990, R 100 GS bis Mj. 1990

Tank 3

Bauteile

1 *Kraftstofftank*
2 *Halter*
3 *Gummiauflage*
4 *Plakette Ø 82 mm*
5 *Gummiauflage*
6 *Tankverschluss abschließbar*
7 *Schlauch 1330 mm*
8 *Hinweisschild »Helm«*
9 *Meterware Kraftstoffschlauch 6 x 11*
10 *Verteilerstück*
11 *Schlüssel*
12 *Unterlage*
13 *Folie links*
14 *Folie rechts*

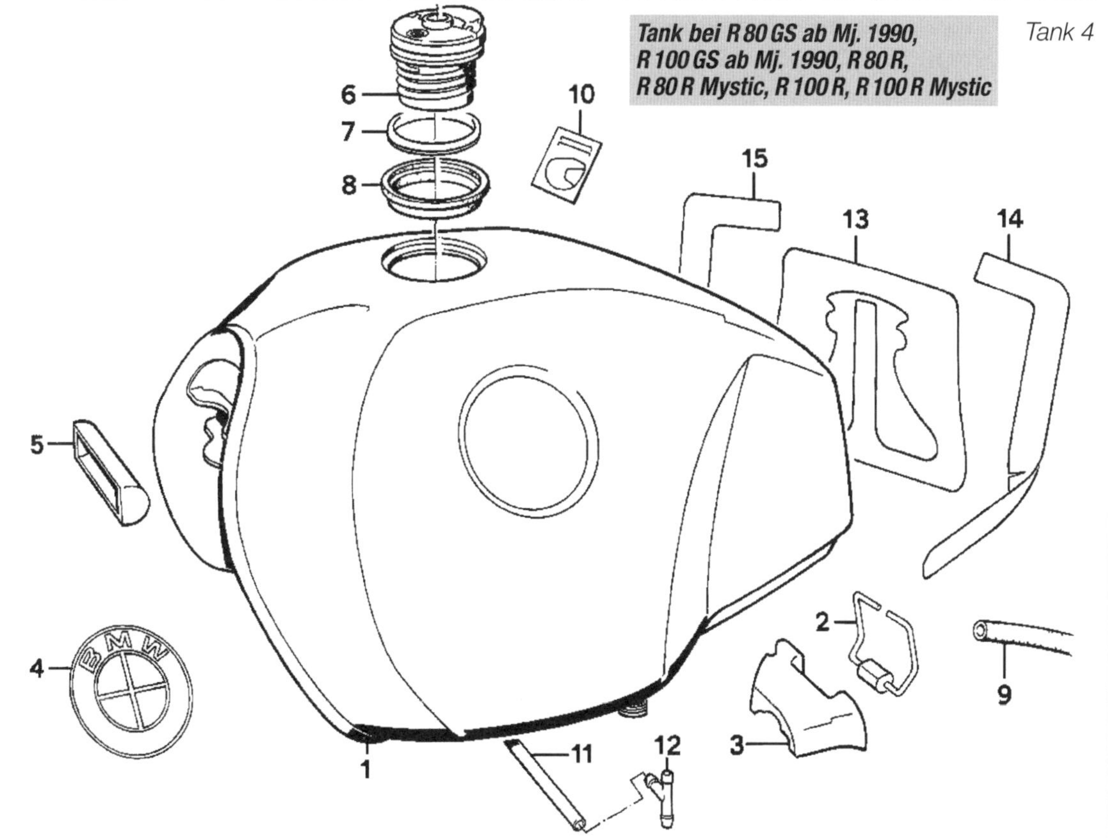

Tank bei R 80 GS ab Mj. 1990, R 100 GS ab Mj. 1990, R 80 R, R 80 R Mystic, R 100 R, R 100 R Mystic

Tank 4

Bauteile

1 *Kraftstofftank*
2 *Halter*
3 *Gummiauflage*
4 *Plakette Ø 82 mm*
5 *Gummiauflage*
6 *Tankverschluss*
7 *Dichtung*
8 *Ring*
9 *Schlauch 1330 mm*
10 *Hinweisschild »Helm«*
11 *Meterware Kraftstoffschlauch 6 x 11*
12 *Verteilerstück*
13 *Unterlage*
14 *Folie links*
15 *Folie rechts*

Tank ab- und aufbauen
Alle Tanks können ohne Werkzeug ab- und aufgebaut werden.
■ Bei den Tanks in den Bildern »Tank 2« bis »Tank 6« ist ein Befestigungsbügel hinten am Tank, an den gelangt man nach Abbau der Sitzbank.
■ Bügel oben mit zwei Fingern packen und nach hinten ziehen, Tank kann jetzt nach hinten abgenommen werden.

Beim Tank in Bild »Tank 1« sind zwei Sicherungsscheiben montiert (»3« in »Bauteile«):
■ Diese am besten mit einer kleinen Zange von den Zapfen abziehen
■ Tank etwas anheben und nach hinten abziehen.

Bauteile
- ***1*** *Deckel grundiert*
- ***2*** *Scharnier*
- ***3*** *Linsensenkblechschraube ST3,5 x 13*
- ***4*** *Senkschraube M4 x 8*
- ***5*** *Halteband*
- ***6*** *Bolzen*
- ***7*** *Linsenschraube M4 x 10*
- ***8*** *Zahnscheibe A4,3*
- ***9*** *Dichtung*
- ***10*** *Schließblech*
- ***11*** *Federscheibe B4*
- ***12*** *Gummiauflage*
- ***13*** *Stützgummi*
- ***14*** *Gummiauflage*
- ***15*** *Bügel*
- ***16*** *Halter*
- ***17*** *Linsenschraube M5 x 12-Z3-1*
- ***18*** *Platte*
- ***19*** *Schloss (Code)*
- ***20*** *Niet 3,2-4A*
- ***21*** *Klammer*
- ***22*** *Kappe*
- ***23*** *Plakette Ø 70 mm*
- ***24*** *Sekundenkleber Loctite 454 (20 g)*
- ***25*** *Halter*

chlorid. Der Vorgang ist abgeschlossen, wenn der Rost abgelöst und das Tankinnere metallisch rein ist: **SCHUTZBRILLE TRAGEN**, Tankverschluss öffnen, in den Tank reinschauen.

7. Tank auf dem »Rücken« ablegen, einen der beiden Stopfen aus der Benzinhahnbohrung ausziehen, Säure **LANGSAM UND VORSICHTIG** auslaufen lassen. Aus der anderen Tankseite ebenfalls.

8. Tank gründlichst mit Wasser ausspülen: Wasserschlauch durch Einfüllöffnung einschieben, Wasser marsch und mindestens 15 Minuten spülen. Am besten im Garten oder im Werkstatthof über dem Gulli machen.

8.1. Wasserspülung beenden, alles Wasser ausschütteln, Tank trocknen lassen: Föhn in Einfüllöffnung stecken und diesen einige Zeit auf mittlerer Hitze laufen lassen.

9. Öffnungen der Benzinhähne wieder verstopfen und sichern (siehe oben Punkt 5.).

10. Phosphorsäure laaaangsam einfüllen, Tankdeckel schließen, Tank langsam drehen und drehen, ruhen lassen, drehen.

10.1. Nach rund einer Stunde mal durch die Tankeinfüllöffnung reinsehen: es sollte sich eine gleichmäßig durchgehende, graue Schicht gebildet haben (»Eisenphosphat«). Wenn JA, die Phosphorsäure ablassen (siehe Punkt 7.).

11. Tank mit offenem Tankdeckel und offenen Benzinhahnbohrungen ablegen, die Eisenphosphatschicht im Tankinneren muss trocknen.

Tank restaurieren

Wenn der Tank innen lackiert ist, sehr tiefe Rostnarben hat oder schon durchgerostet ist, muss man härtere Maßnahmen ergreifen:
■ Man kann z. B. den Tank mit der Menge von zwei Hand voll Glasscherben oder Bleikugeln füllen und diesen dann kräftig und ausgiebig schütteln. Erspart fünf Stunden Fitness-Studio!
■ Man kann auch den mit Glasscherben oder Bleikugeln gefüllten Tank dick in mehrere Decken einwickeln, feste Schnur drum herum binden, das Paket in eine Betonmischmaschine stecken und diese ein paar Stunden lang laufen lassen.

Kleine Bleikugeln kann man in Waffengeschäften als Bleischrot für Schrotflinten kaufen. Wenn Glasscherben verwendet werden sollen, müssen diese möglichst klein sein. Zu diesem Zweck alte Flaschen fest in ein dickes Tuch einwickeln und so lange mit dem Hammer draufdreschen, bis die Scherben klein genug (»bröselig«) sind.

Tank 5 ***Tank bei R 80 GS P-D, R 100 GS Paris-Dakar, R 100 GS P-D, R 100 GS P-D Classic***

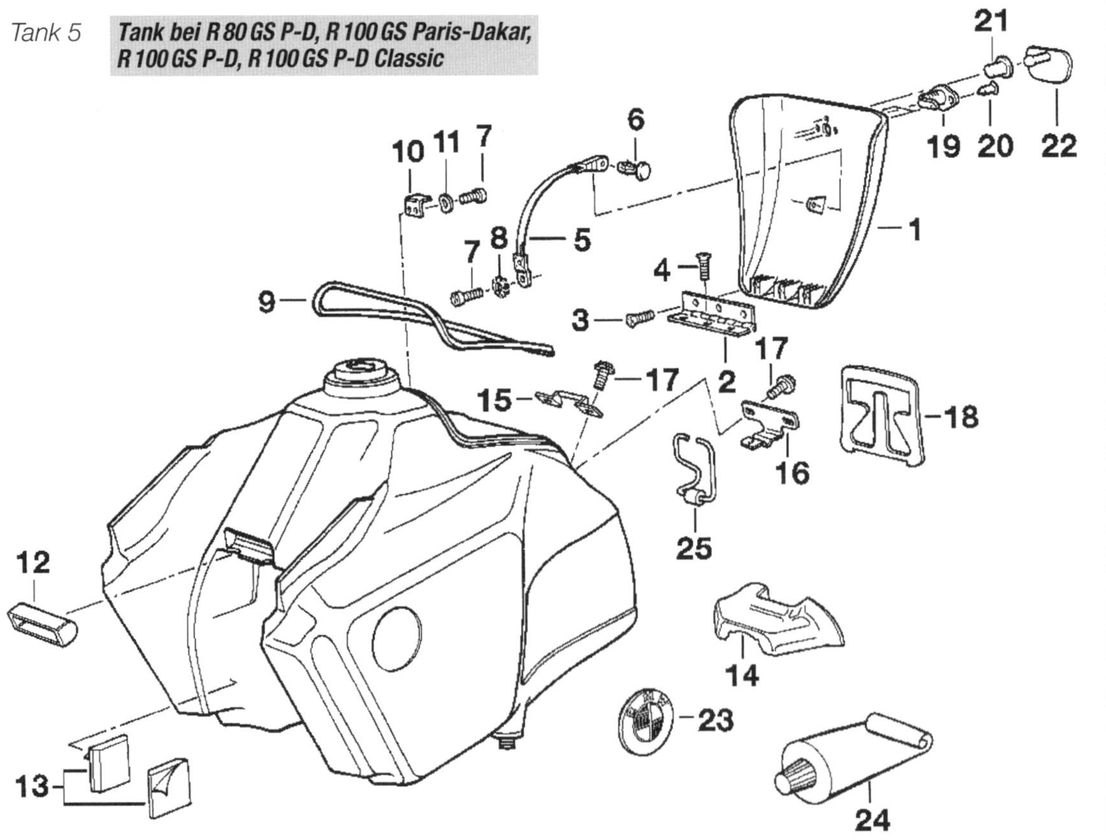

Allerdings führen diese Methoden oft nicht zum erhofften Erfolg, weil die verwinkelten, kleinen Ecken innerhalb des Tanks von den Bleikugeln oder Glassplittern nicht erreicht werden und deswegen der Rost nicht abgeschliffen wird. Schon der kleinste Rest-Rostfleck reicht zur Bildung eines neuen Rostnestes aus, und alle Mühe war umsonst.

Tank innen versiegeln

Auf vielen Veteranenmessen ist der Tankversiegelungsspezialist Herbert Ammon zu finden; er bietet das von ihm entwickelte und patentierte Tanksiegel-Set »Kreem« an für Selbermacher. Wir haben es ausprobiert: Reinigen, Entrosten und Beschichten sind zwar nicht einfach durchzuführen, aber mit Konzentration kann es auch dem Anfänger gelingen.

Ganz anders geht »Der Tank-Spezialist« Roland Behrend vor: Er bietet grundsätzlich nichts zum Selbstmachen an, denn seiner Meinung nach sind eine gründliche Reinigung eines Tanks, auch wenn er scheinbar nur wenig verrostet ist, und die anschließende »Versiegelung« ausschließlich Sache von Spezialbetrieben. Ein verrosteter Tank mit allen Anbauteilen (Deckel, Benzinhähne) muss also zu ihm eingeschickt werden.

Der Preis richtet sich nach Zustand und Größe des Tanks; eine einfache Reinigung liegt bei 120 bis 200 Euro. Ein außen perfekt sandgestrahlter Tank, grundiert und mit kompletter Innenversiegelung kann leicht mehr als 500 Euro kosten.

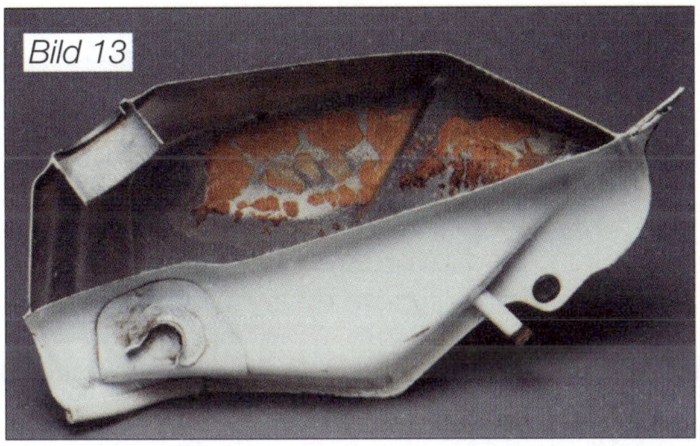

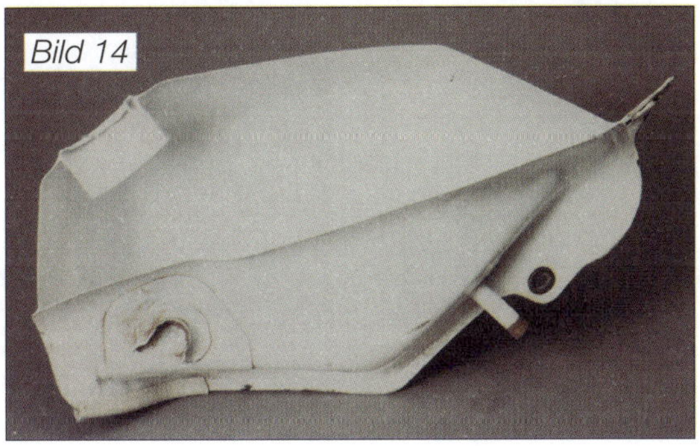

Tank-Adressen
»Der Tank-Spezialist«
Roland Behrend
Sandstraße 8a
D-49733 Wesuwe
www.tank-spezialist.de

Tanksiegel Ammon
Kreuzstraße 6
D-97424 Schweinfurt
www.tanksiegel.de

WEMA Tankmanufaktur
Andre Wenzel
Hauptstr. 416
D-44653 Herne
www.tankmanufaktur.de

Verkleidungsklinik
Patrick Kampelmann
Dieselstraße 13
D-44805 Bochum
www.motorradtank-entrosten.de

Fertan GmbH
Saar-Lor-Lux-Straße 14
D-66115 Saarbrücken
www.fertan.de

Tankdoc UG
Sandra Kupfer
Braunstraße 3
D-97464 Niederwerrn
www.tankdoc-shop.de

Bild 13: Blick in einen rostigen Tank.

Bild 14: Tank nach Reinigung und Beschichtung.

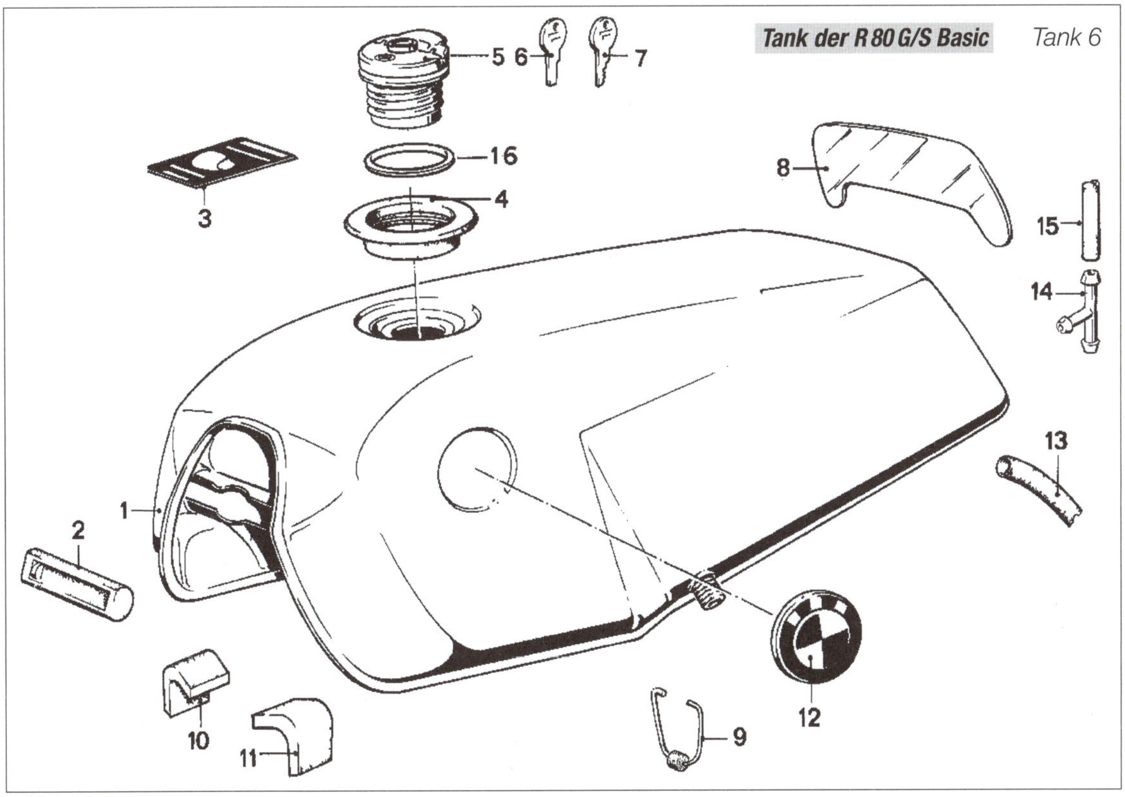

Bauteile

1 Kraftstofftank
2 Gummiauflage
3 Hinweisschild »Helm«
4 Ring
5 Tankverschluss
6 Schlüssel (Rohling)
7 Zündschlüssel klappbar (Code)
8 Folie
9 Halter
10 Stütze rechts
11 Stütze links
12 Plakette Ø 70 mm
13 Schlauch 750 mm oder 1330 mm
15 Meterware Kraftstoffschlauch 6 x 11
16 Dichtung

Sichtprüfung Messen

Luftfilter · SLS-System

In diesem Kapitel: Luftfilter ausbauen, reinigen und einbauen · SLS-System.

Luftfilter

Der Luftfilter sollte bei jeder Inspektion alle 7500 km gereinigt und alle 15 000 km erneuert werden. Groben Schmutz kann man abklopfen, feiner Staub wird im ölgetränkten Filterpapier gebunden und kann nicht entfernt werden; der Filter muss dann erneuert werden. Wenn der Luftfilter stark verdreckt ist, lässt er nicht genügend Luft durch, dann sinkt die Motorleistung und der Benzinverbrauch steigt.

Luftfilter aus-/einbauen, reinigen

1. Motorrad auf Mittelständer abstellen.

■ Der Luftfilter kann bei montiertem Tank ausgebaut werden, aber das ist eine ziemliche Fummelei. Besser ist es, den Tank abzubauen.

2. Oberteil des Luftfiltergehäuses abbauen, es wird von vier Klammern (4 in Bild 3 und Bild 5) gehalten: Mit einem Schlitzschraubenzieher unter die Klammer fahren und diese abdrücken.

3. Luftfilter herausnehmen.

4. Beide Gehäuseteile (und besonders das untere mit den vom Motor kommenden Entlüftungsschläuchen (Bild 2) sorgfältig mit einem mit Motorradreiniger getränkten Lappen ausreiben und trocken putzen.

5. Reinigung des Luftfilters: Schmutz abklopfen, mit Staubsauger vorsichtig absaugen oder mit weicher Druckluft abblasen. Bei zu viel Schmutz einen neuen Luftfilter einbauen

Bilder 1 und 2: Ausgebauter Luftfilter, zum Reinigen den Schmutz abklopfen oder mit Staubsauger vorsichtig von oben absaugen. Bei starker Verschmutzung neuen Filter einbauen. Im Luftfilterkasten sind Motorentlüftungsschläuche verlegt.

Bild 1

Bild 2

Bild 3: Explosionszeichnung der Luftfilter-Baugruppe.

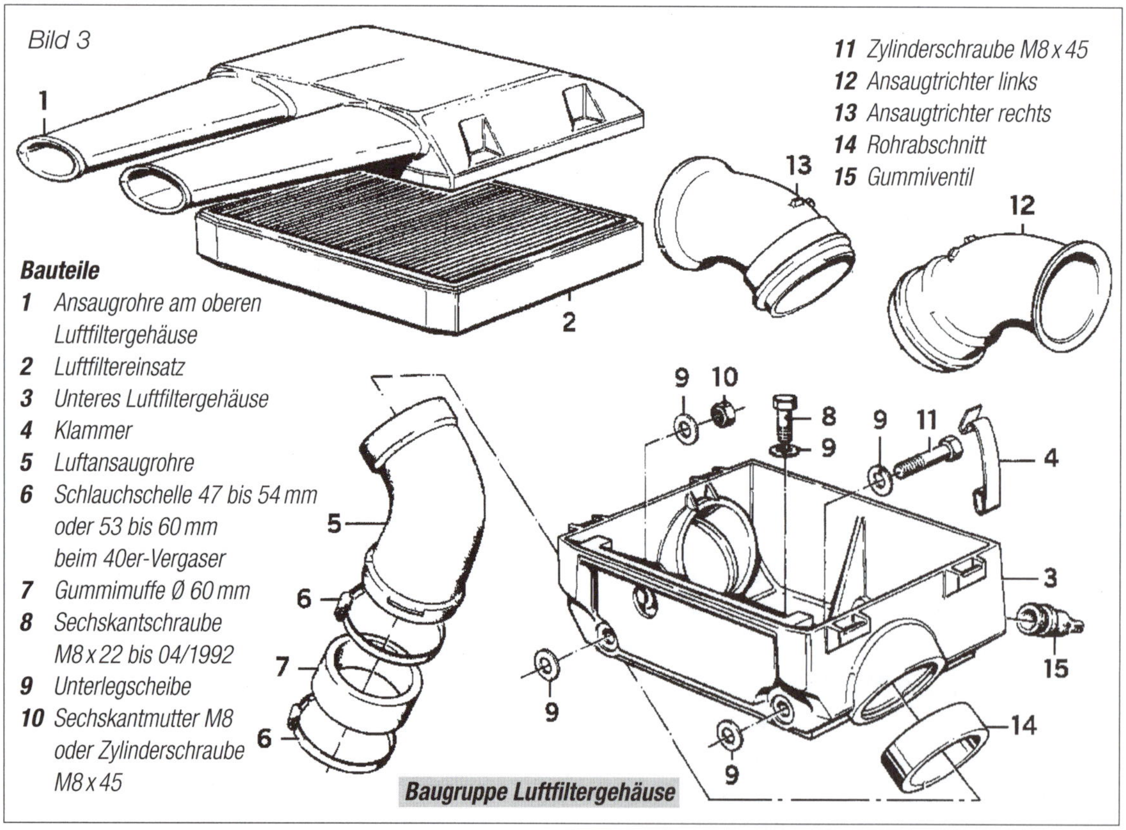

Luftfilter einbauen

1. Luftfilter in Luftfilterkasten einsetzen.

■ Seitliche Beschriftung muss nach hinten weisen bei R 65 GS, R 80 G/S, R 80 ST und R 80 G/S Paris-Dakar.

■ Bei allen anderen Modellen Beschriftung nach vorne.

■ Pfeilmarkierung auf dem Luftfilter muss immer nach oben zeigen.

2. Luftfiltergehäuse-Oberteil aufsetzen.

3. Federklammern nach oben klappen, mit Daumendruck in die Aussparungen im Luftfiltergehäuse-Oberteil einschnappen lassen.

SLS-System

Wegen der immer schärfer werdenden Abgas-Emissionsvorschriften musste BMW auch bei den Boxer-

Motoren Abgasreinigungsmaßnahmen einführen (die damals gebauten K-Modelle hatten geregelten Kat und Einspritzung). Eine im damaligen Kraftfahrzeugbau übliche Methode heißt **SLS** »**S**ekundär-**L**uft-**S**ystem«, bei dem Luft in das Abgassystem eingeblasen bzw. eingesaugt wird, was die Abgase quasi »verdünnt«. Das BMW-SLS war ab dem Modelljahr 1984 als Sonderausstattung zum Aufpreis von 150 DM (ca. 75 Euro) lieferbar; es musste bei der Bestellung der Maschine mitgeordert werden, Nachrüstung war nicht möglich. Erste SLS-Modelle waren R 80 und R 80 RT, die im Spätjahr 1983 gemeinsam präsentiert wurden. Nicht lieferbar war SLS für R 80 G/S, R 80 ST und R 80 G/S Paris-Dakar.

Bilder 4 und 5: Beim SLS-System wird Frischluft aus dem Luftfilterkasten über ein Membranventil in den Auslasstrakt im Zylinderkopf direkt hinter dem Auslassventil eingeleitet. Durch den Lufüberschuss in Verbindung mit der hohen Abgastemperatur gibt es eine Nachverbrennung der Auspuffgase, wobei diese »gereinigt« werden: CO (Kohlenmonoxid) um ca. 40 %, HC (Kohlenwasserstoffe) um ca. 30 % und auch NOx (Stickoxide oder Stickstoffoxide) wird reduziert.

Am Sekundärluftsystem gibt es nichts einzustellen, Störungen sind nicht zu befürchten. Die Schläuche dürfen nicht porös sein und müssen richtig auf ihren Anschlussstutzen sitzen. Ein Ergänzungstext zum »SLS-System« steht auf den Seite 176 und 177 Kapitel 22 »Technische Daten« bei den Modellen R 100 R und R 100 R Mystic.

Bild 4: Explosionszeichnung des Sekundärluftsystems.

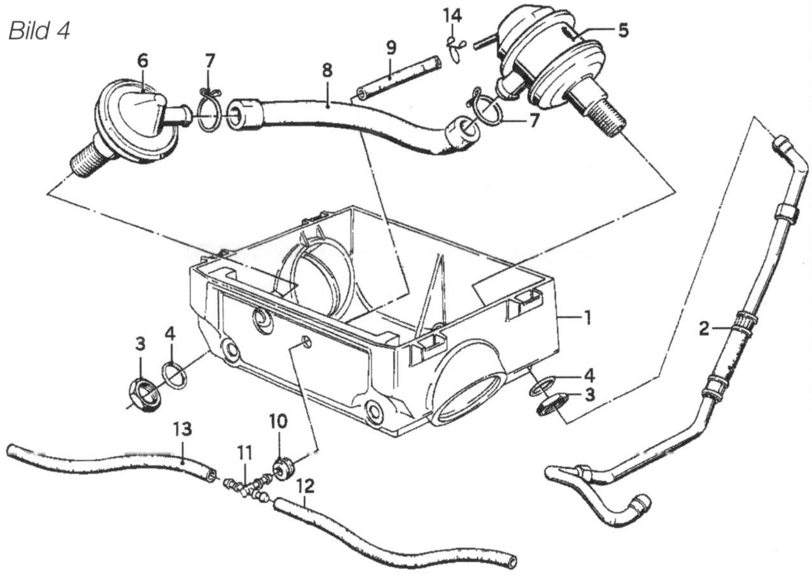

SLS-System: Sonderausstattung alle Modelle außer R 80 G/S, R 80 ST, R 80 G/S Paris-Dakar

Bild 5: Sekundärluftsystem und seine entgiftende Wirkung. Ein Text über das »Wie« und »Warum« steht auf den Seiten 176 und 177 im Kapitel 22 »Technische Daten« bei den Modellen R 100 R und R 100 R Mystic.

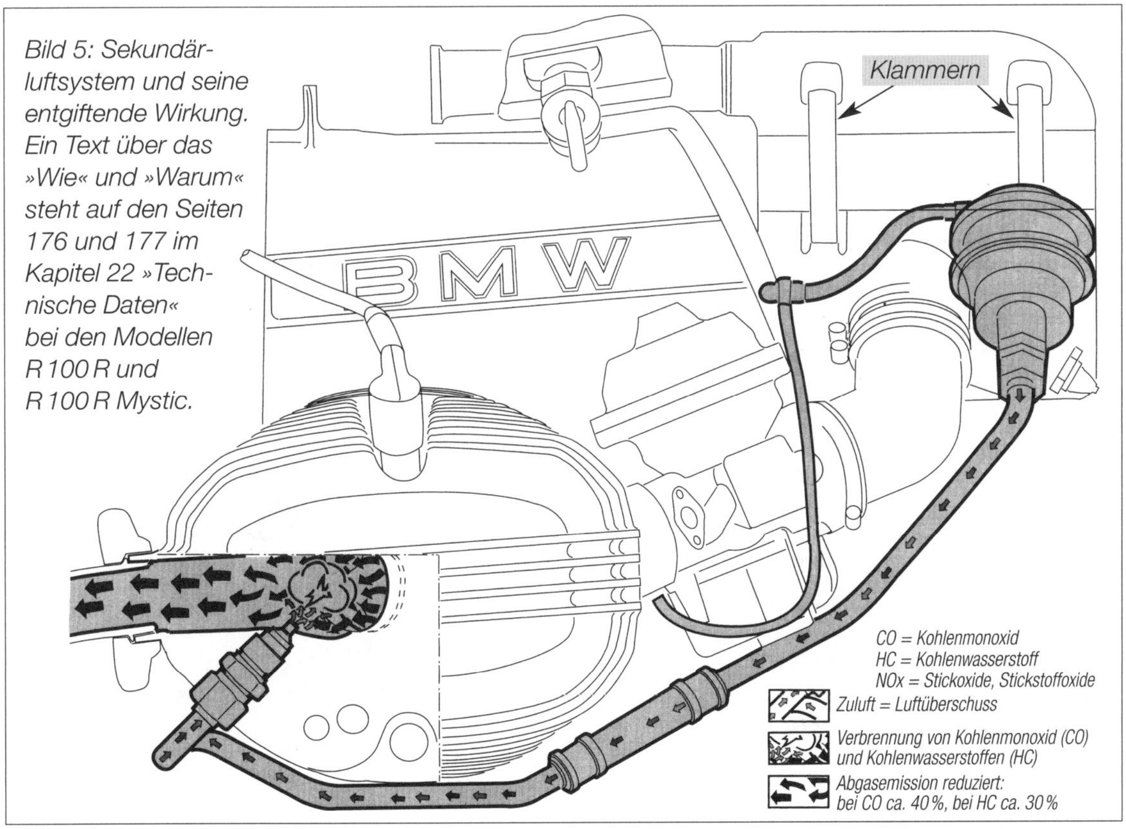

Bauteile

- ***1*** *Luftfiltergehäuse unten »SLS«*
- ***2*** *Ansaugleitung links/rechts »SLS«*
- ***3*** *Sechskantmutter M16 x 1,5*
- ***4*** *Dichtring A16 x 20-AL*
- ***5, 6*** *Ventil »SLS«*
- ***7*** *Schlauchklemme »SLS«*
- ***8*** *Verbindungsschlauch »SLS«*
- ***9*** *Unterdruckschlauch 110 mm/»SLS«*
- ***10*** *Tülle »SLS«*
- ***11*** *T-Stück*
- ***12*** *Unterdruckschlauch 340 mm/»SLS«*
- ***13*** *Unterdruckschlauch Länge 390 mm/»SLS« oder 3,5 x 1,8*
- ***14*** *Schlauchklemme »SLS«*

Vergaser

In diesem Kapitel: Vergaser und Modelle · Funktion des Vergasers, Gemischbildung · Abgasuntersuchung, CO-Wert · Vergaser einstellen · Ansaugstutzen, Klemmschellen · Vergaserprobleme · Vergaser reinigen, abbauen, zerlegen.

Vergaser und Modelle

An allen Maschinen unseres Buchs sind Bing-Gleichdruckvergaser angebaut. Ihr Durchlass, auch »Saugrohrdurchmesser« genannt (Bilder 1 und 1c), wird in Millimetern angegeben. In der Tabelle auf der rechten Seite sind die Ver-

Bauteile des Vergasers
1 Drosselklappe
2 Membran
3 Gasschieber (Kolben)
4 Unterdruckkanal
5 Düsennadel
6 Nadeldüse
7 Luftkanal
8 Schwimmerventil
9 Düsenstock
10 Hauptdüse
11 Schwimmerkammer

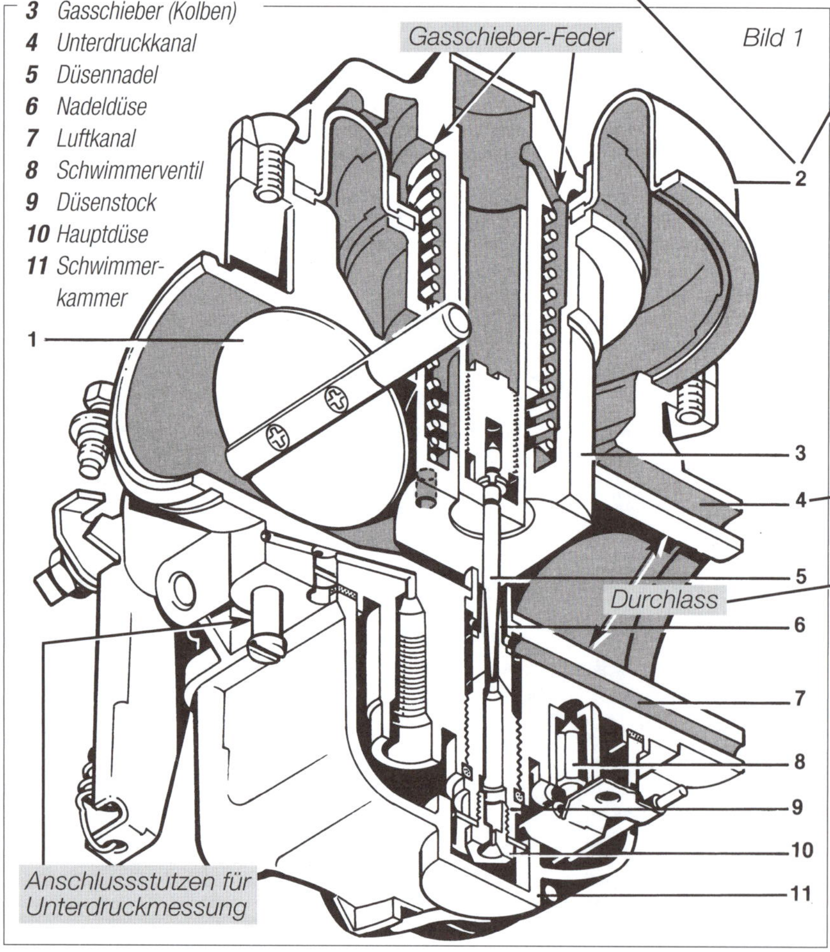

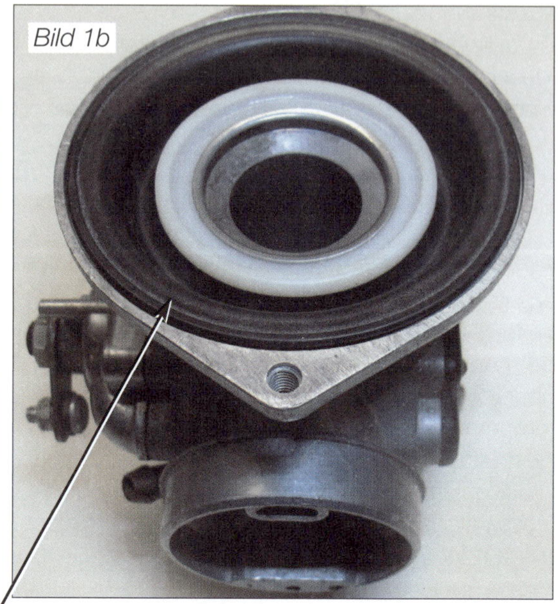

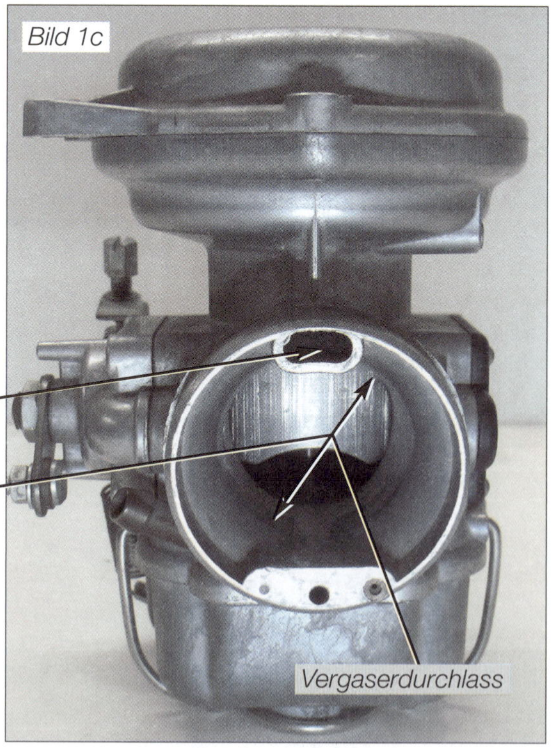

Bilder 1 und 1a bis 1c: Vergaser im Schnittbild plus Bilder der aus- und eingebauten Membran, des Unterdruckkanals und Vergaserdurchlasses.

gaserdurchlässe der verschiedenen Modelle aufgeführt sowie die Durchmesser der Gummistutzen (»Ansaugstutzen«) zwischen Zylinder und Vergaser und die Nummer (Größe) auf der Hauptdüse.

Die Bing-Gleichdruckvergaser sehen auf den ersten Blick gleich aus, sind jedoch für rechts und links verschieden. Beachtet werden müssen die Vergasernummern; sie sind im Kapitel 22 »Technische Daten« aufgelistet zusammen mit weiteren wichtige Vergaserdetails. Bild 2: Die Vergasernummer ist auf der vorderen senkrechten Rippe des Vergasers eingraviert.

Funktion des Vergasers

Im Vergaser werden der aus dem Tank zugelaufene Treibstoff und die über den Luftfilter angesaugte Luft zu einem zündfähigen Gemisch vermengt. Etwas detaillierter erklärt: Die Hauptteile des Bing-Gleichdruckvergasers sind in den Bildern 1 bis 1c zu sehen. Daran wollen wir erklären, wie ein Gleichdruckvergaser arbeitet:

- Die Drosselklappe (***1*** in Bild 1) wird über einen Bowdenzug (»Gaszug«), der mit dem Gasgriff verbunden ist, betätigt.

Vergaserdurchlass, Stutzen

Modelle	Ø der Bing-Gleichdruckvergaser	Ø der Gummistutzen zum Zylinderkopf	Nummer (Größe) der Hauptdüse
R 65	32 mm	52 mm	130
R 65 mit 27 PS	26 mm	52 mm	102
R 65 RT	32 mm	52 mm	130
R 65 GS	32 mm	52 mm	102
R 80 G/S	32 mm	52 mm	148
R 80 ST	32 mm	52 mm	148
R 80 G/S Paris-Dakar	32 mm	52 mm	148
R 80	32 mm	52 mm	135*
R 80 RT	32 mm	52 mm	135*
R 80 GS	32 mm	52 mm	135*
R 80 GS P-D	32 mm	52 mm	135
R 80 R	32 mm	52 mm	135*
R 80 R Mystic	32 mm	52 mm	150
R 100 RS	32 mm	54 mm	135
R 100 RT	32 mm	54 mm	135
R 100 RT Classic	32 mm	54 mm	135
R 100 GS	40 mm	62 mm	150
R 100 GS Paris-Dakar	40 mm	62 mm	150
R 100 GS P-D	40 mm	62 mm	150
R 100 GS P-D Classic	40 mm	62 mm	150
R 100 R	40 mm	62 mm	150
R 100 R Mystic	40 mm	62 mm	150

* = in der 27 PS/20 kW-Ausführung: 110 ab Mj. 1992; 115 ab Mj. 1994

- Wenn bei laufendem Motor vom Fahrer Gas gegeben wird, bewegt sich die Drosselklappe um einen bestimmten Winkelbetrag und es entsteht ein entsprechender Unterdruck im Einlasssystem (»Ansaug-Unterdruck«).
- Dies gilt auch für den Nebenkanal (»Unterdruckkanal«, ***4*** in Bild 1), welcher mit dem Raum über der Membran verbunden ist.
- Abhängig von diesem Unterdruck wird die Membran (***2*** in Bild 1, Bilder 1a und 1b) nach oben gezogen – und weil diese fest mit dem Gasschieber (***3*** in Bild 1) verbunden ist (Bilder 1a und 1b), zieht diese ihn in die Höhe.
- Im Gasschieber ist die Düsennadel (***5*** in Bild 1) eingebaut, diese ragt mit ihrem konisch geformten Teil in die Nadeldüse (***6*** in Bild 1). Sie ist der obere Teil des Düsenstocks (***9*** in Bild 1), in dem die Hauptdüse (***10*** in Bild 1) eingeschraubt ist.
- Entsprechend der Stellung der Düsennadel gibt sie einen Ringspalt frei, durch den mehr oder weniger Benzin angesaugt wird, das sich im Durchlass mit der angesaugten Luft verwirbelt und zum »Ansauggemisch« wird.
- Wenn das Gas zugemacht wird, also die Drosselklappe den Durchlass verringert oder gar schließt, sinkt der Ansaug-Unterdruck, der Gasschieber senkt sich ab, dabei wird er von einer dünnen Feder (»Gasschieber-Feder« in Bild 1) unterstützt. Weil die Düsennadel durch ihre konische Form immer dicker wird, je weiter sie in die Nadeldüse eintaucht, kommt nun auch weniger Benzin in den Vergaser.

Gemischbildung im Vergaser

In allen Öffnungsbereichen des Gasschiebers sollen Benzin und Luft auf den stöchiometrisch optimalen Wert von 1:14,7 vermischt werden. Dies bedeutet, dass der Vergaser so eingestellt sein muss, dass sich 1 kg Benzin (= 1,33 Liter)

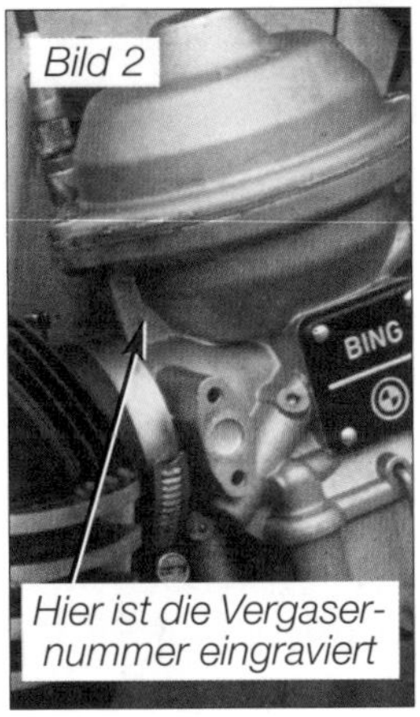

Bild 2: Die Vergasernummer ist auf der vorderen senkrechten Rippe des Vergasers eingraviert.

Bild 3: Wirkung der verschiedenen Vergaserbauteile bei entsprechender Gasschieberöffnung.

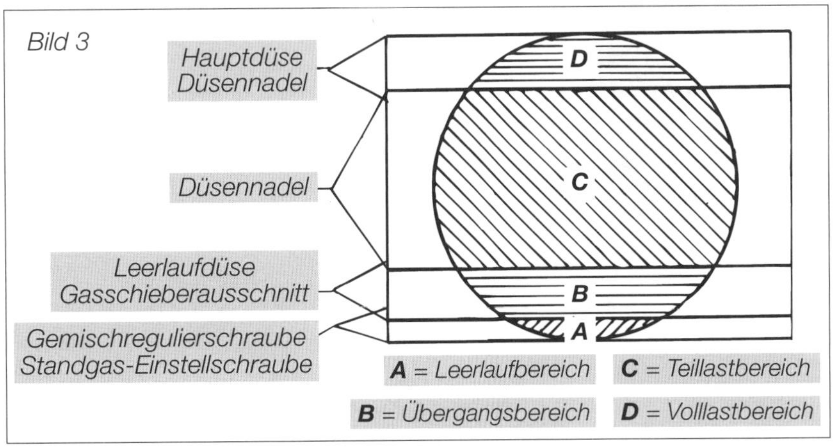

Sichtprüfung · Messen

Vergaser-Einstellgeräte
Hier eine Auswahl verschiedener Vergaser-Einstellgeräte.

Ohne Bild: Das von BMW empfohlene Gerät heißt »Unitest« (BMW-Nr. 13 0 500) und kann beim BMW-Motorradhändler gekauft werden.

»Carbtune Pro« kommt aus England und arbeitet mit Röhrenanzeigen.
Wunderlich GmbH
Kranzweiherweg 12
D-53489 Sinzig
www.wunderlich.de

Klassische Unterdruck-Anzeigeuhren.
Böhm Synchrontester
Postfach 600239
D-81202 München
www.boehm-synchrontester.de

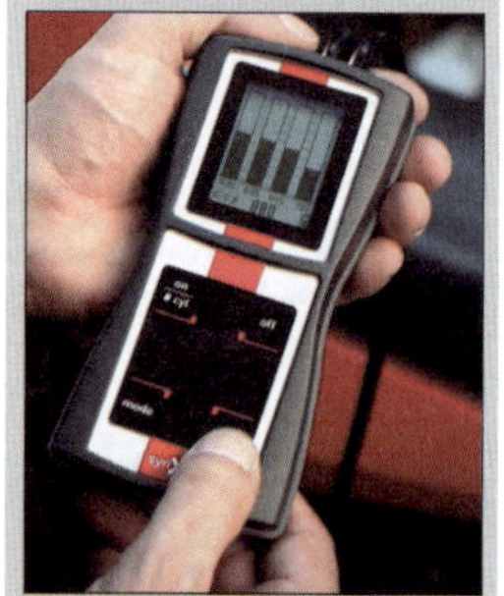

Das elektronische Gerät »x-log synX« hat Balkenanzeigen.
X-log Elektronik GmbH
Balanstraße 55
D-81541 München
www.x-log.de

mit 14,7 kg Luft (= 11.370 Liter) vermischt, weil dieser Wert die optimalste Verbrennung bringt. In anderen Zahlenwerten: 1 Liter Benzin soll sich mit 8550 Liter Luft vermischen.

Im Schaubild 3 sind die Bereiche »Leerlauf«, »Übergang«, »Teillast« und »Volllast« eines Vergasers mit zugehöriger Gasschieberöffnung dargestellt. Aus dieser Erklärung wird klar, warum ein Vergaser mit all seinen Bauteilen, Bohrungen und Düsen sorgsam auf den Motor abgestimmt sein muss. Wenn nur ein Bauteil nicht richtig eingestellt oder nur eine Düse verdreckt ist, bricht die Vergaserfunktion in sich zusammen.

Fetteres Gemisch zum Kaltstart

Beim Start des kalten Motors (dieser Begriff heißt sinnigerweise »Kaltstart«) muss das Gemisch fetter sein, damit es »zündfähiger« wird und vom Funken der Zündkerze sicher entzündet wird.

Abgas-Untersuchung (AU) bei Motorrädern
Eine Abgas-Sonderuntersuchung wird im Rahmen der Prüfung zum § 29 von der Prüfstelle (TÜV, Dekra, Küs) durchgeführt bei Motorrädern, die nach dem 1. Januar 1989 erstmals zugelassen wurden.

- Der Grenzwert ohne Katalysator beträgt 4,5 Vol% CO, gemessen im Standgas
- Der Grenzwert mit Katalysator liegtbei 0,3 Vol% CO, gemessen bei 2000/min.

Hersteller können bei Motorrädern mit KAT eigene Grenzwerte festsetzen, z. B. gibt BMW 1,0 Vol% CO an bei den Kat-Modellen R 1100, R 1150 GS oder F 650 GS und Kawasaki sogar 4,5 Vol% CO bei der KLV 1000.

Angaben für die Modelle unseres Buches
Gemessen wird im Leerlauf bei 800 bis 1100/min

- R 80 G/S, R 80 ST, R 80 G/S Paris-Dakar ... keine Angaben
- R 65, R 65 RT, R 65 GS, R 80, R 80 RT, R 100 RS, R 100 RT .... 2,0 ± 1,0 Vol% CO
- R 80 GS, R 80 GS P-D, R 80 R, R 80 R Mystic, R 80 GS Basic............ 2,5 ± 1,5 Vol% CO
- R 100 GS, R 100 GS Paris-Dakar, R 100 GS P-D, R 100 R, R 100 R Mystic.................... 1,0 ± 0,5 Vol% CO

Zu diesem Zweck ist am Vergasergehäuse ein kleiner Zusatzvergaser angebracht, volkstümlich »Choke« genannt. Betätigt wird dieser über einen Bowdenzug von einem Hebel, der auf der linken Lenkerarmatur sitzt. Wenn dieser Chokehebel betätigt wird, verdreht der angeschlossene Bowdenzug den Chokekolben im Chokegehäuse, wodurch ein Schlitz freigegeben und durch den zusätzliches Benzin angesaugt wird.

Abgasuntersuchung, CO-Wert

Unten links steht ein Text zur Abgas-Sonderuntersuchung, wie sie im Rahmen der zweijährigen Prüfung zum § 29 (»TÜV«) durchgeführt werden muss. Zum Einstellen des CO-Restwerts im Abgas braucht man einen Abgastester, dessen Sonde in den Auspufftopf eingesteckt wird.

Wenn die Maschine mit dem Sekundärluftsystem SLS ausgerüstet ist, muss man die BMW-Messvorschrift beachten:

- Beide SLS-Leitungen am Anschluss des Luftfilterkastens abziehen.
- Eine Leitung mit der Schraube Nr 13 0 900 (Bild 4a) verschließen.
- An die andere Leitung die Messsonde mit dem BMW-Spezialwerkzeug »Adapter« (Nr. 13 0 910) anschließen (Bild 4b).
- Messung durchführen, Messwerte ggf. durch Drehen der Leerlaufgemisch-Regulierschraube (Bilder 5 und 6) auf die vorgeschriebenen Werte bringen: Rechts herum drehen (Schraube EINdrehen) macht das Gemisch »magerer«, links herum drehen (Schraube AUSdrehen) macht das Gemisch fetter.

Ein CO-Tester ist allerdings ein Gerät, das kaum ein Hobbybastler hat, weil es selten gebraucht wird. Denn wenn die Einstellung des Vergasers, wie wir sie im nächsten Absatz beschreiben, fachgerecht durchgeführt wird, braucht man keine zusätzliche CO-Restwertmessung zu machen (außer man muss zum TÜV). Weil Motorrad- und BMW-Werkstätten meistens einen CO-Tester haben und auch § 29-gültige Prüfbescheinigungen ausstellen dürfen, raten wir, die Überprüfung des CO-Restwerts in einer Motorradwerkstatt machen zu lassen.

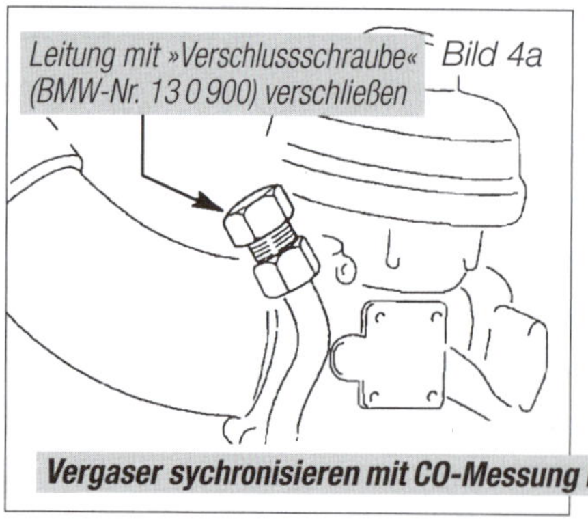

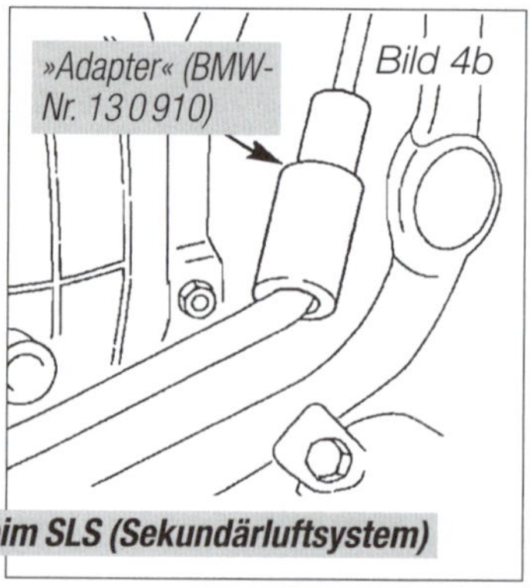

Vergaser sychronisieren mit CO-Messung beim SLS (Sekundärluftsystem)

Vergaser einstellen

Spezialwerkzeuge
Eine Synchronisation der Vergaser mit einem Unterdruck-Messgerät ist die beste Methode zur Prüfung und Einstellung auf »Gleichlauf der Zylinder«. In der Textspalte außen auf der linken Seite sind Test- und Einstellgeräte aufgelistet, die für Hobbyschrauber interessant sind; man bekommt die Geräte in den bekannten Motorrad-Zubehör-Shops.

Zum Synchronisieren der Vergaser arbeiten wir mit dem »Boehm Synchrontester« und empfehlen diesen auch deswegen, weil die Unterdruckuhren sehr genau eingestellt werden können und dem Gerät eine ausführliche und verständlich geschriebene Betriebsanleitung beiliegt. Egal, welches Gerät Sie benutzen: Bitte lesen Sie seine Betriebsanleitung vor (!) Beginn der Einstellarbeiten durch.

Zur Vergasereinstellung muss man sicher sein, dass das Ventilspiel stimmt (siehe Kapitel 15 »Ventile einstellen«) und die Zündkerzen in Ordnung sind (siehe Kapitel 16 »Zündkerzen«). Deswegen macht man es zweckmäßigerweise am Ende einer Inspektion vor der abschließenden Inspektions-Probefahrt.

Grundeinstellung der Vergaser
Motor starten und rund zehn Kilometer warm fahren. Oder einige Minuten warm laufen lassen, bis das Motoröl mindestens 80 °C hat.

1. Motor AUSschalten. Motorrad senkrecht auf Hauptständer aufbocken.
2. Grundeinstellung an beiden Vergasern vornehmen:
2.1. Bild 5: Spiel des Gaszugs an der Gaszug-Einstellschraube eines jeden Vergasers auf ca. 4 mm einstellen. Damit wird sichergestellt, dass die Drosselklappen während der Einstellung ganz geschlossen sind und nicht in teiloffenem Zustand an den Gaszügen »hängen«.
3. Bild 5: Chokezug prüfen und ggf. so einstellen, dass der Chokehebel bei ausgeschalteter Chokebetätigung (Hebel am Lenker in Nullstellung) ganz geschlossen ist.
4. Bilder 5 und 6: Leerlaufgemisch-Regulierschraube ganz sanft und ohne Kraftaufwand bis zum Anschlag eindrehen, dann eine 3/4 Umdrehung ausdrehen.
5. Bilder 5, 7: Drosselklappen-Anschlagschraube etwas ausdrehen, bis der Drosselklappen-Hebel

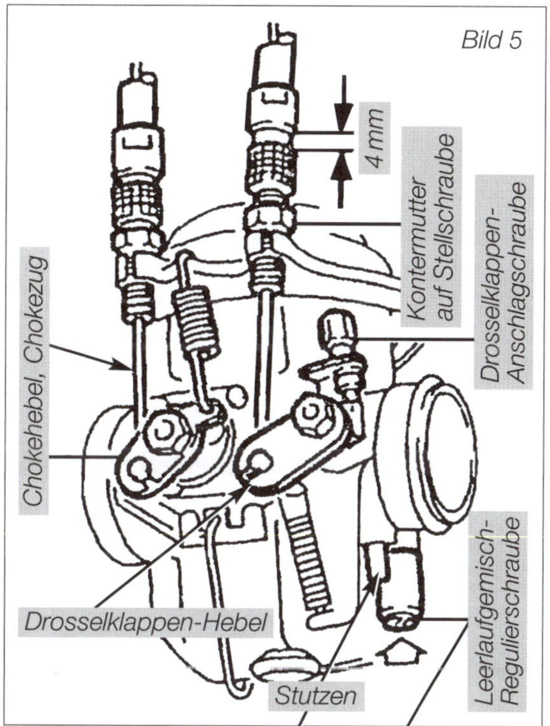

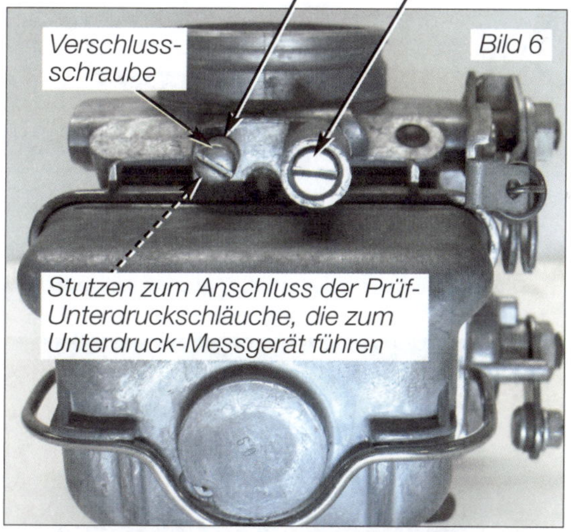

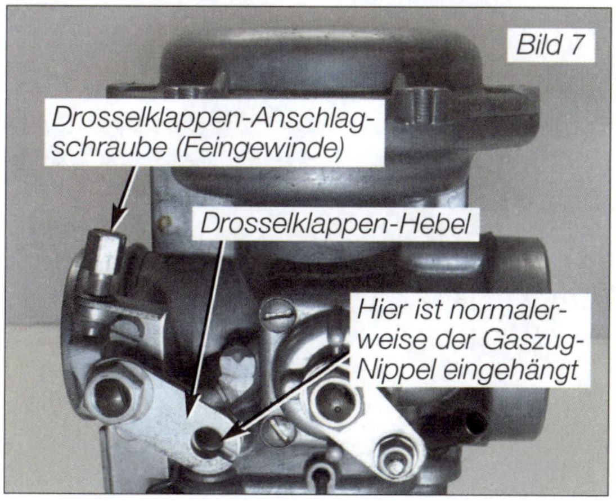

Bilder 4a und 4b auf der linken Seite: Wenn die Maschine mit dem SLS-System ausgerüstet ist, muss man zur CO-Messung die Leitungen am Anschluss des Luftfilterkastens abziehen, eine Leitung mit der Schraube Nr 13 0 900 (Bild 4a) verschließen und an die andere Leitung die Messsonde mit dem Spezialwerkzeug »Adapter« (Nr. 13 0 910) anschließen (Bild 4b).

Bilder 5, 6 und 7: Wichtige Bauteile am Vergaser, die im Lauftext bei »CO-Messung« und »Vergaser einstellen« erwähnt sind.

Sichtprüfung Messen

von sich aus in »geschlossen«-Positon bleibt.
5.1. Drosselklappen-Anschlagschraube jetzt wieder so weit eindrehen, bis sie den Drosselklappenhebel gerade eben berührt.
5.2. Drosselklappen-Anschlagschraube eine weitere 1/2 Umdrehung eindrehen.

Vergaser synchronisieren
1. Motor ist immer noch AUSgeschaltet. An jedem Vergaser die Verschlussschraube (Bild 6) unten im Unterdruck-Anschlussstutzen ausschrauben.
2. Schläuche des Synchrontesters auf Stutzen unten am Vergaser (Bilder 1, 5 und 6) aufstecken.

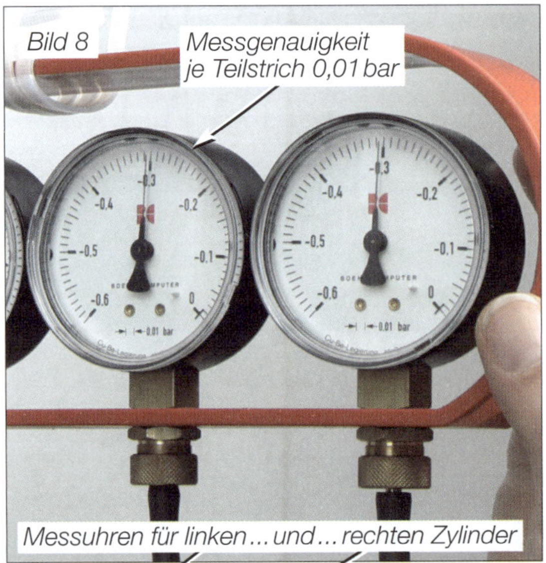

Bilder 8 und 9: Zum Synchronisieren der Vergaser werden Unterdruck-Messuhren benötigt, die über Schläuche an Stutzen unten an jedem Vergaser angeschlossen werden. In den Bildern die von uns empfohlenen Uhren »Boehm-Synchrontester« (www.boehm-synchrontester.de). Rechts zeigen die beiden Uhren einen gleichmäßigen Unterdruck an, im unteren Bild sind sie fürs Foto in kompakter Form mit aufgewickeltem Messschlauch zum linken Vergaser.

2.1. Synchrontester am besten auf dem Tank ablegen, eine handbreite Lage weichen Schaumstoff oder ein kleines Kissen darunter legen und den Synchrontester mit Gummi-Gepäckspannern »halbfest« befestigen, dass die Schläuche nicht geknickt werden, das Gerät aber später auch, wenn der Motor läuft, nicht herunterfallen kann.
3. Zündung EINschalten, Motor starten und einige Sekunden laufen lassen, bis der Leerlauf stabil ist und dann die Leerlaufdrehzahl prüfen: Bei warmem Motor soll sie 900/min betragen, weil bei dieser Drehzahl der Motor am genauesten auf eine Veränderung des Leerlaufgemischs reagiert.
3.1. Einige Male kurz und rhythmisch Gas geben und Gas wegnehmen. Läuft der Motor im Leerlauf exakt?
4. Wenn die Leerlaufdrehzahl nicht bei 900/min liegt, sie auf diesen Wert möglichst genau einstellen. Dazu folgendermaßen vorgehen:
4.1. An einem der beiden Vergaser die Leerlaufgemisch-Regulierschraube vorsichtig eindrehen, bis die Leerlaufdrehzahl beginnt abzufallen.
4.2. Leerlaufgemisch-Regulierschraube wieder 1/8 bis 1/4 Umdrehung herausdrehen.
5. Diesen Einstellvorgang am anderen Vergaser wiederholen.
5.1. Die Leerlaufdrehzahl muss jetzt zwischen 800 und 1100/min liegen. Wenn nicht, muss die Einstellung wiederholt werden.
6. Nun das Gaszugspiel an den Einstellschrauben (Bild 5) an den Vergasern auf 0,5 bis 1 mm einstellen.
7. Die Leerlaufdrehzahl am Gasgriff leicht erhöhen, auf etwa 2500/min bis 3000/min.
7.1. Synchrontester genau beobachten (Bild 8): Wie gleich werden die Unterdrücke beider Vergaser angezeigt? Die Anzeigenadeln müssen sich möglichst synchron bewegen.
7.2. Wenn eingestellt werden muss: Einstellschrauben gaaaanz laaangsam ein- oder ausdrehen, bis für beide Vergasern der gleiche Unterdruck angezeigt wird (Bild 8).
7.3. Nach jeder Einstellung immer wieder etwas Gas geben und Gas wegnehmen und dabei beobachten, wie synchron die Nadeln in den Uhren der Synchrontester anzeigen.
8. Wenn der Motor stabilen Leerlauf hat, beim Gasgeben sauber hochzieht und sich die Nadeln der Uhren synchron bewegen: Kontermuttern der Einstellschrauben (Bild 5) »leicht handfest« kontern, 10er-Gabelschlüssel zu Hilfe nehmen. Einstellschrauben dabei unbedingt mit einer Kombizange in Position festhalten, damit sie sich nicht verdrehen.

Ansaugstutzen, Klemmschellen

Gummi-Ansaugstutzen: Diese sind bei älteren Maschinen oft porös oder rissig; siehe dazu Bild 10. Selbst wenn man die Risse nicht auf den ersten Blick sieht, bei laufendem Motor gehen die Risse durch die Vibrationen auf, es wird Falschluft angesaugt und das Gemisch magert ab: Der Motor überhitzt, Kolbenklemmer oder ein Loch im Kolben sind die Folge.

Den Ansaugstutzen kann man folgendermaßen auf Risse testen: Motor starten und im Leerlauf warm laufen lassen, Ansaugstutzen von außen mit Bremsenreiniger besprühen: Wenn sich der Leerlauf verändert, sind die Ansaugstutzen rissig. Neuteile einbauen!

Klemmschellen: Für die Klemmstellen der Vergaser in den Gummi-Ansaugstutzen und den Luftrohren zum Luftfilterkasten nur originale BMW-Klemmschellen verwenden.

Auf den Benzinschläuchen auf den Stutzen der Benzinhähne, den T-Stücken und beiden Vergasern sind serienmäßig keine Klemmschellen montiert. Es empfiehlt sich jedoch, solche anzubringen (Bilder 11 bis 12b), weil an diesen Anschlüssen immer leicht Benzin ausgast und manchmal sogar tropft, obwohl der Schlauch fest sitzt. Speziell ältere Schläuche, die ihre Weichheit verloren haben und verhärtet sind, lassen gerne Benzin durch.

Vergaserprobleme?

Wenn der Motor Probleme macht, die auf einen oder beide Vergaser zurückzuführen sind, ist es ratsam, die Vergaser abzubauen, auf einer sauberen Arbeitsplatte zu zerlegen und zu reinigen. Reinigen Sie dann aber nicht nur den einen Vergaser, der Probleme macht, sondern beide.

Kleinere Probleme unterwegs kann man auch bei angebautem(n) Vergaser(n) beheben. »Kleinere Probleme« sind z. B. verstopfte Düsen oder fester Dreck an der Düsennadel (Bild 13). Diese spürt man so:

- Motor ruckelt
- Motor hat Aussetzer auf einem Zylinder
- Motor hustet und spuckt

Tipp: Bevor Sie jedoch die Vergaser abbauen, kaufen Sie sich eine Flasche Kraftstoff-Systemreiniger wie beispielsweise »Fuel Protect« (Bild 16) und schütten diesen zum Benzin in den Tank. Das Zeug ist zwar biologisch nicht ganz einwandfrei, aber äußerst wirkungsvoll, denn es reinigt Tank, Benzinleitungen und Vergaser-

Bild 10

Bild 10: Die Gummi-Ansaugstutzen dürfen nicht rissig sein.

Bild 11

Bild 12a

Bild 12b

Bilder 11 bis 12b: Klemmschellen zum Abbau an ihren Enden mit einer Zange zusammendrücken und von der Klemmstelle wegführen.

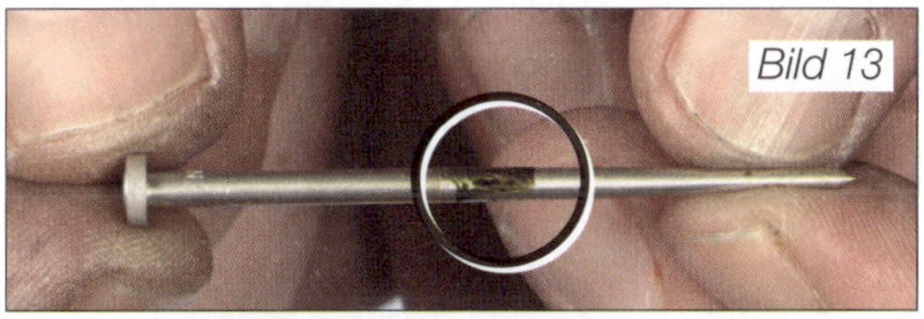

Bild 13

Bild 14

Bild 15

Bilder 13, 14, 15: Schmutz an Düsennadel und in der Schwimmerkammer darf nicht sein. Harte Rückstände an der Düsennadel NICHT mit harten Gegenständen abkratzen oder mit einer Feile drangehen, sondern nur den Fingernagel dazu nehmen.

Sichtprüfung Messen

Bild 16

Bild 16: »Fuel Protect« beseitigt Ablagerungen in Tank und Vergasern.

Bild 18a

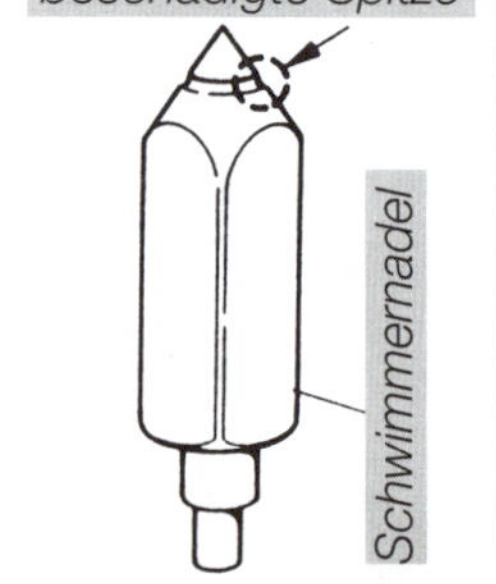

Bilder 18a und 18b: Schwimmernadel und Nadelsitz müssen sauber und unbeschädigt sein.

Bild 18b

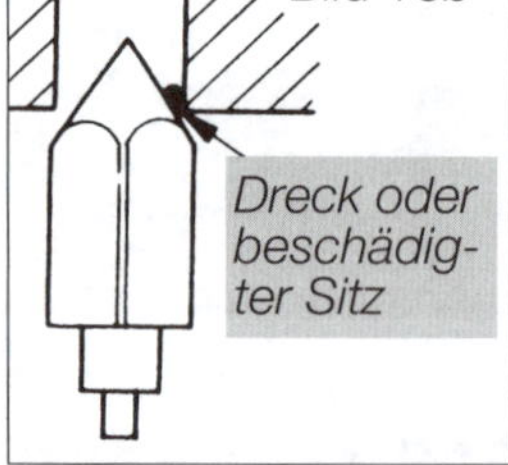

bauteile und sorgt auch für eine Reinigung des Brennraumes von Verbrennungsrückständen (Ölkohle). Mengenangabe genau beachten, sie steht auf dem Etikett der Flasche!

Dreck in Schwimmerkammer und Düsen

Wenn Dreck in der Schwimmerkammer sitzt, ist dieser auch meistens schon in die Düsen gelangt. Eine »verstopfte Düse« muss nicht total zugestopft sein, sondern es genügt, wenn ein kleiner Schmutzpartikel so hartnäckig in der Düsenbohrung sitzt, dass diese teilweise verstopft ist, also nur ein Teil ihres Querschnitts für den Benzindurchlauf frei ist: Der Motor ruckelt, läuft »zu mager«, hat keine Leistung und wird schon nach kurzer Fahrzeit zu heiß.

Schwimmerkammer abbauen

1. Motor AUS, Benzinhahn zu. Geeignetes Auffanggefäß unter den Vergaser stellen.
2. Bild 14: Schwimmerkammer abnehmen, indem der Bügel abgedrückt wird.

Achtung: Die Schwimmerkammer ist meistens auf der Dichtung verklebt: Mit dem Griff eines mittelgroßen Schraubenziehers ringsum auf (auf!) das Schwimmerkammergehäuse klopfen, das löst die Verklebung.

3. Bild 15: Schwimmerkammer abnehmen und nachsehen, ob sich Dreck darin befindet: Wenn »ja«, kommt der Dreck garantiert aus dem Tank. Wir empfehlen dann, den Tank abzubauen, den alten Sprit zu entsorgen und neuen Sprit zu tanken.
4. Auffanggefäß ist untergestellt: Benzinhahn öffnen und nachsehen, ob Benzin ungehindert durch das Schwimmerventil durchfließt.
5. Mit spitzen Fingern den Schwimmer vorsichtig nach oben drücken, bis leichter Widerstand spürbar wird: Jetzt nachsehen, ob das Schwimmerventil dicht schließt, es darf dann also kein Benzin nachlaufen.

Tipp: Wenn der »alte« Sprit noch gebraucht wird, weil in der Einsamkeit der Straße keine Tankstelle in der Nähe ist: Den aus dem Tank auslaufenden Sprit durch ein feines Sieb oder sauberes Baumwolltuch in ein geeignetes Auffanggefäß ablassen, danach ist er sauber genug und kann wieder verwendet werden.

Hinweis: Im Härtefall muss man eine Entrostung des Tanks mit oder ohne Versiegelung durchführen (siehe Kapitel 11 »Benzinhahn · Tank«). In jedem Fall sollte man die Benzinhähne ausbauen und den Dreck aus dem Tank ablaufen lassen.

Bild 17

Bild 17: Dieser Vergaser stand 25 Jahre still. Der steinharte Dreck in Schwimmerkammer und Düsen ist eine Mischung aus Korrosion und eingetrocknetem Benzin. Ein solcher Vergaser muss in seine Einzelteile zerlegt und diese mehrere Stunden lang im Ultraschallbad (Bild 22) in erwärmter Reinigungsflüssigkeit »gekocht« und somit gereinigt werden. Nur eine solche Reinigung garantiert, dass alle Bohrungen, und seien sie noch so fein, sauber und durchgängig werden.

Bild 19

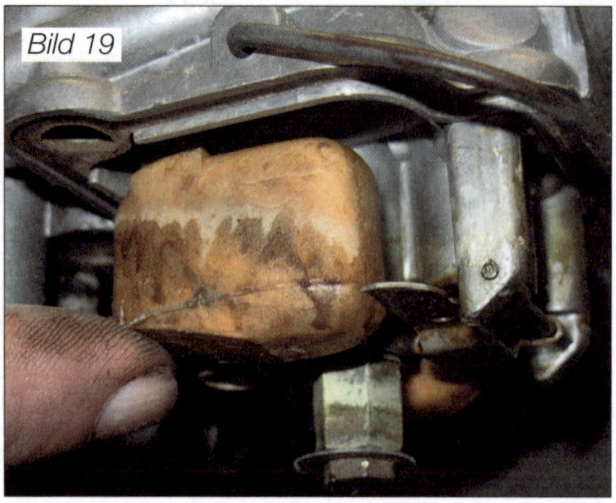

Bild 19: Schwimmer sanft nach oben drücken, bis er parallel zur Kante des Vergasergehäuses steht, Schwimmerventil muss jetzt ZU sein.

Wichtig: Vor dem Einbau der Benzinhähne diese reinigen, siehe Kapitel 11 »Benzinhahn · Tank«.

Vergaser läuft über
Egal, ob der Motor läuft oder nicht, ein Vergaser kann plötzlich überlaufen, weil der Schwimmer »hängt« und deswegen das Schwimmerventil nicht richtig schließt (Bilder 18a und 18b).

Bei überlaufendem Vergaser den Benzinhahn ZUmachen! Dann die Schwimmerkammer abnehmen (Bild 14) und nachsehen, was los ist, meistens ist das Schwimmerventil (»Schwimmernadel«) durch Dreck verklebt. Dieser Dreck wird bei abgenommener Schwimmerkammer sichtbar (Bild 15). Es kann aber auch der Schwimmer hängen oder der Schwimmerstand zu hoch sein. Der Schwimmerstand ist wichtig für einwandfreie Funktion des Vergasers: Ist der Schwimmerstand zu hoch, läuft der Motor zu fett; ist er zu niedrig, läuft er zu mager!

Schwimmerstand prüfen
Zur Überprüfung und Einstellung kann der Vergaser an- oder abgebaut sein, wobei »abgebaut« besser ist, weil zum Einstellen des Schwimmerstands die Zunge des Schwimmers verbogen werden muss.

1. Schwimmerkammer abbauen. Geeignetes Benzinauffanggefäß unterstellen.
2. Bild 19: Benzinhahn AUF, mit einer Hand von unten an den Schwimmer fassen und diesen vorsichtig nach oben bewegen.
■ Nicht zu stark drücken!
3. Wenn der Schwimmer exakt parallel steht zur Dichtkante am Vergasergehäuse, muss das Benzin zu laufen aufhören.

Vergaser reinigen

Vergaser reinigen
Bild 22: Die beste Vergaserreinigung geschieht in einem Ultraschallbad, weil darin auch kleinste Kanäle und Düsen wirklich frei von Ablagerungen werden. Jeder ordentliche Motorradhändler hat ein Ultraschallbad. Die Reinigung eines zerlegt angelieferten Vergasers kostet ca. 50 Euro. Beim Einlegen der Vergaserteile und Düsen in den Reinigungskorb beachten, dass sich die Teile gegenseitig nicht berühren.

Tipp: Wenn man keinen Zugang zu einem Ultraschallbad hat (Bild 22), kann man speziellen Vergaserreiniger nehmen. Zur Not geht auch Bremsen- oder Kettenreiniger.

Achtung: Weil diese Reiniger ziemlich aggressiv sind, beachten Sie bitte VOR ihrer Anwendung die Warn- und Gebrauchs-Hinweise auf der Dose bzw. der Verpackung. Druckluft beim Aus- und Trockenblasen des Vergasers dosiert anwenden.

Vergaser ab- und anbauen, zerlegen
1. Alle Schraubschellen weit genug öffnen.
2. Luftansaugrohre verdrehen und abnehmen, Vergaser aus Gummistutzen ziehen.
3. Benzinschlauch durch Drehen, Schieben und Ziehen abbauen.
4. Gas- und Chokezüge ausbauen
5. Beim Zerlegen des Vergasers konzentriert arbeiten, Teile in Ausbauposition ablegen.
6. Zum Ausbau des Schwimmers seine Achse (Bild 20) von der dünnen Seite her vorsichtig (!) ausklopfen, dann geriffelte Seite mit Zange packen und ausziehen.
7. Alle Teile porentief reinigen.
8. Membran prüfen: Vorsichtig auseinanderziehen, gegen Lichtquelle halten, wenn porös scheint Licht durch.
■ Eine alte Membran zerreißt bei der Montage (Bilder 21a und 21b).

Bild 20: Einzelteile des Schwimmers. Geriffelte Seite mit Zange packen, ausziehen.

Bilder 21a und 21b: Defekte Membran.

Bild 22: Ultraschall-Reinigungsgerät von Sonorex in optimaler Motorrad-Werkstatt-größe. Eine Ultraschall-Reinigung soll immer nur mit den zum Gerät gehörenden Reinigungsmitteln gemacht werden.

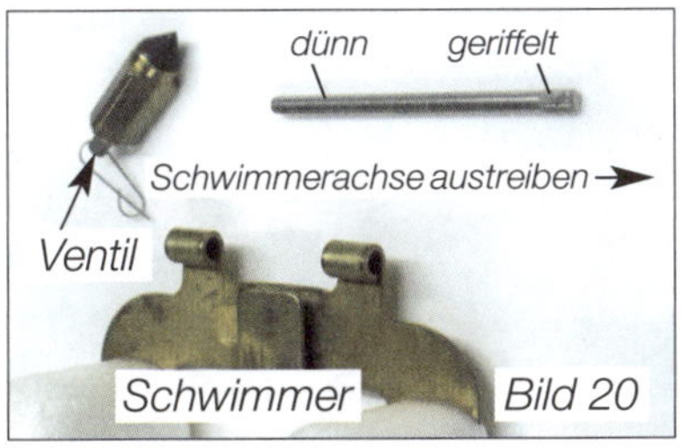

Bild 20

Bild 21a

Bild 21b

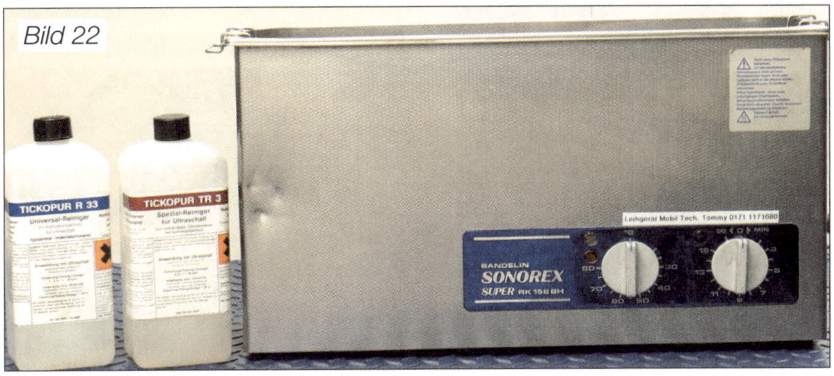

Bild 22

Sichtprüfung Messen

Schmiersystem · Ölwechsel

In diesem Kapitel: Technik und Servicedaten · Ölverbrauch · Ölstände kontrollieren · Ölwechsel Motor · Ölwechsel im Antrieb · Geeignete Öle für Zweiventiler · Öldruckschalter.

Technik und Servicedaten

Motor: Nasssumpf-Druckumlaufschmierung. Eine Trochoiden-Ölpumpe sitzt, in Fahrtrichtung gesehen, hinten auf der Nockenwelle.

Ölmengen
- 2,25 Liter bei R 80 G/S, R 80 G/S Paris-Dakar, R 80 GS (Mj. 1988 bis 1990)
- 2,5 Liter bei R 65, R 65 RT, R 65 GS, R 80 ST, R 80, R 80 RT, R 80 GS (Mj. 1991 bis 1994), R 80 GS P-D, R 80 GS Basic, R 100 GS, R 100 GS Paris-Dakar, R 100 GS P-D
- 2,75 Liter bei R 100 RS, R 100 RT, R 100 R, R 80 R, R 80 R Mystic, R 100 R, R 100 R Mystic

Ölwechsel-Intervalle .... alle 7500 km oder alle 6 Monate

Anziehdrehmomente
Öleinfüll-Griffstück mit Ölmessstab......... handfest

Ölablassschraube in Ölwanne:
- 27 bis 33 Nm bei allen Monolever-Modellen
- 30 Nm bei allen Paralever-Modellen

M6-Schrauben Befestigung Ölfilterdeckel und Ölwanne an Motorgehäuse .... 10 Nm

Getriebe: Schleuderölschmierung

Ölmenge bei allen Modellen .... 800 cm³

Ölwechsel-Intervalle .... alle 15 000 km oder einmal im Jahr

Anziehdrehmomente
Getriebeöl-Einfüllschraube:
- 31 Nm bei R 80 G/S, R 80 ST, R 80 G/S Paris-Dakar
- 29 bis 33 Nm bei R 65, R 65 RT, R 65 GS, R 80, R 80 RT, R 100 RS, R 100 RT
- 31 Nm bei allen Paralever-Modellen

Getriebeöl-Ablassschraube:
- 26 Nm bei R 80 G/S, R 80 ST, R 80 G/S Paris-Dakar
- 25 bis 27 Nm bei R 65, R 65 RT, R 65 GS, R 80, R 80 RT, R 100 RS, R 100 RT
- 26 Nm bei allen Paralever-Modellen

Hinterradschwinge, Kardan: Schleuderölschmierung zur Schmierung der Kardanwelle bei den Monolever-Modellen.

Ölmenge .... 150 cm³
Anmerkung: Bei den Paralever-Modellen läuft die Kardanwelle trocken.

Ölwechsel-Intervalle .... alle 15 000 km oder einmal im Jahr

Anziehdrehmomente
Öleinfüllschraube:
- »gefühlvoll handfest« festziehen bei R 80 G/S, R 80 ST, R 80 G/S Paris-Dakar

Sicherheitshinweise ⚠ Achtung und ☞ Tipps für dieses Kapitel

⚠ Zum Ölablassen ein so großes Gefäß verwenden, das den Bereich von Ölablassöffnung und Ölfilter unterm Motor nicht nur abdeckt, sondern allseitig um mindestens zehn Zentimeter übersteht.

☞ Es gibt im Motorrad-Zubehörhandel kombinierte Ölfangwannen-Behälter, bei denen das Öl in eine Wanne und von dort direkt in den Sammelbehälter läuft (Bild 1). Dieser ist verschließbar und mit einem Tragegriff versehen, also leicht transportabel. Altöl zur Ölsammelstelle bringen, dort wird es garantiert umweltgerecht entsorgt.

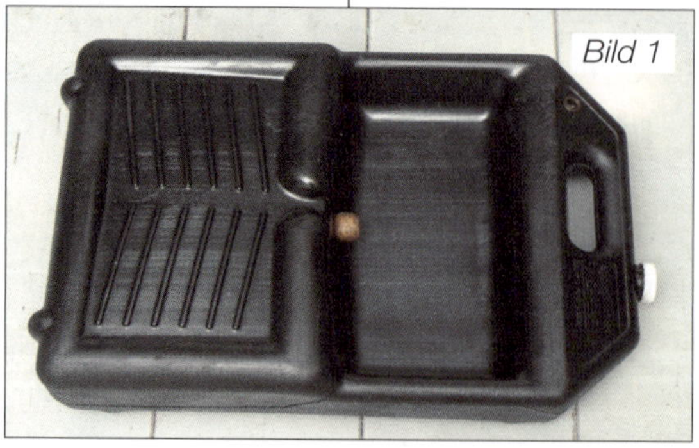

Bild 1: Eine solche Ölauffang-Transportwanne eignet sich prima zum Ölwechsel.

⚠ Altöl niemals wegschütten, sondern an einer Sammelstelle abliefern. Auch ist jeder Ölverkäufer zur Rücknahme einer entsprechenden Menge Altöls verpflichtet! Beim Kauf von neuem Öl die Quittung aufbewahren und bei der Abgabe des Altöls vorzeigen.

⚠ NIEMALS Getränkeflaschen als Altölbehälter verwenden! Besser sind alte Benzinkanister, die mit einem Etikett »Altes Motoröl« versehen werden.

⚠ Dem Altöl keine anderen Flüssigkeiten beimischen, wie z. B. Bremsflüssigkeit oder Batteriesäure.

- 12 bis 16 Nm bei R 65, R 65 RT, R 65 GS, R 80, R 80 RT, R 100 RS, R 100 RT

Ölablassschraube:

- 15,7 Nm bei R 80 G/S, R 80 ST, R 80 G/S Paris-Dakar
- 12 bis 16 Nm bei R 65, R 65 RT, R 65 GS, R 80, R 80 RT, R 100 RS, R 100 RT

Hinterradantrieb: Schleuderölschmierung zur Schmierung von Teller- und Kegelrad und den Rollenlagern.

Ölmengen

- alle Monolever-Modelle .... 350 cm³
- alle Paralever-Modelle .... 260 cm³

Ölwechsel-Intervalle .... alle 15 000 km oder einmal im Jahr

Anziehdrehmomente

Öleinfüllschraube:

- 20 Nm bei R 80 G/S, R 80 ST, R 80 G/S Paris-Dakar
- 18 bis 22 Nm bei R 65, R 65 RT, R 65 GS, R 80, R 80 RT, R 100 RS, R 100 RT
- 23 Nm bei allen Paralever-Modellen

Ölstand-Kontrollschraube:

- 10 Nm bei R 80 G/S, R 80 ST, R 80 G/S Paris-Dakar
- 6,5 bis 8,5 Nm bei R 65, R 65 RT, R 65 GS, R 80, R 80 RT, R 100 RS, R 100 RT
- Anmerkung: Bei den Paralever-Modellen gibt es keine Ölstand-Kontrollschraube.

***Bild 2:** Für den **Ölkreislauf** sorgt eine Eaton-Pumpe, die am hinteren Ende der unten liegenden Nockenwelle angebaut ist und von dieser auch angetrieben wird. Drehzahlabhängig erreicht sie eine Förderleistung von bis zu 22 l/min. Aus der zu Kühlzwecken verrippten **Ölwanne (1)** gelangt das Öl über **Ansaugglocke (2)** und **Pumpe (3)** durch die zylindrische **Ölfilterpatrone (4)**. Vom Filter aus wird das Öl durch den aufsteigenden Hauptölkanal geführt, nach dessen Gabelung werden das vordere Nockenwellenlager und die beiden Kurbelwellen-Hauptlager sowie – durch Bohrungen in der Kurbelwelle – die Pleuellager mit Drucköl versorgt. Der Ölnebel, der sich im Kurbelraum bildet, dient der Zylinderschmierung. Der **Öldruckschalter (5)** befindet sich an der Zuleitung zum hinteren Hauptlager. Das **Überdruckventil (6)** ist am Hauptlagerflansch des vorderen Kurbelwellenlagers montiert, es öffnet bei einem Ölüberdruck von 5 bis 6 bar. Von der Ringnut des Hauptlagerflansches aus erfolgt über die oberen Zugankerbohrungen der Zylinder die Schmierung der Kipphebel-Nadellager. Der drucklose Ölrückfluss geschieht über die Stößelstangenrohre und schmiert dabei die Hartgussstößel.*

***Ölkreislauf, Bauteile:** Verfolgen Sie die Pfeile in der Zeichnung und entdecken Sie dabei die Bauteile des Ölkreislaufs:*

1	*Ölwanne*	***4***	*Ölfilterpatrone*
2	*Ansaugglocke*	***5***	*Öldruckschalter*
3	*Ölpumpe*	***6***	*Überdruckventil*

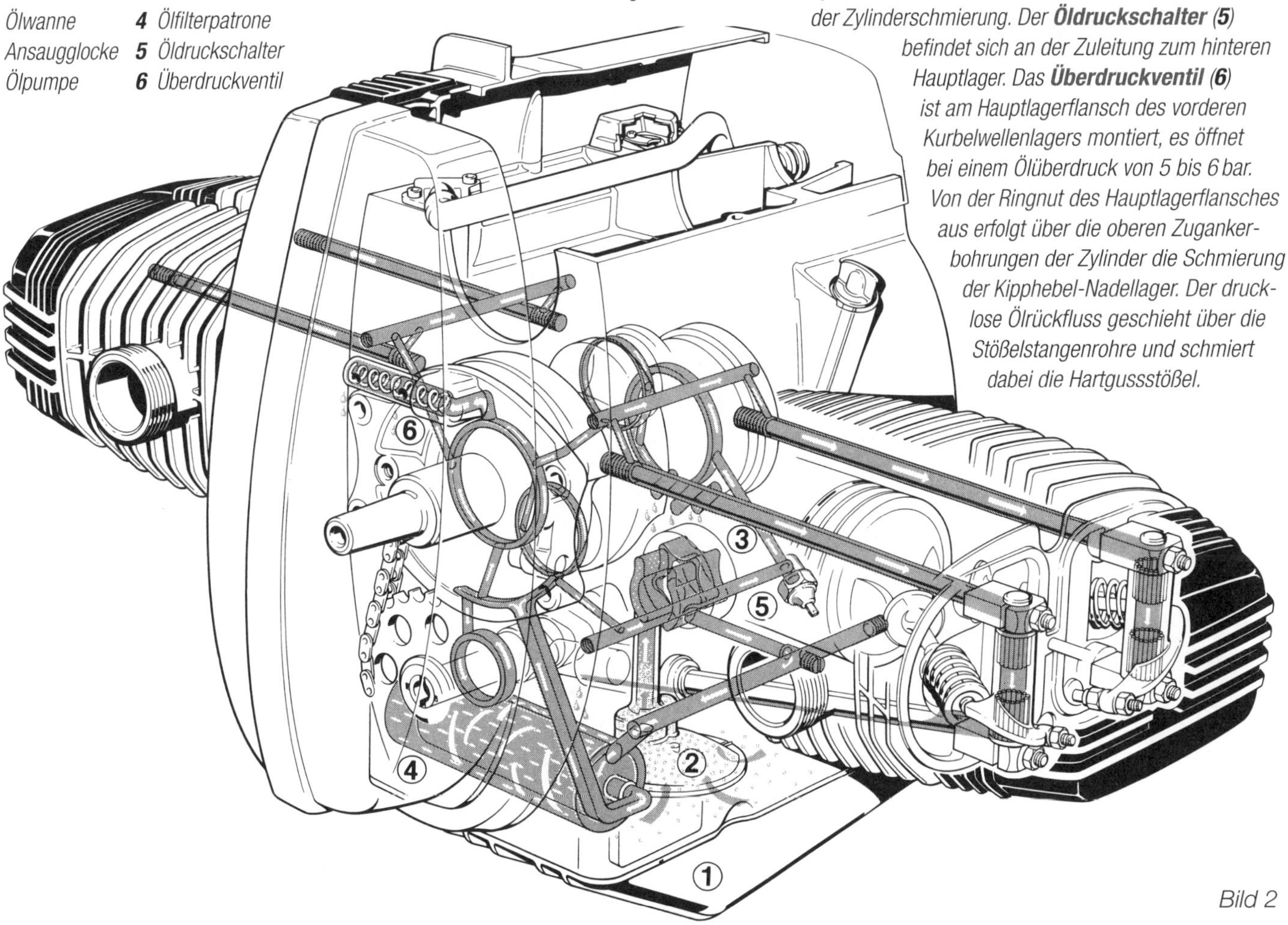

Bild 2

Ölablassschraube:
- 25,5 Nm bei R 80 G/S, R 80 ST, R 80 G/S Paris-Dakar
- 21 bis 25 Nm bei R 65, R 65 RT, R 65 GS, R 80, R 80 RT, R 100 RS, R 100 RT
- 23 Nm bei allen Paralever-Modellen

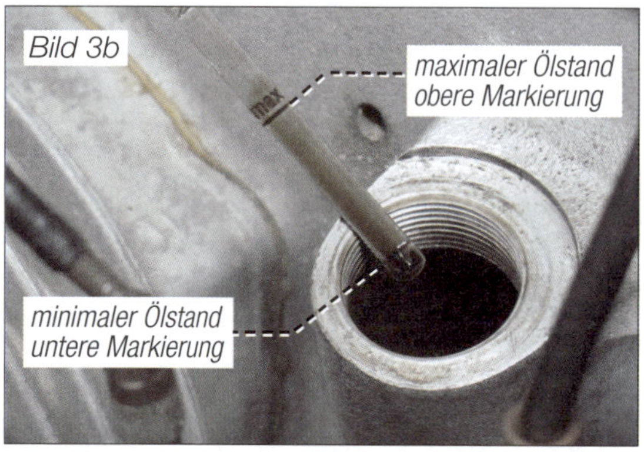

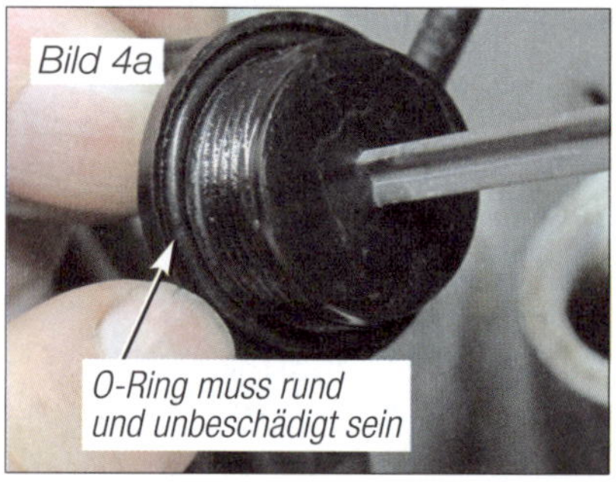

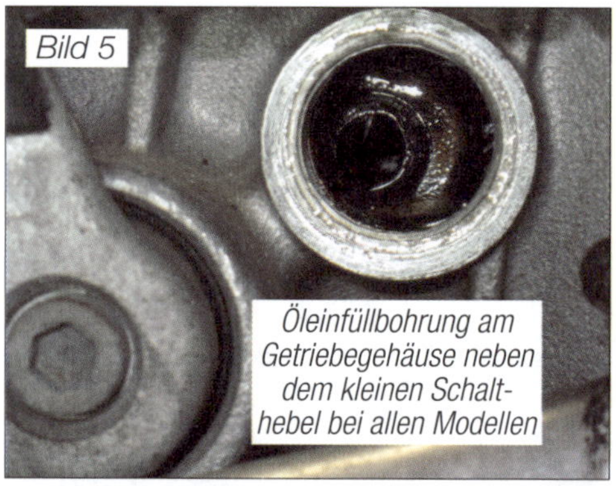

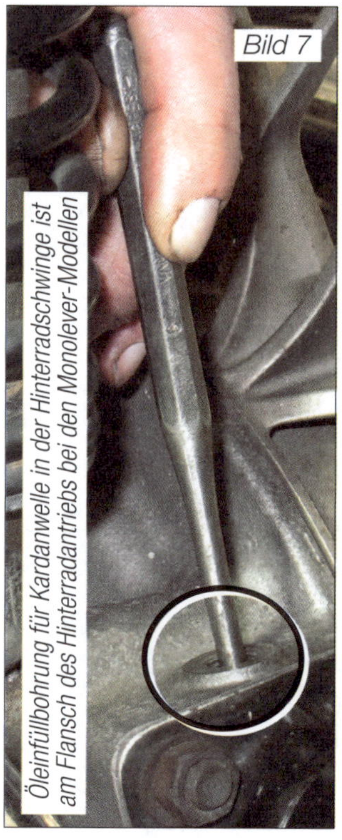

Ölstände kontrollieren

Zur Kontrolle der Ölstände muss das Motorrad senk- und waagerecht aufgebockt werden; es darf also keinesfalls auf dem Seitenständer abgestellt sein. Taschenlampe zu Hilfe nehmen.

Ölstandkontrolle Motor

1. Motorrad mindestens 10 km warm fahren.

2. Motor ausschalten, Maschine abstellen.

2.1. Zwei bis drei Minuten warten, bis alles Öl nach unten in die Ölwanne abgelaufen und abgetropft ist.

3. Bilder 3a und 3b: Ölmessstab aus dem Motor ausdrehen, Ölmessstab abputzen, einstecken bis das Gewinde aufsitzt (nicht eindrehen!), ausziehen und Ölstand ablesen:

Bild 3b: Er muss sich oberhalb der Mitte der beiden Markierungen befinden.

3.1. Wenn der Ölstand unter der unteren Markierung ist, dann ist zu wenig Öl im Motor und es muss aufgefüllt werden.

- Nicht zu viel Öl einfüllen! Die Differenzmenge zwischen der MIN- und MAX-Markierung auf dem Ölmessstab beträgt 0,85 Liter.

3.2. Wenn der Ölstand über der oberen Markierung ist, dann ist zu viel Öl im Motor.

3.3. Hinweise: Der Motorölstand erhöht sich, wenn das Volumen des Motoröls größer wird, das kann z.B. sein durch überlaufende Vergaser wegen undichter Schwimmernadelventile oder durch Verschleiß an Kolben, Kolben- und Ölabstreifringen sowie den Zylinderlaufbahnen. Dann wird das angesaugte Luft-Benzingemisch am Kolben vorbei in den Ölsumpf gedrückt und sorgt dort für einen höheren Ölstand und auch eine Verdünnung des Öls.

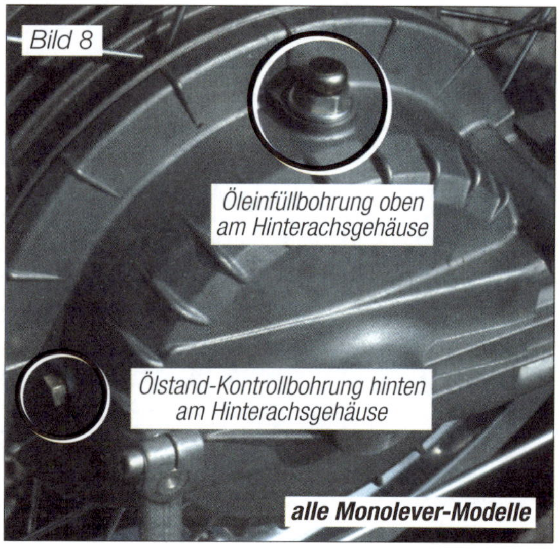

Ölstandkontrolle Getriebe und Hinterradantrieb
Ölstand Getriebe (Bild 5): Das Öl muss bis zum Innengewinde der Öleinfüllbohrung stehen. Verschlussschraube der Öleinfüllbohrung lösen und ausdrehen und den Ölstand checken.

Ölstand Hinterradantrieb
■ Bild 8: Bei Monolever-Modellen muss das Öl bis zur Unterkante der Ölstand-Kontrollöffnung stehen.
■ Bild 6: Bei Paralever-Modellen muss das Öl bis zum Gewinde innen in der Öleinfüllbohrung stehen.

1. Ölstandskontrolle durchführen wie oben beschrieben.
■ Wenn man kein Öl sieht: Maschine auf dem Ständer vorsichtig (!!!) etwas nach rechts und links kippen, bis sich der Ölstand zeigt. Er darf maximal 2 mm unter dem Gewinde sein.
2. Öleinfüll- und Kontrollschraube reinigen.
2.1. Wenn vorhanden: Den im Gewindeteil eingesetzten Magnetstift auf anhängende Späne untersuchen. Kleinste Späne dürfen daran sein, aber wenn es fingernagelgroße sind, dann bahnt sich bestimmt ein Zahnrad- oder Lagerschaden an: Kompetenten BMW-Meister zu Rate ziehen!
3. Neuen Dichtring auflegen, Schraube eindrehen und festziehen.

Ölstand Hinterradschwinge
1. Bild 7: Sechskantschraube im Flansch des Hinterradantriebs lösen und ausdrehen.
2. Bild 7: Einen sauberen (!) mitteldicken Dorn in die Einfüllöffnung stecken und senkrecht auf dem Bauteil »Kupplungsglocke« aufsetzen.
2.1. Dorn herausziehen, er soll ca. 2 mm mit Öl benetzt sein.
3. Sechskantschraube einbauen: Reinigen, neuen Dichtring aufschieben, eindrehen, festziehen.

Ölverbrauch

Motor: Laut BMW darf der Motor bis zu einem Liter Motoröl auf 1000 km verbrauchen. Als »praxisorientierter Ölverbrauch« gelten 0,3 bis 0,5 Liter pro 1000 km. Wenn der Motor überwiegend mit hohen Drehzahlen gefahren wird, ist der Ölverbrauch höher als bei Bummelfahrten mit niedrigen Drehzahlen.

Getriebe, Hinterradschwinge und Hinterradantrieb: Grundsätzlich darf kein Öl verbraucht werden, Ölmenge und damit Ölstand müssen im vorgeschriebenen Bereich bleiben. Bei den Inspektionen oder beim Motorölwechsel, aber mindestens einmal im Jahr, müssen der Ölstand im Getriebe, in der Hinterradschwinge (Kardanöl) und im Hinterradantrieb geprüft werden, ob sie in Ordnung sind oder nicht: Wenn »nicht in Ordnung«, tritt Öl heraus, entweder an Gehäusetrennstellen oder einem Simmerring. Ein solcher Defekt muss sofort repariert werden!

Ölwechsel Motor

Sobald der Motor läuft, wird das Öl in ständigem Kreislauf vom Ölsumpf durch den Ölfilter zu allen Motorschmierstellen gepumpt, tropft von dort wieder zurück in den Ölsumpf, wo das Öl von der Ölpumpe angesaugt und erneut durch den Filter zu den Schmierstellen gedrückt wird.

Ölwechsel mindestens eimal im Jahr
Die von BMW vorgeschriebenen Ölwechselintervalle, Füllmengen und Anziehdrehmomente finden Sie am Anfang des Kapitels. BMW schreibt vor, das Motoröl alle 6 Monate zu wechseln. Mit heutigen Ölen ist das nicht mehr notwendig. Wenn man wenig fährt, raten wir, einmal im Jahr einen Öl- mit Filterwechsel zu machen, weil Motoröl schon durch den Kontakt mit Luft altert (es »oxydiert«). Weiterhin ist bei Kurzstreckenbetrieb das Motoröl besonders starken Belastungen ausgesetzt.

Wichtig: Ölwechsel nur bei warmem Motor durchführen. Selbst wenn der Motor einige Monate nicht mehr gelaufen ist, sollte man das Motoröl nicht kalt ablassen, sondern den Motor vorher 10 bis 15 Minuten warm laufen lassen.

Neuen Ölfilter kaufen
Bilder 10 und 11: Wenn Sie beim BMW-Händler einen neuen Ölfilter kaufen, legen Sie den Fahr-

Bilder auf der linken Seite.

Bilder 3a bis 4b: Ölmessstab zur Ölstandkontrolle in die Öleinfüllöffnung NICHT eindrehen, sondern nur am Gewindebund aufsetzen.

■ Ölstand ablesen, er muss sich oberhalb der Mitte der beiden Markierungen befinden.

■ O-Ring innen am Griffstück muss in Ordnung sein.

Bilder 5, 6 und 8: Der Ölstand in Getriebe und Hinterradantrieb wird auf Sicht geprüft.

Bild 7: Zur Ölstandprüfung in der Hinterradschwinge einen Stift einstecken, er muss ca. 2 mm mit Öl benetzt sein.

Bild 9 unten: Zum Öleinfüllen in Motor Trichter benutzen.

Bild 9

Sichtprüfung Messen

zeugschein vor, denn Typschlüssel und Fahrgestellnummer werden benötigt, damit man Ihnen den richtigen Ölfilter und neue Dichtungen verkaufen kann! Siehe auch Infotext neben Bild 11.

Ölwechsel im Motor

Motoröl ablassen

1. Motor mindestens 10 Kilometer warm fahren oder den Motor im Standgas warm laufen lassen. Maschine auf Mittelständer aufbocken.
2. Bild 1: Geeignetes Auffanggefäß unter den Motor schieben.
3. Bilder 3a und 3b: Ölmessstab ausschrauben.
4. Bild 12: Die Ölablassschraube sitzt hinten unten in der Ölwanne. Mit einem exakt passendem Inbusschlüssel SW8 öffnen, aber noch nicht ausdrehen.
4.1. Inbusnuss von der Rätsche nehmen, in das Sechskant der Ölablassschraube einstecken und diese mit Fingerkraft ausdrehen. Wenn das Öl zu laufen beginnt – Finger weg, es ist heiß! Ölablassschraube ins Auffanggefäß fallen lassen.
5. Ölfilterdeckel abschrauben: Schrauben lösen und ausdrehen, Deckel abnehmen oder mit den angeschraubten Ölkühlerschläuchen vorsichtig zur Seite biegen.
6. Ölfilter mit einer Spitzzange herausziehen.
7. Abgebaute Teile gut reinigen. Ölfilter fachgerecht entsorgen.

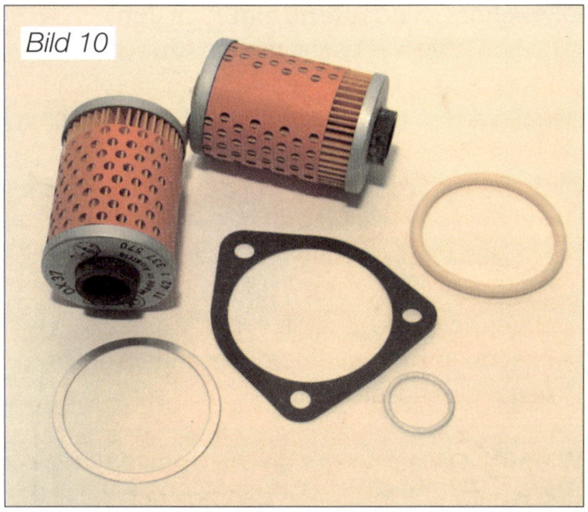

Bild 10

Bild 10: »Ölwechsel-Kit« mit geteiltem Ölfilter. Dieser ist für die Modelle, bei denen ein Ölkühler verbaut ist, kann aber auch in die Motoren ohne Ölkühler eingebaut werden.

Bild 11: Explosionszeichnung des Ölfilters.

Wichtig 1: Wenn ein einteiliger Ölfiter aus dem Motor herausgezogen wird, kontrollieren Sie umgehend, ob die beiden Gummi-Dichtringe (O-Ringe) am Ölfilter mit herausgezogen sind oder ob der motorinnere O-Ring noch im Motor sitzt – es ist Teil 6 in Bild 11.
Wichtig 2: Die neuen Ölfilter gibt es in ein- oder zweiteiliger Ausführung, haben keine losen O-Ringe mehr, sondern diese sind an den Enden des Filters aufgeklebt.
Wichtig 3: Wenn der alte O-Ring noch im Motor sitzt, ihn mit einer Spitzzange herausziehen.

Neuen Ölfilter montieren, Öl einfüllen

Anziehdrehmomente siehe Kapitelanfang.
1. Ölfilter in Motor einführen: Dabei darauf achten, dass die Dichtringe richtig sitzen.
2. Ölfilterdeckel montieren: Darauf achten, dass die O-Ringe richtig sitzen. Die drei M6-Schrauben eindrehen und ringsum in mehreren gleichmäßigen Schritten bis auf 10 Nm festziehen.

Bild 11: Einteiliger Ölfilter für die Modelle ohne Ölkühler.

Bauteile
1 Schraube M6 x 20
2 Ölfilterdeckel
3 Dichtung asbestfrei
4 Ring 44 x 4
5 Unterlegscheibe 51.9 x 45,3 x 0,3 mm
6 O-Ring: entfällt als Einzelteil, er ist heute fest am Ölfilter
7 Ölfiltereinsatz für Modelle ohne Ölkühler. Es kann auch der geteilte Ölfilter Nr. 14 in Bild 14 verwendet werden.
8 Ölmessstab
9 O-Ring muss vorhanden sein

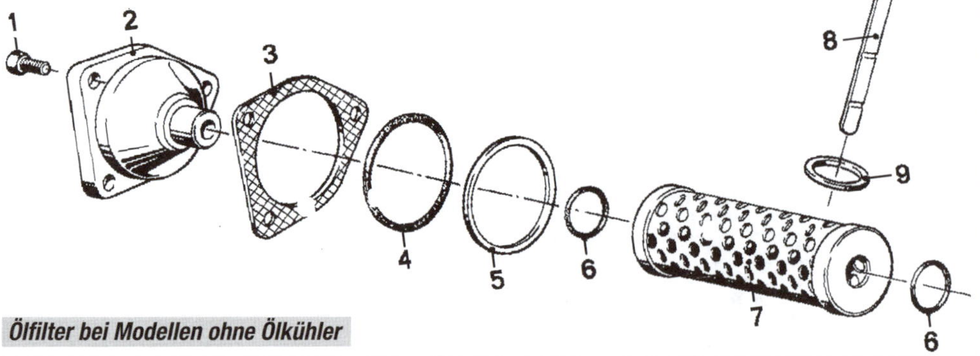

Ölfilter bei Modellen ohne Ölkühler

Ölfilter ein- und zweiteilig
Es gibt ein- und zweiteilige Ölfilter. Der zweiteilige ist für Modelle mit Ölkühler. Da bei diesen der Ölfilterdeckel nicht abgenommen sondern nur zur Seite gebogen werden kann, ist der zweiteilige Ölfilter notwendig, damit man beim Aus-/Einbau am Deckel vorbei kommt.

■ Einteilige Ölfilter haben heute fast ausschließlich zwei angeklebte Rechteck-Dichtringe. Die beiden O-Ringe (Nr. 6 in Bild 11) entfallen dann.

■ Bei Maschinen ohne Ölkühler können ein- oder zweiteilige Ölfilter eingebaut werden. Zur Abdichtung am Filterkopf ist ein O-Ring eingesetzt. Bei Einbau eines zweiteiligen Ölfilters muss der Dichtring in der Filterkammer entfernt werden.

3. Ölablassschraube mit neuem Dichtring versehen, eindrehen und festziehen.
4. Bild 9: Frisches Öl durch die Öleinfüllöffnung einfüllen. Trichter benutzen!
5. Ölmessstab eindrehen, handfest anziehen.
6. Motor starten und zwei bis drei Minuten im Leerlauf laufen lassen: Ölfilter muss sich füllen. Ölablassschraube auf Dichtheit prüfen.
7. Motor ausschalten. Ölstand nach einigen Minuten Wartezeit kontrollieren. Ölstand am Ölmessstab sollte etwas über der Mitte zwischen beiden Markierungen liegen (Bild 3b).
8. Ölmessstab einschrauben, »gut handfest« festziehen.

Motorölwanne (Bild 12): Diese muss zum Ölwechsel nicht abgeschraubt werden. Wenn eine Maschine jahrelang gestanden hat und ein Ölwechsel gemacht wird, sollte man sie abschrauben und innen wie außen reinigen.

Ölwanne montieren
1. Neue Dichtung auf die Ölwanne auflegen.
■ Schraubenbohrungen müssen sich decken.
2. Diagonal zwei Schrauben einstecken und das so vorgefertigte »Ölwannen-Paket« anheben, am Motor ansetzen und jetzt die lose eingesteckten Schrauben von Hand eindrehen.
3. Die anderen Schrauben eindrehen, von Hand leicht festziehen und dann auf 10 Nm.

Ölwechsel im Antrieb

Die Arbeitschritte gelten für Getriebe, Hinterradschwinge (»Kardan«) und Hinterachsantrieb. Modellspezifische Anziehdrehmomente siehe Kapitelanfang.

1. Ölwanne unterstellen.
2. Öleinfüll-/Ölablassschraube und (wenn vorhanden) Ölstandkontrollschraube lösen und ausdrehen, Öl ablassen, austropfen lassen.
3. Ölablassschraube mit neuem Dichtring eindrehen und festziehen.
4. Frisches Öl einfüllen, bis der Ölstand die Unterkante der Einfüll-/Kontrollbohrung erreicht.
5. Öleinfüll-/Ölstandschraube mit neuem Dichtring eindrehen und festziehen.

Geeignete Öle für Zweiventiler

Wenn wir 2017 als Erscheinungsjahr dieses Buchs zugrunde legen, dann sind seit dem Erscheinen der R 80 G/S (1980) bis zu den letzten Zweiventilern (1996) zwischen 21 und 37 Jahre vergangen. In dieser Zeit hat sich sehr viel getan auf dem Ölsektor: Die Öle sind qualitativ besser geworden und alle Ölhersteller versprechen länger gesteckte Ölwechselintervalle ohne Rücksicht auf Sommer- und Winterbetrieb, Kurz- oder Langstrecke.

Bild 12: Explosionszeichnung von Ölwanne mit Verschraubungen und Ölablassschraube sowie des Ölüberdruckventils.

Bild 12

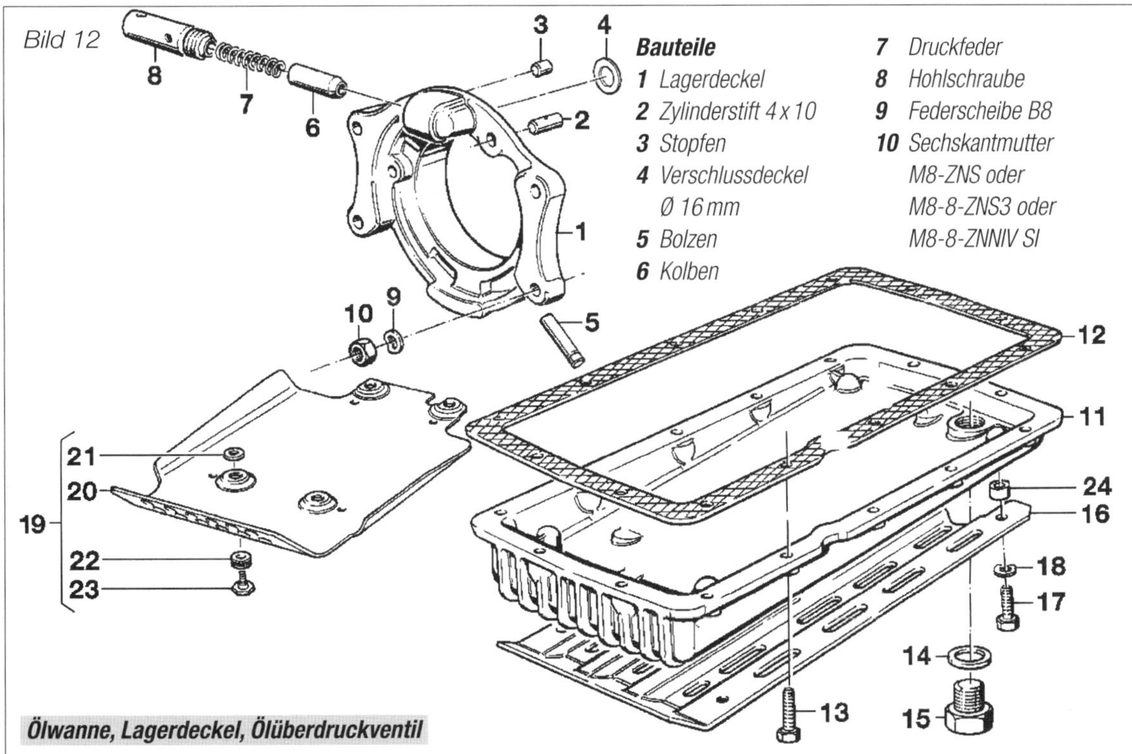

Bauteile
1 Lagerdeckel
2 Zylinderstift 4 x 10
3 Stopfen
4 Verschlussdeckel Ø 16 mm
5 Bolzen
6 Kolben
7 Druckfeder
8 Hohlschraube
9 Federscheibe B8
10 Sechskantmutter M8-ZNS oder M8-8-ZNS3 oder M8-8-ZNNIV SI
11 Ölwanne
12 Dichtung
13 Sechskantschraube mit Scheibe M6 x 20-Z3-ZNS oder M6 x 20
14 Dichtring A18 x 22
15 Ölablassschraube M18 x 1,5-ZNS oder M18 x 1,5-ZNNIV
16 Ölwannenschutz
17 Schraube M6 x 16-8.8ZN
18 Federscheibe B6
19 Nachrüstsatz Motorschutz vorne
20 Motorschutz vorne
21 Scheibe 6,4 x 25 x 1,5
22 Gummitülle
23 Schraube
24 Buchse

Ölwanne, Lagerdeckel, Ölüberdruckventil

Sichtprüfung Messen

Bilder 13a bis 13c: Auf Motorräder abgestimmt sind diese Castrol-Öle für Motor (Bilder 13a und 13b), Getriebe und Hinterradantrieb (Bild 13c).

Bild 13d: Empfehlens-und preiswertes Mineralöl »Castrol Classic SAE 20W-50«.

Motoröl damals

BMW empfahl für alle Modelle unseres Buchs: *»Marken-HD-Öl für Ottomotoren der API-Klasse SE/CC bzw. SF/CC«.*

Weiterhin gab es temperaturabhängige Empfehlungen für Ein- und Mehrbreichsöle.

Einbereichsöle:

- *von –20 °C bis +10 °C .... SAE 20*
- *von 0 °C bis 30 °C .... SAE 30*
- *von 20 °C bis 50 °C .... SAE 40*

Mehrbereichsöle:

- *von –30 °C bis 0 °C .... SAE 10W 30*
- *von –30 °C bis +5 °C .... SAE 10W 40*
- *von –30 °C bis +10 °C .... SAE 10W 50*
- *von –20 °C bis +20 °C .... SAE 15W 40*
- *von –20 °C bis +30 °C .... SAE 15W 50*
- *von –10 °C bis +30 °C .... SAE 20W 40*
- *von –10 °C bis +40 °C .... SAE 20W 50*

Motoröl heute

Wir haben für die Modelle unseres Buchs bei drei bekannten Motorrad-Schmiermittelmarken im Internet recherchiert und bekamen folgende Auskünfte:

- Castrol: »Power 1 Racing 4T SAE 10W-50« (Bild 13b) oder »Power 1 Racing 4T SAE 10W-40« ; beides sind vollsynthetische Öle; oder »Power 1 4T SAE 10W-40« (Bild 13a), das ist teilsynthetisch.
- Motul: »5100 4T SAE 15W50« (teil-

Bild 13a

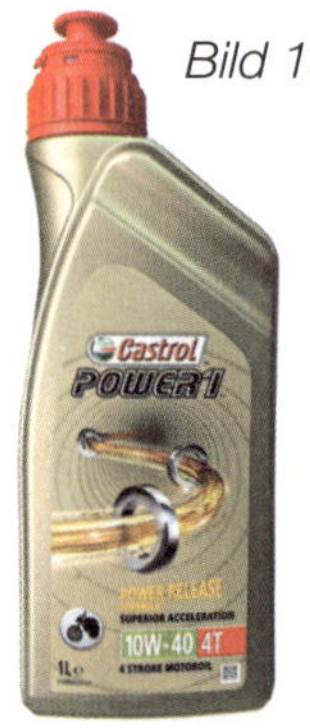

Castrol Power 1 4T Motoröl teilsynthetisch

Bild 13b

Castrol Power 1 Racing 4T Motoröl vollsynthetisch

Bild 13c

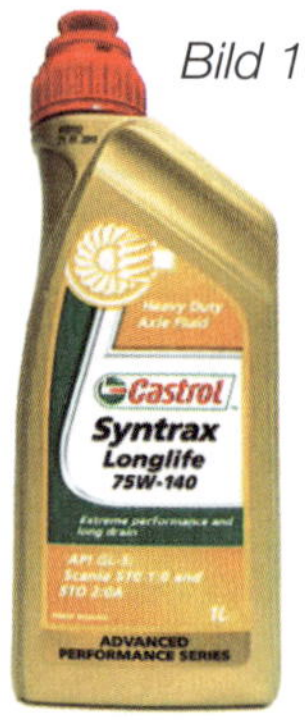

Castrol Syntrax Longlife Getriebeöl vollsynthetisch

Bild 13d

Bild 14

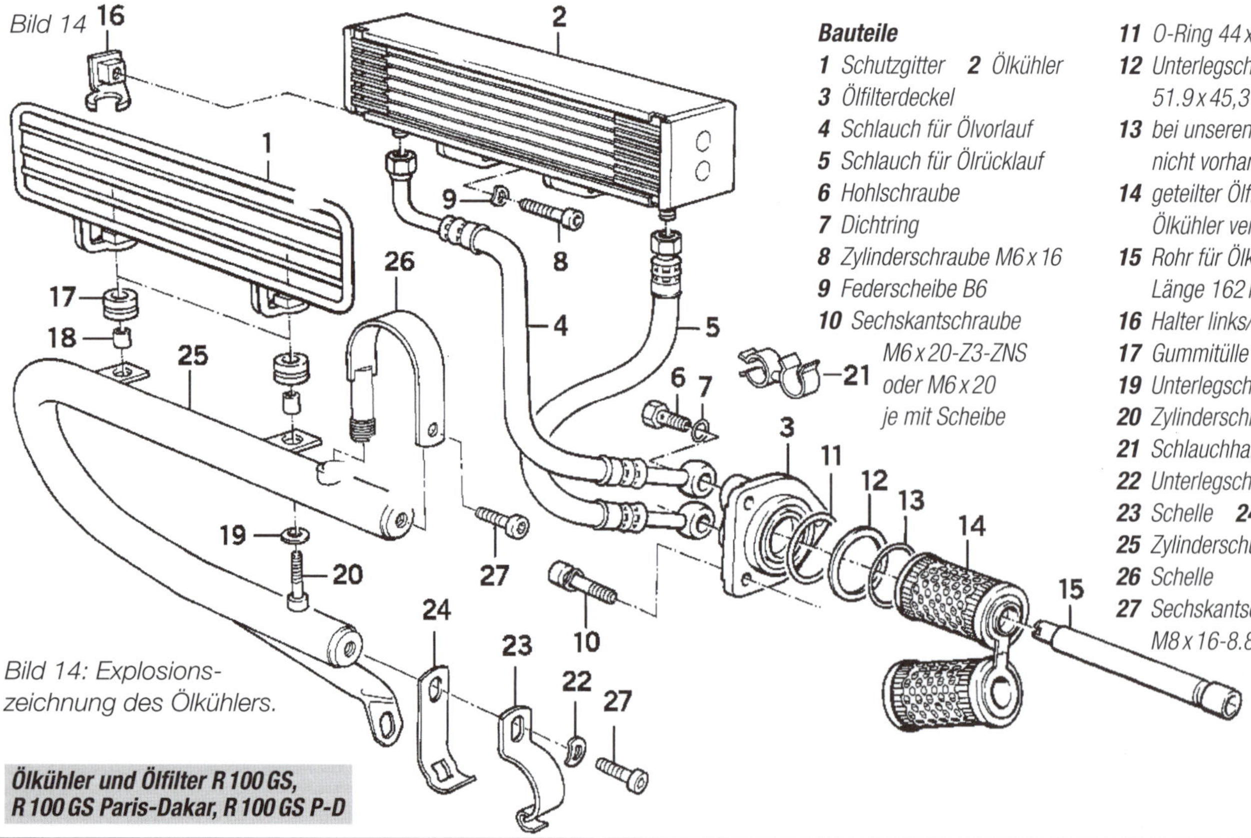

Bauteile

1 Schutzgitter *2 Ölkühler*
3 Ölfilterdeckel
4 Schlauch für Ölvorlauf
5 Schlauch für Ölrücklauf
6 Hohlschraube
7 Dichtring
8 Zylinderschraube M6 x 16
9 Federscheibe B6
10 Sechskantschraube M6 x 20-Z3-ZNS oder M6 x 20 je mit Scheibe
11 O-Ring 44 x 4
12 Unterlegscheibe 51.9 x 45,3 x 0,3 mm
13 bei unseren Modellen nicht vorhanden
14 geteilter Ölfilter (wenn Ölkühler verbaut ist)
15 Rohr für Ölkühler Länge 162 mm
16 Halter links/rechts
17 Gummitülle *18 Buchse*
19 Unterlegscheibe
20 Zylinderschraube M8 x 35
21 Schlauchhalter
22 Unterlegscheibe 8,4
23 Schelle *24 Bügel*
25 Zylinderschutzbügel
26 Schelle
27 Sechskantschraube M8 x 16-8.8-ZNS3

Bild 14: Explosionszeichnung des Ölkühlers.

Ölkühler und Ölfilter R 100 GS, R 100 GS Paris-Dakar, R 100 GS P-D

synthetisches Öl) oder »3000 4T SAE 20W50«, das ist ein reines Mineralöl.

- Shell: »Advance 4T Ultra SAE 15W-50« (vollsynthetisches Öl) oder »Advance 4T AX7 SAE 15W-50« (teilsynthetisches Öl)

Castrol »Classic« SAE 20W-50, Bild 13d: Dieses reine Mineralöl wird von BMW-Spezialisten (z.B. Wunderlich), für die Zweiventil-Boxermotoren wärmstens empfohlen. Es ist mit rund 12 Euro pro Liter sehr preiswert.

Bilder 15 und 16: Explosionszeichnungen Ölfilter und Ölkühler der drei R 100-Modelle R, RS und RT.

Bild 15

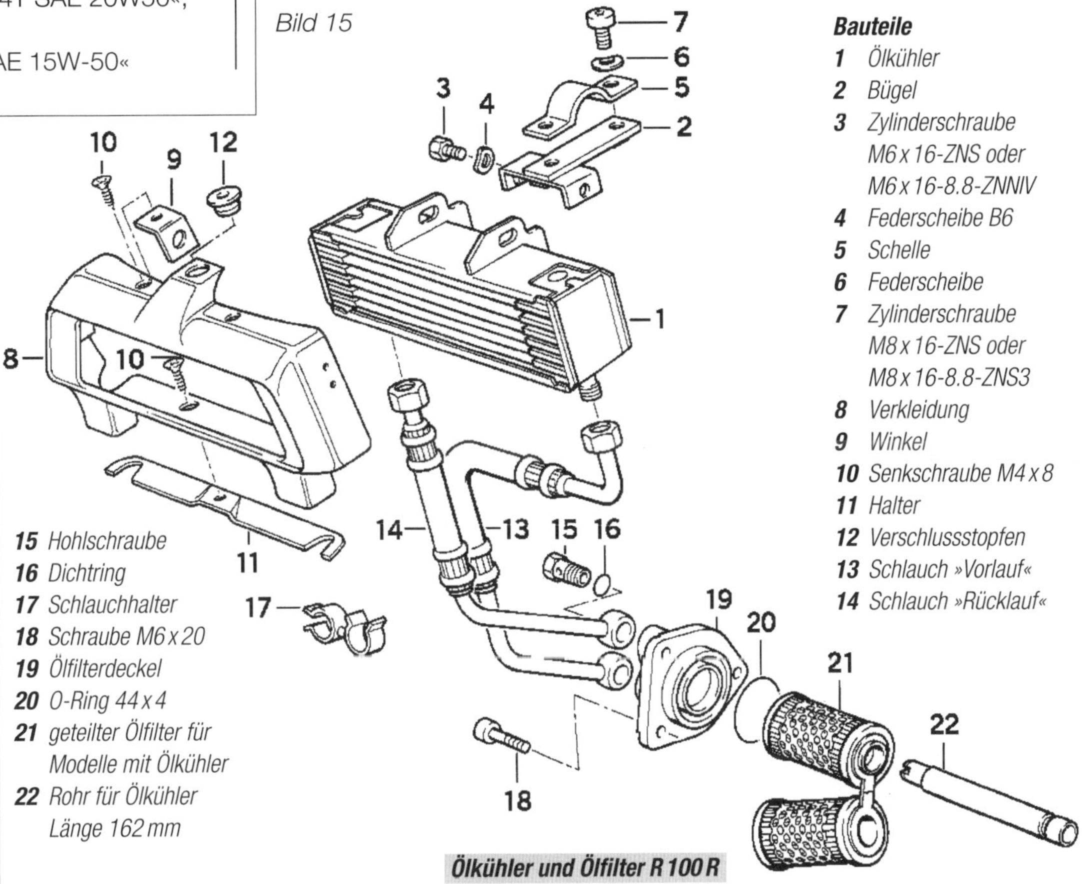

Bauteile

1 Ölkühler
2 Bügel
3 Zylinderschraube M6x16-ZNS oder M6x16-8.8-ZNNIV
4 Federscheibe B6
5 Schelle
6 Federscheibe
7 Zylinderschraube M8x16-ZNS oder M8x16-8.8-ZNS3
8 Verkleidung
9 Winkel
10 Senkschraube M4x8
11 Halter
12 Verschlussstopfen
13 Schlauch »Vorlauf«
14 Schlauch »Rücklauf«
15 Hohlschraube
16 Dichtring
17 Schlauchhalter
18 Schraube M6x20
19 Ölfilterdeckel
20 O-Ring 44x4
21 geteilter Ölfilter für Modelle mit Ölkühler
22 Rohr für Ölkühler Länge 162 mm

Ölkühler und Ölfilter R 100 R

Bild 16

Ölkühler und Ölfilter R 100 RS und R 100 RT

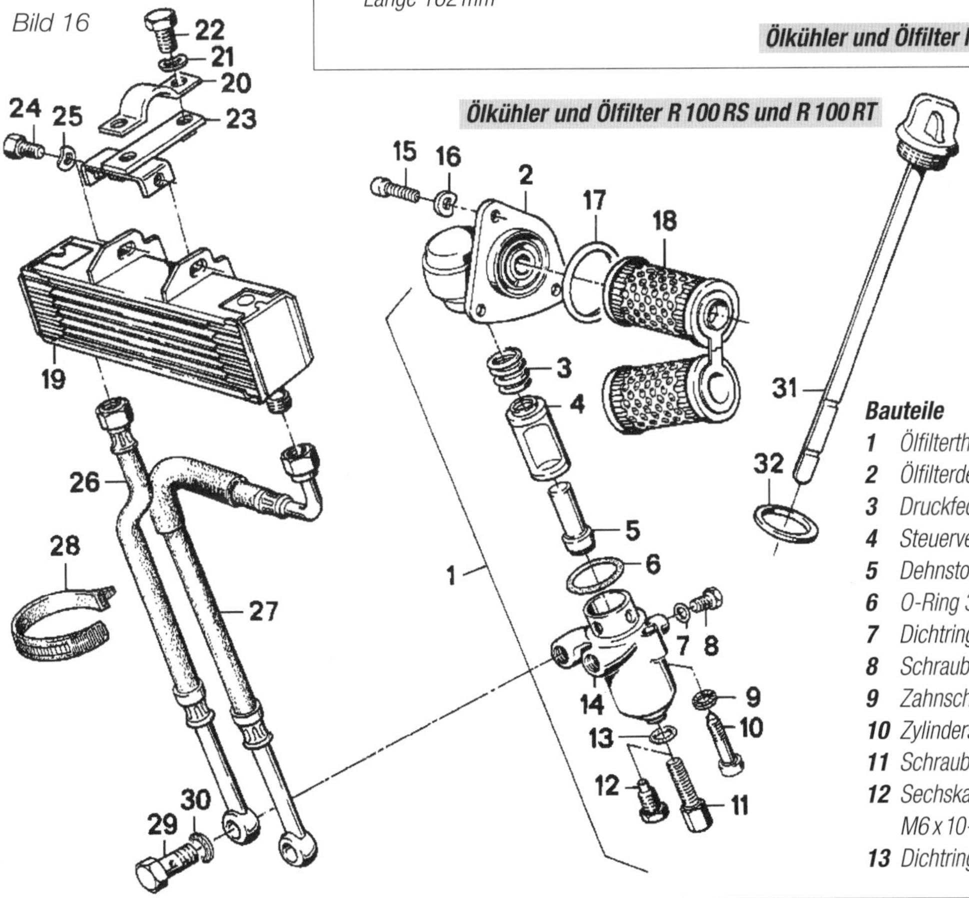

Bauteile

1 Ölfilterthermostat
2 Ölfilterdeckel
3 Druckfeder
4 Steuerventil
5 Dehnstoffelement
6 O-Ring 30,3x2,4
7 Dichtring A5x7,5
8 Schraube
9 Zahnscheibe
10 Zylinderschraube M5x25
11 Schraube
12 Sechskantschraube M6x10-8.8-ZNS3
13 Dichtring A6,5x9,5-CU
14 Gehäuseunterteil
15 Schraube M6x20
16 Federscheibe B6
17 O-Ring 44x4
18 geteilter Ölfilter, wenn ein Ölkühler montiert ist
19 Schelle
20 Federscheibe B8
21 Federscheibe
22 Sechskantschraube M8x16
23 Bügel
24 Sechskantschraube M6x12-ZNS
25 Sechskantschraube M6x12-8.8-ZZNIV
26 Federscheibe B6
27 Schlauch NM.6.3
28 Schlauch NW.6.3
29 Hohlschraube
30 Dichtring
31 Ölmessstab
32 O-Ring

Sichtprüfung

Messen

Verschiedene Öle mischen

Wenn Sie unterwegs Öl nachfüllen müssen und keines dabei haben, lassen Sie sich vom Tankwart nicht einen Liter vom teuersten Öl aufschwatzen, sondern verlangen exakt die Ölsorte, die Sie im Motor drin haben, also entweder voll- oder teilsynthetisches Öl oder eben Mineralöl. Wenn es das gewünschte Öl nicht gibt, können Sie zum Nachfüllen folgende Motoröle miteinander mischen:

- Mineralöl im Motor: Man kann mit teilsynthetischem Öl auffüllen.
- Teilsynthetisches Öl im Motor: Man kann mit vollsynthetischem oder Mineralöl auffüllen.
- Vollsynthetisches Öl im Motor: Man kann mit teilsynthetischem Öl auffüllen.

Was diese Auskünfte aussagen

Die Beratungsergebnisse im Internet reichten von Mineralöl über teilsynthetisches bis zu vollsynthetischem Motorenöl.

- Es sind alles Mehrbereichsöle; Einbereichsöle werden von den Ölmarken nicht empfohlen (im Gegensatz zur BMW-Vorschrift von damals).
- Die SAE-Klassifikationen umfassen die Bereiche 10W-40, 10W-50, 15W-50 und 20W-50.
- Temperaturfelder sind nicht mehr relevant.

Mineral- oder Synthetiköl?

Es gibt Mineralöl und synthetisches Öl; ein Mix dazwischen ist teilsynthetisches Öl. Mineralöl ist billiger, teil- oder vollsynthetisches Öl teurer. Die Boxermotoren in den Modellen unseres Buchs von 1980 bis 1996 können mit Mineralöl, teil- oder vollsynthetischem Öl in den vorgeschriebenen Viskositätsklassen betrieben werden.

Grundsätzlich wichtige Punkte

- Nur spezielle Motorrad-Motoröle verwenden.
- Nicht verwenden darf man die so genannten »Leichtlauföle« SAE 5 oder »Ultra-Mehrbereichsöle« wie z. B. SAE 0W-50. Diese sind für Automotoren entwickelt worden und für Motorradmotoren nicht geeignet.
- Ebenfalls nicht verwenden darf man Dieselöle mit der Spezifikation »CD« oder höher und Öle der Spezifikation »Energy Conserving« bzw. »energiesparend«.

Öl für Maschinen mit hoher km-Leistung

Wenn Sie eine gebrauchte BMW mit hoher km-Leistung kaufen, die Zeit ihres Lebens ausschließlich mit Mineralöl betrieben wurde, sollten Sie auch weiterhin Mineralöl benutzen. Wenn Sie vollsynthetisches Öl einfüllen, könnte der Motor möglicherweise etwa 1000 km nach dem Ölwechsel kaputt gehen, denn vollsynthetisches Öl hat eine sehr hohe Reinigungskraft und wäscht in kürzester Zeit alle Ablagerungen aus Gleitlager und Nuten der Kolben- und Ölabstreifringe heraus. Eine Umstellung von Mineralöl auf vollsynthetisches Öl sollte spätestens beim dritten Ölwechsel oder bei ca. 10 000 km erfolgen, nicht später.

Damals von BMW vorgeschriebene Öle für Getriebe, Kardan und Hinterachsgetriebe:

- unter 5 °C: Marken-Hypoidgetriebeöl SAE 80 API-Klasse GL-5
- über 5 °C: Marken-Hypoidgetriebeöl SAE 90 API-Klasse GL-5
- wahlweise ganzjährig SAE 80W-90

Heutige Empfehlung von Castrol:

- MTX Full Synthetic 75W-140 (vollsynthetisch)
- EPX 90 (mineralisch)

Welche Ölmarke?

Unterschiede in der Qualität heutiger Öle der verschiedenen Hersteller sind marginal und können

Bild 17: Bauteile der Ölpumpe in der Explosionszeichnung.

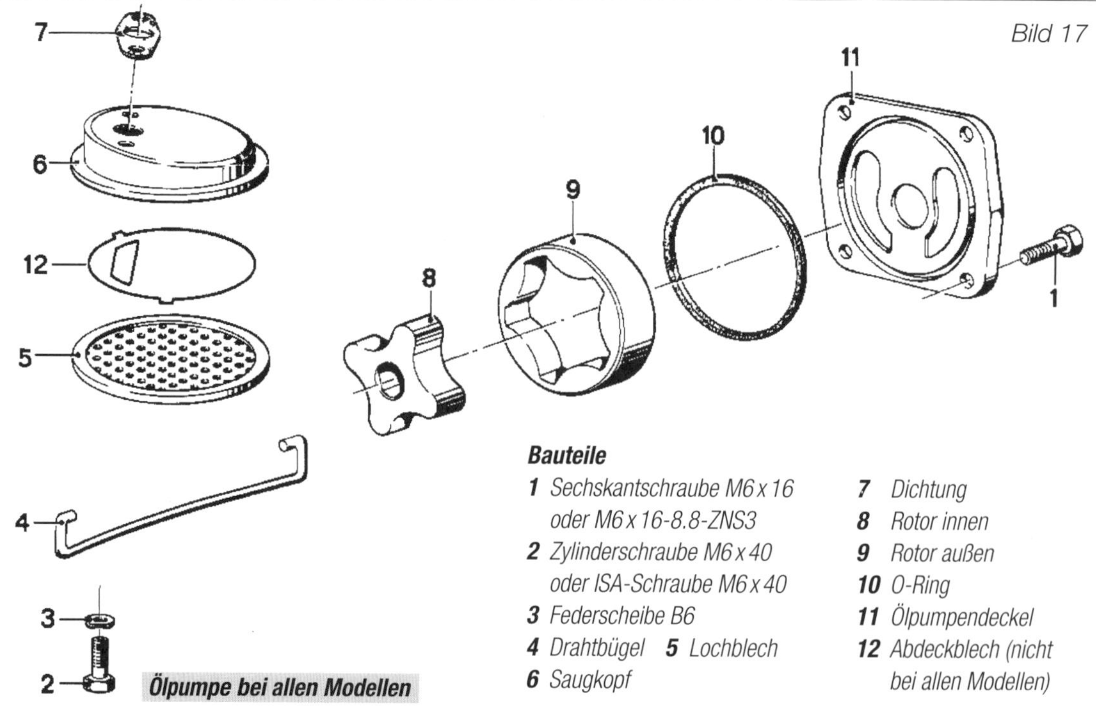

Bauteile

1 Sechskantschraube M6 x 16 oder M6 x 16-8.8-ZNS3
2 Zylinderschraube M6 x 40 oder ISA-Schraube M6 x 40
3 Federscheibe B6
4 Drahtbügel 5 Lochblech
6 Saugkopf
7 Dichtung
8 Rotor innen
9 Rotor außen
10 O-Ring
11 Ölpumpendeckel
12 Abdeckblech (nicht bei allen Modellen)

weder als »besser« nach als »schlechter« bewertet werden. Deswegen raten wir salomonisch: Verwenden Sie die Ölmarke, die der Zweiventil-BMW-Händler Ihres Vertrauens empfiehlt, weil er mit ihr gute Erfahrungen gesammelt hat.

Öldruckschalter

Bilder 18a bis 18d: Beim Einschalten der Zündung leuchtet eine rote Kontrolllampe in der Instrumentenkonsole auf. Wenn der Motor gestartet wird und die Ölpumpe (Bild 17) kurz danach einen Öldruck zwischen 0,2 und 0,5 bar aufgebaut hat, erlischt die Kontrolllampe. Wenn sie aber während der Fahrt plötzlich aufleuchtet, kann dies drei Ursachen haben:

1. Öldruck zu niedrig wegen eines mechanischen Problems im Ölkreislauf.
2. Zu wenig Öl im Motor, deswegen wird kein Öl von der Ölpumpe angesaugt.
3. Öldruckschalter oder das zur Kontrollleuchte führende Kabel defekt.

Wichtig: In jedem Fall sofort anhalten, Motor abstellen und nach der Ursache forschen!
Meistens hilft Folgendes: Ölstand prüfen ggf. Öl auffüllen, Motor starten – wenn jetzt die Kontrolllampe dauerhaft aus bleibt, ist alles ok.

Wenn die Kontrolllampe nicht erlischt:

1. Wenn der Motor abnormale Geräusche von sich gibt und z. B. laut klappert, **Motor SOFORT abstellen**, er hat einen Lagerschaden.
2. Wenn er mit normalem Geräuschniveau läuft, abstellen und den Motorölstand überprüfen.
2.1. Ist der Ölstand korrekt, Motor wieder starten: Leuchtet die Kontrolllampe weiterhin, deutet dies auf einen defekten Öldruckschalter hin.
3. Leuchtet die Kontrolllampe schon beim Einschalten der Zündung nicht auf, Kabelanschluss am Öldruckschalter und an der Lampenfassung im Armaturenbrett prüfen.
3.1. Auch die Lampe selbst prüfen: Ist sie defekt oder hat schlechten Kontakt in ihrer Fassung?
3.2. Wenn Kabel, Fassung, Lampe in Ordnung sind, ist wahrscheinlich der Öldruckschalter defekt: Wird in »Problem 2« beschrieben.

Öldruckschalter überprüfen

Bild 19: Der Öldruckschalter sitzt hinter dem linken Zylinderfuß im Motorgehäuse.
Problem 1: Kontrolllampe geht bei laufendem Motor nicht aus.
Voraussetzung: Motor läuft mit normalem Geräuschniveau, Ölstand stimmt.
1. Motor AUSschalten, Lampe geht aus.
2. Kabelschuh vom Öldruckschalter abziehen.
3. Zündung EINschalten.
3.1. Wenn Lampe ausbleibt: Öldruckschalter ist defekt, muss erneuert werden.
3.2. Wenn Lampe leuchtet: Kabel, das vom Öldruckschalter wegführt hin zur Kontrollleuchte bzw. in den Kabelbaum hinein, mit Multimeter überprüfen, es kann z. B. Massekontakt haben.

Problem 2: Kontrolllampe leuchtet nicht bei eingeschalteter Zündung und stehendem Motor.
1. Zündung AUSschalten.
2. Kabelschuh vom Öldruckschalter abziehen, an eine »sichere« Masse an Rahmen oder Kühlrippe des Zylinderkopfs halten.
3. Zündung EINschalten, wenn Lampe angeht: Öldruckschalter ist defekt, erneuern.
3.1. Wenn Lampe nicht angeht: Verbindungsleitung zwischen Öldruckschalter und Öldruck-Kontrolllampe kann eine Unterbrechung haben.
3.2. Kontrolllampe selbst auf Funktion überprüfen, denn auch sie kann defekt sein.
3.3. Die stromführende Zuleitung an die Öldruck-Kontrolllampe kann unterbrochen sein.

Neuen Öldruckschalter einbauen

1. Öldruckschalter ausdrehen und das Innengewinde im Motorblock reinigen.
■ Der Öldruckschalter hat ein Gewinde M12 x 1,5.
2. Öldruckschalter mit neuem Dichtring eindrehen und mit 25 Nm festziehen.
3. Kabelschuh aufstecken.

Bilder 18a bis 18d: Verschiedene Öldruck-Kontrollleuchten an Modellen unseres Buchs.

Bild 19: Der Öldruckschalter ist hinter dem linken Zylinder in das Motorgehäuse eingeschraubt.

Bild 18a
Öldruck-Kontrollleuchte bei R 100 GS

Bild 18b
Öldruck-Kontrollleuchte bei R 100 GS Paris-Dakar

Bild 18c
Öldruck-Kontrollleuchte bei R 80 GS P-D, R 100 GS P-D, R 80 GS und R 100 GS ab Mj. 1991

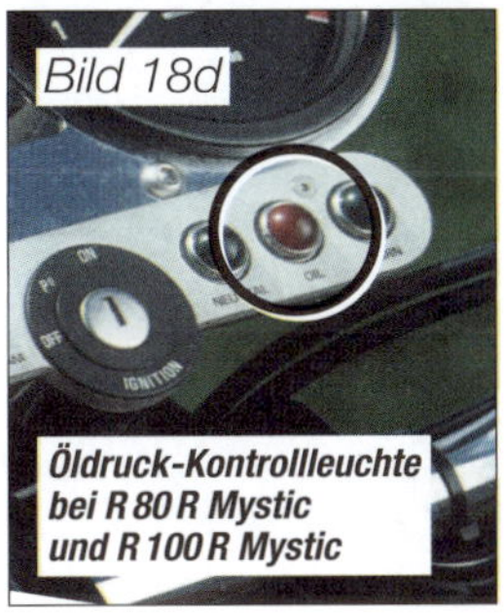
Bild 18d
Öldruck-Kontrollleuchte bei R 80 R Mystic und R 100 R Mystic

Bild 19

Sichtprüfung · Messen

Ventile einstellen

In diesem Kapitel: Ventiltrieb, Ventilspiel, Zylinderkopfmuttern · Axialspiel der Kipphebel prüfen · Ventilspiel prüfen, einstellen.

Zur Tabelle »Ventilspiel-Einstellmaße«: Der Punkt »von 0 bis 1000 km« betrifft das einzustellende Ventilspiel, wenn...
- *der Zylinderkopf abgebaut war und mit neuer Zylinderkopfdichtung wieder montiert wird;*
- *die Ventile aus- und eingebaut wurden.*

***Wichtig:** Nach 1000 km muss das Ventilspiel kontrolliert und neu eingestellt werden auf die vorgeschriebenen Maße 0,10/0,15 mm bzw. 0,10/0,20 mm.*

Ventiltrieb

Ventiltrieb: Bei allen Motoren der BMW-Modelle unseres Buchs werden die Ventile beider Zylinder von einer unten liegenden, kettengetriebenen Nockenwelle betätigt. Stößel und Stößelstangen wirken auf Kipphebel, von denen die Ventile geöffnet werden. Geschlossen werden sie durch Ventilfedern (siehe Zeichnung in Bild 1). Von richtiger Wartung des Ventiltriebs hängt das Wohl und Wehe des Motors entscheidend ab:
- Wenn das Ventilspiel zu weit ist, besteht die Gefahr der Pittingbildung auf den Laufbahnen der Stößeltassen und Nocken sowie des Einschlagens der Ventilsitze.

Ventilspiel-Einstellmaße

Modelle	Einlass	Auslass
R 80 G/S, R 80 ST und R 80 G/S Paris/Dakar	0,10 mm	0,15 mm
von 0 bis 1000 km	0,15 mm	0,20 mm
Alle andere Modelle	0,10 mm	0,20 mm
von 0 bis 1000 km	0,15 mm	0,25 mm

- Wenn das Ventilspiel zu eng ist, besteht die Gefahr, dass die Ventilsitze und die Ventilteller wegen durchströmender heißer Verbrennungsgase und ungenügender Wärmeableitung einschlagen und verbrennen.

Ventilspiel: Ein gewisses Spiel zwischen Ventilkopf und Kipphebel ist nötig, damit die Ventile den Brennraum bei allen Betriebstemperaturen gasdicht abschließen und die hohen Temperaturen, die am Ventilteller herrschen, über die Ventilsitze gut abgeleitet werden können. Das Ventilspiel muss alle 7500 km bei kaltem Motor (er darf 35 °C = »handwarm« sein) kontrolliert und eingestellt werden. Einstellwerte Tabelle linke Spalte.

Anziehdrehmomente: Kontermuttern auf den Ventilspiel-Einstellschrauben:
- 18 bis 22 Nm bei den Monolever-Modellen
- 20 Nm bei den Paralever-Modellen

Mittige Hutmutter im Zylinderkopfdeckel:
- 22 bis 26 Nm bei den Monolever-Modellen
- 24 Nm bei den Paralever-Modellen

Axialspiel der Kipphebel: Im Rahmen der Ventilspielkontrolle alle 7500 km muss auch das Axialspiel der Kipphebel geprüft und, wenn nötig, neu eingestellt werden.

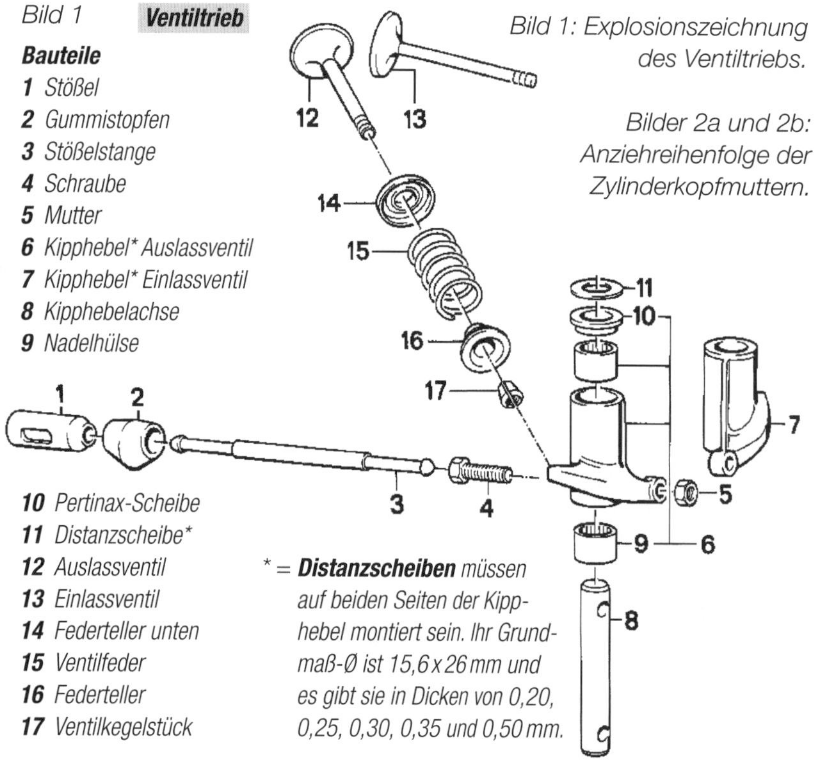

Bild 1 **Ventiltrieb**

Bauteile
1 *Stößel*
2 *Gummistopfen*
3 *Stößelstange*
4 *Schraube*
5 *Mutter*
6 *Kipphebel* Auslassventil*
7 *Kipphebel* Einlassventil*
8 *Kipphebelachse*
9 *Nadelhülse*
10 *Pertinax-Scheibe*
11 *Distanzscheibe**
12 *Auslassventil*
13 *Einlassventil*
14 *Federteller unten*
15 *Ventilfeder*
16 *Federteller*
17 *Ventilkegelstück*

* = ***Distanzscheiben** müssen auf beiden Seiten der Kipphebel montiert sein. Ihr Grundmaß-Ø ist 15,6 x 26 mm und es gibt sie in Dicken von 0,20, 0,25, 0,30, 0,35 und 0,50 mm.*

Bild 1: Explosionszeichnung des Ventiltriebs.

Bilder 2a und 2b: Anziehreihenfolge der Zylinderkopfmuttern.

Bild 2a

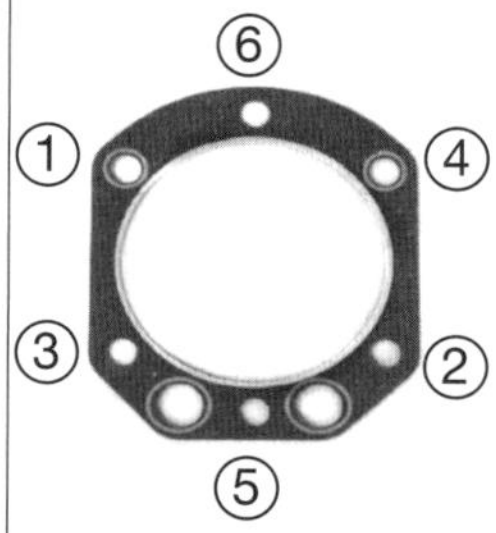

Monolever-Modelle

Bild 2b

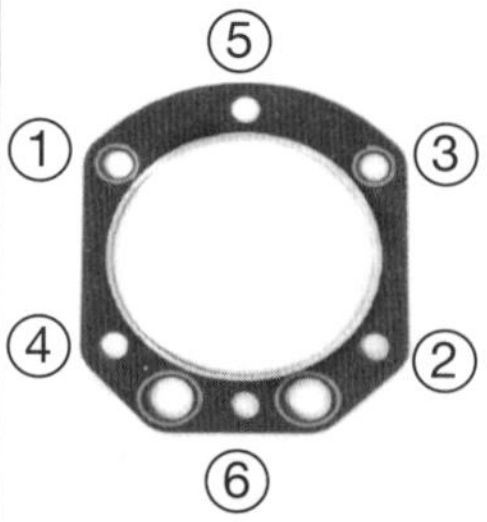

Paralever-Modelle

Zylinderkopfmuttern
- *Für alle Modelle gilt:*
1. *Motor muss kalt sein*
2. *Anziehreihenfolge beachten (Bilder 2a und 2b)*
3. *Gewinde leicht einölen*

Anziehdrehmomentwerte
- *Bei R 80 G/S, R 80 ST, R 80 G/S Paris-Dakar:*
1. *Voranzug 15 Nm*
2. *Voranzug 25 Nm*
3. *Endanzug 35 bis 39 Nm*

- *Bei R 65, R 65 RT, R 65 GS, R 80, R 80 RT, R 100 RS, R 100 RT:*
1. *Voranzug 15 Nm*
2. *Voranzug 25 Nm*
3. *Endanzug 31 bis 39 Nm*

- *Bei Paralever-Modellen:*
1. *Voranzug 15 Nm*
2. *Voranzug 25 Nm*
3. *Endanzug 35 Nm*

Ausnahmen: R 80 G/S, R 80 ST und R 80 G/S Paris-Dakar bis Produktionsmonat 01/1985.

Zylinderkopfmuttern: Weil zum Einstellen des Axialspiels der Kipphebel deren Klemmböcke demontiert werden müssen, die mit vier der sechs Zylinderkopfmuttern befestigt sind, müssen nach dem Wiederanschrauben der Klemmböcke alle Zylinderkopfmuttern nach BMW-Vorschrift angezogen werden.

Wenn der Zylinderkopf demontiert war, müssen alle Zylinderkopfmuttern nach 1000 km nachgezogen und auch das Ventilspiel kontrolliert und ggf. eingestellt werden.

Anziehreihenfolge (Bilder 2a und 2b)
Die »Anziehreihenfolge 1 bis 6« muss beachten werden:
■ Wenn der Zylinderkopf abgebaut war und wieder montiert wird (»Wiedermontage«).
1. Dabei muss eine neue Zylinderkopfdichtung verwendet werden; diese wird »trocken«, also ohne zusätzliche Dichtamasse, montiert.
2. Alle Muttern müssen gleichmäßig Schritt für Schritt mit den angegebenen Drehmomentwerten beschraubt werden.

■ 1000 km nach der »Wiedermontage« müssen die Zylinderkopfmuttern nachgezogen werden:
1. Zuerst muss man alle sechs Zylinderkopfmuttern um 1/4-Umdrehung lösen und zwar in der Reihenfolge »6« bis »1«.
2. Beim Festziehen die Reihenfolge »1« bis »6« einhalten und die Drehmomentwerte.

■ Beim Wiederfestschrauben der Klemmböcke:
1. Es werden nur die Zylinderkopfmuttern »1« bis »4« beschraubt, »5« und »6« bleiben fest.
2. Bei der Anziehreihenfolge werden dann nur die Muttern »1« bis »4« beschraubt.

Axialspiel der Kipphebel

Ventildeckel abbauen

1. Motorrad sicher auf den Mittelständer aufbocken.
2. Beide Zündkerzenstecker abziehen, Zündkerzen ausschrauben.
3. Bei R 65 RT, R 80 RT, R 100 RS und R 100 RT das Verkleidungsmittelteil abbauen.
4. Bei R 100 R Ölkühler abbauen. Man braucht aber nur die Schrauben der Ölkühlerhalterung ausschrauben und den Ölkühler nach vorne ablegen.
■ Ölkühlerleitungen NICHT abschrauben!
5. Lichtmaschinendeckel abschrauben und nach vorne abnehmen.
6. Bild 3: Gummideckel des Schaulochs bei der Öleinfüllbohrung ausziehen.
7. Ventildeckel abbauen:
7.1. Ölauffangbehälter unter den Zylinderkopf stellen, weil beim Abnehmen des Ventildeckels etwas Öl auslaufen kann.
7.2. Bild 4: Zentrale Hutmutter des Ventildeckels lösen und abschrauben.
7.3. Bild 5: Muttern auf den Stehbolzen vorne links oben und hinten rechts unten am Rand des Ventildeckels lösen und abschrauben.
7.4. Ventildeckel zusammen mit der Dichtung abnehmen. Wenn der Ventildeckel über die Dichtung mit dem Zylinderkopf verklebt ist, mit einem Kunststoffhammer leicht (!) auf den Ventildeckel klopfen. NICHT mit einem Schraubenzieher in die Rippen zwischen Ventildeckel und Zylinderkopf klopfen!

1. Oberen Totpunkt (OT) einstellen:
Beachten, dass jeder Kolben nur jede zweite Umdrehung im Kompressions-OT (oder Zünd-OT) steht, bei dem sich beide Kipphebel in Ruhestellung befinden und fühlbares Spiel zwischen Kipphebel und Ventilkopf ist.
2. Bild 6: Kurbelwelle mit einem 6er-Inbusschlüssel am Lichtmaschinenrotor im Uhrzeigersinn (rechts herum) langsam drehen, bis einer der beiden Kolben im Kompressions-OT steht:
■ Ein dünnes Hölzchen (Schaschlikspieß) durch

Bilder 3 bis 7: Im Lauftext sind die zu den Bildern gehörenden Arbeitsschritte nummeriert beschrieben.

Speziell zu Bild 5: Mit einem schmalen Gabelschlüssel die Muttern auf den Stehbolzen am Rand des Ventildeckels lösen und abschrauben.

Bild 3

Bild 4

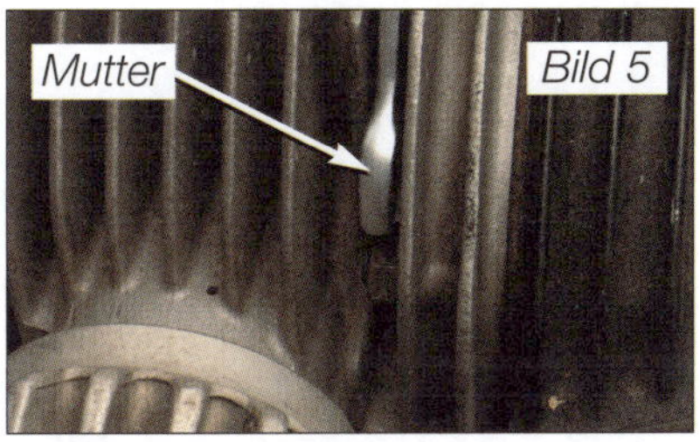

Bild 5

Bild 6

Bild 7

Bilder 8 bis 11: Im Lauftext sind die zu den Bildern gehörenden Arbeitsschritte nummeriert beschrieben.

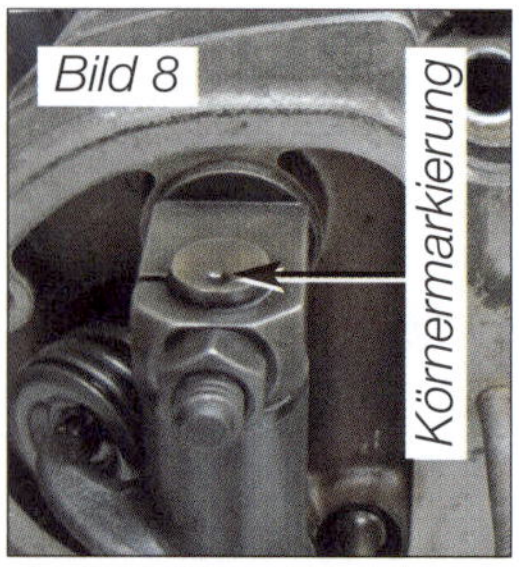

Buchstaben in Bild 9
a = Abstand der Klemmböcke
b = Maß Kipphebel mit Pertinaxscheiben
c = berechnete Distanzscheibenstärke
c = a – b – 0,05 mm
= das neue Axialspiel

Zündkerzenbohrung stecken, mit der Hand halten und OT des Kolbens »ertasten«.
■ Auch durch die Bohrung auf der Schwungscheibe schauen und »OT-Markierung« suchen.
Wichtig 1: Kurbelwelle immer in Laufrichtung, also rechts herum (Bild 6), drehen!
Wichtig 2: Auf jeden Fall muss beim Wackeln an den Kipphebeln des OT-Zylinders ein Spiel fühlbar sein.
3. Fühlerlehre zwischen Pertinax- und Ausgleichsscheibe durchziehen (Bild 10). So lange mit verschieden dicken Plättchen prüfen, bis man eines gefunden hat, das sich zwischen Pertinax- und Ausgleichsscheibe satt durchziehen lässt. Dies ist das »Ist-Axialspiel«, es muss 0,03 bis 0,07 mm betragen.
■ Wenn das »Ist-Axialspiel« zu weit oder zu eng ist, muss es korrigiert werden.

Axialspiel einstellen

1. Der Kolben muss immer noch im Kompressions-OT (= Zünd-OT) stehen.
2. Bild 9: Abstand (***a***) zwischen den Klemmböcken messen, Ergebnis notieren.
3. Bilder 2a und 2b: Zylinderkopfmuttern in der Reihenfolge »4«, »3«, »2« und »1« auf den Klemmböcken lösen und abschrauben.
4. Klemmböcke mit Kipphebelachsen und Kipphebeln abnehmen.
5. Klemmböcke und Ausgleichsscheiben von den Kipphebelachsen abziehen.

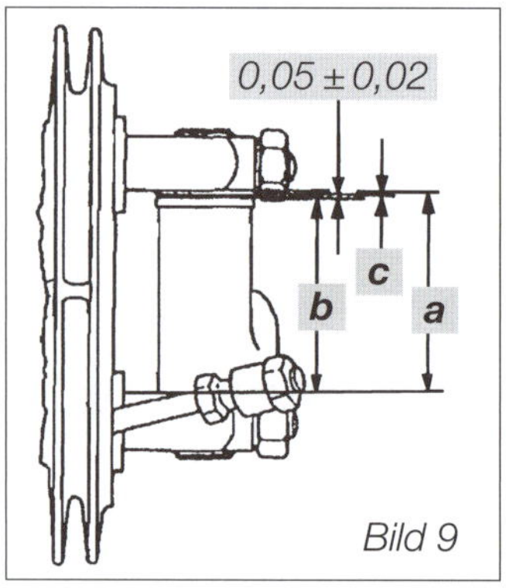

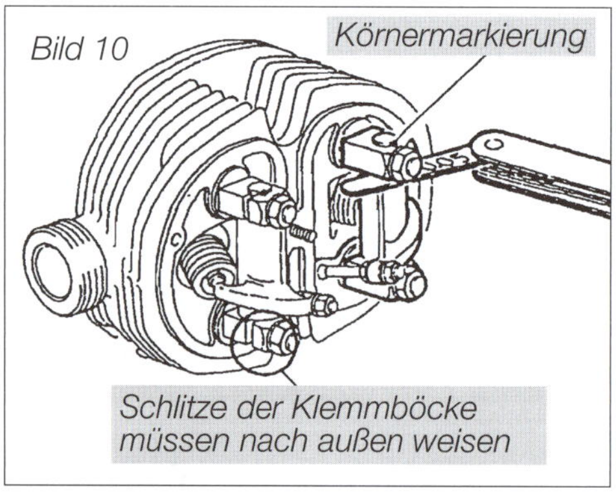

6. Bild 9: Kipphebel mit eingesetzten Pertinaxscheiben messen und Ergebnis (***b***) notieren.
7. Dicke der neu benötigten Distanzscheiben (***c***) nach folgender Formel berechnen:
c = a – b – 0,05 mm

■ Bedeutung der Buchstaben siehe grauen Textkasten links zu Bild 9.
Achtung: Das errechnete Maß ist das Maß für beide Distanzscheiben, also die obere und die untere!
8. Neue Scheiben auswählen, sauber putzen, aufeinander legen und mit einem Mikrometer messen.
9. Kipphebelböcke zusammenbauen: Pertinax-Scheiben auf Kipphebel setzen, Kipphebelachse durchschieben, neue Distanzscheiben oben und unten aufschieben, Klemmböcke so aufschieben, dass ihre Schlitze nach außen zeigen (Bild 10).
10. Das ganze Paket jetzt so auf die Stehbolzen setzen, dass die Körnermarkierungen (Bild 8) nach außen zeigen.
11. Zylinderkopfmuttern aufschrauben und so festziehen, wie weiter vorne in diesem Kapitel beschrieben.

Ventilspiel

Ventilspiel prüfen

Fühlerlehre zwischen Kipphebel und Ventilkopf durchziehen (Bild 11). So lange mit verschieden dicken Plättchen prüfen, bis man eines gefunden hat, das sich zwischen Ventilkopf und Kipphebel satt durchziehen lässt. Dies ist das »Ist-Ventilspiel«.
■ Wenn das »Ist-Ventilspiel« zu weit oder zu eng ist, muss es korrigiert werden.

Ventilspiel einstellen

1. Kontermutter der Einstellschraube mit Nuss SW12 lösen.
2. Bild 11: Fühlerlehre mit vorgeschriebener Dicke (siehe Tabelle »Ventilspiel-Einstellmaße« weiter vorne in diesem Kapitel) zwischen Ventilkopf und Kipphebel klemmen, mit der Hand halten.
3. Einstellschraube am Sechskant mit Gabelschlüssel SW 12 gefühlvoll etwas ein- oder ausdrehen, bis das Ventilspiel stimmt: Fühlerlehre muss sich mit wenig Kraftaufwand durch den Spalt zwischen Kipphebel und Ventilkopf »saugend durchschleifen« lassen.
4. Kontermutter festziehen, dabei die Ventilspiel-Einstellschraube auf Zug in Position halten:
■ 18 bis 22 Nm bei Monolever-Modellen
■ 20 Nm bei Paralever-Modellen
5. Nach dem Kontern der Mutter das Ventilspiel noch einmal prüfen.
6. Zündkerzen einschrauben, Lichtmaschinendeckel und Ventildeckel mit neuen Dichtungen aufschrauben, abgebaute Teile anbauen.

Zündkerzen

In diesem Kapitel: Zündkerzen · Wärmewert · »Bessere« Zündkerzen · Zündkerzenstecker · Zündkerzen aus- und einbauen, reinigen · Zündprobleme? · Elektrodenabstand · Zündkerzengesicht.

Zündkerzen

Die Zündkerze erzeugt den zur Entzündung des angesaugten und verdichteten Kraftstoff-Luft-Gemischs notwendigen Zündfunken. Bild 1: Die Zündkerzen der BMW-Modelle in dieses Buchs haben eine vorgezogene Mittelelektrode und eine als Bügel ausgebildete Masseelektrode.

Zur Tabelle unten: Serienmäßig waren Zündkerzen von Bosch oder Beru montiert. Die alten und neuen Beru-Bezeichnungen stehen nebeneinander. Champion-Zündkerzen wurden als Alternativzündkerzen angegeben. In der Spalte »Aktuelle NGK« sind geeignete NGK-Zündkerzen aufgelistet, überdies hat NGK die größte Auswahl an Motorrad-Zündkerzen.

Die in der Tabelle aufgelisteten Zündkerzen sind Standardkerzen für alle Betriebsbedingungen in einem nicht leistungsgesteigerten Motor. Ihre Elektroden werden bei normalen Verbrennungstemperaturen (ca. 400 bis 800 °C) so heiß, dass etwaige Rußablagerungen stets verbrennen, bleiben aber auch so kühl, dass Motor und Kerze nicht beschädigt werden.

Kenngrößen

- Gewindedurchmesser 14 x 1,25 mm
- Gewindelänge 19 mm
- Schlüsselweite 21 mm

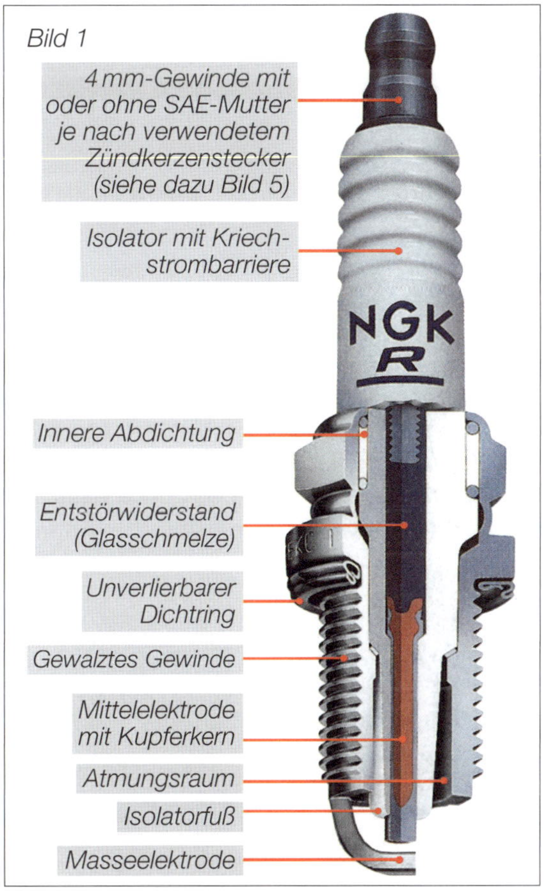

Bild 1: Aufbau einer modernen Zündkerze.

Zündkerzen für die BMW-Modelle unseres Buchs*						
Modell	**Modelljahre**	**Bosch**	**Beru alte Bezeichnung**	**Beru neue Bezeichnung**	**Champion**	**Aktuelle NGK**
R 65	1985 bis 1993	W 7 DC	14-7 DV	Z11	N 9 YC	BP7ES
R 65 RT	1985 bis 1988	W 7 DC	14-7 DV	Z11	N 9 YC	BP7ES
R 65 GS	1988 bis 1990	W 7 DC	14-7 DV	Z11	N 9 YC	BP7ES
R 80 G/S	1980 bis 1987	W 7 D	14-7 D	Z20	N 10 Y	BP6ES
R 80 ST	1982 bis 1984	W 7 D	14-7 D	Z20	N 10 Y	BP6ES
R 80 G/S Paris-Dakar	1984 bis 1987	W 7 D	14-7 D	Z20	N 10 Y	BP6ES
R 80	1984 bis 1995	W 7 DC	14-7 DV	Z11	N 9 YC	BP6ES
R 80 RT	1984 bis 1995	W 7 DC	14-7 DV	Z11	N 9 YC	BP6ES
R 80 GS	1988 bis 1990	W 7 DC	14-7 DV	Z11	N 9 YC	BP6ES
R 80 GS	1990 bis 1994	W 7 DC	14-7 DV	Z11	N 9 YC	BP6ES
R 80 GS P-D	1991 bis 1994	W 7 DC	14-7 DV	Z11	N 9 YC	BP6ES
R 80 R	1993 und 1994	W 7 DC	14-7 DV	Z11	N 9 YC	BP6ES
R 80 R Mystic	1994 und 1995	W 7 DC	14-7 DV	Z11	N 9 YC	BP6ES
R 80 GS Basic	1996	W 7 DC	14-7 DV	Z11	N 9 YC	BP6ES
R 100 RS	1987 bis 1992	W 7 DC	14-7 DV	Z11	N 9 YC	BP6ES
R 100 RT	1988 bis 1994	W 7 DC	14-7 DV	Z11	N 9 YC	BP6ES
R 100 GS	1988 bis 1990	W 7 DC	14-7 DV	Z11	N 9 YC	BP6ES
R 100 GS Paris-Dakar	1989 und 1990	W 7 DC	14-7 DV	Z11	N 9 YC	BP6ES
R 100 GS	1990 bis 1994	W 7 DC	14-7 DV	Z11	N 9 YC	BP6ES
R 100 GS P-D	1991 bis 1996	W 7 DC	14-7 DV	Z11	N 9 YC	BP6ES
R 100 R	1991 bis 1996	W 7 DC	14-7 DV	Z11	N 9 YC	BP6ES
R 100 R Mystic	1994 bis 1996	W 7 DC	14-7 DV	Z11	N 9 YC	BP6ES

* = Stand der Recherche im Januar 2017

Sicherheitshinweise ⚠ Achtung und ☞ Tipps für dieses Kapitel

⚠ Zündkerzenstecker immer nur von Hand abziehen und aufstecken! Keine Zange zu Hilfe nehmen! Auch nicht mit Reifenmontiereisen, Schraubenzieher oder Flacheisen an den Kerzensteckern herumhebeln.

⚠ Kerzenstecker und ausgebaute Zündkerze nicht fallen lassen! Dadurch können Teile brechen oder Risse bekommen, wodurch Stromkreisunterbrechungen oder Kurzschlüsse verursacht werden.

⚠ Beim Einschrauben der Zündkerzen unbedingt darauf achten, dass schon der erste Gewindegang richtig greift. Eine schräg angesetzte Kerze ruiniert mit ihrem harten Stahlgewinde das weiche Gewinde im Aluminiumzylinderkopf schon nach einer halben Umdrehung.

⚠ Halten Sie bei einer Zündfunkenprüfung mit ausgebauter und an Masse (Kühlrippen des Zylinderkopfs) gelegtem Sechskant der Zündkerze einen Feuerlöscher betriebsbereit! Es ist schon passiert, dass der Motor »ersoffen« war und bei der Prüfung mit ausgebauter Zündkerze sich das aus dem Zündkerzenloch austretende Gemisch entzündet hat und die Maschine sofort in Flammen stand. Auch kann das Zündsteuergerät beschädigt werden, wenn die Zündkerze einen unsicheren Massekontakt hat.

☞ Das Alter einer Zündkerze ist nicht ausschlaggebend, ob sie ersetzt werden muss. Es zählt in erster Linie die km-Laufleistung.

Anziehdrehmomentwerte
- 20 bis 25 Nm bei R 80 G/S, R 80 ST und R 80 G/S Paris-Dakar
- 22 bis 28 Nm bei allen anderen Monolever-Modellen
- 25 Nm bei allen Paralever-Modellen

Elektrodenabstand
Bild 4: Achten Sie darauf, dass der Elektrodenabstand 0,6 bis 0,7 mm beträgt, und dieser sollte möglichst genau eingehalten werden, weil er auf die Zünd- und Verbrennungscharakteristik des Motors abgestimmt ist.

Verschleiß: Eine Zündkerze ist verschlissen, wenn der Elektrodenabstand durch Abbrand 0,9 mm (oder mehr!) beträgt.

Wärmewert

Der Wärmewert einer Zündkerze (Bild 3) ist von elementarer Bedeutung für Betriebssicherheit und Zuverlässigkeit von Zündkerze und Motor. An der Zündkerze muss möglichst rasch eine Temperatur von mindestens 400 °C erreicht werden, das ist die »Freibrenngrenze«, wo eventuelle Ablagerungen verbrannt werden und keine Zündaussetzer verursachen können.

Wenn der Motor länger läuft, darf eine Höchsttemperatur von ca. 850 °C, hier beginnt der »Glühzündungsbereich«, nicht überschritten werden, weil sich sonst das Gemisch an der glühenden Zündkerze unkontrolliert entzündet, anstatt vom Zündfunken, der ja zu einer bestimmten Zeit kommt und eben bei diesem »Zündzeitpunkt« das Gemisch kontrolliert entzündet. Bei Glühzündungen »klopft« der Motor und wird in kürzester Zeit innerlich zerstört.

Der Wärmewert wird im Typencode, der auf der Zündkerze aufgedruckt ist, als Zahl angegeben, z. B. BP**6**ES oder BPR**6**ES (Bild 3). Üblicherweise spricht man dann von einer »6er-Kerze«.
- Die »Zahl« steht für die Eigenschaft der Zündkerze, wie rasch sie die bei der Verbrennung entstehende Wärme aufnimmt und über Gewinde und Dichtfläche an den Zylinderkopf abführt.
- Eine Zündkerze mit einem niedrigen Zahlenwert, z. B. 6 oder 7, führt die aufgenommene Verbrennungswärme langsamer ab – sie hat also eine eher schlechte Wärmeableitung, weswegen man von einer *»heißen Zündkerze«* spricht.
- Eine Zündkerze mit einem hohen Zahlenwert, z. B. 9 oder 10, führt die aufgenommene Verbrennungswärme schnell ab – sie hat also eine gute Wärmeableitung, weswegen man von einer *»kalten Zündkerze«* spricht. Kalte Zündkerzen sind jedoch nicht vorgesehen für die Motoren unserer Maschinen.

»Bessere« Zündkerzen

Für alle unsere BMW-Motoren gibt es bessere Zündkerzen als die, die serienmäßig eingebaut oder vorgeschrieben sind (siehe dazu Tabelle am Kapitelanfang). »Bessere« Zündkerzen bedeutet nicht nur, dass die Zündkerzen heute (im Jahr 2017) viel besser sind als damals, z.B. im Jahr 1980, sondern »bessere Zündkerzen« haben eine hochwertige Mittelelektrode aus Iridium.

Während der Preis einer Standardzündkerze bei ca. 4 Euro liegt, kostet eine Iridiumzündkerze ca. 20 Euro. Für den höheren Preis bietet die »bessere« Zündkerze handfeste Vorteile:
- Höhere Betriebssicherheit, weil ihr stärkerer Funke das Gemisch besser entzündet.
- Dadurch gibt es keine Ablagerungen an der Zündkerze – und wenn doch etwas an sie kommt, wie z. B. Verunreinigungen durch schlechtes Benzin, verbrennen diese sehr schnell.
- Bilder 7 und 8: Eine Mittelelektrode aus Iridium ist sehr viel dünner als die Stahl-Mittelelektrode einer Standardzündkerze, aber auch sehr viel härter und damit verschleißfester, weswegen

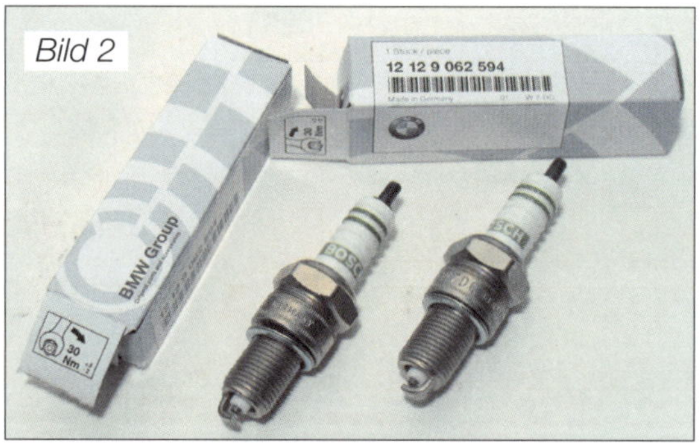

Bild 2

Bild 2: Bosch-Zündkerzen W 7 DC als Original-Ersatzteil von BMW.

Bild 3

*Bild 3: Bei NGK steht die Zahl in der Typenbezeichnung, hier BP**6**ES und BPR**6**ES, für den Wärmewert.*

*Unterschied zwischen **BP** und **BPR**:*
- ***BP**6ES = Zündkerze ohne Entstörwiderstand. Dazu soll ein Stecker mit Entstörwiderstand montiert werden.*
- ***BPR**6ES = Zündkerze mit Entstörwiderstand. Dazu soll ein Stecker ohne Entstörwiderstand montiert werden.*
- *Stecker mit und ohne Widerstand siehe Bilder 6 und 10.*

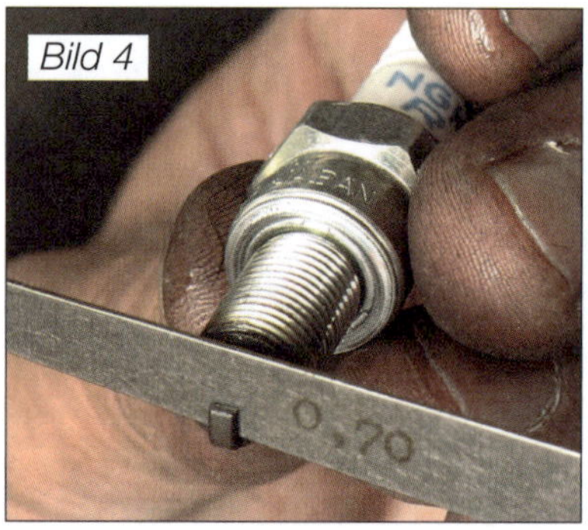

Bild 4

Bild 4: Elektrodenabstand mit Fühlerlehre messen, er muss 0,6 bis 0,7 mm betragen.

der Abbrand geringer ist und sie eine mehr als doppelt so hohe Lebensdauer wie eine Standardzündkerze hat. Eine Iridiumzündkerze kann länger als 40 000 km im Motor bleiben!

Zündkerzenstecker

In Bild 6 sind verschiedene Zündkerzenstecker abgebildet. Unabhängig von der äußeren Form des Kerzensteckers ist der innere Elektroanschluss gestaltet:

- Bilder 5 und 10: Die serienmäßigen Zündkerzenstecker haben innen einen Anschluss mit Federklammern, welcher auf das oben auf der Zündkerze angebrachte Gewinde (Bild 5) aufgesteckt wird: Beim Aufdrücken »ratscht« es fühlbar, wenn die beiden Federklammern über das Gewinde rutschen.
- Manche Nachrüst-Kerzenstecker haben innen einen Ringanschluss, dann muss oben auf der Zündkerze eine Anschlussmutter aufgeschraubt sein (Bild 1): Beim Aufsetzen muss es einmal fühlbar »klicken«.

Bild 10: Zündkerzenstecker haben entweder einen Entstörwiderstand oder keinen.

- Auf Zündkerzen, in die ein Entstörwiderstand eingebaut ist, z. B. NGK BPR6ES (Bild 3 und zugehörige Bildunterschrift): Zündkerzenstecker ohne Entstörwiderstand aufbauen.
- Auf Zündkerzen, die keinen Entstörwiderstand haben, z. B. NGK BP6ES (Bild 3 und zugehörige Bildunterschrift): Zündkerzenstecker mit Entstörwiderstand aufbauen – sonst kann es sein, dass der laufende BMW-Motor den Polizeifunk stört...

Bild 6: Ob ein Entstörwiderstand in einem Kerzenstecker eingebaut ist, erkennt man am Aufdruck auf dem Kerzenstecker, dort steht z. B. »5 kΩ«.

Im Vorgriff auf den Kapitelabsatz »Zündprobleme« ist in Bild 13 ein defekter Zündkerzenstecker zu sehen, der durchgeschlagen hat, weswegen der Zündfunke nicht an der Zündkerze ankam, sondern auf die Kühlrippen übergesprungen ist: Wenn man die Ummantelung abbaut, kann der Kerzenstecker wieder funktionieren – sollte aber so schnell wie möglich erneuert werden.

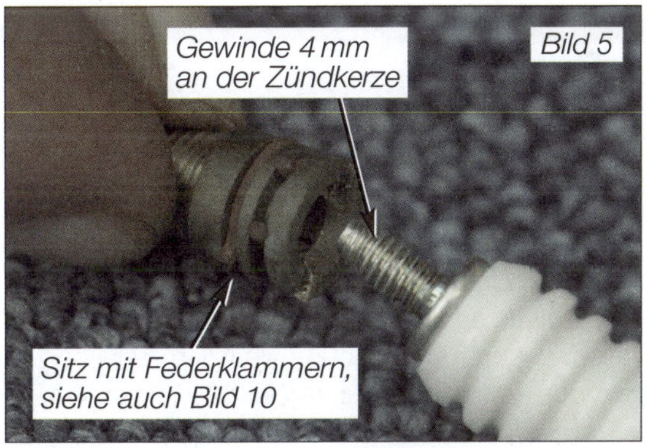

Bild 5: Aus dem Kerzenstecker geschraubter Sitz für das 4 mm-Gewinde der Zündkerze.

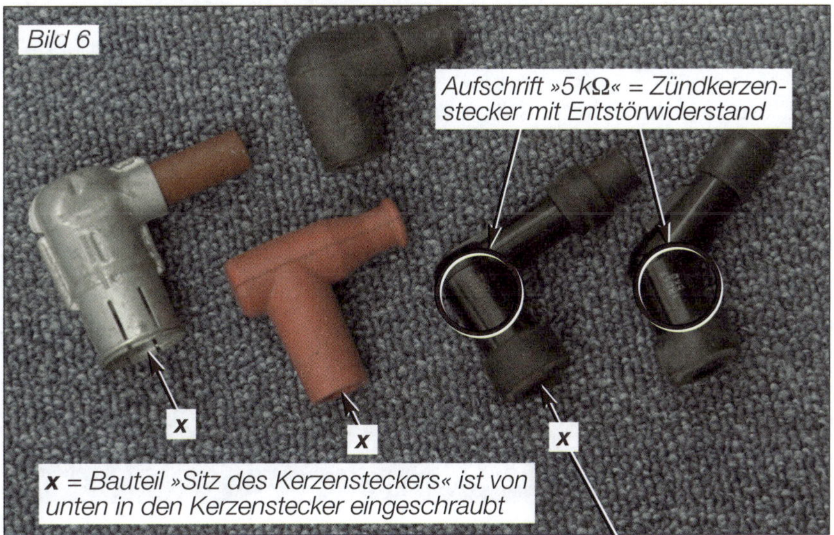

Bild 6: Kerzenstecker mit oder ohne Blechmantel, aus Silikonkautschuk und hartem Kunststoff.

Bilder 7 und 8: Vergleich der Mittelelektroden einer Standard- und Iridiumzündkerze.

Bild 9: Iridium-Zündkerze von NGK.

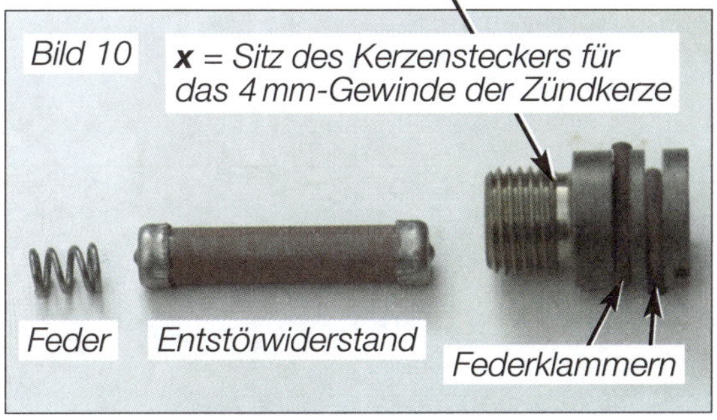

Bild 10: Innereien eines Kerzensteckers mit Entstörwiderstand.

Sichtprüfung Messen

Zündkerze aus- und einbauen

Ein normaler Kerzenschlüssel, wie er üblicherweise im BMW-Bordwerkzeug ist, genügt zum Aus- und Einbau der Zündkerze. Soll diese allerdings mit dem vorgeschriebenen Anziehdrehmoment festgezogen werden, werden Zündkerzennuss und Drehmomentschlüssel benötigt.

Zündkerze ausbauen

Die Zündkerzen unserer BMWs sind gut zugänglich. Weil die heutigen Zündkerzen sehr zuverlässig sind, genügt es, sie anzusehen und ggf. zu reinigen (oder zu erneuern), wenn man im Rahmen einer großen Inspektion sowieso am Motor schraubt.

1. Zündkerzenstecker abziehen.
2. Druckluft durch die umliegenden Kühlrippen blasen und damit Schmutz abblasen.
■ **Bei ausgebauter Zündkerze darf kein Dreck in den Brennraum fallen!**
3. Zündkerze mit dem Zündkerzenschlüssel lösen, ausdrehen und ohne sie fallen zu lassen aus dem Zylinderkopfausschnitt herausziehen.

Zündkerze reinigen

Bild 11: Zum Reinigen der Zündkerze entweder eine Messingbürste oder eine harte Zahnbürste nehmen. Öl- und Rußrückstände mit Bremsenreiniger besprühen, den Dreck abputzen und die Kerze dann noch mit Druckluft trockenblasen.

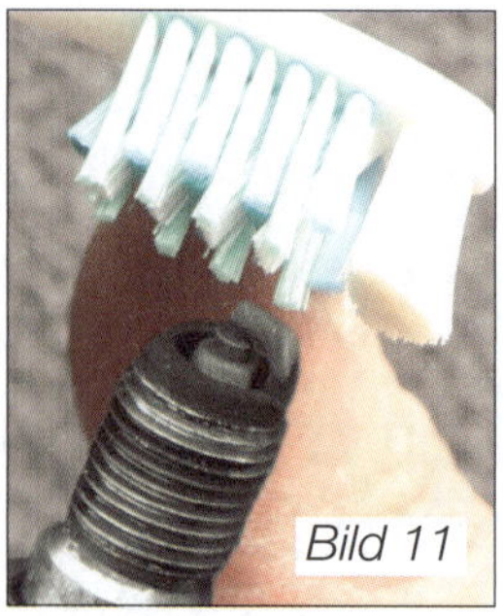
Bild 11

Bild 11: Zündkerze reinigen mit Messingbürste oder harter Zahnbürste.

Bild 12

Bild 12: Einen Tropfen Kupferpaste auf das Gewinde der Zündkerze geben, verhindert Festbacken und sorgt für bessere Wärmeableitung.

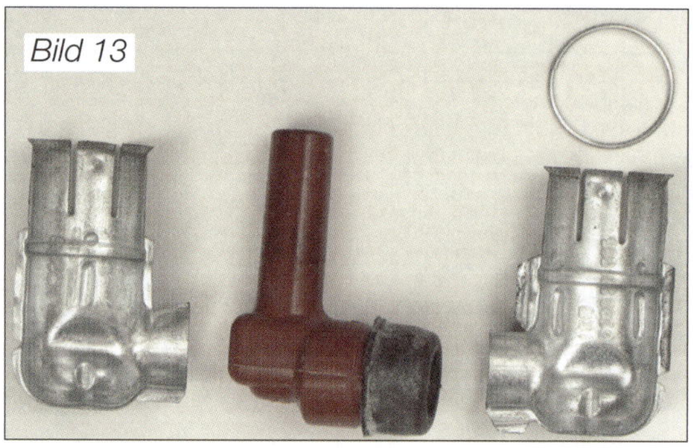
Bild 13

Bild 13: Wenn der Zündkerzenstecker durchschlägt, kann man die Ummantelung abbauen und hoffen, dass man die Fahrt fortsetzen kann.

■ Umgehend einen neuen Kerzenstecker anbauen!

Zündkerze einbauen

1. Bild 12: Einen sehr kleinen Tropfen Kupferpaste auf das Gewinde der Zündkerze geben, das verhindert ein Festbacken der Kerze im Gewinde des Zylinderkopfs.
2. Zündkerze in Zündkerzenschlüssel einsetzen, von Hand ans Gewinde ansetzen, einschrauben.
3. Zündkerze so weit einschrauben, bis Widerstand spürbar wird, dann mit dem vorgeschriebenem Anziehdrehmoment festziehen.
4. Falls kein Drehmomentschlüssel zur Verfügung steht, folgendermaßen vorgehen:
■ **Gebrauchte Zündkerze:** Wenn eine bereits benutzte Zündkerze wieder montiert wird, bei der sich der Dichtring schon gesetzt hat: Zündkerze von Hand so weit eindrehen, bis es nicht mehr weiter geht, Kerzenschlüssel ansetzen und Kerze um ca. 1/8 Umdrehung festziehen.
■ **Neue Zündkerze:** Wenn eine neue Kerze mit neuem Dichtring montiert wird: Zündkerze von Hand so weit eindrehen, bis es nicht mehr weiter geht, Kerzenschlüssel ansetzen und Kerze 1/4 bis 1/2 Umdrehung anziehen, wieder lösen und endgültig um 1/8 Umdrehung festziehen.

Zündprobleme?

Falls ein Problem mit der Zündung auftaucht, kann dies viele Ursachen haben. Wenn Sie Grund zur Annahme haben, dass die Zündkerzen keinen oder nur einen schwachen Funken abgeben, weil der Motor patscht, nicht richtig läuft oder nicht zieht, folgende Hausmittel anwenden:
1. Zündung ausschalten, Zündkerze ausdrehen.
2. Zündkerze auf Funken prüfen:
■ In den Kerzenstecker stecken, mit dem Sechskant an Masse (Kühlrippen) anlegen.
■ Elektrostarter betätigen und nachsehen, ob die Zündkerze funkt. Dabei KEIN Gas geben!
3. Zeigt die Zündkerze keinen Funken:
■ Prüfung mit einer anderen (möglichst neuen) Zündkerze wiederholen. Funkt es dann, ist die zuvor getestete Zündkerze defekt.
■ Funkt es nicht, ist meistens der Zündkerzenstecker defekt und muss erneuert werden.

⚠ **Achtung:** Halten Sie bei einer solchen Prüfung einen Feuerlöscher betriebsbereit, denn wenn der Motor »ersoffen« war und bei der Zündkerzenprüfung sich das aus dem Zündkerzenloch austretende Gemisch entzündet, steht die Maschine sofort in Flammen.

Weitere Prüfungen mit Hausmitteln:
■ Alle Kabel und Anschlüsse der Zündanlage auf

einwandfreie Isolierung und korrekten Sitz überprüfen. Schon ein kleiner Fehler in der Isolierung eines nicht richtig sitzenden Steckers oder eines durchgescheuerten Kabels kann das gesamte Zündsystem lahm legen.

■ Anschlüsse der Doppelzündspule auf Korrosion und festen Sitz überprüfen.

■ Etwaige Korrosion an den Steckverbindungen mit feinem Schmirgelpapier beseitigen und mit Kontaktspray nachbehandeln.

■ Wenn sich kein Funken zeigt: Bitte lesen Sie weiter im Kapitel 17 »Zündanlage«.

Zündkabel, Zündspulen

Das Zündkabel ist an einer Seite mit einer angelöteten Kabelhülse in die Zündspule eingesteckt. Auf der anderen Seite ist das Zündkabel mit dem Kerzenstecker vergossen und zwar mit den abgewinkelten »Blechsteckern« oder den flachen, großen »Kunststoff-Gummisteckern«.

Bei Nachrüst-Zündkerzensteckern ist das Zündkabel eingeschraubt, eine nagelähnliche Innenspitze mit Holzschrauben-Gewinde sorgt für den Kontakt zur Kupferseele des Zündkabels.

Wenn der Motor nicht sauber läuft, zuerst alle elektrischen Steck- und Masseanschlüsse auf korrekten Sitz und eventuelle Korrosion (»Grünspan«) prüfen.

■ Gummikappe zurückschieben. Zündkabel aus Zündspule ziehen und aus Kerzenstecker ausdrehen (wenn möglich).

■ Kabelhülse am Zündkabel und Innenspitze im Zündkerzenstecker mit Kontaktspray reinigen, trocken blasen, Zündkabel aufstecken bzw. aufdrehen, Gummikappe aufschieben.

Ganz wichtig: Wenn der Motor eine Weile mit Zündproblemen gelaufen ist, ist meist die Zündkerze verschmutzt oder gar defekt. BEVOR Sie mit einem reparierten Zündkabel auf Probefahrt gehen, eine saubere bzw. neue Zündkerze einschrauben.

Elektrodenabstand

Wichtig für ordnungsgemäße Funktion der Zündkerze ist vor allem ein korrekter Elektrodenabstand. Stimmt dieser nicht, muss er korrigiert werden. Die Masseelektrode darf jedoch nur wenig nachgebogen werden, denn für eine zu heftig oder zu oft verbogene Elektrode besteht im Betrieb höchste Bruchgefahr! Im Zweifelsfall lieber eine neue Zündkerze verwenden.

Elektrodenabstand messen, korrigieren

1. Elektrodenabstand mit Fühlerlehre messen (Bild 4). Er ist angegeben mit 0,6 bis 0,7 mm.

2. Ist der Elektrodenabstand zu weit, was bei einer gebrauchten Zündkerze meistens der Fall ist, die äußere Elektrode nachbiegen.

■ Zündkerze kopfüber halten, Schraubenzieher verkehrt herum in die Hand nehmen und mit dem Griff gaaaanz leicht auf die Elektrode klopfen: Lieber einen Hau zu wenig als einen zu viel!

3. Wenn die Außenelektrode aus Versehen zu stark zusammengeklopft wurde, der Elektrodenabstand also zu eng ist, vorsichtig mit einem kleinen Elektroschraubenzieher wieder aufbiegen. Besser noch ist es, die Elektrode mit einer kleinen Flachzange hochzubiegen.

■ In jedem Falle gilt: Beim Einstellen des Elektrodenabstandes viel Gefühl walten lassen, sonst kann die Masseelektrode abbrechen und die Zündkerze ist kaputt!

Zündkerzengesicht

Aufschluss über den Verbrennungsablauf im Motor gibt das Erscheinungsbild der Zündkerze (»Zündkerzengesicht«). Im Normalfall zeigt die Kerze eine rehbraune Färbung und kaum Abbrand der Elektroden. Wenn das Zündkerzengesicht anders aussieht (siehe dazu Bilder 14 bis 22), ist im Motor möglicherweise etwas nicht in Ordnung.

Zündkerzengesicht beurteilen

1. Motor im mittleren Drehzahlbereich etwa zehn Kilometer warm fahren und möglichst ohne Zwischenstopp zur Werkstatt zurück. Dort den Motor sofort abstellen, also nicht längere Zeit im Leerlauf nachlaufen lassen.

2. Zündkerzen herausschrauben.

3. Sind Keramikisolation und Elektrode sauber und ohne Rußbelag und zeigt das innere Keramikbauteil rehbraunen bis hellgrauen Farbton (Bild 15), passt der Wärmewert der Zündkerze, das Luft-Benzingemisch ist korrekt zusammengesetzt.

4. Zu mageres Gemisch:

4.1. Bei weißem bis aschgrauem Bild ist das Luft-/Kraftstoff-Gemisch zu mager. Dieses Zündkerzenbild deutet auf mögliche Falschluft im Ansaugsystem hin. So können z. B. die Ansaugstutzen lose oder gerissen sein.

4.2. Eine sehr helle, fast weiße Zündkerze beobachtet man auch, wenn der Motor einen Luftfilter hat, der aber nicht eingebaut ist.

5. Zu fettes Gemisch:

5.1. Bei dunkelbrauner bis schwarzer Verfärbung

Bild 14

Bild 15

Bild 16

Bild 19

Bild 17

Bild 18

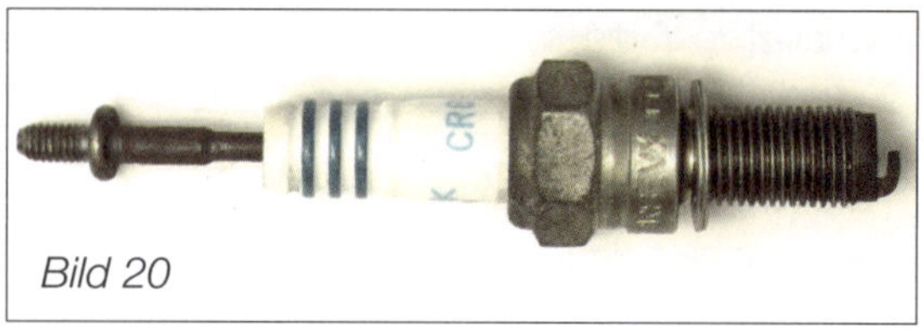
Bild 20

Bilder 14 bis 22:
14 Öl- und Verbrennungsrückstände
15 normales Zündkerzengesicht
16 verrußte Kerze
17 Isolator abgebrochen
18 Isolator beschädigt, starke Ablagerungen
19 Mittelelektrode herausgefallen
20 Mittelelektrode innen gebrochen
21 Koronafleck zwischen Isolator und Metallkörper...
22 ...Ursache ist Gas- und Flamm-Durchgang

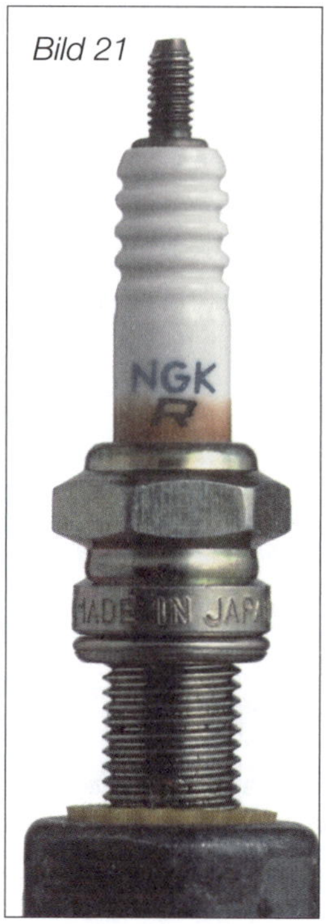

Bild 21

Bild 22

ist das Kraftstoff/Luft-Gemisch zu fett. Dieses Zündkerzenbild weist auch auf einen zugesetzten Luftfilter hin.

6. Ölrückstände an der Zündkerze (Bild 14):
6.1. Eine schwarz verrußte, feucht glänzende Kerze deutet auf verschlissene Ventilführungen oder abgenutzte Kolbenringe hin, durch die Motoröl in den Brennraum gelangt. Ein solches Kerzengesicht nennt man »verölte Zündkerze«.

7. Verrußte Zündkerze (Bild 16): Wenn die Zündkerzen fett verrußt sind, dreht der Motor nur stotternd hoch und zieht nicht richtig. Starke Rußablagerungen an der Kerze entstehen durch zu fettes Gemisch plus Öl aus internen Lecks, wie z. B. verschlissene Ventilführung oder Kolbenringe; es entsteht besonders dann, wenn der Motor permanent untertourig gefahren wurde und/oder meist im Kurzstreckenverkehr, bei dem er nie richtig warm werden konnte. Ruß verhindert einen korrekten Funken zwischen äußerer und innerer Elektrode. Ruß und andere Ablagerungen an der Zündkerze führen nach kurzer Zeit zu einer Kurzschlussbrücke (»Faden«) zwischen den Elektroden oder auf der Keramikisolation.

8. Durch trockene Rußablagerungen glühen die Elektroden und es gibt unkontrollierte Fehlzündungen. Diese machen durch »Klopfen« (gut hörbar bei niedrigen Drehzahlen und starkem Beschleunigen) oder »Klingeln« (bei hoher Drehzahl und deshalb kaum zu hören) auf sich aufmerksam. Fehlzündungen führen oft auch zum Durchbrennen des Kolbenbodens, einem »Abbrennen« der Kolbenoberseite oder einem Verbrennen (Verschmoren) von Ventilen und Ventilsitzen.

Zündkerzen reinigen und prüfen

1. Sofern die Kerze nicht allzu sehr verrußt ist, kann man sie mit einer Nylonbürste oder einer harter Zahnbürste (Bild 11) reinigen.

2. Stark verschmutzte Zündkerze mit einer speziellen Zündkerzen-Messingbürste reinigen.
Wichtig: Keine Stahlbürste zum Reinigen der Zündkerze verwenden, diese kann die Elektroden und das Keramik-Mittelteil beschädigen!

3. Isolator auf Risse oder Absplitterungen untersuchen (Bild 17). Planflächen des Dichtrings müssen einwandfrei sein.

4. Eine Zündkerze muss ausgewechselt werden, wenn sie schwerwiegende Mängel aufweist, beispielsweise angebrannter Schmutz am Isolator (Bild 18), Mittelelektrode stark abgenutzt, verbrannt oder herausgefallen (Bilder 19 und 20), Isolator gebrochen, Gewinde beschädigt oder Gas- und Flammendurchgang hat (Bilder 21 und 22), oder das Gewinde beschädigt ist.

Zündanlage

In diesem Kapitel: Zündanlage, Zündprobleme · Zündzeitpunkt prüfen, einstellen · Zündfunke.

Zündanlage

In den Modellen unseres Buchs ist eine elektronische Zündung mit »Hallgeber« eingebaut. Ihre beiden Herzstücke sind:

■ Bilder 1, 6 und 7: Die dosenförmige »Zündbox«, sie wird auch »Zündimpulsgeber« oder »Zündauslöser« genannt, ist vorne am Motor angebaut; ihre Welle mit der Zündfunken-auslösenden Topfscheibe (»Hallgeber«) wird von der Nockenwelle angetrieben.

■ »Z 1« in Bild 2: Das Zündsteuergerät ist unter dem Tank montiert.

Zündprobleme

Eigentlich ist die Zündanlage komplett wartungsfrei und auch zuverlässig: Schwingungen und Lagerspiel der Nockenwelle werden von der Zündanlage ferngehalten und auch das Zündsteuergerät hat erfahrungsgemäß keine Ausfallerscheinungen. Doch an einem alten Motorrad gibt es einige Punkte, die es zu beachten gilt:

■ Was bei einem Zündproblem als Erstes zu tun ist. Bild 3: Die »Kabelhülse« genannte Kontaktklammer, welche an die Kupferseele des Zündkabels angelötet ist, besteht aus Messingblech und korrodiert über die Jahre: Zündkabel ausziehen, Kabelhülse abschmirgeln, etwas Kontaktspray dran und wieder einstecken.

■ Zündkerzenstecker: Tipps und Tricks dazu siehe Kapitel 16 »Zündkerzen«.

■ Bild 3: Die Verkabelung der Zündanlage, angefangen bei den Steckern unterm Tank über das Zündschloss bis hin zum »Killschalter« rechts am Lenker im Gasgriffgehäuse muss absolut korrosionsfrei und trocken sein. Nehmen Sie sich zur Problembehebung bitte auch den Blockschaltplan in Bild 6 und die großen Schaltpläne am Ende des Buches zu Hilfe.

■ Prüfen Sie alle zündungsrelevanten Kabel mit einem scharfen Auge auf Knicke und Porosität der Isolierung, und dann auch mit einem Messgerät auf Durchgang. Dazu finden Sie im Kapitel 24 »Elektrik« viele praktische Tipps und Kniffe.

Zündzeitpunkt

Zündwerte für alle Modelle unseres Buchs:

■ 6 Grad vor OT bei 800 bis 1100/min

■ 32 Grad vor OT bei 3500/min und mehr.

Einstellmarkierung:
Bild 4: Auf dem Schwungrad sind je nach Modell vier verschiedene Einstellmarkierungen, man kann sie sehen, wenn der Gummideckel aus dem Schauloch hinter dem linken Zylinder neben der Öleinfüllbohrung gezogen ist.

Bild 1: Fliehkraftregler und elektronischer Hallgeber sitzen in einem extra Gehäuse mit separater Lagerung auf dem vorderen Nockenwellenzapfen, von BMW »Zündimpulsgeber« genannt.

Bilder 1, 2 und 3: Zündbox vorne am Motor, zündrelevante Bauteile unter dem Tank, Zündspule mit Zündkabel und Kerze.

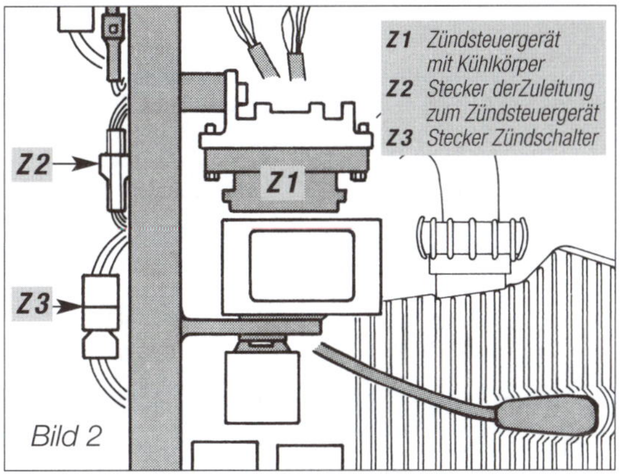

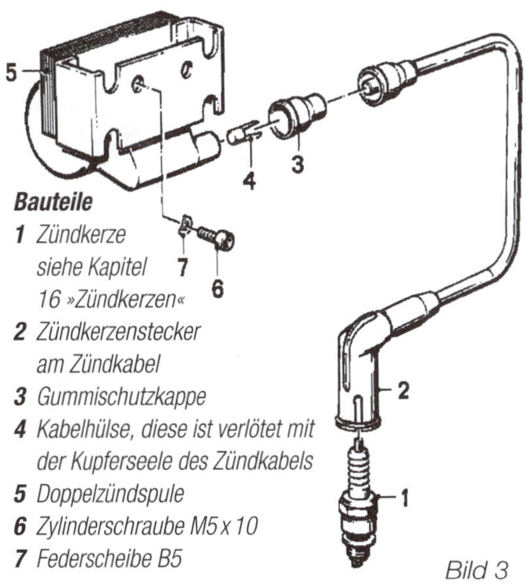

Bauteile
1 Zündkerze siehe Kapitel 16 »Zündkerzen«
2 Zündkerzenstecker am Zündkabel
3 Gummischutzkappe
4 Kabelhülse, diese ist verlötet mit der Kupferseele des Zündkabels
5 Doppelzündspule
6 Zylinderschraube M5 x 10
7 Federscheibe B5

Sicherheitshinweise Achtung

Grundsätzlich müssen bei allen Arbeiten an der Zündanlage die Zündung ausgeschaltet (Zündschlüssel abziehen) und Batterie abgeklemmt werden.

Elektronische Zündsysteme arbeiten in einem Leistungsbereich, der Lebensgefahr bedeutet, wenn man freiliegende Klemmen und spannungsführende Teile berührt.

■ Das gilt sowohl für die Niederspannungsseite (Primärstromkreis) als auch für die Hochspannungsseite (Zündkreis) solcher Anlagen.

Wir machen darauf aufmerksam, dass alle elektronischen Zündanlagen, auch diejenigen älteren Datums, im Sinne der VDE-Richtlinie 0104/7.67 **gefährliche Anlagen** darstellen.

■ Deswegen gehört die elektronische Zündanlage der BMW-Modelle unseres Buchs grundsätzlich in die Hände eines Fachmanns.

Sichtprüfung · Messen

Zündfunke zu früh oder zu spät

Zündzeitpunkt »zu früh«: Es besteht die Gefahr einer »klopfenden« Verbrennung: Klopfen kann zu schweren Motorschäden an mechanischen Bauteilen wie Lagerschäden, Löcher in Kolben und auch Schäden an den Zündkerzen führen.

Zündzeitpunkt »zu spät«: Funkt die Zündkerze zu spät, setzt die Verbrennung erst ein, wenn der Kolben wieder nach unten geht. Die Gefahr von Überhitzung und Beschädigung von Teilen des Motors im Brennraum ist, genau wie bei der zu frühen Zündung, sehr groß.

Grundsätzlich gilt:

- Eine Verstellung der Zündbox *gegen den Uhrzeigersinn* bewirkt eine frühere Zündung.
- Eine Verstellung der Zündbox *im Uhrzeigersinn* bringt einen späteren Zündzeitpunkt.

Zündungs-Adressen

Q-Tech
Rudolf Kallenbach
Falscheider Straße 9
D-32584 Löhne
www.Q-Tech.de

Silent Hektik
Hansastraße 72b
D-59425 Unna
www.silent-hektik.com

Motoren-Israel GmbH
Hauptstraße 54
D-56335 Neuhäusel
www.motoren-israel.com

Die einwandfreie Funktion des mechanischen Fliehkraftreglers wird mit Hilfe einer Zündlichtpistole (»Stroboskop«, siehe Bild 5) bei laufendem Motor überprüft und somit auch die Frühzündung. Mittels einer induktiven Zangenklemme (»Triggerzange«), die das Zündkabel umschließt, wird exakt zum Zeitpunkt der Zündung ein Lichtblitz ausgelöst und die Markierung bleibt »stehen«. Wie verstellt wird siehe Text links; Befestigungsschrauben der Zündbox siehe Bild 1.

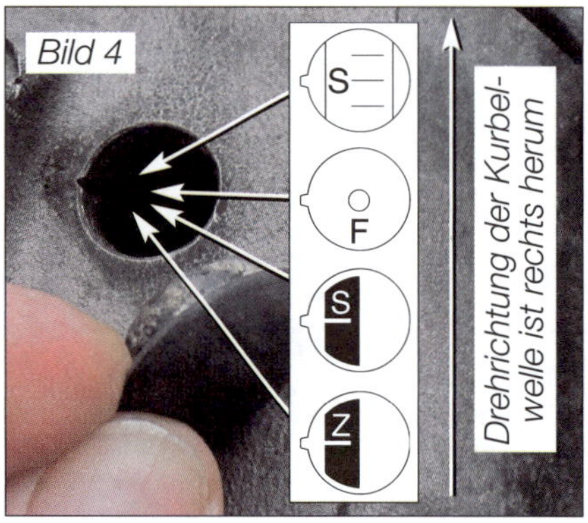

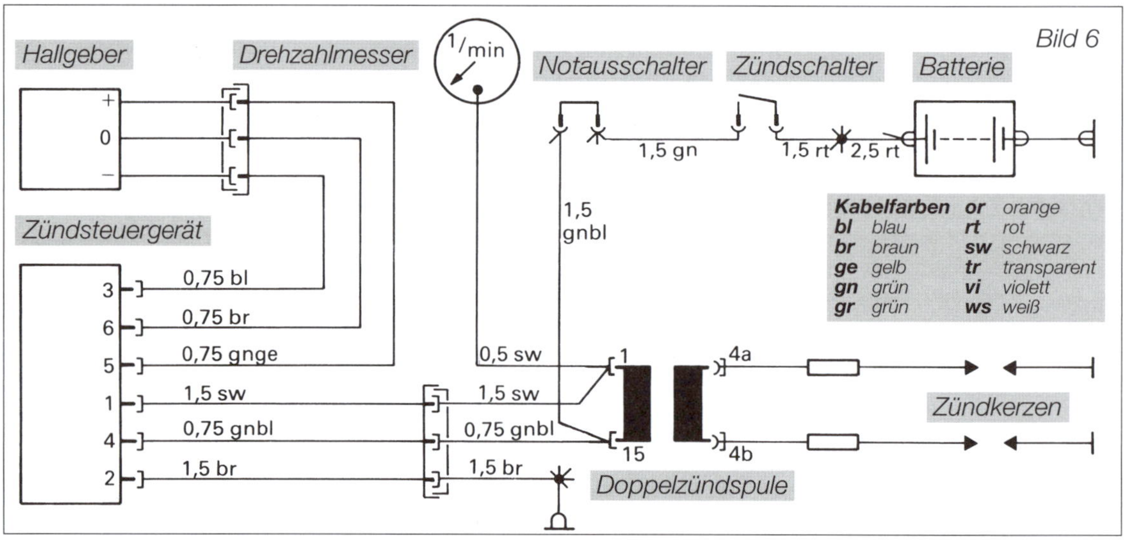

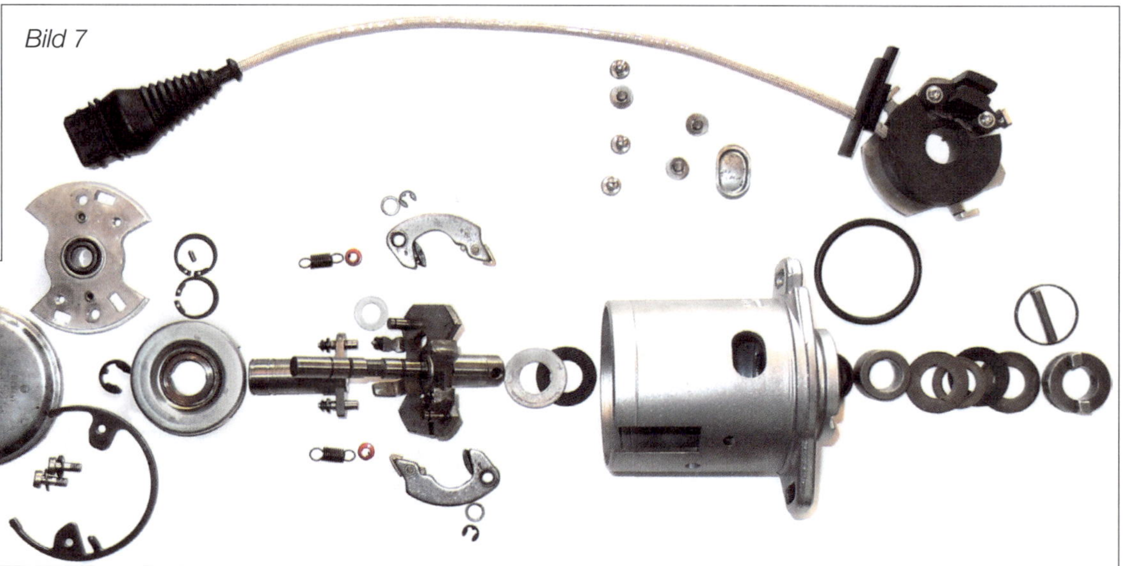

Bild 7: Reparatur einer Zündbox ist etwas für Spezialisten. Q-Tech macht so etwas für ca. 225 Euro; der Neupreis beträgt ca. 400 Euro.

Batterie

In diesem Kapitel: Batterie, Spannung und Kapazität · Batterie prüfen, laden · Neue Batterie befüllen und erstladen · Kriechstrom finden, Übergangswiderstand.

Batterie

Spannung, Kapazität

Spannung: Alle BMW-Modelle unseres Buches haben ein Bordnetz mit 12 Volt Spannung.
Kapazität: Die Batterien unserer BMW-Modelle haben 9, 19 oder 25 Ah (siehe grauer Kasten rechts außen). Die Angabe der Kapazität erfolgt in der Maßeinheit »Amperestunden« (Ah). Sie sagt Folgendes aus:

- Eine voll geladene Batterie mit einer angegebenen Nennkapazität von z. B. 25 Ah (Bild 1) kann bei der Messtemperatur 27 °C für 20 Stunden einen Strom von 1,25 Ampere liefern.
- Bei niedrigerer Temperatur als 27 °C sowie bei fortgeschrittenem Alter der Batterie ist die tatsächliche Kapazität der Batterie niedriger als ihre Nennkapazität.

Batterietypen, Vorsichtsmaßnahmen

Die Batterien sind mit verdünnter Schwefelsäure (»Batteriesäure«) als Elektrolyt gefüllt, weswegen wir sie »Flüssigbatterie« nennen. Wartungsfreie MF- und Gel-Batterien behandeln wir weiter hinten in diesem Kapitel.

Beim Umgang mit einer Flüssigbatterie muss man äußerst vorsichtig sein. Die in der Batterie enthaltene, verdünnte Schwefelsäure ist stark ätzend, man darf keinesfalls mit ihr in Berührung kommen, sie darf nicht ins Erdreich eindringen.

Geringe Spritzer Batteriesäure sofort mit reichlich lauwarmem Wasser abwaschen!

Wer mit Batteriesäure oder Chemikalien aus einer Batterie stärker in Berührung gekommen ist, sollte umgehend einen Arzt aufsuchen.

Das Entsorgen einer (auch unbeschädigten) Batterie ist nur über autorisierte Händler oder Werkstätten gestattet.

Batterie prüfen

1. Säurestand: Dieser muss in allen Zellen über der unteren bzw. zwischen unterer und oberer Markierung sein. Das lässt sich bei einer Batterie mit durchsichtigen Wänden (Bild 1) leicht von außen überprüfen. Bei einer schwarz durchgefärbten Batterie müssen die Zellenstopfen oben im Batteriedeckel ausgebaut und in die Öffnung reingeschaut werden: Die Batteriesäure muss mindestens 5 mm über den Platten stehen, darf aber nicht höher stehen als 10 mm.

1.1. Schauen Sie besonders im Sommer auch außerhalb einer Wartungsarbeit öfter nach dem Säurestand, weil das in der Batteriesäure enthaltene Wasser bei hohen Außentemperaturen schneller verdunstet als bei niedrigen. Der nicht mehr von Batteriesäure bedeckte Teil der Bleiplatten ist dann trocken und »stirbt ab«.

2. Wenn der Säurestand an oder schon unterhalb der unteren Markierung ist: Verschlussstopfen ausdrehen und eine Zelle nach der anderen mit destilliertem Wasser bis zwischen die beiden Markierungen auffüllen.

Wichtig 1: Sauber arbeiten, jegliche Verschmutzung des Elektrolyten vermeiden!

Wichtig 2: Nur destilliertes Wasser nachfüllen, NIEmals Leitungswasser oder gar Batteriesäure!

2.1. Zellenverschlüsse (»Stopfen«, siehe Bild 1) einstecken/eindrehen.

3. Säuredichte: Man kann sie mit einem »Säureheber« prüfen (Bild 2) oder mittels »Aräometer« bestimmen, was auch einen Überblick über den Ladezustand schafft. Die Batterie soll vor der Prüfung mindestens 30 Minuten nicht benutzt worden sein.

3.1. Bild 2: Zelle um Zelle öffnen und mit dem Säureheber eine Elektrolytprobe ansaugen.

3.2. Ergebnis werten:

- Dichte 1,28 g/cm³ = voll geladen
- Dichte 1,23 g/cm³ = halb geladen
- Dichte 1,10 g/cm³ = entladen

4. Batteriespannung messen: Dazu wird ein Multimeter benötigt, dessen Pluskabel (rot) und Minuskabel (schwarz) an die Batterie-

Batterien und Modelle

12 Volt/9 Ah bei R 80 G/S ohne E-Starter

12 Volt/19 Ah bei R 80 G/S mit E-Starter, R 65 GS, R 80 ST, R 80 G/S Paris-Dakar

12 Volt/25 Ah bei allen anderen Modellen unseres Buchs

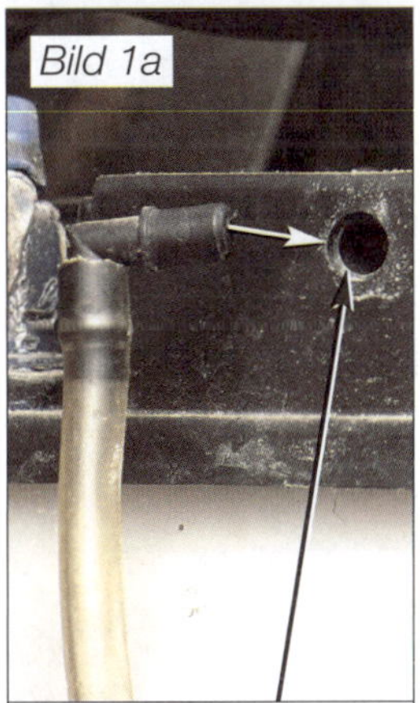

Bild 1a: Entlüftungsbohrung der Batterie:
- *Schlauchanschluss einstecken.*
- *Entlüftungsschlauch knickfrei (!) nach unten ins Freie führen.*

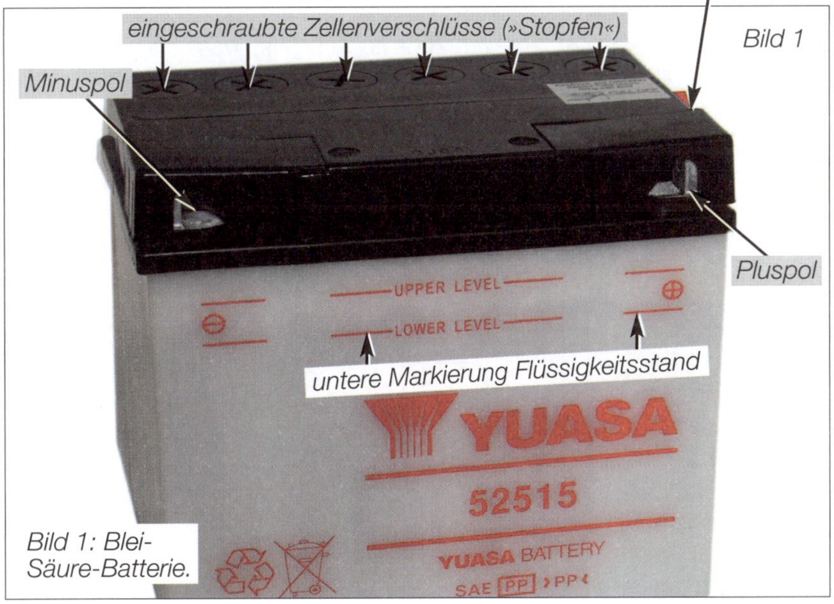

Bild 1: Blei-Säure-Batterie.

Sichtprüfung Messen

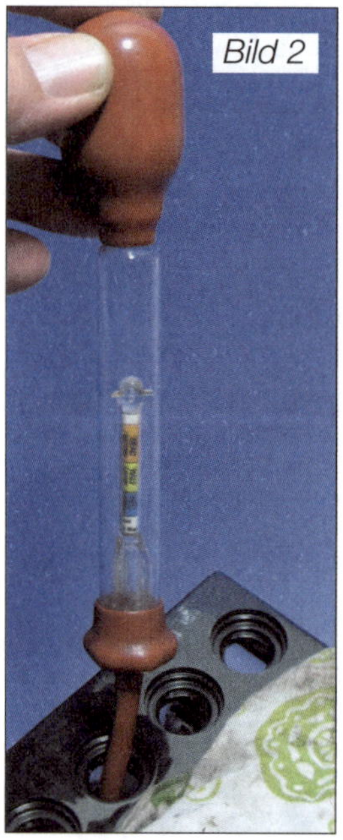

Bild 2: Zur Prüfung der Säuredichte wird mit einem Säureheber aus jeder Zelle eine Säureprobe gezogen. Durch Eintauchen des Schwimmers in die Säureprobe, kann man die Säuredichte an ihm ablesen.

Bild 3: Batterie mit Multimeter auf Spannung prüfen.

⚠ Beim Laden der Batterie können explosive Gase entstehen. Feuer, Funken und brennende Zigaretten in weitem Umkreis von der am Ladegerät hängenden Batterie fern halten. Für ausreichende Belüftung des Raumes sorgen, in dem die Batterie geladen wird!

pole entweder angeklemmt oder »kontaktsicher« angelegt werden (Bild 3).

4.1. Messung erst dann durchführen, wenn sich die Batterie beruhigt hat, also mindestens 30 Minuten nicht benutzt worden ist.

4.2. Ergebnisse werten:

- 12,7 bis 12,8 Volt = Batterie ist voll geladen
- 12,5 bis 12,6 Volt = Batterie ca. 85% geladen
- 12,3 bis 12,5 Volt = Batterie ca. 50% geladen
- 11,8 bis 12,0 Volt = Batterie ist fast leer

5. Batteriespannung unter Last messen: Man sollte dann eine zweite Messung durchführen, bei der das Fernlicht brennt: Zündung EINschalten, Fernlicht EINschalten und Bremse betätigen, damit das Stopplicht brennt. Motor läuft nicht.

5.1. Ergebnisse werten: Wenn die gemessenen Werte bei 12,4 bis 12,6 Volt liegen, ist die Batterie »gesund«. Werden 12,0 Volt oder weniger gemessen, ist die Batterie kurz vor kaputt.

6. Batterieschäden: Sie entstehen meist durch Vibrationen, z. B. wenn die Batterie in ihrer Halterung nicht richtig befestigt oder keine vibrationsabsorbierende Gummiplatte untergelegt war, kann in einer Zelle ein »Plattenschluss« entstanden sein; Batterie ist defekt.

6.1. Batterieschäden entstehen auch durch Betrieb mit zu niedrigem Säurestand oder lange Zeit in großer Kälte stehen lassen ohne Benutzung (gilt für eingebaute und ausgebaute Batterie!).

7. Lebensdauer: Eine normal gepflegte Batterie hält drei bis fünf Jahre, eine gut gepflegte kann sechs bis sieben Jahre halten.

8. Entlüftung: Eine Flüssigbatterie hat einen Entlüftungsschlauch (Bild 1a), worüber das Wasser, welches in der Batteriesäure enthalten ist und mit der Zeit verdunstet, ins Freie abgeleitet wird. Siehe dazu Bilder 1 und 1a. Wenn der Schlauch zu kurz oder am Ende so verlegt ist, dass die aus der Batterie austretenden säurehaltigen Dämpfe mit Fahrzeugteilen in Kontakt kommen, dann entsteht an ihnen ein »Säureschaden«, der nicht nur hässlich ist (Lack löst sich), sondern auch gefährlich, weil er zum Bruch des Bauteils führen kann!

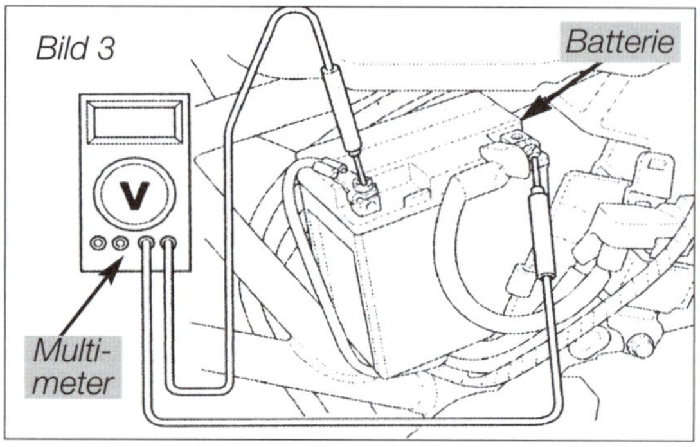

Batterie laden

Batterie ausbauen

1. Motorrad auf Hauptständer abstellen. Zündung AUS.

1.1. Sitzbank hochklappen oder abnehmen.

1.2. Linken und rechten Seitendeckel abbauen.

1.3. Tank abbauen bei R 65, R 65 RT, R 80, R 80 RT, R 100 RS und R 100 RT.

1.4. Werkzeugfach herausnehmen.

2. Bei R 65 GS, R 80 G/S, R 80 ST und R 80 G/S Paris-Dakar die Mutter der oberen Feberbeinschraube lösen, abschrauben, Schraube ausziehen und Federbein nach hinten schwenken.

3. Batterieabdeckung abbauen bei R 65, R 65 RT, R 80, R 80 RT, R 100 RS und R 100 RT.

- Gummihaltebänder aushängen und abnehmen bei den anderen Modellen unseres Buchs.

3.1. Bei der 19 Ah-Batterie den Batteriedeckel anehmen (normalerweise bei R 65 GS, R 80 G/S, R 80 ST und R 80 G/S Paris-Dakar).

4. Bild 4: Batteriepole abklemmen: Zuerst Minuspol, dann Pluspol abschrauben.

4.1. Batterie-Entlüftungsschlauch abziehen.

5. Bei R 65 GS, R 80 G/S, R 80 ST und R 80 G/S Paris-Dakar: Die Batterie diagonal verdrehen und nach links oben herausnehmen.

5.1. Bei allen anderen Modellen unseres Buchs die Batterie nach oben herausnehmen.

Batterie laden

1. Wichtig: Bei einer Flüssigbatterie die Batteriestopfen ausdrehen oder ausziehen. Säurestand der Batterie prüfen; wenn nötig auffüllen bis auf 5 bis 10 mm über den Bleiplatten.

2. Bild 7: Batterie an Ladegerät anklemmen:

- Zuerst Pluspol, dann Minuspol.

3. Die auf der Batterie angegebenen Ladeströme und Ladezeiten nicht überschreiten, sonst wird die Batterie beschädigt.

3.1. Vorgeschriebener Ladestrom: 1/10 der Batteriekapazität über eine Ladezeit von 5 bis 10 Stunden, das sind bei einer Batteriekapazität von 25 Ah also 2,5 Ampere.

- Maximale Ladespannung 14,4 Volt.

3.2. Batterie nach der Ladung mindestens 30 Minuten ruhen lassen, erst dann einbauen.

4. Schnellladung: Soll nicht vorgenommen werden. Wenn es doch sein muss, weil es nicht anders geht: 1 Stunde mit maximal 1/3 der Batteriekapazität. Batterie bei nächster Gelegenheit langsam nachladen!

Batterie einbauen

1. Ladedatum auf der Batterie vermerken.

2. Batterie in Batteriekasten einsetzen und zwar modellabhängig umgekehrt zum Ausbau.
3. Pluskabel an Batterie anschrauben (Bild 5).
3.1. Minuskabel anschrauben.
4. Batterieanschlüsse mit Säureschutzfett »luftdicht« einfetten.
4.1. Batteriedeckel auf die 19 Ah-Batterie aufsetzen, Batterieabdeckung anbauen oder Gummibänder einhängen, je nach Modell.
5. Abgebaute Teile anbauen.

Neue Batterie

Wenn die alte Batterie entweder »altersschwach« oder defekt ist, braucht man eine neue Batterie – welche kaufen?

Flüssigbatterie

Flüssigbatterien sind preiswert, aber eben groß, schwer und pflegebedürftig, weil ihre Batteriesäure mit der Zeit verdunstet und destilliertes Wasser nachgefüllt werden muss. Zwei Beispiele von Flüssigbatterien der populären Batteriemarken Varta und Yuasa:
- Varta 12 V/25 Ah (Bezeichnung 52515) in den Abmessungen 186 x 130 x 171 mm
- Yuasa 12 V/19 Ah (Bezeichnung 51913) in den Abmessungen 183 x 81 x 170 mm

MF-Batterie

Manche schwören auf MF-Batterien. Diese sind teurer als Flüssigbatterien, aber auch zuverlässiger, startsicherer und wartungsärmer. Bei einer MF-Batterie kann und braucht der Säurestand nicht geprüft zu werden, auch Nachfüllen von destilliertem Wasser entfällt. Auch ist sie etwas kleiner, braucht also weniger Bauraum, und ist leichter als eine Blei-Säurebatterie. **MF** bedeutet »**M**aintenance **f**ree«, übersetzt »wartungsfrei«. Im Sinne des Wortes »wartungsfrei« ist eine MF-Batterie jedoch nicht, denn auch eine solche Batterie soll bei einer großen Inspektion ausgebaut, gereinigt, langsam geladen und mit gereinigten Anschlusspolen wieder eingebaut werden, was ja zweifelsfrei »Wartungsarbeiten« sind.

Bei normaler Ladung einer MF-Batterie entsteht nur Sauerstoff. Dieser reagiert an der Minusplatte mit dem dort gebundenen Wasserstoff und verwandelt sich wieder in Wasser, wodurch der Flüssigkeitsstand der Batterie immer konstant bleibt. In einer MF- oder Gelbatterie entsteht also kein Flüssigkeitsverlust, und deswegen benötigen diese keinen Entlüftungsschlauch wie eine normale Flüssigbatterie, die auch Wasserstoff freisetzt.

Vorteil dieses Prinzips ist die bessere Ausnutzung des Raumes, denn es wird kein Sicherheitspolster an Ausdehnungsvolumen gebraucht. Zur Sicherheit ist ein Ventil eingebaut, das bei Überdruck öffnet und bei Erreichen des Normaldrucks wieder schließt. Zusätzlich befindet sich unter dem Deckel auf dem Sicherheitsventil ein Keramikfilter als Schutz gegen Entzündung oder Explosion.

Gelbatterie

Während die Flüssigkeit in einer MF-Batterie in einem Microvlies gebunden ist, ist sie in einer Gelbatterie – wie der Name schon sagt – in einer gelartigen Masse gebunden. Die Eigenschaften und Vorteile sind ähnlich der einer MF-Batterie.

Neue Batterie befüllen, erstladen

Eine neue Flüssigbatterie muss ebenso wie eine neue MF-Batterie vor ihrem Einbau zunächst mit Säure befüllt und dann geladen werden. Sie ist zwar trocken vorgeladen und nach der Erstbefüllung mit Säure sofort einsatzbereit, doch je sorgsamer die neue Batterie auf ihren ersten Einsatz vorbereitet wird, desto länger hält sie durch!

Ausbau Bild 4

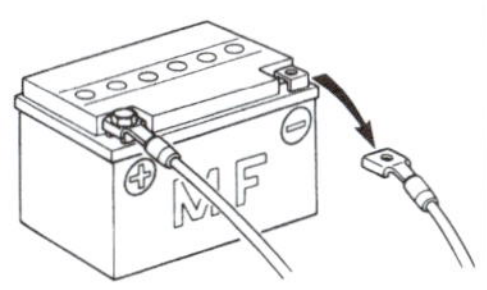

Einbau Bild 5

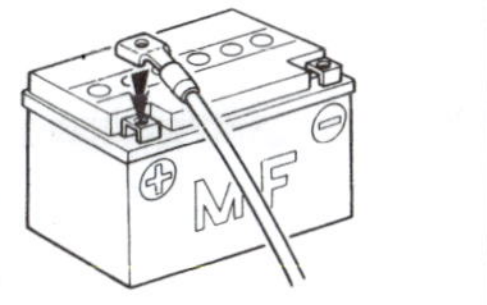

Bilder 4 und 5:
- *Beim Ausbau zuerst den Minuspol abklemmen.*
- *Beim Einbau zuerst den Pluspol anschließen.*

Bild 6

Bild 6: Eine neue Flüssigbatterie muss mit Batteriesäure befüllt werden. Trichter und Schutzbrille dazu benutzen! Nachfüllen nur mit destilliertem Wasser.

Bild 7: Beim Laden auf richtige Polung der Zangen achten.

Bild 7

Redaktioneller Hinweis: Die Themen »Ladespannung«, »Ladespannung prüfen«, »Spannungsregler« sowie »Lichtmaschine prüfen, aus- und einbauen« sind in Kapitel 19 »Ladesystem« behandelt.

Bild 8: Durch einen solchen Anschluss geht kein Strom mehr durch. Da hilft nur abschrauben, sauber putzen und wieder anschrauben.

Bild 9: Kriechstrom der Batterie messen:
- *Massekabel ist von der Batterie abgeklemmt und mit der Plusklemme des Amperemeters verbunden.*
- *Minusklemme des Amperemeters ist auf dem Minuspol der Batterie angeklemmt.*

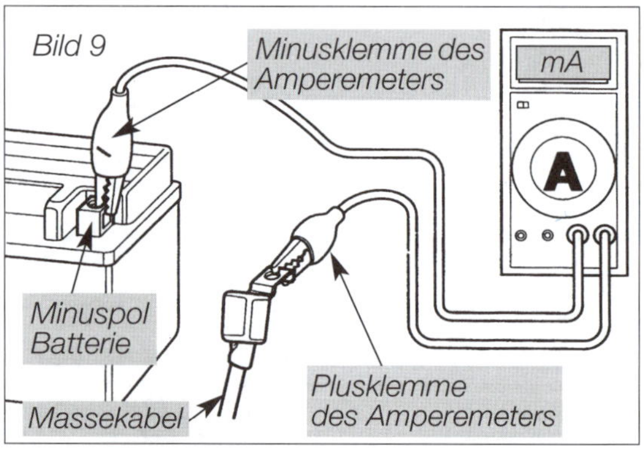

Säurebatterie füllen, erstladen

Wenn Sie eine neue Säurebatterie kaufen, fragen Sie unbedingt den Verkäufer, ob auch Batteriesäure dabei ist – in den meisten Fällen nämlich nicht. Für eine große BMW-Batterie wird ungefähr 1,5 Liter Säure benötigt. Bitte beachten:
1. Augenschutz tragen!
2. Batterie auf festem Untergrund abstellen! Zellenstopfen ausdrehen, abnehmen.
3. Zum Einfüllen der Säure Trichter benutzen!
4. Säure sehr langsam und gezielt einfüllen!
5. Wenn die einzelnen Zellen so weit befüllt sind, dass die Säure ca. 5 mm über den Platten steht, ringsum mit einem kleinen Gummihammer ganz leicht (!) und gefühlvoll (!!) einige Male gegen die Batteriewände klopfen, dadurch werden die in die Batteriesäure eingeschlossenen Luftbläschen aktiviert und steigen nach oben.
5.1. Batterie ca. 30 Minuten ruhen lassen.
6. Batterie laden wie weiter vorne beschrieben.
6.1. Säurestand prüfen, ggf. auffüllen.
7. Zellenstopfen einbauen.
7.1. Eventuell übergelaufene Säure unter fließend warmem Wasser abwaschen. Batterie mit einem weichen Tuch trocknen.
8. Batterie vor Einbau 30 Minuten ruhen lassen.

MF-Batterie füllen, erstladen

1. Bei MF-Batterien ist grundsätzlich die Säure in einem Säurepack dabei und auch eine Befüllanleitung. Diese unbedingt beachten! Nach der Befüllung die Batterie sorfältig laden und vor dem Einbau 30 Minuten lang ruhen lassen.

Kriechströme finden

Typische Probleme in der Elektrik älterer BMWs, die zu einer raschen Entladung der Batterie führen, sind so genannte »Kriechströme«: Das ist ein Stromverlust, der hervorgerufen wird durch:
- Schmutz und Nässe im Kabelbaum
- schlechte Isolation von elektrischen Leitungen bzw. einzelnen Drähten
- marode, schmutzige und brüchige Stecker an Kabeln von Batterie und Lichtmaschine, Spannungsregler und anderen elektrischen Bauteilen und zusätzlichen Verbrauchern

Zu Kriechströmen kommt es auch dann, wenn die Außenseiten der Batterie oder ihre Pole (Bild 8) schmutzig oder feucht sind. Halten Sie die Batterie sauber und auch »trocken«.

Batterie und Elektrik auf Kriechstrom prüfen

Wenn sich dauernd die Batterie entlädt, wenn der Motor einige Tage steht oder sie nicht richtig geladen wird, wenn der Motor läuft, kann entweder ein Kriechstrom (Leckstrom) vorliegen oder eine Störung im Ladesystem. Zu den nachstehend beschriebenen einfachen Überprüfungen wird ein Multimeter benötigt.

1. Zündung AUS, Zugang zur Batterie schaffen.
2. Massekabel von der Batterie abschrauben.
3. Bild 9: Multimeter auf Amperemessung stellen und anschließen:
3.1. Schwarzes Kabel (–) des Multimeters an Minuspol der Batterie.
3.2. Rotes Kabel (+) des Multimeters an die von der Batterie abgeschraubte Anschlussöse des Massekabels.
4. Wenn das Multimeter mehr als 3 mA anzeigt, ist Kriechstrom vorhanden.
Wichtig 1: Weil Kriechstrom sehr stark sein kann, Multimeter auf hohen Bereich einstellen und während der Messung herunterregeln.
Wichtig 2: Zündschloss während der Kriechstromprüfung NICHT einschalten.
Wichtig 3: Wenn eine mechanische Uhr verbaut ist, diese vor der Prüfung abklemmen.
5. Wenn Kriechstrom festgestellt wird, nach dem gestörten Teil suchen: Im Kabelbaum einen Stecker nach dem anderen der Reihe nach abtrennen und so lange messen, bis weniger als 3 mA Kriechstrom angezeigt wird.

Übergangswiderstand

Bild 8: Korrodierte Anschlussklemmen, z. B. an der Batterie oder auch am Anlasser, führen zu einem erhöhten Widerstand, der den Stromfluss massiv behindert, genannt »Übergangswiderstand«. Hohe Übergangswiderstände an der Verkabelung und durch schmutzige Stecker an Lichtmaschine, Spannungsregler und Gleichrichter, stören eine gleichmäßige Ladung der Batterie. Anderes Beispiel: Zu hohe Übergangswiderstände an den Anschlussleitungen der Maschine behindern das Startverhalten, der Anlasser dreht den Motor nur »müde« durch. **Wichtig:** Elektrische Stellen mit zu hohen Übergangswiderständen können so heiß werden, dass die Kabel zu brennen beginnen und die Maschine Feuer fängt und abbrennt – das kann sogar während der Fahrt passieren (ist auch wirklich schon passiert)!

Ladesystem

In diesem Kapitel: Übergangswiderstände · Ladesystem · Ladespannung · Schleifkohlen defekt? · Lichtmaschine und Regler · Lichtmaschine aus- und einbauen, prüfen.

Übergangswiderstände

Am Ende des Kapitels 18 »Batterie« haben wir erklärt, wie man Kriechströme durch genaues Hinsehen und Durchmessen von elektrischen Anschlusspunkten und Leitungen (»Kabel«) finden kann. Hier erklären wir Übergangswiderstände und was sie anrichten können sowie das Ladesystem, welches aus Lichtmaschine, Gleichrichter und Regler besteht.

Sehr wichtig: Bei jedem Ladeproblem sollte man sich zuerst mit den Anschlüssen beschäftigen (Bild 1), damit meinen wir Stecker, Kontaktzungen und Kabelösen – und gleichzeitig muss man auch nach der Batterie schauen, denn in diesen Punkten liegen viele Ursachen für elektrische Probleme, weil korrodierte Anschlussklemmen, zum Beispiel an der Batterie oder am Anlasser, zu einem erhöhten Widerstand (»Übergangswiderstand«) führen, welcher den Stromfluss massiv behindert.

Hohe Übergangswiderstände in der Verkabelung und durch schmutzige Stecker an Lichtmaschine, Regler und Gleichrichter stören eine gleichmäßige Ladung der Batterie. Anderes Beispiel: Beim Anlassen der Maschine behindern zu hohe Übergangswiderstände an den Anschlussleitungen das Startverhalten.

Wichtig zu wissen: Eine elektrische Stelle mit zu hohen Übergangswiderständen kann so heiß werden, dass Kabel und Leitungen zu brennen beginnen, deswegen die Maschine Feuer fängt und abbrennt. Ob Sie es glauben oder nicht, ein solches Missgeschick passiert meistens während der Fahrt!

Bilder 1 und 2: Angebaute Lichtmaschine und ihr Schaltbild.

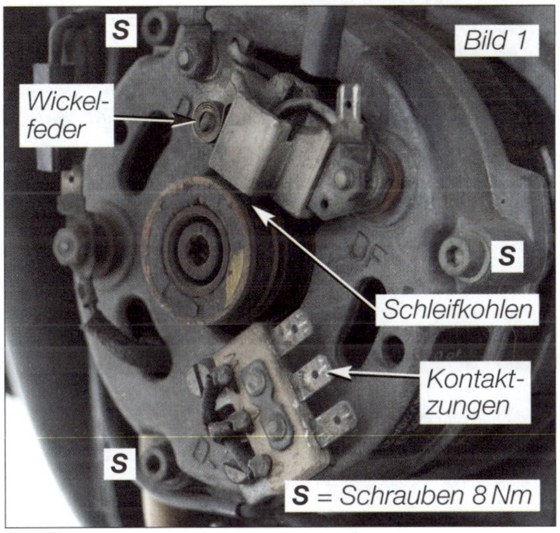

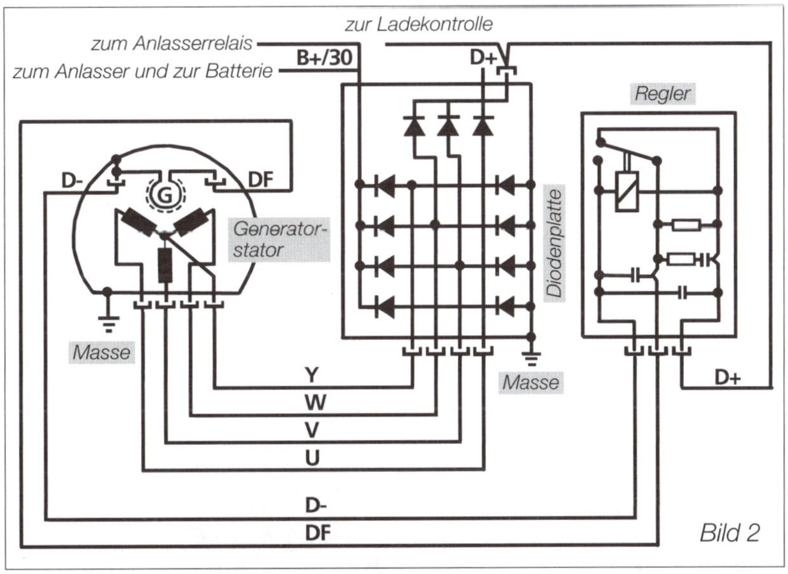

Klemmen- und Kabelbezeichnungen

30: Vom Pluspol der Batterie führt ein Kabel (»Pluskabel« genannt) zu Klemme 30 am Anlassermotor.

■ Ein weiteres, dünneres Kabel führt vom Pluspol der Batterie zum Anlasserrelais.

■ »Klemme 30« ist auch vorhanden an Zeituhr, Lichtschalter, Lichtrelais und Fanfarenrelais.

D: Dynamo-Plus, Bezeichnung »D« oder »D+«

D+: Das ist der »Eingangskontakt« des Reglers, an ihm ist das von der Diodenplatte kommende Kabel angebracht.

■ Von der Diodenplatte führt ein weiteres Kabel zur Ladekontrollleuchte

D–: Dynamo-Minus, Bezeichnung ist am Regler-Ausgang.

DF: Dynamofeld, Bezeichnung »DF« ist am Regler-Eingangskontakt, das Kabel kommt von der Lichtmaschine

U, V, W: Die Klemmen »U, V und W« sind an der Lichtmaschine angebracht und mit den Statorwicklungen verbunden.

■ Von Klemme »W« wird das Drehzahlsignal abgenommen.

Y: Mittelleiter der Lichtmaschine

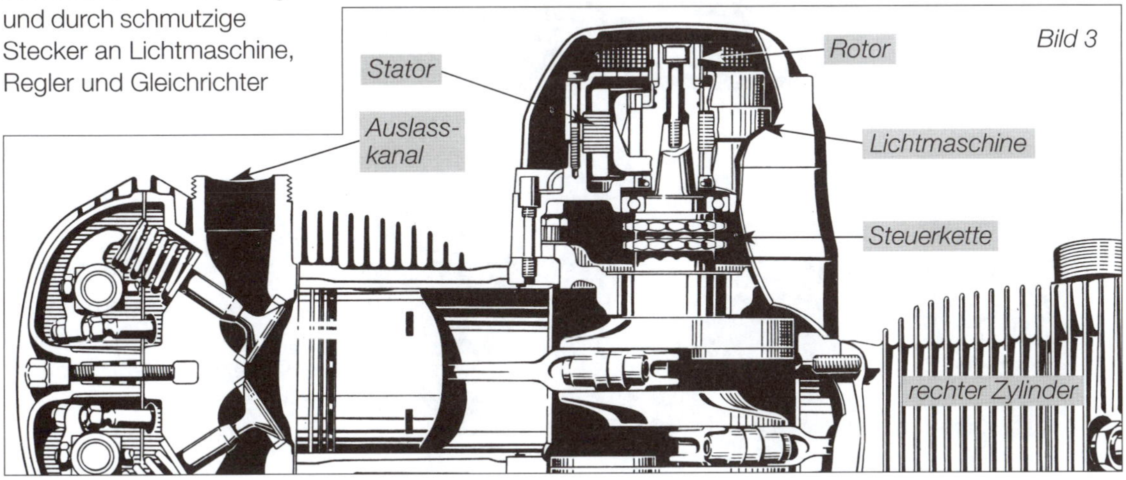

Bild 3: In diesem Teilschnittbild ist die Einbaulage der Lichtmaschine sehr schön zu sehen. Der Rotor sitzt vorne auf der Kurbelwelle, der Stator ist am Motorgehäuse verschraubt.

Bild 4: Der Regler sitzt unter dem Tank rechts am oberen Rahmenrohr.

Bilder 5a und 5b: Von vorne und hinten abgebildete Diodenplatte, sie ist der Gleichrichter. Dieses Bauteil sitzt vorne am Motorgehäuse über der Lichtmaschine.

Bilder 6 und 7: Wenn die Batterie nicht geladen wird, muss man den Gleichrichter prüfen: Eine Diode nach der anderen von beiden Seiten durchmessen.
■ Messwerte in mV (Millivolt).

Ladesystem

Bilder 1 und 3: Wenn der Motor läuft, produziert der vorne auf dem Motorgehäuse angebaute Stromgenerator (auch »Lichtmaschine« genannt), ständig Strom und die Batterie wird damit geladen. Zwischen Lichtmaschine und Batterie sitzen Gleichrichter und Regler:

■ Der Gleichrichter macht aus dem 3-Phasen-Wechselstrom, der vom Generator produziert wird, Gleichstrom. Der Gleichrichter ist aus 11 Stück auf einer Platte angebrachten Dioden aufgebaut (»Diodenplatte«, Bilder 2, 5a und 5b).

■ Der Regler (»Spannungsregler«, Bilder 2 und 4) lässt entsprechend dem Ladezustand der Batterie immer so viel Ladestrom zur Batterie durch, wie diese benötigt. Wenn die Batterie »voll« ist, schaltet der Regler den Erregerstromfluss ab.

Die maximale Ladespannung, die der Regler zur Batterie durchlassen darf, liegt für eine Blei-Säurebatterie (wie sie serienmäßig in die Modelle dieses Buchs eingebaut war) bei 14,8 Volt. Wenn eine MF-Batterie eingebaut ist, soll die Ladespannung bei maximal 14,2 Volt liegen.

■ Wenn die Reglerspannung höher liegt, verliert selbst eine wartungsfreie MF-Batterie zu viel von dem in der Batteriesäure enthaltenen Wasser, was sich negativ auf ihre Lebensdauer auswirkt.

Liegt die Ladespannung (wenn der Motor läuft) bei viel weniger als 14,2 Volt, wird die Batterie nicht richtig voll. Dadurch werden besonders die zukünftigen Startvorgänge erschwert und (daraus folgend) die Batterielebensdauer verkürzt, weil die Batterie zum Startvorgang viel ihrer momentanen Kapazität aufwenden muss; es besteht die Gefahr einer Tiefentladung und einer für die Batterie extrem schädlichen Sulfatierung.

Ladespannung

Zur Prüfung der Ladespannung muss die Batterie in Ordnung sein. Wenn die Batterie wegen eines Ladeproblems leer oder nahezu leer ist, muss man zur Prüfung der Ladespannung eine andere, gut geladene Batterie einbauen, die mindestens 12,5 Volt hat.

Ladespannung prüfen

1. Plus- und Minuskabel bleiben an Batterie angeschlossen. Motor starten und auf Betriebstemperatur bringen (Öltemperatur ca. 80 °C).

2. Motor AUSschalten, Multimeter auf »20 Volt Gleichspannung« einstellen und anschließen:

■ Plusklemme auf Pluspol der Batterie

■ Minusklemme auf Minuspol der Batterie

3. Batteriespannung ablesen (Beispiel: 12,5 Volt).

4. Motor starten, Fernlicht einschalten, Motor auf 2500 bis 3000/min drehen: Die auf dem Multimeter angezeigte Spannung muss 13,5 bis 14,2 Volt betragen.

5. Messergebnisse werten:

5.1. Liegt die angezeigte Spannung im Bereich von 13,5 bis 14,2 Volt, ist die Ladespannung in Ordnung; Lichtmaschine und Regler sind ok.

5.2. Damit ist nun klar, dass die zuvor eingebaute Batterie defekt ist, weswegen sie immer leer war. Neue Batterie einbauen.

5.3. Wenn die angezeigte Spannung kleiner oder gleich der im Ruhezustand gemessenen Batteriespannung ist, kommen als Defektbasis in Frage: Lichtmaschine, Gleichrichter, Regler und Verkabelung.

5.4. Wenn die angezeigte Spannung viel höher ist als 14,2 Volt, können folgende Störungen vorliegen: Masseanschluss des Reglers schlecht oder Regler defekt.

6. Ein Defekt in Kabeln oder Kabelsteckern kann ebenfalls vorliegen. Dann alle in

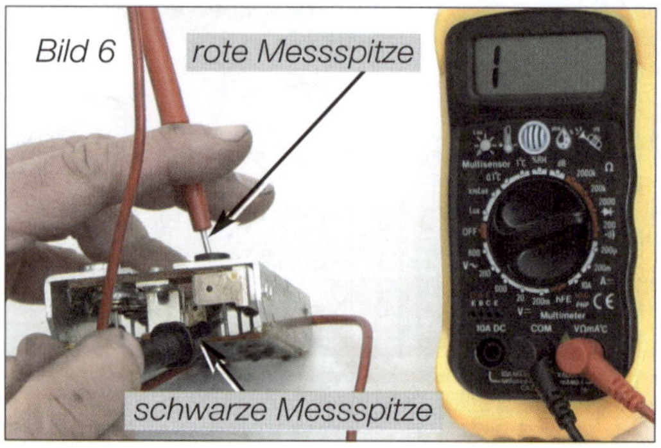

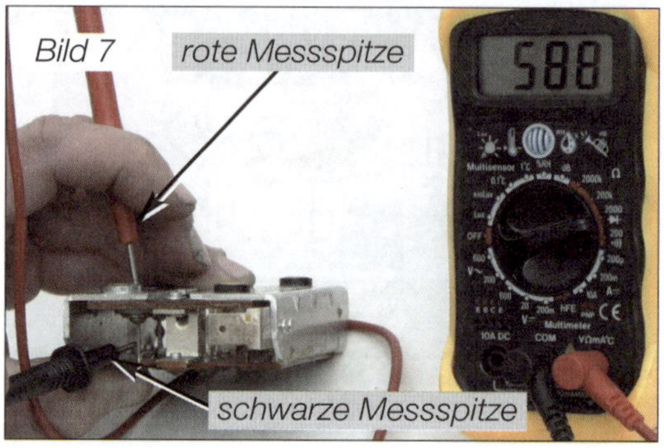

Frage kommenden Stecker und Kabel prüfen.
7. Wenn Batterie, Kabel und Stecker in Ordnung sind, liegt der Fehler wahrscheinlich am Regler oder die Lichtmaschine ist defekt.

Schleifkohlen defekt?

Bilder 1, 8, 10 und 12: Die beiden Kohlen schleifen auf dem Rotor und werden mit der Zeit immer kürzer, bis das Kabel am Rand des Halters aufsitzt, dann hat die Kohle keinen Kontakt mehr zum Schleifring und deswegen produziert die Lichtmaschine keinen Strom. Zum Einbau neuer Kohlen (kleines Bild in Bild 8), wozu man den Lichtmaschinen-Stator am besten ausbaut, wird ein Lötkolben benötigt.

1. Motor AUS, vorderen Motordeckel abnehmen.
2. Alle sechs Flachstecker vom Stator abziehen.
3. Beide Wickelfedern (Bilder 1 und 8), welche die Kohlen nach unten drücken, am gebogenen Ende mit kleiner Zange hoch- und gleichzeitig zur Seite ziehen, Kohlen nach oben schieben.
4. Stator ausbauen: Inbusschrauben M5 lösen und abschrauben, Stator abnehmen. Beide Teile zusammen abnehmen, denn es führen zwei Kabel vom ersten zum zweiten Bauteil.
5. Kabel-Steckzungen am Kohlehalter abbauen: Muttern abschrauben, Steckzungen abnehmen.
6. Stator umdrehen, Muttern des Kohlehalters lösen, abdrehen, Kohlehalter (Bild 8) abnehmen.
7. Alte Kohlen herausziehen.
8. Kabel der alten Kohlen auslöten, Kabel der neuen Kohlen anlöten.
9. Einbau in umgekehrter Reihenfolge.

Tipp: Auf eine lange Reise empfehlen wir einen kompletten Kohlehalter mitzunehmen, der mit Kohlen und Federn bestückt ist (Bild 8): Mit 69,– Euro ist er preiswert (Motoren Israel GmbH, Hauptstraße 54, D-56335 Neuhäusel, *www.motoren-israel.com*)

Lichtmaschine, Regler

In alle BMWs dieses Buches ist die gleiche Bosch-Lichtmaschine eingebaut, sie trägt das Kürzel »G1« und liefert 14 Volt/20 Ampere (21/280 Watt).

Konstruktion, Regler, Gleichrichter
Die Lichtmaschine ist eine Dreiphasen-Wechselstrom-Lichtmaschine; sie produziert Drehstrom. Ihr Rotor ist über einen Konus auf den Kurbelwellenstumpf montiert und der Stator ist vorne auf dem Motorgehäuse verschraubt (Bild 3).

Der Rotor hat zwei Schleifringe, sie haben Kontakt zu zwei federbelasteten »Kohlen« (siehe Bilder 1, 8, 14 und 15): Über sie fließt der (durch den Regler geregelte) Erregerstrom zur Erzeugung des Magnetfelds.

Zur Lichtmaschinen gehören:
- Regler Wehrle E 1051 B/14 V
- Gleichrichter (Diodenplatte) Bosch D 120 915 158 14V 20 A

Lichtmaschine aus-/einbauen

Lichtmaschinenrotor defekt?
Die Lebensdauer des Lichtmaschinenrotors liegt zwischen 20 000 und 50 000 km. Ausfallgründe sind hohe Fliehkräfte, welche auf die Kupferwicklung wirken, und hohe Temperaturen, denen die Lichtmaschine ausgesetzt ist: Rotor gibt ohne Vorwarnung den Geist auf.

Spezialwerkzeug: Zum Abdrücken des Rotors wird ein gehärteter Stift benötigt, den man leicht selbst machen kann, Bild 11: Mit dem Winkelschleifer einen Bohrer Ø 6 bis 6,4 mm auf 55 bis 60 mm Länge abtrennen.
Hinweis: Beim Lösen und Festziehen der Zentralschraube, mit der der Rotor auf der Kurbelwelle befestigt ist, muss diese gegengehalten werden: Dazu 1. Gang einlegen und die Hinterradbremse blockieren.

Bild 8: Kohlen auf Zustand, ausreichende Länge und Spannung der Wickelfedern überprüfen.

Bilder 9 und 10: Zum Durchmessen von Rotor und Stator können die Bauteile auch eingebaut sein.

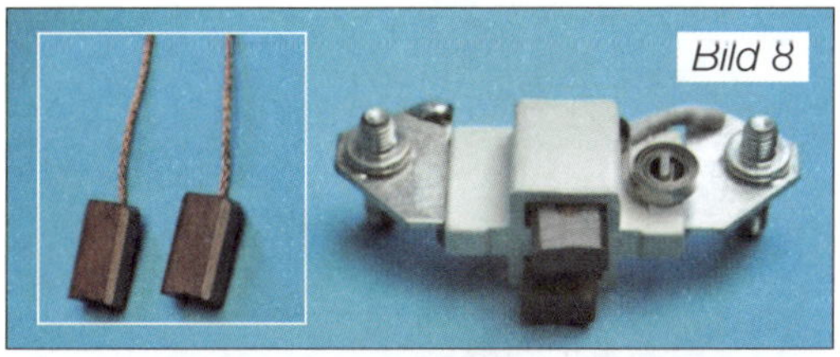
Bild 8

Bild 9: Durchmessen des Rotors...

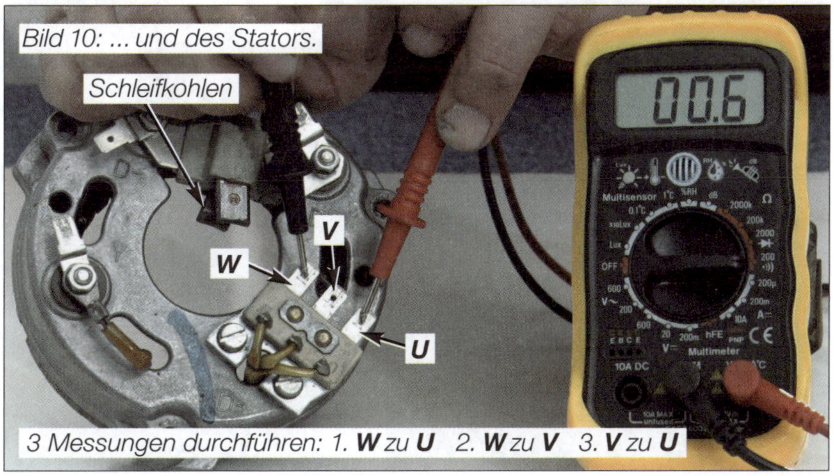

Bild 10: ... und des Stators.
3 Messungen durchführen: 1. ***W*** *zu* ***U*** *2.* ***W*** *zu* ***V*** *3.* ***V*** *zu* ***U***

Bilder 11, 13 bis 17: Im Lauftext sind die zu den Bildern gehörenden Arbeitsschritte nummeriert beschrieben.

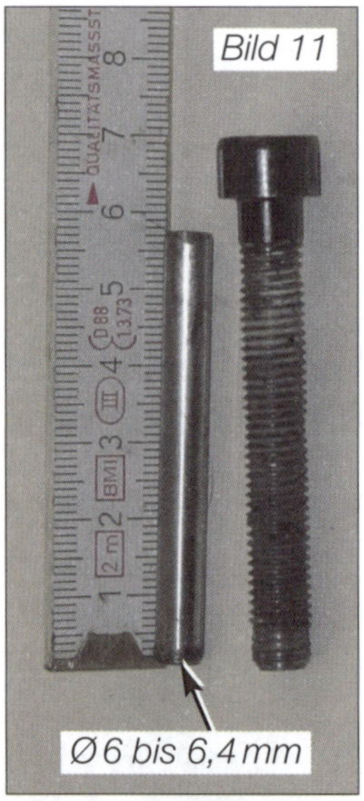

Rotor abbauen

Bevor der Rotor abgezogen werden kann, muss man den Stator abbauen, was weiter vorne im Text bei »Schleifkohlen defekt?« beschrieben ist.

1. Zentralschraube Inbus M8 des Rotors ausdrehen. Dazu Kurbelwelle blockieren: 1. Gang einlegen plus Hinterradbremse fest treten; wenn man alleine arbeitet, den Bremshebel mit einem Gummispannband nach unten ziehen.

2. Bilder 11 und 14: Abdrückstift in Bohrung einschieben.

3. Bild 13: M8-Schraube eindrehen, Rotor mit einer Hand festhalten und die Schraube gegen den Abdrückstift in kleinen Schritten immer fester drehen (Bild 13), bis der Rotor abgesprengt wird (Bild 14).

Hinweis: Rotor und Stator prüfen siehe Bilder 9 und 10 und Text »Ladespannung« weiter vorne.

Rotor aufbauen

1. Konusse auf Kurbelwelle und Rotor sorgfältig fettfrei reinigen.

2. Simmerring prüfen. Wenn dieser nicht in Ordnung ist, unbedingt erneuern.

3. Bild 15: Schleifringe reinigen.

4. Bild 16: Dichtbund leicht einfetten.

4.1. Bild 17: Innenkonus fettfrei reinigen.

5. Rotor mit leichtem Druck auf den Konus setzen. Inbusschraube M8 eindrehen, Hinterrad-blockieren. Schraube festziehen:

- Mit 23 bis 27 Nm bei R 80 G/S, R 80 ST, R 80 G/S Paris-Dakar
- Mit 25 Nm bei allen anderen Modellen.

6. Stator aufbauen: Schleifkohlen gegen die Federn in Halter drücken, Stator in Einbaulage bringen (Bild 1), Schrauben eindrehen, Schritt für Schritt auf 8 Nm festziehen.

Bild 12: Explosionszeichnung der Lichtmaschine.

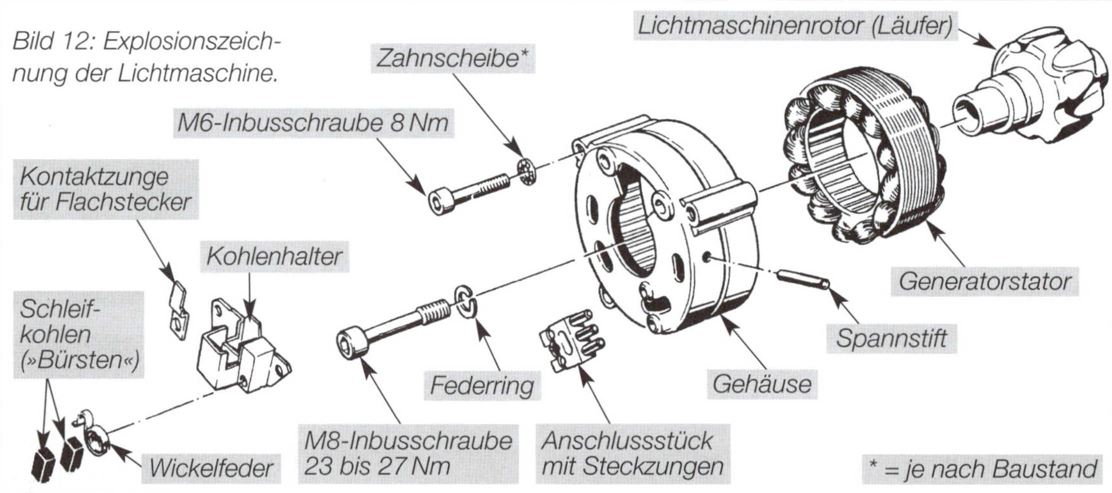

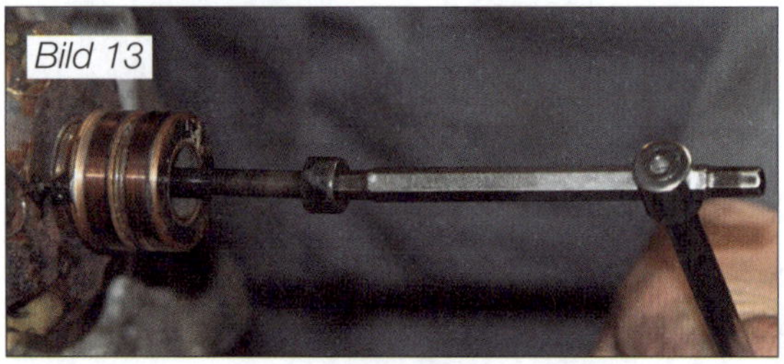

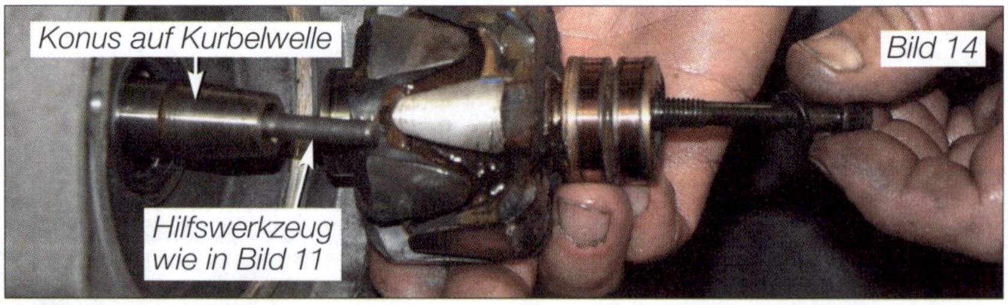

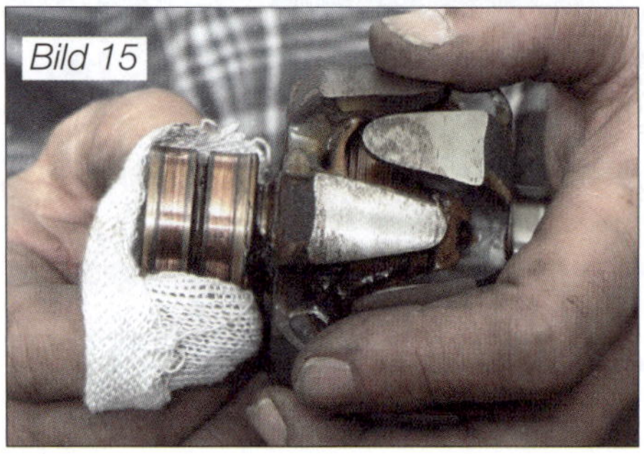

Anlasser · Kickstarter

In diesem Kapitel: Anlasser · Anlasser defekt? · Anlasser prüfen · Anlasserrelais · Motor fremdstarten · Anlasser aus- und einbauen · Kohlebürsten erneuern · Kickstarter.

Anlasser

Bilder 1 und 2: Der Anlasser ist oben auf dem Motor eingebaut. Zugänglich wird er nach Abnahme der oberen Motorabdeckung, die »Anlasserabdeckhaube« genannt wird. Der Anlasser ist der stärkste Verbraucher in der elektrischen Anlage: Wenn der Starterknopf am Lenker gedrückt wird und das Anlasserritzel in die Verzahnung auf der Schwungscheibe eingreift, fließt kurzfristig ein Strom vom 80 bis 100 Ampere, was eine ziemliche Belastung für die Batterie bedeutet.

Bis September 1987 war ein Bosch-Anlasser eingebaut, der aus dem Autobau abgeleitet war. Er leistet 0,7 kW und hat 9 Zähne am Ritzel, das Schwungrad hat 111 Zähne. Im Laufe des Modelljahres 1988 wurde ein Valeo-Anlasser mit Vorgelege eingebaut; dieser ist 1,5 kg leichter und mit 1,1 kW (1,5 PS) auch leistungsstärker und hat eine andere (»kürzere«) Übersetzung, wodurch die Kurbelwelle mit höherer Drehzahl angetrieben wird und sich damit besseres Startverhalten ergibt.

Anlasser defekt?

Wenn beim Druck auf den Starterknopf nichts passiert, kann dies verschiedene Ursachen haben. Die häufigste ist sicherlich eine leere Batterie. Wenn diese jedoch zweifelsfrei in Ordnung ist, können auch der Kupplungsschalter, das Anlasserrelais oder der Anlasser selbst defekt sein.

Anlasser-Adressen
Überholte Austauschanlasser und Reparatur bei:

A.L.S.-Berlin
Mierstr. 7, D-12055 Berlin
www.a.l.s.-parts.com

Tiedemann Auto-Elektrik
Kirschenweg 2
D-24558 Hengstedt-Ulzburg
www.auto-elektrik.de

Neue Anlasser bei:

Motoren Israel GmbH
Hauptstraße 54
D-56335 Neuhäusel
www.motoren-israel.com

Defekte am Anlasser haben ihren Grund entweder in abgenutzten Anlasserkohlen (»Kohlebürsten«, siehe Bilder 5 und 6), im Kollektor, oder die Magnete im Gehäuse des Valeo-Anlassers sind lose: Der Anlasser rastet zwar ein, wenn der Starterknopf gedrückt wird, dreht sich aber nicht.

Kupplungsschalter
Am Kupplungshandhebel ist der Kupplungsschalter angebaut. Er verhindert ein Starten bei eingelegtem Gang und nicht gezogenem Kupplungs-

Bild 1

Bilder 1 und 2: Der Anlasser sitzt quasi »auf dem Motor«. Sein Antriebszahnrad greift in die Zähne des Schwungrads ein.

■ Ansicht von rechts in Bild 1 und von links im Schnittbild 2.

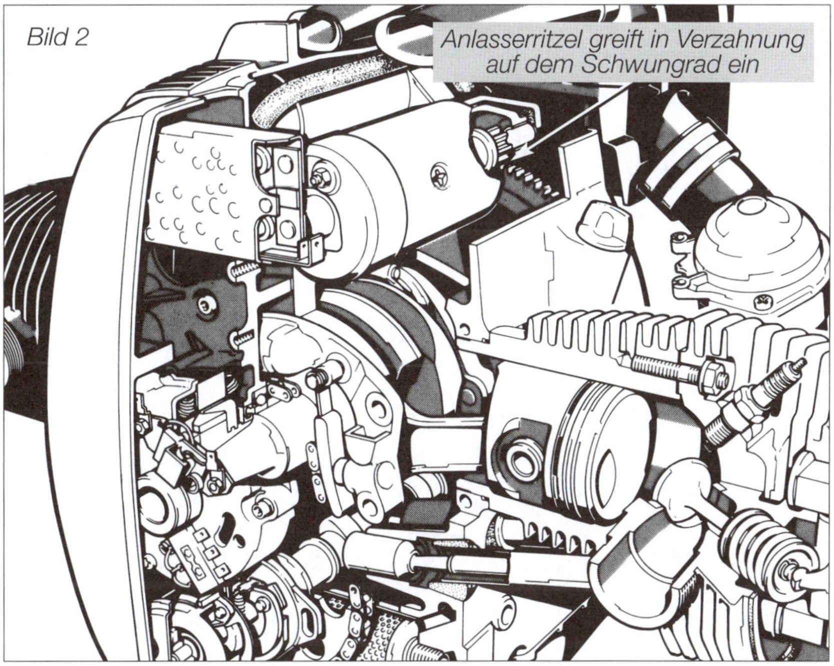

Bild 2

Serienmäßige Anlasser in den BMW-Modellen unseres Buchs				
Modelljahre	**Typ des Anlassers**	**Leistung**	**maximales Drehmoment**	**Anlasserrelais**
bis Mj. 1987	Bosch DF 12 V	0,7 kW	7,35 Nm	Bosch
ab Mj. 1988	Valeo D6RA7	1,1 kW	11,56 Nm	Wehrle

Ab Mj. 1988 ist ein **Valeo-Vorgelege-Anlasser** mit Planetengetriebe eingebaut. Dieser kann auch bei den Modellen davor verbaut werden. **Vorteil:** 1,5 kg leichter, durch Vorgelege erheblich höhere Übersetzung, dadurch wird die Kurbelwelle – vor allem bei Kälte – viel leichter durchgedreht. **Nachteil:** Es kann zur Ablösung der Magnete im Gehäuse kommen.

Sichtprüfung Messen

Motor fremdstarten
Wenn die Batterie nicht genügend Strom zum Starten liefert, kann man den Motor mit Hilfe einer externen Stromquelle fremdstarten, z. B. mit der Batterie eines anderen Motorrades oder eines Autos. Der Strom wird über zwei Starthilfekabel (unbedingt solche mit Überlastschutz verwenden!) zwischen den Batterieanschlüssen übertragen. Wichtig ist, dass die Stromquelle 12 Volt liefert. Ein Lkw mit 24-Volt-System taugt nicht zum Fremdstarten.

1. Minuspole der fremden Stromquelle und der BMW-Batterie mit dem schwarzen Starthilfekabel verbinden.
2. Gummikappen über Pluspolanschlüssen beider Batterien zurückschieben. Mit dem anderen (roten) Starthilfekabel beide Pluspole verbinden.
3. Motor der Starthilfe gebenden Maschine mit erhöhter Leerlaufdrehzahl laufen lassen (3000 bis 4000/min).
4. Motor der BMW starten. Wenn er läuft, Startilfekabel abnehmen: Zuerst Pluskabel abklemmen, dann Minuskabel. Gummikappen aufschieben.

Hinweis 1: Motor nicht sofort ausschalten, Batterie bringt noch nicht wieder genug Strom auf, um den Motor aus eigener Kraft starten zu können. Deswegen den Motor mit etwas erhöhter Leerlaufdrehzahl laufen lassen und möglichst bald losfahren.

Hinweis 2: Wenn die Batterie zwar leer, aber sonst funktionstüchtig ist, wird sie bei laufendem Motor von der Lichtmaschine geladen. Dennoch sollte sie bei nächster Gelegenheit ausgebaut, an ein Ladegerät gehängt und fachgerecht geladen werden.

hebel. Lässt sich der Motor dennoch starten bzw. nicht starten bei eingelegtem Gang und gezogenem Kupplungshebel, ist wahrscheinlich der Kupplungsschalter defekt: Mit Multimeter durchprüfen. Wenn defekt erneuern.

Anlasser defekt? Wenn der Anlasser hörbar quietscht und die Kurbelwelle nur mühsam in Rotation setzt, der Motor aber nicht anspringt, die Batterie in Ordnung ist und die elektrischen Zuleitungen ebenfalls, dann sollte man weder eine stärkere Batterie anschließen noch versuchen, den Motor fremdzustarten: Der Anlasser ist kaputt – und es kann bei einem Fremdstartversuch zu einem Kabelbrand kommen, weil die Stromaufnahme zu hoch ist.

Anlasser reparieren? Einen defekten Originalanlasser zu reparieren, ist nicht wirklich ratsam, weil man für die benötigten Ersatzteile nicht wirklich Geld spart im Vergleich zu einem neuen Anlasser moderner Bauart. Eine Ausnahme ist der Einbau neuer Anlasserkohlen, das erklären wir später.

Bild 3

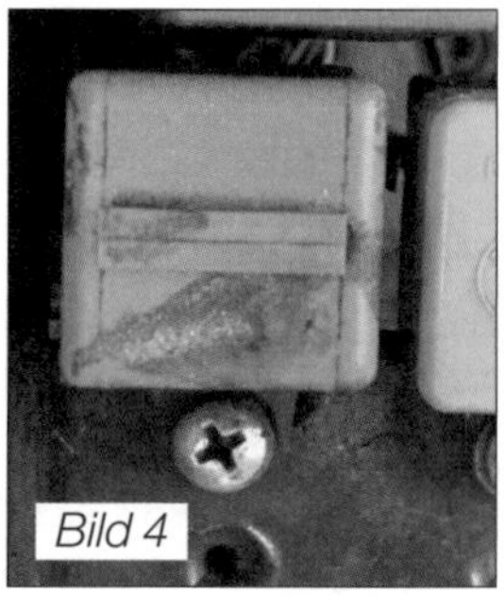

Bild 4

Bild 5

Bauteile
1 *Magnetschalter*
2 *Ausrückhebel*
3 *Startergetriebe*
4 *Anlasser-Reparatursatz*
5 *Kohlebürstensatz*
6 *Bürstenhalterplatte*
7 *Verschlusskappe*
8 *Federring*
9 *Sechskantmutter M8-8 CU*
10 *Reparatursatz Schrauben*

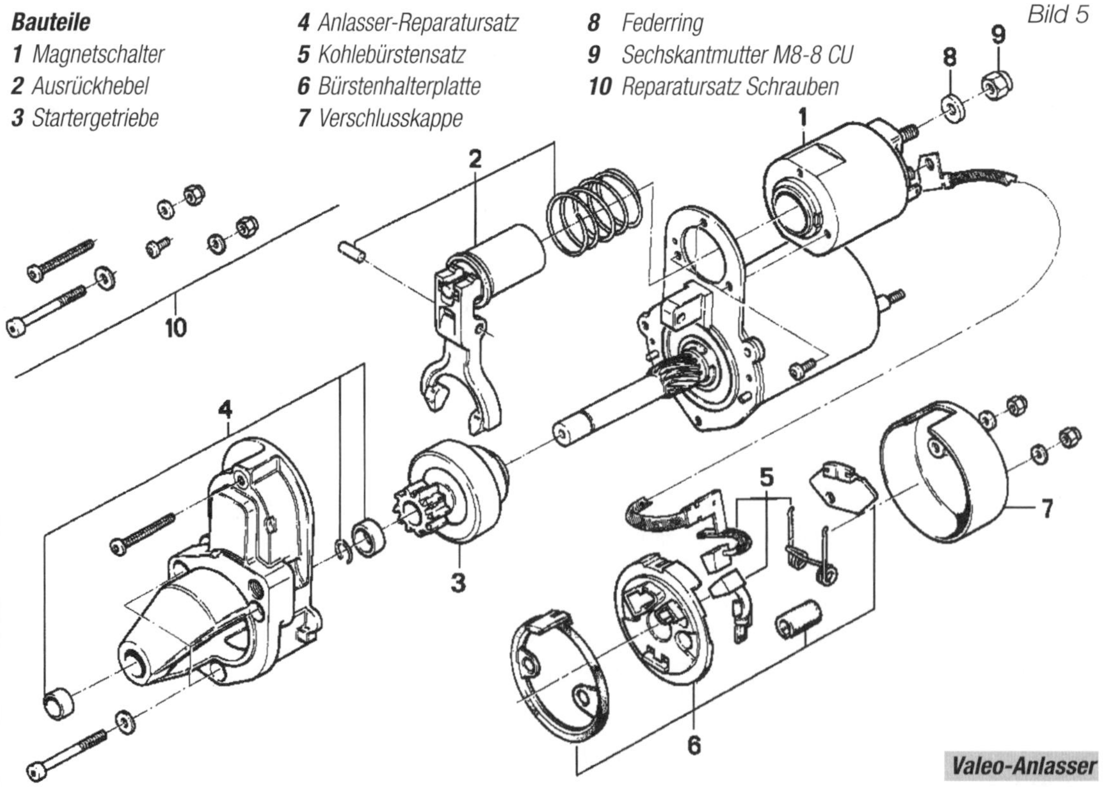

Valeo-Anlasser

Anlasser prüfen

Wenn der Motor nicht anspringt, weil der Anlasser nicht funktioniert:

1. Prüfung des Anlasserrelais siehe Text in diesem Kapitel weiter unten.
2. Prüfen, ob der Anlasser überhaupt mit Strom versorgt wird: Mit einem Multimeter die Spannung am Anschluss des Pluskabels unten am Anlasser und am Anschluss des Magnetschalters messen: Es muss Batteriespannung anliegen.

Anlasserrelais

Anlasserrelais prüfen
Bild 4: Das Anlasserrelais ist unter dem Tank rechts am Rahmenrohr angebaut. Wenn der Anlasser beim Betätigen des Starterknopfs nichts macht, kann das Anlasserrelais defekt sein: Zündung EINschalten, Kupplung ziehen, Anlasserknopf drücken und genau hinhören, ob das Relais klickt:
■ Wenn es klickt und die Kurbelwelle sich nicht dreht, liegt der Fehler irgendwo anders.
■ Wenn es nicht klickt, ist das Relais defekt oder seine Kabelzuleitungen sind unterbrochen.

Anlasser aus- und einbauen

1. Zündung AUSschalten, Zündschlüssel am besten abziehen.
2. Sitzbank aufklappen oder abnehmen und abbauen: Seitendeckel, Tank, Luftfiltergehäuse-Oberteil und Luftfilter (Kapitel 11 »Benzinhahn · Tank« und Kapitel 12 »Luftfilter · SLS-System«).
■ Beim Bosch-Anlasser auch den vorderen Motordeckel abbauen.
3. Massekabel an der Batterie abschrauben.
4. Schrauben der Anlasserabdeckung ausschrauben, Haube etwas nach oben schieben und nach rechts herausnehmen.
5. Schraubschelle des Entlüftungsschlauchs vorne am Entlüftungsdom lösen, Entlüftungsschlauch abziehen.
6. Pluskabel vom Anlasser abschrauben.
6.1. Kabel zum Anlasserrelais abziehen.
■ Beim Bosch-Anlasser Muttern von der hinteren Befestigung abschrauben, Schrauben ausziehen.
7. Haltebügel und Ritzelabdeckung abnehmen.
7.1. Schraube des vorderen Haltewinkels rechts unterhalb der Diodenplatte ausschrauben.
■ Beim Valeo-Anlasser Schrauben der hinteren Befestigung ausschrauben.
8. Anlasser nach oben herausnehmen.

Bild 3: Aufgeschnittener Anlasser.

Bild 4: Anlasserrelais unterm Tank.

Bilder 5 und 6: Explosionszeichnungen Valeo- und Bosch-Anlasser.

Bauteile
1 *Verschlusskappe*
2 *Zylinderschraube AM4 x 8*
3 *Federscheibe B4*
4 *Lagerbuchse*
5 *Kollektorlager*
6 *Zylinderschraube*
7 *Unterlegscheibe A5,3-140 HV-ZNS oder 5,3-140 HV-ZNS*
8 *Bürstenhalterplatte*

Bild 6

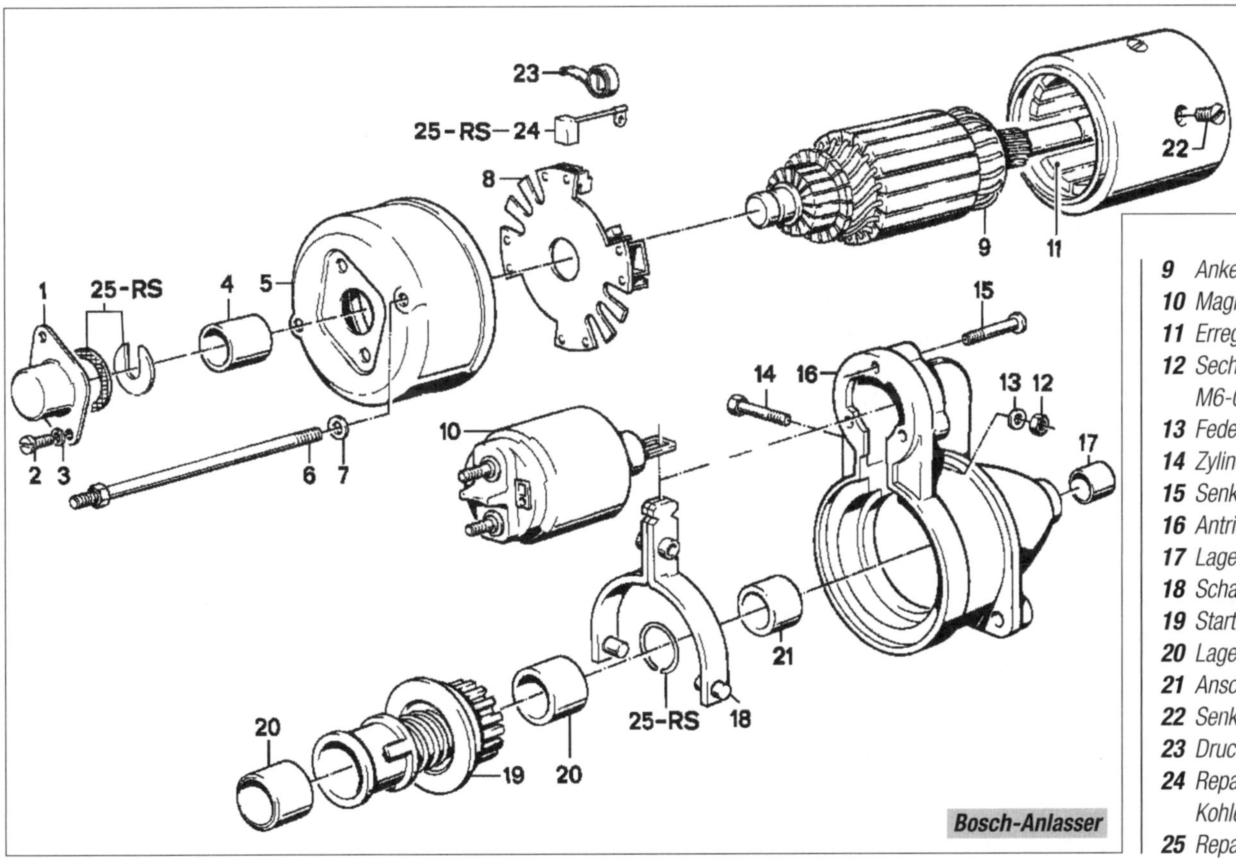

9 *Anker*
10 *Magnetschalter*
11 *Erregerwicklung*
12 *Sechskantmutter M6-04-2-ZN*
13 *Federscheibe*
14 *Zylinderschraube*
15 *Senkschraube*
16 *Antriebslager*
17 *Lagerbuchse*
18 *Schalthebel*
19 *Startergetriebe*
20 *Lagerbuchse*
21 *Anschlagring*
22 *Senkschraube M8 x 10*
23 *Druckfeder*
24 *Reparatursatz Kohlebürsten*
25 *Reparatursatz Anlasser*

Motorrad anschieben
Wenn der Motor nicht anspringt, weil z. B. die Batterie leer ist und man keine Möglichkeit hat, den Motor fremdzustarten, muss man anschieben, sonst kommt man ja nicht weiter. Eine Batterie muss eingebaut sein, sie kann zwar nahezu leer, darf aber nicht kaputt sein!

Motor durch anschieben starten
1. Zündung EINschalten.
1.1. Wenn Motor kalt ist: Benzinhähne öffnen, sicherheitshalber auf Reserve stellen, Chokehebel betätigen, zwei- bis dreimal schnell Gas geben.
2. Zweiten Gang einlegen und die Maschine mit eingelegtem Gang zurückziehen, bis vom Motor her ein Widerstand spürbar wird: Beide Kolben stehen jetzt im OT (»Oberer Totpunkt«), einer davon im Zünd-OT.
3. Kupplungshebel ganz ziehen und die Maschine mit gezogener Kupplung etwas zurückschieben um damit sicherzugehen, dass die Kupplung nicht »klebt«, sondern wirklich trennt.
4. Fahrer am Lenker, hinten hilft ein Freund: Gleichzeitig schieben bis auf ca. 15 km/h!
4.1. Fahrer steigt über die Fußrasten auf die Maschine, lässt seinen Hintern fest auf die Sitzbank fallen und lässt gleichzeitig die Kupplung los – der Motor müsste anspringen.
■ Falls der Motor läuft, ihn mit dosierten Gasstößen am Leben halten und nicht unter 2000/min kommen lassen.

Bild 7: Explosionszeichnung des Kickstarters.

Einbau in umgekehrter Reihenfolge: Anlasser einsetzen, Muttern auf den Befestigungsschrauben mit 25 Nm festziehen.

Anlasserkohlen erneuern

Die Anlasserkohlen nutzen sich mit der Zeit ab, weil sie einem schleifenden Kontakt ausgesetzt sind. Abnutzung an den Anlasserkohlen ist zu spüren, wenn der Anlasser bei Druck auf den Starterknopf nur unregelmäßig Kontakt bekommt.

Anlasserkohlen erneuern beim Bosch-Anlasser (Bild 6)
1. Anlasser ausbauen.
2. Haltewinkel vorne am Anlasser ausbauen: Muttern mit Federscheiben und Unterlagscheiben abnehmen.
3. Verschlusskappe abbauen: Schrauben mit Federscheiben abnehmen.
4. Sicherungsscheibe, Ausgleichsscheibe(n) und Dichtung abnehmen.
5. Polgehäuseschrauben ausschrauben.
5.1. Polgehäuse gegen Antriebslager drücken und Kollektorlagerkappe abziehen.
6. Federn der an der Bürstenhalterplatte befestigten Minus-Kohlebürsten anheben, Kohlebürsten anheben und mit den Federn fixieren.
7. Federn der an der Erregerwicklung befestigten Plus-Kohlebürsten lösen, Bürsten ausziehen.
8. Bürstenhalterplatte abnehmen.
9. Kohlebürsten an Erregerwicklung und Halterplatte auslöten, neue Bürsten einlöten.
■ Beachten, dass kein Lot entlang der Kupferlitzen in die Bürsten fließt.
10. Kollektor auf Verfärbung und ungewöhnliche Abnutzung überprüfen. Spalttiefe zwischen einzelnen Kollektoren (»Glimmerunterschneidung«) sollte 0,5 mm betragen: Kollektor mit einem Metallsägeblatt ausschaben.
11. Oberfläche verfärbt? Mit 400er-Schleifpapier sauber abziehen, mit trockenem Tuch säubern.
12. Oberfläche sehr riefig? Überdrehen.
Wichtig: Der Durchmesser darf 33 mm nicht unterschreiten.

Zusammenbau in umgekehrter Reihenfolge.

Anlasserkohlen erneuern beim Valeo-Anlasser (Bild 5)
1. Anlasser ausbauen.
2. Am Magnetschalter Mutter abschrauben, mit Federscheibe abnehmen, Leitung zum Anlasser abnehmen.
3. Am hinteren Anlasserdeckel Muttern abschrauben, mit Federscheiben abnehmen, hinteren Anlasserdeckel abnehmen.
4. Bürstenhalterplatte abnehmen.
5. Federn der Kohlebürsten anheben, Bürsten von der Bürstenhalterplatte abnehmen.
6. Neue Kohlebürsten in Bürstenhalterplatte einsetzen.
7. Bürstenhalterplatte in die Gewindestifte hinten am Anlassergehäuse einsetzen.
8. Die kurze Leitung der einen Kohlebürste auf den linken Gewindestift hinten am Anlassergehäuse schieben.
9. Den hinteren Anlasserdeckel aufsetzen, Muttern mit Federscheiben aufdrehen und festziehen.
10. Die lange Leitung der anderen Kohlebürste mit Mutter und Federscheibe am Magnetschalter festschrauben.

Kickstarter

Die erste R 80 G/S hatte nur einen Kickstarter und keinen Elektrostarter. Alle Modelle danach hatten E-Starter; bei den meisten gab es einen Kickstarter gegen Aufpreis. Achten Sie darauf, dass der Kickstarter immer fest angebaut ist.

Kickstarter ab- und anbauen
1. Anbauposition mit einem Filzstift über Kickstarter und Kickstarterwelle markieren.
2. Mutter der Keilschraube lösen und abschrauben, mit Scheibe abnehmen.
3. Keilschraube durch kräftige Schläge mit dem Kunststoffhammer austreiben. NICHT mit einem Eisenhammer auf das Gewinde schlagen!
■ ***X*** in Bild 7: Einen 250-Gramm-Hammer mit der flachen Seite von hinten als Gegenhalter auf den Kickstarter drücken, dann löst sich die Keilschraube leichter und die Kickstarterwelle wird nicht beschädigt.
4. Kickstarter von der Kickstarterwelle abziehen.

Anbau in umgekehrter Reihenfolge, Mutter 22 Nm.

Bild 7

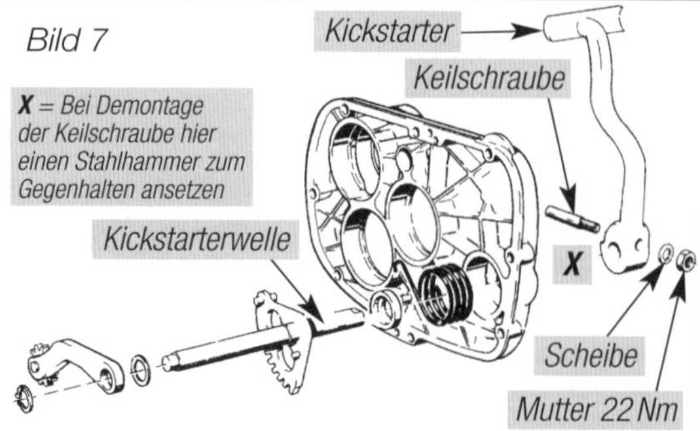

Störungssuche

In diesem Kapitel: Störungssuche in Motor, Kraftübertragung, Fahrwerk, Elektrik, Beleuchtung.

Lesemuster für dieses Kapitel

Fehler: Hier wird der Fehler beschrieben.
Grund: Hier werden mögliche Ursachen beschrieben.
Abhilfe: *Dieser Text nennt Lösungsvorschläge in aller Kürze.*
Siehe dazu… Verweis auf entsprechende(s) Kapitel.

Unter »Grund« können sich Textpassagen bei ganz verschiedenen Fehlern wiederholen, weil mögliche Fehlerquellen sich verzahnen und eine Negativkette bilden können. Beispiel: Wenn ein Motor nach einer Wartungsarbeit nicht mehr anspringt, kann Folgendes auf einmal möglich sein: zu wenig Benzin im Tank, Spritleitungen nicht richtig angeschlossen und Zündkerze(n) geben keinen Funken ab, weil die Zündkerzenstecker nicht richtig aufgesteckt sind. Oder bei einem Fehler in der Elektrik kann irgendwo ein Kabel durchgescheuert oder gebrochen sein, das man nicht auf Anhieb sieht. Dann ist ein elektroverständiger Mechaniker nötig, der Kabel und Steckplätze mit Messgeräten durchmisst.

Motor

Fehler: Motor wird vom Anlasser durchgedreht, springt aber nicht an
Grund: Kein Benzin im Tank.
Abhilfe: *Tanken.*

Grund: Benzinhahn geschlossen.
Abhilfe: *Benzinhahn öffnen, auf »Reserve« stellen.*

Grund: »Schlechtes«, weil zu altes oder auch verunreinigtes Benzin im Tank.
Abhilfe: *Alten Sprit ablassen, fachgerecht entsorgen. Frischen Sprit tanken, am besten »Super Plus«. Vor dem nun folgenden Startversuch unbedingt die Schwimmerkammern entleeren, auf Schmutz untersuchen: Durch ein sauberes Baumwolltuch ins Auffanggefäss ablaufen lassen. Dann etwas frischen Sprit nachlaufen lassen.*
Siehe dazu Kapitel 11 »Benzinhahn · Tank«, 13 »Vergaser«

Grund: Benzinhahn verstopft, öffnet seinen Durchgang nicht.
Abhilfe: *Benzinhahn auf »Zu«, Benzinschlauch am Benzinhahn abschieben/abziehen, Benzinhahn auf »Auf« und/oder »Res« und genau hinsehen, ob Benzin kommt:*
■ *Wenn »ja«, öffnet der Benzinhahn den Durchfluss und der Fehler liegt irgendwo anders.*
■ *Wenn »nein«, ist der Benzinhahn in sich verstopft und/oder die in den Tank ragende Rohrzuleitung.*

Grund: Benzin gelangt nicht in die Vergaser, weil das Filtersieb im Benzinhahn oder der Nachrüst-Benzinfilter oder sogar der Benzinschlauch verstopft sind.
Abhilfe: *Benzinschlauch direkt am Benzinhahn abziehen, Benzinhahn öffnen und nachsehen, ob jetzt das Benzin läuft:*
■ *Wenn »ja«, ist der Nachrüst-Benzinfilter verstopft und muss erneuert werden.*
■ *Wenn »nein« liegt der Fehler im Benzinhahn: Ausbauen, reinigen.*
Siehe dazu Kapitel 11 »Benzinhahn · Tank«, 13 »Vergaser«

Grund: Motor ist mit Benzin überflutet (»ersoffen«).
Abhilfe: *Benzinhahn schließen, Zündschlüssel im Zündschloss auf AUS, Zündschlüssel am besten abziehen. Zündkerzen ausbauen und mit Pressluft trocknen. Lichtschalter auf AUS, Zündung EINschalten. Vollgas geben, Anlasser betätigen und den Motor so einige Sekunden durchdrehen lassen. Zündung wieder AUS. Gereinigte und trockene Zündkerzen einbauen, Startversuch vornehmen. Wenn der Motor dann eventuell stotternd beginnt zu laufen, den Benzinhahn öffnen.*
Siehe dazu Kapitel 13 »Vergaser«, 16 »Zündkerzen«

Grund: Luftfilter zugesetzt, verölt.
Abhilfe: *Luftfilter überprüfen, reinigen, erneuern.*
Siehe dazu Kapitel 12 »Luftfilter · SLS-System«

Grund: Kein Funke an den Zündkerzen.
Abhilfe: *Neue Zündkerzen einbauen. Zündkerzenstecker, Zündkabel und Zündspulen überprüfen.*
Siehe dazu Kapitel 16 »Zündkerzen«, 17 »Zündanlage«

Grund: Zünd-/Motorelektrik defekt.
Abhilfe: *Zuerst prüfen, ob die Batterie richtig angeschlossen ist und genug Spannung hat. Versuchsweise eine voll geladene Batterie einbauen. Zündanlage auf trockene Anschlüsse, einwandfreie Verkabelung und sicheren Masseanschluss prüfen.*
Siehe dazu Kapitel 16 »Zündkerzen«, 17 »Zündanlage«, 18 »Batterie«

Grund: Kompression zu niedrig, weil folgende Mängel vorliegen: Zündkerzen lose, Kolbenringe verschlissen, Ventile blasen durch, Zylinderkopfdichtung defekt.
Abhilfe: *Zylinderkopf, Kolben und Zylinder überholen.*

Fehler: Anlasser dreht nicht durch
Grund: Batteriespannung zu niedrig.
Abhilfe: *Batterie laden und/oder erneuern.*
Siehe dazu Kapitel 18 »Batterie«

Grund: Schlechter Kontakt im Zündschloss oder Anlasserknopf.
Abhilfe: *Schalter öffnen, Kontakt herstellen z. B. durch Reinigen und Abschmirgeln der Kontaktflächen. Kontaktspray zu Hilfe nehmen.*
Siehe dazu Kapitel 24 »Elektrik«

Grund: Anlassersicherung oder Hauptsicherung oder Anlasserrelais defekt.
Abhilfe: *Defekte Teile erneuern, nach Grund des Defekts suchen und Störung beheben.*
Siehe dazu Kapitel 24 »Elektrik«, 25 »Schaltpläne«

Grund: Defekt im Anlasser: Anlasserkohlen verschlissen, Magnete im Stator oder Eisenkern auf Anker lose, Stator- oder Ankerwicklung durchgebrannt.
Abhilfe: *Anlasser ausbauen, reparieren oder neuen Anlasser einbauen.*
Siehe dazu Kapitel 20 »Anlasser · Kickstarter«

Fehler: Anlasser dreht Motor nur langsam durch
Grund: Schwache, schlecht geladene, alte, defekte Batterie, Kabelanschlüsse lose, korrodiert, schlecht angeschlossen.
Abhilfe: *Batterie laden, erneuern, Anschlusskontakte reinigen.*
Siehe dazu Kapitel 18 »Batterie«, 24 »Elektrik«

Grund: Für momentane Witterung zu dickes Öl – z. B. wenn im Winter SAE 50 eingefüllt ist!
Abhilfe: *Ölwechsel machen und dünneres Öl einfüllen in einer den Außentemperaturen angepassten Viskosität.*
Siehe dazu Kapitel 14 »Schmiersystem · Ölwechsel«

Fehler: Anlasser läuft, ohne den Motor durchzudrehen
Grund 1: Magnetschalter defekt: Anlasserritzel am Anlasser oder Zähne am Schwungrad defekt.
Grund 2: Anlasser läuft rückwärts: Gehäuse falsch zusammengebaut oder Klemmen falsch angeschlossen.
Abhilfe: *Anlasser reparieren oder neuen Anlasser einbauen.*
Siehe dazu Kapitel 20 »Anlasser · Kickstarter«

Fehler: Anlasserrelais »klickt«, Motor wird vom Anlasser aber nicht durchgedreht
Grund: Batteriespannung zu niedrig.
Abhilfe: *Batterie laden bzw. erneuern.*
Siehe dazu Kapitel 18 »Batterie«

Grund: Anlasser-Pluskabel schlecht angeschlossen, Kurzschluss (Bruch) im Kabel.
Abhilfe: *Alle Kabelanschlüsse ab der Batterie auf festen Sitz prüfen, Korrosion beseitigen, Kabel mit Multimeter auf Durchgang prüfen.*
Siehe dazu Kapitel 18 »Batterie«, 20 »Anlasser · Kickstarter«, 24 »Elektrik«

Grund: Kurbelwelle dreht sich nicht wegen Motorproblemen.
Abhilfe: *Motor irgendwie blockiert oder festgefressen:*
■ *Zündung AUSschalten, Benzinhahn ZU, Zündkerzen ausbauen, 2. Gang einlegen und versuchen, das Motorrad vorwärts oder rückwärts zu schieben: Dreht sich der Motor leicht?*

Fehler 1: Motor springt schlecht an, läuft nur stotternd und geht oft wieder aus
Fehler 2: Unrunder Leerlauf
Fehler 3: Ruckeliges Hochdrehen beim Gas geben
Fehler 4: Motor patscht, produziert Fehlzündungen
Grund: Benzin verschmutzt: Dreck im Tank, in den Benzinleitungen, im Vergaser.
Abhilfe: *Benzin ablassen, Tank und Vergaser reinigen, unbedingt frisches Benzin einfüllen, am besten »Super Plus«.*
Siehe dazu Kapitel 11 »Benzinhahn · Tank«, 13 »Vergaser«

Grund: Leerlaufdrehzahl zu niedrig eingestellt.
Abhilfe: *Leerlaufdrehzahl und Leerlaufgemisch einstellen.*
Siehe dazu Kapitel 11 »Benzinhahn · Tank«, 13 »Vergaser«

Grund: Tankentlüftung verstopft.
Abhilfe: *Tankentlüftung prüfen: Entlüftungsbohrung verschlossen, wie z. B. durch einen zu stramm aufgebauten Tankrucksack (!); Ent- und/oder Belüftungsschlauch verstopft oder wegen Kontakt zum Auspuff zugeschmort.*
Siehe dazu Kapitel 11 »Benzinhahn · Tank«

Grund: Choke hängt, Motor läuft deswegen zu fett.
Abhilfe: *Ausbauen, reinigen, Bowdenzug auf Knickfreiheit, leichten Lauf und ausreichendes Spiel kontrollieren.*
Siehe dazu Kapitel 13 »Vergaser«

Grund: Falschluft wird angesaugt, weil Vergaser oder Gummiansaugstutzen lose oder rissig sind.
Abhilfe: *Vergaser und/oder Ansaugstutzen festschrauben, Ansaugstutzen auf Porosität untersuchen.*
Achtung: *Fehler müssen unbedingt und sofort beseitigt werden, sonst droht ein Motorschaden!*
Siehe dazu Kapitel 13 »Vergaser«

Grund: Unterspannung in der Zündanlage.
Abhilfe: *Batterie laden, alle elektrischen Anschlüsse auf festen Sitz prüfen, Korrosion beseitigen, ggf. neue Zündkerzen, Stecker und Zündkabel montieren.*
Siehe dazu Kapitel 16 »Zündkerzen«, 17 »Zündanlage«, 18 »Batterie«, 24 »Elektrik«

Grund: Zündkerze(n) defekt: falscher Elektrodenabstand, Kerze hat Massenschluss. Kerzenstecker nicht richtig auf Zündkerze(n) aufgesteckt.
Abhilfe: *Zündkerzen auf Wärmewert und Zustand überprüfen, Elektrodenabstand einstellen, ggf. neue Zündkerzen montieren, das wirkt oft Wunder.*
Siehe dazu Kapitel 16 »Zündkerzen«

Fehler: Motor springt schlecht an, hat geringe Leistung bei niedrigen Drehzahlen
Grund 1: Ventile falsch eingestellt, haben zu wenig Spiel.
Grund 2: Ventileinstellschrauben können lose und/oder die Kipphebel können verschlissen sein.
Grund 3: Nockenwelle defekt, abgenutzt.
Grund 4: Ventilfeder(n) gebrochen.

Grund 5: Falsche Ventilsteuerzeiten durch Montagefehler.
Abhilfe: *Ventilspiel prüfen und korrekt einstellen.*
■ *Dabei auf übermäßigen Verschleiß prüfen: Ventilspiel-Einstellschrauben, Kontermuttern, Kipphebel, Kipphebelachsen, Ventilfedern und Nockenlaufbahnen auf übermäßigen Verschleiß ganz genau ansehen.*
Siehe dazu Kapitel 15 »Ventile einstellen«

Grund 1: Ventilsitze undicht, verbrannt, Ventilführung verschlissen, Ventil verbogen, sitzt fest.
Grund 2: Kolbenringe verklebt, verschlissen, gebrochen.
Grund 3: Zylinderlaufbahn und/oder Kolben verschlissen.
Abhilfe: *Kompression prüfen mit einem Kompressionsdruckprüfer, der meistens nur in einer Werkstatt vorhanden ist.*
■ *Zur ersten Einschätzung der Lage kann man eine »Fingerprobe« machen: Benzinhahn ZU, beide Zündkerzen ausbauen, Daumen fest auf eine der beiden Zündkerzenöffnungen drücken (eine nach der anderen, eine bleibt immer »offen«) und den Motor mit Elektrostarter durchdrehen: Eine »korrekt hohe« oder »zu niedrige« Verdichtung lässt sich so zumindest mal erfühlen.*

Grund 1: Zylinderkopfdichtung undicht.
Grund 2: Zylinderkopf verzogen oder gerissen.
Abhilfe: ■ *Sichtprüfung bei stehendem Motor: Nachsehen, ob außen im Bereich der Zylinderkopfdichtung Öl austritt.*
■ *Dynamische Prüfung bei laufendem Motor: Eine Hand nahe an die Zylinderkopfdichtung halten, eventuell austretende Gase spüren. ACHTUNG heiß! Respektabstand wahren!*

Fehler: Motor hat geringe Leistung, braucht viel Benzin
Grund: Luftfilter verdreckt, Luftansaugsystem verstopft.
Abhilfe: *Luftfilter reinigen, eventuell erneuern. Prüfen, ob alle Luftansaugöffnungen frei sind und der Motor ungehindert Frischluft ansaugen kann: z. B. liegt ein Lappen unter der Sitzbank im Bereich der Luftansaugöffnung des Luftfilterkastens?*

Grund: Zünd-/Motorelektrik defekt.
Abhilfe: *Zuerst Batterie prüfen, ob sie geladen ist.*
■ *Bei Unsicherheit über den Batterie-Ladezustand versuchsweise eine voll geladene Batterie einbauen.*
■ *Zündanlage auf trockene Anschlüsse und einwandfreie Verkabelung überprüfen.*
Siehe dazu Kapitel 16 »Zündkerzen«, 17 »Zündanlage«, 18 »Batterie«

Grund: Unterspannung in der Zündanlage.
Abhilfe: *Batterie laden, alle elektrischen Anschlüsse auf festen Sitz prüfen, Korrosion beseitigen.*
■ *Versuchsweise neue Zündkerzen, Kerzenstecker und Zündkabel montieren.*
Siehe dazu Kapitel 16 »Zündkerzen«, 17 »Zündanlage«

Grund: Zündkerze(n) defekt: falscher Elektrodenabstand, Kerze hat Masseschluss.
Abhilfe: *Zündkerzenwärmewert und Zündkerzenbild überprüfen, Elektrodenabstand überprüfen und ggf. einstellen, versuchsweise neue Zündkerzen montieren.*
Siehe dazu Kapitel 16 »Zündkerzen«

Fehler: Unrunder Leerlauf
Grund: Ventilspiel nicht korrekt: zu weit oder zu eng
Abhilfe: *Ventilspiel einstellen.*
Siehe dazu Kapitel 15 »Ventile einstellen«

Grund: Zündzeitpunkt stimmt nicht.
Abhilfe: *Zündzeitpunkt überprüfen und einstellen.*
Siehe dazu Kapitel 17 »Zündanlage«

Grund: Zündkerzen defekt: zu geringer oder zu großer Elektrodenabstand, Kerze hat Masseschluss.
Abhilfe: *Elektrodenabstand prüfen und einstellen, ggf. neue Zündkerzen einbauen.*
Siehe dazu Kapitel 16 »Zündkerzen«

Grund: Zündkerzenstecker bzw. Zündkabel haben keinen richtigen Kontakt zu den Zündkerzen.
Abhilfe: *Zündkabel aus Bauteil ausziehen/ausdrehen, ein kleines Stück abschneiden und wieder einbauen/eindrehen Anmerkung: Geht nur bei Zündkabeln, die in Stecker und Zündspüle eingedreht sind, also nicht mit ihnen verklebt.*
Siehe dazu Kapitel 16 »Zündkerzen«, 17 »Zündanlage«

Grund: Zündbox defekt.
Abhilfe: *Zündbox eines anderen Motorrads gleichen Typs versuchsweise einbauen.*
■ *Besonders auf guten Masseanschluss achten.*
Siehe dazu Kapitel 17 »Zündanlage«

Grund: Vergaser nicht synchron.
Abhilfe: *Gleichlauf der Vergaser einstellen.*
Siehe dazu Kapitel 13 »Vergaser«

Grund: Leerlauf falsch eingestellt.
Abhilfe: *Leerlauf korrekt einstellen.*
Siehe dazu Kapitel 13 »Vergaser«

Grund: Benzin verschmutzt: Dreck im Tank, in den Benzinleitungen, im Vergaser.
Abhilfe: *Tank leeren und reinigen. Benzinhahn und Vergaser ebenfalls reinigen. Frisches Benzin »Super Plus« tanken.*
Siehe dazu Kapitel 11 »Benzinhahn · Tank«, 13 »Vergaser«

Fehler: Ruckeln und/oder Zündaussetzer beim Beschleunigen
Grund: Benzin verschmutzt: Dreck im Tank, in den Benzinleitungen, im Vergaser.
Abhilfe: *Tank leeren und reinigen. Benzinhahn und Vergaser ebenfalls reinigen.*
Siehe dazu Kapitel 11 »Benzinhahn · Tank«, 13 »Vergaser«

Grund 1: Zündkerzen: falscher Elektrodenabstand, falscher Wärmewert.
Grund 2: Zündkerzenstecker nicht richtig auf den Zündkerzen angebracht.
Grund 3: Zündkerzenstecker schlagen durch.
Abhilfe: *Elektrodenabstand einstellen, am besten gleich neue Zündkerzen einbauen.*
■ *Versuchsweise neue Zündkerzenstecker einbauen.*
Siehe dazu Kapitel 16 »Zündkerzen«, 17 »Zündanlage«

Grund: Feuchtigkeit bzw. Kontaktproblem in Steckverbindungen der Motorelektrik.
Abhilfe: *Steckverbindungen kontrollieren, in Ordnung bringen.*
Siehe dazu Kapitel 24 »Elektrik«

Grund: Vergaser falsch eingestellt.
Abhilfe: *Vergaser korrekt einstellen, auf richtige Düsen achten.*
Siehe dazu Kapitel 13 »Vergaser«

Fehler: Motor patscht, knallt und produziert Fehlzündungen
Grund: Zündsystem defekt.
Abhilfe: *Zuerst die Batterie prüfen, ob sie richtig angeschlossen und geladen ist.*
■ *Versuchsweise eine voll geladene Batterie einbauen.*
■ *Zündanlage auf trockene Anschlüsse und korrekte Verkabelung überprüfen.*
Siehe dazu Kapitel 17 »Zündanlage«, 18 »Batterie«

Grund: Falscher Elektrodenabstand der Zündkerzen.
Abhilfe: *Elektrodenabstand einstellen, versuchsweise neue Zündkerzen einbauen.*
Siehe dazu Kapitel 16 »Zündkerzen«

Grund: Luftfilterkasten-Anschlüsse ziehen Nebenluft, weil Ansaugstutzen rissig, gebrochen, Schellen lose.
Abhilfe: *Vergaser und/oder Ansaugstutzen festschrauben, Ansaugstutzen auf Porosität untersuchen.*
Achtung: *Fehler müssen unbedingt und sofort beseitigt werden, sonst droht ein Motorschaden!*
Siehe dazu Kapitel 12 »Luftfilter · SLS-System«, 13 »Vergaser«

Fehler: Motor zieht nicht und raucht schwarz aus dem Auspuff: Gemisch zu fett
Grund: Vergaserdüsen zu groß, Schwimmerstand zu hoch.
Abhilfe: *Kleinere Vergaserdüsen einbauen, am besten die serienmäßigen (!). Schwimmerstand einstellen, Vergaser einstellen.*
Siehe dazu Kapitel 13 »Vergaser«

Grund: Zündung defekt.
Abhilfe: *Bitte in den Zünd-Texten weiter vorne nachsehen.*

Fehler: Motor zieht nicht, raucht blau aus dem Auspuff, weil Motoröl in Verbrennungsraum gelangt
Grund: Zu viel Motoröl im Motor, wird über die Motorentlüftung in den Luftfilterkasten gedrückt und dort wieder angesaugt.
Abhilfe: *Bei warmem Motor und exakt senkrecht stehender Maschine den Ölstand kontrollieren. Wenn zu viel Öl im Motor ist: Mit einem Schlauch, der an einer flexiblen Flasche befestigt ist, durch die Öleinfüllöffnung das überschüssige Öl absaugen. Luftfilter reinigen.*
Siehe dazu Kapitel 14 »Schmiersystem · Ölwechsel«

Grund 1: Ventilführungen oder Ventilschäfte abgenutzt.
Grund 2: Ventilschaftabdichtung(en) defekt.
Abhilfe: *Zylinderkopf demontieren, Einbaumaße der Ventile und Ventilführungen kontrollieren, ggf. erneuern. Neue Ventilschaftabdichtungen einbauen.*
Siehe dazu Kapitel 15 »Ventile einstellen«, 22 »Technische Daten«

Fehler: Motor zieht nicht richtig und wird zu heiß
Grund: Gemisch zu mager, weil Vergaserdüsen verstopft sind.
Abhilfe: *Benzin verdreckt! Sprit komplett aus dem Tank ablassen, Vergaser zerlegen und reinigen, unbedingt frisches Benzin «Super Plus« einfüllen. Vergaser korrekt einstellen.*
Siehe dazu Kapitel 13 »Vergaser«

Grund: Benzinleitung gequetscht, eingeklemmt, geknickt.
Abhilfe: *Ganz genau prüfen, ob die Benzinschläuche ohne Knicke oder Klemmung von den Benzinhähnen über das T-Stück bis zu den Vergasern verlegt sind.*
Siehe dazu Kapitel 11 »Benzinhahn · Tank«

Grund: Tankentlüftung verstopft.
Abhilfe: *Tankentlüftung reinigen. Prüfen, ob die Tankentlüftung durch den aufgebauten Tankrucksack verschlossen ist.*
Siehe dazu Kapitel 11 »Benzinhahn · Tank«

Grund: Falschluft wird angesaugt, weil Vergaser lose.
Abhilfe: *Vergaser und/oder Ansaugstutzen festschrauben, Ansaugstutzen auf Porosität untersuchen.*
Achtung: *Fehler müssen unbedingt und sofort beseitigt werden, sonst droht ein Motorschaden!*
Siehe dazu Kapitel 13 »Vergaser«

Grund: Zu wenig Öl im Motor.
Abhilfe: *Öl auffüllen, korrekten Ölstand schaffen.*
Siehe dazu Kapitel 14 »Schmiersystem · Ölwechsel«

Grund: Ölpumpe defekt oder Ölkreislauf verstopft.
Abhilfe: *Motor sofort abstellen. Zugang zur Ölpumpe schaffen und nachsehen, ob sie noch angetrieben wird: Ölleitungs-Anschlüsse fest, sind sie dicht?*
Siehe dazu Kapitel 14 »Schmiersystem · Ölwechsel«

Grund: Starke Ölkohle-Ablagerungen im Brennraum.
Abhilfe: *Tank leeren. Zwei Liter frischen Sprit in den Tank füllen, eine halbe Dose Brennraumreiniger zugeben, Motor*

einige Zeit mit wechselnder Drehzahl laufen lassen: Die Ölkohle wird eingeweicht und entfernt sich selbst. ***Sehr wichtig:*** *Das Kleingedruckte auf der »Brennraumreiniger«-Dose beachten, Motor nur im Freien laufen lassen, Abgase nicht einatmen!*
■ *Wenn der Motor nach einer solchen Kur wieder ordentlich läuft, war sie erfolgreich.*
■ *Wenn nicht, müssen der Zylinderkopf abgebaut und alle Rückstände der Ölkohleablagerungen in den Brennräumen und auf den Kolbenböden manuell entfernt werden.*

Grund: Bremse klemmt, gibt Bremsscheibe/Bremstrommel nicht frei, Rad deswegen schwergängig.
Abhilfe: *Nicht weiterfahren, sondern sofort die Bremse korrekt einstellen, ggf. reparieren.*
Siehe Kapitel 9 »Scheibenbremsen«, 10 »Trommelbremse«

Fehler: Starke Geräuschentwicklung
Grund: Ventile falsch eingestellt, haben zu viel Spiel.
Abhilfe: *Ventilspiel korrekt einstellen.*
Siehe dazu Kapitel 15 »Ventile einstellen«

Grund: Ventilfeder gebrochen, ermüdet.
Abhilfe: *Zylinderkopf demontieren, Einbaumaße der Ventile und Ventilführungen kontrollieren, ggf. erneuern.*
Siehe dazu Kapitel 22 »Technische Daten«

Grund: Nockenwelle, Kipphebel und/oder Stößelköpfe beschädigt: Verschlissen (abgeschabt), Härteschicht gebrochen.
Abhilfe: *Wenn Nockenwelle und Stößel in Verdacht gezogen werden, muss man den Zylinderkopf demontieren, um die Stößel ausziehen und begutachten zu können.*
Siehe dazu Kapitel 22 »Technische Daten«

Grund: Steuerkette lose.
Abhilfe: *Steuerkettenspanner wahrscheinlich defekt, Steuerkette gelängt: Beide Bauteile erneuern.*
Siehe dazu Kapitel 15 »Ventile einstellen«
Grund: Kurbelwellen-Haupt- oder Pleuellager verschlissen.
Abhilfe: *Motor muss zerlegt werden zur optischen und maßlichen Kontrolle sowie Lagererneuerung.*
Siehe dazu Kapitel 22 »Technische Daten«

Grund 1: Zylinder und/oder Kolben verschlissen.
Grund 2: Kolben gebrochen.
Grund 3: Kolbenbolzen/Kolbenbolzenbohrung verschlissen.
Abhilfe: *Zylinder und Kolben demontieren. Teile begutachten, vermessen: Neue Kolbenringe und/oder neue Kolben. Zylinder ausschleifen, neue Kolben einbauen.*
Siehe dazu Kapitel 22 »Technische Daten«

Grund: Getriebelager verschlissen.
Abhilfe: *Motor bzw. Getriebe muss zerlegt werden: Alle Lager optisch und technisch kontrollieren, Getriebe immer komplett neu lagern (Austauschgetriebe ist am besten).*
Siehe dazu Kapitel 22 »Technische Daten«

Fehler: Motor klopft
Grund: Zündzeitpunkt zu früh.
Abhilfe: *Zündung richtig einstellen.*
Siehe dazu Kapitel 17 »Zündanlage«

Grund: Übermäßige Ölkohleablagerung an der Kolbenoberseite oder im Brennraum.
Abhilfe: *Alten Sprit ablassen. Zwei Liter frischen Sprit in den Tank füllen, eine halbe Dose Brennraumreiniger zugeben, Motor einige Zeit mit wechselnder Drehzahl laufen lassen: Die Ölkohle wird eingeweicht und entfernt sich selbst.*
Sehr wichtig: *Das Kleingedruckte auf der »Brennraumreiniger«-Dose beachten, Motor nur im Freien laufen lassen, Abgase nicht einatmen!*
■ *Wenn der Motor nach einer solchen Kur wieder ordentlich läuft, war sie erfolgreich; wenn nicht, müssen die Zylinderköpfe abgebaut und die restlichen Rückstände der Ölkohleablagerungen im Brennraum und auf dem Kolbenboden manuell entfernt werden.*
Siehe dazu Kapitel 22 »Technische Daten«

SCHMIERSYSTEM

Fehler: Ölstand zu niedrig, hoher Ölverbrauch
Grund: Zu wenig Öl im Motor.
Abhilfe: *Öl auffüllen, korrekten Ölstand schaffen.*
Siehe dazu Kapitel 14 »Schmiersystem · Ölwechsel«

Grund: Öl läuft aus, Dichtungen lassen Öl durch.
Abhilfe: *Sind kurz nach dem Abstellen Ölflecken unter dem Motorrad, ist Ölnebel am Motor?*
■ *Undichte Stelle suchen: Ausgetretenes Öl mit sauberem Lappen abwischen. Leckstelle beobachten: Wenn weiterhin Öl austritt, Dichtung(en) erneuern.*
Siehe dazu Kapitel 14 »Schmiersystem · Ölwechsel«

Grund: Öl läuft im Bereich der Gehäusenaht von Motor und Getriebe aus.
Abhilfe: *Wahrscheinlich ist der Simmerring vom hinteren Kurbelwellenhauptlager defekt und lässt Motoröl durch. Es kann auch der Simmerring an der Getriebe-Eingangswelle defekt sein. Motor und Getriebe müssen getrennt werden, damit die Simmerringe ersetzt werden können. Wahrscheinlich muss auch eine neue Kupplung eingebaut werden, weil die alte verölt ist.*
Siehe dazu Kapitel 14 »Schmiersystem · Ölwechsel«

Grund 1: Zylinder, Kolbenringe und/oder Ölabstreifringe verschlissen, gebrochen oder falsch eingebaut.
Grund 2: Kolben gebrochen.
Grund 3: Öl wird durch Überdruck im Motorgehäuse aus der Entlüftung gedrückt: verschlissene Kolbenringe, Ventilführungen oder Ventilschaftdichtungen.
Abhilfe: *Zylinder und Kolben demontieren. Teile begut-*

achten und vermessen: Neue Kolbenringe und/oder neue Kolben bei Bedarf einbauen.
Siehe dazu Kapitel 22 »Technische Daten«

Fehler: Öl stark verschmutzt
Grund: Öl zu alt, Öl und Ölfilter nicht rechtzeitig gewechselt.
Abhilfe: *Öl und Ölfilter wechseln nach Vorgabe.*
Siehe dazu Kapitel 22 »Technische Daten«

Grund 1: Auslass-Ventilführungen verschlissen.
Grund 2: Auslass-Ventilschaftabdichtung(en) defekt.
Abhilfe: *Zylinderkopf demontieren, Einbaumaße aller Ventile und Ventilführungen kontrollieren, Teile erneuern.*
Siehe dazu Kapitel 22 »Technische Daten«

Fehler: Öl stark verdünnt
Grund: Kolbenringe verschlissen oder gebrochen, weswegen angesaugtes Gemisch am Kolben vorbei ins Öl gelangt.
Abhilfe: *Zylinder und Kolben demontieren. Teile begutachten und vermessen: Neue Kolbenringe und/oder neue Kolben oder Austauschzylinder/Kolben einbauen.*
Siehe dazu Kapitel 22 »Technische Daten«

Fehler: Ölkontrollleuchte brennt und signalisiert »Öldruck zu niedrig«
Grund 1: Ölstand zu niedrig.
Grund 2: Zu dünnes Öl im Motor.
Abhilfe: *Öl auffüllen, ggf. Ölwechsel machen, korrekten Ölstand schaffen. Öl mit empfohlener Viskosität verwenden.*
Siehe dazu Kapitel 14 »Schmiersystem · Ölwechsel«

Grund: Öldruck zu niedrig, weil die Ölpumpe oder ihr Antrieb defekt ist.
Abhilfe: *Motor sofort abstellen, Fehler suchen, finden und beheben.*
Siehe dazu Kapitel 14 »Schmiersystem · Ölwechsel«
Grund: Falscher Ölfilter montiert; evtl. ist dieser zu klein, Öl läuft daran vorbei und es kann sich kein Öldruck aufbauen.
Abhilfe: *Vorgeschriebenen Ölfilter einbauen.*
Siehe dazu Kapitel 14 »Schmiersystem · Ölwechsel«

Kraftübertragung

Fehler: Kupplung rutscht beim Beschleunigen durch
Grund 1: Kupplungsbeläge auf Kupplungsscheibe verschlissen, abgenutzt oder ausgebrochen.
Grund 2: Kupplungsfeder ermüdet.
Grund 3: Kupplungsscheibe verzogen, verschlissen.
Grund 4: Öl in der Kupplung, weil Simmerringe von Kurbelwelle oder Getriebe-Eingangswelle defekt sind.
Abhilfe: *Kupplung ausbauen, Einbau- und Verschleißmaße kontrollieren, verschlissene Teile erneuern.*

Fehler: Kupplung rupft bei Betätigung
Grund 1: Kupplungsscheiben-Verzahnung eingeschlagen.
Grund 2: Reibbelag ausgebrochen, verbrannt.
Abhilfe: *Kupplung ausbauen, Einbau- und Verschleißmaße kontrollieren, verschlissene Teile erneuern.*

Grund: Kupplungszug nicht richtig eingestellt, defekt.
Abhilfe: *Kupplungszug am Handgriff und am unteren Widerlager korrekt einstellen. Beschädigten Zug erneuern, auf korrekte Verlegung achten.*

Fehler: Motorrad ruckelt bei langsamer Fahrt, Geräusch vom Hinterradantrieb her
Grund 1: Lager im Antrieb ausgeschlagen.
Grund 2: Hinterradlager ausgeschlagen.
Abhilfe: *Motorrad so aufbocken, dass Hinterrad frei ist, Hinterrad drehen und daran wackeln: Defekte Lager lassen sich so feststellen. Lager erneuern!*
Siehe dazu Kapitel 8 »Räder«

Fehler: Motorrad schiebt sich schwer, dabei knackendes Geräusch
Grund: Kreuzgelenk des Kardans defekt.
Abhilfe: *Motor AUSschalten. Motorrad aufbocken, Gummibalg über dem Kreuzgelenk abziehen, Hinterrad mit einer Hand hin- und herdrehen, Finger der anderen Hand an Kreuzgelenk: Wenn das Kreuzgelenk defekt ist, erneuern.*

Grund: Lager im Getriebe oder im Kardan defekt.
Abhilfe: *Öl aus Getriebe und Hinterachsgetriebe ablassen und auf Sicht sowie zwischen den Fingerspitzen prüfen: Wenn Abrieb oder Späne im Öl, sind das Hinweise auf Schäden.*

Grund: Scheibenbremsen defekt: Bremskolben festgefressen, Bremsklötze in den Bremssätteln nicht freigängig.
Abhilfe: *Motorrad so aufbocken, dass Vorder- und Hinterrad frei sind, Bremsscheiben auf Riefen und blaues Anlaufen hin kontrollieren, Bremsbeläge kontrollieren.*
■ *Bei Zweifeln: Räder ausbauen, Bremse reparieren.*
Siehe dazu Kapitel 8 »Räder«, 9 »Scheibenbremsen«

Grund: Trommelbremse defekt: Bremsbackenlager festgefressen, Bremsfedern ziehen die Bremsbacken nicht zurück.
Abhilfe: *Wenn Bremshebel nicht von selbst in seine Nulllage zurückgeht, ist dies ein Zeichen für festgefressene Bremsbacken: Motorrad so aufbocken, dass das Hinterrad frei ist, Seilzüge und Bremsgestänge auf Beschädigung kontrollieren. Bremsschlüsselwellen (Bremswelle mit Bremsnocke) auf Leichtgängigkeit überprüfen, ausbauen, reinigen und Laufflächen mit Hochtemperaturfett schmieren.*
Achtung: *Wenn Bremsbacken fest ist: Bremse zerlegen, reinigen, korrekt wieder zusammenbauen.*
Siehe dazu Kapitel 10 »Trommelbremse«

Fahrwerk

LENKUNG UND FRONTPARTIE

Fehler 1: Lenkung schwergängig
Fehler 2: Motorrad zieht nach einer Seite
Grund: Reifenluftdruck zu niedrig.
Abhilfe: *Reifenluftdruck bei kalten Reifen prüfen, korrigieren.*
Siehe dazu Kapitel 7 »Reifen«

Grund: Bowdenzüge oder Kabel falsch verlegt.
Abhilfe: *Bowdenzüge und Kabel am Lenkkopf auf Knick- oder Scheuerstellen kontrollieren. Kontrolle auch bei voll nach links und rechts eingeschlagenem Lenker durchführen.*

Grund: Lenkkopflager stark verschmutzt, verrostet, trocken (= nicht geschmiert).
Abhilfe: *Motorrad so aufbocken, dass die Lenkung frei ist. Lenkkopflager von außen genau auf Verschmutzung kontrollieren: Wenn das Lenkkopflager schlecht geschmiert, verdreckt und/oder verrostet ist, ist dies an auslaufenden Rostschlieren zu sehen. Mehrmals mit Ölspray einsprühen, ziehen lassen und genau beobachten, ob und wo das Ölspray wieder stark verschmutzt ausläuft. Zerlegen, reinigen und neu einfetten.*

Grund: Fremdteile im Bereich Gabel, Gabelbrücken, Verkleidung, Verkleidungshalter.
Abhilfe: *Gabel, Gabelbrücken, Verkleidung und Halter auf Fremdteile hin absuchen, diese entfernen.*

Grund: Lenkkopflagermutter zu fest angezogen.
Abhilfe: *Motorrad so aufbocken, dass Vorderrad frei steht. Lenker von Anschlag zu Anschlag schwenken: Falls das Lager zu fest eingestellt ist, hakt die Lenkung beim Einschlagen.*
Siehe dazu Kapitel 23 »Anziehdrehmomente«

Grund: Lenkkopflager defekt, z. B. Lagerrollen in Sitz eingeschlagen oder gebrochen.
Abhilfe: *Motorrad so aufbocken, dass Vorderrad frei steht. Lenker von Anschlag zu Anschlag schwenken: Wenn der Lenker in einer Stellung einrastet, sind die Lenkkopflager schadhaft und müssen erneuert werden.*

Grund: Vorderradachse verbogen.
Abhilfe: *Vorderachse ausbauen, auf Verbiegung kontrollieren. Falls die Achse mehr als 0,2 mm unrund ist (Schlag hat), muss sie erneuert werden.*
Siehe dazu Kapitel 8 »Räder«

Grund: Radlager ausgeschlagen.
Abhilfe: *Motorrad so aufbocken, dass Vorder- und Hinterrad frei sind. Am Rad wackeln: Ist spürbares Spiel festzustellen, dann sind die Lager ausgeschlagen.*
Siehe dazu Kapitel 8 »Räder«

Grund: Schwingenlager verschlissen.
Abhilfe: *Motorrad so aufbocken, dass Hinterrad frei steht. Am Hinterrad quer zur Fahrtrichtung wackeln, Schwinge beobachten: Wenn Spiel spürbar, sind die Lager verschlissen und müssen erneuert werden.*

Grund: Rahmen verzogen.
Abhilfe: *Rahmen in Fachwerkstatt vemessen lassen.*
Siehe dazu Kapitel 2 »Kaufberatung«

Fehler: Vorderrad flattert
Grund: Lenkkopf, Achse und Klemmschrauben lose.
Abhilfe: *Lenkkopf, Achse und Klemmschrauben auf Festsitz kontrollieren, mit vorgeschriebenem Drehmoment festziehen.*
Siehe dazu Kapitel 23 »Anziehdrehmomente«

Grund: Tauchrohre der Gabel zueinander verspannt oder verklemmt, Gabel kann nicht frei federn.
Abhilfe: *Motorrad so aufbocken, dass das Vorderrad frei steht, Tauchrohre und Gabel auf Klemmstellen prüfen, ggf. alle Befestigungsschrauben lösen und neu anziehen, um mögliche Verspannung zu beseitigen.*

Grund: Rad verzogen, hat zu viel Seitenschlag (»eiert«).
Abhilfe: *Rad ausbauen, auf Schlag kontrollieren. Bei Speichenrädern kann Nachspannen der Speichen helfen.*
Siehe dazu Kapitel 8 »Räder«

Grund: Vorderradlager ausgeschlagen, durch Trockenlauf verschlissen.
Abhilfe: *Motorrad so aufbocken, dass das Vorderrad frei steht. Falls es im Lager beim Drehen knackt und das Rad Luft hat, ist dies ein Hinweis auf defekte Lager.*
Siehe dazu Kapitel 8 »Räder«

Grund 1: Reifen falsch montiert, sitzt nicht richtig in der Felge (»eiert«), Laufrichtung nicht beachtet.
Grund 2: Reifen defekt oder unwuchtig.
Abhilfe: *Vorder- und Hinterradreifen auf richtigen Sitz und Laufrichtung kontrollieren. Luftdruck kontrollieren, Ventilkappe aufsetzen! Wuchtgewichte auf Vollständigkeit, richtige Position und festen Sitz prüfen.*
Siehe dazu Kapitel 7 »Reifen«, 8 »Räder«

TELEGABEL, VORDERRADFEDERUNG

Fehler: Federung zu weich
Grund: Zu geringer Reifendruck.
Abhilfe: *Reifenluftdruck bei kalten Reifen kontrollieren, korrekten Luftdruck einstellen.*
Siehe dazu Kapitel 7 »Reifen«

Grund: Dämpfung in den Gabelbeinen defekt.
Abhilfe: *Dämpferöl wechseln.*

Grund: Gabeltragfedern ermüdet.
Abhilfe: *Telegabel ausbauen, überholen.*

Fehler: Federung zu hart
Grund: Zu hoher Reifendruck.
Abhilfe: *Reifenluftdruck bei kalten Reifen kontrollieren und korrekten Luftdruck einstellen.*
Siehe dazu Kapitel 7 »Reifen«

Grund: Gabelbeine verbogen/verzogen (deutet auf Unfall oder Sturz hin).
Abhilfe: *Telegabel ausbauen, vermessen, reparieren.*

Grund: Gabelöl: zu viel, zu dick.
Abhilfe: *Gabelöl wechseln, vorgeschriebene Menge mit richtiger Viskosität einfüllen.*

Grund: Gabelbeine verspannt eingebaut.
Abhilfe: *Motorrad so aufbocken, dass das Vorderrad frei ist, Vorderradachse lösen, Gabelbeine auf leichtes Gleiten prüfen.*
- *Alle Befestigungsschrauben lösen und neu anziehen, um mögliche Verspannung zu beseitigen.*

Grund: Vorderradachse verbogen.
Abhilfe: *Vorderradachse ausbauen, auf Schleifspuren oder Riefen kontrollieren. Falls die Achse sichtbar verbogen ist, gegen eine neue Achse tauschen.*

Fehler: Geräusche beim Einfedern
Grund: Bowdenzug knarzt an Kante der Verkleidung.
Abhilfe: *Bowdenzug falsch verlegt.*
Siehe dazu Kapitel 6 »Verkleidungsteile«

Grund: Telegabel-Anbauteile lose: Gabelbrücken, Kotflügel, Vorderradachse auf festen Sitz prüfen.
Grund 2: Gabelinnereien lose, gebrochen.
Abhilfe: *Bei losen Anbauteilen: Anbauteile mit richtigem Drehmoment festziehen, sonst: Telegabel ausbauen und zerlegen.*
Siehe dazu Kapitel 23 »Anziehdrehmomente«

HINTERRADSCHWINGE, -FEDERUNG

Fehler: Klackgeräusche beim Ein- und Ausfedern
Grund: Federbeinbefestigung lose/ausgeschlagen.
Abhilfe: *Federbeinbefestigung kontrollieren, ggf. festziehen. Auch kontrollieren, ob alle Buchsen in der Federbeinbefestigung eingebaut sind.*

Grund: Feder reibt am Stoßdämpfergehäuse. Feder kann auch gebrochen und/oder in den Windungen zueinander verschoben sein.
Abhilfe: *Federbein(e) instand setzen.*

Grund: Hinterradlager ausgeschlagen.
Abhilfe: *Motorrad so aufbocken, dass Hinterrad frei ist, Hinterrad drehen und daran wackeln: Defekte Lager lassen sich so feststellen. Ggf. Lager wechseln!*
Siehe dazu Kapitel 8 »Räder«

Fehler: Federung zu weich oder zu hart
Grund: Reifendruck zu niedrig bzw. zu hoch.
Abhilfe: *Reifenluftdruck korrekt einstellen.*
Siehe dazu Kapitel 7 »Reifen«

Grund: Stoßdämpferfedern ermüdet. ***Abhilfe:*** *Federn prüfen.*

Grund: Federung falsch eingestellt. ***Abhilfe:*** *Federvorspannung richtig einstellen.*

Grund: Stoßdämpfer undicht (Gas- und/oder Ölleck) und/oder Dämpferstange verbogen. ***Abhilfe:*** *Stoßdämpfer überholen oder Federbein erneuern.*

Grund: Schwingenlager defekt: Nicht geschmiert, Lager festgefressen. ***Abhilfe:*** *Satt abschmieren. Wenn das nicht hilft: Zerlegen, reinigen, schmieren, defekte Teile erneuern.*

RÄDER

Fehler: Trommeln oder seitliches Flattern des Rades
Mögliche Gründe:
- Felge verzogen, starker Seitenschlag (»eiert«).
  Abhilfe: *Speichenrad zentrieren, neue Felge einbauen.*
- Reifen defekt/unwuchtig. ***Abhilfe:*** *Neuen Reifen aufziehen.*
- zu geringer Reifendruck. ***Abhilfe:*** *Luftdruck auf vorgeschriebenen Wert bringen.*
- Reifen sitzt nicht richtig in der Felge. ***Abhilfe:*** *Luft ablassen, Reifenseitenwände ins Tiefbett der Felge schieben, Reifenmontagepaste sparsam (!) zwischen Reifenwulst und Felge einschmieren, 3,5 bar Luftdruck auf den Reifen geben: Jetzt müsste er sich mit einem lauten »Plopp!« richtig auf die Felge setzen! Wenn »ja«, vorschriftmäßigen Luftdruck auf den Reifen geben; wenn »nein«, neuen Reifen montieren.*
- Achsklemmschrauben und Achsmuttern lose. ***Abhilfe:*** *Umgehend anhalten und alle Achsklemmschrauben und Achsmuttern mit dem vorgeschriebenen Drehmoment festziehen.*
- Radlager gebrochen. ***Abhilfe:*** *Sofort anhalten, bitte nicht mehr weiterfahren, neue Radlager einbauen.*
- Schwingenlagerung defekt. ***Abhilfe:*** *Hinten am Ende der Hinterradschwinge seitlich zur Fahrtrichtung wackeln. Wenn die Schwinge viel seitliches Spiel hat, umgehend neue Schwingenlager einbauen.*

Fehler: Rad schwergängig
Mögliche Gründe:
- Radlager defekt. ***Abhilfe:*** *Bitte nicht mehr fahren, neue Radlager einbauen.*

- Achse verbogen. ***Abhilfe:*** *Auch hier gilt: Nicht fahren, sondern sofort eine neue Achse einbauen. Auch die Radlager püfen!*
- Bremse schleift. ***Abhilfe:*** *NICHT mehr fahren! Problem lokalisieren und beheben.*

BREMSEN

Fehler: Schlechte Bremsleistung, Bremse quietscht
Mögliche Gründe:

- Bowdenzug schwergängig, geknickt, innen aufgespleißt, Nippel im Nippellager schwergängig. ***Abhilfe:*** *Neuen Bremszug einbauen.*
- Radbremshebel schwergängig oder lose. ***Abhilfe:*** *Bremse zerlegen, reinigen, Gleitstellen sparsam einfetten (nur spezielles Bremsenfett dazu nehmen!), zusammenbauen.*
- Luft im Hydrauliksystem. ***Abhilfe:*** *Bremse entlüften, am besten neue Bremsflüssigkeit einfüllen.*
- Bremssystem undicht. ***Abhilfe:*** *Leckstelle suchen, finden und reparieren!*
- Bremsbeläge abgenutzt, verschmutzt, verglast. ***Abhilfe:*** *Neue Bremsbeläge einbauen.*
- Bremsscheiben verschmutzt, riefig oder »geschirmt« (durch Überhitzung tellerförmig aufgeworfen). ***Abhilfe:*** *Neue Bremsscheibe(n) einbauen.*
- Bremsscheiben oder Bremstrommel verschmiert mit Fett oder Öl z. B. wegen undichtem Radlager-Simmerring oder wegen defektem Gabelsimmerring. ***Abhilfe:*** *Reinigen, neuen Simmerring einbauen, Gabel/Radlager kontrollieren!*
- Kolben in den Bremssätteln schwergängig, weil die Dichtringe alt und/oder gequollen sind. ***Abhilfe:*** *Bremssättel überholen.*

Fehler: Bremshebel wippt, pumpt, pulsiert (»Bremse rubbelt«)
Mögliche Gründe:

- Bremsscheibe hat zu viel Seitenschlag (»eiert«).
- *oder:* Bremsscheibe unterschiedlich dick: ab 2/100 mm können Probleme auftreten.
- *oder:* Bremstrommel oder Bremsscheibe verzogen, gerissen. ***Abhilfe:*** *Neue Bremstrommel/-scheibe einbauen.*
- Bremsscheiben-Befestigungsschrauben lose. ***Abhilfe:*** *Schrauben/Muttern festziehen mit dem vorgeschriebenen Anziehdrehmoment. VORHER nachsehen, ob die Schrauben, Muttern und/oder die Gewinde in der Radnabe in Ordnung sind oder durch das »lose« gelitten haben.*
- Bremskolben im Bremssattel einseitig fest. ***Abhilfe:*** *Bremssattel überholen.*
- *oder:* Bremsbelag falsch, Trägerplatte zu klein, zu viel Spiel im Bremssattel. ***Abhilfe:*** *Passende Bremsklötze einbauen.*

Fehler: Nachlassende Bremswirkung bei Passabfahrten, Hebelweg wird länger, Bremse wird »teigig«
Mögliche Gründe:

- Bremsflüssigkeit überaltert, sie »kocht sich auf«. ***Abhilfe:*** *Umgehend Bremsflüssigkeit erneuern!*
- Bremsbeläge schräg/total abgenutzt. ***Abhilfe:*** *Neue Bremsklötze einbauen.*
- Bremsbeläge ausgebrochen oder von der Trägerplatte gerissen. ***Abhilfe:*** *Neue Bremsklötze einbauen, evtl. Bremssattel überholen.*

Fehler: Bremse schleift
Mögliche Gründe:

- Bremsbelag, Bremsscheibe oder Bremstrommel verschmutzt. ***Abhilfe:*** *Teile sorgfältig reinigen, evtl. neue Bremsklötze/Bremsbacken einbauen.*
- Rad nicht korrekt eingebaut. ***Abhilfe:*** *Achsklemmschrauben und Achsmuttern lösen, Rad in korrekte Position bringen, Schrauben und Muttern mit dem vorgeschriebenen Anziehdrehmoment festziehen.*
- Bremsschlauch bzw. Hydrauliksystem verstopft. ***Abhilfe:*** *Alte Bremsflüssigkeit ablassen, neue Bremsflüssigkeit einfüllen, Bremskreislauf entlüften.* ***Sehr wichtig:*** *Nach dem Grund der Verstopfung suchen und beheben!*
- Bremsscheibe verzogen oder verformt. ***Abhilfe:*** *Neue Bremsscheibe einbauen.*
- Bremskolben im Bremssattel einseitig fest. ***Abhilfe:*** *Bremssattel überholen.*
- Trommelbremse: Bremsbackenfedern lose, gebrochen oder haben keine Spannung mehr, Bremswelle oder Bremsnocken schwergängig, Bowdenzug schwergängig. ***Abhilfe:*** *Bremse überholen, neuen Bremszug einbauen.*
- Zu geringes Spiel am Bremshebel, Bremsflüssigkeit kann nicht in den Vorratsbehälter zurückfließen. ***Abhilfe:*** *Spiel korrekt einstellen.*

Elektrik

BATTERIE, ZÜNDUNG UND BORDELEKTRIK

Fehler 1: Kein/schwacher Strom bei eingeschalteter Zündung, Anlasser dreht langsam durch, Motor springt nicht an
Fehler 2: Schwacher Strom bei laufendem Motor
Fehler 3: Zeitweilig aussetzender Strom
Mögliche Gründe:

- Batterie leer, zu niedrige Spannung (nicht aufgeladen).
- *oder:* Säurestand zu niedrig, Säuredichte zu gering.
- *oder:* Störung im Ladesystem.
- *oder:* Batterieanschlüsse lose. ***Abhilfe:*** *Batterie ausbauen, laden, Anschlüsse korrekt befestigen.*
- Anlasserkabel lose. ***Abhilfe:*** *Vor dem Befestigen erst einmal ganz losschrauben, Kontaktstellen blank putzen und dann korrekt anschrauben.*
- Regler/Gleichrichter defekt oder Störung im Ladekreis. ***Abhilfe:*** *Vor Kauf eines neuen Reglers/Gleichrichters erst einmal ein gebrauchtes Bauteil anschrauben und testen.*
- lose Kabelanschlüsse (»Wackelkontakte«). ***Abhilfe:*** *Wackelige Kontakte ganz losschrauben, Kontakt-*

stellen blank putzen und dann korrekt anschrauben.

- Sicherung(en) defekt. ***Abhilfe:*** *Neue Sicherung einbauen.*
- Kurzschluss in der Anlage, im Kabelbaum.
  Abhilfe: *Stecker um Stecker trennen, bis der entsprechende Kabelbaumabschnitt lokalisiert ist.*

Fehler: Kein Funke an den Zündkerzen
Mögliche Gründe:

- Stromkreisunterbrechung bzw. Kontaktmangel durch schlecht angeschlossene(s) oder gerissene(s) Kabel:
  Abhilfe: *Kabelschadstelle suchen, gerissenes Kabel löten oder ein neues Stück einbauen.*
- Zündspule oder Zündimpulsgeber defekt. ***Abhilfe:*** *Zündimpulsgeber und/oder Zündspule durchmessen.*
- Zündschloss defekt. ***Abhilfe:*** *Zündschloss in den einzelnen Stellungen mit einem Multimeter durchmessen.*
- Batterie nicht ausreichend geladen. ***Abhilfe:*** *Siehe Texte weiter vorne zum Thema »Batterie laden«.*

BELEUCHTUNG

Fehler: Schwaches Licht
Mögliche Gründe:

- schlechte oder verschmutzte elektrische Kontakte, falsche Lampe eingebaut. ***Abhilfe:*** *Verbindungen prüfen, Anschlüsse blank putzen, Lampenstärke überprüfen, ggf. erneuern.*

Fehler: Scheinwerfer-/Rücklichtlampe brennt immer wieder durch, flackert oder Sicherung brennt immer durch

Abhilfe 1: *Masseverbindungen überprüfen, abschmirgeln, sicher befestigen; Vibrationen oder Wackelkontakte in der Zuleitung; Lampe mit zu geringer Voltzahl eingebaut.*
Abhilfe 2: *Stromführendes Kabel hat Masseschluss: Masseverbindungen überprüfen, Anschlüsse blank putzen, Verbindungen und Schalter prüfen.*

Fehler: Beleuchtung komplett ausgefallen
Mögliche Gründe:

- Zündschloss oder Kabelstrang defekt, Lüsterklemmenverbindung defekt.
  Abhilfe: *Kabelstrang zum Schalter untersuchen, Zündschloss überprüfen.*

Fehler: Scheinwerfer- oder Rücklichtlampe brennt nicht
Mögliche Gründe:
Glühlampe(n) defekt, Sitz korrodiert; schlechte Masseverbindung; Kabelstrang zur Lampe unterbrochen.
Abhilfe: *Glühlampe erneuern, Korrosion beseitigen; Masseverbindung mit Hilfskabel überbrücken, sicheren Massekontakt schaffen; Prüfung durch Hilfskabel, Kabelstrang erneuern. Sicherung überprüfen.*

Lese- und Fachliteratur zum Zweiventiler

Wenn es tiefer in den Motor gehen soll, als wir hier in diesem Buch beschreiben können (weil »Tiefe« auch entsprechend viele Buchseiten braucht), z. B. neue Kolben einbauen, Kurbelwelle neu lagern, etc., dann sind »Fachbücher« nötig. Die nachfolgenden Bücher empfehlen wir ganz besonders.

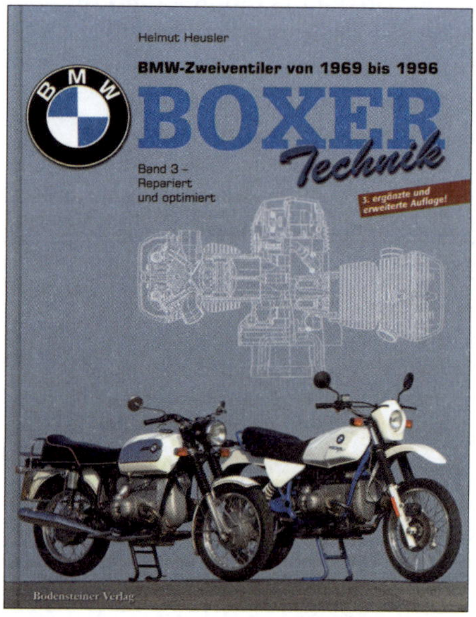

Titel: Boxer Technik BMW Zweiventiler von 1969 – 1985, Band 3 »Repariert und optimiert«
ISBN-Nr: 978-3-9806631-9-9
Preis: 34,00 Euro
Autor: Helmut Heusler
Verlag: Bodensteiner Verlag Schwietzer
Neuwallmodener Str. 14
D-38729 Wallmoden
OT Bodenstein
www.andy-schwietzer.de

Autor ist der in Fachkreisen geschätzte Ingenieur und Dozent Helmut Heusler; hauptberuflich in der Automobilentwicklung tätig. Sein Steckenpferd sind seit 30 Jahren die klassischen Zweiventil-Boxer. Er fährt, repariert und optimiert diese Maschinen intensiv. Der von Heusler erarbeitete Erfahrungs- und Wissensschatz macht dieses Buch zu einer unvergleichlichen Informationsquelle für alle, die hinsichtlich Instandhaltung und Detailverbesserung ihrer BMW hohe Ansprüche stellen.

Das großformatige Buch (28 x 21 cm) bietet 240 Seiten mit mehr als 400 Abbildungen.

Titel: Reparaturanleitung – Von BMW lizenzierte Nachdrucke.

- **R 50/5, R 60/5, R 75/5, Preis:** 42,00 Euro
- **R 60/6, R 75/6, R 90/6, R 90 S, Preis:** 42,00 Euro
- **BMW R 60/7 bis R 100 RS, Preis:** 52,00 Euro

Verlag: Schober-Verlag, D-67271 Battenberg.
Lieferadresse: Siebenrock GmbH
Werftstraße 34, D-73240 Wendlingen
www.siebenrock.com

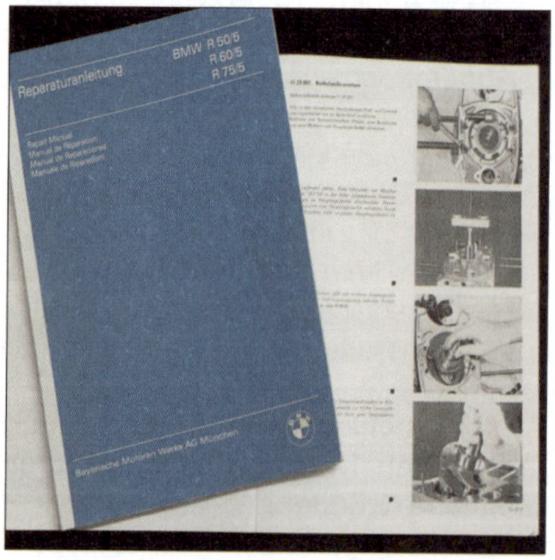

Modell Modelljahre	**R 65** 1986 bis 1993	**R 65 RT** 1986 bis 1988	**R 65 GS** 1988 bis 1990
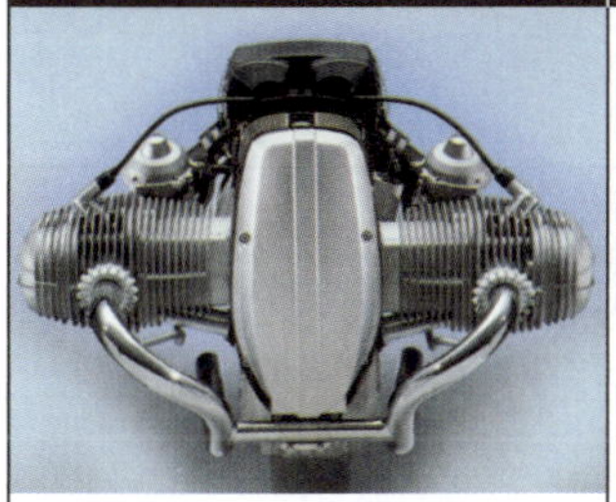			
Gebaute Stückzahlen	8 260	1092 (nur für Behörden)	1 727
ABMESSUNGEN UND GEWICHTE			
Radstand	1447 mm	1447 mm	1447 mm
Nachlauf	120 mm	120 mm	115 mm
Lenkkopfwinkel	62 Grad	62 Grad	62,5 Grad
Länge	2175 mm	2175 mm	2230 mm
Breite (ohne Spiegel)	635 mm	714 mm	820 mm
Höhe (ohne Spiegel)	1106 mm	1478 mm	1150 mm
Sitzhöhe	807 mm	807mm	860 mm
Leergewicht (bei 90 % vollgetankt)	205 kg	222 kg	194 kg
zulässiges Gesamtgewicht	440 kg	440 kg	398 kg
Zuladung	235 kg	218 kg	204 kg
Tankinhalt / davon Reservemenge	22 Liter / 2 Liter	22 Liter / 2 Liter	19,5 Liter / 2 Liter
FAHRLEISTUNGEN			
Beschleunigung 0 bis 100 km/h	6,8 sec 9,9 sec mit 27 PS	7,2 sec	9,4 sec
Höchstgeschwindigkeit	173 km/h; 155 km/h mit 27 PS	165 km/h	146 km/h
Kraftstoffsorte	ROZ 91 (Normalbenzin)	ROZ 91 (Normalbenzin)	ROZ 91 (Normalbenzin)
MOTOR			
Bauart	Fahrtwindgekühlter Viertakt-Zweizylinder-Boxermotor, quer zur Fahrtrichtung eingebaut, zwei Ventile pro Zylinder	Fahrtwindgekühlter Viertakt-Zweizylinder-Boxermotor, quer zur Fahrtrichtung eingebaut, zwei Ventile pro Zylinder	Fahrtwindgekühlter Viertakt-Zweizylinder-Boxermotor, quer zur Fahrtrichtung eingebaut, zwei Ventile pro Zylinder
Leistung **Drosselversion**	48 PS (35 kW) bei 7250/min 27 PS (20 kW) bei 5500/min	48 PS (35 kW) bei 7250/min	27 PS (20 kW) bei 6200/min
max. Drehmoment **Drosselversion 27 PS**	47,8 Nm bei 3500/min 45,5 Nm bei 3500/min	47,8 Nm bei 3500/min	45,5 Nm bei 3500/min
Bohrung x Hub	82 x 61,5 mm	82 x 61,5 mm	82 x 61,5 mm
Hubraum	649 cm³	649 cm³	649 cm³
Verdichtungsverhältnis **Drosselversion 27 PS**	8,7 : 1 8,4 : 1	8,7 : 1	8,4 : 1

Modell Modelljahre	**R 65** 1986 bis 1993	**R 65 RT** 1986 bis 1988	**R 65 GS** 1988 bis 1990
Steuerzeiten bei 2 mm Prüfventilspiel			
Einlass öffnet	10 Grad vor OT	10 Grad vor OT	1 Grad vor OT
Einlass schließt	50 Grad nach UT	50 Grad nach UT	17 Grad nach UT
Auslass öffnet	50 Grad vor UT	50 Grad vor UT	29 Grad vor UT
Auslass schließt	10 Grad nach OT	10 Grad nach OT	13 Grad vor OT
	Bei 27 PS-Version:		
Einlass öffnet	1 Grad nach OT		
Einlass schließt	17 Grad nach UT		
Auslass öffnet	29 Grad vor UT		
Auslass schließt	13 Grad vor OT		
Ventildurchmesser	Einlass 40 mm; 34 mm bei 27 PS Auslass 36 mm; 32 mm bei 27 PS	Einlass 40 mm Auslass 36 mm	Einlass 34 mm Auslass 32 mm
Ventilspiel Einlass/Auslass	0,10 / 0,20 mm	0,10 / 0,20 mm	0,10 / 0,20 mm
Vergaser	Bing Gleichdruckvergaser	Bing Gleichdruckvergaser	Bing Gleichdruckvergaser
Typ	Ø 32 mm 64/32/359 links 64/32/360 rechts	Ø 32 mm 64/32/359 links 64/32/360 rechts	Ø 26 mm 64/26/317 links 64/26/318 rechts
bei 27 PS-Version	Ø 26 mm 64/26/317 links 64/26/318 rechts		
Hauptdüse	130 102 bei 27 PS	130	102
Nadeldüse	2,68; 2,64 bei 27 PS	2,68	2,64
Nadelstellung	3. Kerbe von oben 2. Kerbe von oben bei 27 PS	3. Kerbe von oben	2. Kerbe von oben
Leerlaufdüse	45	45	45
Auspuffkrümmer	Ø 36 mm	Ø 36 mm	Ø 35 mm
Motorölmenge mit Filterwechsel	2,5 Liter	2,5 Liter	2,25 Liter
MOTORELEKTRIK			
Anlasser	Bosch DF 12 Volt, 700 Watt Valeo D6RA, 1100 W ab Mj. 1988	Bosch DF 12 Volt, 700 Watt Valeo D6RA, 1100 W ab Mj. 1988	Bosch DF 12 Volt, 700 Watt Valeo D6RA, 1100 W ab Mj. 1988
Zündkerzen	Bosch W 7 DC Beru 14-7 DV Champion N 9 YC NGK BP7ES	Bosch W 7 DC Beru 14-7 DV Champion N 9 YC NGK BP7ES	Bosch W 7 DC Beru 14-7 DV Champion N 9 YC NGK BP7ES
Kontaktlose Zündung Zündzeitpunkt	6 bis 32 Grad vor OT im Verstellbereich von 1500 bis 3000/min	6 bis 32 Grad vor OT im Verstellbereich von 1500 bis 3000/min	6 bis 32 Grad vor OT im Verstellbereich von 1500 bis 3000/min
Batterie	12 Volt/25 Ah	12 Volt/25 Ah	12 Volt/19 Ah
Lichtmaschine	Bosch G1 14 Volt/20 Ampere 21/280 Watt	Bosch G1 14 Volt/20 Ampere 21/280 Watt	Bosch G1 14 Volt/20 Ampere 21/280 Watt

Modell Modelljahre	**R 65** 1986 bis 1993	**R 65 RT** 1986 bis 1988	**R 65 GS** 1988 bis 1990
KRAFTÜBERTRAGUNG			
Primärübersetzung	$i_{prim} = 2{,}07$	$ii_{prim} = 2{,}07$	$i_{prim} = 2{,}07$
Anzahl der Gänge	5	5	5
Gangabstufungen	4,4; 2,86; 2,07; 1,67; 1,5	4,4; 2,86; 2,07; 1,67; 1,5	4,4; 2,86; 2,07; 1,67; 1,5
Hinterachsübersetzung	Z 11/37, $i_{sec} = 3{,}36$ Z 9/31, $i_{sec} = 3{,}44$ bei 27 PS	Z 11/37, $i_{sec} = 3{,}36$	Z 9/31, $i_{sec} = 3{,}44$
Ölfüllmenge Getriebe	0,8 Liter	0,8 Liter	0,8 Liter
Ölfüllmenge Schwinge	0,15 Liter	0,15 Liter	0,15 Liter
Ölfüllmenge Achsantrieb	0,35 Liter	0,35 Liter	0,35 Liter
FAHRWERK			
Vorderradaufhängung	hydraulisch gedämpfte Teleskopgabel	hydraulisch gedämpfte Teleskopgabel	hydraulisch gedämpfte Teleskopgabel
Ölfüllmenge pro Gabelholm	0,30 Liter	0,30 Liter	0,22 Liter
Gabelstandrohre	Ø 38,5 mm	Ø 38,5 mm	Ø 36 mm
Hinterradaufhängung	Einarm-Schwinge aus Stahlrohr mit hydraulisch gedämpftem Federbein	Einarm-Schwinge aus Stahlrohr mit hydraulisch gedämpftem Federbein	Einarm-Schwinge aus Stahlrohr mit hydraulisch gedämpftem Federbein
Radfederwege	175 mm vorne 121 mm hinten	175 mm vorne 121 mm hinten	200 mm vorne 170 mm hinten
RÄDER UND REIFEN			
Räder	Gussräder	Gussräder	Speichenräder
Felge vorne / hinten	2.50-18 MT H / 2.50-18 MT H	2.50-18 MT H / 2.50-18 MT H	1.85 B21 / 2.50 B18
Reifen vorne	90/90-18 51H (S) TL	90/90-18 51H (S) TL	3.00-21 51S TT
Reifen hinten	120/90-18 65H (S) TL	120/90-18 65H (S) TL	4.00-18 63S TT
Reifenluftdruck*			
vorne damals	2,2 bis 2,4 bar	2,2 bis 2,4 bar	1,9 bis 2,1 bar
hinten damals	2,5 bis 2,9 bar	2,5 bis 2,9 bar	1,8 bis 2,2 bar
Reifenluftdruck*			
vorne heute**	2,5 bar	2,5 bar	2,0 bar
hinten heute**	2,8 bar	2,8 bar	2,3 bar
BREMSEN			
Bremse vorne	Scheibe, Ø 285 mm Brembo-Festsattel	Scheibe, Ø 285 mm Brembo-Festsattel	Scheibe, Ø 260 mm Brembo-Festsattel
Bremse hinten	Trommel, Ø 200 mm über Gestänge betätigt	Trommel, 200 mm über Gestänge betätigt	Trommel, Ø 200 mm über Gestänge betätigt

* = Bei kalten Reifen gemessen.
** = Angaben des Reifenherstellers beachten, siehe Kapitel 7 »Reifen.

22 Technische Daten

Modell Modelljahre	**R 80 G/S** 1980 bis 1987	**R 80 ST** 1982 bis 1984	**R 80 G/S Paris-Dakar** 1984 bis 1987
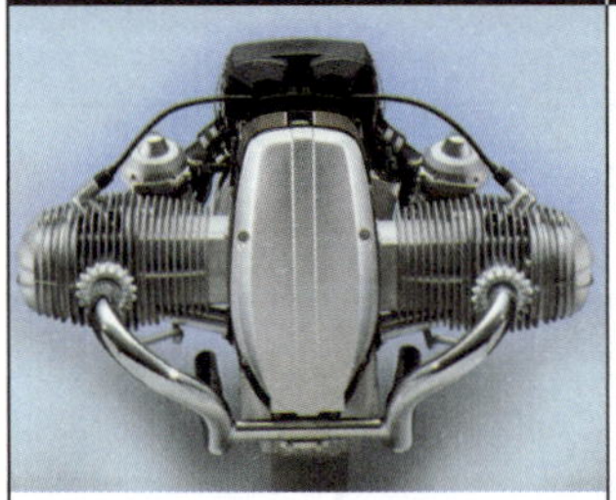			
Gebaute Stückzahlen	21 334	5 963	2 975
ABMESSUNGEN UND GEWICHTE			
Radstand	1447 mm	1465 mm	1447 mm
Nachlauf	115 mm	129 mm	115 mm
Lenkkopfwinkel	62,5 Grad	62,5 Grad	62,5 Grad
Länge	2230 mm	2180 mm	2230 mm
Breite (ohne Spiegel)	820 mm	715 mm	860 mm
Höhe (ohne Spiegel)	1150 mm	1150 mm	1150 mm
Sitzhöhe	860 mm	845 mm	860 mm
Leergewicht (bei 90% vollgetankt)	191 kg 196 kg mit E-Starter*	198 kg	205 kg
zulässiges Gesamtgewicht	398 kg	398 kg	398 kg
Zuladung	207 kg; 202 kg mit E-Starter	200 kg	193 kg
Tankinhalt / davon Reservemenge	19,5 Liter / 2 Liter	19,5 Liter / 2 Liter	32 Liter / 4 Liter
FAHRLEISTUNGEN			
Beschleunigung 0 bis 100 km/h	5,6 sec	6,0 sec	5,6 sec
Höchstgeschwindigkeit	168 km/h	175 km/h	168 km/h
Kraftstoffsorte	ROZ 91 (Normalbenzin)	ROZ 91 (Normalbenzin)	ROZ 91 (Normalbenzin)
MOTOR			
Bauart	Fahrtwindgekühlter Viertakt-Zweizylinder-Boxermotor, quer zur Fahrtrichtung eingebaut, zwei Ventile pro Zylinder	Fahrtwindgekühlter Viertakt-Zweizylinder-Boxermotor, quer zur Fahrtrichtung eingebaut, zwei Ventile pro Zylinder	Fahrtwindgekühlter Viertakt-Zweizylinder-Boxermotor, quer zur Fahrtrichtung eingebaut, zwei Ventile pro Zylinder
Leistung	50 PS (37 kW) bei 6500/min	50 PS (37 kW) bei 6500/min	50 PS (37 kW) bei 6500/min
max. Drehmoment	56,7 Nm bei 5000/min	56,7 Nm bei 5000/min	56,7 Nm bei 5000/min
Bohrung x Hub	84 x 70,6 mm	84 x 70,6 mm	84 x 70,6 mm
Hubraum	798 cm^3	798 cm^3	798 cm^3
Verdichtungsverhältnis	8,2 : 1	8,2 : 1	8,2 : 1

* = E-Starter als Sonderausstattung mit Batterie 18Ah

Modell Modelljahre	**R 80 G/S** 1980 bis 1987	**R 80 ST** 1982 bis 1984	**R 80 G/S Paris-Dakar** 1984 bis 1987
Steuerzeiten bei 2 mm Prüfventilspiel			
Einlass öffnet	10 Grad vor OT	10 Grad vor OT	10 Grad vor OT
Einlass schließt	50 Grad nach UT	50 Grad nach UT	50 Grad nach UT
Auslass öffnet	50 Grad vor UT	50 Grad vor UT	50 Grad vor UT
Auslass schließt	10 Grad nach OT	10 Grad nach OT	10 Grad nach OT
Einlass öffnet			
Einlass schließt			
Auslass öffnet			
Auslass schließt			
Ventildurchmesser	Einlass 42 mm Auslass 38 mm	Einlass 42 mm Auslass 38 mm	Einlass 42 mm Auslass 38 mm
Ventilspiel Einlass/Auslass	0,10 / 0,20 mm	0,10 / 0,20 mm	0,10 / 0,20 mm
Vergaser	Bing Gleichdruckvergaser	Bing Gleichdruckvergaser	Bing Gleichdruckvergaser
Typ	Ø 32 mm 64/32/305 links 64/32/306 rechts	Ø 32 mm 64/32/305 links 64/32/306 rechts	Ø 32 mm 64/32/305 links 64/32/306 rechts
Hauptdüse	148	148	148
Nadeldüse	2,64	2,64	2,64
Nadelstellung	4. Kerbe von oben	4. Kerbe von oben	4. Kerbe von oben
Leerlaufdüse	45	45	45
Auspuffkrümmer	Ø 38 mm	Ø 38 mm	Ø 38 mm
Ölfüllmenge mit Filterwechsel	2,25 Liter	2,50 Liter	2,25 Liter
MOTORELEKTRIK			
Anlasser	Bosch DF 12 Volt, 700 Watt ab Mj. 1982 gegen Aufpreis	Bosch DF 12 Volt, 700 Watt	Bosch DF 12 Volt, 700 Watt
Zündkerzen	Bosch W 7 D Beru 14-7 D Champion N 10 Y NGK BP6ES	Bosch W 7 D Beru 14-7 D Champion N 10 Y NGK BP6ES	Bosch W 7 D Beru 14-7 D Champion N 10 Y NGK BP6ES
Kontaktlose Zündung Zündzeitpunkt	6 bis 32 Grad vor OT im Verstellbereich von 1500 bis 3000/min	6 bis 32 Grad vor OT im Verstellbereich von 1500 bis 3000/min	6 bis 32 Grad vor OT im Verstellbereich von 1500 bis 3000/min
Batterie	12 Volt/9 Ah 12 Volt/19 Ah mit E-Starter	12 Volt/19 Ah	12 Volt/19 Ah
Lichtmaschine	Bosch G1 14 Volt/20 Ampere 21/280 Watt	Bosch G1 14 Volt/20 Ampere 21/280 Watt	Bosch G1 14 Volt/20 Ampere 21/280 Watt

Modell Modelljahre	R 80 G/S 1980 bis 1987	R 80 ST 1982 bis 1984	R 80 G/S Paris-Dakar 1984 bis 1987
KRAFTÜBERTRAGUNG			
Primärübersetzung	i_{prim} = 2,07	i_{prim} = 2,07	i_{prim} = 2,07
Anzahl der Gänge	5	5	5
Getriebestufungen	4,4; 2,86; 2,07; 1,67; 1,5	4,4; 2,86; 2,07; 1,67; 1,5	4,4; 2,86; 2,07; 1,67; 1,5
Hinterachsübersetzung	Z 11/37, i_{sec} = 3,36	Z 11/37, i_{sec} = 3,36 Z 10/32, i_{sec} = 3,20 ab 02/84	Z 11/37, i_{sec} = 3,36
Ölfüllmenge Getriebe	0,8 Liter	0,8 Liter	0,8 Liter
Ölfüllmenge Schwinge	0,15 Liter	0,15 Liter	0,15 Liter
Ölfüllmenge Achsantrieb	0,35 Liter	0,35 Liter	0,35 Liter
FAHRWERK			
Vorderradaufhängung	hydraulisch gedämpfte Teleskopgabel	hydraulisch gedämpfte Teleskopgabel	hydraulisch gedämpfte Teleskopgabel
Ölfüllmenge pro Gabelholm	0,22 Liter	0,19 Liter	0,22 Liter
Gabelstandrohre	Ø 36 mm	Ø 36 mm	Ø 36 mm
Hinterradaufhängung	Einarm-Schwinge aus Stahlrohr mit hydraulisch gedämpftem Federbein	Einarm-Schwinge aus Stahlrohr mit hydraulisch gedämpftem Federbein	Einarm-Schwinge aus Stahlrohr mit hydraulisch gedämpftem Federbein
Radfederwege	200 mm vorne 170 mm hinten	175 mm vorne 153 mm hinten	200 mm vorne 170 mm hinten
RÄDER UND REIFEN			
Räder	Speichenräder	Speichenräder	Speichenräder
Felge vorne / hinten	1.85 B21 / 2.15 B18 2.50 B18 hinten ab Mj. 1982	1.85 B19 / 2.50 B18	1.85 B21 / 2.50 B18
Reifen vorne	3.00-21 51S TT	100/90-19 57H TL (mit Schlauch)	3.00-21 51S TT
Reifen hinten	4.00-18 63S TT	120/90-18 65H TL (mit Schlauch)	4.00-18 64S TT
Reifenluftdruck*		1,9 bis 2,1 bar	
vorne damals	1,9 bis 2,1 bar	1,8 bis 2,2 bar	1,9 bis 2,1 bar
hinten damals	1,8 bis 2,2 bar		1,8 bis 2,2 bar
Reifenluftdruck*			
vorne heute**	2,0 bar	2,5 bar	2,0 bar
hinten heute**	2,3 bar	2,8 bar	2,3 bar
BREMSEN			
Bremse vorne	Scheibe, Ø 260 mm Brembo-Festsattel	Scheibe, Ø 260 mm Brembo-Festsattel	Scheibe, Ø 260 mm, Brembo-Festsattel
Bremse hinten	Trommel, Ø 200 mm über Gestänge betätigt	Trommel, Ø 200 mm über Gestänge betätigt	Trommel, Ø 200 mm über Gestänge betätigt

* = Bei kalten Reifen gemessen.
** = Angaben des Reifenherstellers beachten, siehe Kapitel 7 »Reifen.

Modell Modelljahre	**R 80** 1985 bis 1992	**R 80 RT** 1985 bis 1994	**R 80 GS** 1988 bis 1990 mit kleiner Verkleidung
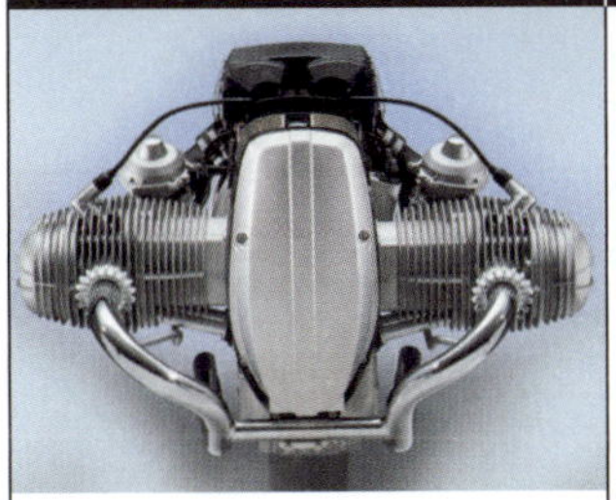			
Gebaute Stückzahlen	13 815	22 069	1 488
ABMESSUNGEN UND GEWICHTE			
Radstand	1447 mm	1447 mm	1514 mm
Nachlauf	120 mm	120 mm	99 mm
Lenkkopfwinkel	62 Grad	62 Grad	66,5 Grad
Länge	2175 mm	2175 mm	2290 mm
Breite (ohne Spiegel)	635 mm	714 mm	830 mm
Höhe (ohne Spiegel)	1106 mm	1478 mm	1165 mm
Sitzhöhe	807 mm	807 mm	850 mm
Leergewicht (bei 90% vollgetankt)	210 kg	227 kg	210 kg
zulässiges Gesamtgewicht	440 kg	440 kg	420 kg
Zuladung	230 kg	213 kg	210 kg
Tankinhalt / davon Reservemenge	22 Liter / 2 Liter	22 Liter / 2 Liter	26 Liter / 4,7 Liter
FAHRLEISTUNGEN			
Beschleunigung 0 bis 100 km/h	6,0 sec	6,4 sec	6,0 sec
Höchstgeschwindigkeit	178 km/h	170 km/h	168 km/h
Kraftstoffsorte	ROZ 91 (Normalbenzin)	ROZ 91 (Normalbenzin)	ROZ 91 (Normalbenzin)
MOTOR			
Bauart	Fahrtwindgekühlter Viertakt-Zweizylinder-Boxermotor, quer zur Fahrtrichtung eingebaut, zwei Ventile pro Zylinder	Fahrtwindgekühlter Viertakt-Zweizylinder-Boxermotor, quer zur Fahrtrichtung eingebaut, zwei Ventile pro Zylinder	Fahrtwindgekühlter Viertakt-Zweizylinder-Boxermotor, quer zur Fahrtrichtung eingebaut, zwei Ventile pro Zylinder
Leistung Drosselversionen	50 PS (37 kW) bei 6500/min 27 PS bei 5500/min ab Mj. 1991 34 PS bei 6000/min ab Mj. 1994	50 PS (37 kW) bei 6500/min 27 PS bei 5500/min ab Mj. 1991 34 PS bei 6000/min ab Mj. 1994	50 PS (37 kW) bei 6500/min
max. Drehmoment Drosselversionen	73 Nm bei 5500/min 43 Nm bei 3500/min mit 27 PS 50 Nm bei 3750/min mit 34 PS	58 Nm bei 4000/min 43 Nm bei 3500/min mit 27 PS 50 Nm bei 3750/min mit 34 PS	61 Nm bei 3750/min
Bohrung x Hub	84 x 70,6 mm	84 x 70,6 mm	84 x 70,6 mm
Hubraum	798 cm^3	798 cm^3	798 cm^3
Verdichtungsverhältnis	8,2 : 1	8,2 : 1	8,2 : 1

Modell Modelljahre	**R 80** 1985 bis 1992	**R 80 RT** 1985 bis 1994	**R 80 GS** 1988 bis 1990 mit kleiner Verkleidung
Steuerzeiten bei 2 mm Prüfventilspiel			
Einlass öffnet	10 Grad vor OT	10 Grad vor OT	10 Grad vor OT
Einlass schließt	50 Grad nach UT	50 Grad nach UT	50 Grad nach UT
Auslass öffnet	50 Grad vor UT	50 Grad vor UT	50 Grad vor UT
Auslass schließt	10 Grad nach OT	10 Grad nach OT	10 Grad nach OT
Einlass öffnet			
Einlass schließt			
Auslass öffnet			
Auslass schließt			
Ventildurchmesser	Einlass 42 mm Auslass 38 mm	Einlass 42 mm Auslass 38 mm	Einlass 42 mm Auslass 40 mm
Ventilspiel Einlass/Auslass	0,10 / 0,20 mm	0,10 / 0,20 mm	0,10 / 0,20 mm
Vergaser	Bing Gleichdruckvergaser	Bing Gleichdruckvergaser	Bing Gleichdruckvergaser
Typ **ab Mj. 1992** **ab Mj. 1994**	Ø 32 mm 64/32/353 links 64/32/354 rechts 64/32/353A links 64/32/354A rechts 64/32/354B li., 64/32/353B re.	Ø 32 mm 64/32/353 links 64/32/354 rechts	Ø 32 mm 64/32/349 links 64/32/350 links oder 64/32/353A links 64/32/354A rechts
Hauptdüse	135; mit 27 PS 110 ab Mj. 1992 und 115 ab Mj. 1994	135; mit 27 PS 110 ab Mj. 1992 und 115 ab Mj. 1994	135
Nadeldüse	2,68	2,68	2,68
Nadelstellung	3. Kerbe oben	3. Kerbe von oben	3. Kerbe von oben
Leerlaufdüse	45	45	45
Auspuffkrümmer	Ø 38 mm	Ø 38 mm	Ø 38 mm
Motorölmenge mit Filterwechsel	2,5 Liter	2,5 Liter	2,25 Liter
MOTORELEKTRIK			
Anlasser	Bosch DF 12 Volt, 700 Watt Valeo D6RA, 1100 W ab Mj. 1988	Bosch DF 12 Volt, 700 Watt Valeo D6RA, 1100 W ab Mj. 1988	Valeo D6RA, 1100 W
Zündkerzen	Bosch W 7 DC Beru 14-7 DV Champion N 9 YC NGK BP6ES	Bosch W 7 DC Beru 14-7 DV Champion N 9 YC NGK BP6ES	Bosch W 7 DC Beru 14-7 DV Champion N 9 YC NGK BP6ES
Kontaktlose Zündung Zündzeitpunkt	6 bis 32 Grad vor OT im Verstellbereich von 1500 bis 3000/min	6 bis 32 Grad vor OT im Verstellbereich von 1500 bis 3000/min	6 bis 32 Grad vor OT im Verstellbereich von 1500 bis 3000/min
Batterie	12 Volt/25 Ah	12 Volt/25 Ah	12 Volt/25 Ah
Lichtmaschine	Bosch G1 14 Volt/20 Ampere 21/280 Watt	Bosch G1 14 Volt/20 Ampere 21/280 Watt	Bosch G1 14 Volt/20 Ampere 21/280 Watt

Modell Modelljahre	R 80 1985 bis 1992	R 80 RT 1985 bis 1994	R 80 GS 1988 bis 1990 mit kleiner Verkleidung
KRAFTÜBERTRAGUNG			
Primärübersetzung	i_{prim} = 2,07	i_{prim} = 2,07	i_{prim} = 2,07
Anzahl der Gänge	5	5	5
Gangabstufungen	4,4; 2,86; 2,07; 1,67; 1,5	4,4; 2,86; 2,07; 1,67; 1,5	4,4; 2,86; 2,07; 1,67; 1,5
Hinterachsübersetzung	Z 10/32, i_{sec} = 3,20	Z 10/32, i_{sec} = 3,20 auch mit Z 11/37, i_{sec} = 3,36	Z 10/32, i_{sec} = 3,20
Ölfüllmenge Getriebe	0,8 Liter	0,8 Liter	0,8 Liter
Ölfüllmenge Schwinge	0,15 Liter	0,15 Liter	
Ölfüllmenge Achsantrieb	0,35 Liter	0,35 Liter	0,26 Liter
FAHRWERK			
Vorderradaufhängung	hydraulisch gedämpfte Teleskopgabel	hydraulisch gedämpfte Teleskopgabel	hydraulisch gedämpfte Teleskopgabel
Ölfüllmenge pro Gabelholm	0,30 Liter	0,32 Liter	0,41 Liter links 0,44 Liter rechts
Gabelstandrohre	Ø 38,5 mm	Ø 38,5 mm	Ø 40 mm
Hinterradaufhängung	Einarm-Schwinge aus Stahlrohr mit hydraulisch gedämpftem Federbein	Einarm-Schwinge aus Stahlrohr mit hydraulisch gedämpftem Federbein	Gegossene Doppelgelenk-Einarm-Schwinge mit hydraulisch gedämpftem Federbein
Radfederwege	175 mm vorne 121 mm hinten	175 mm vorne 121 mm hinten	225 mm vorne 180 mm hinten
RÄDER UND REIFEN			
Räder	Gussräder	Gussräder	Kreuzspeichenräder
Felge vorne / hinten	2.50-18 MT H / 2.50-18 MT H	2.50-18 MT H / 2.50-18 MT H	1.85-21 MT H / 2.50-17 MT H2
Reifen vorne	90/90-18 51H TL	90/90-18 51H TL	90/90-21 54S TL
Reifen hinten	120/90-18 65H TL	120/90-18 65H TL	130/80-17 65S TL
Reifenluftdruck* vorne damals	2,2 bis 2,4 bar	2,2 bis 2,4 bar	2,2 bis 2,4 bar
hinten damals	2,5 bis 2,9 bar	2,5 bis 2,9 bar	2,5 bis 2,9 bar
Reifenluftdruck* vorne heute**	2,5 bar	2,5 bar	2,2 bar
hinten heute**	2,8 bar	2,8 bar	2,5 bar
BREMSEN			
Bremse vorne	Scheibe, Ø 285 mm Brembo-Festsattel	Scheibe, Ø 285 mm, Brembo-Festsattel; ab 9/1987: Doppelscheibe, Ø 285 mm	Scheibe, Ø 285 mm, Brembo-Festsattel
Bremse hinten	Simplex-Trommel, Ø 200 mm über Gestänge betätigt	Simplex-Trommel, Ø 200 mm über Gestänge betätigt	Simplex-Trommel, Ø 200 mm über Seilzug betätigt

* = Bei kalten Reifen gemessen.
** = Angaben des Reifenherstellers beachten, siehe Kapitel 7 »Reifen.

22 Technische Daten

Modell Modelljahre	**R 80 GS** 1990 bis 1994 mit großer Verkleidung	**R 80 GS P-D** 1991 bis 1994 Schweizer Modell	**R 80 R; R 80 R Mystic*** 1993 und 1994; 1994 und 1995
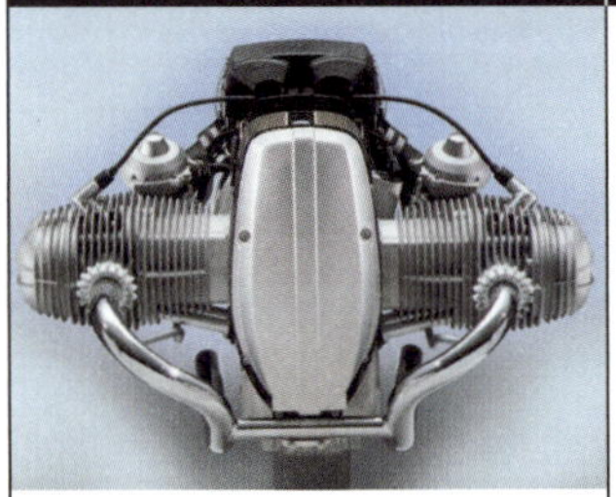			
Gebaute Stückzahlen	6 481	395 speziell für die Schweiz	3 503 R 80 R; 90 R 80 R Mystic
ABMESSUNGEN UND GEWICHTE			
Radstand	1514 mm	1514 mm	1495 mm
Nachlauf	99 mm	99 mm	101 mm
Lenkkopfwinkel	66,5 Grad	66,5 Grad	66,5 Grad
Länge	2290 mm	2290 mm	2210 mm
Breite (ohne Spiegel)	830 mm	830 mm	720 mm
Höhe (ohne Spiegel)	1165 mm	1365 mm	1190 mm
Sitzhöhe	850 mm	850 mm	800 mm; 790 mm bei Mystik
Leergewicht (bei 90 % vollgetankt)	215 kg	231 kg	220 kg
zulässiges Gesamtgewicht	420 kg	420 kg	420 kg
Zuladung	205 kg	189 kg	200 kg
Tankinhalt / davon Reservemenge	24 Liter / 4,7 Liter	38 Liter / 4,7 Liter	24 Liter / 4,7 Liter
FAHRLEISTUNGEN			
Beschleunigung 0 bis 100 km/h	6,0 sec	6,2 sec	6,3 sec
Höchstgeschwindigkeit	168 km/h	167 km/h	168 km/h
Kraftstoffsorte	ROZ 91 (Normalbenzin)	ROZ 91 (Normalbenzin)	ROZ 91 (Normalbenzin)
MOTOR			
Bauart	Fahrtwindgekühlter Viertakt-Zweizylinder-Boxermotor, quer zur Fahrtrichtung eingebaut, zwei Ventile pro Zylinder	Fahrtwindgekühlter Viertakt-Zweizylinder-Boxermotor, quer zur Fahrtrichtung eingebaut, zwei Ventile pro Zylinder	Fahrtwindgekühlter Viertakt-Zweizylinder-Boxermotor, quer zur Fahrtrichtung eingebaut, zwei Ventile pro Zylinder
Leistung **Drosselversionen**	50 PS (37 kW) bei 6500/min 27 PS bei 5500/min ab Mj. 1991 34 PS bei 6000/min ab Mj. 1994	45 PS (33 kW) bei 6100/min	50 PS (37 kW) bei 6500/min 27 PS bei 5500/min** 34 PS bei 6000/min** Mj. 1994
max. Drehmoment **Drosselversionen**	61 Nm bei 3750/min 43 Nm bei 3500/min mit 27 PS 50 Nm bei 3750/min mit 34 PS	55 Nm bei 3500/min	61 Nm bei 3750/min 43 Nm bei 3500/min mit 27 PS 50 Nm bei 3750/min mit 34 PS
Bohrung x Hub	84 x 70,6 mm	84 x 70,6 mm	84 x 70,6 mm
Hubraum	798 cm^3	798 cm^3	798 cm^3
Verdichtungsverhältnis	8,2 : 1	8,2 : 1	8,2 : 1

* = Schweizer Modell
** = Gilt nicht für R 80 R Mystic, für dieses Modell gab es keine Drosselung.

Modell Modelljahre	**R 80 GS** 1990 bis 1994 mit großer Verkleidung	**R 80 GS P-D** 1991 bis 1994 Schweizer Modell	**R 80 R; R 80 R Mystic*** 1993 und 1994; 1994 und 1995
Steuerzeiten bei 2 mm Prüfventilspiel			
Einlass öffnet	10 Grad vor OT	keine Angaben	10 Grad vor OT
Einlass schließt	50 Grad nach UT	keine Angaben	50 Grad nach UT
Auslass öffnet	50 Grad vor UT	keine Angaben	50 Grad vor UT
Auslass schließt	10 Grad nach OT	keine Angaben	10 Grad nach OT
Einlass öffnet			
Einlass schließt			
Auslass öffnet			
Auslass schließt			
Ventildurchmesser	Einlass 42 mm Auslass 40 mm	Einlass 42 mm Auslass 40 mm	Einlass 42 mm Auslass 40 mm
Ventilspiel **Einlass/Auslass**	0,10 / 0,20 mm	0,10 / 0,20 mm	0,10 / 0,20 mm
Vergaser	Bing Gleichdruckvergaser	Bing Gleichdruckvergaser	Bing Gleichdruckvergaser
Typ	Ø 32 mm 64/32/349 links 64/32/350 rechts 64/32/353A links 64/32//354A rechts 64/32/353B li., 64/32/354B re.	Ø 32 mm 64/32/367 links 64/32/368 rechts	Ø 32 mm 64/32/353 links 64/32/354 rechts 64/32/353A links 64/32//354A rechts 64/32/353B li., 64/32/354B re.
Hauptdüse	135; mit 27 PS 110 ab Mj. 1992 und 115 ab Mj. 1994	135	135; mit 27 PS 110 und 115 Mj. 1994
Nadeldüse	2,68	2,68	2,68
Nadelstellung	3. Kerbe von oben	3. Kerbe von oben	3. Kerbe von oben
Leerlaufdüse	45	45	45
Auspuffkrümmer	Ø 38 mm	Ø 38 mm	Ø 38 mm
Ölfüllmenge mit Filterwechsel	2,5 Liter	2,5 Liter	2,5 Liter
MOTORELEKTRIK			
Anlasser	Valeo D6RA, 1100 W	Valeo D6RA, 1100 W	Valeo D6RA, 1100 W
Zündkerzen	Bosch W 7 DC Beru 14-7 DV Champion N 9 YC NGK BP6ES	Bosch W 7 DC Beru 14-7 DV Champion N 9 YC NGK BP6ES	Bosch W 7 DC Beru 14-7 DV Champion N 9 YC NGK BP6ES
Kontaktlose Zündung **Zündzeitpunkt**	6 bis 32 Grad vor OT im Verstellbereich von 1500 bis 3000/min	6 bis 32 Grad vor OT im Verstellbereich von 1500 bis 3000/min	6 bis 32 Grad vor OT im Verstellbereich von 1500 bis 3000/min
Batterie	12 Volt/25 Ah	12 Volt/25 Ah	12 Volt/25 Ah
Lichtmaschine	Bosch G1 14 Volt/20 Ampere 21/280 Watt	Bosch G1 14 Volt/20 Ampere 21/280 Watt	Bosch G1 14 Volt/20 Ampere 21/280 Watt

* = Schweizer Modell

Modell Modelljahre	**R 80 GS** 1990 bis 1994 mit großer Verkleidung	**R 80 GS P-D** 1991 bis 1994 Schweizer Modell	**R 80 R; R 80 R Mystic*** 1993 und 1994; 1994 und 1995
KRAFTÜBERTRAGUNG			
Primärübersetzung	$i_{prim} = 2{,}07$	$i_{prim} = 2{,}07$	$i_{prim} = 2{,}07$
Anzahl der Gänge	5	5	5
Getriebestufungen	4,4; 2,86; 2,07; 1,67; 1,5	4,4; 2,86; 2,07; 1,67; 1,5	4,4; 2,86; 2,07; 1,67; 1,5
Hinterachsübersetzung	Z 10/32, $i_{sec} = 3{,}20$	Z 11/34, $i^{sec} = 3{,}09$	Z 10/32, $i_{sec} = 3{,}20$
Ölfüllmenge Getriebe	0,8 Liter	0,8 Liter	0,8 Liter
Ölfüllmenge Schwinge			
Ölfüllmenge Achsantrieb	0,26 Liter	0,26 Liter	0,26 Liter
FAHRWERK			
Vorderradaufhängung	hydraulisch gedämpfte Teleskopgabel	hydraulisch gedämpfte Teleskopgabel	hydraulisch gedämpfte Teleskopgabel
Ölfüllmenge pro Gabelholm	0,41 Liter links, 0,44 Liter rechts	0,41 Liter links, 0,44 Liter rechts	0,41 Liter
Gabelstandrohre	Ø 40 mm	Ø 40 mm	Ø 41 mm
Hinterradaufhängung	Gegossene Doppelgelenk-Einarm-Schwinge mit hydraulisch gedämpftem Federbein	Gegossene Doppelgelenk-Einarm-Schwinge mit hydraulisch gedämpftem Federbein	Gegossene Doppelgelenk-Einarm-Schwinge mit hydraulisch gedämpftem Federbein
Radfederwege	225 mm vorne 180 mm hinten	225 mm vorne 180 mm hinten	135 mm vorne 135 mm hinten
RÄDER UND REIFEN			
Räder	Kreuzspeichenräder	Kreuzspeichenräder	Kreuzspeichenräder
Felge vorne / hinten	1.85-21 MT H / 2.50-17 MT H2	1.85-21 MT H / 2.50-17 MT H2	2.50-18 MT H2 / 2.50-17 HT H2
Reifen vorne	90/90-21 54S TL	90/90-21 54S TL	110/80-18 58H TL
Reifen hinten	130/80-17 65S TL	130/80-17 65S TL	140/80-17 69H TL
Reifenluftdruck**			
vorne damals	2,2 bis 2,4 bar	2,2 bis 2,4 bar	2,2 bis 2,4 bar
hinten damals	2,5 bis 2,9 bar	2,5 bis 2,9 bar	2,5 bis 2,9 bar
Reifenluftdruck**			
vorne heute***	2,2 bar	2,2 bar	2,5 bar
hinten heute***	2,5 bar	2,5 bar	2,8 bar
BREMSEN			
Bremse vorne	Scheibe, Ø 285 mm, Brembo-Festsattel	Scheibe, Ø 285 mm, Brembo-Festsattel	Scheibe, Ø 285 mm, Brembo-Festsattel
Bremse hinten	Trommel, Ø 200 mm über Seilzug betätigt	Trommel, Ø 200 mm über Seilzug betätigt	Trommel, Ø 200 mm über Seilzug betätigt

* = Schweizer Modell
** = Bei kalten Reifen gemessen.
*** = Angaben des Reifenherstellers beachten, siehe Kapitel 7 »Reifen.

Modell Modelljahre	**R 80 GS Basic; Kalahari** 1996	**R 100 RS** 1987 bis 1992	**R100 RT; R100 RT Classic** 1988 bis 1994; 1995 und 1996
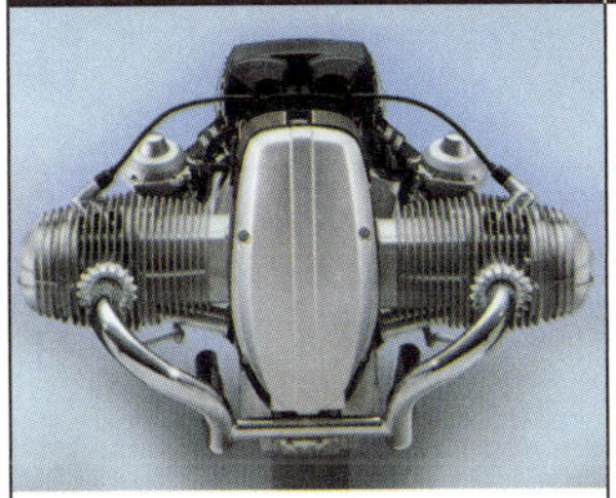			
Gebaute Stückzahlen	3 003 incl. 80 Kalahari-Modelle	6 081	9 378
ABMESSUNGEN UND GEWICHTE			
Radstand	1514 mm	1447 mm	1447 mm
Nachlauf	99 mm	120 mm	120 mm
Lenkkopfwinkel	66,5 Grad	62 Grad	62 Grad
Länge	2290 mm	2175 mm	2175 mm
Breite (ohne Spiegel)	830 mm	580 mm	714 mm
Höhe (ohne Spiegel)	1165 mm	1380 mm	1478 mm
Sitzhöhe	850 mm	807 mm	807 mm
Leergewicht (bei 90 % vollgetankt)	215 kg 225 kg Kalahari	229 kg	229 kg
zulässiges Gesamtgewicht	420 kg	440 kg	420 kg
Zuladung	205 kg; 195 kg Kalahari	211 kg	191 kg
Tankinhalt / davon Reservemenge	19 Liter / 2 Liter 38 Liter / 4,7 Liter bei Kalahari	22 Liter / 2 Liter	22 Liter / 2 Liter
FAHRLEISTUNGEN			
Beschleunigung 0 bis 100 km/h	6,0 sec	5,0 sec	5,0 sec
Höchstgeschwindigkeit	171 km/h	185 km/h	182 km/h
Kraftstoffsorte	ROZ 91 (Normalbenzin)	ROZ 91 (Normalbenzin)	ROZ 91 (Normalbenzin)
MOTOR			
Bauart	Fahrtwindgekühlter Viertakt-Zweizylinder-Boxermotor, quer zur Fahrtrichtung eingebaut, zwei Ventile pro Zylinder	Fahrtwindgekühlter Viertakt-Zweizylinder-Boxermotor, quer zur Fahrtrichtung eingebaut, zwei Ventile pro Zylinder	Fahrtwindgekühlter Viertakt-Zweizylinder-Boxermotor, quer zur Fahrtrichtung eingebaut, zwei Ventile pro Zylinder
Leistung	50 PS (37 kW) bei 6500/min	60 PS (44 kW) bei 6500/min	60 PS (44 kW) bei 6500/min
max. Drehmoment	61 Nm bei 3750/min	74 Nm bei 3500/min	74 Nm bei 3500/min
Bohrung x Hub	84 x 70,6 mm	94 x 70,6 mm	94 x 70,6 mm
Hubraum	798 cm^3	980 cm^3	980 cm^3
Verdichtungsverhältnis	8,2 : 1	8,45 : 1	8,45 : 1

Modell Modelljahre	R 80 GS Basic; Kalahari 1996	R 100 RS 1987 bis 1992	R 100 RT; R 100 RT Classic 1988 bis 1994; 1995 und 1996
Steuerzeiten bei 2 mm Prüfventilspiel			
Einlass öffnet	10 Grad vor OT	10 Grad vor OT	10 Grad vor OT
Einlass schließt	50 Grad nach UT	50 Grad nach UT	50 Grad nach UT
Auslass öffnet	50 Grad vor UT	50 Grad vor UT	50 Grad vor UT
Auslass schließt	10 Grad nach OT	10 Grad nach OT	10 Grad nach OT
Einlass öffnet			
Einlass schließt			
Auslass öffnet			
Auslass schließt			
Ventildurchmesser	Einlass 42 mm Auslass 40 mm	Einlass 42 mm Auslass 40 mm	Einlass 42 mm Auslass 40 mm
Ventilspiel Einlass/Auslass	0,10 / 0,20 mm	0,10 / 0,20 mm	0,10 / 0,20 mm
Vergaser	Bing Gleichdruckvergaser	Bing Gleichdruckvergaser	Bing Gleichdruckvergaser
Typ	Ø 32 mm 64/32/349 links 64/32/340 rechts	Ø 32 mm 64/32/363 links 64/32/364 rechts	Ø 32 mm 64/32/363 links 64/32/364 rechts
Hauptdüse	135	135	135
Nadeldüse	2,68	2,66	2,66
Nadelstellung	3. Kerbe von oben	3. Kerbe von oben	3. Kerbe von oben
Leerlaufdüse	45	45	45
Auspuffkrümmer	Ø 38 mm	Ø 38 mm	Ø 38 mm
Motorölmenge mit Filterwechsel	2,5 Liter	2,75 Liter	2,75 Liter
MOTORELEKTRIK			
Anlasser	Valeo D6RA, 1100 W	Bosch DF 12 Volt, 700 Watt Valeo D6RA, 1100 W ab Mj. 1988	Bosch DF 12 Volt, 700 Watt Valeo D6RA, 1100 W ab Mj. 1988
Zündkerzen	Bosch W 7 DC Beru 14-7 DV Champion N 9 YC NGK BP6ES	Bosch W 7 DC Beru 14-7 DV Champion N 9 YC NGK BP6ES	Bosch W 7 DC Beru 14-7 DV Champion N 9 YC NGK BP6ES
Kontaktlose Zündung Zündzeitpunkt	6 bis 32 Grad vor OT im Verstellbereich von 1500 bis 3000/min	6 bis 32 Grad vor OT im Verstellbereich von 1500 bis 3000/min	6 bis 32 Grad vor OT im Verstellbereich von 1500 bis 3000/min
Batterie	12 Volt/25 Ah	12 Volt/25 Ah	12 Volt/25 Ah
Lichtmaschine	Bosch G1 14 Volt/20 Ampere 21/280 Watt	Bosch G1 14 Volt/20 Ampere 21/280 Watt	Bosch G1 14 Volt/20 Ampere 21/280 Watt

Modell Modelljahre	**R 80 GS Basic; Kalahari** 1996	**R 100 RS** 1987 bis 1992	**R 100 RT; R 100 RT Classic** 1988 bis 1994; 1995 und 1996
KRAFTÜBERTRAGUNG			
Primärübersetzung	$i_{prim} = 2{,}07$	$i_{prim} = 2{,}07$	$i_{prim} = 2{,}07$
Anzahl der Gänge	5	5	5
Gangabstufungen	4,4; 2,86; 2,07; 1,67; 1,5	4,4; 2,86; 2,07; 1,67; 1,5	4,4; 2,86; 2,07; 1,67; 1,5
Hinterachsübersetzung	Z 10/32, $i_{sec} = 3{,}20$	Z 11/33, $i_{sec} = 3{,}00$	Z 11/34, $i_{sec} = 3{,}09$ ab Mj. 1992 Z 11/33, $i_{sec} = 3{,}0$
Ölfüllmenge Getriebe	0,8 Liter	0,8 Liter	0,8 Liter
Ölfüllmenge Schwinge		0,15 Liter	0,15 Liter
Ölfüllmenge Achsantrieb	0,26 Liter	0,35 Liter	0,35 Liter
FAHRWERK			
Vorderradaufhängung	hydraulisch gedämpfte Teleskopgabel	hydraulisch gedämpfte Teleskopgabel	hydraulisch gedämpfte Teleskopgabel
Ölfüllmenge pro Gabelholm	0,41 Liter links 0,44 Liter rechts	0,32 Liter	0,32 Liter
Gabelstandrohre	Ø 40 mm	Ø 38,5 mm	Ø 38,5 mm
Hinterradaufhängung	Gegossene Doppelgelenk-Einarm-Schwinge mit hydraulisch gedämpftem Federbein	Einarm-Schwinge aus Stahlrohr mit hydraulisch gedämpftem Federbein	Einarm-Schwinge aus Stahlrohr mit hydraulisch gedämpftem Federbein
Radfederwege	225 mm vorne 180 mm hinten	175 mm vorne 121 mm hinten	175 mm vorne 121 mm hinten
RÄDER UND REIFEN			
Räder	Kreuzspeichenräder	Gussräder	Gussräder
Felge vorne / hinten	1.85-21 MT H / 2.50-17 MT H2	2.50-18 MT H / 2.50-18 MT H	2.50-18 MT H / 2.50-18 MT H
Reifen vorne	90/90-21 54S TL	90/90-18 51H TL	90/90-18 51H TL
Reifen hinten	130/80-17 65S TL	120/90-18 65H TL	120/90-18 65H TL
Reifenluftdruck* vorne damals	2,2 bis 2,4 bar	2,2 bis 2,4 bar	2,2 bis 2,4 bar
hinten damals	2,5 bis 2,9 bar	2,5 bis 2,9 bar	2,5 bis 2,9 bar
Reifenluftdruck* vorne heute**	2,2 bar	2,5 bar	2,5 bar
hinten heute**	2,5 bar	2,8 bar	2,8 bar
BREMSEN			
Bremse vorne	Scheibe, Ø 285 mm, Brembo-Festsattel	Doppelscheibe, Ø 285 mm, Brembo-Festsättel	Doppelscheibe, Ø 285 mm, Brembo-Festsättel
Bremse hinten	Trommel, Ø 200 mm über Seilzug betätigt	Trommel, Ø 200 mm über Gestänge betätigt	Trommel, Ø 200 mm über Gestänge betätigt

* = Bei kalten Reifen gemessen.
** = Angaben des Reifenherstellers beachten, siehe Kapitel 7 »Reifen.

22 Technische Daten

Modell Modelljahre	**R 100 GS** 1988 bis 1990 mit kleiner Verkleidung	**R 100 GS** 1990 bis 1994 mit großer Verkleidung	**R 100 GS Paris-Dakar; P-D*** 1989 und 1990; 1991 bis 1996
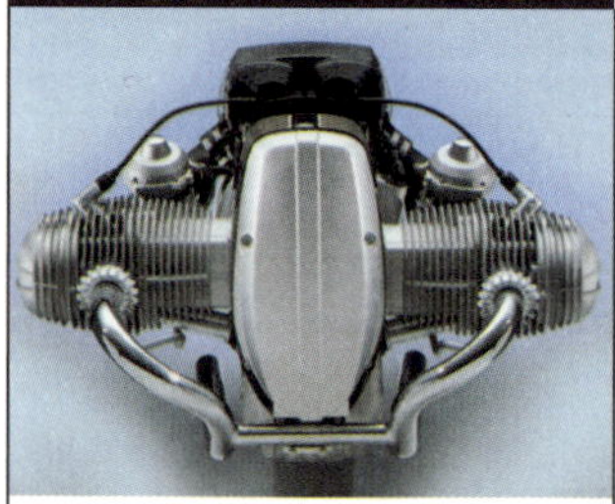			
Gebaute Stückzahlen	13 363	8 730	9 007
ABMESSUNGEN UND GEWICHTE			
Radstand	1514 mm	1514 mm	1514 mm
Nachlauf	99 mm	99 mm	99 mm
Lenkkopfwinkel	66,5 Grad	66,5 Grad	66,5 Grad
Länge	2290 mm	2290 mm	2290 mm
Breite (ohne Spiegel)	830 mm	830 mm	830 mm
Höhe (ohne Spiegel)	1165 mm	1165 mm	1365 mm
Sitzhöhe	850 mm	850 mm	850 mm
Leergewicht (bei 90 % vollgetankt)	215 kg	220 kg	236 kg
zulässiges Gesamtgewicht	420 kg	420 kg	420 kg
Zuladung	205 kg	200 kg	184 kg
Tankinhalt / davon Reservemenge	26 Liter / 4,7 Liter	24 Liter / 4,7 Liter	38 Liter / 4,7 Liter
FAHRLEISTUNGEN			
Beschleunigung 0 bis 100 km/h	4,8 sec	4,8 sec	5,0 sec
Höchstgeschwindigkeit	181 km/h	181 km/h	180 km/h
Kraftstoffsorte	ROZ 91 (Normalbenzin)	ROZ 91 (Normalbenzin)	ROZ 91 (Normalbenzin)
MOTOR			
Bauart	Fahrtwindgekühlter Viertakt-Zweizylinder-Boxermotor, quer zur Fahrtrichtung eingebaut, zwei Ventile pro Zylinder	Fahrtwindgekühlter Viertakt-Zweizylinder-Boxermotor, quer zur Fahrtrichtung eingebaut, zwei Ventile pro Zylinder	Fahrtwindgekühlter Viertakt-Zweizylinder-Boxermotor, quer zur Fahrtrichtung eingebaut, zwei Ventile pro Zylinder
Leistung	60 PS (44 kW) bei 6500/min	60 PS (44 kW) bei 6500/min	60 PS (44 kW) bei 6500/min
max. Drehmoment	76 Nm bei 3750/min	76 Nm bei 3750/min	76 Nm bei 3750/min
Bohrung x Hub	94 x 70,6 mm	94 x 70,6 mm	94 x 70,6 mm
Hubraum	980 cm³	980 cm³	980 cm³
Verdichtungsverhältnis	8,5 : 1	8,5 : 1	8,5 : 1

* = Mit Modell R 100 GS P-D Classic 1995 und 1996

Modell Modelljahre	**R 100 GS** 1988 bis 1990 mit kleiner Verkleidung	**R 100 GS** 1990 bis 1994 mit großer Verkleidung	**R 100 GS Paris-Dakar; P-D*** 1989 und 1990; 1991 bis 1996
Steuerzeiten bei 2 mm Prüfventilspiel			
Einlass öffnet	10 Grad vor OT	10 Grad vor OT	10 Grad vor OT
Einlass schließt	50 Grad nach UT	50 Grad nach UT	50 Grad nach UT
Auslass öffnet	50 Grad vor UT	50 Grad vor UT	50 Grad vor UT
Auslass schließt	10 Grad nach OT	10 Grad nach OT	10 Grad nach OT
Einlass öffnet			
Einlass schließt			
Auslass öffnet			
Auslass schließt			
Ventildurchmesser	Einlass 42 mm Auslass 40 mm	Einlass 42 mm Auslass 40 mm	Einlass 42 mm Auslass 40 mm
Ventilspiel			
Einlass/Auslass	0,10 / 0,20 mm	0,10 / 0,20 mm	0,10 / 0,20 mm
Vergaser	Bing Gleichdruckvergaser	Bing Gleichdruckvergaser	Bing Gleichdruckvergaser
Typ	Ø 40 mm 94/40/123 links 94/40/124 rechts	Ø 40 mm 94/40/123 links 94/40/124 rechts	Ø 40 mm 94/40/123 links 94/40/124 rechts
Hauptdüse	150	150	150
Nadeldüse	2,66	2,66	2,66
Nadelstellung	3. Kerbe von oben	3. Kerbe von oben	3. Kerbe von oben
Leerlaufdüse	45	45	45
Auspuffkrümmer	Ø 38 mm	Ø 38 mm	Ø 38 mm
Ölfüllmenge mit Filterwechsel	2,5 Liter	2,5 Liter	2,5 Liter
MOTORELEKTRIK			
Anlasser	Bosch DF 12 Volt, 700 Watt Valeo D6RA, 1100 W ab Mj. 1988	Valeo D6RA, 1100 W	Valeo D6RA, 1100 W
Zündkerzen	Bosch W 7 DC Beru 14-7 DV Champion N 9 YC NGK BP6ES	Bosch W 7 DC Beru 14-7 DV Champion N 9 YC NGK BP6ES	Bosch W 7 DC Beru 14-7 DV Champion N 9 YC NGK BP6ES
Kontaktlose Zündung Zündzeitpunkt	6 bis 32 Grad vor OT im Verstellbereich von 1500 bis 3000/min	6 bis 32 Grad vor OT im Verstellbereich von 1500 bis 3000/min	6 bis 32 Grad vor OT im Verstellbereich von 1500 bis 3000/min
Batterie	12 Volt/25 Ah	12 Volt/25 Ah	12 Volt/25 Ah
Lichtmaschine	Bosch G1 14 Volt/20 Ampere 21/280 Watt	Bosch G1 14 Volt/20 Ampere 21/280 Watt	Bosch G1 14 Volt/20 Ampere 21/280 Watt

* = Mit Modell R 100 GS P-D Classic 1995 und 1996

Modell Modelljahre	**R 100 GS** 1988 bis 1990 mit kleiner Verkleidung	**R 100 GS** 1990 bis 1994 mit großer Verkleidung	**R 100 GS Paris-Dakar; P-D*** 1989 und 1990; 1991 bis 1996
KRAFTÜBERTRAGUNG			
Primärübersetzung	i_{prim} = 2,07	i_{prim} = 2,07	i_{prim} = 2,07
Anzahl der Gänge	5	5	5
Getriebeübersetzung	4,4; 2,86; 2,07; 1,67; 1,5	4,4; 2,86; 2,07; 1,67; 1,5	4,4; 2,86; 2,07; 1,67; 1,5
Hinterachsübersetzung	Z 11/34, i_{sec} = 3,09	Z 11/34, i_{sec} = 3,09	Z 11/34, i_{sec} = 3,09
Ölfüllmenge Getriebe	0,8 Liter	0,8 Liter	0,8 Liter
Ölfüllmenge Schwinge			
Ölfüllmenge Achsantrieb	0,26 Liter	0,26 Liter	0,26 Liter
FAHRWERK			
Vorderradaufhängung	hydraulisch gedämpfte Teleskopgabel	hydraulisch gedämpfte Teleskopgabel	hydraulisch gedämpfte Teleskopgabel
Ölfüllmenge pro Gabelholm	0,41 Liter links 0,44 Liter rechts	0,41 Liter links 0,44 Liter rechts	0,41 Liter links 0,44 Liter rechts
Gabelstandrohre	Ø 40 mm	Ø 40 mm	Ø 40 mm
Hinterradaufhängung	Gegossene Doppelgelenk-Einarm-Schwinge mit hydraulisch gedämpftem Federbein	Gegossene Doppelgelenk-Einarm-Schwinge mit hydraulisch gedämpftem Federbein	Gegossene Doppelgelenk-Einarm-Schwinge mit hydraulisch gedämpftem Federbein
Radfederwege	225 mm vorne 180 mm hinten	225 mm vorne 180 mm hinten	225 mm vorne 180 mm hinten
RÄDER UND REIFEN			
Räder	Kreuzspeichenräder	Kreuzspeichenräder	Kreuzspeichenräder
Felge vorne / hinten	1.85-21 MT H / 2.50-17 MT H2	1.85-21 MT H / 2.50-17 MT H2	1.85-21 MT H / 2.50-17 MT H2
Reifen vorne	90/90-21 54T TL	90/90-21 54T TL	90/90-21 54T TL
Reifen hinten	130/80-17 65T TL	130/80-17 65T TL	130/80-17 65T TL
Reifenluftdruck vorne damals**	2,2 bis 2,4 bar	2,2 bis 2,4 bar	2,2 bis 2,4 bar
hinten damals	2,5 bis 2,9 bar	2,5 bis 2,9 bar	2,5 bis 2,9 bar
Reifenluftdruck vorne heute*****	2,2 bar	2,2 bar	2,2 bar
hinten heute***	2,5 bar	2,5 bar	2,5 bar
BREMSEN			
Bremse vorne	Scheibe, Ø 285 mm, Brembo-Festsattel	Scheibe, Ø 285 mm, Brembo-Festsattel	Scheibe, Ø 285 mm, Brembo-Festsattel
Bremse hinten	Trommel, Ø 200 mm über Seilzug betätigt	Trommel, Ø 200 mm über Seilzug betätigt	Trommel, Ø 200 mm über Seilzug betätigt

* = Mit Modell R 100 GS P-D Classic 1995 und 1996
** = Bei kalten Reifen gemessen.
*** = Angaben des Reifenherstellers beachten, siehe Kapitel 7 »Reifen.

Gabelöle

R 65 GS, R 80 G/S, R 80 ST, R 80 G/S Paris-Dakar:

- Castrol DB Hydraulikfluid, Shock-Absorber 1-318, Fork Oil Extra Light, LHM
- Shell 4001, Aero Fluid 4

R 65, R 65 RT, R 80, R 80 RT, R 100 RS, R 100 RT:

- Aral 1010, P 3441
- Bel Ray Fork Oil with »Seal Swell« SAE 5
- BP Aero Hydraulic, Olex HLP 2849
- Castrol DB Hydraulikfluid, Shock-Absorber 1-318, Fork Oil Extra Light, LHM
- Esso Univis 313
- Golden Spectro Suspension Fluid Very light
- Mobil Aero HFA, DTE 11
- Premium Fork Lubricant »Spectro SAE 10«
- Shell 4001, Aero Fluid 4

Paralever-Modelle:

- Esso Komfort

Diese Gabelöle gibt es nicht mehr. Es eignen sich Marken-Motorrad-Gabelöl in den Viskositäten SAE 5W, SAE 7,5W oder SAE 10W.

Wechsel: Bei **1000 km**, bei **15 000 km**, dann alle **weiteren 15 000 km** oder einmal im Jahr. Mit modernen Ölen genügen zwei Jahre.

Verschleiß: Gabelöl wird mit der Zeit dünnflüssig, wodurch die Dämpfung schlechter wird und damit auch das Fahrverhalten. Und es verliert seine Schmiereigenschaften, was den Verschleiß der inneren Gabelbauteile fördert.

Modell Modelljahre	**R 100 R** 1991 bis 1996	**R 100 R Mystic** 1994 bis 1996
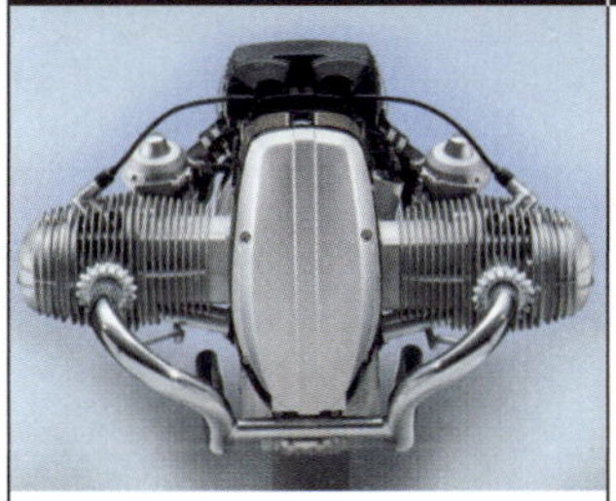		
Gebaute Stückzahlen	20 589	in Stückzahlen R 100 R enthalten
ABMESSUNGEN UND GEWICHTE		
Radstand	1495 mm	1495 mm
Nachlauf	101 mm	101 mm
Lenkkopfwinkel	66,5 Grad	66,5 Grad
Länge	2210 mm	2210 mm
Breite (ohne Spiegel)	720 mm	720 mm
Höhe (ohne Spiegel)	1190 mm	1190 mm
Sitzhöhe	800 mm	790 mm
Leergewicht (bei 90 % vollgetankt)	225 kg	225 kg
zulässiges Gesamtgewicht	420 kg	420 kg
Zuladung	195 kg	195 kg
Tankinhalt / davon Reservemenge	24 Liter / 4,7 Liter	24 Liter / 4,7 Liter
FAHRLEISTUNGEN		
Beschleunigung 0 bis 100 km/h	4,9 sec	4,9 sec
Höchstgeschwindigkeit	180 km/h	180 km/h
Kraftstoffsorte	ROZ 91 (Normalbenzin)	ROZ 91 (Normalbenzin)
MOTOR		
Bauart	Fahrtwindgekühlter Viertakt-Zweizylinder-Boxermotor, quer zur Fahrtrichtung eingebaut, zwei Ventile pro Zylinder	Fahrtwindgekühlter Viertakt-Zweizylinder-Boxermotor, quer zur Fahrtrichtung eingebaut, zwei Ventile pro Zylinder
Leistung	60 PS (44 kW) bei 6500/min	60 PS (44 kW) bei 6500/min
max. Drehmoment	76 Nm bei 3750/min	76 Nm bei 3750/min
Bohrung x Hub	94 x 70,6 mm	94 x 70,6 mm
Hubraum	980 cm³	980 cm³
Verdichtungsverhältnis	8,5 : 1	8,5 : 1

Modell Modelljahre	**R 100 R** 1991 bis 1996	**R 100 R Mystic** 1994 bis 1996
Steuerzeiten bei 2 mm Prüfventilspiel		
Einlass öffnet	10 Grad vor OT	10 Grad vor OT
Einlass schließt	50 Grad nach UT	50 Grad nach UT
Auslass öffnet	50 Grad vor UT	50 Grad vor UT
Auslass schließt	10 Grad nach OT	10 Grad nach OT
Einlass öffnet		
Einlass schließt		
Auslass öffnet		
Auslass schließt		
Ventildurchmesser	Einlass 42 mm Auslass 40 mm	Einlass 42 mm Auslass 40 mm
Ventilspiel Einlass/Auslass	0,10/0,20 mm	0,10/0,20 mm
Vergaser	Bing Gleichdruckvergaser	Bing Gleichdruckvergaser
Typ	Ø 40 mm 94/40/123 links rechts 94/40/124 rechts	Ø 40 mm 94/40/123 links 94/40/124 rechts
Hauptdüse	150	150
Nadeldüse	2,66	2,66
Nadelstellung	3. Kerbe von oben	3. Kerbe von oben
Leerlaufdüse	45	45
Auspuffkrümmer	Ø 38 mm	Ø 38 mm
Motorölmenge mit Filterwechsel	2,75 Liter	2,75 Liter
MOTORELEKTRIK		
Anlasser	Valeo D6RA, 1100 W	Valeo D6RA, 1100 W
Zündkerzen	Bosch W 7 DC Beru 14-7 DV Champion N 9 YC NGK BP6ES	Bosch W 7 DC Beru 14-7 DV Champion N 9 Y NGK BP6ES
Kontaktlose Zündung Zündzeitpunkt	6 bis 32 Grad vor OT Verstellbereich 1500 bis 3000/min	6 bis 32 Grad vor OT Verstellbereich 1500 bis 3000/min
Batterie	12 Volt/25 Ah	12 Volt/25 Ah
Lichtmaschine	Bosch G1 14 Volt/20 Ampere 21/280 Watt	Bosch G1 14 Volt/20 Ampere 21/280 Watt

SLS-System

In Bezug auf die verschärften Abgasemissionsvorschriften reagierte BMW bei den Boxer-Modellen mit Abgasreinigungsmaßnahmen namens **SLS** (»**S**ekundär-**L**uft-**S**ystem«); es wurde ab 1984 bei den meisten 800er und 1000er Modellen als **Sonderausstattung** angeboten und kurze Zeit später auch für die 650er. Nicht lieferbar war SLS bei R 80 G/S, R 80 ST, R 80 G/S Paris-Dakar.

Hier ein wenig Kfz-Abgaskunde: Verbrennungsmotoren mit Vergasersystem bieten keine optimalen Voraussetzungen für eine effektive Abgasreinigung, weil kein geregelter Dreiwege-Katalysator möglich ist. Beim Vergleich SLS zu einem ungeregelten Katalysator liegen CO- und HC-Werte (CO = Kohlenmonoxid, HC = Kohlenwasserstoff) auf gleichem Niveau, lediglich findet beim ungeregelten Kat eine geringe NOx-Reduzierung (NOx = Stickoxide oder Stickstoffoxide) statt. Bedingt durch das 4-Takt-Verbrennungsprinzip entstehen im Auspuffsystem pulsierende Druckschwankungen. Diese Druckpulsationen bewegen ein Membranventil, das im geöffneten Zustand wie ein Einlassventil gereinigte Außenluft über den Luftfilterkasten ansaugt. Diese Außenluft kann direkt nach dem Auslassventil im Zylinderkopf in das Auspuffsystem eintreten. Der dadurch entstehende Luftüberschuss und die hohe

Abgastemperatur bewirken eine direkte Nachverbrennung von CO und HC. Mit SLS lässt sich die Abgasemission bei CO um ca. 40 %, bei HC um ca. 30 % reduzieren. Würde man die Luftzufuhr in bestimmten Betriebszuständen, nämlich bei geschlossener Drosselklappe und höheren Drehzahlen als Leerlaufdrehzahl (Schubphasen), nicht unterbrechen, käme es zu unregelmäßigen Nachverbrennungen und damit Auspuffpatschen.

Ein zusätzliches Ventil, das integriert im zentralen **SLS-Ventil** enthalten und direkt mit dem Saugrohr verbunden ist, stellt diese Luftabschaltung sicher. Messungen an Motorrädern, die mit dem SLS-System ausgestattet waren, haben ergeben, dass das System vollkommen leistungsneutral ist; Leistung und Drehmoment werden nicht beeinflusst. Als zwingende Konsequenz dieser Neutralität ergibt sich mit dem SLS-System kein Kraftstoffmehrverbrauch und keine Auswirkung auf die notwendige Kraftstoffqualität.

Weil im SLS-System keine elektrischen Kontakte enthalten sind und Ventile, Leitungen und Schläuche keiner starken Beanspruchung unterliegen, kann die ganze Anlage als verschleißarm bezeichnet werden. Das Sekundärluftsystem ist im Fahrbetrieb für den Motorradfahrer nicht hörbar und arbeitet praktisch geräuschfrei.

Modell Modelljahre	**R 100 R** 1991 bis 1996	**R 100 R Mystic** 1994 bis 1996
KRAFTÜBERTRAGUNG		
Primärübersetzung	i_{prim} = 2,07	i_{prim} = 2,07
Anzahl der Gänge	5	5
Gangabstufungen	4,4; 2,86; 2,07; 1,67; 1,5	4,4; 2,86; 2,07; 1,67; 1,5
Hinterachsübersetzung	Z 11/34, i_{sec} = 3,09	Z 11/34, i_{sec} = 3,09
Ölfüllmenge Getriebe	0,8 Liter	0,8 Liter
Ölfüllmenge Schwinge		
Ölfüllmenge Achsantrieb	0,26 Liter	0,26 Liter
FAHRWERK		
Vorderradaufhängung	hydraulisch gedämpfte Teleskopgabel	hydraulisch gedämpfte Teleskopgabel
Ölfüllmenge pro Gabelholm	0,41 Liter	0,41 Liter
Gabelstandrohre	Ø 41 mm	Ø 41 mm
Hinterradaufhängung	Gegossene Doppelgelenk-Einarm-Schwinge mit hydraulisch gedämpftem Federbein	Gegossene Doppelgelenk-Einarm-Schwinge mit hydraulisch gedämpftem Federbein
Radfederwege	135 mm vorne 135 mm hinten	135 mm vorne 135 mm hinten
RÄDER UND REIFEN		
Räder	Kreuzspeichenräder	Kreuzspeichenräder
Felge vorne / hinten	2.50-18 MT H2 / 2.50-17 HT H2	2.50-18 MT H2 / 2.50-17 HT H2
Reifen vorne	110/80-18 58V TL	110/80-18 58V TL
Reifen hinten	140/80-17 69V TL	140/80-17 69V TL
Reifenluftdruck*		
vorne damals	2,2 bis 2,4 bar	2,2 bis 2,4 bar
hinten damals	2,5 bis 2,9 bar	2,5 bis 2,9 bar
Reifenluftdruck*		
vorne heute**	2,5 bar	2,5 bar
hinten heute**	2,8 bar	2,8 bar
BREMSEN		
Bremse vorne	Scheibe, Ø 285 mm, Brembo-Festsattel Doppelscheibe ab Mj. 1994	Doppelscheibe, Ø 285 mm, Brembo-Festsättel
Bremse hinten	Simplex-Trommel, Ø 200 mm über Gestänge betätigt	Simplex-Trommel, Ø 200 mm über Gestänge betätigt

* = Bei kalten Reifen gemessen.
** = Angaben des Reifenherstellers beachten, siehe Kapitel 7 »Reifen.

Anziehdrehmomente

In diesem Kapitel sind die von BMW für die Modelle unseres Buchs vorgeschriebenen Anziehdrehmomentwerte.

Allgemeine Hinweise

Erste wichtige Voraussetzung zum korrekten Anziehen von Schrauben und Muttern ist, dass ihre Gewinde und Anlageflächen unbeschädigt und frei von Schmutz sind. Verschmutzte Schraubengewinde reinigt man NICHT mit einer Stahlbürste, denn diese kann die Oberfläche des Gewindes beschädigen. Wenn ein Gewinde gereinigt werden muss, verwenden Sie dazu eine »Zündkerzenbürste» mit feinen Messingborsten. Verrostete Schrauben oder solche mit beschädigtem Gewinde und Schraubenkopf gehören in den Müll. Generell ist es das Beste, BMW-Originalschrauben und -Muttern zu verwenden.

Bitte beachten Sie, dass an verschiedenen Schraubverbindungen zusätzlich noch Schmiermittel oder Schraubensicherung (»Schraubenkleber«) vorgeschrieben ist. Überall in Werkstätten zu Hause ist »Loctite« in den drei verschiedenen Klebequalitäten »leicht«, »mittelfest« und »hochfest«. Die am meisten benötigte Qualität ist »mittelfest«, welche verwendet wird, wenn hohe Festigkeit nötig ist und gesicherte Schrauben/Muttern ohne Zerstörung des Gewindes wieder gelöst werden können. Im Internet unter *www.loctite.de* finden Sie weitere Spezifikationen und Qualitätsbeschreibungen. Schrauben/Muttern, an denen Reste von Schraubensicherung hängen, mit einer Zündkerzen-Messingbürste reinigen. Bremsenreiniger zu Hilfe nehmen, der löst festen Schraubenkleber.

Bitte beachten Sie auch, dass Sie zum Erreichen bestimmter Drehmomentwerte einwandfreies Werkzeug benötigen. Damit meinen wir hochwertige Nüsse und exakt eingestellte Drehmomentschlüssel.

Allgemeine Schrauben und Muttern

Für Schrauben und Muttern, die in der Baugruppen-Aufstellung nicht bezeichnet sind, gelten die nun folgenden Anziehdrehmomente der Verschraubungsklasse III. Die Toleranz beim Anziehen beträgt ± 15%. In Klammern (...) ist die Festigkeitsklasse genannt. Die entsprechenden Zahlen sind auf dem Schraubenkopf eingeprägt. Weiterhin gilt die DIN EN ISO 4014 für »Sechskantschrauben mit Schaft».

■ Schraube/Mutter M4 (6.9)	2,4 Nm
Schraube/Mutter M4 (8.8)	2,9 Nm
Schraube/Mutter M4 (10.9)	4,1 Nm
Schraube/Mutter M4 (12.9)	4,9 Nm
■ Schraube/Mutter M5 (6.9)	5 Nm
Schraube/Mutter M5 (8.8)	6 Nm
Schraube/Mutter M5 (10.9)	8,5 Nm
Schraube/Mutter M5 (12.9)	10 Nm
■ Schraube/Mutter M6 (6.9)	8,5 Nm
Schraube/Mutter M6 (8.8)	10 Nm
Schraube/Mutter M6 (10.9)	14 Nm
Schraube/Mutter M6 (12.9)	17 Nm
■ Schraube/Mutter M7 (6.9)	14 Nm
Schraube/Mutter M7 (8.8)	16 Nm
Schraube/Mutter M7 (10.9)	23 Nm
Schraube/Mutter M7 (12.9)	28 Nm
■ Schraube/Mutter M8 (6.9)	21 Nm
Schraube/Mutter M8 (8.8)	25 Nm
Schraube/Mutter M8 (10.9)	35 Nm
Schraube/Mutter M8 (12.9)	41 Nm
■ Schraube/Mutter M8 x 1 (6.9)	23 Nm
Schraube/Mutter M8 x 1 (8.8)	27 Nm
Schraube/Mutter M8 x 1 (10.9)	38 Nm
Schraube/Mutter M8 x 1 (12.9)	45 Nm
■ Schraube/Mutter M10 (6.9)	41 Nm
Schraube/Mutter M10 (8.8)	49 Nm
Schraube/Mutter M10 (10.9)	69 Nm
Schraube/Mutter M10 (12.9)	83 Nm
■ Schraube/Mutter M10 x 1,25 (6.9)	44 Nm
Schraube/Mutter M10 x 1,25 (8.8)	52 Nm
Schraube/Mutter M10 x 1,25 (10.9)	73 Nm
Schraube/Mutter M10 x 1,25 (12.9)	88 Nm
■ Schraube/Mutter M12 (6.9)	72 Nm
Schraube/Mutter M12 (8.8)	86 Nm
Schraube/Mutter M12 (10.9)	120 Nm
Schraube/Mutter M12 (12.9)	145 Nm
■ Schraube/Mutter M12 x 1,25 (6.9)	80 Nm
Schraube/Mutter M12 x 1,25 (8.8)	95 Nm
Schraube/Mutter M12 x 1,25 (10.9)	135 Nm
Schraube/Mutter M12 x 1,25 (12.9)	160 Nm

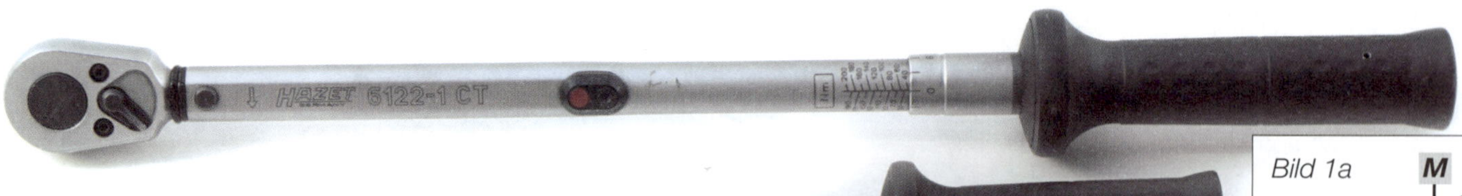
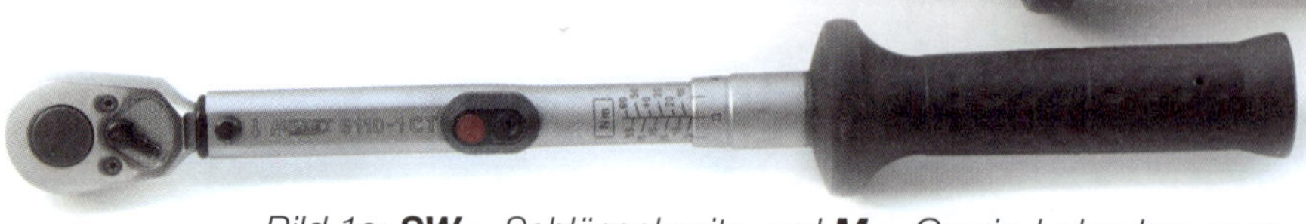

Bild 1: Kleiner (5 bis 50 Nm) und großer Drehmomentschlüssel (40 bis 200 Nm).

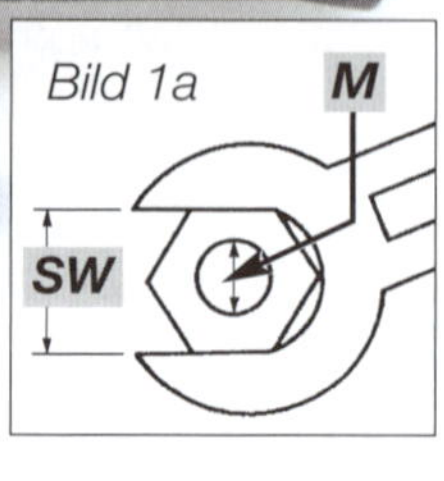

Bild 1a: ***SW*** *= Schlüsselweite und* ***M*** *= Gewindedurchmesser, beides wird entweder in Zoll oder Millimeter angegeben.*

■ Schraube/Mutter M12 x 1,5 (6.9) .... 76 Nm
Schraube/Mutter M12 x 1,5 (8.8) .... 90 Nm
Schraube/Mutter M12 x 1,5 (10.9) .... 125 Nm
Schraube/Mutter M12 x 1,5 (12.9) .... 150 Nm
■ Schraube/Mutter M14 x 1,5 (6.9) .... 125 Nm
Schraube/Mutter M14 x 1,5 (8.8) .... 150 Nm
Schraube/Mutter M14 x 1,5 (10.9) .... 210 Nm
Schraube/Mutter M14 x 1,5 (12.9) .... 250 Nm

Von BMW vorgeschriebene Anziehdrehmomentwerte: Wenn nicht anders angegeben, gelten die in der folgenden Übersicht aufgelisteten Werte jeweils für alle in diesem Buch behandelten Modelle, Ausnahmen davon sowie spezielle Hinweise sind unter der betreffenden Anziehdrehmomentangabe mit dem Zeichen »■« besonders herausgestellt.

■ ***Monolever-Modelle:*** *R 65 GS, R 80 G/S, R 80 G/S Paris-Dakar, R 65, R 80 ST, R 80, R 65 RT, R 100 RS, R 100 RT, R 100 RT Classic*
■ ***Paralever-Modelle:*** *R 80 GS, R 80 GS P-D, R 80 GS Basic, R 100 GS, R 100 G/S Paris-Dakar, R 100 G/S P-D, R 100 G/S P-D Classic, R 80 R, R 80 R Mystic, R 100 R, R 100 R Mystic*

Motor

Hutmuttern Zylinderkopfdeckel
■ *alle Monolever-Modelle* .... 22 bis 26 Nm
■ *alle Paralever-Modelle* .... 24 Nm

Bild 2: **Monolever**-Hinterradschwinge aus Stahlrohr.

Bild 3: **Paralever**-Hinterradschwinge aus Aluguss.

Kontermuttern Ventilspiel-Einstellschrauben
■ *alle Monolever-Modelle* .... 18 bis 22 Nm
■ *alle Paralever-Modelle* .... 20 Nm

Schrauben Nockenwellenflansch .... 24 Nm
Schrauben Kurbelwellenflansch .... 24 Nm
Schrauben Ölpumpendeckel .... 10 Nm
Schrauben Ölansaugglocke .... 10 Nm
Schrauben Kettenkastendeckel .... 10 Nm
Muttern Kettenkastendeckel .... 7 Nm
Zündkerzen
■ *R 80 G/S, R 80 ST, R 80 G/S Paris-Dakar* .... 20 bis 25 Nm
■ *R 65, R 65 RT, R 65 GS, R 80, R 80 RT, R 100 RS, R 100 RT* .... 22 bis 28 Nm
■ *alle Paralever-Modelle* .... 25 Nm

Zylinderkopfmuttern
■ *gilt für alle Modelle:*
1. Motor muss kalt sein
2. Anziehreihenfolge beachten (Bilder 4a und 4b)
3. Gewinde leicht einölen

■ *R 80 G/S, R 80 ST, R 80 G/S Paris-Dakar* .... 35 bis 39 Nm
Bild 4a: 1. Voranzug 15 Nm, 2. Voranzug 25 Nm, Endanzug 35 bis 39 Nm

■ *R 65, R 65 RT, R 65 GS, R 80, R 80 RT, R 100 RS, R 100 RT* .... 31 bis 39 Nm
Bild 4a: 1. Voranzug 15 Nm, 2. Voranzug 25 Nm, Endanzug 31 bis 39 Nm

■ *alle Paralever-Modelle* .... 35 Nm
Bild 4b: 1. Voranzug 15 Nm, 2. Voranzug 25 Nm, Endanzug 35 Nm

Muttern auf Motorhaltebolzen Motor in Rahmen
■ *alle Monolever-Modelle* .... 48 bis 60 Nm
■ *alle Paralever-Modelle bis Mj. 1990* .... 54 Nm
■ *alle Paralever-Modelle ab Mj. 1991* .... 87 Nm

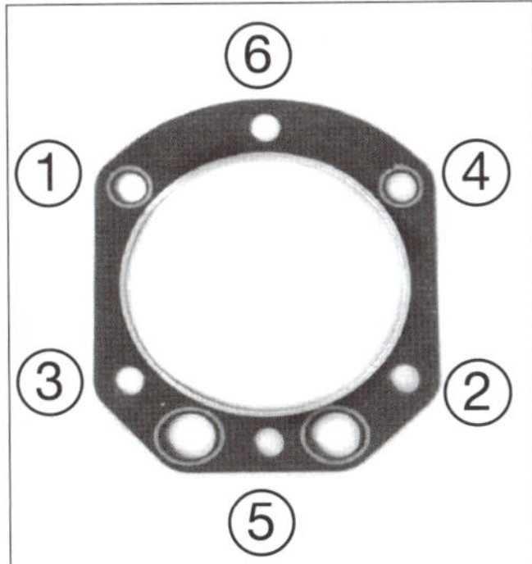

Bild 4a: Anziehreihenfolge der Zylinderkopfmuttern bei allen ***Monolever****-Modellen.*

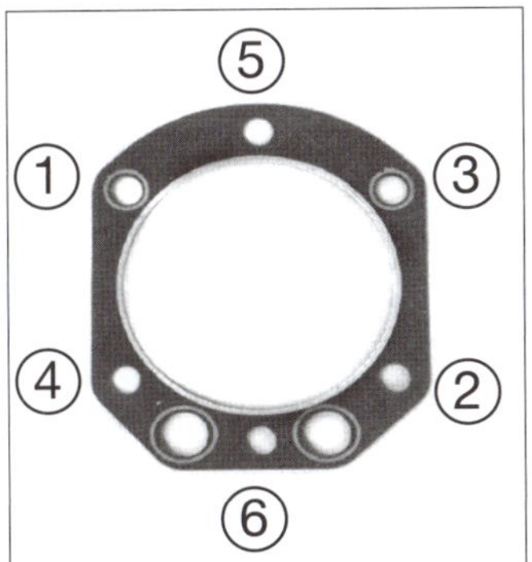

Bild 4b: Anziehreihenfolge der Zylinderkopfmuttern bei allen ***Paralever****-Modellen.*

Schraube Lichtmaschinenanker (Rotor) auf Kurbelwelle
- *alle Monolever-Modelle* ..... 23 bis 27 Nm
- *alle Paralever-Modelle* ..... 25 Nm

Sternmutter Auspuffkrümmer an Zylinderkopf
- *R 80 G/S, R 80 ST, R 80 G/S Paris-Dakar* ..... 200 bis 220 Nm
- *R 65, R 65 RT, R 65 GS, R 80, R 80 RT, R 100 RS, R 100 RT* ..... 160 Nm
- *alle Paralever-Modelle* ..... dicht Nm

Muttern an Auspuffschellen
- *alle Monolever-Modelle* ..... 21 Nm
- *alle Paralever-Modelle bis Mj. 1990* ..... 21 Nm
- *alle Paralever-Modelle ab Mj. 1991* ..... 24 Nm

Ölablassschraube Motor
- *alle Monolever-Modelle* ..... 27 bis 33 Nm
- *alle Paralever-Modelle* ..... 30 Nm

Schrauben Ölfilterdeckel ..... 10 Nm
Schlauch an Ölkühler-Thermostat ..... 20 Nm
Öldruckschalter ..... 25 Nm
Schrauben Ölwanne an Kurbelgehäuse ..... 10 Nm

Einschraubstutzen für Vergaser ..... 50 Nm

Pleuelschrauben bei allen Monolever-Modellen ... 48 bis 52 Nm
- *Schrauben leicht einölen*

Pleuelschrauben bei allen Paralever-Modellen
- *Schrauben leicht einölen*
- *Vorspannung* ..... 20 Nm
- *Weiterdrehwinkel* ..... 40 Grad

Schrauben M11 x 1,5 Schwungrad an Kurbelwelle
- *R 80 G/S, R 80 ST, R 80 G/S Paris-Dakar* ..... 100 bis 105 Nm
- *R 65, R 65 RT, R 65 GS, R 80, R 80 RT, R 100 RS, R 100 RT* ..... 95 bis 105 Nm

- *alle Paralever-Modelle* ..... 100 Nm
- *Schrauben leicht einölen*
- *Schrauben können mehrfach verwendet werden*

Schrauben Kupplungsdeckel an Schwungrad
- *alle Monolever-Modelle* ..... 20 bis 22 Nm
- *alle Paralever-Modelle* ..... 20 Nm

Getriebe

Öleinfüllschraube Getriebe
- *R 80 G/S, R 80 ST, R 80 G/S Paris-Dakar* ..... 31 Nm
- *R 65, R 65 RT, R 65 GS, R 80, R 80 RT, R 100 RS, R 100 RT* ..... 29 bis 33 Nm
- *alle Paralever-Modelle* ..... 31 Nm

Ölablassschraube Getriebe
- *R 80 G/S, R 80 ST, R 80 G/S Paris-Dakar* ..... 26 Nm
- *R 65, R 65 RT, R 65 GS, R 80, R 80 RT, R 100 RS, R 100 RT* ..... 25 bis 27 Nm
- *alle Paralever-Modelle* ..... 26 Nm

Mutter auf Keilschraube Kickstarter auf Kickstarterwelle ..... 23 Nm

Schrauben Getriebe an Motor
- *R 80 G/S, R 80 ST, R 80 G/S Paris-Dakar* ..... 33 Nm
- *R 65, R 65 RT, R 65 GS, R 80, R 80 RT, R 100 RS, R 100 RT* ..... 31 bis 35 Nm
- *alle Paralever-Modelle* ..... 33 Nm

Bundmutter Mitnehmerflansch an Getriebeausgangswelle
- *R 80 G/S, R 80 ST, R 80 G/S Paris-Dakar* ..... 221,5 Nm
- *R 65, R 65 RT, R 65 GS, R 80, R 80 RT, R 100 RS, R 100 RT* ..... 206 bis 236 Nm
- *alle Paralever-Modelle* ..... 220 Nm

Schrauben Getriebedeckel an Getriebegehäuse
- *R 80 G/S, R 80 ST, R 80 G/S Paris-Dakar* ..... 8 Nm
- *R 65, R 65 RT, R 65 GS, R 80, R 80 RT, R 100 RS, R 100 RT* ..... 7 bis 9 Nm
- *alle Paralever-Modelle bis Mj. 1990* ..... 8 Nm
- *alle Paralever-Modelle ab Mj. 1991* ..... 10 Nm

Schrauben Schaltscheiben-Lagerbock an Getriebehäuse
- *R 80 G/S, R 80 ST, R 80 G/S Paris-Dakar* ..... 19 Nm
- *R 65, R 65 RT, R 65 GS, R 80, R 80 RT, R 100 RS, R 100 RT* ..... 22 bis 26 Nm
- *alle Paralever-Modelle* ..... 24 Nm

Kardanwelle, Hinterachsantrieb

Öleinfüllschraube Kardan in Schwinge (Bild 5)
- *R 80 G/S, R 80 ST, R 80 G/S Paris-Dakar* ..... » gefühlvoll handfest« festziehen
- *R 65, R 65 RT, R 65 GS, R 80, R 80 RT, R 100 RS, R 100 RT* ..... 12 bis 16 Nm

Ölablassschraube Kardan in Schwinge (Bild 5)
- *R 80 G/S, R 80 ST, R 80 G/S Paris-Dakar* ..... 15,7 Nm
- *R 65, R 65 RT, R 65 GS, R 80, R 80 RT, R 100 RS, R 100 RT* ..... 12 bis 16 Nm

Zwölfkantschrauben Kardanwelle an Getriebeabtriebsflansch bzw. an Mitnehmerflansch an Getriebeausgangswelle
- *R 80 G/S, R 80 ST, R 80 G/S Paris-Dakar* ..... 40 Nm
- *R 65, R 65 RT, R 65 GS, R 80, R 80 RT, R 100 RS, R 100 RT* ..... 32 bis 40 Nm
- *alle Paralever-Modelle* ..... 40 Nm

Zwölfkantmuttern Hinterachsgehäuse an Schwinge
- *R 80 G/S, R 80 ST, R 80 G/S Paris-Dakar* .... 65 Nm
- *R 65, R 65 RT, R 65 GS, R 80, R 80 RT, R 100 RS, R 100 RT* .... 53 bis 65 Nm

Öleinfüllschraube Hinterachsantrieb (Bild 5)
- *R 80 G/S, R 80 ST, R 80 G/S Paris-Dakar* .... 20 Nm
- *R 65, R 65 RT, R 65 GS, R 80, R 80 RT, R 100 RS, R 100 RT* .... 18 bis 22 Nm
- *alle Paralever-Modelle* .... 23 Nm

Ölstandkontrollschraube Hinterachsantrieb (Bild 5)
- *R 80 G/S, R 80 ST, R 80 G/S Paris-Dakar* .... 10 Nm
- *R 65, R 65 RT, R 65 GS, R 80, R 80 RT, R 100 RS, R 100 RT* .... 6,5 bis 8,5 Nm
- *bei Paralever-Modellen nicht vorhanden*

Ölablassschraube Hinterachsantrieb (Bild 5)
- *R 80 G/S, R 80 ST, R 80 G/S Paris-Dakar* .... 25,5 Nm
- *R 65, R 65 RT, R 65 GS, R 80, R 80 RT, R 100 RS, R 100 RT* .... 21 bis 25 Nm
- *alle Paralever-Modelle* .... 23 Nm

Schrauben Gehäusedeckel Hinterachsantrieb (Bild 5)
- *R 80 G/S, R 80 ST, R 80 G/S Paris-Dakar* .... 17,7 Nm
- *R 65, R 65 RT, R 65 GS, R 80, R 80 RT, R 100 RS, R 100 RT* .... 13 bis 17 Nm
- *alle Paralever-Modelle bis Mj. 1990* .... 15 Nm
- *alle Paralever-Modelle ab Mj. 1991* .... 21 Nm

Mutter auf Antriebsritzel im Hinterachsantrieb (Bild 5)
- *R 80 G/S, R 80 ST, R 80 G/S Paris-Dakar* .... 165 Nm
- *R 65, R 65 RT, R 65 GS, R 80, R 80 RT, R 100 RS, R 100 RT* .... 130 bis 164 Nm
- *alle Paralever-Modelle bis Mj. 1990* .... 147 Nm
- *alle Paralever-Modelle ab Mj. 1991* .... 200 Nm

Gewindering im Hinterachsgehäuse
- *R 80 G/S, R 80 ST, R 80 G/S Paris-Dakar* .... 118 Nm
- *R 65, R 65 RT, R 65 GS, R 80, R 80 RT, R 100 RS, R 100 RT* .... 106 bis 130 Nm
- *alle Paralever-Modelle bis Mj. 1990* .... 105 Nm
- *alle Paralever-Modelle ab Mj. 1991* .... 118 Nm

Bauteile
1 *Hinterachsgehäuse*
2 *Stiftschraube*
3 *Gewindebolzen*
4 *Öleinfüllschraube Hinterachsantrieb M18 x 1,5 mit Entlüftung*
5 *Dichtring A18 x 22*
6 *Dichtring A14 x 18-AL*
7 *Ölablassschraube Hinterachsantrieb M14 x 1,5 mit Magnet*
8 *Dichtring A12 x 15,5 AL*
9a *Öleinfüllschraube Kardan AM12 x 1,5*
9b *Ölablassschraube Kardan AM12 x 1,5*
10 *Schutzblech*
11 *Dichtung asbestfrei*
12 *Dichtring A8 x 11,5-AL*
13 *Ölstand-Kontrollschraube Hinterachsantrieb M8 x 1*
14 *Gehäusedeckel*
15 *Bolzen*
16 *Sicherungsscheibe 10,0 oder 10-ZNS3*
17 *Sechskantschraube M8 x 30-ZNS oder M8 x 30-ZNNIV SI oder M8 x 30-8.8-ZNS3*
18 *Federscheibe* **19** *Nabe*
20 *Unterlegscheibe*
21 *Bundmutter* **22** *Dichtring*
23 *Rohr Ø 15,8; Länge 84,5 mm*

Bild 5

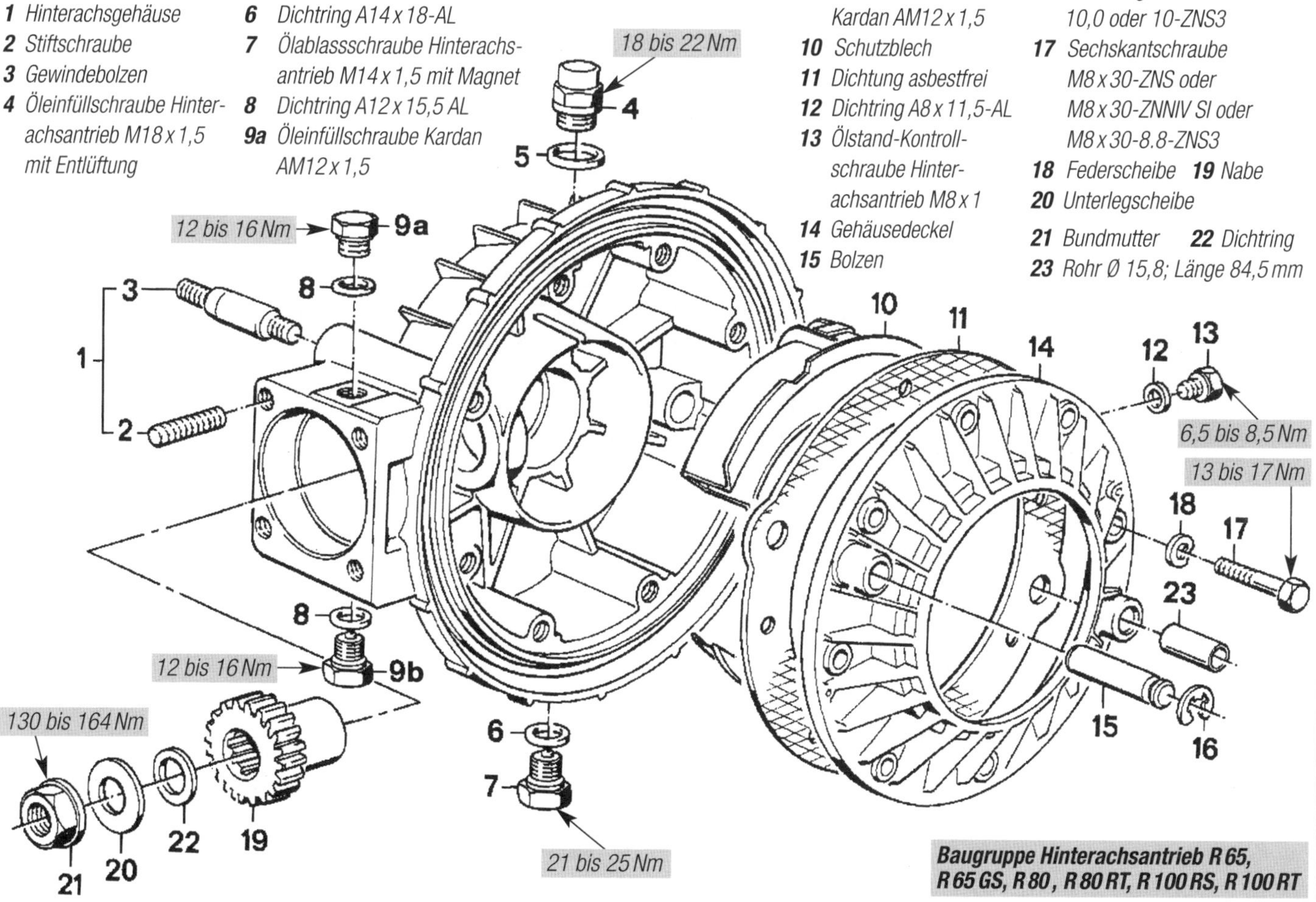

Baugruppe Hinterachsantrieb R 65, R 65 GS, R 80, R 80 RT, R 100 RS, R 100 RT

Fahrwerk

Vorderrad

Mutter auf Vorderrad-Steckachse
- *R 65 GS, R 80 G/S, R 80 ST, R 80 G/S Paris-Dakar* ...... 44 bis 47 Nm

Achsschraube links in Steckachse
- *R 65, R 65 RT, R 80, R 80 RT, R 100 RS, R 100 RT* ...... 30 bis 36 Nm
- *alle Paralever-Modelle* ...... 33 Nm

Achsklemmschrauben in Gabeltauchrohren
- *R 65 GS, R 80 G/S, R 80 ST, R 80 G/S Paris-Dakar* ...... 14 bis 16 Nm
- *R 65, R 65 RT, R 80, R 80 RT, R 100 RS, R 100 RT* ...... 13 bis 17 Nm
- *alle Paralever-Modelle* ...... 15 Nm

Hinterrad

Radmuttern
- *R 65 GS, R 80 G/S, R 80 ST, R 80 G/S Paris-Dakar* ..... 85 Nm

Bild 6

Baugruppe Gabel, Gabelbrücken, Stand- und Tauchrohre R 65 GS, R 80 G/S, R 80 G/S Paris-Dakar, R 80 ST

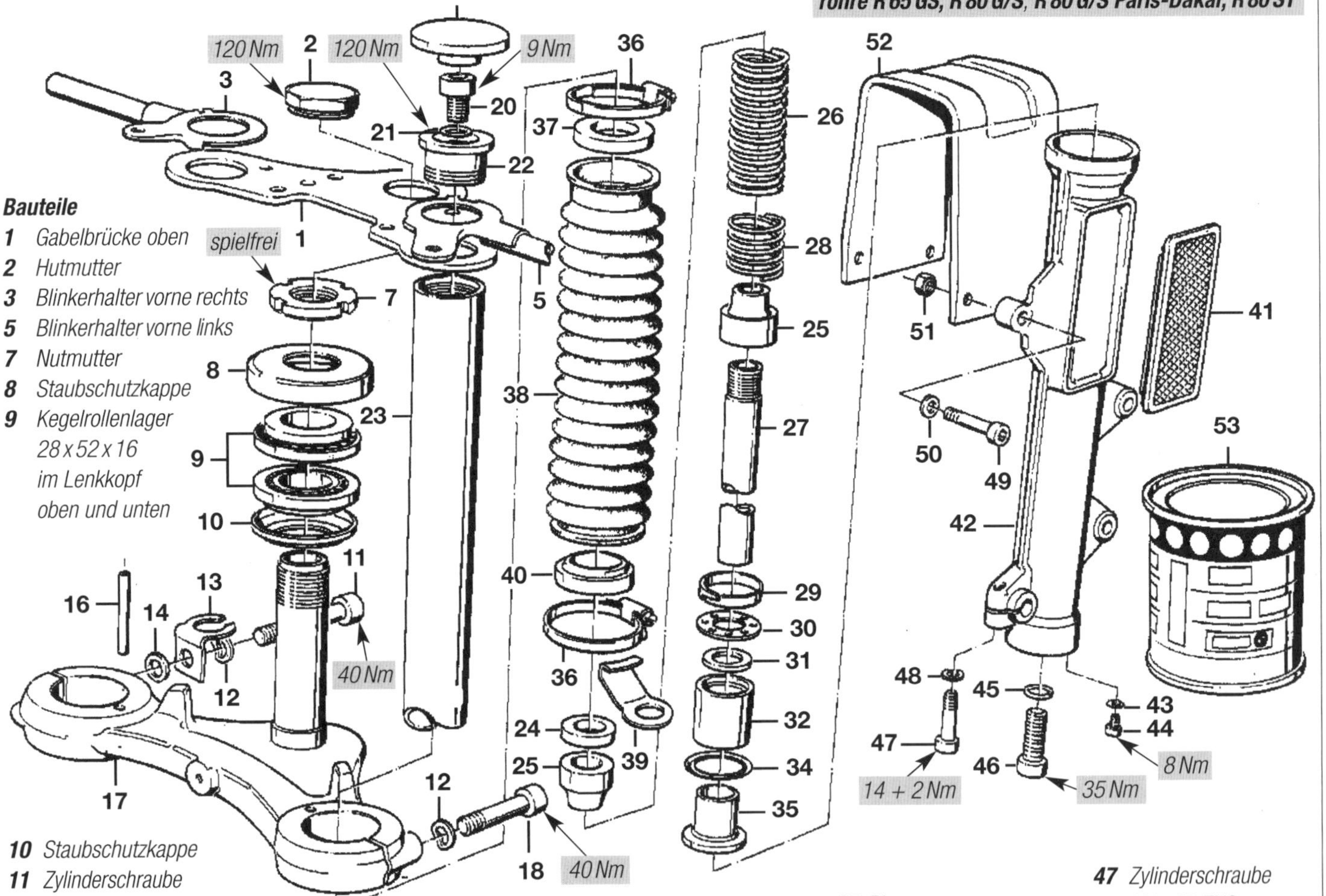

Bauteile

1 Gabelbrücke oben
2 Hutmutter
3 Blinkerhalter vorne rechts
5 Blinkerhalter vorne links
7 Nutmutter
8 Staubschutzkappe
9 Kegelrollenlager 28 x 52 x 16 im Lenkkopf oben und unten
10 Staubschutzkappe
11 Zylinderschraube M10 x 50 oder Torxschraube M10 x 50-ZNS3
12 Unterlegscheibe
13 Bremsschlauchhalter
14 Ring
16 Spannstift 5 x 60
17 Gabelbrücke unten
18 Zylinderschraube M10 x 45 oder ISA-Schraube M10 x 45
19 Verschlusskappe
20 Öleinfüllschraube M10 x 12
21 Dichtring A10 x 13,5-AL
22 Gabeldeckelschraube M30 x 1,5 x 11
23 Standrohr
24 bei unseren Modellen nicht vorhanden
25 Stützlager (Federbuchse)
26 Druckfeder (Gabelfeder)
27 Dämpfer
28 Druckfeder
29 Führungsring
30 Unterlegscheibe
31 Ventilscheibe
32 Ventilgehäuse
34 Sicherungsring 30 x 1,2
35 Dämpferrohraufnahme
36 Schlauchschelle Länge 47 bis 54 mm
37 Ring
38 Faltenbalg
39 Schlauchhalter
40 Simmerring
41 Seitenstrahler
42 Gleitrohr links/rechts
43 Dichtring A5 x 7,5
44 Zylinderschraube M5 x 8
45 Dichtring A12 x 17-CU
46 Zylinderschraube M12 x 40
47 Zylinderschraube M8 x 35 ZNS
48 Federscheibe
49 Zylinderschraube M8 x 35 ZNS
50 Unterlegscheibe
51 Sechskantmutter selbstsichernd M8 oder M8-8-ZNNIV S oder M8-8-ZNNI SI
52 Bügel
53 Dämpferöl

Radschrauben
- *R 65, R 65 RT, R 80, R 80 RT, R 100 RS, R 100 RT* ...... 98 bis 112 Nm
- *alle Paralever-Modelle* ...... 105 Nm

Gabel (Bild 6)
Standrohr-Klemmschrauben in unterer Gabelbrücke
- *R 65 GS, R 80 G/S, R 80 ST, R 80 G/S Paris-Dakar* ..... 40 Nm
- *R 65, R 65 RT, R 80, R 80 RT, R 100 RS, R 100 RT* .. 26 bis 34 Nm
- *bis Mj. 1990: R 80 GS, R 100 GS, R 100 GS Paris-Dakar* ...... 15 Nm
- *ab Mj. 1991: R 80 GS, R 80 GS P-D, R 80 GS Basic, R 100 GS, R 100 GS P-D, R 100 GS P-D Classic* .... 19 Nm
- *R 80 R, R 80 R Mystic, R 100 R, R 100 R Mystic* .... 21 Nm

Standrohr-Klemmschrauben in oberer Gabelbrücke
- *bis Mj. 1990: R 80 GS, R 80 GS Basic, R 100 GS, R 100 GS Paris-Dakar* ...... 15 Nm
- *ab Mj. 1991: R 80 GS, R 80 GS P-D, R 100 GS, R 100 GS P-D, R 100 GS P-D Classic* ...... 19 Nm
- *R 80 R, R 80 R Mystic, R 100 R, R 100 R Mystic* .... 21 Nm

Lenkschaft-Kopfmutter (»Hutmutter«)
- *R 65 GS, R 80 G/S, R 80 ST, R 80 G/S Paris-Dakar* ... 120 Nm
- *R 65, R 65 RT, R 80, R 80 RT, R 100 RS, R 100 RT* ..... 107 Nm
- *alle Paralever-Modelle bis Mj. 1990* ...... 107 Nm

Bundmutter
- *alle Paralever-Modelle ab Mj. 1991* ...... 65 Nm

Konterschraube
- *alle Paralever-Modelle ab Mj. 1991* ...... 65 Nm

Gabeldeckelschraube (»Federlager«) an der oberen Gabelbrücke bzw. oben im Gabelbein
- *R 80 ST* ...... 120 Nm
- *bis 10/1985: R 80 G/S, R 80 G/S Paris-Dakar, R 80, R 80 RT* ...... 94 bis 120 Nm
- *alle Paralever-Modelle* ...... 20 Nm

Sechskantmutter Standrohr an obere Gabelbrücke
- *ab 10/1985: R 65, R 65 RT, R 65 GS, R 80 G/S, R 80 G/S Paris-Dakar, R 80, R 80 RT, R 100 RS, R 100 RT* .... 107 Nm

Gabelöl-Einfüllschraube (in der Gabeldeckelschraube)
- *R 80 G/S, R 80 ST, R 80 G/S Paris-Dakar* ...... 9 Nm
- *R 65, R 65 RT, R 80, R 80 RT, R 100 RS, R 100 RT* ...... 8 bis 10 Nm
- *bis Mj. 1990: R 80 GS, R 100 GS, R 100 GS Paris-Dakar* ...... 10 Nm
- *ab Mj. 1991: R 80 GS, R 80 GS P-D, R 80 GS Basic, R 100 GS, R 100 GS P-D, R 100 GS P-D Classic* .... 14 Nm
- *R 80 R, R 80 R Mystic, R 100 R, R 100 R Mystic* .... 10 Nm

Gabelöl-Ablassschraube (unten-hinten am Gabeltauchrohr)
- *R 80 G/S, R 80 ST, R 80 G/S Paris-Dakar* ...... 8 Nm
- *R 65, R 65 RT, R 80, R 80 RT, R 100 RS, R 100 RT* .. 5 bis 7 Nm
- *R 80 GS, R 80 GS P-D, R 80 GS Basic, R 100 GS, R 100 GS Paris-Dakar, R 100 GS P-D, R 100 GS P-D Classic* ...... 6 Nm
- *R 80 R, R 80 R Mystic, R 100 R, R 100 R Mystic* .... 6,5 Nm

Schraube Dämpferelement an Gleitrohr (unten im Tauchrohr)
- *R 65 GS, R 80 G/S, R 80 ST, R 80 G/S Paris-Dakar* ..... 35 Nm
- *R 65, R 65 RT, R 80, R 80 RT, R 100 RS, R 100 RT* ...... 13 bis 17 Nm
- *R 80 GS, R 80 GS P-D, R 80 GS Basic, R 100 GS, R 100 GS Paris-Dakar, R 100 GS P-D, R 100 GS P-D Classic* ...... 52 Nm
- *R 80 R, R 80 R Mystic, R 100 R, R 100 R Mystic* .... 20 Nm

Schrauben Gabelstabilisator an Tauchrohre
- *R 65, R 65 RT, R 80, R 80 RT, R 100 RS, R 100 RT* ...... 13 bis 17 Nm
- *Alle Paralever-Modelle bis Mj. 1990* ...... 15 Nm
- *Alle Paralever-Modelle ab Mj. 1991* ...... 19 Nm

Muttern/Schrauben Lenkerklemmböcke an Gabelbrücke
- *Alle Monolever-Modelle* ...... 20 bis 24 Nm
- *Alle Paralever-Modelle ab Mj. 1991* ...... 22 Nm

Federbeine, Hinterradschwinge
Mutter auf Schrauben Federbein oben an Heckrahmen und unten Schwinge
- *R 65 GS, R 80 G/S, R 80 ST, R 80 G/S Paris-Dakar* ...... 43 bis 48 Nm
- *R 65, R 65 RT, R 80, R 80 RT, R 100 RS, R 100 RT* ...... 25 bis 33 Nm
- *bis Mj. 1990: R 80 GS, R 100 GS, R 100 GS Paris-Dakar* ...... 29 Nm
- *ab Mj. 1991: R 80 GS, R 80 GS P-D, R 80 GS Basic, R 100 GS, R 100 GS P-D, R 100 GS P-D Classic* .... 47 Nm
- *R 80 R, R 80 R Mystic, R 100 R, R 100 R Mystic* .... 47 Nm

Federbeinauge an Kolbenstange
- *R 65 GS, R 80 G/S, R 80 ST, R 80 G/S Paris-Dakar* ..... 15 Nm
- *R 65, R 65 RT, R 80, R 80 RT, R100 RS, R100 RT* ...... 11 bis 15 Nm

Vorspannung Schwingenlagerbolzen
- *alle Monolever-Modelle:*
Voranzug 20 Nm, Lagerbolzen lösen, Endanzug 10 bis 12 Nm
- *alle Paralever-Modelle:*
Voranzug 20 Nm, Lagerbolzen lösen, Endanzug 10 Nm

Kontermutter Schwingenlagerbolzen
- *R 65 GS, R 80 G/S, R 80 ST, R 80 G/S Paris-Dakar* ...... 100 bis 120 Nm
- *R 65, R 65 RT, R 80, R 80 RT, R 100 RS, R 100 RT* ...... 94 bis 120 Nm
- *alle Paralever-Modelle* ...... 107 Nm

Rahmen
Muttern auf Schrauben Rahmenheck an Rahmen
- *alle Monolever-Modelle* .... 22 bis 24 Nm
- *bis Mj. 1990: R 80 GS, R 100 GS, R 100 GS Paris-Dakar* .... 16 Nm
- *ab Mj. 1991: R 80 GS, R 80 GS P-D, R 80 GS Basic, R 100 GS, R 100 GS P-D, R 100 GS P-D Classic* .... 24 Nm
- *R 80 R, R 80 R Mystic, R 100 R, R 100 R Mystic* .... 24 Nm

Befestigungsschrauben Mittelständer
- *R 65 GS, R 80 G/S, R 80 ST, R 80 G/S Paris-Dakar* .... 43 bis 48 Nm
- *R 65, R 65 RT, R 80, R 80 RT, R 100 RS, R 100 RT* .... 25 bis 33 Nm
- *alle Paralever-Modelle* .... 47 Nm

Schrauben Fußrastenhalterung an Rahmen
- *R 65, R 65 RT, R 80, R 80 RT, R 100 RS, R 100 RT* .... 42 Nm
- *alle Paralever-Modelle* .... 47 Nm

Schrauben Hinterradkotflügel an Rahmenheckteil
- *alle Monolever-Modelle* .... 8 Nm
- *alle Paralever-Modelle* .... 3 Nm

Bremsen
Schrauben Bremssattel an Tauchrohr
- *alle Monolever-Modelle* .... 30 bis 34 Nm
- *alle Paralever-Modelle* .... 32 Nm

Muttern auf Schrauben Bremsscheibe an Radnabe
- *alle Monolever-Modelle* .... 27 bis 31 Nm
- *bis Mj. 1990: R 80 GS, R 100 GS, R 100 GS Paris-Dakar* .... 29 Nm
- *ab Mj. 1991: R 80 GS, R 80 GS P-D, R 80 GS Basic, R 100 GS, R 100 GS P-D, R 100 GS P-D Classic* .... 42 Nm
- *R 80 R, R 80 R Mystic, R 100 R, R 100 R Mystic* .... 42 Nm

Bremsleitung an Hauptbremszylinder und Bremssattel
- *R 65 GS, R 80 G/S, R 80 ST, R 80 G/S Paris-Dakar* .... 8 bis 10 Nm
- *R 65, R 65 RT, R 80, R 80 RT, R 100 RS, R 100 RT* .... 6,3 bis 8,3 Nm
- *alle Paralever-Modelle* .... 7,3 Nm

Bremsleitung (Metallrohr) an Bremsschlauch
- *R 65 GS, R 80 G/S, R 80 ST, R 80 G/S Paris-Dakar* .... 12 bis 15 Nm
- *R 65, R 65 RT, R 80, R 80 RT, R 100 RS, R 100 RT* .... 6,3 bis 8,3 Nm
- *alle Paralever-Modelle* .... 7,3 Nm

Trommelbremse: Klemmschraube im Bremshebel an Radbremsschlüssel .... 6 Nm

Erhitzung spezieller Bauteile

Auch wenn einige der Arbeiten, zu denen folgende Bauteile zu Aus-/Einbau bzw. Zerlegung erhitzt werden müssen, nicht in diesem Buch behandelt werden, nennen wir der Vollständigkeit halber die von BMW genannten Temperaturangaben:
- **Zylinderkopf** zum Aus-/Einbau der Ventilführungen auf:
  240 bis 260 °C *R 80 G/S, R 80 ST, R 80 G/S Paris-Dakar*
  220 bis 240 °C *R 65, R 65 GS, R 80, R 80 RT, R 100 RS, R 100 RT*
  220 °C *bei allen Paralever-Modellen*
- **Motorgehäuse** und **Lagerdeckel** auf **100 bis 120 °C** zum Aus-/Einbau der Hauptlagerbuchsen der Kurbelwelle
- **Motorgehäuse** auf **100 bis 120 °C** zum Wiedereinbau der Kurbelwelle
- **Kettenrad** der Steuerkette auf der Kurbelwelle auf **ca. 80 °C** zum Aus-/Einbau
- **Getriebedeckel** auf **ca. 100 °C** zum Ausbau
- **Getriebegehäuse** auf **ca. 100 °C** zum Aus-/Einbau der Getriebewellen
- **Getriebegehäuse** auf **ca. 100 °C** zum Aus-/Einbau des Antriebswellenlagers
- **Gehäusehals des Hinterachsantriebes** auf **ca. 120 °C** zum Einsetzen der Nadellager für die Lagerung in der Schwinge *bei allen Paralever-Modellen*
- **Hinterachsantriebsgehäuse** auf **ca. 120 °C** im Bereich der Buchse zum Zurückschlagen der Buchse *bei R 65, R 65 GS, R 80, R 80 RT, R 100 RS, R 100 RT*
- **Hinterachsantriebsdeckel** zum Ausbau auf **80 bis 100 °C**
- **Mutter auf Kegelrad** zum Ausbau auf **ca. 100 °C** *bei R 65, R 65 GS, R 80, R 80 RT, R 100 RS, R 100 RT und allen Paralever-Modellen*
- **Hinterachsantrieb-Gehäusehals** auf **ca. 120 °C** zum Lösen des Gewinderings *bei R 65, R 65 GS, R 80, R 80 RT, R 100 RS, R 100 RT und allen Paralever-Modellen*
- **Hinterachsantriebsgehäuse** auf **ca. 120 °C** zum Aus-/Einbau des Kegelrads und der Lager
- **Kegelrollenlager oben im Lenkkopf** auf **ca. 80 °C** zum Einbau *bei R 80 GS, R 80 GS P-D, R 80 GS Basic, R 100 GS, R 100 GS P-D, R 100 GS P-D Classic ab Mj. 1991 und bei R 80 R, R 80 R Mystic, R 100 R, R 100 R Mystic*
- **Kegelrollenlager auf unterer Gabelbrücke** auf **ca. 80 °C** zum Aus-/Einbau
- **Dämpfungsstück in der Gabel** auf **ca. 100 °C** zum Abschrauben vom Dämpferrohr *bei R 65, R 65 GS, R 80, R 80 RT, R 100 RS, R 100 RT*
- **Radnabe vorne** auf **ca. 100 °C** zum Einbau der Radlager und des Dichtrings *bei R 65, R 65 GS, R 80, R 80 RT, R 100 RS, R 100 RT und allen Paralever-Modellen*

BMW-spezifische Korrosionsschutz-Bezeichnungen

Bei den Maschinen unseres Buchs legte BMW großen Wert auf den Schutz von Gewinden und Oberflächen von Schraubenköpfen, Scheiben und Muttern; sie finden diese Kürzel auch in den vielen Explosionszeichnungen in den einzelnen Kapiteln. Hier eine Auflistung der Kürzel und dazu eine allgemein verständliche kurze Erklärung.

Phosphatüberzüge

PHR — Phosphatüberzug
→ geringe temporäre Korrosionsschutzwirkung

PHR OEL — geölter Phosphatüberzug
→ temporäre Korrosionsschutzwirkung

PHG — Gleitposphatüberzug
→ für Einlaufvorgänge

Galvanische Zinküberzüge

ZNT — Zinküberzug
→ transparent versiegelt

A5 — Zinküberzug
→ ohne Versiegelung

ZNNI SI — Zink-Nickel-Überzug
→ hoch legiert, transparent versiegelt

ZNFE SW — Zink-Eisen-Überzug
→ niedrig legiert, schwarz versiegelt

ZNFE SI — Zink-Eisen-Überzug
→ niedrig legiert, transparent versiegelt

ZNNIV SW — Zink-Nickel-Überzug
→ hoch legiert, schwarz passiviert und versiegelt

ZNNIV SI — Zink-Nickel-Überzug
→ hoch legiert, transparent passiviert und versiegelt

Galvanische Zinküberzüge mit organischer Deckschicht

ZNNID SW — Zink-Nickel-Überzug
→ hoch legiert, mit zusätzlicher schwarzer organischer Deckschicht

ZNNID SI — Zink-Nickel-Überzug
→ hoch legiert, mit zusätzlicher silberner organischer Deckschicht

Zinklamellenüberzüge

ZNS2 — Zinklamellenüberzug
→ silber ohne Topcoat

ZNS3 — Zinklamellenüberzug
→ silber mit Topcoat

Galvanische Nickelüberzug

NI — Nickelüberzug
→ einschichtig, niedriger Korrosionsschutz

Chemischer Nickelüberzug

NIH — Nickel (-Phosphor)-Überzug
→ hart, mäßiger Korrosions- und Verschleißschutz

Galvanische Chromüberzüge

CR HGL — Chromüberzug
→ hochglänzend, mit Nickelzwischenschicht

CR SW — Chromüberzug
→ hochglänzend schwarz, mit Kupfer- und Nickelzwischenschicht

CRH — Chromüberzug
→ Hartchrom als Verschleißschutz ohne Zwischenschicht

Galvanischer Zinnüberzug

SN — Zinnüberzug
→ hat keine anodische Schutzwirkung auf Stahl. Ungeeignet zur Anwendung im Freien.

Galvanischer Zinn-Zink-Legierungsüberzug

SNZN 70/30 — Zinnüberzug
→ hochlegiert, mit 65 bis 75% Zinn

Galvanischer Kupferüberzug

CUG — Kupferüberzug
→ wird nicht als endgültige Oberfläche eingesetzt, sondern bevorzugt als Zwischenschicht

Aufgedampfter Aluminiumüberzug

ALB — Aluminiumüberzug
→ durch CVD- (chemische Gasphasenabscheidung) oder PVD-Verfahren (pysikalische Gasphasenabscheidung) aufgebracht und zusätzlich mit Klarlack versehen.

Galvanischer Aluminiumüberzug

ALE — Aluminiumüberzug
→ transparent passiviert

Aluminiumoxidschichten

ELOX — Oxidschicht
→ erzeugt durch anodische Oxidation

ELOX SW — Oxidschicht
→ dto. schwarz eingefärbt

ELOX H — Oxidschicht
→ besonders hart durch Hartanodisierung

Korrespondenzkapitel:
- 16 »Zündkerzen«
- 18 »Batterie«
- 19 »Ladesystem«
- 20 »Anlasser · Kickstarter«
- 25 »Schaltpläne«

Elektrik

In diesem Kapitel: Ein Wort zuvor · Elektrische Bauteile von A bis Z: Erklärung und Einbaulage · Sicherung defekt? · Relais prüfen · Stecker, Kabel, Kabelanschlüsse · Aufgescheuerte Kabel · Fehlersuche in Stromkreisen · Tipps und Tricks zur Überprüfung der elektrischen Anlage · Schalter prüfen · Defekten Schalter reparieren · Zündschloss, Zündschlüssel · Kabelquerschnitte.

Ein Wort zuvor

In diesem Kapitel nennen und erklären wir die elektrischen Bauteile, welche an den BMW-Modellen in diesem Buch serienmäßig verbaut sind, sowie die grundlegenden Funktionen von Sicherungen und Relais und zeigen den Umgang mit Steckern und Kabeln.

Die Einbauorte der elektrischen Bauteile und Baugruppen, Sicherungen, Relais und Stecker sowie die Kabelfarben unterscheiden sich nur geringfügig von Modell zu Modell und von Modelljahr zu Modelljahr.

Schaltpläne: In Kapitel 25 »Schaltpläne« finden Sie Schaltpläne der Modelle dieses Buchs. Wie schon gesagt ist die elektrische Grundausstattung über die Jahre nahezu gleich geblieben – aber eben nur »nahezu«. Als Basisinformation zum Stromlauf und zur Lage der Elektrobauteile sind die Schaltpläne bestens geeignet. Bitte schauen Sie bei jedem elektrischen Problem in die Schaltpläne, die Bauteile sind eingezeichnet und der Kabelverlauf ist klar zu sehen.

Wenn Ihre Maschine ein Elektroproblem hat, welches ein Eintauchen in den Schaltplan zwingend nötig macht, raten wir Ihnen, als Erstes per Sichtkontrolle alle Kabelstecker auf guten Steckkontakt und alle verschraubten Anschlüsse auf sicheren Schraubkontakt zu prüfen und die Bauteile selbst (z.B. Fäden in Lampen!) ganz genau anzusehen. Erst dann muss man mit einer Prüflampe und Blick auf den Schaltplan den Stromfluss kontrollieren.

Gute Elektrikkenntnisse werden verlangt wenn es Probleme mit elektrischem Zubehör gibt, oder eine Maschine stark verbastelt ist. »Elektrisches Zubehör« sind z. B. Blinker in den Lenkerenden (»Ochsenaugen«) anstelle der Vierfach-Rundumblinkanlage, Zusatzscheinwerfer, Starktonfanfaren und auch Heizgriffe.

Elektrische Bauteile von A bis Z

Anlasser: Der Elektrostarter wird bei BMW »Starter« genannt; man kann auch »Anlasser« dazu sagen. Er besteht im Wesentlichen aus dem »Startermotor«, das ist ein Gleichstrommotor, der kurzzeitig eine hohe Leistung bringen kann. Zur Baugruppe des Anlassers gehören weiterhin elektrische Bauteile wie Anlasserrelais und Magnetschalter sowie die mechanischen Bauteile Einrückvorrichtung und Startergetriebe, zu dem auch das Anlasserritzel gehört.

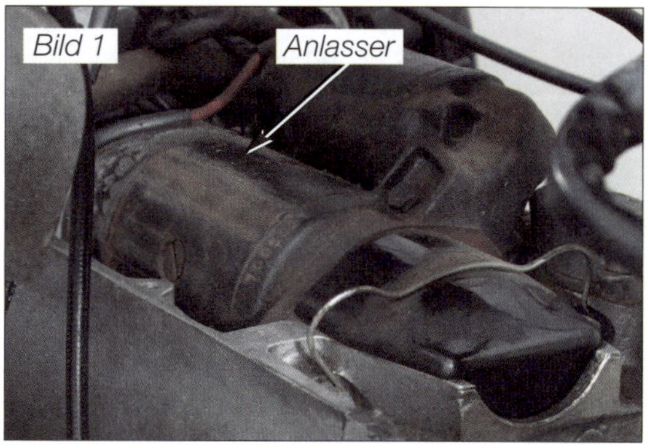

Bild 1: Der Anlasser sitzt oben auf dem Motorgehäuse.

- → Eingebaut im oberen Teil des Motors (Bild 1), abgedeckt durch eine Haube
- → siehe Kapitel 20 »Anlasser · Kickstarter«

Batterie: Eine Batterie ist ein elektrochemischer Speicher, in dem die vom Generator (»Lichtmaschine«) erzeugte elektrische Energie gespeichert wird. Eine 12-Volt-Batterie ist eine Reihenschaltung von sechs galvanischen Zellen zu je 2 Volt. In alle Modelle unseres Buchs waren serienmäßig Bleiakkus eingebaut (Bild 2).

Bild 2: Vorbereitung einer neuen, trocken vorgeladenen Batterie zum Befüllen mit Schwefelsäure.

Unbedingt Trichter und Schutzbrille benutzen!

Wenn bei einer gebrauchten Batterie der Säurestand unter »Min« liegt, wird mit destilliertem Wasser nachgefüllt.

- → Einbauort: Im Rahmen unter dem Fahrersitz hinter dem Getriebe über dem Schwingenlager, Zugang bei aufgeklappter Sitzbank
- → siehe Kapitel 18 »Batterie«

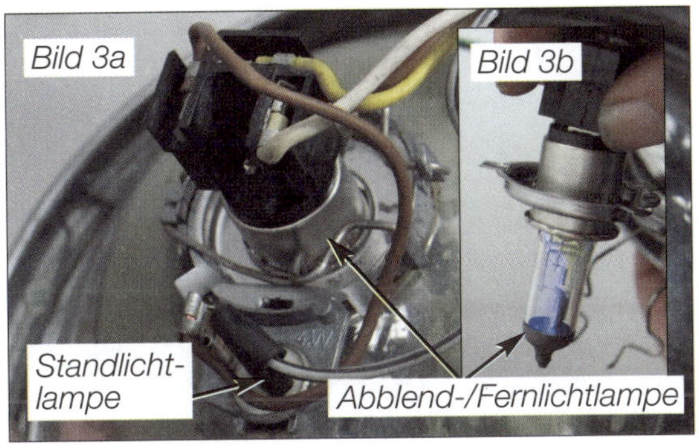

Beleuchtung
Abblend-/Fernlichtlampe H4:
➜ Einbauort im Scheinwerfer (Bilder 3a und 3b)

Standlichtlampe:
➜ Einbauort im Scheinwerfer (Bild 3a)
➜ Standlicht in die Verkleidung eingebaut oberhalb des Scheinwerfers bei R 65 RT, R 80 RT, R 100 RS und R 100 RT (Bild 4b)

Blinkleuchten:
➜ 4 Stück, je zwei vorne neben dem Scheinwerfer (Bild 4a) und hinten rechts und links neben der Heckleuchte. Bild 4b: In die Verkleidung eingebaut sind die vorderen Blinker bei R 65 RT, R 80 RT, R 100 RS und R 100 RT.

Heckleuchte, sie besteht aus Rücklicht, Bremslicht und Kennzeichenbeleuchtung:
➜ Anbauort hinten am Motorrad (Bild 5)

Blinkgeber: Der Blinkgeber (»Blinkrelais«) ist ein mechanisches oder elektronisches Relais zum rhythmischen Ein- und Ausschalten der Blinkleuchten und ihrer Kontrollleuchten. Die optischen Blinksignale werden zwischen 60 und 120 Impulsen pro Minute geschaltet.
➜ Einbauort unter dem Tank (Bild 6)

Diode: Eine Diode erlaubt den Durchfluss von Strom in einer Richtung, nicht jedoch in der Gegenrichtung, weswegen sie auch »Elektrisches Einwegeventil« genannt wird. Durch eine so genannte Brückenschaltung mehrerer Dioden sind diese auch in der Lage, aus Wechsel- oder Drehstrom Gleichstrom zu erzeugen, wie er zum Laden der Batterie benötigt wird. So ist es auch bei den Modellen unseres Buchs.

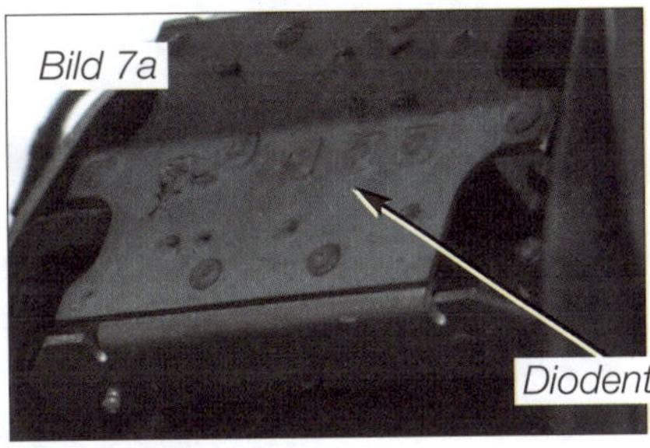

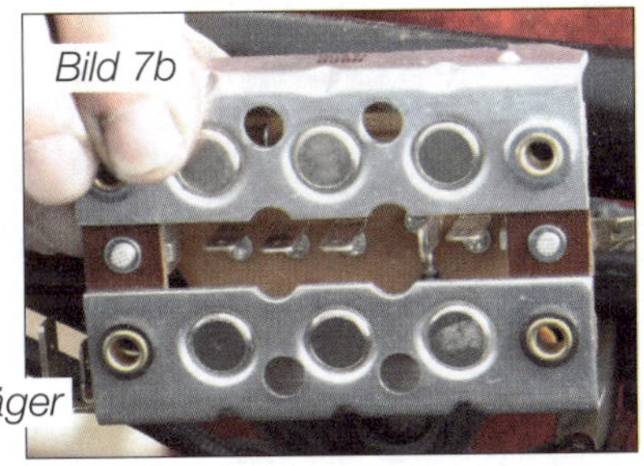

Diodenträger: Auf dem Diodenträger sitzen sechs große Leistungsdioden, also zwei für jeden der drei Phasenausgänge der Lichtmaschine: Das sind drei Plus-Dioden zwischen jedem Phasenausgang und B+ sowie drei Minus-Dioden zwischen jedem Phasenausgang und Masse.
➜ Einbauort vorne im Motorgehäuse über der Lichtmaschine (Bild 7a)
➜ siehe Kapitel 19 »Ladesystem« und Kapitel 25 »Schaltpläne«

Werkzeuge zur Problembearbeitung von Bauteilen dieses Kapitels
- Kleiner und mittlerer Elektroschraubenzieher
- Quetschverbinderzange: Kaufen Sie eine qualitativ gute Zange aus dem Fachhandel (Bild 47) und kein Billigsteil
- Multimeter: Bitte vor dessen Benutzung seine Betriebsanleitung lesen
- feines Schmirgelleinen mit der Körnung 300 bis 400
- Reinigungs- und Kontaktspray

Bilder 3a bis 7b: Im Lauftext sind die zu den Bildern gehörenden Bauteile und Einbauort-Details nummeriert beschrieben.

Bild 7a: Diodenträger in Einbauposition.

Bild 7b: Diodenträger ausgebaut, umgedreht.

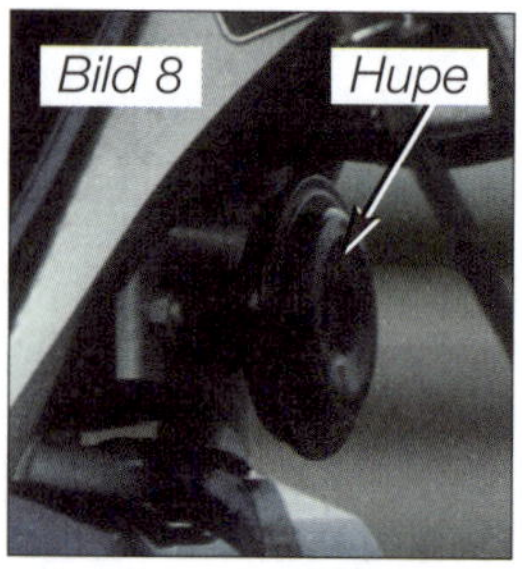

Bild 8

Bild 8 und Bilder Instrumente 1 bis 9: Siehe Lauftext.

Hupe: Gehört zu den akustischen Signalgeräten, wird bei BMW auch »Signalhorn« oder »Fanfare« genannt. Die Hupe gibt einen gleichbleibenden, gleichförmigen Klang. Eine Hupe besteht aus Elektromagneten, elektrischem Kontakt und einer Membran. R 100 RS und R 100 RT haben zwei Hupen, genannt »Doppeltonhorn«: Die eine Hupe tönt mit 410 Hertz, die zweite mit 510 Hertz, es entsteht ein ziemlich agressiver Mischton. Bei R 65 RT und R 80 RT war das »Doppeltonhorn« Sonderausstattung. Alle anderen Modelle konnten mit der zweiten Hupe 510 Hz nachgerüstet werden. Wenn die Hupe nicht richtig funktioniert, liegt es oft an defekten Kabeln oder Steckverbindungen:

- Kabel auf Bruch und durchgescheuerte Stellen kontrollieren.
- Steckverbindungen säubern, Kontakte mit feinem Schleifpapier von Korrosionsschicht befreien, ggf. mit Kontaktspray behandeln.
- Hupensteckverbindung prüfen: Spannungsmesser an kabelbaumseitige Kontakte anlegen. Bei Betätigung des Hupenschalters muss Batteriespannung anliegen.
- Falls die Hupe trotz funktionierender Stromversorgung keinen Laut von sich gibt, Bauteil ersetzen: Stecker abziehen, Befestigungsschraube lösen und neue Hupe anbauen.

➜ Anbauort am Rahmen unterhalb des Lenkkopfs zwischen Tank und Motor (Bild 8)

Instrumente: Modellbezogen gibt es neun verschiedene Ausführungen der Instrumente, auch »Instrumententafel« oder »Cockpit« genannt (Bilder »Instrument 1« bis »Instrument 9«). Die

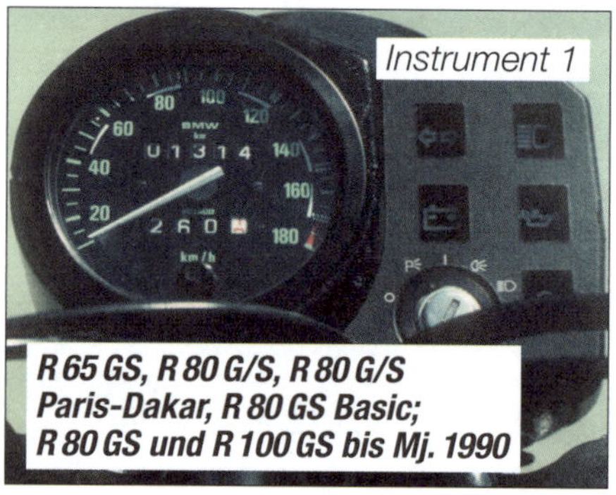
Instrument 1

R 65 GS, R 80 G/S, R 80 G/S Paris-Dakar, R 80 GS Basic; R 80 GS und R 100 GS bis Mj. 1990

Instrument 2

R 100 GS mit Zusatzinstrumenten Zeituhr (links) und Drehzahlmesser (rechts)

Instrument 3

R 80 ST

Instrument 4

R 65*, R 80*, R 65 RT, R 80 RT, R 100 RS und R 100 RT

Instrument 5

R 100 GS Paris-Dakar

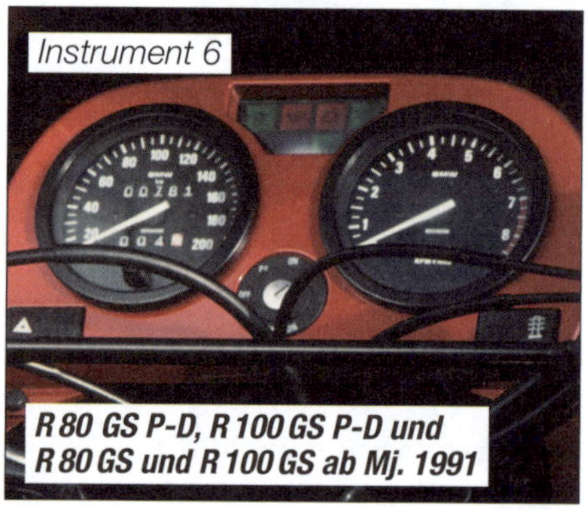
Instrument 6

R 80 GS P-D, R 100 GS P-D und R 80 GS und R 100 GS ab Mj. 1991

Instrument 7

R 80 R und R 100 R

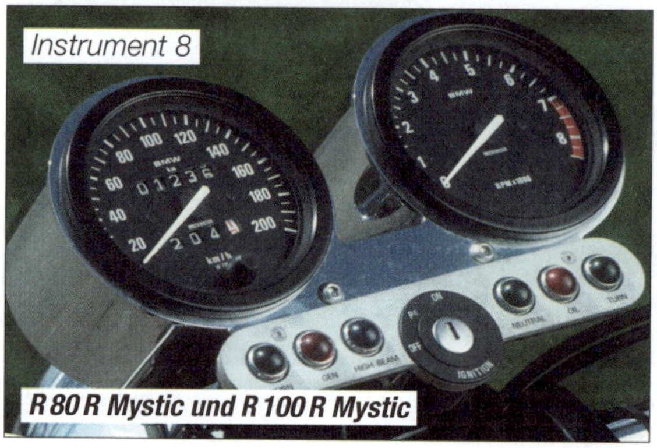
Instrument 8

R 80 R Mystic und R 100 R Mystic

Zubehör-Instrument 9: Voltmeter

** = kein Voltmeter und Zeituhr bei R 65 und R 80, weil diese keine Verkleidung haben*

Grundausstattung ist ein mechanischer Tachometer, daneben haben die meisten Modelle einen Drehzahlmesser. Weiterhin sind Kontrolllampen eingebaut für Blinker (grün), Fernlicht (blau), Ladekontrolle (rot), Öldruck (rot) und Leerlauf (grün). Der Tachometer wird mechanisch angetrieben durch eine lange biegsame Welle, die am Kardanausgang des Getriebegehäuses eingebaut ist, während der Drehzahlmesser elektronisch von der Zündung aus angesteuert wird. Beleuchtet werden die Instrumente durch »Hintergrundbeleuchtung«, auch »Auflichttechnik« genannt, mit kleinen Glühlampen in Steckfassungen.

Lichtmaschine: Die Lichtmaschine (technisch korrekt »Drehstromgenerator«) ist der Stromerzeuger. Sie versorgt die Fahrzeugelektrik (mit Ausnahme des Anlassers) mit Strom. Die Lichtmaschine besteht aus den beiden Bauteilen Rotor (»Anker«), dieser sitzt mit einem Konus auf der Kurbelwelle, und dem Stator (»Standwicklung«), dieser ist auf einem Trägerring am Motorgehäuse verschraubt.

Bild 9

➜ Lichtmaschine sitzt vorne am Motor in Flucht zur Kurbelwelle unterm Motordeckel (Bild 9).
➜ siehe Kapitel 19 »Ladesystem«

Regler: Die von der Lichtmaschine erzeugte elektrische Spannung muss innerhalb des Bordnetzes auf einem bestimmten 12 Volt-Batterieniveau gehalten werden. Es gibt elektromagnetische Spannungsregler mit mechanischen Schaltkontakten; die Modelle unseres Buchs haben einen elektronischen Regler. Moderne vollelektronische Nachrüst-Regler (siehe Textkasten rechts oben) haben auch eine integrierte Diodeneinheit zum Gleichrichten der von der Lichtmaschine erzeugten Wechselspannung; der serienmäßige Diodenträger (Bilder 7a und 7b) wird dann ausgebaut.

➜ Einbauort rechts unter dem Tank (Bild 10)
➜ siehe Kapitel 19 »Ladesystem«

Relais: Ein Relais ist nichts anderes als ein elektromagnetischer Schalter: Wenn der innerhalb des Relais befindliche Elektromagnet unter Strom gesetzt wird, werden die Relaiskontakte geschlossen und damit der Stromkreis. Ein Relais wird eingesetzt, um Lichtbogenbildung an Schalterkontakten zu verhindern, wenn der Schaltvorgang schnell erfolgen muss und die Stromstärke für den Einsatz eines mechanischen Schalters zu hoch ist. Bei einem Einsatz eines mechanischen Schalters ohne ein Relais würden die Kontakte im Schalter rasch verbrennen. An Relais haben wir bei unseren Maschinen: Anlasserrelais, Blinkgeber (siehe weiter vorne), Lichtrelais, Hornrelais.
➜ »Relais prüfen« weiter hinten in diesem Kapitel

Anlasserrelais
➜ Eingebaut rechts unter dem Tank (Bild 10)
➜ siehe Kapitel 20 »Anlasser · Kickstarter«

Lichtrelais oder **Entlastungsrelais**
➜ Eingebaut rechts unter dem Tank (Bild 10)
➜ nicht vorhanden bei R 65 GS, R 80 G/S und R 80 G/S Paris-Dakar ohne Dauerlicht

Hornrelais
➜ Das Hornrelais (Hupenrelais) ist baugleich mit dem Lichtrelais und eingebaut bei R 100 GS ab Mj. 1991, R 100 GS P-D, R 80 R, R 80 R Mystic, R 100 R und R 100 R Mystic

Sicherung(en): Eine Sicherung ist eine Vorrichtung zum Schutz eines Stromkreises für den Fall einer Fehlfunktion. Bei Auftreten eines Kurzschlusses »brennt« die Sicherung durch: Sie zerstört sich selbst und schützt so den Schaltkreis vor weiteren Schäden. Wenn die Sicherung erneuert wird, ist der Stromkreis wieder in Funktion – und wenn die

»LiMa-Kontroller« von Silent Hektik
Die auf Motorradelektronik spezialisierte Firma Silent Hektik bietet für Zweiventil-Boxer einen Micro-Chip-Regler mit Gleichrichter an. Es entfällt die serienmäßige Diodenplatte. Silent Hektik verspricht »verbesserte Frühladecharakteristik mit höherem Wirkungsgrad schon bei Drehzahlen von weniger als 2000/min«.

Kontaktadresse:
SILENT HEKTIK
Hansastraße 72b
D-59425 Unna
www.silent-hektik.com

Bilder 9 und 10: Im Lauftext sind die zu den Bildern gehörenden Bauteile und Einbauort-Details nummeriert beschrieben.

Bild 10: Prüftipp für das Anlasserrelais, korrekte Batteriespannung vorausgesetzt.

Bei eingeschalteter Zündung und Betätigen des Anlasserschalters muss es klicken. Genau hinhören!

Bild 10

Bilder 11a bis 15b: Siehe Lauftext.

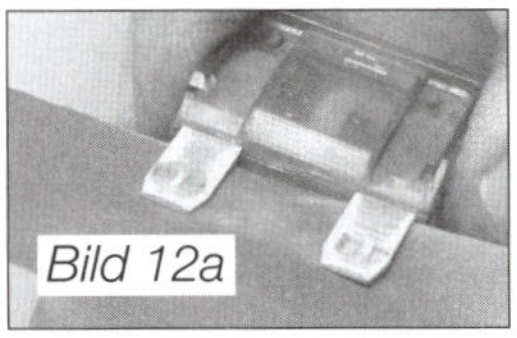

Bild 12a: Zungen der Sicherung bei Korrosion mit Schmirgelpapier abziehen.

Bild 12b: Defekte Flachstecksicherung erkennt man am gebrochenen Draht in transparentem Kunststoffgehäuse.

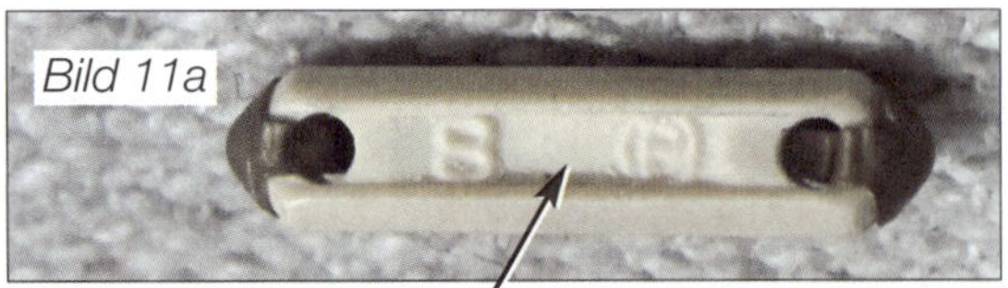

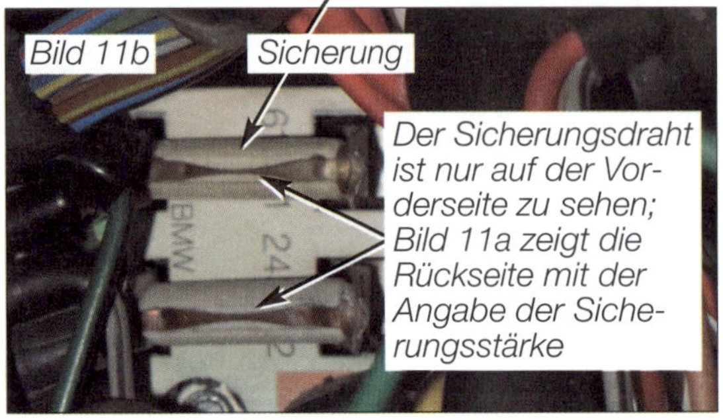

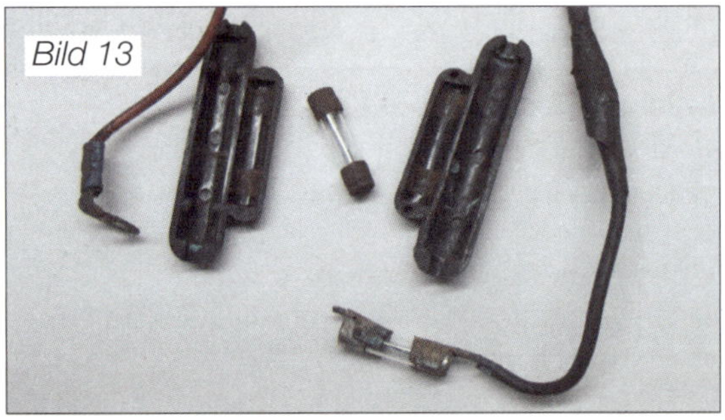

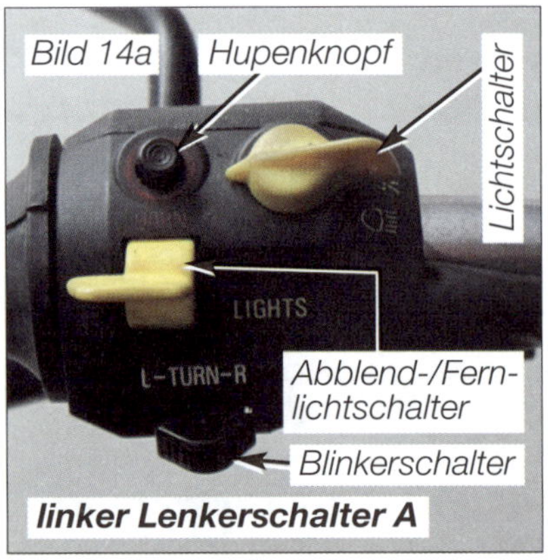

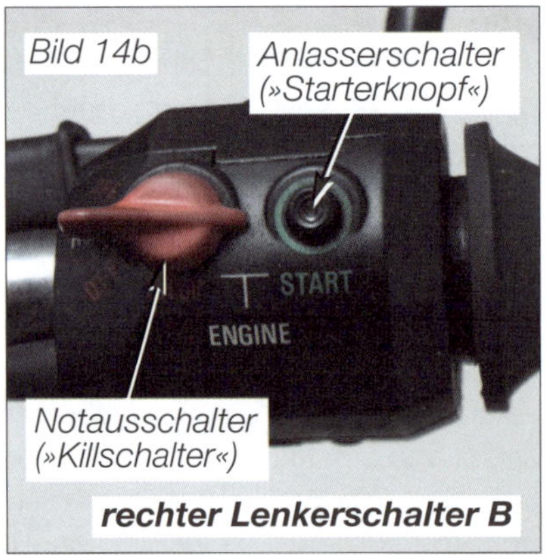

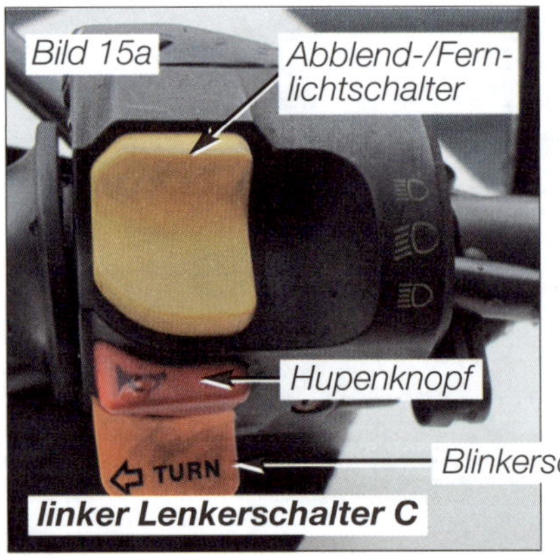

Fehlfunktion nur einmalig war, bleibt die neu eingesetzte Sicherung über lange Zeit auch funktionsfähig. Brennt sie jedoch nach kurzer Zeit wieder durch, muss die Fehlerursache gesucht werden.

- ➜ Zwei Keramiksicherungen (Bild 11a) mit jeweils 8 Ampere haben R 65 GS, R 80 G/S, R 80 ST, R 80 G/S Paris-Dakar, R 65, R 65 RT, R 80 und R 80 RT, R 100 RS und R 100 RT bis Baumonat Dezember 1990.
- ➜ Drei Flachstecksicherungen (Bilder 12a und 12b) mit je 15 Ampere haben R 80 RT, R 100 RS und R 100 RT ab Januar 1991.
- ➜ Drei Flachstecksicherungen mit jeweils 7,5 Ampere haben R 80 GS, R 100 GS und R 100 GS Paris-Dakar der Modelljahre 1987 bis 1990.
- ➜ Vier Flachstecksicherungen mit 15 Ampere haben R 80 R, R 80 R Mystic, R 100 R, R 100 R Mystic sowie R 80 GS, R 80 GS P-D, R 100 GS und R 100 GS P-D ab Modelljahr 1991.

Schalter: Schalter dienen dazu, Stromkreise zu schließen oder zu öffnen. Den eigentlichen Schaltvorgang bewerkstelligen die Kontakte im Schalter. Es gibt drei gebräuchliche Schaltertypen: Normalerweise geöffnet, normalerweise geschlossen und Umschalter. Sind beispielsweise Schalterkontakte geschlossen, ist auch ein Stromkreis geschlossen und es fließt Strom vom Batterie-Pluspol über die Schalterkontakte und den Glühdraht der Glühlampe nach Masse. Der Stromkreis wird dabei durch den Rahmen vervollständigt, durch den der Strom zum Batterie-Minuspol gelangt – und deswegen leuchtet die Glühlampe auf.

Schalter an unseren BMW-Modellen

Bilder 14a bis 15b: Bei den Modellen unseres Buchs sind unterschiedliche Schalter angebaut.

- ➜ Schalter A (Bild 14a) und Schalter B (Bild 14b) sind verbaut bei R 65, R 65 RT, R 65 GS, R 80 G/S, R 80 ST, R 80 G/S Paris-Dakar, R 80, R 80 RT, R 80 GS bis Mj. 1990, R 100 RS, R 100 RT, R 100 GS bis Mj. 1990, R 100 GS Paris-Dakar.
- ➜ Schalter C (Bild 15a) und Schalter D (Bild 15b) sind verbaut bei R 80 GS ab Mj. 1991, R 80 GS P-D, R 100 GS ab Mj. 1991, R 100 GS P-D, R 80 R, R 80 R Mystic, R 100 R, R 100 R Mystic.

Anlasserschalter, auch »Starterknopf« genannt: Er dient dazu, den Anlasser in Gang zu setzen und somit den Motor zu starten.

- ➜ Anbauort rechts am Lenker im Schaltergehäuse (Bild 14b) oder auf dem Flügel des Killschalters (Bild 15b)

Schalter für Abblend- und Fernlicht, Lichthupe und Hupe:

➜ Anbauort links am Lenker (Bilder 14a und 15a)

Blinkerschalter

➜ Bei Modellen mit Schalter A und B ist der Blinkerschalter im linken Lenkerschalter (Bild 14a).

➜ Bei Modellen mit Schalter C und D ist der Blinkerschalter für den linken Blinker im linken Lenkerschalter (Bild 15a), der Blinkerschalter für den rechten Blinker und der Rücksteller im rechten Lenkerschalter (Bild 15b).

Bremslichtschalter vorne

➜ Der Bremslichtschalter ist in die Hebelaufnahme eingebaut (Bild 16a).

➜ siehe Kapitel 9 »Scheibenbremsen«

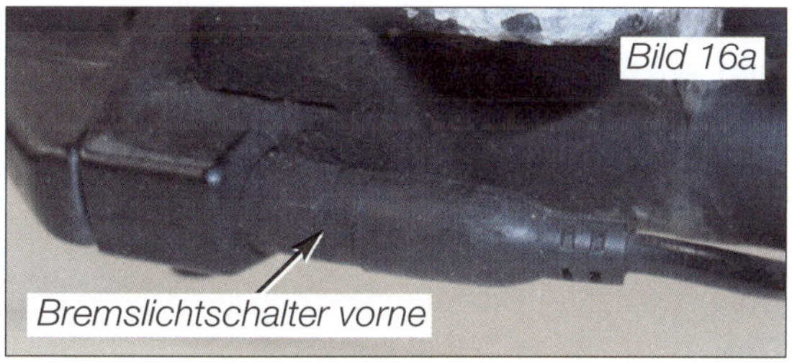

Bild 16a

Bremslichtschalter hinten

➜ Der Bremslichtschalter ist über oder hinter dem Bremshebel eingebaut (Bilder 16b und 16c).

➜ siehe Kapitel 10 »Trommelbremse«

➜ Funktion: Schalterzunge und der Schalterstift stehen unter Druckkontakt zum Bremshebel. Beim Betätigen des Bremshebels werden Schalterzunge und Schalterstift entlastet, im Schalter gibt es einen elektrischen Kontakt für das nun aufleuchtende Bremslicht.

Bild 16b

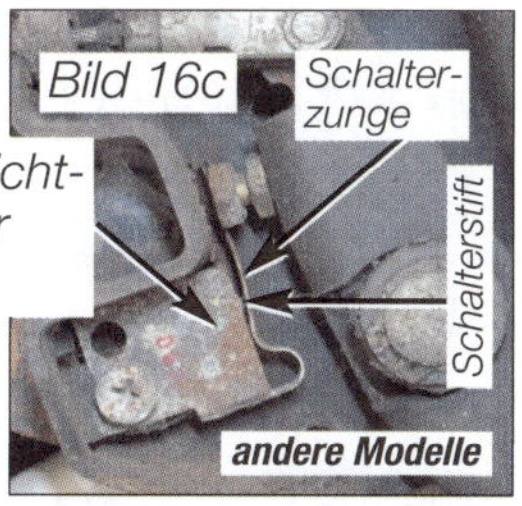

Bild 16c

Kupplungsschalter: Bei eingelegtem Gang gibt der Schalter das Startsinal nur bei gezogener Kupplung frei.

➜ Einbauort am Kupplungshandhebel (Bild 17)

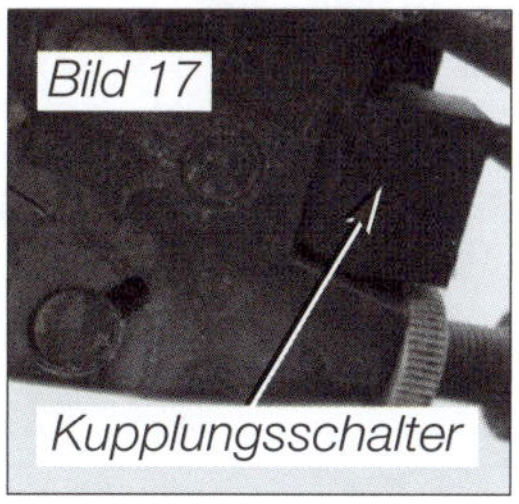

Bild 17

Leerlaufschalter (Bild 18a): Gibt Kontakt zur grünen Leerlauf-Kontrolleuchte, wenn der Leerlauf eingelegt ist. Starten des Motors bei eingelegtem Gang und nicht gezogener Kupplung ist nicht möglich.

➜ Einbauort unten im Getriebegehäuse (Bild 18b)

Notausschalter (Bilder 14b und 15b): Auch »Killschalter« genannt. Durch Betätigen des Notausschalters wird die Stromzufuhr zur Zündspule unterbrochen und der Motor sofort ausgeschaltet.

Öldruckschalter: Wenn der Öldruck auf 0,2 bis 0,5 bar absinkt, wird durch den Öldruckschalter die rote Öldruck-Warnlampe im Cockpit eingeschaltet; ist meist nur im Leerlaufbereich von 1000 bis 1200/min der Fall. Bei höherer Drehzahl (ab ca. 1500/min) steigt der Öldruck entsprechend an und ab 0,5 bar geht die Warnlampe aus.

➜ Einbauort links unten im Motorgehäuse unter dem Ölmessstab (Bild 19)

➜ siehe Kapitel 14 »Schmiersystem · Ölwechsel«

Zündsteuergerät (Steuergerät für **TSZ** »**T**ransistor **S**pulen **Z**ündung«, Bild 20): Das Steuergerät der kontaktlosen elektronischen Zündung wird auch »Zündsteuergerät« genannt, weil es den korrekten Zündzeitpunkt steuert. Im Zündsteuergerät werden die Signale der kontaktlosen Zündanlage aufbereitet und ausgewertet.

➜ Einbauort rechts unter dem Tank (Bild 10)

➜ siehe Kapitel 17 »Zündanlage«

Zündauslöser (Hallgeber): Bei der elektronischen Zündung wird der Zündimpuls durch einen Impulsgeber ausgelöst, in unserem Fall durch einen Hallgeber. Vor diesem Hallgeber bewegt sich eine Blende mit zwei Öffnungen, die vom Hallgeber erkannt werden und dadurch der Zündimpuls ausgelöst wird.

➜ Einbauort in der Zünddose unter dem vorderen Motordeckel (Bild 21)

➜ siehe Kapitel 17 »Zündanlage«

Zündsteuergerät Bild 20

Bild 21

Bild 18a

Bild 18b

Bilder 16 bis 21: Im Lauftext sind die zu den Bildern gehörenden Bauteile und Einbauort-Details nummeriert beschrieben.

Bild 19

Sichtprüfung Messen

Zündkerze: Über die Zündkerze wird die von der Zündspule erzeugte Zündenergie in den Brennraum eingeleitet. Durch die angelegte Hochspannung entsteht zwischen den Elektroden der Zündkerze ein elektrischer Funke, durch den das verdichtete Luft-Kraftstoff-Gemisch entflammt. Weil diese Funktion auch unter extremen Bedingungen sichergestellt werden muss, bestimmt die Zündkerze in entscheidendem Maße die optimale Leistung und sichere Funktion des Motors.

➜ Einbauorte sind rechter und linker Zylinderkopf (Bild 22)

➜ siehe Kapitel 16 »Zündkerzen«

Zündkerze und Stecker des linken Zylinders

Bild 22

Bild 23

Zündschloss R 65, R 80

Bilder 22 bis 24: Im Lauftext sind die zu den Bildern gehörenden Bauteile und Einbauort-Details nummeriert beschrieben.

Zündschloss: Das ist ein Schlüsselschalter, mit dem der Batteriestrom für alle elektrischen Hauptstromkreise ein- und ausgeschaltet wird.

➜ Einbauort in der Instrumentenkonsole (Bilder Instrumente 1 bis 3 und 5 bis 8).

➜ Ausnahme sind R 65 RT, R 80 RT, R 100 RS und R 100 RT, bei welchen das Zündschloss oben mittig in der Verkleidung eingebaut ist (Bild Instrumente 4) und R 65 und R 80, bei denen ist das Zündschloss in die Prallplatte auf dem Lenker eingebaut (Bild 23).

➜ siehe Seite 188 und 198 in diesem Kapitel

Zündspule: Eine Zündspule ist ein Transformator, welcher die Zündspannung hochtransformiert und die nötige Zündenergie und Zündspannung erzeugt. Bei allen Modellen unseres Buchs ist eine Doppelzündspule verbaut.

➜ Anbauort am Rahmen unter Tank (Bild 24)

➜ siehe Kapitel 17 »Zündanlage«

Bild 24

Doppelzündspule

Sicherung defekt?

Achtung: Falls eine Sicherung wiederholt durchbrennt, den Fehler suchen und beheben. Auf keinen Fall eine Sicherung mit einem höheren Ampere-Wert einsetzen.

Wie der Name schon sagt, ist eine Sicherung zum Schutz vor einem zu großen Stromfluss da. Oft ist in jedem Stromkreis eine Sicherung verbaut bzw. ist eine Sicherung auch für mehrere, voneinander unabhängigen Stromkreise eingebaut (sonst würden es viel zu viele Sicherungen!).

Bei einem Kurzschluss im Stromkreis, wenn z. B. eine blanke Stelle im Kabel Kontakt hat zur Masse, oder Überlastung des Stromkreises (wenn z. B. zu viele Verbraucher angeschlossen sind) brennt diese Sicherung durch und der Stromkreis wird dadurch unterbrochen. Schäden in der Bordelektrik durch Überhitzung oder gar ein offener Kabelbrand werden so wirkungsvoll verhindert.

Die Angabe der Sicherungsstärke in Ampere besagt, bei welcher Stromstärke der Sicherungsdraht schmilzt (»Sicherung brennt durch«). Bei den BMW-Modellen unseres Buchs gibt es entweder zwei Keramik-Sicherungen mit 8 Ampere, drei Flachstecksicherungen mit 7,5 oder 15 Ampere oder vier Flachstecksicherungen mit 15 Ampere. Eine Zuordnung zu den einzelnen Modellen finden Sie weiter vorne in diesem Kapitel.

Keramiksicherungen (Bilder 11a und 11b) haben einen außenliegenden Schmelzdraht, Flachstecksicherungen (Bilder 12a und 12b) einen innenliegenden, den man entweder durch das transparente Kunststoffgehäuse oder durch einen Blick von oben sehen kann.

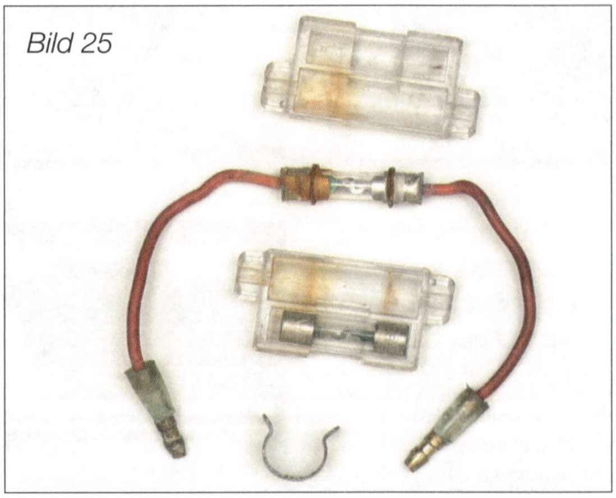

Bild 25

Bild 25: Nachträglich eingebauter Stromkreis mit einer Glaskörper-Schmelzsicherung.

Bild 25: Manchmal sind runde Glas-Stecksicherungen nachträglich als »fliegende Sicherung« in einen Zubehör-Stromkreis eingebaut.

Beim Arbeiten an Sicherungen beachten:

- Vor dem Wechsel einer Sicherung die Zündung AUSschalten, Zündschlüssel abziehen.
- Eine defekte Sicherung nicht reparieren, etwa mit alubeschichtetem Papier aus der Zigarettenschachtel: Die Gefahr, dass die Maschine anfängt zu brennen, ist ziemlich hoch!
- Wenn eine Sicherung durchbrennt und eine Reservesicherung eingebaut werden muss, sollte man umgehend eine neue Reservesicherung besorgen.
- Nur vorgeschriebene Sicherungen verwenden!
- Falls ein elektrischer Verbraucher nicht funktionieren will (zum Beispiel Licht brennt nicht), die Sicherung und alle anderen Bauteile aber garantiert einwandfrei sind, kann die Sicherung auch an ihren Kontakten korrodiert sein: Kontakte mit feinem Schmirgelpapier abziehen (Bild 12a), Klemmkontakt mit Kontaktspray behandeln.

Achtung: Falls eine Sicherung wiederholt durchbrennt, den Fehler suchen und beheben. NIEMALS eine Sicherung mit einem höheren Ampere-Wert einsetzen.

Wichtig: Schmelzsicherungen mit Keramikkörpern sind ebenso wie Flachstecksicherungen in ihren Grundformen alle gleich, egal welche Stärke (Ampere) sie haben; abhängig davon ist der Sicherungsdraht mehr oder weniger dick.

Die Stärke der Sicherung ist bei Keramiksicherungen auf der Rückseite des Keramikkörpers zu sehen (Bild 11a), bei Flachstecksicherungen ist sie auf den Kunststoffkörper aufgedruckt. Deswegen noch einmal der Hinweis, dass immer nur vorgeschriebene Sicherungen eingebaut werden, also weder stärkere noch schwächere.

Relais prüfen

Bilder 6 und 10: Anlasserrelais, Lichtrelais und Blinkgeber (»Blinkrelais«) sind rechts am oberen Rahmenrohr unter dem Tank montiert. Alle Modelle unseres Buchs besitzen ein Blinkrelais, fast alle ein Anlasserrelais (außer R 80 G/S ohne Anlasser) und auch fast alle ein Lichtrelais (außer R 65 GS, R 80 G/S und R 80 G/S Paris-Dakar ohne Dauerlicht). Bei den Modellen R 100 RS und R 100 RT sind für die optional erhältlichen Nebel- und Zusatzscheinwerfer je ein Relais zusätzlich montiert.

Relais ausbauen

Relais am Gehäuse fest anpacken und mit einer leichten Hin- und Herbewegung aus den Kontakten herausziehen.

Wichtig: NICHT verkanten. Bei Wiedereinbau die Relaiskontakte genau aufeinander ausrichten und das Relais fest eindrücken.

Fehlersuche an einem Relais

Die nachfolgende »Fehlersuche an einem Relais« ist beispielhaft für Relais in der Bordelektrik; sie kann auch angewendet werden bei nachträglich eingebauten Relais, wie z.B. für Zusatzscheinwerfer oder Heizgriffe. In den Kapiteln »Anlasser · Kickstarter« beschreiben wir die von BMW vorgeschriebenen Prüfschritte für die serienmäßig montierten Relais.

Auf dem Gehäuse eines jeden Relais sind die Leiterbahnen eingraviert, die den Stromverlauf durch den Elektromagneten und den Schalter zeigen. Beachten Sie vor dem Durchführen von Prüfungen zunächst die Bezeichnungen der Anschlussstifte, die Leiterbahnen und ob in einer der Leiterbahnen eine Diode vorhanden ist.

Falls eine elektrische Baugruppe, wie z.B. Anlasser oder Beleuchtung, nicht funktioniert, die

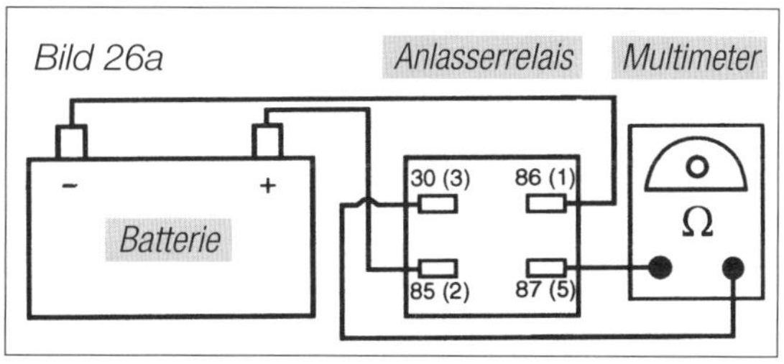

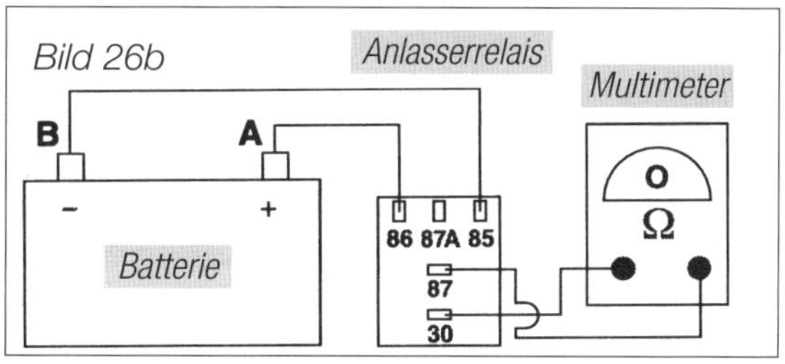

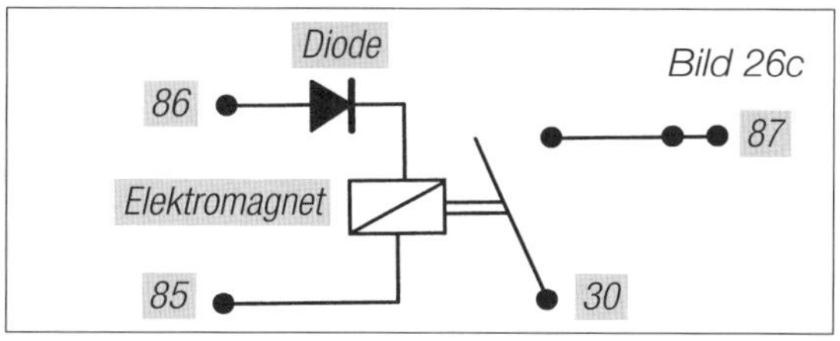

Elektrik auf Übergangswiderstand prüfen

Nachfolgendes Messbeispiel betrifft nicht nur die Fehlersuche am Ladesystem, sondern kann auch bei anderen elektrischen Problemen angewandt werden.

1. Multimeter auf kleinsten Ohmwert einstellen, Messkabel in Anschlussbuchsen einstecken.

2. Die zu messenden Drähte am Fahrzeug am einen Ende mit der roten Messspitze und am anderen Ende mit der schwarzen Spitze verbinden. Achten Sie auf zuverlässigen Kontakt!

3. Wenn die Verbindung in Ordnung ist, muss der angezeigte Wert bei null liegen, d. h. es darf kein merklicher Widerstandswert angezeigt werden.

4. Wenn ein deutlicher Widerstand gemessen wird, liegt die Ursache meist an mangelhaften Steckverbindern, gebrochenen (»abgefaulten«) Kupferlitzen an den Anschlüssen oder im Kabelbaum.

- Ursachen beseitigen!

5. Durch eine Gleichspannungsmessung mit dem Multimeter kann man tatsächlich prüfen, ob am Verbraucher auch wirklich Batteriespannung ankommt.

Bild 26a: Prüfanordnung eines Anlasserrelais mit 4 Kontakten.

Bild 26b: Prüfanordnung eines Anlasserrelais mit 5 Kontakten.

Bild 26c: Prüfbeispiel eines Relais-Schaltbilds mit Diode.

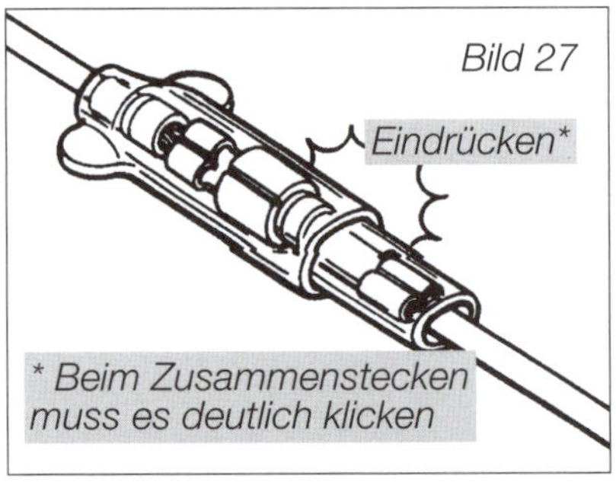

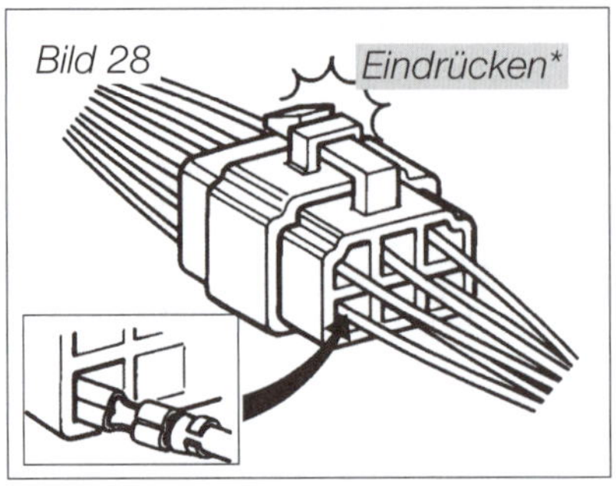

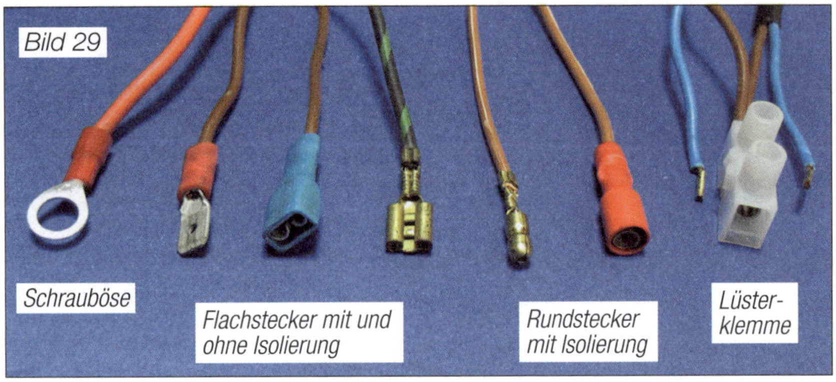

Bilder 27 bis 29: Verschiedene Stecker und Kabelanschlüsse.

Bilder 30 und 31: Korrosionsbeispiele und Einsatz von Kontaktspray. Es gibt einige Fehlerquellen an Steckverbindungen, deswegen gilt der Ratschlag: Bei jedem Problem genau hinsehen und Korrosion beseitigen.

Bilder 32 und 33: Ein Brocken Korrosion an Kabelösen entsteht, wenn die Maschine über Jahre in feuchter Umgebung abgestellt ist. Wenn ein Anschluss so aussieht, geht kein Strom mehr durch.
■ Da hilft nur abschrauben, sauber putzen und wieder anschrauben.

zugehörige Sicherung jedoch in Ordnung ist und die stromzuführenden Kabel ebenfalls, kann das Relais »hängen«: Leicht gegen das Relais klopfen und erneut versuchen.

Falls immer noch nichts geht, ein erwiesenermaßen funktionstüchtiges Relais einsetzen.

Bilder 26a, 26b und 26c: An den drei Relais für Anlasser, Licht und Horn (»Hupe«) sind die Leiterbahnen aufgedruckt. Prüfen Sie zunächst den Elektromagneten auf Durchgang, üblicherweise zwischen Stift 86 (Plus) und Stift 85 (Minus). Falls der Stromkreis eine Diode enthält, wie beim Anlasserrelais, verwenden Sie die Diodenprüfvorrichtung des Multimeters (Voltskala) in Stromlaufrichtung. Ist keine Diode vorhanden, verwenden Sie die Widerstandsprüfeinstellung. Eventuelle Leiterunterbrechung oder ungewöhnlich hoher Widerstandswert deuten auf ein fehlerhaftes Relais hin.

Legen Sie zur Überprüfung der Schalterseite eine 12 V-Versorgungsspannung zwischen Stift 86 und 85 an. Jetzt genau hinhören: Beim Anlegen der Versorgungsspannung muss ein Klicken des Relais zu hören sein, und zwischen den Stiften 30 und 87 muss Stromdurchgang bestehen. Leiterunterbrechung deutet auf ein fehlerhaftes Relais hin.

Stecker, Kabel, Anschlüsse

Stecker trennen: Bei Wartungsarbeiten oder Auswechseln elektrischer Bauteile müssen Stecker getrennt werden.

⚠ **Achtung:** Niemals versuchen, durch Ziehen an den Kabeln einen Stecker zu trennen, sonst reißen die Kabel aus!

Beim Trennen von Steckern beachten:
■ Bei einfachen Steckern sind Kabelschuhe auf Kontakte aufgeschoben: Gummikappe anheben, Kabelschuh packen und abziehen.
■ Bei einigen Steckern sind Zapfen oder Bügel angebracht: Eindrücken, entriegeln, Steckerhälften auseinanderziehen (Bilder 27 und 28).
■ **Generell gilt:** Jeden Stecker vor dem Trennen genau ansehen, wie er zusammengesteckt ist, dann sorgsam trennen.

Kabel, Kabelanschlüsse und Stecker prüfen
Bilder 30 bis 33: Ein loser oder korrodierter Anschluss eines Kabels an Batterie, am Rahmen oder in einem Stecker ist oft auf den ersten Blick

nicht festzustellen, der Anschluss scheint korrekt, ist aber korrodiert. Ein sicherer Anschluss des Massekabels am Rahmen (»Fahrzeugmasse«) kann schon durch eine dünne Korrosionsschicht, die kaum zu sehen ist, negativ beeinflusst sein: Kontakt abschrauben, abschmirgeln und wieder sicher anschrauben wirkt meist Wunder!

- Bild 30: Wenn Sie ein Bauteil als Fehlerquelle in Verdacht haben, ziehen Sie den betreffenden Stecker am Bauteil ab und kontrollieren auf Korrosion, Nässe und Schmutz.
- Zum Reinigen von Steckern eine Messingbürste mit sehr feinen Borsten oder eine harte (trockene!) Zahnbürste benutzen sowie Kontaktspray und Druckluft, diese »leicht«, zielgerichtet und sorgfältig anwenden. Harte Korrosion mit einer kleinen Feile (»Schlüsselfeile«) entfernen.
- Batterieanschlüsse müssen sauber und die Kontaktflächen fest mit den Polen der Batterie verbunden sein. Sehr zu empfehlen ist die Verwendung von Polfett, denn dieses bietet Schutz vor Korrosion.
- Sorgen Sie auch dafür, dass kein Kabel gequetscht oder geknickt am Fahrzeug montiert ist. Wenn Sie bei der Suche nach einem Problem auf ein solches Kabel stoßen, ist der Grund meist fehlerhafte Montage – das Kabel umgehend reparieren und exakt verlegen.

Kabelverbindungen und Drähte

Elektrische Drähte, umgangssprachlich »Kabel« genannt, sind entweder ein- oder zweifarbig und in der Regel mit Drähten der gleichen Farbe zu verbinden. Bei zweifarbigen Drähten überwiegt eine der beiden Farben. Ein zweifarbiger Draht wird zuerst mit seiner Hauptfarbe bezeichnet, dann mit der Zweitfarbe. So wird ein gelber Draht mit dünnen roten Streifen als »gelb/rot« bezeichnet. Wenn die Farbverteilung umgekehrt ist, lautet die Bezeichnung »rot/gelb«.

Fehlerhafte **Kabelverbindungen** sind mit den Anschlüssen (Steckern) eine häufige Ursache von Verdrahtungsfehlern. Kabelverbindungen werden dort hergestellt, wo zwei oder mehr Drähte zusammenlaufen und sich, normalerweise zur Versorgung eines anderen Stromkreises, in verschiedene Richtungen verzweigen. Zum Lokalisieren einer Kabelverbindung ist es erforderlich, die Isolierung zurückzuziehen und die Kabelverbindung auf ihre Unversehrtheit bzw. aufgescheuerte Kabel zu untersuchen. Der häufigste Fehler besteht darin, dass einer der Drähte aus der Verbindung herausreißt und dabei der von ihm versorgte oder geerdete Stromkreis »stillgelegt« wird.

Aufgescheuerte Kabel

Problem: Elektrische Kabel haben eine Ummantelung aus Kunststoff oder Gummi (»Isolierung«), welche die im Innern liegenden Drähte bzw. Kupferlitzen vor Beschädigungen schützen soll. Falls ein Kabel eingeklemmt war oder über längere Zeit unglücklich an einem Bauteil oder dessen Kante (das ist ganz schlimm!) gescheuert hat, ist die Isolierung beschädigt und der blanke Draht zu sehen (Bild 34). Wenn der Draht nicht durchgescheuert ist, muss man solche Stellen mit einem Isolierband abkleben (Bild 35), damit kein Kurzschluss entstehen kann, der wiederum zum Durchbrennen der Sicherung führt.

Lösung: Isolierband so weit um Scheuerstelle herum kleben, bis es ca. zwei Zentimeter davor und dahinter anliegt. Die Kupferlitze ist jetzt geschützt, es kann kein Wasser mehr eindringen

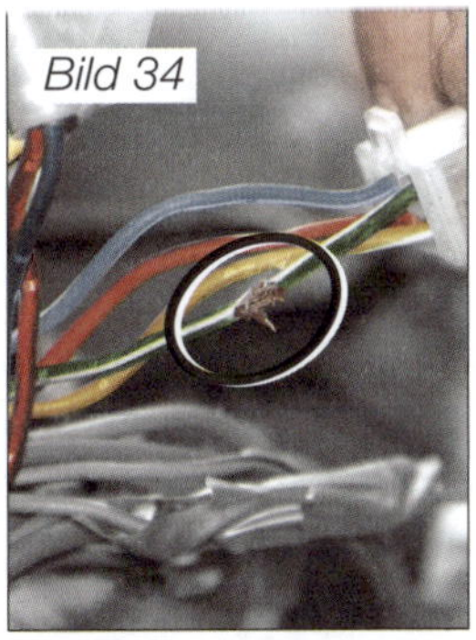

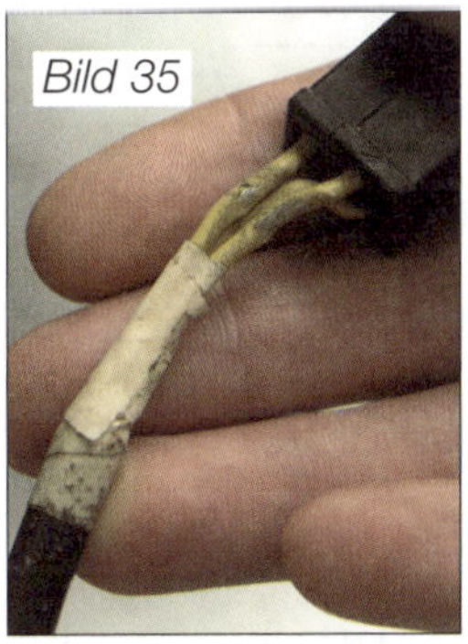

Bilder 34 und 35: Beschädigte Isolierung, mit Isolierband flicken.

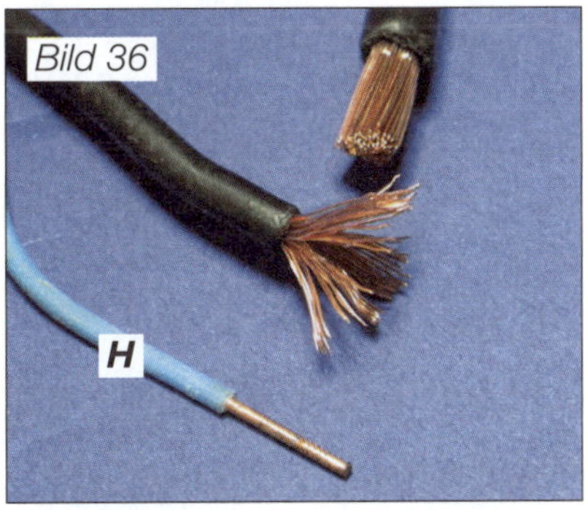

*Bild 36: Kfz-Kabel bestehen aus mehreren dünnen Drähten, die zu einem zusammengewickelt sind. Keine starren Haushaltskabel (**H**) verwenden!*

Bild 37: Abisolierzange im Einsatz.

Bilder 38a und 38b: Geschmolzene Isolierung an einem Stecker (Pfeil).Grund war zu großer Übergangswiderstand durch verschmutzte Kontakte, der deswegen zu hohe Stromfluss sorgte für große Hitze.

oder bei Kontakt an einem Metallteil (Rahmen, Motor) keinen Kurzschluss auslösen.

Wichtig: Ursache der Beschädigung herausfinden und abstellen, denn der Einsatz von Isolierband ist keine Dauerlösung.

Fehlersuche in Stromkreisen

Nachstehend die häufigsten Arten elektrischer Fehlfunktionen sowie einige Methoden, wie diese aufgespürt werden können.

Bild 39a

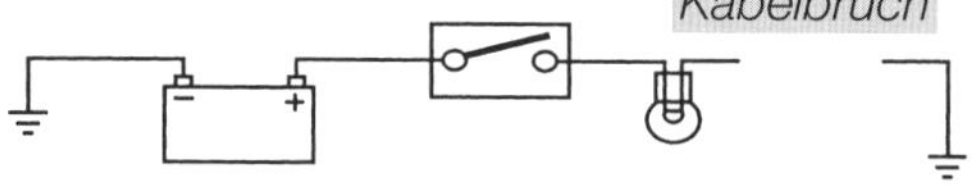

Bild 39b

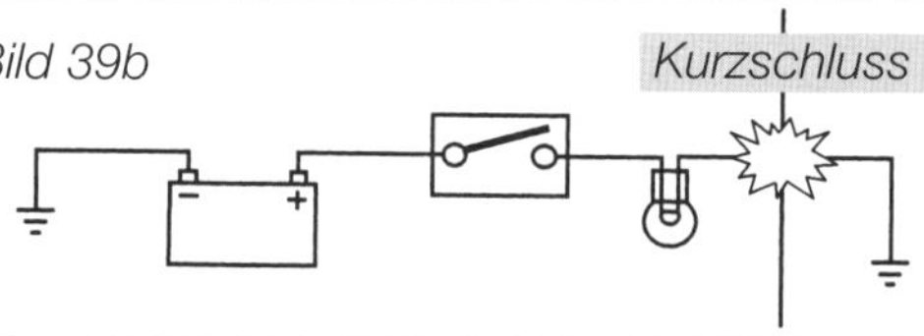

Bilder 39a und 39b: Beispiele für Stromkreisunterbrechungen durch Kabelbruch und Kurzschluss.

Bild 39a: **Leiterunterbrechung (Kabelbruch)** ist eine Unterbrechung in einem elektrischen Stromkreis, es fließt kein Strom. Mögliche Ursachen: Bruch eines Drahts oder Kabels oder eine zu lockere Verbindung. Treten meistens nur sporadisch auf, was die Diagnose erschwert.

Bild 39b: **Kurzschluss** ist eine »Abkürzung« innerhalb eines elektrischen Stromkreises, der Strom fließt aus dem Nutzstromkreis in einen anderen Stromkreis oder gegen Masse ab. Ursache ist häufig ein Versagen der Kabelisolierung bei einem durchgescheuerten oder eingeklemmten Draht (siehe weiter vorne). Es gibt zwei verschiedene Arten von Kurzschlüssen: Kurzschluss innerhalb des Kabelbaums gegen Masse und Kurzschluss gegen Batteriespannung.

- **Kurzschluss gegen Masse:** Strom fließt vor Erreichen der Komponente, die er versorgen soll, gegen Masse ab. Die Sicherung des betroffenen Stromkreises brennt häufig durch.
- **Kurzschluss gegen die Batteriespannung:** Wird durch den Kontakt zwischen einem unter Strom stehenden Stromversorgungskabel und

Tipps und Tricks zur Überprüfung der elektrischen Anlage

Hinweise, Fehlersuche und Messungen:

- Zündung immer AUSschalten bevor Sie Anschlüsse an der elektrischen Anlage vornehmen oder unterbrechen. Andernfalls kann dies zu Überspannungen führen, die elektronische Komponenten beschädigen können.
- Hände und Arbeitsflächen müssen sauber und frei von Fett, Metallspänen usw. sein, da Fett Schmutz anzieht, der zu Kriechströmen oder hohen Kontaktwiderständen führen kann.
- Berühren Sie vor Beginn eines Tests einen geeigneten Erdleiter, um die statische Elektrizität Ihres Körpers zu entladen, und wiederholen Sie diesen Schritt während des Tests in regelmäßigen Abständen. Dies ist erforderlich, da einige Komponenten anfällig auf statische Elektrizität reagieren.
- Wenn an einem elektrischen Bauteil wiederholt ein Fehler auftritt und/oder eine Sicherung immer wieder durchbrennt, raten wir Ihnen ganz generell, umgehend eine BMW-Fachwerkstatt aufzusuchen. Denn auf Grund ihrer Erfahrung und Ausrüstung ist sie in der Lage, systematisch die Motor- und Bordelektrik nach Fehlern zu durchsuchen, Fehlerquellen zu finden und zu beheben.

Elektrische Prüfungen: Damit das elektrische System funktioniert, muss der elektrische Strom von der Spannungsquelle (Batterie) über die Komponenten und zurück zur Batterie durch einen geschlossenen Stromkreis fließen können. Ohne geschlossenen Stromkreis kein Stromfluss. Wenn der elektrische Strom die Batterie am Pluspol verlassen und die jeweilige Komponente passiert hat, muss er anschließend zum Minuspol der Batterie (»Masse« oder »Erde«) zurückgelangen.

Um Kabel, Stecker und Platz zu sparen, wird der Minuspol der Batterie direkt mit dem Rahmen oder Motor verbunden. Rund um den Rahmen und den Motor gibt es verschiedene weitere Erdungspunkte, an denen Anschlusskabel von Komponenten angeschlossen werden. Der Anlassermotor dagegen ist direkt mit dem Motor verschraubt, der wiederum mit dem Rahmen verschraubt ist. So bilden Rahmen und Motor ebenfalls einen Teil der Masseleitung.

Ohmsches Gesetz

Das Verhältnis zwischen Spannung, Stromstärke und Widerstand ist im »ohmschen Gesetz« festgelegt:

- Die **Spannung (U)** einer Batterie wird in **Volt (V)** gemessen.
- Die **Stärke** des in einem Stromkreis fließenden Stroms **(I)** wird in **Ampere** gemessen.
- Die **Leistung (P)** eines Verbrauchers wird in **Watt (W)** angegeben.
- Der **Widerstand** (R) eines Stromkreises wird in Ohm (Ω) gemessen.

Das ohmsche Gesetz lautet wie folgt:

$$\frac{\textbf{Spannung (U)}}{\textbf{Strom (I)}} = \textbf{Widerstand (R)}$$

Die Leistung errechnet sich durch Multiplikation von Spannung und Stromstärke:

Watt = Volt x Ampere (P = U x I)

Durch Umformen einer dieser Gleichungen kann der Wert jeder Größe berechnet werden, wenn die beiden anderen Werte bekannt sind. Wird zum Beispiel eine Glühbirne mit 60 W an eine Batterie mit 12 V angeschlossen, dann…

- kann der im Stromkreis fließende Strom mit Hilfe der folgenden Gleichung berechnet werden:

$$\frac{P}{U} = I \quad (60\,W : 12\,V = 5\,A)$$

- kann der Widerstand der Glühbirne wie folgt berechnet werden:

$$\frac{U}{I} = R \quad (12\,V : 5\,A = 2.4\,\Omega)$$

Verwendung der folgenden Dreiecke: Gesuchten Wert mit dem Finger abdecken. Die verbleibenden Werte multiplizieren, wenn sie nebeneinander liegen, oder den oberen durch den unteren Wert dividieren, wenn sie übereinander liegen.

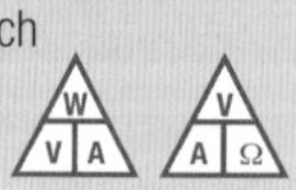

einem benachbarten Kabel verursacht.
Beachten: Ein Draht verzweigt sich möglicherweise an einer Kabelverbindung und versorgt weitere Stromkreise. Wenn diese Stromkreise funktionieren, überprüfen Sie auf Verdrahtungsfehler ab dieser Verbindung.

- Die Schaltbilder 39a und 39b sind keine genaue Wiedergabe der tatsächlichen Position der Teile am Motorrad. Es handelt sich vielmehr um eine schematische Darstellung der Stromkreise.

Prüfen auf Durchgang (Bild 40a)
Stellen Sie sicher, dass vor dem Messen der zu prüfende Stromkreis abgeschaltet wird. Wenn z. B. mit dem auf Widerstandsmessung (Ohm Ω) eingestellten digitalen Multimeter ein unter Spannung stehender Stromkreis geprüft wird, kann dies zu Schäden am Messgerät führen. Im nachfolgenden Beispiel wird der Massestromkreis von der Batterie zum Rahmen hin auf Durchgang geprüft.

Durchgangsprüfung (Widerstandsprüfung)

- Lokalisieren Sie die beiden Enden des Drahts.
- Stellen Sie das Multimeter auf Widerstandsmessung Ohm (Ω) ein.
- Prüfen Sie die beiden Enden des Drahts.
- Bei Durchgang erfolgt normalerweise ein Piepton oder die Anzeige des Kabelwiderstands; Messgerät zeigt 0 Ω an.
- Hoher Widerstandswert kann auf eine schmutzige oder korrodierte Verbindung hindeuten.
- Im Fall eines Kabelbruchs erfolgen weder Piepton noch Widerstandsanzeige.
- Durch Untersuchen verschiedener Stellen des Drahts kann die genaue Position eines erhöhten Widerstands oder eines Kabelbruchs (Leiterunterbrechung) im Draht nach und nach so eingegrenzt und schließlich gefunden werden.

Messen der Spannung (Bild 40b)
Im nachfolgenden Beispiel wird die Spannung des Stromkreises an der Plusklemme (+) der Glühlampe gemessen.

Spannungsprüfung
1. Den zu überprüfenden Stromkreis einschalten.
2. Multimeter auf Spannungsmessung (V) einstellen. Vergewissern Sie sich, dass das Multimeter bei Gleichspannungsstromkreisen auf **DC** (häufigster Fall) und bei Wechselspannungsstromkreisen auf **AC** eingestellt ist (üblicherweise Prüfung der Lichtmaschinen-Ausgangsspannung).
3. Multimeter auf den für die Spannung des zu prüfenden Stromkreises am besten geeigneten Messbereich einstellen (meist 20 V). Beachten Sie die Anweisungen des Messgeräteherstellers.
4. Schwarzes Kabel (Masse) des Multimeters mit einem verlässlichen Masseanschluss (normalerweise Batterie oder Rahmen) verbinden.
5. Lokalisieren Sie das plusseitige Ende des zu prüfenden Drahts bzw. die Plusklemme der zu prüfenden Komponente.
6. Rotes Kabel (Pluskabel) des Multimeters mit dem Plus-Ende bzw. der Plusklemme verbinden.
7. Lesen Sie die Spannung vom Messgerät ab.

Schalter prüfen

Stellen Sie das Multimeter zur Überprüfung eines Schalters auf Widerstand/Durchgang und prüfen Sie die beiden Anschlussstifte, die beim Betätigen des Schalters einen geschlossenen Stromkreis bilden. Wenn der Schalter korrekt funktioniert, muss der Widerstand »0 Ω« angezeigt oder ein Piepton vom Messgerät abgegeben werden.

Defekten Schalter reparieren

An unserem Foto- und Reparaturmotorrad war der »Killschalter«-Flügel defekt, weil irgendein Grobmotoriker so stark am Flügel gedreht hat, dass dieser in zwei Teile zerbrochen ist (Kreis in Bild 44). Für den Schalter gibt es keine ein-

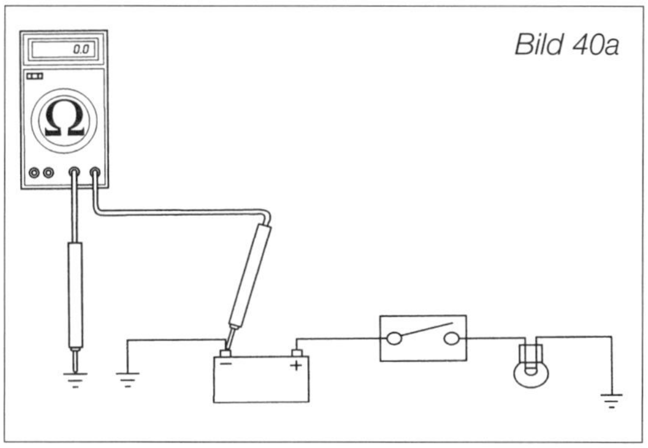

Bild 40a

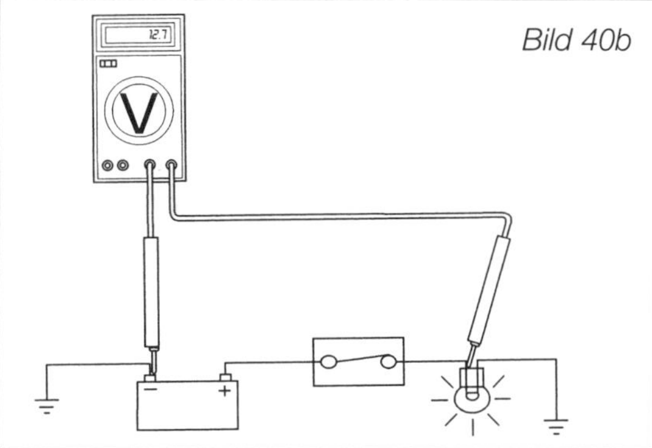

Bild 40b

Bilder 40a und 40b: Beispielhafte Prüfanordnung zum Prüfen auf Durchgang und Spannung.

Sichtprüfung Messen

zelnen Ersatzteile; das neue Schalter-Oberteil (Bild 42) kostet 175 Euro.

■ Ganz generell vertragen die Kunststoffteile in den Schaltern keine ungewöhnlichen Drücke und keine »harte« Bedienung, dies gilt für funktionsfähige Schalter wie für alte Schalter, die eventuell schon einmal einen groben Knuff abbekommen haben.

■ Als generelle Bedienungsanweisung für Schalter gilt: Wenn ein Widerstand im Schalter spürbar ist, nicht grob weiterdrücken, sondern mit viel Gefühl. Wenn der Schalter noch nicht defekt ist, dann öffnen Sie ihn und suchen nach der Störung – vielleicht liegt ein kleiner Stein drin oder einige größere Sandkörner? Zum Schrauben an den Schaltern brauchen Sie kleine Werkzeuge, diese gibt es in Modellbauläden (zur Sicherheit auch beim freundlichen BMW-Motorradhändler fragen). Und wenn Sie auf eine ganz große Reise in ein unbekanntes Land fahren, nehmen Sie diese Teile mit, denn manchmal muss man eben reparieren!

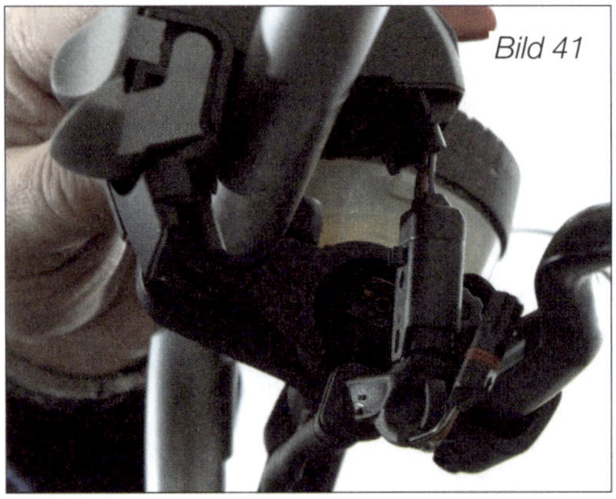
Bild 41

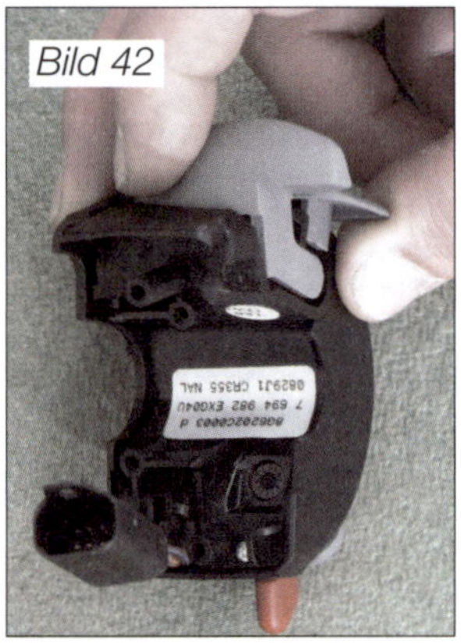
Bild 42

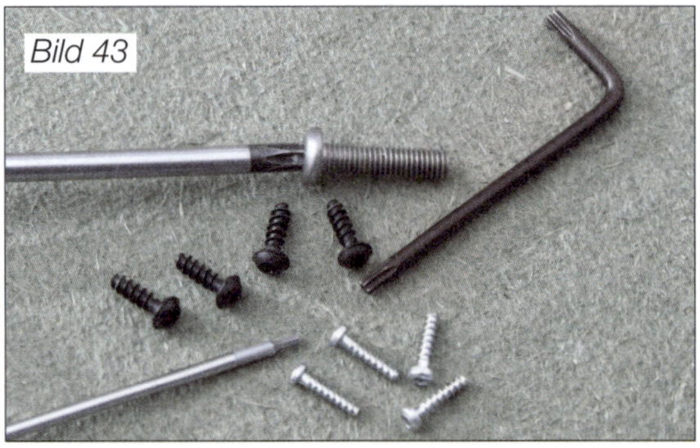
Bild 43

Bild 44

Bilder 41 bis 44: Reparieren des rechten Lenkerschalters.

Zündschloss, Zündschlüssel

Zum Fahrzeug gehören zwei Zündschlüssel. Die beiden Zündschlüssel sind zum normalen Betrieb gedacht. Welcher benutzt wird, ist egal.

Wichtig: Neue Zündschlüssel können in der Regel nur über einen autorisierten BMW-Händler bezogen werden. Um den Schlüssel im Werk bestellen zu können, benötigt der Händler von Ihnen Kfz-Schein und Personalausweis.

Gebrauchs- und Behandlungs-tipps für den Zündschlüssel

■ Zündschlüssel immer nur alleine ins Zündschloss stecken, keinen schweren Schlüsselanhänger und schon gar keinen Schlüsselbund am Zündschlüssel anbringen (Bild 45). Denn das Gewicht der anderen Schlüssel sorgt dafür, dass der Zündschlüssel im Zündschloss während des Fahrens dauerhaft wackelt. Dadurch verschleißt das Zündschloss von innen heraus, weil sich die feinen Stifte des Schließmechanismus abnutzen. Außerdem sorgen die angehängten und deswegen herumbaumelnden Schlüssel für Lackschäden im weiten Umkreis des Zündschlosses.

■ Bild 45: Zündschlüssel immer exakt in Flucht des Schlitzes im Zündschloss einstecken.

■ Zündschlüssel immer bis ganz nach innen in das Zündschloss einstecken.

■ Zündschlüssel nicht fallen lassen, vor Druck und harten Schlägen schützen.

■ Wenn der Zündschlüssel im Zündschloss hakt oder wenn man spürt, dass er sich nicht mehr gewohnt leicht bewegen lässt: Das Zündschloss und den Zündschlüssel NICHT mit Motoröl oder Fett schmieren, sondern nur spezielles Schlossspray auf Graphitbasis benutzen (Bild 46).

Kabelquerschnitte

Als Kabel wird isolierte Kupferlitze verwendet. Die »Litze« besteht aus vielen dünnen Einzeldrähten (siehe auch Bild 47), diese geben dem Kabel die notwendige Flexibilität, sodass es bei Erschütterungen und Bewegungen nicht so leicht bricht. Die Höhe des maximalen Stroms, der über das Kabel fließen soll, bestimmt den Mindestquerschnitt des Kupferleiters. Gebräuchliche Leiterquerschnitte liegen zwischen 0,5 mm^2 und 4 mm^2. Bei Batterie- und Massekabeln liegen die Querschnitte noch um einiges höher, wenn das Motorrad einen Anlasser (Elektrostarter) hat. Auch bei Kabeln gibt es technische Daten, hierzu zählen z. B. die maximale Strombelastung sowie die Hitzebeständigkeit der Isolierung. Aus einer bestimmten Formel lässt sich dann die Dauerstromdichte eines Kabels verlässlich bestimmen. Ein höherer Strom würde sonst zu einer unzulässigen Erwärmung führen. Wenn das Kabel auch durch andere Wärmequellen erwärmt wird, muss die maximale Strombelastung eventuell reduziert werden. Je höher der Querschnitt eines Kabels ist, umso geringer darf die maximale Dauerstromdichte sein, weil sich die Wärmeabfuhr mit steigendem Querschnitt verschlechtert. Dünnere Kabel haben somit eine bessere Wärmeabfuhr. Wenn statt einem Kabel von 1,5 mm^2 zwei Kabel mit je 0,75 mm^2 parallel geschaltet werden, kann über diese beiden Kabel ein höherer Dauerstrom fließen als über das einzelne dicke Kabel.

Bild 45: Bestes Beispiel, wie man es NICHT machen sollte. Hängen Sie keine zusätzlichen Schlüssel an den Zündschlüssel, sondern verwenden Sie diesen immer alleine.

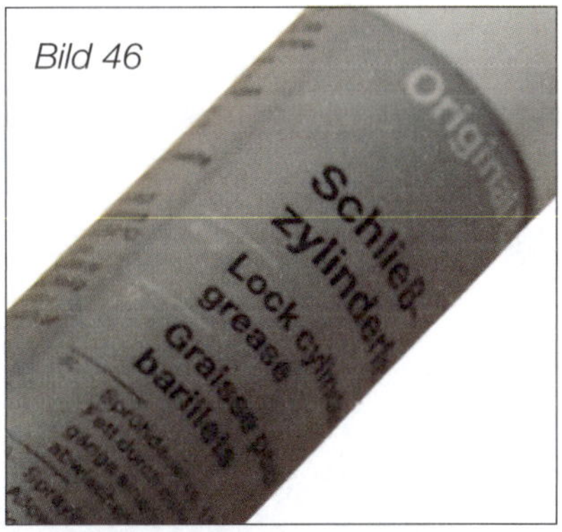

Bild 46: Zum Schmieren eines jeden Schlosses NUR spezielles Schlossspray benutzen, entweder solches auf Graphitbasis oder das bei BMW erhältliche »Schließzylinderfett«. NIEMALS Schmieröl, offenes Fett oder gar Kettenspray.

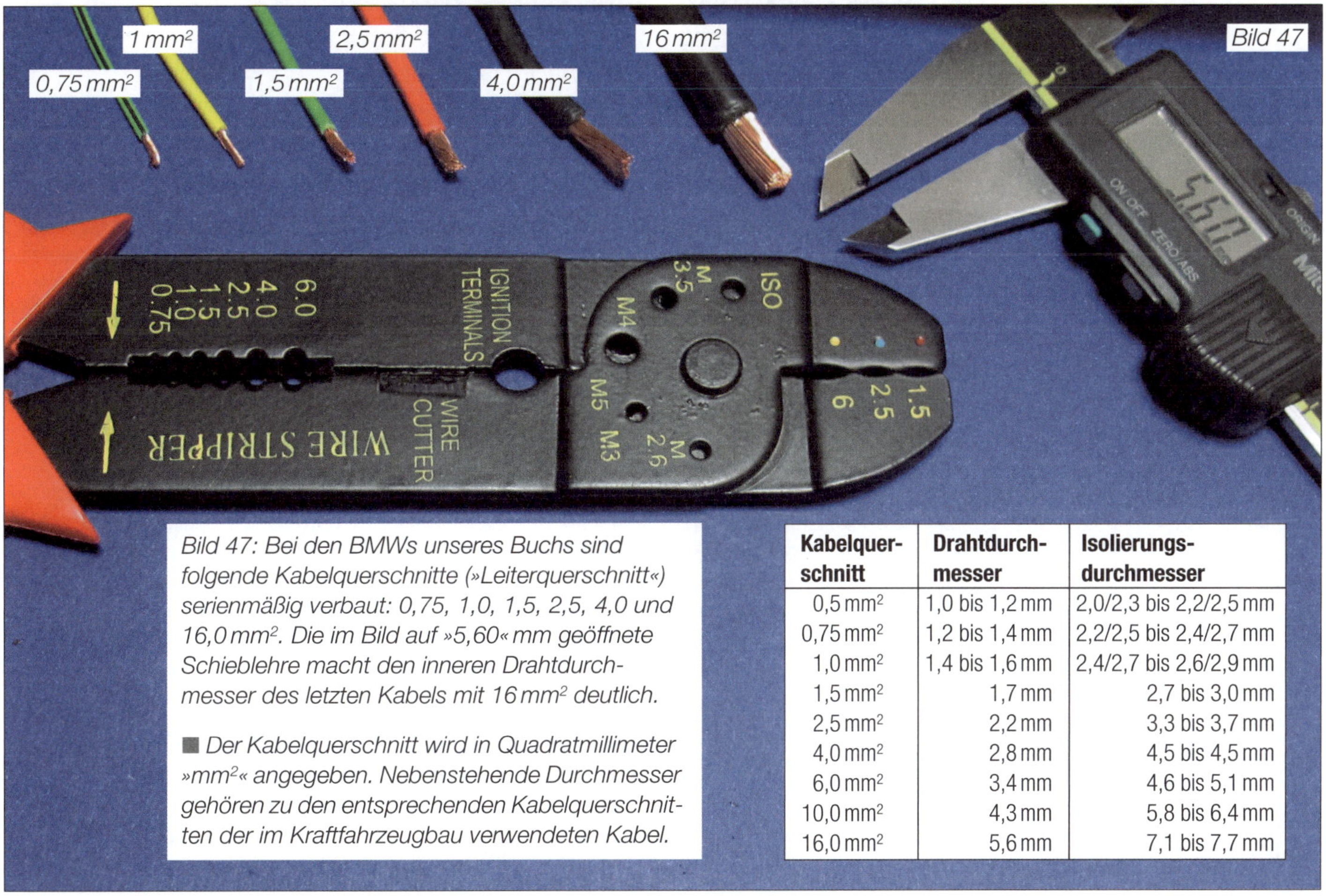

Bild 47: Bei den BMWs unseres Buchs sind folgende Kabelquerschnitte (»Leiterquerschnitt«) serienmäßig verbaut: 0,75, 1,0, 1,5, 2,5, 4,0 und 16,0 mm^2. Die im Bild auf »5,60« mm geöffnete Schieblehre macht den inneren Drahtdurchmesser des letzten Kabels mit 16 mm^2 deutlich.

■ Der Kabelquerschnitt wird in Quadratmillimeter »mm^2« angegeben. Nebenstehende Durchmesser gehören zu den entsprechenden Kabelquerschnitten der im Kraftfahrzeugbau verwendeten Kabel.

Kabelquerschnitt	Drahtdurchmesser	Isolierungsdurchmesser
0,5 mm^2	1,0 bis 1,2 mm	2,0/2,3 bis 2,2/2,5 mm
0,75 mm^2	1,2 bis 1,4 mm	2,2/2,5 bis 2,4/2,7 mm
1,0 mm^2	1,4 bis 1,6 mm	2,4/2,7 bis 2,6/2,9 mm
1,5 mm^2	1,7 mm	2,7 bis 3,0 mm
2,5 mm^2	2,2 mm	3,3 bis 3,7 mm
4,0 mm^2	2,8 mm	4,5 bis 4,5 mm
6,0 mm^2	3,4 mm	4,6 bis 5,1 mm
10,0 mm^2	4,3 mm	5,8 bis 6,4 mm
16,0 mm^2	5,6 mm	7,1 bis 7,7 mm

Korrespondenzkapitel:
- 16 »Zündkerzen«
- 18 »Batterie«
- 19 »Ladesystem«
- 20 »Anlasser · Kickstarter«
- 24 »Elektrik«

Schaltpläne

In diesem Kapitel: Beispiele für Kabelverbinder · Auflistung der Schaltpläne in diesem Kapitel · Stromkreise, Schaltpläne, Stromlaufpläne, Schaltbilder und Symbole · Klemmenbezeichnungen und ihre Bedeutung in den Schaltplänen · Schaltpläne auf Ausklappseiten.

Schaltpläne, Stecker, Übersicht

Auf der nächsten Doppelseite ist erklärt wie die Schaltpläne zu lesen sind und welche Informationen darin enthalten sind. Im Kapitel 24 »Elektrik« finden Sie die Lage der elektrischen Bauteile in echt fotografiert, ihren Anbauort und eine Kurzbeschreibung ihrer Funktion. Hier auf dieser Seite sehen Sie vier Fotos von BMW-typischen elektrischen Anschlüssen wie z. B. Flachstecker, Kabelöse, Rundstecker in einem gemeinsamen Steckergehäuse und die Flachsteckzungen am Ausgang der Lichtmaschine. Je nach Funktion sind sie mit Isolation oder ohne ausgeführt (Bild 1). Wenn Sie einen solchen Kabelanschluss ersetzen müssen, verwenden Sie bitte generell Stecker mit Isolation, denn z. B. bei den Kabeln in der Lampe geht es sehr eng zu und auch die Anschlüsse unter dem Tank sind kurzschlussgefährdet, wenn eine Montage wie »Lampe auf« oder »Tank ab« durchgeführt wird. Bei Massenschlusspunkten wie in Bild 2 kann man Anschlussösen ohne Isolation verwenden.

Bild 1: Flachstecker mit und ohne Isolierung.

Bild 2: Masseanschluss links unten am Motor.

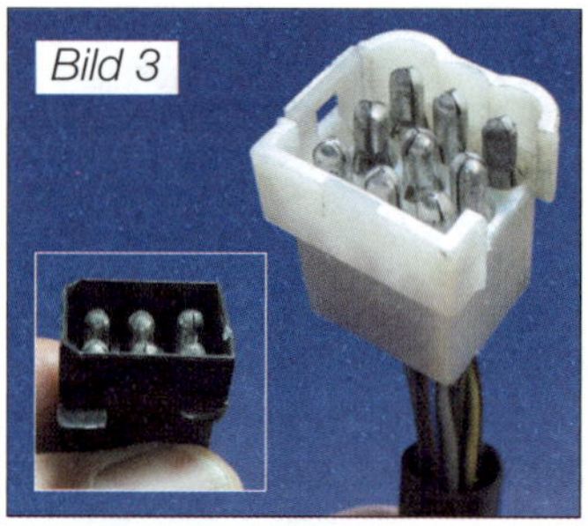

Bild 3: In einem Stecker zusammengefasste Rundstecker.

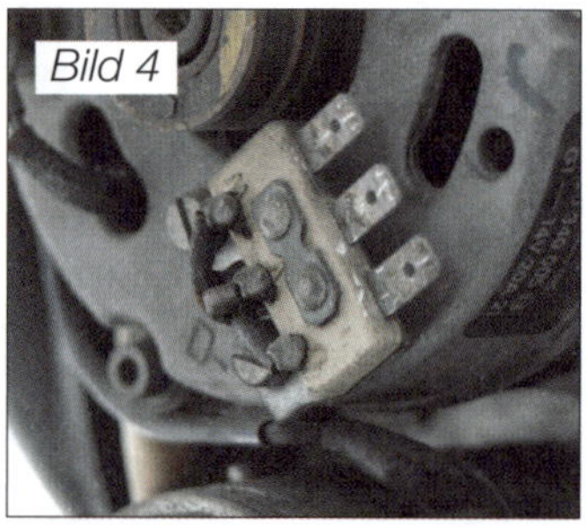

Bild 4: Zungen für Flachstecker an Lichtmaschine.

Übersicht der Schaltpläne in diesem Kapitel

Modell	Baujahr	Schaltplan
R 65	Mj. 1986 bis 1993	Schaltplan A
R 80	Mj. 1985 bis 1992	Schaltplan A
R 65 GS	Mj. 1988 bis 1990	Schaltplan B
R 80 G/S	Mj. 1980 bis 1987	Schaltplan B
R 80 G/S Paris-Dakar	Mj. 1984 bis 1987	Schaltplan B
R 65 GS mit Dauerlicht	Mj. 1988 bis 1990	Schaltplan C
R 80 ST	Mj. 1982 bis 1984	Schaltplan D
R 80 ST mit Dauerlicht	Mj. 1982 bis 1984	Schaltplan E
R 65 RT	1986 bis Juli 1988	Schaltplan F
R 80 RT	1985 bis Juli 1990	Schaltplan F
R 100 RS	1987 bis Juli 1990	Schaltplan F
R 100 RT	1988 bis Juli 1990	Schaltplan F
R 80 RT	August 1990 bis 1994	Schaltplan G
R 100 RS	August 1990 bis 1992	Schaltplan G
R 100 RT	August 1990 bis 1994	Schaltplan G
R 100 RT Classic	1995 und 1996	Schaltplan G
R 80 GS	Mj. 1988 bis 1990	Schaltplan H
R 100 GS	Mj. 1988 bis 1990	Schaltplan H
R 100 GS Paris-Dakar	Mj. 1989 und 1990	Schaltplan H
R 80 GS	Mj. 1990 bis 1994	Fahrgestell-Schaltplan J
R 80 GS P-D	Mj. 1991 bis 1994	Fahrgestell-Schaltplan J
R 80 GS Basic	Mj. 1996	Fahrgestell-Schaltplan J
R 100 GS	Mj. 1990 bis 1994	Fahrgestell-Schaltplan J
R 100 GS P-D	Mj. 1991 bis 1994	Fahrgestell-Schaltplan J
R 100 GS P-D Classic	Mj. 1995 und 1996	Fahrgestell-Schaltplan J
R 80 GS	Mj. 1990 bis 1994	Motor-Schaltplan K
R 80 GS P-D	Mj. 1991 bis 1994	Motor-Schaltplan K
R 80 R	Mj. 1993 und 1994	Motor-Schaltplan K
R 80 R Mystic	Mj. 1994 und 1995	Motor-Schaltplan K
R 80 GS Basic	Modelljahr 1996	Motor-Schaltplan K
R 100 GS	Mj. 1990 bis 1994	Motor-Schaltplan K
R 100 GS P-D	Mj. 1991 bis 1994	Motor-Schaltplan K
R 100 GS P-D Classic	Mj. 1995 und 1996	Motor-Schaltplan K
R 100 R	Mj. 1991 bis 1996	Motor-Schaltplan K
R 100 R Mystic	Mj. 1994 bis 1996	Motor-Schaltplan K
R 80 R	Mj. 1993 und 1994	Fahrgestell-Schaltplan L
R 80 R Mystic	Mj. 1994 und 1995	Fahrgestell-Schaltplan L
R 100 R	Mj. 1991 bis 1996	Fahrgestell-Schaltplan L
R 100 R Mystic	Mj. 1994 bis 1996	Fahrgestell-Schaltplan L

Redaktioneller Hinweis: Die in diesem Kapitel veröffentlichten Schaltpläne gehören zu den Zivilmodellen, die in den genannten Bauzeiträumen im deutschsprachigen Raum ausgeliefert wurden. Sie beinhalten auch die optional von BMW angebotenen Zubehörteile, wie z. B. Zusatzscheinwerfer. Wenn Sie andere Schaltpläne benötigen, z. B. für Fahrzeuge anderer Verkaufsgebiete (insbesonders US-Fahrzeuge), oder Behördenfahrzeuge und Behördenzubehör, wenden Sie sich bitte an Ihren BMW-Motorradhändler. Die für solche Schaltpläne geltenden Klemmenbezeichnungen sind im Textkasten unter »Anhang« aufgeführt.

Schaltplan K Motor

R 80 GS 1990 bis 1994
R 80 GS P-D 1991 bis 1994
R 80 R 1993 und 1994
R 80 R Mystic 1994 und 1995
R 80 GS Basic 1996
R 100 GS 1990 bis 1994
R 100 GS P-D 1991 bis 1994
R 100 GS P-D Classic 1995 und 1996
R 100 R 1991 bis 1996
R 100 R Mystic 1994 bis 1996

Kabelfarben	
BL	blau
BR	braun
GE	gelb
GN	grün
GR	grün
OR	orange
RT	rot
SW	schwarz
TR	transparent
VI	violett
WS	weiß

Legende Zahlen und Buchstaben	
A9003	Kontrollleuchtenfeld
A9250	Regler
A9260	Diodenplatte (Gleichrichter)
A9620	Zündsteuergerät (Steuergerät für TSZ)
B9540	Zündauslöser (Hallgeber)
G9230	Batterie
G9240	Generator (Lichtmaschine)
K9130	Anlasserrelais
M9130	Anlasser
S9060	Zündlichtschalter
S9080	Kombischalter
S9091	Kupplungsschalter
S9092	Leerlaufschalter (Getriebeschalter)
S9095	Öldruckschalter
T9510	Doppelzündspule
X9002	Steckverbinder Drehzahlmesser

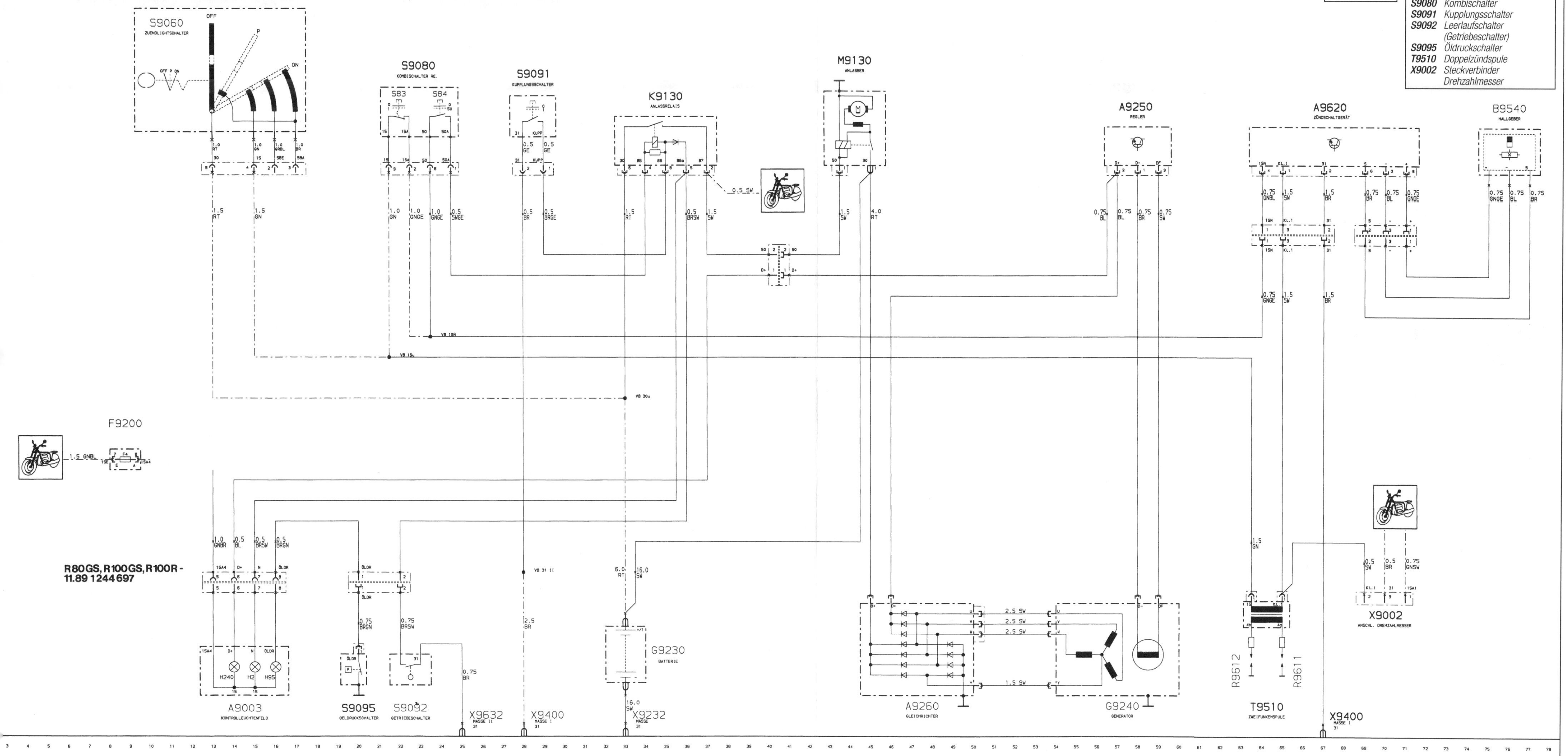

***Schaltplan L** Fahrgestell*
***R 80 R** 1993 und 1994*
***R 80 R Mystic** 1994 und 1995*
***R 100 R** 1991 bis 1996*
***R 100 R Mystic** 1994 bis 1996*

Kabelfarben	
BL	blau
BR	braun
GE	gelb
GN	grün
GR	grün
OR	orange
RT	rot
SW	schwarz
TR	transparent
VI	violett
WS	weiß

Legende Zahlen und Buchstaben			
A9003	Kontrollleuchtenfeld	**K9130**	Anlasserrelais
A9020	Blinkrelais	**K9150**	Hornrelais (Hupenrelais)
E9010	Scheinwerfer	**S9021**	Warnblinkschalter
E9013	Rücklicht	**S9051**	Handbremslichtschalter
E9015	Standlicht	**S9052**	Fußbremslichtschalter
E9211	Tachobeleuchtung	**S9060**	Zündlichtschalter
E9215	Drehzahlmesserbeleuchtung	**S9070**	Kombischalter links
F9200	Sicherungskasten	**S9080**	Kombischalter rechts
G9230	Batterie	**T9510**	Doppelzündspule
H9030	Blinker vorn links	**X9002**	Steckverbinder Drehzahlmesser
H9035	Blinker hinten links	**X9232**	Masse Batterie
H9040	Blinker vorn rechts	**X9321**	Steckverbinder Steckdose
H9045	Blinker hinten rechts	**X9340**	Steckverbinder Heckleuchte
H9050	Bremsleuchte	**X9351**	Steckverbinder Heizgriffe
H9150	Horn (Hupe)	**X9352**	Steckverbinder Zusatzinstrumente
K9120	Entlastungsrelais	**X9400**	Masse Fahrgestell

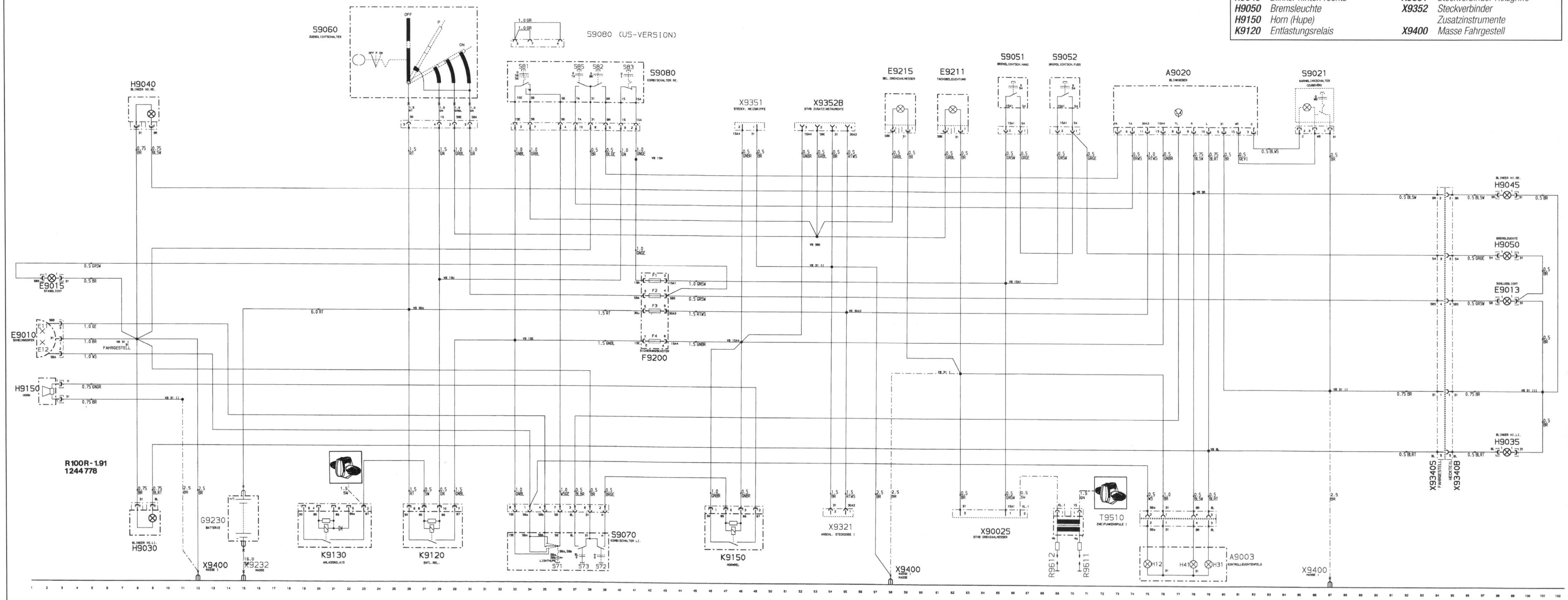

Schaltplan H: R 80 GS 1988 bis 1990, R 100 GS 1988 bis 1990, R 100 GS Paris-Dakar 1989/1990

Schaltplan H
R 80 GS 1988 bis 1990
R 100 GS 1988 bis 1990
R 100 GS Paris-Dakar
1989 und 1990

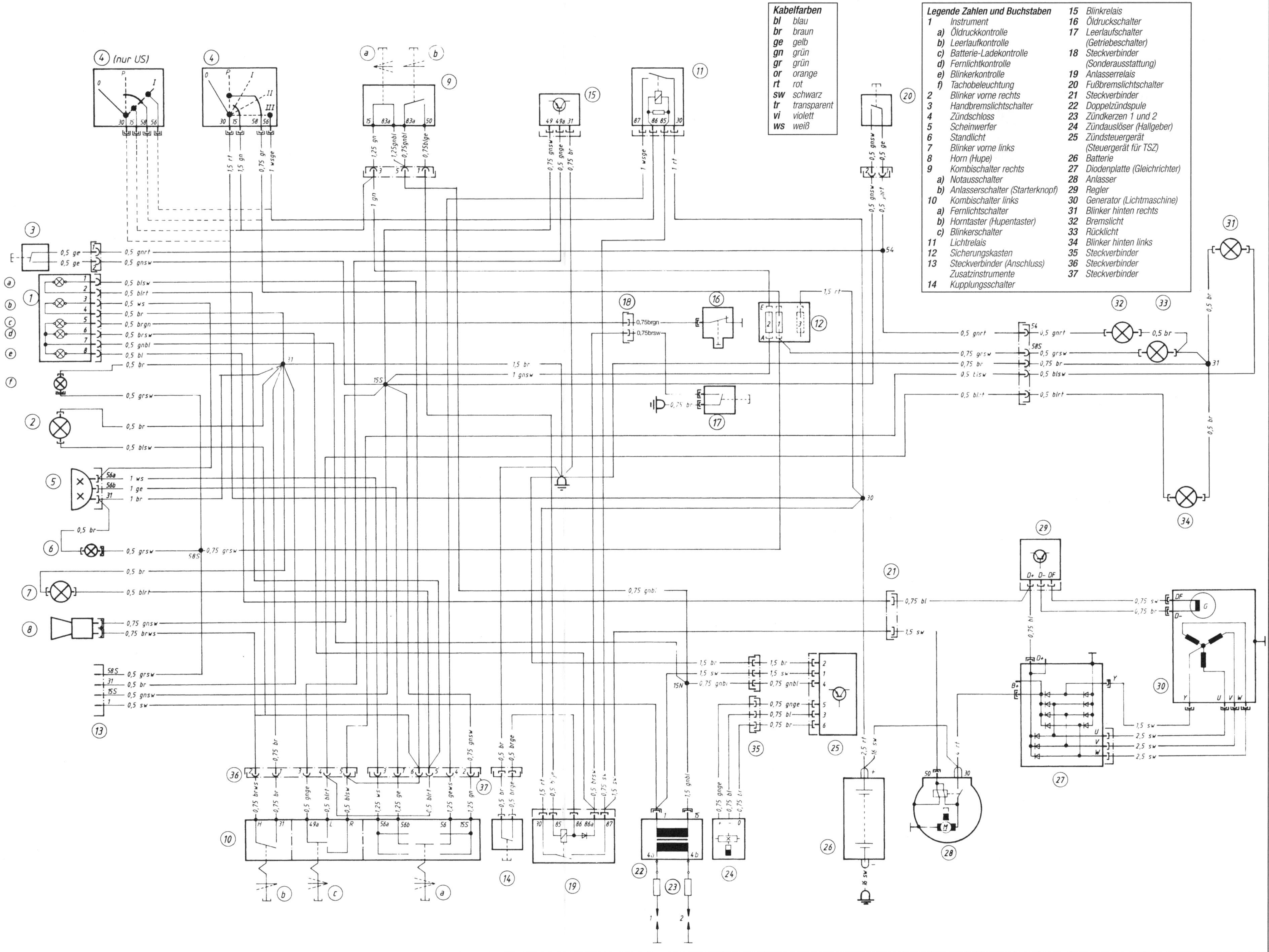

Kabelfarben

bl	blau
br	braun
ge	gelb
gn	grün
gr	grün
or	orange
rt	rot
sw	schwarz
tr	transparent
vi	violett
ws	weiß

Legende Zahlen und Buchstaben

1 Instrument
- a) Öldruckkontrolle
- b) Leerlaufkontrolle
- c) Batterie-Ladekontrolle
- d) Fernlichtkontrolle
- e) Blinkerkontrolle
- f) Tachobeleuchtung

2 Blinker vorne rechts
3 Handbremslichtschalter
4 Zündschloss
5 Scheinwerfer
6 Standlicht
7 Blinker vorne links
8 Horn (Hupe)
9 Kombischalter rechts
- a) Notausschalter
- b) Anlasserschalter (Starterknopf)

10 Kombischalter links
- a) Fernlichtschalter
- b) Horntaster (Hupentaster)
- c) Blinkerschalter

11 Lichtrelais
12 Sicherungskasten
13 Steckverbinder (Anschluss) Zusatzinstrumente
14 Kupplungsschalter
15 Blinkrelais
16 Öldruckschalter
17 Leerlaufschalter (Getriebeschalter)
18 Steckverbinder (Sonderausstattung)
19 Anlasserrelais
20 Fußbremslichtschalter
21 Steckverbinder
22 Doppelzündspule
23 Zündkerzen 1 und 2
24 Zündauslöser (Hallgeber)
25 Zündsteuergerät (Steuergerät für TSZ)
26 Batterie
27 Diodenplatte (Gleichrichter)
28 Anlasser
29 Regler
30 Generator (Lichtmaschine)
31 Blinker hinten rechts
32 Bremslicht
33 Rücklicht
34 Blinker hinten links
35 Steckverbinder
36 Steckverbinder
37 Steckverbinder

Schaltplan J Fahrgestell: R 80 GS 1990 bis 1994, R 80 GS P-D 1991 bis1994, R 80 GS Basic 1996, R 100 GS 1990 bis 1994, R 100 GS P-D 1991 bis 1994, R 100 GS P-D Classic 1995/1996

25

Schaltplan J Fahrgestell
R 80 GS 1990 bis 1994
R 80 GS P-D 1991 bis 1994
R 80 GS Basic 1996
R 100 GS 1990 bis 1994
R 100 GS P-D 1991 bis 1994
R 100 GS P-D Classic 1995 und 1996

Kabelfarben	
BL	blau
BR	braun
GE	gelb
GN	grün
GR	grün
OR	orange
RT	rot
SW	schwarz
TR	transparent
VI	violett
WS	weiß

Legende Zahlen und Buchstaben	
A9003	Kontrollleuchtenfeld
A9020	Blinkrelais
E9010	Scheinwerfer
E9013	Bremslicht
E9015	Standlicht
E9211	Tachobeleuchtung
E9215	Drehzahlmesserbeleuchtung
F9200	Sicherungskasten
G9230	Batterie
H9030	Blinker vorne links
H9035	Blinker hinten links
H9040	Blinker vorne rechts
H9045	Blinker hinten rechts
H9050	Rücklicht
H9150	Horn (Hupe)
K9120	Entlastungsrelais
K9130	Anlasserrelais
K9150	Hornrelais (Hupenrelais)
R9611	Zündkerze
R9612	Zündkerze
S9021	Warnblinkschalter
S9051	Handbremslichtschalter
S9052	Fußbremslichtschalter
S9060	Zündlichtschalter
S9070	Kombischalter links
S9080	Kombischalter rechts
T9510	Doppelzündspule
X9002	Steckverbinder Drehzahlmesser
X9004	Steckverbinder Zeituhr
X9232	Masse Batterie
X9321B	Steckverbinder (Anschluss) Steckdose
X9340S	Steckverbinder Fahrgestell
X9340B	Steckverbinder Heckleuchte
X9400	Masse Fahrgestell

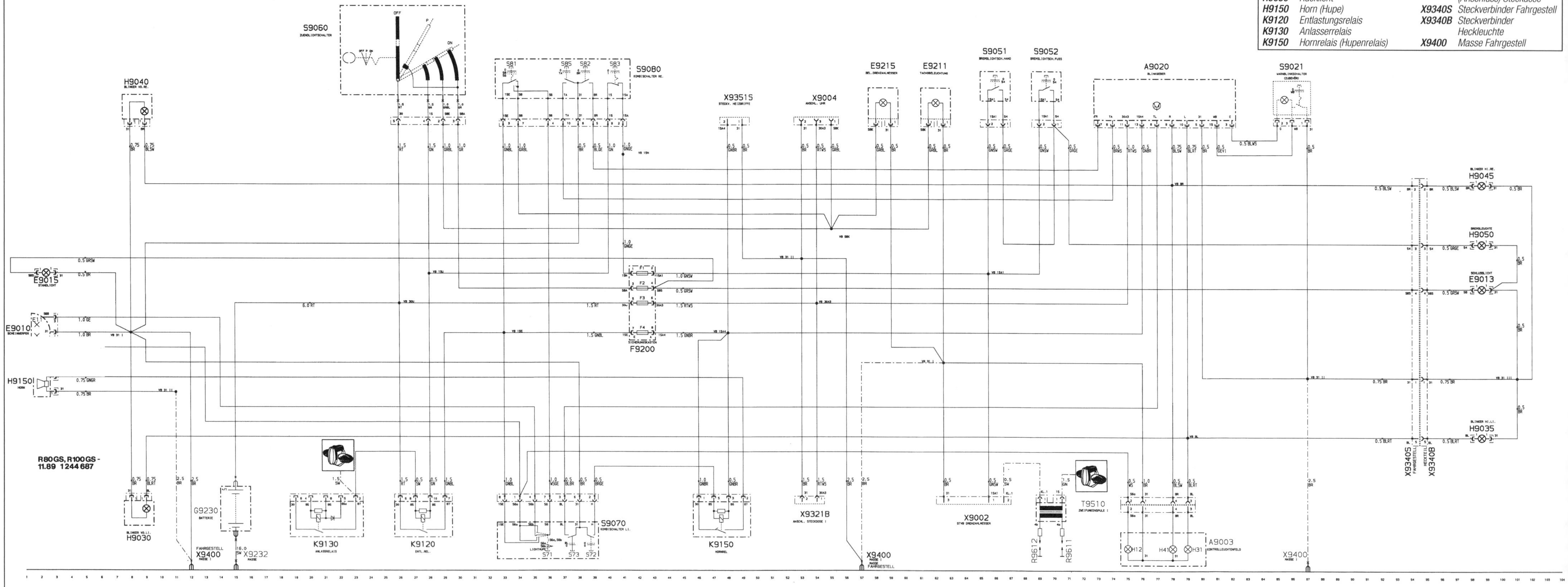

Schaltplan F
R 65 RT 1986 bis 1988
R 80 RT 1985 bis Juli 1990
R 100 RS 1987 bis Juli 1990
R 100 RT 1988 bis Juli 1990

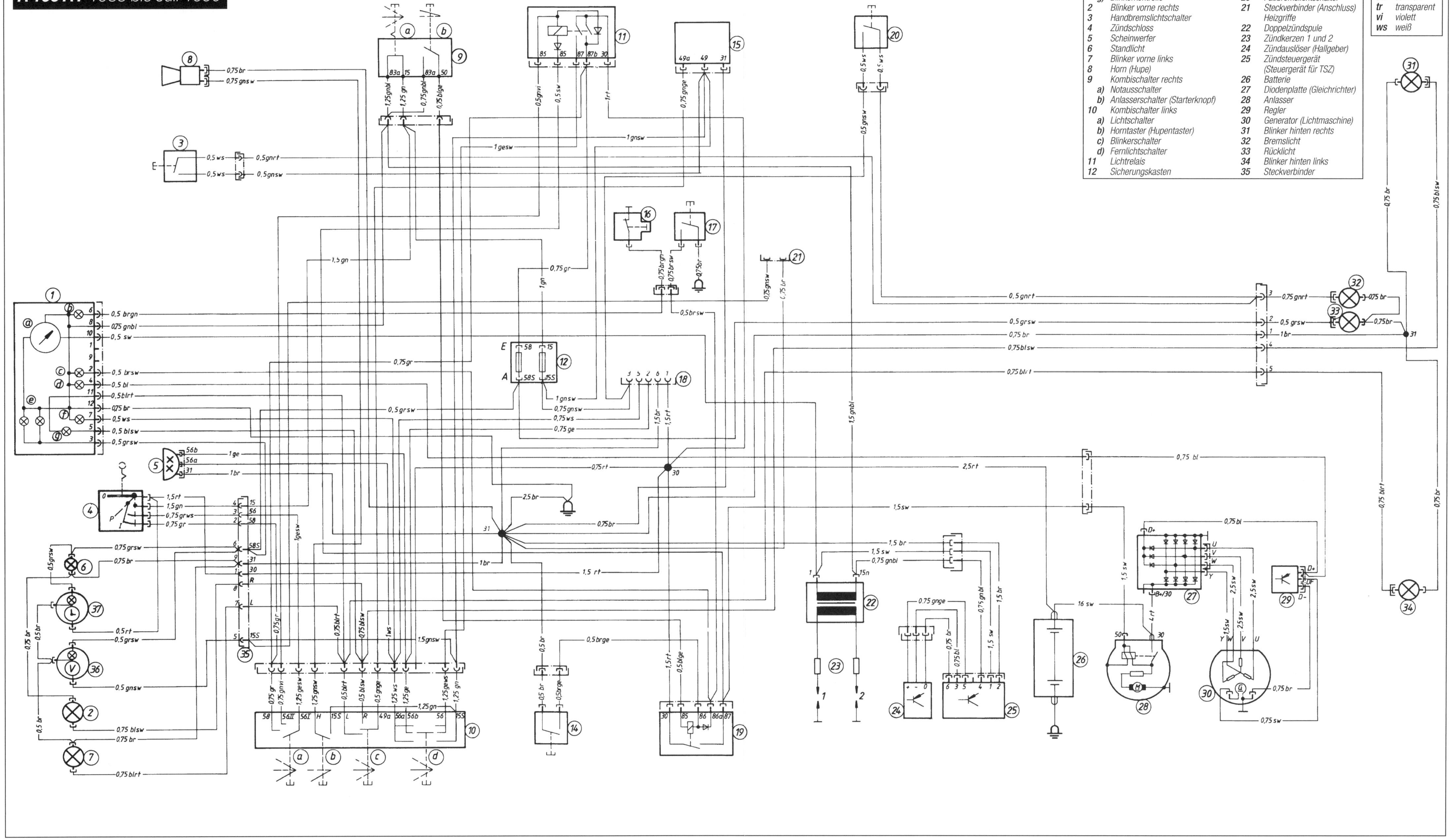

Legende Zahlen und Buchstaben

1 Instrument
- a) Drehzahlmesser
- b) Öldruckkontrolle
- c) Leerlaufkontrolle
- d) Batterie-Ladekontrolle
- e) Beleuchtung
- f) Fernlichtkontrolle
- g) Blinkerkontrolle

2 Blinker vorne rechts
3 Handbremslichtschalter
4 Zündschloss
5 Scheinwerfer
6 Standlicht
7 Blinker vorne links
8 Horn (Hupe)
9 Kombischalter rechts
- a) Notausschalter
- b) Anlasserschalter (Starterknopf)

10 Kombischalter links
- a) Lichtschalter
- b) Horntaster (Hupentaster)
- c) Blinkerschalter
- d) Fernlichtschalter

11 Lichtrelais
12 Sicherungskasten
14 Kupplungsschalter
15 Blinkrelais
16 Öldruckschalter
17 Leerlaufschalter (Getriebeschalter)
18 Steckverbinder (Anschluss, Sonderausstattung)
19 Anlasserrelais
20 Fußbremslichtschalter
21 Steckverbinder (Anschluss) Heizgriffe
22 Doppelzündspule
23 Zündkerzen 1 und 2
24 Zündauslöser (Hallgeber)
25 Zündsteuergerät (Steuergerät für TSZ)
26 Batterie
27 Diodenplatte (Gleichrichter)
28 Anlasser
29 Regler
30 Generator (Lichtmaschine)
31 Blinker hinten rechts
32 Bremslicht
33 Rücklicht
34 Blinker hinten links
35 Steckverbinder

Kabelfarben

bl	blau
br	braun
ge	gelb
gn	grün
gr	grün
or	orange
rt	rot
sw	schwarz
tr	transparent
vi	violett
ws	weiß

Schaltplan G
R 80 RT August 1990 bis 1994
R 100 RS August 1990 bis 1992
R 100 RT August 1990 bis 1994
R 100 RT Classic 1995 und 1996

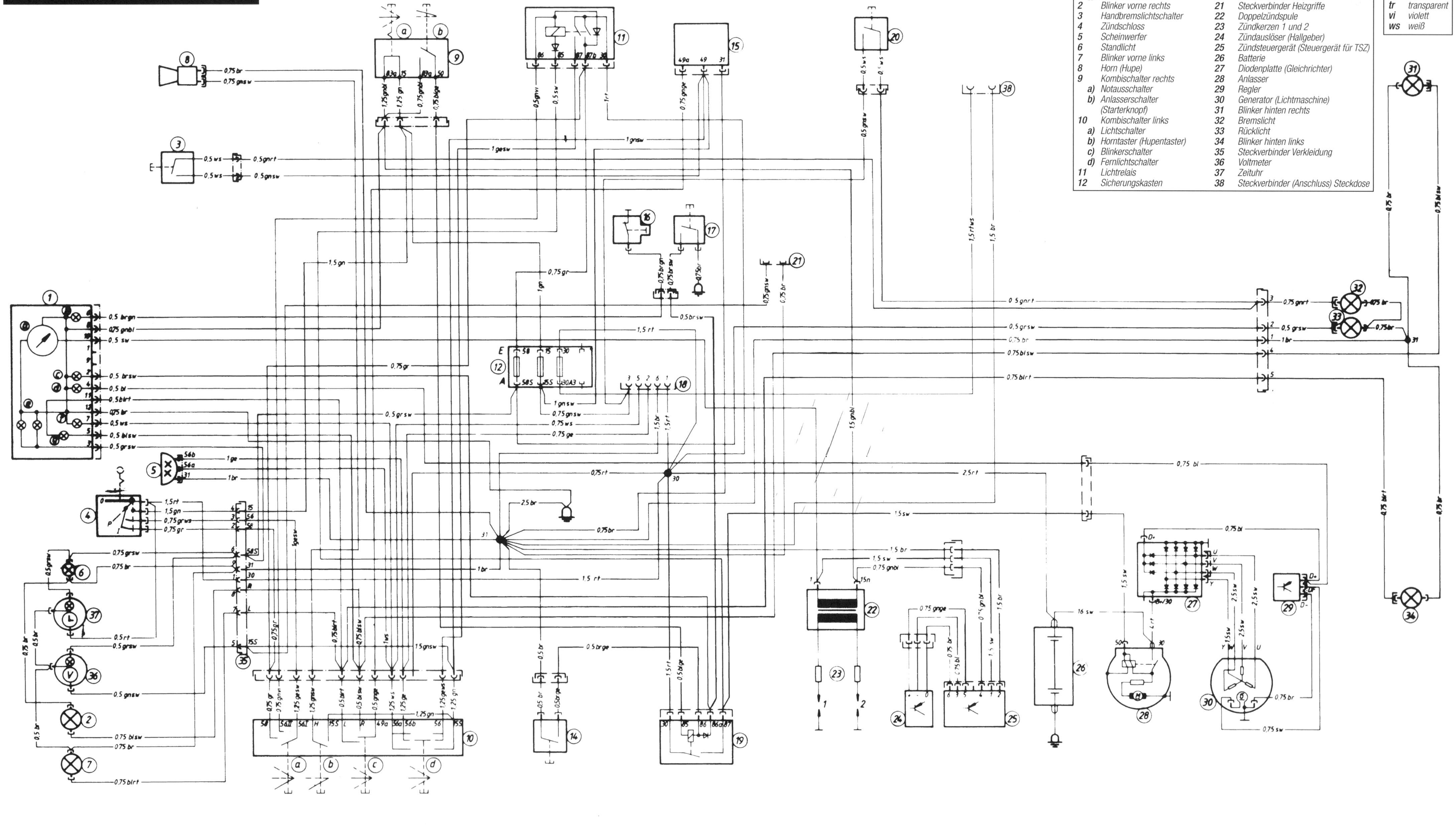

Legende Zahlen und Buchstaben

1 Instrument
- a) Drehzahlmesser
- b) Öldruckkontrolle
- c) Leerlaufkontrolle
- d) Batterie-Ladekontrolle
- e) Beleuchtung
- f) Fernlichtkontrolle
- g) Blinkerkontrolle

2 Blinker vorne rechts
3 Handbremslichtschalter
4 Zündschloss
5 Scheinwerfer
6 Standlicht
7 Blinker vorne links
8 Horn (Hupe)
9 Kombischalter rechts
- a) Notausschalter
- b) Anlasserschalter (Starterknopf)

10 Kombischalter links
- a) Lichtschalter
- b) Horntaster (Hupentaster)
- c) Blinkerschalter
- d) Fernlichtschalter

11 Lichtrelais
12 Sicherungskasten
13 Steckverbinder (Anschluss) Zusatzinstrumente
14 Kupplungsschalter
15 Blinkrelais
16 Öldruckschalter
17 Leerlaufschalter (Getriebeschalter)
18 Steckverbinder (Sonderausstattung)
19 Anlasserrelais
20 Fußbremslichtschalter
21 Steckverbinder Heizgriffe
22 Doppelzündspule
23 Zündkerzen 1 und 2
24 Zündauslöser (Hallgeber)
25 Zündsteuergerät (Steuergerät für TSZ)
26 Batterie
27 Diodenplatte (Gleichrichter)
28 Anlasser
29 Regler
30 Generator (Lichtmaschine)
31 Blinker hinten rechts
32 Bremslicht
33 Rücklicht
34 Blinker hinten links
35 Steckverbinder Verkleidung
36 Voltmeter
37 Zeituhr
38 Steckverbinder (Anschluss) Steckdose

Kabelfarben

bl	blau
br	braun
ge	gelb
gn	grün
gr	grün
or	orange
rt	rot
sw	schwarz
tr	transparent
vi	violett
ws	weiß

Schaltplan D
R 80 ST 1982 bis 1984

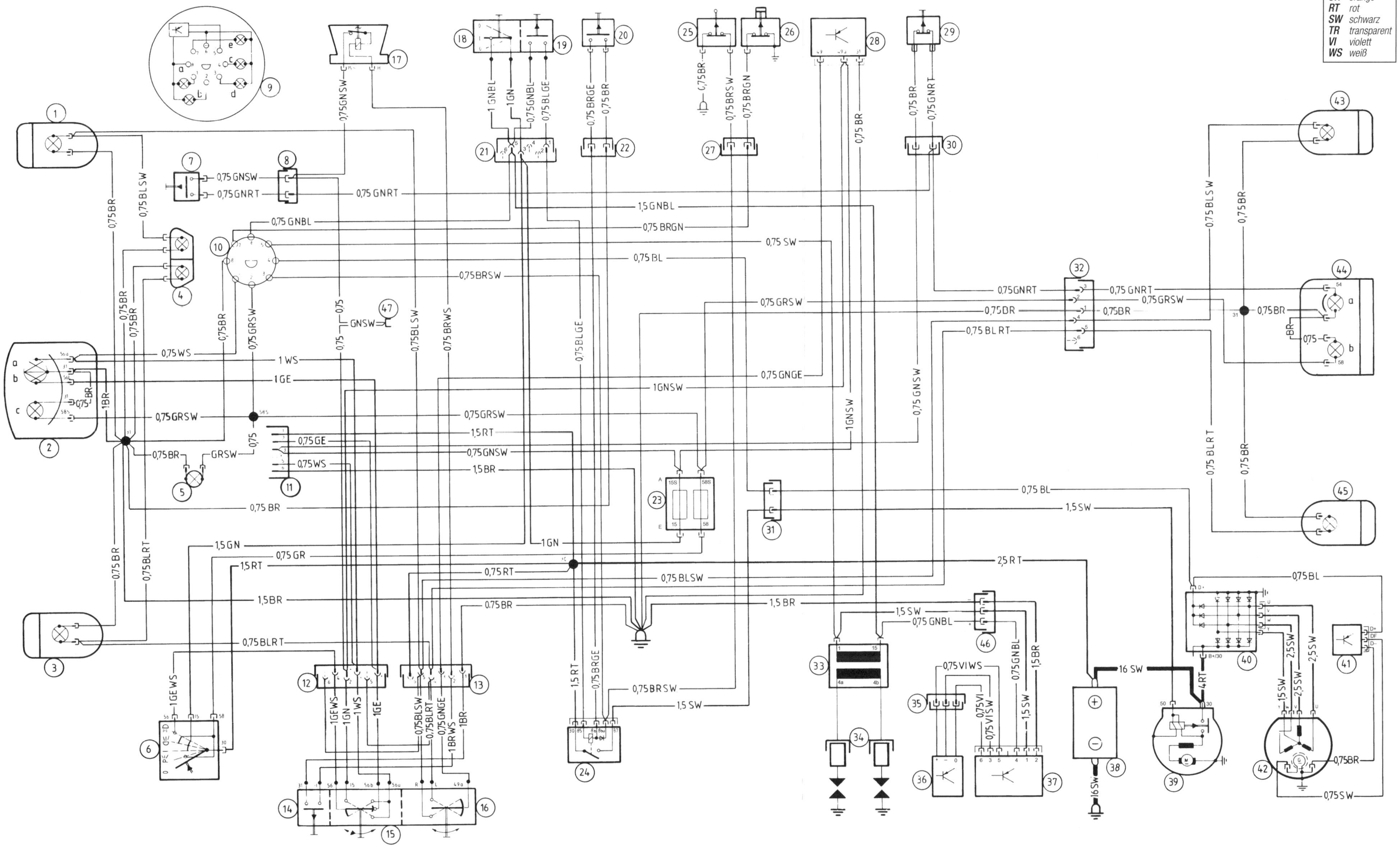

Kabelfarben	
BL	blau
BR	braun
GE	gelb
GN	grün
GR	grün
OR	orange
RT	rot
SW	schwarz
TR	transparent
VI	violett
WS	weiß

Legende Zahlen und Buchstaben

1 Blinker vorne rechts
2 Scheinwerfer
a) Fernlicht
b) Fahrlicht
c) Begrenzungslicht
3 Blinker vorne links
4 Blinkerkontrolle rechts und links
5 Tachometer-Skalenbeleuchtung
6 Zünd-/Lichtschalter
7 Handbremslichtschalter
8 Steckverbinder Handbremslichtschalter
9 Drehzahlmesser
a) Fernlichtkontrolle (blau)
b) Skalenbeleuchtung
c) Batterie-Ladekontrolle (rot)
d) Leerlaufkontrolle (grün)
e) Öldruckkontrolle (rot)
10 8-poliger Steckverbinder (Anschluss) Drehzahlmesser
11 Steckverbinder (Anschluss, Sonderausstattung)
12 Steckverbinder Lenkerschalter links (rot)
13 Steckverbinder Lenkerschalter links (schwarz)
14 Hornschalter (Hupenschalter)
15 Abblendschalter mit Lichthupe
16 Blinkerschalter
17 Horn (Hupe)
18 Notausschalter
19 Anlasserschalter (Starterknopf)
20 Kupplungsschalter
21 Steckverbinder Lenkerschalter rechts (weiß)
22 Steckverbinder Kupplungsschalter
23 Sicherungskasten
24 Anlasserrelais
25 Leerlaufschalter (Getriebeschalter)
26 Öldruckschalter
27 Steckverbinder Leerlauf- (Getriebe-) und Öldruck-Schalter
28 Blinkrelais
29 Fußbremslichtschalter
30 Steckverbinder Fußbremslichtschalter
31 Steckverbinder Motor
32 Steckverbinder Heckleuchte
33 Doppelzündspule
34 Zündkerzen mit Stecker
35 Steckverbinder Zündauslöser
36 Zündauslöser (Hallgeber)
37 Steuergerät für TSZ
38 Batterie
39 Anlasser
40 Diodenplatte
41 Regler
42 Generator (Lichtmaschine)
43 Blinker hinten rechts
44 Heckleuchte
a) Bremslicht
b) Rück- und Kennzeichenlicht
45 Blinker hinten links
46 Steckverbinder Zündung
47 Steckverbinder (Anschluss) Voltmeter

Schaltplan E
R 80 ST *1982 bis 1984 mit Dauerlicht*

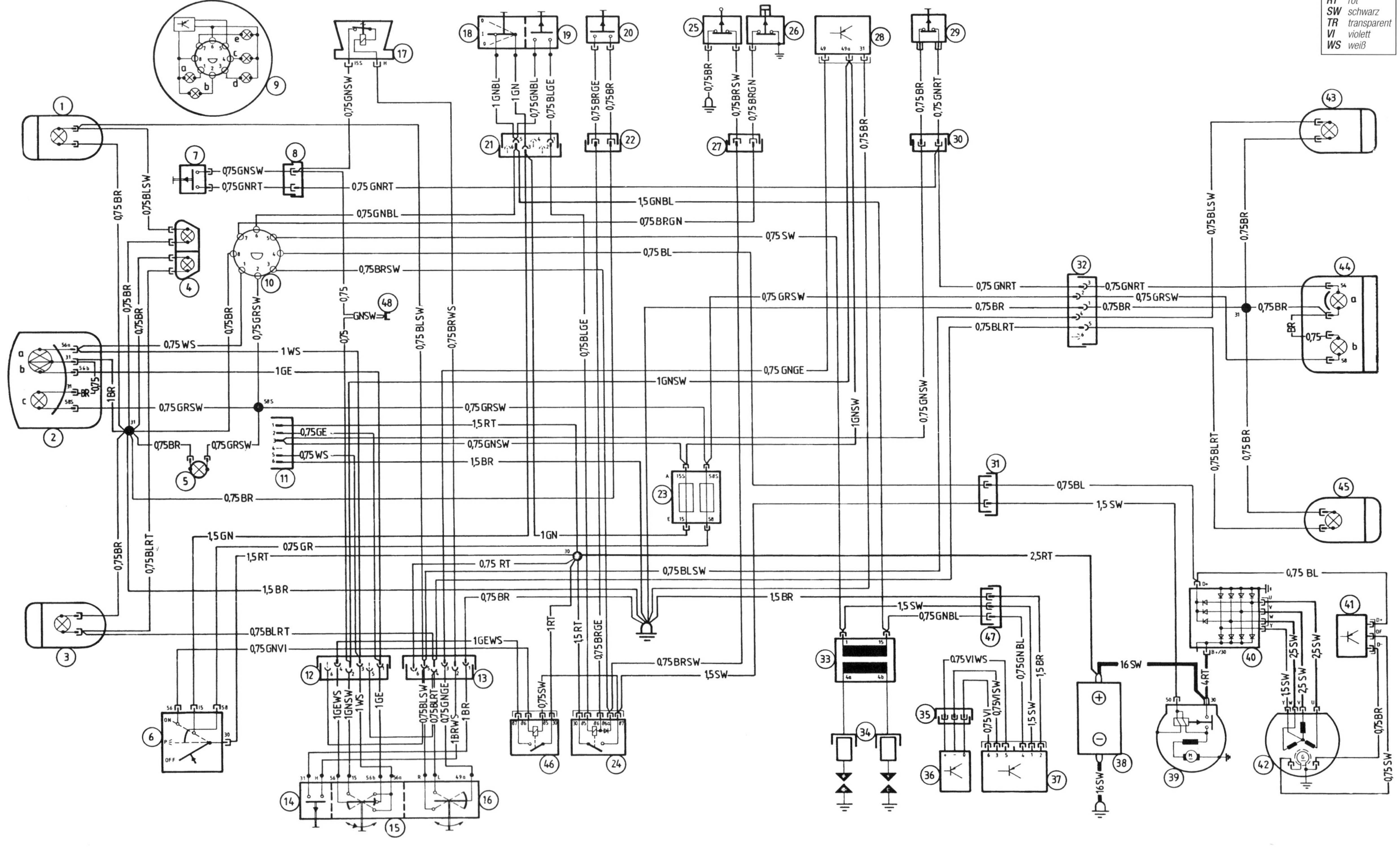

Kabelfarben

BL	blau
BR	braun
GE	gelb
GN	grün
GR	grün
OR	orange
RT	rot
SW	schwarz
TR	transparent
VI	violett
WS	weiß

Legende Zahlen und Buchstaben

1 Blinker vorne rechts
2 Scheinwerfer
a) Fernlicht
b) Fahrlicht
c) Begrenzungslicht
3 Blinker vorne links
4 Blinkerkontrolle rechts und links
5 Tachometer-Skalenbeleuchtung
6 Zünd-/Lichtschalter
7 Handbremslichtschalter
8 Steckverbinder Handbremslichtschalter
9 Drehzahlmesser
a) Fernlichtkontrolle (blau)
b) Skalenbeleuchtung
c) Batterie-Ladekontrolle (rot)
d) Leerlaufkontrolle (grün)
e) Öldruckkontrolle (rot)
10 8-poliger Steckverbinder (Anschluss) Drehzahlmesser
11 Steckverbinder (Anschluss, Sonderausstattung)
12 Steckverbinder Lenkerschalter links (rot)
13 Steckverbinder Lenkerschalter links (schwarz)
14 Hornschalter (Hupenschalter)
15 Abblendschalter mit Lichthupe
16 Blinkerschalter
17 Horn (Hupe)
18 Notausschalter
19 Anlasserschalter
20 Kupplungsschalter
21 Steckverbinder Lenkerschalter rechts (weiß)
22 Steckverbinder Kupplungsschalter
23 Sicherungskasten
24 Anlasserrelais
25 Leerlaufschalter (Getriebeschalter)
26 Öldruckschalter
27 Steckverbinder Getriebe- und Öldruck-Schalter
28 Blinkrelais
29 Fußbremslichtschalter
30 Steckverbinder Fußbremslichtschalter
31 Steckverbinder Motor
32 Steckverbinder Heckleuchte
33 Doppelzündspule
34 Zündkerzen mit Stecker
35 Steckverbinder Zündauslöser
36 Zündauslöser (Hallgeber)
37 Steuergerät für TSZ
38 Batterie
39 Anlasser
40 Diodenplatte
41 Regler
42 Generator (Lichtmaschine)
43 Blinker hinten rechts
44 Heckleuchte
a) Bremslicht
b) Rück- und Kennzeichenlicht
45 Blinker hinten links
46 Lichtrelais
47 Steckverbinder (Anschluss) Zündung
48 Steckverbinder (Anschluss) Voltmeter

Schaltplan B: **R 65 GS** 1988 bis 1990, **R 80 G/S** 1980 bis 1987, **R 80 G/S Paris-Dakar** 1984 bis 1987

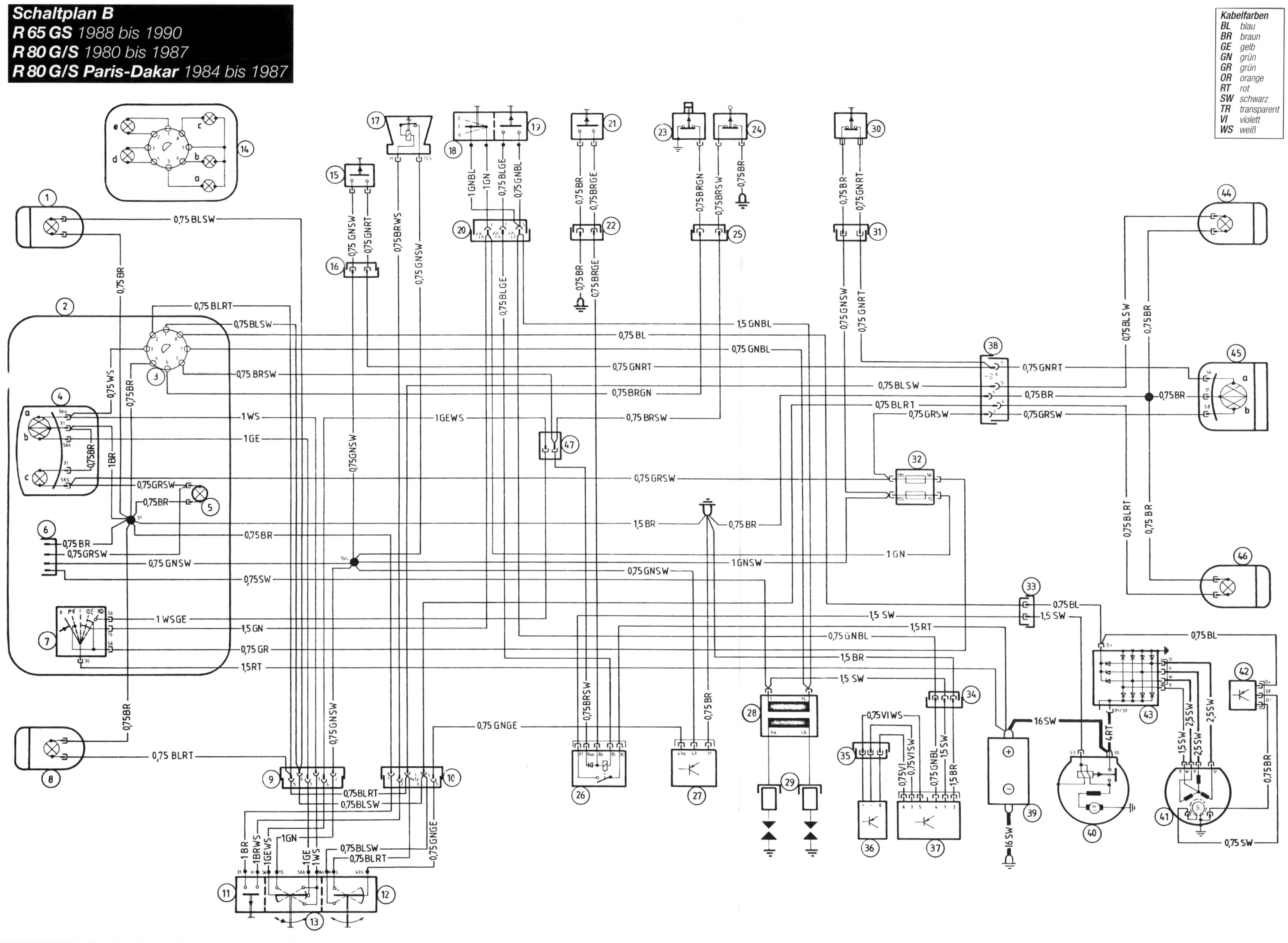

Kabelfarben

BL	blau
BR	braun
GE	gelb
GN	grün
GR	grün
OR	orange
RT	rot
SW	schwarz
TR	transparent
VI	violett
WS	weiß

Legende Zahlen und Buchstaben

1 Blinker vorne rechts
2 Scheinwerfer-Verkleidung
3 Steckverbinder (Anschluss) Kontrollleuchten
4 Scheinwerfer
  a) Fernlicht
  b) Fahrlicht
  c) Standlicht
5 Tachometer-Skalenbeleuchtung
6 Steckverbinder (Anschluss) Drehzahlmesser (Sonderausstattung)
7 Zünd-/Lichtschalter
8 Blinker vorne links
9 Steckverbinder Lenkerschalter (rot)
10 Steckverbinder Lenkerschalter (schwarz)
11 Hornschalter (Hupenschalter)
12 Blinkerschalter
13 Abblendschalter mit Lichthupe
14 Kontrollleuchten
  a) Öldruckkontrolle (rot)
  b) Leerlaufkontrolle (grün)
  c) Ladestromkontrolle (rot)
  d) Fernlichtkontrolle (blau)
  e) Blinkerkontrolle (grün)
15 Handbremslichtschalter
16 Steckverbinder Handbremslichtschalter
17 Horn (Hupe)
18 Notausschalter
19 Anlasserschalter (Starterknopf)
20 Steckverbinder Lenkerschalter rechts (weiß)
21 Steckverbinder (Anschluss) Lenkerschalter rechts (weiß)
22 Kupplungsschalter (Sonderausstattung)
23 Öldruckschalter
24 Leerlaufschalter (Getriebeschalter)
25 Steckverbinder Öldruck- und Leerlaufschalter (Getriebeschalter)
26 Anlasserrelais (Sonderausstattung)
27 Blinkrelais
28 Doppelzündspule
29 Zündkerzen mit Kerzenstecker
30 Fußbremslichtschalter
31 Steckverbinder Fußbremslichtschalter
32 Sicherungskasten
33 Steckverbinder Motor
34 Steckverbinder Zündung
35 Steckverbinder Zündauslöser
36 Zündauslöser (Hallgeber)
37 Steuergerät für TSZ
38 Steckverbinder Heckleuchte
39 Batterie
40 Anlasser (Sonderausstattung)
41 Generator (Lichtmaschine)
42 Regler
43 Diodenplatte
44 Blinker hinten rechts
45 Heckleuchte
  a) Bremslicht
  b) Rück- und Kennzeichenlicht
46 Blinker hinten links
47 2-poliger Steckverbinder

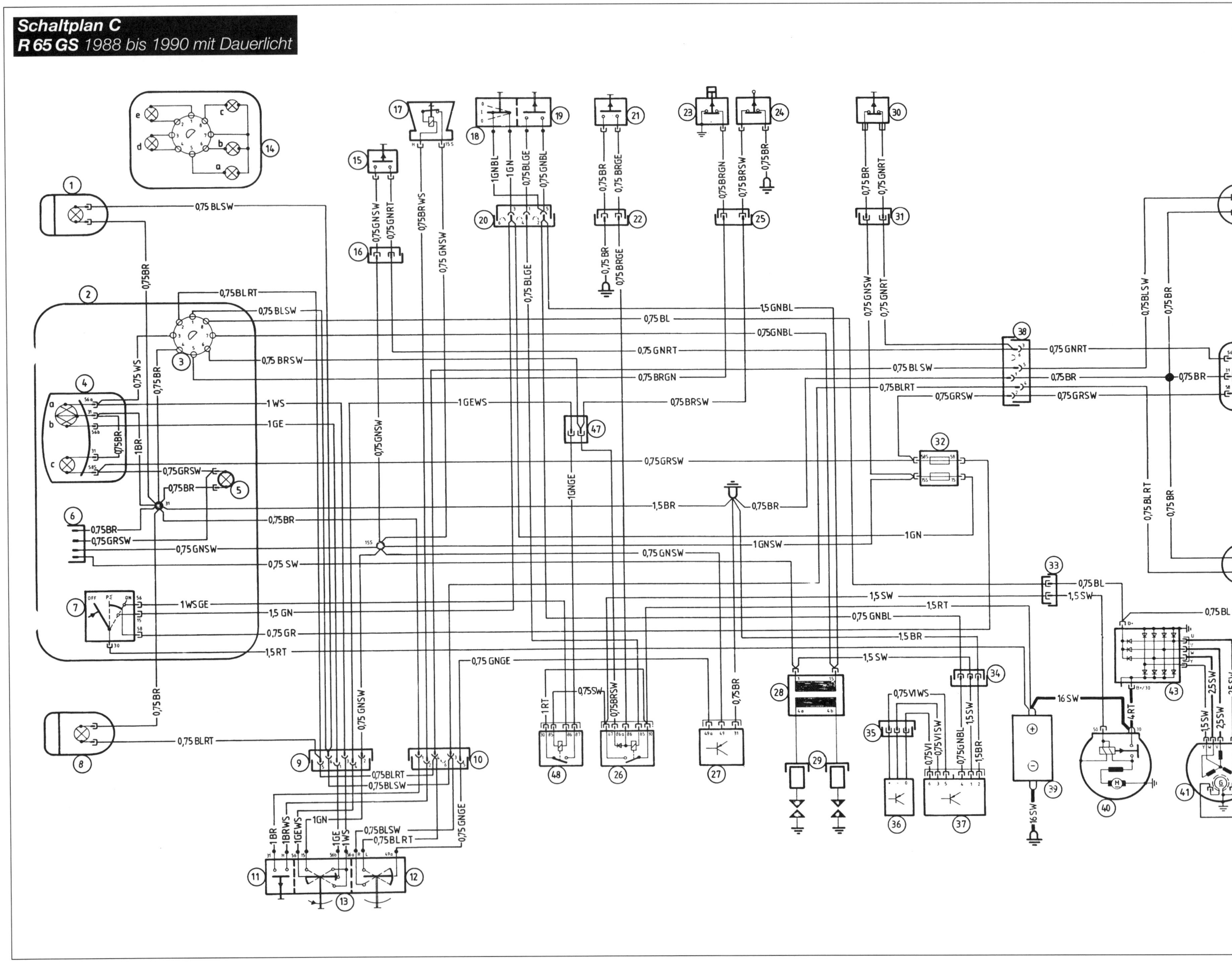

Kabelfarben

BL	blau
BR	braun
GE	gelb
GN	grün
GR	grün
OR	orange
RT	rot
SW	schwarz
TR	transparent
VI	violett
WS	weiß

Legende Zahlen und Buchstaben

1 Blinker vorne rechts
2 Scheinwerfer-Verkleidung
3 Steckverbinder (Anschluss) Kontrollleuchten
4 Scheinwerfer
a) Fernlicht
b) Fahrlicht
c) Begrenzungslicht
5 Tachometer-Skalenbeleuchtung
6 Steckverbinder (Anschluss) Drehzahlmesser (Sonderausstattung)
7 Zünd-/Lichtschalter
8 Blinker vorne links
9 Steckverbinder Lenkerschalter (rot)
10 Steckverbinder Lenkerschalter (schwarz)
11 Hornschalter (Hupenschalter)
12 Blinkerschalter
13 Abblendschalter mit Lichthupe
14 Kontrollleuchten
a) Öldruckkontrolle (rot)
b) Leerlaufkontrolle (grün)
c) Ladestromkontrolle (rot)
d) Fernlichtkontrolle (blau)
e) Blinkerkontrolle (grün)
15 Handbremslichtschalter
16 Steckverbinder Handbremslichtschalter
17 Horn (Hupe)
18 Notausschalter
19 Anlasserschalter
20 Steckverbinder Lenkerschalter rechts (weiß)
21 Kupplungsschalter (Sonderausstattung)
22 Steckverbinder Kupplungsschalter
23 Öldruckschalter
24 Leerlaufschalter (Getriebeschalter)
25 Steckverbinder Öldruck- und Leerlaufschalter (Getriebeschalter)
26 Anlasserrelais (Sonderausstattung)
27 Blinkrelais
28 Doppelzündspule
29 Zündkerzen mit Stecker
30 Fußbremslichtschalter
31 Steckverbinder Fußbremslichtschalter
32 Sicherungskasten
33 Steckverbinder Motor
34 Steckverbinder Zündung
35 Steckverbinder Zündauslöser
36 Zündauslöser (Hallgeber)
37 Steuergerät für TSZ
38 Steckverbinder Heckleuchte
39 Batterie
40 Anlasser (Sonderausstattung)
41 Generator (Lichtmaschine)
42 Regler
43 Diodenplatte
44 Blinker hinten rechts
45 Heckleuchte
a) Bremslicht
b) Rück- und Kennzeichenlicht
46 Blinker hinten links
47 2-poliger Steckverbinder
48 Lichtrelais (Sonderausstattung)

Stromkreis, Schaltplan, Stromlaufplan, Schaltbild und Symbole

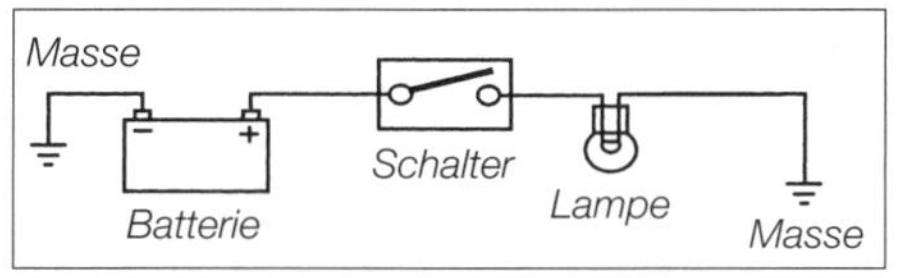

Stromkreis: Oben ist ein einfacher **Stromkreis** abgebildet: Eine elektrische Spannungsquelle (Batterie) ist über ein Kabel mit einer Anschlussklemme und einer Steuerungsvorrichtung (Schalter) verbunden, deren Kontakte entweder geöffnet oder geschlossen sind. Die andere Anschlussklemme des Schalters ist über ein Kabel mit dem Verbraucher (hier eine Glühlampe) verbunden, wobei das andere Ende des Glühdrahts über ein weiteres Kabel mit Masse (»Erde«) verbunden ist.

■ Beim **Masseanschlusspunkt** handelt es sich in der Regel um einen Teil des Rahmens oder Motors, der über ein Kabel direkt mit dem Minuspol der Batterie verbunden ist. Sind die Schaltorkontakto offen, wio im Bild obon dargestellt, ist der Stromkreis unterbrochen und es fließt kein Strom.

■ Wenn die **Schalterkontakte** geschlossen sind, ist auch der Stromkreis geschlossen und es fließt ein Strom vom Pluspol der Batterie über die Schalterkontakte und den Glühdraht der Glühlampe bis zur Masse. Dabei wird der Strom kreis durch den Rahmen vervollständigt, durch den der Strom zum Minuspol der Batterie gelangt, und die Glühlampe leuchtet auf.

Ein **Schaltplan** wird erstellt, um die elektrische Anlage zeichnerisch abzubilden und den Weg jedes einzelnen Drahtes durch das System aufzuzeigen. Er ist eine darstellerische Kombination aus **Stromlaufplänen und Schaltbildern**. Aus einem Schaltplan wird erkennbar, welche Komponenten (Bauteile) mit Strom versorgt werden, wo der Strom abgezweigt wird und welche Stecker er durchläuft. Ein Schaltplan ist ein wesentliches Hilfsmittel für Fehlersuche in der Elektrik, weil Anfangs- und Endpunkte eines Stromkreises lokalisiert werden können, ohne dass der jeweilige Draht von Hand entlang des Motorrads verfolgt werden muss.

Es werden zwei Arten der Darstellung verwendet:
■ Entweder wird ein Schaltplan mit allen Kabeln und Bauteilen zweidimensional dargestellt, ohne besonders Rücksicht darauf zu nehmen, wie diese am Motorrad angebaut sind. Lediglich die Richtungen »vorne« und »hinten« werden beachtet: Bauteile, welche vorne angebracht sind (z. B. Scheinwerfer), finden sich links im Schaltplan, die hinteren rechts (z. B. Rück-/Bremslicht).

■ Innerhalb eines Schaltplans können zusätzliche Schaltbilder verwendet werden zur genaueren Darstellung einzelner Bauteile, wie z. B. »Bauteil 1 – Instrument« im Schaltplan F. Diese enthalten eine Legende in Form von eingekreisten Zahlen oder Buchstaben.

Schaltbilder zeigen auch die innere Funktionsweise von Schaltereinheiten, also welches Kabel beim Betätigen eines Schalters mit welchem verbunden wird. Damit kann eine Prüfung des Schalters ohne Zerlegen mit Hilfe der Klemmen im Anschlussstecker (»Stecker-Pins«) vorgenommen werden.

Verzeichnis der Schaltbildsymbole: Nachstehend eine Auflistung der Symbole, die in den Stromlaufplänen verwendet werden.

Bei einen **Masseanschlusspunkt** handelt es sich normalerweise um einen Teil des Rahmens oder Motors, der durch ein Kabel mit dem Minuspol der Batterie verbunden ist. Er kann auch **Masse- oder Erdungspunkt** genannt werden. Das Symbol zur Darstellung von Erdungspunkten stellt den negativen Anschlusspunkt an Rahmen oder Motor dar. Ein Massepunkt ist häufige Ursache für sporadische Fehlfunktionen aufgrund lockerer oder korrodierter Anschlüsse.

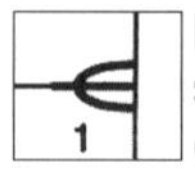

Kabelschuh für Schraubanschluss: Darstellung aller Arten von geschraubten Kabelverbindungen.

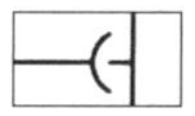

Rundsteckanschluss mit Rundsteckhülse: Darstellung aller Arten von Steckverbindungen mit runden Steckern.

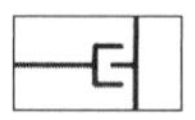

Flachsteckanschluss mit Flachsteckhülse: Darstellung aller Arten von Steckverbindungen mit flachen Steckern.

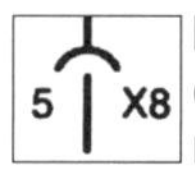

Klemmenbezeichnungen: Sie dienen der Identifizierung und Zuordnung von Anschlusspunkten. Siehe dazu auch die auf der rechten Seite stehende Auflistung »Klemmenbezeichnungen in Schaltplänen...«.

Leitungsabschirmung: Sie dient dazu, die Umgebung (wie z. B. Radios oder Funkgeräte in Autos in der Umgebung des Motorrads) vor den von Leitungen (Kabeln) am Motorrad ausgehenden elektrischen Feldern zu schützen.

Diode: Eine Diode ermöglicht den Durchfluss von Strom in einer Richtung, nicht jedoch in der Gegenrichtung. Deswegen wird sie auch »Elektrisches Einwegeventil« genannt. Der Pfeil im Symbol gibt die Richtung des Stromflusses an.

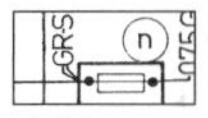

Sicherung: Eine Sicherung (»n« im Beispielbild) ist eine Vorrichtung zum Schutz eines Stromkreises für den Fall eines zu hohen Stromflusses. Bei Auftreten eines Kurzschlusses »brennt« die Sicherung durch und schützt den Schaltkreis so vor weiteren Schäden. Beim Durchbrennen zerstört sich die Sicherung selbst und muss deswegen erneuert werden.

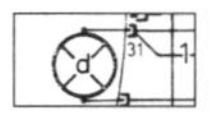

Lampe: Das Symbol »d« im Beispielbild dient zur Darstellung von Lampen. Die Ziffern innerhalb des Symbols beziehen sich auf die Klemmennummern der Anschlussstifte. Eine zusätzliche Zahl inner- oder außerhalb des Symbols kennzeichnet das Bauteil.

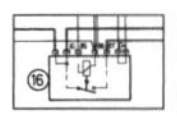

Relais: Ein Relais wie »16« im Beispielbild ist ein elektromagnetischer Schalter. Wird dem innerhalb des Relais befindlichen Elektromagneten eine Spannung angelegt, werden die Kontakte des Arbeitsstromkreises geschlossen oder geöffnet. Ein Relais wird eingesetzt, wenn die Stromstärke für den Einsatz eines manuellen Schalters zu hoch ist. Der Schaltvorgang erfolgt schnell, um eine Lichtbogenbildung an den Kontakten zu verhindern. Beim Einsatz von nur einem handbetätigten Schalter ohne ein Relais würden die Kontakte im Schalter rasch verbrennen.

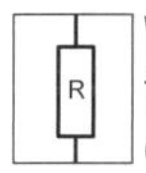

Widerstand: Ein in einem Kabel untergebrachtes Bauteil, mit dessen Hilfe eine Spannung verringert und der Strom begrenzt wird, den ein Verbraucher maximal ziehen darf.

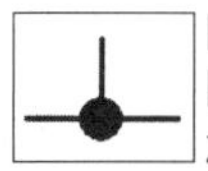

Kabelverbindung (»Verbinder«): Eine feste Kabelverbindung, bei der zwei oder mehr Kabel innerhalb der Verkabelung miteinander verbunden werden. Potenzielle Stelle für Stromkreisunterbrechungen und Kurzschlüsse.

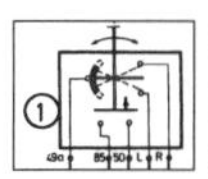

Schalter: Eine mechanische Vorrichtung zum manuellen Schließen oder Unterbrechen von Stromkreisen (»1« im Symbolbeispielbild). Es gibt drei gebräuchliche Schaltertypen: »Normalerweise geöffnet«, »normalerweise geschlossen« und »Umschalter«. Sind beispielsweise **Schalterkontakte** geschlossen, ist auch ein Stromkreis geschlossen und es fließt Strom beispielsweise vom Batterie-Pluspol über Schalterkontakte und Glühdraht der Glühlampe nach Masse. Der Stromkreis wird dabei durch den Rahmen vervollständigt, durch den der Strom zum Batterie-Minuspol fließt, und somit die Glühlampe aufleuchtet.

Bitte beachten: Weitere Schaltplanerklärungen und -bezeichnungen im Schaubild rechte Seite.

Klemmenbezeichnungen* und ihre Zuordnung in den Schaltplänen

■ **Zündanlage**
1 Klemme 1 an der Zündspule. Kabel von Klemme 1 führt zum Zündsteuergerät

■ **Geschaltetes Plus**
15 Klemme 15 am Zündschloss: Wenn das Zündschloss eingeschaltet ist, führt »geschaltetes Plus« über stromführende Kabel zu verschiedenen Bauteilen der Bord- und Motorelektrik, wie z. B. an Sicherungen, Lichtschalter, Zündspule.

■ **Batterie**
30 Vom Pluspol der Batterie führt ein Kabel (»Pluskabel«) zu Klemme 30 am Anlassermotor (»Elektrostarter«). Ein weiteres Kabel führt vom Pluspol der Batterie meistens über einen Verteilerpunkt zum Anlasserrelais, zum Lichtschalter und Zündschloss oder Zünd-/Lichtschalter. Darüber hinaus werden je nach Ausführung mit Dauerplus versorgt: Steckeranschluss für Sonderausstattung, Steckeranschluss für Zusatzinstrumente, Steckeranschluss für Heizgriffe, Steckverbinder zum Lichtschalter, zur Steckdose und zur Zeituhr, Lichtrelais, Blinkrelais und Entlastungsrelais.
31 Minusleitung führt von Batterie zur Fahrzeugmasse. Klemme 31 führt auch von den Verbrauchern (Licht, Rücklicht, Blinker, Hupe usw.) zu einem Massepunkt am Fahrgestell.

■ **Blinkgeber, Blinkrelais**
49 Klemme 49 am Eingang des Blinkgebers
49a Klemme 49a am Ausgang des Blinkgebers und am Eingang des Blinkerschalters

■ **Startschalter**
50 Klemme 50 am Anlassermotor: Von hier führt ein Kabel zu Klemme 30 am Anlasserrelais.

■ **Beleuchtung**
54 Klemme 54 ist am Bremslicht, welches im Rücklichtgehäuse sitzt
55 Klemme 55 ist am Nebelscheinwerfer (Sonderausstattung)
56 Klemme 56 ist am Zünd-/Lichtschalter und am Lichtschalter; von dort führen Kabel weiter zum Scheinwerfer
56a Klemme 56a ist für Fernlicht und Kontrollleuchte
56b Klemme 56b ist für Abblendlicht
58 Klemme 58 ist für Rücklicht, Kennzeichenbeleuchtung, Instrumentenbeleuchtung, Standlicht
61 Klemme 61 ist für die Lade-Kontrollleuchte

■ **Akustische Einrichtungen**
71 Klemme 71 ist am Horn (»Hupe«)

■ **Schalter**
85 Klemme 85 ist am Ausgang Schaltrelais, Steuerstromkreis am Relais
86 Klemme 86 ist am Eingang Schaltrelais, Steuerstromkreis am Relais

■ **Kontakte**
87 Eingang Arbeitsstromkreis am Relais (Öffner/Wechsler)
87a Ausgang Arbeitsstromkreis am Relais (Öffner/Wechsler)

■ **Nichtnumerische Bezeichnungen**
C Kontrollleuchte für Fahrtrichtungsanzeiger
C0 Hauptanschluss für vom Blinkgeber getrennte Kontrollleuchte
L Klemme L ist am Blinkerschalter und bezeichnet den Kabelausgang für den Blinker links
R Klemme R ist am Blinkerschalter und bezeichnet den Kabelausgang für den Blinker rechts
D Dynamoplus, Bezeichnung »D« oder »D+«
D+ ist am Regler (Eingangskontakt), das Kabel kommt von der Lichtmaschine
D– Dynamominus, Bezeichnung am Regler (Ausgang), Kabel führen zu Diodenträger und Lade-Kontrollleuchte (Batterie)
DF Dynamofeld, Bezeichnung »DF« ist am Regler (Eingangskontakt), das Kabel kommt von der Lichtmaschine
U, V, W Die Klemmen »U, V und W« sind an der Lichtmaschine, sie sind mit den Statorwicklungen verbunden. Von Klemme »W« wird das Drehzahlsignal abgenommen.
Y Mittelleiter der Lichtmaschine

■ **Anhang:** Der folgende Teil gehört zu Schaltplänen und Stromlaufplänen, welche für Sondereinrichtungen an Fahrzeugen von Behörden benötigt werden. Bitte beachten Sie dazu auch den Text auf der ersten Seite dieses Kapitels »Übersicht der einzelnen Schaltpläne...«

71a Tiefton-Horn bei Folgetonhorn (»ta«)
71b Hochton-Horn bei Folgetonhorn (»tü«)
72 Rundumkennleuchte
75 Autoradio, Zigarettenanzünder
76 Lautsprecher
81 Klemme 81 ist am Eingang eines Schalters (Wechsler/Öffner)
81a Erster Ausgang am Schalter (Wechsler/Öffner)
81b Zweiter Ausgang am Schalter (Wechsler/Öffner)
82 Eingang am Schalter (Schließer)
82a Erster Ausgang am Schalter (Schließer)
82b Zweiter Ausgang am Schalter (Schließer)
83 Eingang am Schalter (Mehrstufenschalter)
83a Erster Ausgang am Schalter (Mehrstufenschalter)
83b Zweiter Ausgang am Schalter (Mehrstufenschalter)

■ **Relais:** Handelsübliches Kfz-Relais mit 30 Ampere Kontaktstrombelastbarkeit und Benennung der Klemmen
84 Eingang Stromrelais, Antrieb/Relaiskontakt
84a Ausgang Stromrelais, Antrieb (Rundumkennleuchte links)
84b Ausgang Stromrelais, Relaiskontakt (Kontrollleuchte Rundumkennleuchte links)
84c Ausgang Stromrelais, Antrieb (Rundumkennleuchte rechts u. a.)
84d Ausgang Stromrelais, Relaiskontakt (Kontrollleuchte Rundumkennleuchte rechts u. a.)
85c Einschaltsignal für Tonfolgerelais
86s Eingang Schaltrelais Alarmanlage
88 Eingang Arbeitsstromkreis am Relais (Schließer)
88a Ausgang Arbeitsstromkreis am Relais (Schließer)
88b Ausgang Arbeitsstromkreis am Relais (Schließer, verbindet auch mit 88a)

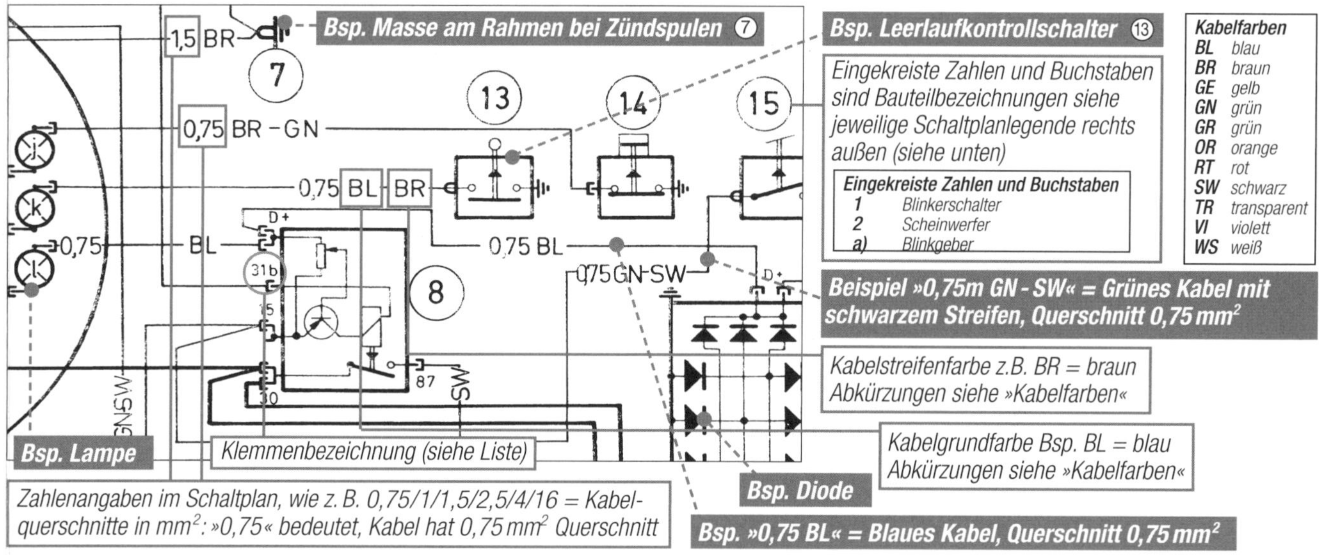

* = Klemmenbezeichnungen nach DIN 72552. Eintragungen in alten BMW-Schaltplänen können wegen damaliger Werksnormen abweichen oder auch nicht bezeichnet sein.

Schaltplan A
R 65 1986 bis 1993
R 80 1985 bis 1992

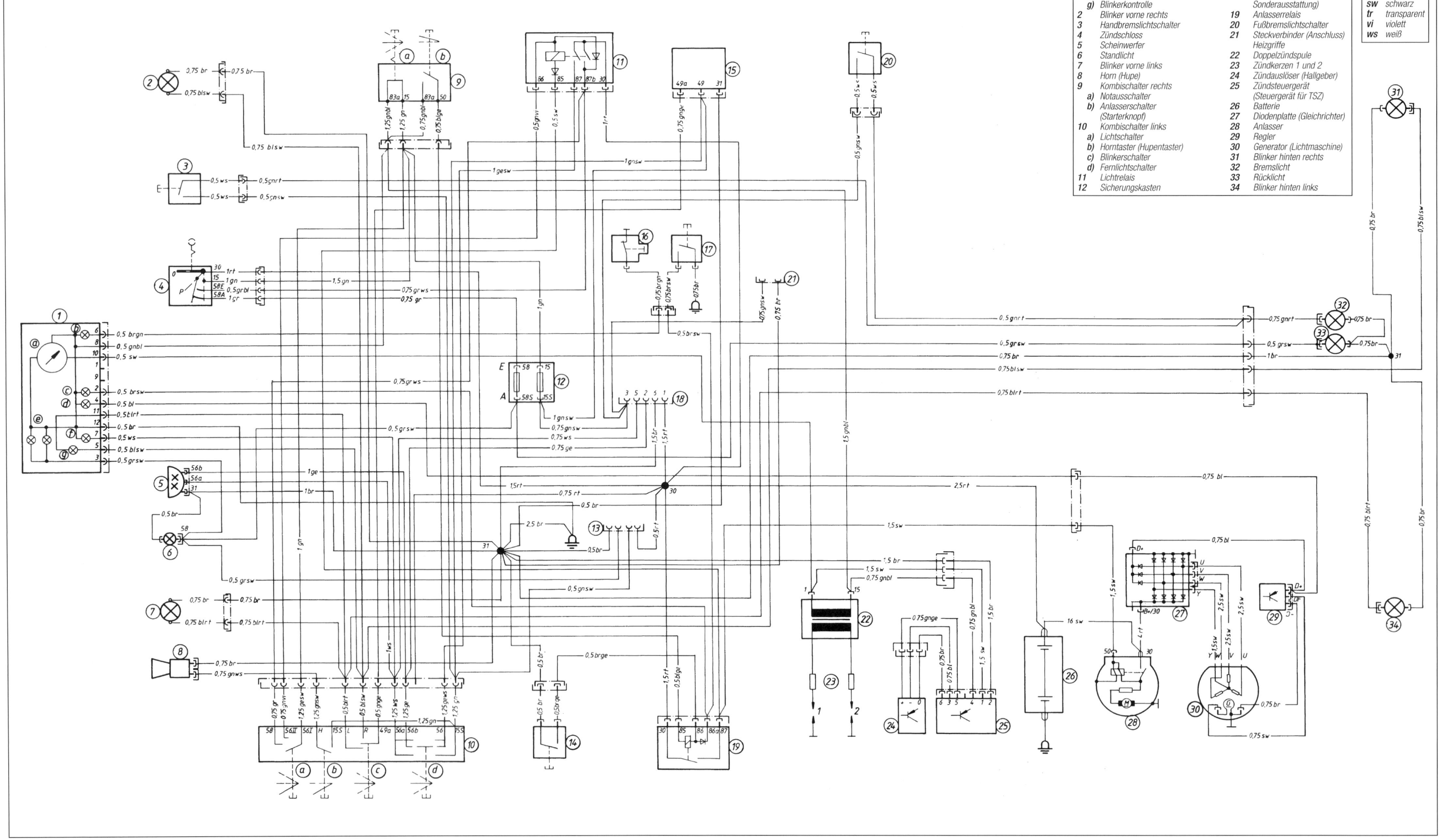

Legende Zahlen und Buchstaben

1 Instrument
 a) Drehzahlmesser
 b) Öldruckkontrolle
 c) Leerlaufkontrolle
 d) Batterie-Ladekontrolle
 e) Beleuchtung
 f) Fernlichtkontrolle
 g) Blinkerkontrolle
2 Blinker vorne rechts
3 Handbremslichtschalter
4 Zündschloss
5 Scheinwerfer
6 Standlicht
7 Blinker vorne links
8 Horn (Hupe)
9 Kombischalter rechts
 a) Notausschalter
 b) Anlasserschalter (Starterknopf)
10 Kombischalter links
 a) Lichtschalter
 b) Horntaster (Hupentaster)
 c) Blinkerschalter
 d) Fernlichtschalter
11 Lichtrelais
12 Sicherungskasten
13 Steckverbinder (Anschluss) Zusatzinstrumente
14 Kupplungsschalter
15 Blinkrelais
16 Öldruckschalter
17 Leerlaufschalter (Getriebeschalter)
18 Steckverbinder (Anschluss, Sonderausstattung)
19 Anlasserrelais
20 Fußbremslichtschalter
21 Steckverbinder (Anschluss) Heizgriffe
22 Doppelzündspule
23 Zündkerzen 1 und 2
24 Zündauslöser (Hallgeber)
25 Zündsteuergerät (Steuergerät für TSZ)
26 Batterie
27 Diodenplatte (Gleichrichter)
28 Anlasser
29 Regler
30 Generator (Lichtmaschine)
31 Blinker hinten rechts
32 Bremslicht
33 Rücklicht
34 Blinker hinten links

Kabelfarben

bl	blau
br	braun
ge	gelb
gn	grün
gr	grün
or	orange
rt	rot
sw	schwarz
tr	transparent
vi	violett
ws	weiß